中国石油天然气集团公司统编培训教材

勘探开发业务分册

水平井油藏工程设计

《水平井油藏工程设计》编委会　编

石油工业出版社

内 容 提 要

本书围绕水平井技术，以大量的实际资料为基础，诠释了油藏描述概念的内涵，总结了不同类型油藏的三维地质建模方法，阐述了水平井开发油藏工程论证的详细内容，展示了水平井地质设计要点和相关的开发配套技术等内容，是集地震、地质、测井、油藏地质建模技术、水平井开发油藏工程论证、水平井地质设计、水平井开发配套工程技术等多学科相互渗透、多领域技术相互融合的综合性参考书。

本书主要作为从事石油勘探和开发工作的研究人员、水平井工程技术人员和现场工程师的培训教材，也可供高等院校相关专业的本科生和研究生借鉴、参考。

图书在版编目（CIP）数据

水平井油藏工程设计/《水平井油藏工程设计》编委会编．
北京：石油工业出版社，2011.7
（中国石油天然气集团公司统编培训教材）
ISBN 978-7-5021-8077-5

Ⅰ．水…

Ⅱ．水…

Ⅲ．水平井－设计

Ⅳ．TE 243

中国版本图书馆 CIP 数据核字（2010）第 201018 号

出版发行：石油工业出版社
　　　　　（北京安定门外安华里 2 区 1 号　100011）
　　　　网　　址：www.petropub.com.cn
　　　　编辑部：(010) 64523537　　发行部：(010) 64523620
经　　销：全国新华书店
印　　刷：石油工业出版社印刷厂

2011 年 7 月第 1 版　2011 年 7 月第 1 次印刷
787×960 毫米　开本：1/16　印张：28.5
字数：490 千字

定价：98.00 元
（如出现印装质量问题，我社发行部负责调换）

版权所有，翻印必究

《中国石油天然气集团公司统编培训教材》
编 审 委 员 会

主 任 委 员：李万余

副主任委员：金 华　白泽生

委　　　员：王志刚　连建家　胡宝顺　马晓峰
　　　　　　卢丽平　杨大新　吴苏江　杨　果
　　　　　　　　　　王同良　刘江宁　卢　宏
　　　　　　周国芳　雷　平　马新华　戴　鑑
　　　　　　上官建新　陈健峰　秦文贵　杨时榜
　　　　　　何　京　张　镇

秘　　　书：张玉文　王子云

《水平井油藏工程设计》编委会

主　任：赵政璋

副主任：赵文智　吴　奇　杜金虎　张国珍　王元基
　　　　马新华　吴国干　胡炳军　何江川

成　员：赵邦六　李松泉　郑新权　廖广志　何海清
　　　　穆　剑　刘墨山　范文科　李　铮　曾少华
　　　　王永祥　刘德来　王喜双　尚尔杰　任　东
　　　　胡海燕　张守良　汤　林　于博生　李国欣
　　　　赵　刚　苏春梅　何　刚　雷怀玉　吴晓敬
　　　　段　红　陈　莉

《水平井油藏工程设计》编审人员

主　　编：王元基

副 主 编：尚尔杰　胡永乐　郑兴范　田　军

编写人员：李凡华　郝明强　张为民　任殿星　高晓翠
　　　　　王锦芳　惠　刚　郑亚斌　吴　健　刘鹏程
　　　　　严增民　陈建文　葛云华　王浦潭　王晓东
　　　　　卜忠宇　熊　铁　孙德君　邢厚松

审定人员：张国珍　王元基　李松泉　郑新权　胡海燕
　　　　　尚尔杰　胡永乐　田昌炳　郑兴范　田　军
　　　　　王连刚　吴洪彪　叶新群

序

　　企业发展靠人才，人才发展靠培训。当前，集团公司正处在加快转变增长方式，调整产业结构，全面建设综合性国际能源公司的关键时期。做好"发展"、"转变"、"和谐"三件大事，更深更广参与全球竞争，实现全面协调可持续，特别是海外油气作业产量"半壁江山"的目标，人才是根本。培训工作作为影响集团公司人才发展水平和实力的重要因素，肩负着艰巨而繁重的战略任务和历史使命，面临着前所未有的发展机遇。健全和完善员工培训教材体系，是加强培训基础建设，推进培训战略性和国际化转型升级的重要举措，是提升公司人力资源开发整体能力的一项重要基础工作。

　　集团公司始终高度重视培训教材开发等人力资源开发基础建设工作，明确提出要"由专家制定大纲、按大纲选编教材、按教材开展培训"的目标和要求。2009 年以来，由人事部牵头，各部门和专业分公司参与，在分析优化公司现有部分专业培训教材、职业资格培训教材和培训课件的基础上，经反复研究论证，形成了比较系统、科学的教材编审目录、方案和编写计划，全面启动了《中国石油天然气集团公司统编培训教材》（以下简称"统编培训教材"）的开发和编审工作。"统编培训教材"以国内外知名专家学者、集团公司两级专家、现场管理技术骨干等力量为主体，充分发挥地区公司、研究院所、培训机构的作用，瞄准世界前沿及集团公司技术发展的最新进展，突出现场应用和实际操作，精心组织编写，由集团公司"统编培训教材"编审委员会审定，集团公司统一出版和发行。

　　根据集团公司员工队伍专业构成及业务布局，"统编培训教材"按"综合管理类、专业技术类、操作技能类、国际业务类"四类组织编写。综合管理类侧重中高级综合管理岗位员工的培训，具有石油石化管理特色的教材，以自编方式为主，行业适用或社会通用教材，可从社会选购，作为指定培训教材；专业技术类侧重中高级专业技术岗位员工的培训，是教材编审的主体，按照《专业培训教材开发目录及编审规划》逐套编审，循序推进，计划编审300余门；操作技能类以国家制定的操作工种技能鉴定培训教材为基础，侧重主体专业（主要工种）骨干岗位的培训；国际业务类侧重海外项目中外员工的培训。

"统编培训教材"具有以下特点：

一是前瞻性。教材充分吸收各业务领域当前及今后一个时期世界前沿理论、先进技术和领先标准，以及集团公司技术发展的最新进展，并将其转化为员工培训的知识和技能要求，具有较强的前瞻性。

二是系统性。教材由"统编培训教材"编审委员会统一编制开发规划，统一确定专业目录，统一组织编写与审定，避免内容交叉重叠，具有较强的系统性、规范性和科学性。

三是实用性。教材内容侧重现场应用和实际操作，既有应用理论，又有实际案例和操作规程要求，具有较高的实用价值。

四是权威性。由集团公司总部组织各个领域的技术和管理权威，集中编写教材，体现了教材的权威性。

五是专业性。不仅教材的组织按照业务领域，根据专业目录进行开发，且教材的内容更加注重专业特色，强调各业务领域自身发展的特色技术、特色经验和做法，也是对公司各业务领域知识和经验的一次集中梳理，符合知识管理的要求和方向。

经过多方共同努力，集团公司首批39门"统编培训教材"已按计划编审出版，与各企事业单位和广大员工见面了，将成为首批集团公司统一组织开发和编审的中高级管理、技术、技能骨干人员培训的基本教材。首批"统编培训教材"的出版发行，对于完善建立起与综合性国际能源公司形象和任务相适应的系列培训教材，推进集团公司培训的标准化、国际化建设，具有划时代意义。希望各企事业单位和广大石油员工用好、用活本套教材，为持续推进人才培训工程，激发员工创新活力和创造智慧，加快建设综合性国际能源公司发挥更大作用。

《中国石油天然气集团公司统编培训教材》
编审委员会
2011年4月18日

前 言

21世纪初叶,随着全球工业化进程的不断加速和对能源需求的日益增大,石油工作者面临更加严峻的挑战,同时承担更加繁重的责任。搞好油田勘探开发以合理高效利用地下资源、实施低成本战略以创造更大的企业效益成为世界各石油公司追求的目标。

水平井开采技术是20世纪90年代世界油气田开发迅速发展的一项新技术,并且已成功地用于各种类型的油田开发,对新油田的开发、已开发油田开发效果的改善、剩余可采储量的动用、油田的稳产增产等都发挥了十分重要的作用。可以说水平井技术引起了一场巨大的石油工业技术变革。

中国石油已经进入大规模应用水平井技术提高单井产能的时代,这也是中国石油的重要发展战略转变之一。为了适应形势发展,广大技术人员及管理干部迫切需要更新知识、提高技术水平,以便解决实际生产中的问题。

为了满足目前水平井迅速发展的形势和技术需求,我们在认真总结多年来水平井技术应用的经验与教训的基础上,结合对水平井技术的实践和理解,编写了本书。诚然,水平井技术是一项涉及面较广、涵盖学科较多、技术性较强的复杂庞大的系统工程,不可能面面俱到。本书主要对水平井油藏工程中的一些问题进行了有益的探索,书中总结了国内外水平井技术的发展现状,详细阐述了水平井油藏描述技术、三维地质建模技术,重点讨论了水平井开发油藏工程论证的内容,展示了单井地质设计以及水平井开发配套工程技术等,并辅以大量的矿场实例进行说明,以供从事水平井技术研究和矿场生产的科技人员、技术人员、生产人员参考。理论紧密联系矿场生产实际、具有较强的实用性和可操作性,集理论性、方法性、实践性于一体是本书的出发点,也是本书的显著特色,希望它能对广大读者有所裨益。

本书在编写过程中,得到了中国石油天然气股份有限公司和中国石油勘探开发研究院油气田开发研究所领导的关心和支持,中国地质大学(北京)、中国石油大学（北京）等相关院校专家的帮助，以及中国石油天然气股份有限公司所属油田的积极配合。同时，每次研讨过程中一些特约专家都提出了许多宝贵意见和建设性建议。另外，我国油气田开发领域资深专家裘怿楠、刘雨芬、林志芳、胡永乐、赵永胜、董杰等同志在百忙中抽出时间，不辞辛苦地对全书进行了认真审阅和批改。因此，应该说本书的出版是一部集体智慧的结晶。

尽管如此，囿于编著者的学识和专业水平，书中某些观点或认识还是难免失之偏颇甚至不当，恳请广大读者不吝批评和指正。

谨在此书付梓出版之际，特向以上所有单位和同志表示衷心感谢！

《水平井油藏工程设计》编委会
2011年5月9日

目 录

绪论 ……………………………………………………………………… 1
第一章 油藏描述 ………………………………………………………… 6
　第一节 油藏描述的发展历程和国内外研究现状 …………………… 6
　第二节 评价阶段油藏描述 …………………………………………… 10
　第三节 开发阶段油藏描述 …………………………………………… 23
　第四节 油藏描述与水平井技术 ……………………………………… 34
第二章 油藏建模技术 …………………………………………………… 49
　第一节 三维油藏地质建模技术 ……………………………………… 49
　第二节 油藏评价阶段的精细砂控建模技术 ………………………… 88
第三章 水平井开发油藏工程论证 ……………………………………… 110
　第一节 水平井开发适应性论证 ……………………………………… 110
　第二节 水平井产能论证 ……………………………………………… 113
　第三节 水平井井网论证 ……………………………………………… 167
　第四节 低渗透油藏水平井油藏工程研究进展 ……………………… 223
第四章 水平井地质设计 ………………………………………………… 311
　第一节 水平井地质设计技术要求 …………………………………… 311
　第二节 水平井地质设计实例 ………………………………………… 315
第五章 水平井开发配套工程技术 ……………………………………… 346
　第一节 水平井钻井工艺技术 ………………………………………… 346
　第二节 水平井采油工艺技术 ………………………………………… 380
　第三节 水平井全过程的油气层保护技术 …………………………… 410
　第四节 水平井测试工艺技术 ………………………………………… 421
参考文献 ………………………………………………………………… 434

绪 论

水平井技术是一项有着广阔发展前景的应用技术,它已广泛应用于能源、水利、环保等许多工程领域,并取得了良好的社会经济效益。同时,水平井技术的发展与革新更是日新月异。

水平井技术在油气田开发领域的应用和发展尤为迅速,已经成为世界石油工业发展的主要热点。水平井技术的发展给油田开发带来了巨大的效益,也给开发设计带来了全新的理念。水平井可以提高单井产量、降低操作成本、显著提高油气田勘探开发的综合效益。水平井实质上并没有改变油气渗流机理,油藏流体所遵循的渗流方程与直井一样,只是流体流入条件发生了变化,由此改变了渗流场,水平井本身不能提供任何附加能量以助开采,但它可以提高能量的利用率。

水平井的明显优势体现在:产量高及单井控制储量大;增加原油的可采储量,如美国油气杂志统计,通过水平井的应用可使美国石油可采储量增加 $13.7 \times 10^8 t$;采油成本比直井低,以美国为例,水平井钻井成本已降至直井的 1.2~2 倍,而水平井的产量却是直井的 4~8 倍;控制储量成本(开发费用/控制储量)亦比直井低 25%~50%;水平井具有比直井更长的完井层段,能够产生较大的泄油区,可以改造断块型油藏的连通性,能够有效的抑制有底水或气顶油藏的水锥或气锥,它具有水力压裂造缝所不能实现的合理的、有效的定向控制和长度控制等。

目前,石油工业在世界范围内均不同程度地面临老油田剩余油资源挖潜、低渗透、超薄、海洋、稠油和超稠油等复杂油藏的开发等难题,加之水平井钻井技术的成熟和成本的降低,各国石油公司开始将水平井技术作为原油高产、稳产的一项保障技术积极推广,并规模应用,水平井技术应用呈现勃勃生机,作为油气田开发第二次革命的趋势已初露端倪。

目前水平井技术应用具有以下主要特点。

一、水平井数量大幅度增加

石油工业中的水平井技术早在 1928 年就已经提出,并于 1929 年在美国得克萨斯钻了第一口真正意义上的水平井，然而，该井仅在1000m深处从井筒横向向外延伸了8m。苏联于1937年在Yarega钻了一口水平井，20世纪50年代共钻了43口水平井、分支井，中国于1963年在南充构造带270号钻了一口三分支的多底井。事实上，水平井技术直到20世纪80年代才相继在美国、加拿大等国得到工业化应用。1995年、1996年全世界共钻水平井仅3000余口，约占当年钻井总数的5%。到2000年底，全世界共钻水平井已达到24000口，到2010年底，全世界水平井的总数超过了60000口。中国地区水平井数量近几年发展更为迅速，仅中国石油每年完钻水平井数量从2004年的124口、2005年的153口，迅速扩大到2006年的522口，2007年的806口，2008年的1005口。然而，水平井分布区域整体还不平衡，绝大多数仍属于美国和加拿大。

二、水平井井型更加丰富

除常规意义的水平井外，针对储层特点，还加大了侧钻水平井、鱼骨刺井、多底井、多分支井、阶梯状水平井等特殊井型的应用力度，并且一些非常规水平井应用技术迅猛发展。如哈里伯顿在英国Jedney油田完钻了一口U型对接井，该井长度为5864m，总垂深1545m，水平位移3106m。壳牌石油公司在文莱海上的冠西方油田完钻一口长度为8000m的蛇形井，该井是当前世界上最长、最先进的水平井，这类水平井能够将许多分散的小油藏串联起来，大大降低了一些小而复杂油藏动用的经济界限，并且采用智能技术，使油井产量大幅增加，开发费用降低。

三、水平井应用领域不断拓展

目前，水平井所应用的油藏类型涵盖了稠油油藏、边底水油藏、薄层油藏、低渗透油藏、裂缝性油藏、低渗透气藏，涉及新区和老区。但不同的国家由于地质条件的不同，水平井所应用的主要油藏类型也各有侧重。如美国53%的水平井用于裂缝性油藏开发，主要作用是横穿多条裂缝，33%的水平井用于具有底水或气顶油藏的开发，以延迟水锥或气锥；而在加拿大，45%的水平井开采重油油藏，40%的水平井开采中到轻质油藏以及裂缝性碳酸盐岩油藏；俄罗斯则主要利用水平井开采枯竭老油田；在阿曼，从前寒武纪到白垩纪的碎屑岩油藏和碳酸盐岩油藏、薄油层和厚油层、轻质油藏和重质油藏以及深度从500m到5000m的油藏均钻有水平井，应用范围较广，并且水平井长度可以达到10000m。但总的趋势是，水平井早期以开发薄层、底水油藏和裂缝性油藏为主，目前主要转向稠油油藏、低渗透与特低渗透油藏等复杂类型油藏。

四、水平井应用技术日臻完善

多学科综合应用卓有成效地促进了水平井技术的发展与进步。如为了解决老油田稳产增产和提高采收率问题，国外多家公司应用多学科综合方法开展水平井水驱技术的研发和应用。这些方法包括：通过地质解释、岩石力学评估、油藏模拟等多学科相结合的方法对有潜力的油藏进行筛选；应用油藏数值模拟确定油藏的适应性，制订开发方案；应用先进的旋转导向钻井技术钻短半径水平井；改进测井工具的通用性，顺利完成短半径水平井水平段的测井；在水平段采用裸眼完井工艺；通过优化布井方式最大程度地驱替剩余油。同时，水平井专项技术也不断向极限挑战并逐渐转向普及应用。诸如，在钻井工程方面，水平井长度逐渐增加。如2004年11月，挪威海德罗公司在Oseberg油田钻成当时海上最长的水平井，水平段长度为10007m，总垂直深度为2807m，水深为109m，水平位移为8219m。在水平井压裂改造方面，斯伦贝谢公司的StageFrac服务技术已经被应用到全世界的多种地层，从中东的碳酸盐岩油藏到西非的海上砂岩油藏，到北美的水平泥岩气井。如果油藏渗透率很低，哈里伯顿公司的SurgiFrac服务技术在增加产能方面与传统方法不同。据报导，SurgiFrac服务技术在一口长为488m的水平井裸眼水平段压开8条裂缝，产量达到压裂前的800%；一口每个分支长244m的双分支水平井应用SurgiFrac服务技术进行酸化压裂，在每个分支上压裂6条小到中等的裂缝，初始产量是压裂前的5倍，稳产后产量是压裂前的4倍；在新墨西哥东南的一个低渗透碳酸盐岩老油田的一口水平裸眼分支长488m的老水平井上，压裂了8条裂缝，酸化压裂前的产油量为0.4t/d，使用SurgiFrac服务技术后初始产油量为7t/d，一个月后为4t/d；巴西近海应用SurgiFrac服务技术压裂一口裸眼水平井，压裂3条裂缝，压裂后产量提高5倍。

五、水平井应用向整体规模化方向发展

对于具备条件的整装区块，以水平井为主进行整体开发，水平井整体开发的规模不断加大。哈得4油田薄砂层油藏是我国第一个整体采用水平井开

发的油藏。哈得 4 油田有东河砂岩油藏和薄砂层油藏两套开发层系，其中东河砂岩油藏属于超深（埋深超过 5000m）、低幅度、低丰度砂岩油藏；薄砂层油藏埋深超过 5000m，油层厚度仅 0.6~2.1m，储量丰度 $18 \times 10^4 t/km^2$，属超深低幅度、特低丰度、超薄砂岩油藏。哈得 4 油田发现之初被评价为边际效益油田。为有效开发该油田，采用了水平井整体开发技术。其中，东河砂岩油藏采用 61 口水平井，薄砂层油藏水平采油井 17 口，双台阶水平注水井 7 口。截至 2005 年底，哈得 4 油田建成产能 $195 \times 10^4 t$，年产油量从 1998 年的 $1.5 \times 10^4 t$ 上升到 2005 年的 $193 \times 10^4 t$。吐哈油田也将水平井整体开发模式作为破解低效区块、底水油藏、复杂断块、挖掘剩余油的新方法，实现了从单井向地质单元构造高效开发的跨越。新庙油田庙 22 区块还开展了特低渗透油田水平井整体开发试验。

六、水平井应用成效突出

目前，水平井应用效果总体明显，产量增幅较大。如 BirdCreek 油田是一个浅滩中等黏度、下部被水淹的老油田，应用常规直井开发时产量为 0.3~0.4t/d，含水率高达 98%，Grand 公司应用水平井技术对 BirdCreek 油田进行再开发，取得了很好的效果，产量平均提高了 6 倍，达到 2t/d，含水率下降至 75%。美国和加拿大的资料还表明，水平井可平均增加可采储量 8%~9%，水平井的稳定产能是直井的 2~5 倍，许多高渗气藏超过了 5 倍。委内瑞拉英特甘伯边际油田应用水平井开发技术日产油则提高近 10 倍。美国 Six Lakes Gas Storage 气田每年产能下降 5.6%，Michigan Consolidated Gas Company 通过采用水平井技术后改变了产能下降的状况，水平井产能是周围直井的 15 倍，而成本却是直井的 2.7 倍，目前水平井为该油田提供一半以上的产能。

我国油气田类型复杂多样，高效开发面临严峻挑战，这也为水平井的推广应用创造了良好的发展机遇。目前，已经进入了水平井开采油气田的新阶段，主要应用于稠油油藏、边、底水油藏、裂缝油藏、天然气藏、薄层油藏、低渗透油藏等几乎所有的油气藏，特别是在我国低渗透油藏的开发、高含水油田三次采油、挖掘老油田剩余油潜力、尤其在补打调整井和滚动开发井的过程中起着关键性的作用。另外，我国大庆油田还在榆树林油田开展了水平井注水开发先导性试验，西南油气田分公司对高含硫气田也进行了水平井开采。

我国早在"八五"期间就开展了"水平井开发技术"国家重点课题攻

关，近几年又开展了水平井储层改造重大专项进行科技攻关，并充分借鉴国外水平井的先进技术和经验，完善了水平井开发的各项配套技术，在水平井地质优化设计技术，水平井油藏工程设计技术，水平井井眼轨迹优化设计技术，水平井钻井液与完井液优化技术，固井、完井和射孔优化设计技术，水平井取心技术，水平井测井和测试技术等方面开发了一些具有自主知识产权的技术和产品，形成了我国水平井开发的配套技术，基本能够满足油田开发的需要。

虽然我们在水平井技术方面取得了一定的成绩，但是，与世界先进国家的水平井技术相比还存在差距：水平井在钻井、测井、完井、采油以及油藏评价方面与国外先进水平还有很大差距；信息化、智能化相关技术的应用还不够；国外各石油公司都拥有自己的综合设计平台和软件，而我们现在还缺少这样的设计平台；水平井配套工艺技术与国外先进水平还有很大差距；水平井类型单一，基本上属于单一水平井和双台阶水平井，分支水平井和多分支水平井发展潜力还很大；各油田应用发展不均衡等。我们还应进一步加大水平井钻井、油藏基础理论研究和前沿技术的攻关力度，特别是在低渗透、特低渗透油藏水平井的钻井、水平井压裂以及裂缝的识别检测，水平井井网、井距、排距的优化等方面还存在尚未解决的技术问题，以期尽快突破水平井在低渗透、特低渗透油藏中应用的瓶颈问题。

当然，随着水平井数量的增多，水平井的生产管理将会面临一系列新的难题，应该及时发现问题，利用配套工具，采用先进的工艺技术，切切实实利用好水平井技术，让先进技术带来更多的经济效益，为创建和谐社会做出我们应有的贡献。

第一章 油藏描述

本章首先介绍油藏描述的发展历程和国内外研究现状，以及在油藏评价阶段和开发阶段油藏描述的主要任务和研究内容，然后根据水平井地质设计要求论述了水平井和油藏描述的关系，并提出了油藏描述所要达到的各项主要技术要求。

第一节　油藏描述的发展历程和国内外研究现状

油藏描述亦称为储集层描述，源自英文 Reservoir Description，是研究和定量描述油藏的开发地质特征，并对油藏进行解释、预测及评价的技术。众所周知，现代油藏描述是以沉积学、石油地质学、构造地质学、储层地质学、层序地层学、地震地层学、地震岩性学、测井地质学和油藏地球化学等为理论基础，以计算机技术为手段，对地质、物探、钻井、分析化验和地层测试、试油、试采等多学科信息进行动态与静态相结合的综合分析与处理，以达到对油藏进行定性、定量描述和评价的目的。勘探开发的实践表明，勘探与开发工作成败的关键在于对油藏的认识是否符合客观实际，这个"对油藏的认识"就是不同阶段油藏描述要完成的主要任务。

油藏描述最早由斯伦贝谢公司在 20 世纪 70 年代末首先提出的，并以测井为主体的油田技术服务项目（RDS），主要针对油藏描述各方面的课题设计推出了一系列软件，随后把三维地震处理、声阻抗以及垂直地震剖面（VSP）等用于测井研究，并结合高分辨率地层倾角、岩性密度测井、能谱测井等最新技术，在印度尼西亚及中国新疆地区进行了实际应用，对油藏进行综合分析，取得了较好的效果。1980 年，由美国阿特拉斯测井公司费特尔（Fertl）博士主持的油藏描述研究工作在油田动态监测（TDT 测井）、最终采收率评价及剩余油分布规律研究等方面取得了较大进展。与此同时，法国埃尔夫（ELF）公司及法国石油研究院方拉伯（Franlab）公司也开始在油藏描述方面

第一章 油藏描述

开展研究工作。

国内的油藏描述工作可追溯到 20 世纪 60 年代大庆油田的开发。当时计算机尚未广泛应用，在地层对比、构造、沉积等地质研究中，尽管是人工解释测井曲线数据、物探资料，手工绘制各种地质图（剖面图、平面图、栅状图），甚至以实体模型来表现油藏地质特征，所做的工作无疑应属油藏描述的范畴。

1982 年，中国石油勘探开发科学研究院开始在油藏描述方面开展研究工作，1983—1986 年开展了"储集层的计算机分析和研究"的课题研究，1986—1990 年油藏描述技术研究列入"七五"国家重点科技攻关项目，由中国石油、中国石化、中国海油三大集团（中国石油勘探开发科学研究院与中原石油勘探局，石油大学、西安石油学院与胜利石油管理局，江汉石油学院与江汉石油管理局）负责攻关，1991 年春完成工作，逐步形成了油藏描述的一般程序和核心技术。

因而，自"七五"以来，国内外均把油藏描述、表征和预测放在突出重要的位置来加以研究。目前按照油藏描述技术发展历程和计算机技术、地质、地球物理等分支学科应用发展的程度，将其发展分为 3 个阶段：（1）以测井为主体的油藏描述阶段（20 世纪 70 年代）；（2）不同学科为主体的油藏描述发展阶段（20 世纪 80 年代）；（3）多学科一体化油藏描述发展阶段（20 世纪 90 年代后）。国内通常也相应地分为类似的 3 个阶段：（1）技术积淀阶段（20 世纪 60—70 年代）；（2）技术、方法及描述流程确定阶段（20 世纪 80 年代）；（3）油藏描述快速发展阶段（20 世纪 90 年代后）。40 多年来油藏描述发展迅速，下面主要分为以下三个阶段论述。

一、以测井为主体的油藏描述阶段

在 20 世纪 60—70 年代，油藏描述重点是解决影响油气田开发的地质特征，并应用于油藏动态监测及最终采收率的评价，其特点是以测井资料为主，综合地震、岩心、录井、区域地质及生产测试等资料，研究整个油田的构造和储集层的几何形态和岩相，定量描述油气藏基本参数的空间分布规律，计算油气地质储量以及研究油田开发过程中油藏基本参数的变化，从而对全油田的油气藏进行静态与动态的详细描述。

斯伦贝谢公司提出的油藏描述分为：（1）油田地质构造与储集体几何形态的研究；（2）关键井的研究；（3）测井资料标准化；（4）测井相分析；

（5）油田参数转换与渗透率的研究；（6）井与井间的地层对比；（7）单井综合测井地层评价；（8）储集层参数的建立与作图；（9）计算油田的油气地质储量；（10）单井动态模拟；（11）测井数据库的建立与应用等11个方面的研究内容。并提出油藏评价的核心是测井油藏描述。直到1985年斯伦贝谢公司才将三维地震资料及VSP资料引入到油藏描述的测井井间相关的对比研究中，但它强调的描述仍是以测井为主体模式的技术、多学科协同研究及最终的储层三维模型。

二、不同学科为主体的油藏描述发展阶段

随着油气勘探开发难度日趋加大，投资费用日益增加，这就要求石油地质工作者依据不同勘探开发阶段，不同的信息类别及资料的占有程度，研究并描述油藏三维空间分布，建立不同类型的油藏地质模型。因而，在20世纪80年代，各国均发展了以不同学科信息为主体的不同类型的油藏描述。

1. 以地质为主体的油藏描述

这种描述强调以地质方法为主，辅以测井单井评价方法。它是建立在个别井点基础上的研究，不能满足降低勘探风险和提高开发效益的要求。

2. 以地震为主体的油藏描述

地震信息具有覆盖面广，可提供无井区以及井间地震信息的优势。因而，成为油藏描述中不可缺少的技术之一，但地震技术需与测井资料结合才能做出符合实际的描述。它的弱点在于分辨率较低，多解性强。

3. 以测井为主体的油藏描述

继斯伦贝谢公司提出的以测井为主体的油藏描述技术后，于1985年将三维地震及VSP资料引入油藏描述的井间相关对比研究中，但仍然是以点的描述为基础，且不同类型复杂油气藏都用程式化的软件系统及技术，往往使得提供的模型在一定程度上是相对失真的或不完善的。

4. 以油藏工程方法为主的油藏描述

在开发阶段，油藏描述不可缺少的是油藏动态描述。因而以油藏工程方法为主的描述技术应运而生。主要是利用各种测试信息、开发动态信息、检查井信息、生产测井信息等研究油藏动态变化特征、流体渗流机理、温度压力条件变化，进行单井的动态模拟与历史拟合，以预测油藏随时间的变化特征——油藏四维变化特征的描述。

第一章 油藏描述

三、多学科一体化油藏描述阶段

由于单一学科技术发展虽然进步很大，但各自都存在其不利的方面。因而，自20世纪90年代以来，逐步向多学科一体化描述发展，即应用地质、物探、测井、测试等多学科相关信息，以石油地质学、构造地质学、沉积学、储层地质学、层序地层学、测井地质学为理论基础，以计算机为手段，对油藏进行四维定量化研究。

国内一直把油藏描述作为油田开发中的一项最基础的工作，而且认为油藏描述是否符合客观实际是油气田开发成败的关键。正因为如此，油藏描述工作得到高度重视和迅速发展，尤其在陆相储层油藏描述技术方面居于世界先进水平。油藏描述成为了以沉积学、构造地质学、储层地质学和石油地质学的理论为指导，综合运用地质、地震、测井和试油及开发动态等信息，最大限度地应用计算机手段，对油藏进行定性、定量描述和评价的一项综合性研究技术。

目前油藏描述技术主要应用在以提交探明储量为目标的油藏评价阶段和以提高采收率为目标的油藏开发阶段。

通常精细油藏描述适用范围是已开发油田，特别是开发中后期阶段。国内东部陆上油田由于储层非均质性严重，地下油水运动十分复杂，导致剩余油分布状况零散多样；同时，由于储层经过长期水驱冲刷，储层性质及流体性质亦发生了很大变化，从而加剧了储层非均质程度和流体非均质程度，造成了更为严重的开发矛盾。特别是油田开发进入高成熟期即综合含水大于80%，可采储量采出程度大于75%（"双高阶段"）后，精细油藏描述工作针对的是剩余油挖潜，解决的是提高油田采收率问题。我国各油田公司根据各自实际情况，不断创新，已发展成多项技术系列，即以大庆油田为代表的细分沉积微相油藏精细描述系列；以大港、冀东等为代表的复杂断块一体化精细油藏描述技术系列和以长庆、吉林为代表的低渗透裂缝性油藏精细描述技术系列；以新疆克拉玛依油田为代表的砾岩油藏精细描述技术系列和以华北为代表的碳酸盐岩油藏精细描述技术系列等。

从油藏描述发展到精细油藏描述，其理论和技术在40多年的生产实践中取得了许多长足的进展。H. H. Halldorsen等（1993）的统计结果表明，油藏描述技术初期对提高采收率发挥了显著的作用，见到了明显的效益。但在20世纪90年代后，每年发表的论文数量及培训班次数剧增，有关油藏描述的含义也众说纷纭。有的以传统的油藏研究作为油藏描述，有的则认为以图形显示出美观的可视化油藏图件便是油藏描述，使油藏描述的概念被不同程度地误解。事实证明，并非每一次油藏描述都能见到预期效果。相反随着铺天盖地的油藏描述工作的开展，以油气区为单位的平均采收率有的并未见到显著提高，产量预测也存在着明显误差，说明目前油藏描述仍然面临着严峻的挑战和危机。分析其原因，不外乎两个方面：一是忽略了油藏地质特征不是一成不变的，每个阶段、每个油藏要表征的问题千变万化，差异巨大，因而用模式化的技术或某一个软件来研究不同的地质体，不可能完全真实地揭示其特殊性，也不可能发展为有针对性的油藏描述技术；二是目前应用于油藏描述的各种技术方法尚不能满足对油藏认识的不断完善，特别是不能满足现今不同类型油藏水平井设计的需要。例如目前对裂缝系统的研究，裂缝相的表征技术尚不成熟，尤其在开发中后期，微裂缝对于流体渗流所起的屏障作用或通道作用尚处于定性阶段；关于大孔道形成机理及其识别和分布规律的预测技术尚未成熟；地震处理技术及解释的分辨率仍不能满足确定性建模的需求；对于水平井开发设计所需要的单一河道砂体内部结构的精细刻画，特别是微构造描述、岩性韵律段细分、油气的准确判断等技术刚处于起步阶段。

总之，尽管计算机技术和地质统计学的引入及其日益深入的研究应用，已经具备了一定程度的智能性，但终究不能代替的是开发地质工作者的地质思维。通过开发地质学的不断完善，从而逐渐减少地质因素的不确定性，由定性到定量发展，逐步提高地质思维对地下油藏的科学认识和预测水平。

第二节　评价阶段油藏描述

一、油藏评价阶段及其任务

根据我国绝大多数油田勘探开发特点，将勘探开发过程分为 4 个阶段，即预探、评价、产能建设、油气生产。油气藏评价是将勘探与开发最大限度地结合起来，既完成资源的探明工作，又兼顾开发前期准备工作的阶段。即某一个油（气）田从勘探发现后，到正式投入开发前，需要经历的一个从勘探到开发生产的过渡阶段，这也是石油工业上游活动一个非常重要的阶段，

第一章　油藏描述

是在勘探开发一体化新形势下的一种阶段划分，这种划分体现了多学科综合的油藏描述的作用，并经过实践、认识、再实践的多次反复，除侧重开发前油气藏储层表征之外，还要突出流体分布及油气藏规模、开发可行性分析等系统性研究工作。油藏评价是当今油气田经济有效开发不可逾越的重要阶段和不可或缺的重要工作内容，而油藏描述工作则是整个评价阶段基础研究的核心和重点。

二、油藏评价阶段油藏描述的内容要求

由于每个阶段占有的基础资料不同，所要解决的问题不同，因而油藏描述的重点内容和精度也有所差别，这要根据油田实际情况和资料情况具体确定。油气藏评价阶段前所获得的资料极少，特别是早期通常只有1口或几口探井或评价井的资料，井距以千米级计算。但只要依据正确的工作方法和技术路线，对油藏进行全面研究和描述，成功地建立地质概念模型，是可以直接为开发可行性研究和制定开发设计方案提供可靠地质依据的。如塔中4当时只有6口井，东河塘1口井，东海平湖1口井就是油气藏评价阶段油藏描述的成功实例。

油藏评价阶段，油藏描述的任务和内容应着重强调以下10个方面。

(1) 构造形态、断层、裂缝分布及其发育程度。

(2) 层组划分和对比。

(3) 储层沉积相及成岩史的分析研究。

(4) 油层四性关系研究，以及地震、测井、试油、油气层标准、各种图版等。隔层的岩性、物性标准，确定隔层厚度及其空间分布状况。

(5) 储集层的横向预测。

(6) 储层岩性、岩石结构、储集体的几何形态、侧向连续性以及储层非均质性特征和综合评价。

(7) 储层流体的物理化学性质以及储层内油、气、水的分布及其相互关系。油藏的压力、温度场的变化。

(8) 估算油藏水体的大小，分析天然驱动方式及其能量强弱。

(9) 计算探明石油地质储量。

(10) 与钻井、开采、集输工艺有关的其他油田地质问题。

上述内容是控制和影响油（气）藏内流体储存和流动的主要因素，从而影响开发过程中油（气）藏地质属性的变化。油（气）藏开发地质特征是以

表征储层非均质性为其核心，可以归纳为3个主要部分：
(1) 储层的构造特征。
(2) 储层的建筑格架及其物性的空间分布。
(3) 储层内流体分布及其性质。

至于其他地质属性也会影响该油（气）藏开发决策和措施，如易漏、易喷、易垮塌、易腐蚀、易膨胀等地层的存在，如区域的压力场、温度场、地应力场等分布状况，都应属于油藏评价阶段油藏描述的附属内容。

从上述具体内容看，油藏地质模型主要包括构造模型、储层模型、流体模型等。在这些模型建立中，储层地质模型是油藏评价阶段油藏描述所建立的各类地质模型中最难的一部分，也是最重要的核心部分。不同开发阶段的油藏描述都涉及储层地质模型的方方面面。从总体来看，油藏评价阶段以建立地质概念模型为主，即将油藏各种地质特征典型化、概念化、抽象成具有代表性的地质模型，要求对储层总的地质特征和关键性的地质特征进行描述，达到基本符合实际，不过分追求进行具体的客观描述。在描述构造、油气水关系和储层的基本面貌的基础上，重点研究储层的基本格架模型，然后赋予各种地质属性量值，用于表征储层非均质特性及其在三维空间的分布规律。储层建模的目标是为数值模拟提供一个储层整体地质概念模型。

储层地质模型的分类，目前有很多种方法，按不同开发阶段，占有基础资料的程度不同，完成地质任务有所差别，同样所建模型的侧重点及精度也不同。因此，按不同开发阶段将储层地质模型分为概念模型、静态模型和预测模型。对不同开发阶段所建立的地质模型，按三步建模程序分一维井模型、二维层模型和三维整体模型。当然还有其他方法的分类，这里不再详细叙述。

油藏评价阶段，油藏描述也可以用随机建模技术来建立地质概念模型。但不管哪一种方法建立的整体地质概念模型，都是用以满足评估油藏总的开发指标为目的。为了满足数值模拟的要求，要把地质模型实行网块化，并对网块赋予各自的参数量值，反映储层参数的三维变化，即建成定量的、三维储层地质模型。网块尺寸的大小，标志着模型的精细程度；每个网块参数值与实际误差越小，标志着模型的精度越高。

显然，油藏评价阶段的油藏描述随着勘探程度的提高和资料的积累，从宏观的油气层分布范围和规模等框架描述到微观的油气储集空间分布和体积等的精细描述，精度也不断提高。

第一章　油藏描述

三、研究方法和技术总流程

油气藏评价阶段的油藏描述，首先是以已有井的资料和地震资料为基础进行研究，这期间需要编制油气藏评价部署方案，其目的就是要落实需补取的地震、地质、测井及油藏工程所需的资料，为提交探明储量和编制开发方案做准备。因此，应根据油气藏评价程序：立项准备、部署方案实施跟踪评价和探明储量、方案设计等3个阶段不同的任务进行油藏描述（见图1—1）。同时根据油藏描述的结果对相应的评价部署安排，提出意见和建议，从而不断调整和完善评价部署，为最终完成探明储量的计算和开发方案的编制提供地质依据。

立项准备阶段的主要任务是为后续油藏评价提供必要的地质背景资料、基础资料和资源量前景等资料，从而为做好油藏评价项目的优选，并编制油藏评价部署方案打下基础。

部署方案实施跟踪阶段的主要任务是围绕探明区的油气层分布范围、规模，预测并落实产能工作，从而为部署方案实施过程中及时提出的调整意见和建议提供地质依据。

探明储量、方案设计阶段的主要任务是为完成探明储量的计算落实油藏各项储量参数和"四性"关系的研究，为下一步产能建设奠定基础。

因此，油藏描述应根据不同阶段的不同要求，有原则、分步骤、有重点地进行。

1. 油藏评价阶段油藏描述的资料要求

1）区域地质背景资料

区域地质背景资料，主要包括：

（1）盆地类型和构造特征。

（2）地层、沉积环境及沉积演化。

（3）烃源层、储层和盖层的类型及分布。

（4）含油气系统及油气成藏的地质条件。

2）勘探开发现状及成果

勘探开发现状及成果，主要包括：

（1）勘探开发现状、历史。

（2）邻区油气藏特征等。

（3）预探井钻前和钻后评价成果。

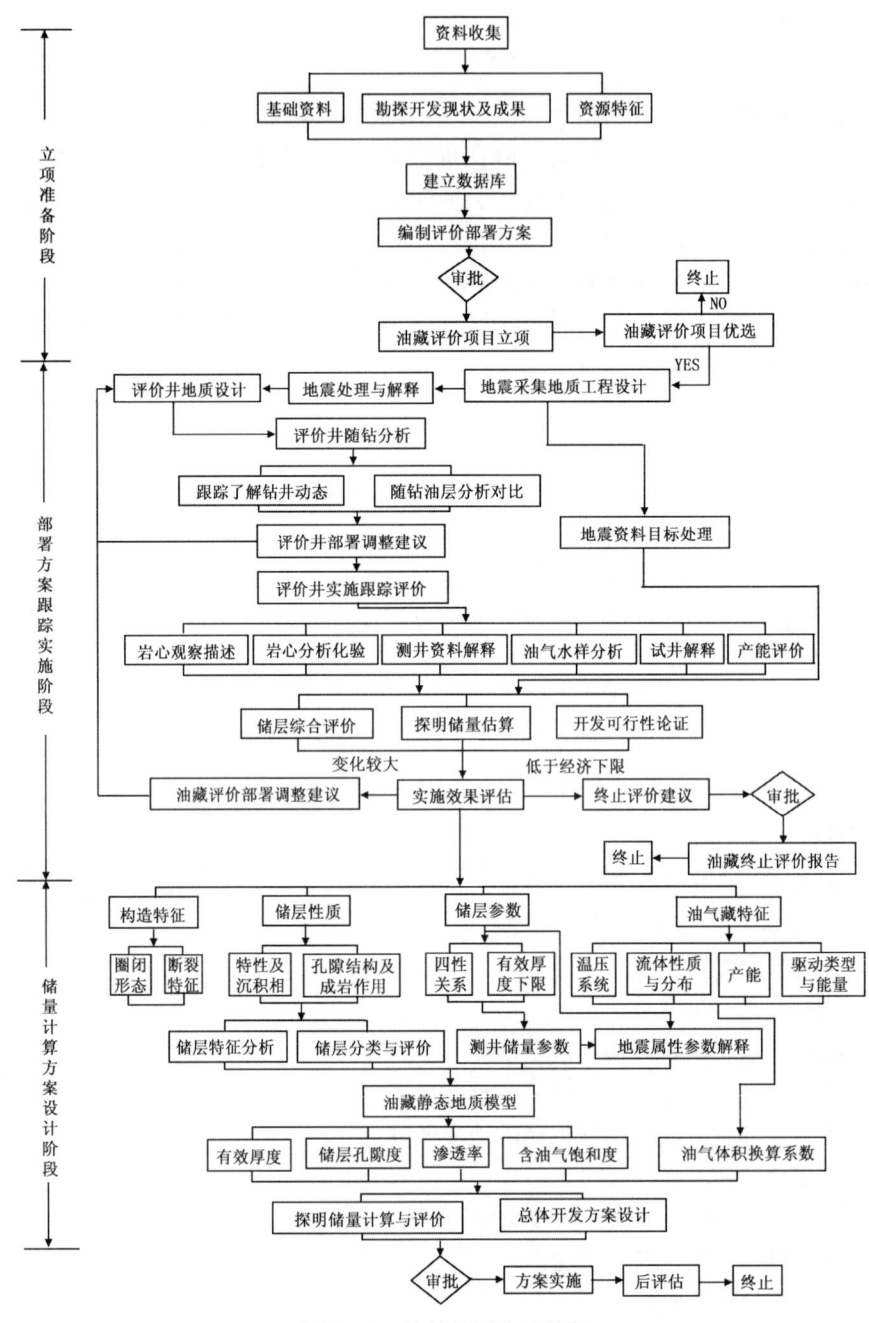

图 1-1　油气藏评价总程序

第一章　油藏描述

（4）储量级别和储量规模等。

3）基础资料

基础资料主要包括：

（1）地质资料，包括区域地质、构造特征、沉积环境、油藏形成条件以及地质录井（岩心录井、井壁取心、钻时录井、岩屑录井、荧光录井、钻井液录井、气测录井和各种地化录井）及其分析鉴定数据等。

（2）地震资料，与地质条件相适应的高精度地震资料（包括三维地震、高分辨率地震以及 VSP 资料等），其精度应能够确定油藏构造形态、查明断层和断块，按描述阶段要求发现微小圈闭，圈定储集体，描述储层分布和连通性，估算储层参数、预测油气藏分布等。

（3）测井资料，按描述阶段要求，从本油田地质特征出发优选测井系列：标准测井系列、组合测井系列、水淹层测井系列和层内细分测井系列，测全各种曲线，建立各种参数解释图版。选择适当的井进行全井段声波测井、密度测井，为标定地震资料和反演解释提供依据，重点是孔隙度、饱和度测井系列，裂隙性储层应有裂隙测井资料。

（4）试油、试井、试采资料，所有发现井和评价井、开发资料井均应选择适当的井、层进行测试，取得产能、油层参数以及与流体性质资料；所有注水油田（藏）开发先导试验都应选择开发资料井进行试注、试采，了解其注采能力和流体性质变化规律。边底水、气顶油藏还要进行试水、试气，了解油藏天然能量大小。

（5）化验分析资料，主要项目有岩心的常规物性、粒度，负压孔隙度和渗透率、相对渗透率、润湿性、饱和度、毛细管压力、岩石学（薄片）、黏土 X—衍射、电子扫描、油气性质、高压物性（PVT）、地层水的水样等分析资料。

（6）数据库等其他资料。

2. 建立油藏描述数据库

建立相应的油藏描述数据库，并不断补充和积累油藏评价中取得的新资料和新成果。应建立的数据库有：

（1）三维地震资料和解释成果数据库。

（2）钻井地质资料数据库。

（3）测井资料和解释成果数据库。

（4）测试资料和解释成果数据库。

（5）单井化验分析数据库。

（6）油气田勘探成果数据库。

（7）油藏评价阶段所需的其他数据库。

3. 评价井随钻分析

1) 跟踪了解评价井钻井动态

及时了解评价井钻进深度、钻头使用、套管程序、固井作业及固井质量以及在钻井、电测、测试过程中井的垮、塌、涌、漏等情况。

2) 随钻目的层的分析和对比

（1）随钻编制地质录井剖面草图，并与设计剖面和地震层位进行对比，了解钻穿地层的分层深度和岩性变化，预测将钻遇的油、气层深度。

（2）及时收集、分析气测录井和钻井液录井的油、气、水显示资料，结合对岩屑、岩心的观察和荧光干、湿照显示，判断油、气、水显示层位及其深度；并与邻井进行对比，了解含油气层的横向变化。

（3）综合录井油气显示特征、现场测井解释成果以及重复地层测试资料，对钻遇油气性质和油气层产能进行初步的分析判断。

另外，在钻井过程中出现新情况（如发现新的油气显示层位等）或遇到复杂地质问题时，应及时提出增减取样、取心、分析项目以及调整井深或完钻井深和测试层位调整的建议。

4. 评价井完钻后的跟踪评价阶段

每钻完一口评价井，都应对油气藏进行再认识和评价。

1) 井资料的分析和解释

（1）岩心观察和描述。

重点观察和描述岩性、成分、沉积结构和构造特征，划分岩相单元及其界面深度，填写岩心观察记录并系统采拍岩心照片，特征层段应做局部照相。

综合岩性、沉积结构、沉积构造和岩相单元的划分及其界面深度，编制岩心素描图（比例尺不得小于1:50），分析沉积环境和沉积相，统计各沉积岩相单元的厚度和岩类比例。

（2）岩心分析化验。

依照探明储量评价和总体开发方案必备资料的要求选样分析，岩心每米取5~10个样品，主要做常规物性分析，要求：砂岩，应取得孔隙度、渗透率（包括绝对渗透率和相对渗透率）、饱和度、毛管压力、粒度、矿物成分、胶结类型、胶结物成分和黏土含量等数据；碳酸盐岩，除了取得孔隙度、渗透率、饱和度分析数据外，重点井应做薄片、铸体、电子扫描、有机碳和泥质含量等分析，并进行一定数量的全直径岩心物性分析。

（3）测井资料解释。

应不断总结油气层系的录井显示特征、电性特征，修订解释参数，对新钻评价井的测井资料进行数字处理和解释，逐步提高解释的符合率，提出较为准确的下列各项地层参数：

① 含油、气层数及各层的顶、底界面和厚度。

② 含油气层孔隙度、渗透率、含水饱和度和泥质含量值。

③ 低渗透油层、灰岩油层、火成岩油层应该了解裂缝、孔洞分布，厚油层应该解释隔层位置、分布。

（4）油气水样分析。

依照探明储量评价和总体开发方案必备资料的要求选样分析，分析项目有：

① 油、气样品的全组分和物理性质分析。

② 高压物性分析（PVT）。

③ 水样的水性分析。

（5）试井资料解释和产能评价。

结合钻井、录井和测井资料解释成果，并综合邻井的试井资料和解释成果，对试井资料进行处理和解释，内容包括：

① 产能大小，并分析高产和低产的原因，气井应求取二项式和指数式无阻流量。

② 油、气、水界面深度及可能的外推边界。

③ 油气层的渗透能力。

2）地震资料目标处理

针对存在的问题，从评价井资料中提取地震资料处理参数，进行目标处理。

3）储层综合评价

（1）在进行储层综合评价时，首先应完善或修正含油气层顶面构造图。

评价井实钻结果与钻前预测的结果相差较大或发现新的含油气层组时，应及时在地震剖面上重新标定含油气层顶、底界面，并重新解释地震资料，完善或修正含油气层顶面深度图。

（2）综合评价井的测井解释、试井资料、岩心分析和描述等成果，尽可能进行层间和井间的对比分析，确定：

① 油气层厚度、孔隙度和渗透率。

② 油气层含水饱和度和油气的物理化学性质。
③ 油气层日产能力和采油（气）指数。
（3）含油气边界预测。
① 综合测井解释成果、RFT 和 DST 压力资料解释和测试成果、地震平点或极性转换等特征判断油气藏的油、气、水界面。
② 依据评价井钻后完善和修正的含油气层顶面深度图、油气水界面分析，预测含油气层的横向分布范围。
③ 对新发现的含油气层（组），可选用有效的烃类检测或神经网络等新技术对含油气层进行横向追踪，预测含油气范围。
（4）探明储量。
应用已钻评价井取得的油气层评价和油气层横向预测的成果，修改储量计算参数。
采用容积法估算地质储量。
（5）开发可行性论证。
根据储层描述和探明储量的计算结果进行开发可行性论证。对于实钻结果与预测的对比分析出现较大变化时，应提出调整建议；对于储量规模大幅度减小并低于经济下限时，应提出终止评价建议。
（6）评价部署方案调整建议。
评价井实施过程中遇重大变化时，如评价井未钻遇预期的油气层或储量规模大幅度减小低于经济下限时，应根据控制储量的计算结果，提出中止评价的建议。

5. 油藏描述
1）划分与对比
（1）区域地层划分与对比。
新探区应有一口基准井（参数井）或数口探井，进行区域地层划分与对比，建立油田（油藏）范围内的完整综合柱状图，作为该区井下地层划分与对比的标准，可直接应用勘探研究成果，结合构造、沉积方向、油藏的不同位置，选择适当的剖面，进行逐井对比，沿剖面闭合，确定标志层（或辅助标志层），形成对比网络，以此显示地层发育状况及纵横向上厚度变化规律，并检验划分对比的正确性与合理性。地层主要确定界、系、统、组、段的划分，"组"以下再划分储层。
（2）储层划分与对比。
① 沉积储层应按其旋回性进行细分，主要依据是岩心和标准测井曲线。

第一章　油藏描述

一般应划分为层系、油层组、砂层组、单砂层4级。

② 对比原则以古生物和特殊岩性为基础，在对比标志层控制下，以沉积旋回为主要依据，应用测井曲线形态及其组合特征，逐级进行等时原则对比。不同地区、不同沉积相带应根据油气层沉积成因采用不同的具体对比方法。

③ 对比方法、步骤。

一是选取标志层（或辅助标志层）；二是建立对比标准剖面，通过对比确定标准剖面上各井的分层界线；三是对比各井的层组界线，根据标准井组划分结果，通过井间对比，划分其他井的油层组、砂岩组及小层的界线，并用邻井资料进行验证，通过对比确定钻遇断层井点的断点深度、断失层位、断失厚度等；四是进行区块统层，对于陆相沉积，岩相、岩性变化大的情况，在标志层控制下，应采用"旋回对比、分级控制，逐井追索，剖面闭合"的方法，全区统一。

2）构造特征

（1）区域构造描述。

应用勘探研究成果描述区域构造格局，油藏所处区域构造位置，以及对油气藏形成的控制作用，油藏构造与区域构造的关系，绘制区域构造位置图，构造单元图。

（2）油藏构造描述。

① 油藏圈闭类型。

描述油藏的圈闭类型及形成条件。圈闭类型可分为构造圈闭、岩性圈闭及地层圈闭等。

② 构造形态。

描述目的层顶面或底面的构造类型、形态、轴向、长短轴比例、两翼及倾没端的倾角、闭合面积、闭合高度、含油气高度等构造要素。

（3）断裂特征。

描述断裂系统特征：分级描述断层的展布，断层性质、条数、密度、分布形态、断层走向、延伸长度、断距、断层面倾向、倾角、充填物、密封程度等断层要素。对于断块油藏要描述断块区和断块的划分及其地质特征。

（4）构造发育史。

描述构造、断裂发育的演化史继承性及其对油气藏形成的控制作用。

（5）圈闭形态。

① 应用预探井和评价井的分层资料对地震制图层位进行严格的层位标定，修正或重新进行含油气层组顶、底界面的对比解释。

② 根据地震测井资料和地震速度资料的精细解释建立速度场，进行时—深转换，修正或重新编制油气层顶底界面深度构造图，确定圈闭的形态和规模。

3）储层描述

(1) 储层沉积相及物性特征分析。

① 含油气层段沉积相分析（尽可能地进行单井的层序地层学分析和地震相分析），追踪储层的纵横向分布，建立含油气层段的沉积模式。

② 综合层序地层或沉积旋回、岩性组合和分隔性等特征，拾取标志层，划分油气层组。

③ 综合各井岩心的观察描述成果，进行储层的岩相微相划分，并统计和分析储层的岩性及物性特征。

(2) 储层孔隙结构及成岩作用特征分析。

① 储层岩石学和成岩作用特征，采用岩石薄片、电镜扫描、X—衍射等资料确定储层的岩石成分、结构、胶结类型及主要的成岩后生变化。

② 储集类型及孔隙结构特征分析，采用岩石图像分析、电镜扫描和毛管压力（压汞）等资料，确定控制流体流动的孔隙空间类型和结构特征。

③ 储层物性和孔隙结构特征的主要影响因素。

(3) 储层特征分析。

综合沉积相、岩相、岩心分析和测井解释数据等资料，划分成因相连的砂体单元或岩相组合单元，确定其几何形态、规模（长、宽、厚）、空间展布方向及岩石物性等特征构成或分布模式。

(4) 储层分类与评价。

根据储层岩性岩相、物性、孔隙结构等特征并结合单层测试成果划分Ⅰ、Ⅱ、Ⅲ类储层级别，统计各油气组（单元）各类储层的比例，并对其优劣做出评价。

4）储层参数

(1) "四性"关系研究。

① 综合岩心分析、测井资料和测试资料，确定储层的岩性、物性、电性和含油气性四性特征及其相互关系。

② 应用测井资料建立求取孔隙度、饱和度、泥质含量、渗透率的经验公式和确定油、气、水、干层的解释标准。

(2) 有效厚度下限研究。

以岩心分析资料为基础，通过对岩石物性参数、孔隙结构、相对渗透率

关系进行分析研究,结合单层测试结果的验证,确定有效厚度下限的标准。有效厚度下限的标准一般包括:

① 孔隙度、渗透率等物性下限值。

② 测井下限参数值。

③ 对于砂岩层有效厚度的起算厚度一般认为 0.2m。

(3) 测井储量参数解释。

应用多井测井资料综合解释,确定:

① 有效孔隙度。

② 含水饱和度。

③ 有效厚度。

④ 建立含水饱和度相关公式,如含水饱和度与孔隙度、渗透率和油(气)柱高度的关系等,为含水饱和度空间变化的描述提供依据。

(4) 储层地震属性参数解释。

选取有效方法对储层进行地震特殊处理,以便:

① 提取地震属性参数,如振幅、频率、能量、层速度、反射强度等,与储层孔隙度(渗透率)、饱和度、厚度、净毛比等参数进行相关性分析,选择相关性好的参数,建立经验数学模型或定量解释图版。

② 应用正反演模型技术,分析地震属性参数与储层厚度、孔隙度等参数的相关性,建立响应关系,阐明储层参数在平面上的变化趋势。

5) 油气藏特性

(1) 油气藏温压系统分析。

① 综合各井的钻杆测试(DST)和重复地层测试(RFT)资料解释成果,确定温度、压力系统,并分别求取各油气层的压力梯度值、中部压力、压力系数和各油气层中部温度、地温梯度值。

② 对压力异常和温度异常段,要进行异常形成的原因分析。

(2) 油气藏流体性质及分布。

① 含油气面积。

结合单井气、油、水界面信息和油气藏描述确定的油气层物性下限,综合圈定含油气范围和面积。

未查明含油(气)边界的油气藏,应按地质特征综合各种资料圈定面积,也可用边缘产油(气)井半个井距(探井情况下不能太大)圈定含油(气)面积,但应经油(气)田开发及生产动态资料进行验证。

② 流体性质及分布。

统计各井的油、气、水分析资料包括地面脱气原油性质、原始气油比、天然气性质、地层水性质、地层条件下的原油（气）性质等，进行井间和层间对比，确定流体性质的变化规律，划分含油气单元，确定各含油气单元的油、气柱高度。

(3) 产能分析。

① 依据各井测试资料解释成果，确定各含油气层段（单元）的无阻流量、生产压差（或采油指数）和有效渗透率。

② 分析产能变化及高产的条件。

(4) 天然能量及驱动类型研究。

应依据下列分析确定：

① 油气藏是否存在气顶及边、底水，包括气顶的膨胀量，边水活跃程度和与油气层连通水体的体积。

② 油气层的地层压力、温度、饱和压力和地层条件下的流体性质、弹性膨胀系数，以及油气的体积压缩系数、气油比、油气黏度比、气体溶解度等。

6) 储量计算

在油藏描述的基础上，进行探明储量的计算。

(1) 合理确定储量计算的多项参数。

包括油藏面积、厚度、孔隙度、饱和度、相对密度等，建立各油气层（组）和各单元的用于地下、地表油气体积的换算关系，计算平均值。

(2) 探明储量计算及评价。

按《石油储量规范》和《天然气储量规范》的标准执行。

7) 静态地质模型

(1) 基本方法。

① 以地震资料为主，根据地震属性参数分析建立的经验模型或图版和井点资料对地震资料的标定，应用油藏描述软件，将地震信息平面图或三维数据体转换成储层参数平面图或数据体。

② 以地质资料为主，根据储层构造形态及井点条件约束或二维、三维地震数据体相关属性参数的宏观条件约束，采用地质统计法模拟软件，将各成因单元砂体或岩相组合体的几何形态和侧向延伸表现在三维空间，并以此确定储层参数的三维空间分布，建立储层三维静态模型。

③ 对薄层、含油气面积不大、地震属性参数与储层参数相关性差的油气层或油气藏，可综合地层和构造分析，用井点储量参数进行井间内插或辗平计算，确定储量参数横向分布。

(2) 地质模型的内容。

① 骨架模型。

骨架模型包括构造骨架、断层骨架以及储层骨架。

充分利用地震、地质、测井、动态资料等多信息构筑三维骨架模型，并在此基础上建立储层的三维参数模型。

② 参数模型。

参数模型包括储层厚度、储层孔隙度、储层渗透率以及含油气饱和度。

油气层厚度：描述油气层厚度（包括毛厚度和有效厚度）的平面变化和三维空间的展布特征。

储层孔隙度：描述储层孔隙度（包括储层孔隙度和含油气层有效孔隙度）的平面变化和三维空间的展布特征。

储层渗透率：描述储层渗透率、含油气层有效渗透率的平面变化和三维空间的展布特征。

流体饱和度：描述含油气饱和度的平面变化和三维空间的展布特征。

四、评价阶段油藏描述的精度要求

1. 油藏构造

提供目的层顶面或底面 1∶10000（或 1∶25000）构造图，描述并确定三级以上断层。

2. 三维地质模型

地质模型的建模单元要求达到砂组（主力油层）。地质模型的平面网格精度要求：200m×200m，垂向上视油藏具体情况确定描述单元精细程度。

第三节　开发阶段油藏描述

一、精细油藏描述、阶段划分与主要任务

1. 精细油藏描述的定义

开发阶段油藏描述通常也称为精细油藏描述。所谓精细油藏描述是指油

田投入开发后,随着开采程度的加深和动态资料的增加,所进行的精细地质特征研究和剩余油分布的表征,最终形成可视化定量的三维数值模型等工作。在油气田正式开发方案实施后,开发基础井网已全部完成,在获得多种新增资料的基础上,所开展的深入细致的油藏描述工作。

2. 精细油藏描述的目的和意义

精细油藏描述的目的是提高油田最终采收率。针对已开发油田,特别是在油田开发的中后期,充分利用各阶段所取得的油藏资料信息,对油藏开发地质特征做出现阶段的认识和评价,并在此基础上不断完善储层预测三维地质模型,为下一步油田开发采取措施,并提供地质依据。

3. 精细油藏描述阶段的划分及主要任务

油藏描述本身是一个动态的过程。因此,处于不同的开发阶段,精细油藏描述的任务和成果要求也是不同的。

1) 精细油藏描述阶段的划分

根据开发阶段的划分,我们将油藏描述也分为 3 个阶段,不同阶段其内涵不同。

(1) 开发初期精细油藏描述。

该阶段开发基础井网全部完钻后,依据前期油藏评价的认识和新增资料基础上进行的精细油藏描述。其任务是油藏地质再认识,落实构造、断层、油层分布及砂体连通状况、油气水界面、储层参数等,检查开发方案设计的符合性,完善静态地质模型,为储量复算、射孔、井别调整等提供地质依据。

(2) 开发中期精细油藏描述。

该阶段采出可采储量的 50%~60%,高黏油可达到 60%。精细油藏描述的对象是主力油层水淹状况及潜力,非主力油层水驱潜力。主要任务是描述储层层间、平面的变化,认识油层储量动用状况、水驱控制程度、储层水驱受效情况及水淹状况、落实可采储量大小等,为井网局部、全部调整或层系调整提供地质依据。

(3) 开发后期精细油藏描述。

该阶段油田开发基本处于高含水、高采出程度的双高时期,描述的主要对象是单砂体、流动单元及其剩余油分布。其主要任务是认识油层储量动用状况、水驱控制程度、油层水驱受效及水淹状况、可采储量大小等,主要围绕寻找剩余油,为进一步调整、挖潜,提高最终采收率提供地质依据。

生产实际中,由于一般很难将开发中期和后期严格区分开,也经常将二

第一章 油藏描述

者通盘考虑。

2）精细油藏描述研究的内容

开发地质工作的主要任务是进行油藏描述，油藏描述的任务就是揭示油藏的开发地质特征。所谓的开发地质特征即指油藏所具有的那些控制和影响油气开发过程，从而也影响所采取的开发措施的所有地质特征。根据我国注水开发的实践，油气藏的开发地质特征概括起来可分 9 个方面（裘怿楠，1996）：

（1）储层构造形态、倾角，断层分布及其密封性，裂缝发育程度。

（2）储集层的岩性、岩石结构、几何形态、连续性，储油能力和渗流能力的空间变化，即储层各项属性的非均质性。

（3）隔层的岩性、厚度及空间变化。

（4）储层内油、气、水的分布及相互关系。

（5）油、气、水物理化学性质及其在油田内的变化。

（6）油气藏的压力、温度场。

（7）水体大小，天然驱动方式及能量。

（8）石油储量。

（9）与钻井、开采、集输工艺有关的其他地质问题。

在《现代油藏描述技术》（王志章等，1999）一书中对于开发后期的精细油藏描述，提出了需要描述和表征的 8 项内容：

（1）高分辨率层序地层学分析及流体流动单元的划分。

（2）井间非均质参数的随机模拟。

（3）储层属性参数的变化及表征。

（4）储层在水驱或注水开发后期的变化及非均质特征。

（5）油藏预测模型的建立。

（6）剩余油饱和度、分布特征及储量复算。

（7）目前流体性质的变化及其与储层相互作用等油藏地球化学特征。

（8）目前温度、压力分布特征，边水及底水的水体体积变化特征。

可见，油藏描述的内容无论如何划分，但依然围绕着 3 个基本论题，即：构造、储层、流体。只是进入开发阶段后，储层的刻画已成为核心，构造是储层的构造，流体是储层内的油气水分布，而储层本身的非均质性更是油藏描述的重点。开发地质工作的主要任务是油藏描述，储层的刻画与表征则是油藏描述的核心。因此，油藏描述的任务就是揭示油藏的开发地质特征。

4. 精细油藏描述成果要求

精细油藏描述最终成果要求提供三维可视化、数字化储层预测地质模型。精细油藏描述围绕剩余油分布这个核心目标，充分利用各种静态和动态资料，深入细致地研究油藏范围内，井间储层和油藏参数的三维分布以及水驱过程中储层参数和流体性质及其分布的动态变化，建立反映油藏现状的精细的、定量的预测地质模型；并通过水驱油规律、剩余油形成机制及其分布规律的研究，建立剩余油分布模型，从而为下一步的调整挖潜及三次采油提供准确的地质依据，为最终提高采收率奠定基础。

在进行油藏描述工作时，我们的研究人员要基本明确资料的占有程度和所处的特定阶段，要以科学的态度进行研究。在没有足够充分和足够精细的资料（开发初期）时，要求达到开发后期才能做出的精细结果是不可能的；当然也不能占有了足够丰富的资料（开发后期），该描述清楚的却讳而不及，敷衍了事。

二、精细油藏描述通用内容和各开发阶段的精度要求

1. 精细油藏描述的通用内容

1) 油层划分与对比

根据沉积的旋回性、地层岩性、油气水分布、岩石学特征、电性特点，结合层序地层、地震地层学划分油层组；并结合新增的油藏静、动态资料核实油层组、砂层组、砂组和小层划分的准确性。

（1）描述标志层及辅助标志层岩性及电性特征，建立油气层对比标准剖面。

（2）描述油层组、小层厚度在平面上的变化规律。

（3）描述隔层岩性、物性，层组之间隔层及砂组内小层之间的隔层厚度分布。

2) 储层构造及断裂特征描述

结合以前对储层构造形态、倾角，断层分布及其密封性和裂缝发育程度的认识完善下列描述。

（1）构造描述。

在新增资料（特别是钻井资料）的基础上不断修正以前对储层构造的描述，包括构造类型、形态、倾角、闭合高度、闭合面积、构造被断层复杂化

第一章 油藏描述

程度，构造对油藏的圈闭作用等。

（2）断裂特征。

在新增资料的基础上，不断修正以前对断层的描述，包括断层的分布状态、密封程度、延伸距离及断层要素（走向、倾向、倾角及变化、断层落差及在平面上的变化），描述断层与圈闭的配合关系以及断层对流体分布、流体流动的作用。

（3）地应力及裂缝描述。

对于裂缝性油藏或低渗透砂岩油藏重点描述。

① 地应力。

结合以前对地应力的认识，描述目前地应力状况，包括最大主应力和最小主应力方向和大小。

② 裂缝描述。

岩心观察描述裂缝：结合以前对裂缝的认识，描述裂缝性质、产状及其空间分布、密度（间距）、开度、裂缝中的填充矿物及填充程度、含油产状、裂缝与岩性的关系等。

测井资料（地层倾角测井解释、井下超声波电视）描述裂缝：描述裂缝主要发育方向、次要发育方向、裂缝网络系统以及裂缝产状等。

利用其他资料对裂缝进行描述。

3）储层描述

储层描述基本单元是流动单元或单砂体，至少到小层。

（1）沉积相和沉积微相描述。

① 沉积背景及沉积物源。

根据区域岩相古地理背景，古生物及岩矿标志反演古气候特征及变化。根据岩石相、岩石组合及轻、重矿物成分等在平面上的变化描述物源方向。

② 岩石相及组合。

根据岩心观察归纳岩石相类型，描述不同岩石相颜色、沉积结构、沉积构造、生物构造等，并描述岩石相组合特征。

③ 沉积微相。

根据岩石相类型在垂向上的组合关系，划分出不同的沉积微相类型，描述不同沉积微相的特点，包括岩性、沉积韵律、厚度、电性等。

④ 剖面微相储层结构特征。

根据沉积微相和砂体纵横向展布特征（砂体的发育程度、横向连续性、规模和剖面的几何形态等）划分不同类型的储层结构，描述储层纵向非均质性。

⑤ 平面微相展布特征。

根据砂体展布规律和电性，描述微相平面展布特征，描述平面储层或砂体的非均质性，并编制出主力砂体的平面微相图。

（2）储层物性及非均质性。

① 储层物性。

研究储层的"四性"关系，建立储层物性参数模型。描述影响物性的主要因素及相互之间的关系，编制平面等值图、直方图、关系曲线图等。双重介质储层总孔隙度，裂缝孔隙度与岩块孔隙度占总孔隙的百分比；裂缝与岩块对储层渗透能力的贡献。

② 储层宏观非均质性。

层内非均质性：根据夹层的岩性、物性、发育程度和沉积微相分类描述层内夹层的成因类型和分布特征，描述夹层对储层分隔和连通性的作用；根据岩心分析的岩性、粒度、物性，结合电性特征描述砂层内渗透率在垂向上的分布规律，确定其渗透率韵律性；根据储层纵向上各层组夹层分布频率和非均质特征参数（渗透率非均质系数、变异系数、渗透率级差及突进系数等）来描述储层的层内非均质性。

层间非均质性：根据隔层的岩性、隔层分布的受控因素描述隔层的特征及频率，包括渗透率和厚度及电性显示特征等。根据储层隔层分布和非均质特征参数（厚度、变异系数、渗透率级差及突进系数等）来综合描述储层层间非均质性；建立储层层间纵向物性分布模型，描述层间纵向物性分布特征。根据层间非均质性的描述结果，分析注水采油中存在的层间差异及目前注采关系的合理性，对进一步改进注采关系提出建议。

平面非均质性：根据砂体钻遇率，井间对比、沉积微相研究结果预测储层砂体平面上的形态、规模及连通情况，又根据动态资料的统计来验证其正确性。根据砂体平面含油气分布以及油层在平面上分布的非均质性，将油层平面上的分布进行分类，描述其分布类型及规模。根据油层展布特点，按平面形态、长宽比、含油面积、主控要素及储量大小对各类油层进一步细分含油单元。根据砂体孔隙度和渗透率的平面分布，描述平面上渗透率分布的非均质性，厚层状储层水平渗透率与垂直渗透率的关系。

（3）储层微观孔隙结构。

① 孔隙类型。

描述薄片、铸体、电镜观察到的储层孔喉情况，参考成因机制，确定储层孔隙类型（原生孔、次生孔、混杂孔隙类型等）；并描述对储层储集和渗流起主导作用的孔隙类型。

② 喉道类型。

根据岩石颗粒接触关系、胶结类型、颗粒形状和大小描述喉道的大小和形态，描述对储层储集和渗流起主导作用的喉道类型及特点。

③ 孔隙结构特征参数。

利用代表性的毛管曲线和铸体图像分析确定出孔隙结构特征参数，主要包括：排驱压力（MPa）、中值压力（MPa）、最大孔喉半径（μm）、孔喉半径中值（μm）、吼道直径中值（μm）、相对分选系数、孔喉体积比、孔隙直径中值（μm）、平均孔喉直径比等。

④ 储层分类。

根据孔隙度、渗透率、孔隙结构特征参数、毛管压力曲线特征、岩石学特征和沉积微相等资料，以渗透率为主对孔隙结构特征参数进行相关分析，确定分类标准，并对孔隙结构和储层进行分类，描述各类储层的物性及孔喉特征。

⑤ 孔隙结构影响因素。

分析影响储层孔隙结构的主要地质因素，比如成岩作用对孔隙大小的影响等。

⑥ 储层黏土矿物分布特征。

根据电镜扫描、X—衍射分析观察黏土矿物主要类型，根据黏土矿物在储层中的分布特点以及与颗粒的接触关系描述黏土矿物在储层孔喉中的产状。

⑦ 储层敏感性分析。

根据敏感试验结果描述储层的水敏、酸敏、碱敏、盐敏、速敏、压敏特性，描述这些敏感性对油田开发（注水强度、开采速度、注入水水性、水质、储层渗流性能等）的影响以及开发中应注意的问题。

⑧ 储层评价。

通过以上的储层描述对储层进行分类评价。

4）储层流体分布及性质

（1）油气水分布特征。

① 油层、气层、水层再认识。

在新的测井和试油资料基础上，加上以前相关资料的重新处理，重新建立油气水层解释模型或划分标准，重新进行油层、气层、水层解释，重点描述油层划分的符合率。

② 油气水分布特征。

描述储层单元油气水分布特征，包括储层垂向和平面分布特征以及储层油气水层的关系。

（2）流体性质。

① 地面原油性质和地层原油物性（单次、多次分离）。

② 天然气性质。

③ 地层水性质。

④ 分层编制流体各项参数（主要为原油黏度、密度、地层水矿化度）的平面等值图、统计表，描述流体在平面上的变化特点。

5）渗流物理特征

（1）岩石表面润湿性。

依据岩样润湿性实验结果确定其表面润湿性。

（2）相对渗透率。

通过相对渗透率（油水、油气）实验，了解储层的束缚水饱和度、残余油饱和度、驱油效率、油水、油气共渗区等参数的变化情况及其特点。

（3）驱油效率。

通过实验，确定不同注水方式下的驱油效率和残余油饱和度。

6）油藏的温压系统

（1）压力系统。

根据所有阶段的测压资料，分别确定不同时期油、气、水层压力，描述现今的油藏压力系统，并根据实验和理论计算确定地层破裂压力。

（2）温度系统。

根据实测温度，确定油藏油、气、水层温度，描述油藏温度系统。

7）驱动能量和驱动类型描述

（1）驱动能量。

根据现有的资料描述油藏的驱动能量，包括弹性能量、溶解气能量、气顶能量以及边、底水能量大小等。

（2）驱动类型。

主要描述油藏的能量驱动类型。

8）三维地质模型

油藏描述的最终成果是建立一个三维的油藏地质模型。

（1）储层静态模型。

根据油藏构造、储层、油水系统等特征建立油藏地质模型。地质模型要

第一章 油藏描述

充分体现层内非均质性的变化，储层、夹层的纵、横向展布等。地质模型包括构造模型、储层模型和流体模型。

（2）储层三维预测地质模型。

在三维静态地质模型的基础上，结合油田生产动态资料，用动态历史拟合修正静态模型，为数值模拟提供比较合理的三维预测模型。

2. 各开发阶段精细油藏描述的精度要求

1）开发初期精细油藏描述

（1）油藏构造。

提供各油层顶面或底面构造图（1:10000），构造幅度大于20m，等高线小于20m，应表现断距大于40m，长度大于200m的断层。

（2）测井解释。

油气水层判别的图版精度达到90%以上，解释符合率达到85%以上。

（3）地质模型。

地质模型的建模单元要求达到小层，其网格的精度要求为：200（100）m×200（100）m×2.0（1.0）m。

2）开发中期精细油藏描述

（1）重点描述内容。

①静动态资料相结合，描述储层构造、断层切割程度及对流体连通的影响。

②进一步落实油气水分布。

③储层物性、非均质性及油层连通状况，基本单元是小层或单砂体，分别做出小层平面分布图。

④各类油层见水、水驱见效及水淹状况，做出分层水淹状况平面图；沉积相细分到亚相或微相，描述不同沉积微相与小层水淹状况的特点。

⑤落实可采储量。

⑥完善储层静态地质模型，建立动态预测地质模型。

（2）描述精度要求。

① 构造幅度≥5m，等高线间距≤5m，断距≥10m，断层延伸长度>100m。

② 测井解释分辨率可以分辨出0.5m夹层，水淹测井可以解释≥2m。

③ 一般初期静态地质模型的三维网格精度要求：200m×200m×2m；预测地质模型的三维网格精度要求：150m×150m，要求垂向分辨率达到小层。

④ 精细描述成果应用符合率≥70%，应用符合率是指调整井初含水、单

井产量、单井增加的可采储量、储层水驱控制程度及注采对应率与方案设计指标的符合率。

3) 开发后期精细油藏描述

(1) 新增描述内容。

① 储层微构造。

研究单砂体或流动单元本身的起伏变化所显示的微构造特征，包括小高点、小构造、小断层等，描述微构造剩余油富集的有利圈闭及微构造与剩余油的关系。

② 沉积微相对注水开发的影响。

根据不同沉积微相的物性特征和砂体展布，描述不同沉积微相类型对注采关系，即储层油水运动规律的影响，重点描述不同沉积微相对注水效果的影响，进而研究不同微相与剩余油的关系，分析剩余油富集区，为储层挖潜提供地质依据。

③ 储层流动单元。

a. 渗流屏障的划分：划分并确定渗流屏障类型，包括连通体之间的屏障、连通体内部的局部屏障，比如泥岩屏障、钙质屏障和封闭性断层屏障等类型，并描述储层主要的屏障类型。

b. 连通体的划分及平面分布：根据单砂体划分对比、沉积微相、储层结构及渗流屏障分布划分连通体。又根据各井单层划分对比及上、下单砂体间的垂向屏障确定连通体的垂向关系，然后根据沉积微相和断层分布确定连通体的平面分布。

c. 渗流差异及渗流单元分类：根据历年的吸水剖面参数（主要是吸水强度）和不同储层参数（孔隙度、渗透率、渗透率与孔隙度比、流动系数、流度、声波时差相对值和电阻率等）的相关性确定渗流主控参数。

根据主控参数和层内渗透率突进系数，确定分类依据，综合考虑各参数的相互关系和变化趋势进行储层渗流单元分类，并描述各储层渗流单元的特点。

d. 流动单元的平面展布：根据连通体划分和井点储层渗流单元分类，考虑沉积微相的影响在井间进行流动单元划分，建立流动单元的二维模型，绘制小层或单层流动单元的平面分布图，并描述其平面展布特点。

e. 流动单元对储层油水运动的控制：根据单层各注入井与采出井的受益特征，建立各层注入和采出与流动单元、沉积微相及连通状况建立关系，分析不同流动单元采出井见水特点，说明地下储层油水运动的特征。

第一章　油藏描述

④ 油气水分布特征。

a. 水淹层解释及判断：根据储层水淹前后岩性、物性、含油性及电性变化特征在测井曲线上解释水淹层，根据测井曲线判断油层是否水淹，通过"查特征、比邻井、找水源"分析对比，综合评价后，定性指出水淹层位和水淹级别。结合动态资料，分析试油、压汞等资料，利用电阻率相对法建立水淹层模型。

利用激发极化电位和自然电位组合测井、C/O 比能谱测井、硼中子寿命测井、核磁共振测井或其他新方法测井定量计算储层含油饱和度，划分水淹级别，判断油层水淹状况（弱、中、强水淹层）。

b. 油气水分布特征：在储层精细对比、单砂体顶面微构造研究的基础上，根据测井解释结论和生产动态资料，结合地质规律以及综合分析，划分储层空间封闭单元（三维空间的独立砂体，有独立的油水系统），描述油砂体封闭单元的分布。

描述储层封闭单元油气水分布特征，包括储层垂向和平面分布特征以及储层油气水层的关系。

c. 剩余油富集因素及富集区：分析油藏含油单元的主要地质控制因素，油气富集的主要因素，再根据油气水层平面和垂向分布特征、水淹层分布状况以及油水关系，分析不同油砂体剩余油分布特征，确定剩余油富集区或富集带及今后挖潜剩余油的有利区带。

⑤ 开发后储层结构、流体及其他的变化。

a. 开发后储层结构的变化：研究注水前后分层位、分相带、分区块、分岩性的油藏参数变化规律及变化机理，描述这些参数变化的规律及目前的特点。

描述开发过程中所采取的增产措施带给储层结构的变化，包括储层物性、微观孔隙结构、黏土矿物、润湿性的变化等。

b. 开发后流体的变化：描述油藏开发后油、气、水性质及水饱和度在油藏在纵向和横向上的变化。

c. 其他变化：描述油藏开发后其他的变化，包括温度场和压力场的变化等。

⑥ 剩余油定量预测。

根据复算结果提供较为可靠的剩余油三维空间上的定量分布，描述剩余油分布规律；指出有利剩余油富集区，较为有利剩余油富集区。

（2）描述精度要求。

① 构造与断层。

表现出幅度≥5m 的构造，微构造图的等值线间距≤3m；应表现出断距≥5m，延伸长度<100m 的断层，比例尺不小于1:5000。

② 基本地层单元。

单砂体或流动单元，原则上应该尽可能描述出最小一级的分隔体。

③ 三维地质模型。

三维地质模型要求反映平面上 10 米级的变化，纵向上分米级的变化。建模单元 50（20）m×50（20）m×0.5（0.2）m。

④ 测井解释。

测井解释的分辨率能分辨出 0.2m 的隔、夹层，测井解释水淹层的分辨率≥1.0m。

⑤ 预测符合率。

成果应用后，油藏或区块的主要开发指标要达到方案预测指标的 80% 以上。

第四节　油藏描述与水平井技术

油藏描述技术和水平井技术几乎都是在 20 世纪 80 年代发展起来的与油气田开发密切相关的两项重要技术。油藏描述是 20 世纪 70 年代末开始出现，20 世纪 80 年代发展起来，并随着计算机和各种勘探开发技术的发展，油藏描述的内容得到了迅速的扩展和完善，从而形成了一项对油气藏进行综合研究和评价的一门综合技术。油藏描述将地质、地震、测井、生产测试和计算机技术融为一体，为油藏格架、储层属性及其内部的流体性质、空间分布等进行全面的综合分析与描述，建立一个三维定量的油藏地质模型，从而为最终合理开发油气藏制定开发战略和技术措施提供可靠的地质依据。而水平井技术是通过扩大油层泄油面积增加油井产量、提高油田开发经济效益的一项重要技术。水平井最早出现在美国，但直到 20 世纪 80 年代才开始大规模工业化推广应用，从此进入了为人们所关注的视野。我国于 20 世纪 60 年代就在四川碳酸盐岩储层中尝试过水平井采气，但限于当时的技术水平，未取得预期的效益。直到 1988 年，随着世界上水平井的规模化和工业化应用，国内首先在南海完钻 LH11-1-6 水平井，并先后在陆上的胜利、新疆、辽河等油田开展攻关进而推广应用，取得了较好的开采效果。近几年来，国外水平井技

第一章 油藏描述

术又有了新的进展,主要包括:分支水平井、大位移水平井、水平井注水或注蒸气以及地质导向钻井(GGD)技术、随钻测井(LWD)技术和三维显像技术等,在油田开发中显示出越来越广阔的前景。

水平井的地质设计是水平井钻井技术的重要环节,集地质研究与油藏工程为一体,主要包括钻井目的、井位部署和水平井设计三部分。为保证水平井能准确地命中靶点,进入目标窗口,针对不同目的、不同油藏类型的水平井地质设计,要进行有针对性的油藏描述,首先要对构造、油层和剩余油分布进行精细研究,准确地标出目标区的油水界面、油层顶底深度,高精度的地质模型;同时对于老油田还要描述水锥半径大小及注水见效情况,进行分析并充分考虑隔夹层的分布和影响。在获取了水平井钻井、录井、测井等资料基础上,再进而完善对油藏的认识,进一步提高油气田总体开发效益。

因此,针对水平井地质设计的油藏描述应包括三层含义,一是指水平井钻井前,集水平井区块目标层的精细构造解释、沉积微相描述、储层展布、层内夹层(阻渗层)描述、储层侧向非均质性分析、流体性质、已钻井生产状况分析、三维地质建模等为一体的油藏描述工作,目的是为下一步数值模拟和油藏工程研究奠定坚实的基础,这是水平井和侧钻井成功与否的关键;二是指水平井随钻过程中,根据地质导向钻井(GGD)、随钻测井(LWD)和井眼三维可视显像等资料,进行裂缝、油层、流体界面和油藏边界研究,以真正地进行实时层面追踪,确保井位与周围生产井、油水界面和油顶之距达到最佳;三是指完成了水平井钻井和相关的录井、测井、测试、开发等工作基础上,占有了水平井录井、测井、试油、试采等资料基础上的精细油藏描述,完善钻井前对油藏的认识。下面注重谈一、三两个方面。

一、针对水平井地质设计进行的精细油藏描述

由于在提高油田生产能力、增加储量和改善油田整体成本效益方面,取得了很好的经济效益,水平井技术日益得到重视。但是,此项技术的应用仍面临着很多需要解决的问题,其中首要问题之一就是针对水平井地质设计进行的精细油藏描述。

例如:雪佛龙公司水平井主要应用于注蒸汽油藏、天然裂缝油藏、低渗透油藏、薄油层、近海边缘带、水/气锥油藏等,表1—1是水平井的应用情况表。由表1—1可见,除了天然裂缝油藏中的17口井,其他油井的成功率均高于75%。造成天然裂缝油藏水平井成功率低的主要原因是钻井前缺乏油

藏特征资料和裂缝的有效识别手段。因此，水平井技术的应用效果，直接取决于前期的精细油藏描述的准备工作，如果在一定的油藏条件下，选井过程中做了充分的前期准备，那么水平井将会得到一个较好的效果。

表1-1 雪佛龙公司水平井应用效果（G. C. Thakur，2000）

油藏类型	钻井数，口	经济有效井，口	成功率,%
天然裂缝	17	5	29
低渗透	5	3	60
薄油层	4	3	75
近海边缘	6	5	83
水/气锥	44	42	95
合计	76	58	76

阿曼石油开发公司在8年多时间里共钻了350口水平井。在应用效果评价的最后阶段，水平井产油量（119241m^3/d），占到该公司产油量的35%。应用的主要开发对象有：底水驱重油油藏、边水驱顶部剩余油、注水开发轻油、沟通不连续的河床砂层和裂缝性油藏等。实际生产中，水平井初期平均产量提高2.5倍，最终储量提高1.5倍，而成本只增加了20%，原始地质储量增加了2%，采出了裂缝油藏中的未波及油；使低渗透、薄油层具有了很强的增产潜力；由于有些水平井沿地层倾斜方向延伸，这样1口水平井就可以穿过几个油层，从而获得了最大的顶部剩余油的空间，使得边水驱顶部剩余油得到有效动用，在25口水平井中增采了$3.97\times10^6m^3$的剩余油。可见，进行油藏精细描述以及运用精确的构造、储层和流体模型是选择水平井技术不可或缺的前提。

我国油藏类型多样，但并非所有的油田或区块都适宜打水平井。根据水平井油藏工程原理和我国目前水平井技术条件，我们结合各类型油藏特征以及国外的成功经验，目前普遍认为以下几种油藏类型适合打水平井：裂缝性油气藏、边底水断块油藏、整装高含水油藏、稠油油藏、低渗透油藏、构造岩性油藏、地层不整合油藏、薄层油藏等。

随着水平井钻井技术、随钻测试技术及油藏工程研究的不断发展，水平井应用范围越来越广泛，不同油藏类型水平井设计需要相应的精细油藏描述，除第三节述及的共性内容之外，还应在油藏描述工作中，针对不同类型的油

第一章 油藏描述

藏，精细描述的侧重点要有所不同，这就是水平井精细油藏描述的特殊性所在。

对于裂缝性油藏，重点是搞清裂缝的发育程度和分布特征，包括主裂缝延伸方向、平面上裂缝连通关系、纵向上裂缝发育段、裂缝密度及断层和区域地应力的关系等。对于边、底水断块油藏，重点是必须搞清构造断裂系统、断层与油气分布的关系。对于整装高含水油藏，重点是进行大孔道描述和准确的剩余油分布研究。对于稠油油藏，重点是流体性质和油层的展布规律。对于构造比较简单的高渗透油藏，重点是搞清储层内部结构和平面、层内非均质性。对于低渗透油藏，重点需要研究相对高渗透带的分布、裂缝的发育程度和分布情况。对于层状不整合油藏，重点是描述地层的走向、倾向及倾角，油层的层状分布特点，以尽可能地穿过较多油层。对于薄互层油藏，只有准确把握精细油藏描述的特殊性，才能保证水平井实施取得理想的效果。

同时，在水平井开发过程中，因为水平井地质设计要考虑油藏整体开发方案要求，纳入整体开发方案当中。所以，油藏描述研究成果始终要根据是否能够达到部署水平井的技术要求这一核心，区分新老区，重点各有所侧重。

水平井用于新区开发，可以较大幅度地提高初期产能，如塔里木塔中4油田的TZ4-17-H4井于1995年1月3日投产，投产初期最高日产量达到1021t，合理产能为600t。到1999年底，该水平井累计产油超过100×10^4t，含水低于1%。又如在新疆石西油田利用水平井开发裂缝底水油藏，水平井的产能是直井的4倍以上。冀东油田利用水平井开发底水油藏也取得了较好的开发效果。胜利油田利用水平井蒸汽吞吐整体开发乐安油田也取得了较好的经济效益。

很多成功的水平井开发实例说明：对于新开发区编制开发方案，论证水平井开采的适应性，油田地质资料和油藏描述的精细程度要求较高。一般要求开发基础井网比较完善，取得了足够的基础地质资料，三维地震资料达到储层预测要求的分辨率和精度，储层、流体性质的三维空间变化规律能够描述清楚，特别是对于油层厚度较薄的情况，一定要有手段将储层识别出来，并在空间上控制其分布，为水平井设计提供可靠依据。

因此，通常情况下对于新区，精细油藏描述要提供：

（1）高精度三维地震资料支持的构造解释、储层预测成果：除主要标志层顶面（底面）构造图之外，还必须要有水平井目的层顶面构造图，图幅比例不小于1:5000，等值线间距为不大于5m，一般应该提供2m间距的构造图，即目的层构造要能够反映储层顶面的微幅度变化，为水平段设计提供可靠依据。此外，还要求提供构造剖面图，包括构造横剖面图、纵剖面图等。

（2）岩心、测井等分析资料要能够满足储层评价的要求，在宏观和微观上提供储层特征的清楚认识：

①经过小层划分对比要提供目标区块标准地层剖面、小层对比剖面等。

②指出储层岩石类型、储层孔隙类型、储层裂缝特征等，提交储层岩石分类图表和参数，储层孔隙结构参数及其分类指标。明确储层物性及其空间变化以及影响储层物性的主控因素，提供各单砂体的储层物性等值图。

③弄清隔夹层类型、厚度、分布范围以及对储集油气的作用，提供隔夹层的平面分布图、等厚度、频率图等。

④对于火山岩储层、碳酸盐岩储层、基岩风化壳储层以及裂缝比较发育的砂岩储层，在常规储层特征研究的基础上，还要结合储层岩心分析实验和地球物理解释预测，搞清楚裂缝、孔洞的发育情况，提供裂缝、孔洞的空间分布图件，如裂缝密度图、裂缝（孔洞）孔隙度、渗透率等值图、裂缝发育方向图等。

（3）试油、试采等动态资料要满足清楚认识其油藏类型、流体界面的要求：搞清圈闭内部各部位流体的类型和性质，流体的温度、压力系统特征。弄清楚流体界面的形态、位置，流体界面有时受多种因素控制，不一定都是平面，这时要描述清楚界面的形态和起伏情况，提交油藏纵横剖面。

（4）精细三维油藏地质模型。

①构造地质建模：搞清楚目的层顶（底）界面的构造起伏情况，刻画油藏内部的微幅度构造三维空间形态，为水平井设计提供依据。

②储层建模：包括储层结构模型，即储层的空间分布形态；储层物性建模，即储层的孔隙度、渗透率在三维空间的分布和变化情况，以及储层内部隔夹层的分布和形态。

③流体建模：流体的类型和饱和度在三维空间的分布和变化情况，其中最为重要的是流体界面的形态和位置。因为水平井设计时到流体界面的距离是重要的设计依据。

对于老区，目前很多开发调整同样采取了水平井来挖潜剩余油，应用效果也较好，提高了油藏的最终采收率。如胜利桩1断块1-平1井，开采直井水锥之间的剩余油，于1998年9月投产，初期日产油57.5t，含水29.2%，产量为同区直井的6倍多。又如华北油田任平2井所在的任北奥陶系油藏是一个典型的裂缝溶洞型层状碳酸盐岩油藏，为了开采油藏的顶部剩余油，于1997年8月投产，初期日产油26.5t，后来增加到45t，产水率一直保持在较

第一章 油藏描述

低的水平，到1999年8月，累计产油3×10^4t，含水低于5%。成功的水平井应用证实了，精细油藏描述是成功挖潜的关键所在。根据老区调整方案中水平井的部署，精细油藏描述的主要目标是剩余油的分布，采用静态地质资料、油藏工程分析、油藏数值模拟等手段，对沉积韵律特征、水淹后储层变化、剩余油饱和度的变化、相对富集区的位置、微幅度构造、裂缝分布方向、储层内部隔夹层、流体及其界面等描述清楚，以寻找准确的挖潜目标。老区水平井地质设计要求精细油藏描述需要重点提供下列内容：

（1）沉积韵律特征、储层非均质性和水淹后储层变化特征；在正韵律顶部和水淹较差的复合韵律层，往往都是剩余油相对富集区。

（2）油层顶面微幅度构造，特别是微幅度构造脊部往往是剩余油分布区；油藏内部小断层、裂缝分布以及由于断层造成的构造变化，断棱位置描述清楚。

（3）确定渗流屏障类型，包括连通体之间的屏障、不同沉积时间单元砂体界面，连通体内部的局部屏障，比如泥岩屏障、钙质屏障和封闭性断层屏障等类型，并描述储层主要的屏障类型。

（4）描述注水前后分层位、分相带、分区块、分岩性的油藏参数变化规律及变化机理，描述这些参数变化的规律及目前的特点；描述开发过程中所采取的增产措施带给储层结构的变化，包括储层物性、微观孔隙结构、黏土矿物、润湿性等变化。

（5）提供油藏含油单元的主要地质控制因素，油气富集的主要因素，再根据油气水层平面和垂向分布特征、水淹层分布状况以及油水关系，分析不同油砂体剩余油分布特征，确定剩余油富集区或富集带及今后挖潜剩余油有利区带。

二、水平井精细油藏描述

如果说水平井是钻井工艺的一次革命的话，那么水平井开发油田又为人们认识油田地下特征提供了新的思路和视域。通常根据直井资料进行的油藏描述是在对一个个井点的单井描述，进而对井间储层的分布规律进行预测。除了地质规律的分析类比之外，预测的最直接依据来源于地震资料的解释精度和准确度，但无论地震资料解释成果怎样精确，受目前的地震资料分辨率的制约，很难做到事实上的准确。因为地震资料确定的地层和流体界面的位置存在一定的误差率，一般要求5%以下。因此，无论水平井井眼控制得如何准确，都很难做到真正的追踪目的层，尤其是对于比较薄的油气层更是这样。而水平井通常是平行储层层面的井［图1－2（a）］，当然也包括斜交或垂直层面的情况［图1－2（b）］。显然通常的水平井与直井对储层或油层的揭示程度是很不相同的。因此，直井和水平井精细油藏描述的内容、方法等也应该有所不同。水平井可以充分揭示储层侧向变化的优势，在某种意义上达到了真正井间意义上的精细刻画，这是目前任何技术方法所不及的。同时在大量的砂体展布研究基础上，求出井间砂体的变差函数，对于精细三维地质建模的意义将是一个更大的进步。

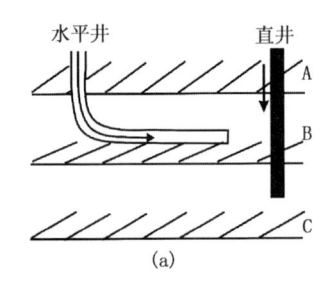

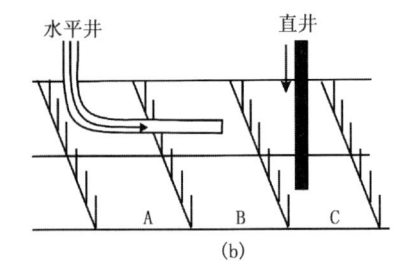

图1－2 油藏层面与水平井、直井接触关系示意图

油藏描述作为油田开发的一种综合技术，越来越多地受到人们的重视，并显示出独特的功能和作用。但是基于信息采集和资料来源的不同，在油藏描述时必须区分开两种不同井型的油藏描述，以提供最优化的地质科学依据。应用水平井所做的精细油藏描述，在方法和侧重点上应不同于一般常规直井的精细油藏描述，尽管二者共同之处都是在进行油藏特征的精细刻画，从根本上讲，最大区别在于方法有异、侧重点不同。水平井油藏描述的中心内容有两点：一是砂体的平面展布或储层单元的平面变化可以最大限度、最大精度地利用随钻测井资料、地质导向得到的实时井底地层数据等，结合地震反演资料搞清砂体的侧向延续性、储层的连通性和平面变化，除帮助现场及远程地质及工程师掌握井眼之外，还可以帮助选择和确定部署水平井的方位和部位，以确定部署下一步水平井，落实最优渗透率方向及其水平段长度等。

二是储层的平面非均质性。开发好一个油藏，特别是储层连通性差、储层非均质性严重、储层分布复杂多变的油藏，至关重要的是要对储层层内和平面的岩性、厚度、物性和含油性等进行详细描述，其中包括裂缝的发育程度、分布规律和产状特征进行统计分析。尤其是对渗透率的各向异性，力求准确描述出平面上的最高渗透率（K_{max}）和最低渗透率（K_{min}）关系。因为对

第一章 油藏描述

水平井而言，平面非均质性的影响尤其大，据统计数据显示，沿最高渗透率方向的（K_{max}）是垂直于裂缝走向的最低渗透率（K_{min}）的 16 倍。可见，要达到利用水平井高效开发油气田的目的，获取最大泄油面积和最大产油量，必须重视储层的平面非均质性研究。

总之，无论是直井还是水平井，都需要深入细致的油藏描述，油藏描述是随着油气藏开发阶段的推进而渐进的。不同开发阶段，开发决策的内容和目标不尽相同，可用资料的信息量以及对油气藏的认识和控制程度也不尽相同，油藏描述的重点内容以及精细程度也会不同。因此，进行油藏描述工作时，开发地质人员必须要首先明确所描述的对象目前正处于哪一个开发阶段，基于哪一种井型，开发决策和水平井地质设计所要依据的是哪些重点开发地质特征以及定量描述的精度范围等，有所侧重，有所突出。油藏描述总趋势是随着开发程度的提高和深入，开发阶段的向前推进，逐步由宏观向微观方向发展，由定性向定量方向发展。挑战与机遇共存，随着水平井和新二次采油技术的运用，围绕面临的开发难题攻关实践，我们相信精细油藏描述仍将会为重新构建地下地质认识体系，提高油气田开发整体效益起到不可或缺的作用。

三、水平井地质设计对油藏描述的技术要求

进行水平井地质设计必须建立在大量可靠的油藏地质资料和前期研究成果基础之上。

1. 水平井地质设计对油藏地质资料的要求

水平井的目的是要在三维空间内，沿着储层展布的有利方向钻出一个井，从而提高油藏开发对流体的控制程度，最大限度地提高储量动用程度，提高驱油效率，最终目的是提高油藏的采收率和经济效益。

为此，必须使水平井设计在最有利的位置和方向上，这就要求以丰富、可靠的基础地质资料作支撑。实际上在进行水平井地质设计之前，从技术角度来说，资料越多越好，但是考虑经济效益，通常至少需要具备以下资料基础。

1）高精度的构造解释所需资料

（1）三维地震资料。

目前看来，要达到高精度的构造，即构造层面——通常是目的层顶面构造图的等值线间距要达到 2m，比例尺不小于 1:5000，需要具备三维地震资

料，并且对三维地震的要求比较高，采集处理精度可以满足构造成图的要求。

当然如果在老开发区，井网密度已经足够大，并且地质构造相对简单，比如大庆老区，用钻井资料完全能够满足解释微幅度构造的精度要求，不做三维地震也可以。绝大多数油田特别是新区水平井设计显然是离不开三维地震的。因此这里把高精度三维地震资料作为构造解释的基础资料来要求。

（2）钻井资料。

准确的构造解释必须建立在钻井资料的基础上，即要进行水平井设计，工区内必须要有一定的探井和评价井的资料作为依据，钻井资料可以确定地层层位、对地震资料进行标定等。因此水平井部署区至少要有能够控制储层、构造框架的基础井网，否则，设计水平井的风险就很大，从技术上考虑是不现实的。

至于基础井网的密度和井距达到多少才可以设计水平井，则很难给出具体的数值界限，原则上对于储层分布稳定、构造相对简单的油田，基础井网的密度要求可以低些，而对于储层变化大、构造复杂，特别是被断层切割的断块油田则要求基础井网密度大，至少每一个小断块应该有一口评价井或探井作依据。

（3）测井资料。

为了建立起地质与地震资料的联系，需要以测井资料作桥梁，要准确描述一个地区各组地层的速度，实现时—深转换，最好选择有代表性的井点进行垂直地震测井，即VSP测井。选择井点时不要在一些特殊的位置，如大断裂带、局部的构造高点或局部的深凹。另外在不同的构造单元，如洼陷、斜坡、凸起上应该分别取得各自的VSP测井资料，以便建立比较精确的空变速度场。

2）储层研究所需要的基础资料

（1）岩心、岩屑分析化验资料。

主要目的是分析岩石的结构、构造、矿物成分、化学成分、成岩作用等。包括岩心、岩屑薄片分析、粒度分析、扫描电镜分析、X衍射分析、化学成分特别是同位素和微量元素分析、压汞分析等。除了常规的碎屑岩和碳酸盐岩储层以外，针对不同岩性分析方法和项目可以适当增减，特别是对于特殊岩性油藏如火山岩、变质岩、基岩风化壳等类型的油藏要采用相应的适用分析手段，搞清楚储层的成因和储集空间结构、类型。

通过以上分析搞清楚影响储层物性的主要因素，特别是储层岩石粒度、孔隙结构、胶结物含量及胶结类型、压实程度等，评价储层成岩作用程度及

第一章 油藏描述

其可能对开发造成的影响。

(2) 测井解释成果。

在岩石物理研究的基础上,建立工区的测井解释模型对储层进行划分、解释。岩石分析可以直接得到有关储层物性特征的各项参数,但是由于岩心分析数量有限、不能满足油藏开发和水平井设计对大量储层物性和其他储层特征的要求。因此就要利用大量的测井资料对储层物性进行解释。首先利用测井资料和岩心分析资料进行交会,即岩心分析资料标定测井资料达到适合油田或区块实际的测井解释模型。

测井资料解释储层特征主要是储层物性孔隙度、渗透率、泥质含量等,通过油田内各井测井资料解释,得到了储层物性的空间分布和变化特征,为水平井设计提供依据。

(3) 储层敏感性分析资料。

储层敏感性是影响油田开发效果的重要参数,对于水平井来说尤其重要,因为水平井的水平段是在储层中穿越,如果处理不当特别容易造成储层污染,而大多数储层污染通常是无法完全恢复的。

一般来讲储层敏感性分析包括:水敏、速敏、酸敏、碱敏、盐敏、压敏等。

通过岩石学分析和流体分析了解储层的微观孔隙结构,包括胶结物和碎屑颗粒的矿物成分、含量、地层流体中的离子组成,对可能造成的储层损害以及损害程度做出预测。在储层敏感性综合评价的基础上,对钻井、完井、注水、修井等过程提出保护油气层的措施。

储层敏感性分析所需要的岩石学分析主要包括:岩石薄片鉴定、X—衍射分析、扫描电镜、红外光谱等,主要是得出储层的主要矿物类型和含量。流体分析主要是分析地层水、注入水、钻井液及水泥浆滤液、射孔液(包括压裂液、酸化液、修井液)等当中的离子类型和含量。

储层水敏性评价主要是研究储层中水敏矿物的特性。通常是研究储层中的黏土矿物经各种井下工作液浸泡后引起的体积膨胀而导致的水敏性。

(4) 储层沉积相研究。

沉积相是储层沉积时客观环境的反映,对储层特征分析具有重要意义。对于压实程度不高,原生孔隙保留较多的储层而言,沉积相是控制储层物性的重要因素,因此水平井最好设计在有利相带。

进行沉积相研究需要大量资料作依据,主要是一些指相标志,如岩性标志、成因标志、电性标志、地震标志等。岩性标志通常要有岩石的颜色、结构、构造等以及韵律等能够反映沉积环境和水动力条件的特征。成因标志包括化学成因标志和生物成因标志。化学成因标志通常有黏土、化学和生物化学岩的颜色、自生矿物、有机质、微量元素（锶、钡、镁、铁、锰、氯等）、碳和氧同位素等，用来分析沉积介质的物理化学条件。生物成因标志则是指生物化石的类型、形态、大小、成分、分布、丰度、保存完好程度，遗迹化石的类型、保存状况、丰度、产状、组合关系及植物根迹等，来分析古沉积环境。电性标志是利用自然电位、自然伽马、电阻率、密度、声波时差等测井曲线来分析古沉积环境，划分沉积相，利用地层倾角测井判断沉积构造（如层理、层面特征）恢复古水流方向。地震标志是利用地震反射特征、形态和内部结构来划分地震相，然后利用钻井和测井资料标定和解释地震相，实现地震相向沉积相的转换。

(5) 储层非均质性研究。

储层非均质是指储层在平面上、纵向上的变化情况。包括层内非均质、层间非均质、平面非均质等。

储层非均质性包括宏观非均质性和微观非均质性两种。宏观非均质性是指储层的几何形态，空间分布及孔隙度、渗透率等参数的变化；微观非均质性主要指储层微观孔隙结构特征，主要研究内容有孔隙喉道分布、黏土基质及砂粒排列方向等。

宏观非均质性研究主要是利用孔隙度、渗透率、砂岩厚度、夹层数来揭示储层在平面上、垂向上及层间非均质性的变化规律，通过以下3个参数来实现。

渗透率变异系数：一定井段或统计样本群落内各砂体渗透率的标准偏差与均值的比值，数值越大，说明非均质性越严重。

渗透率突进系数：一定井段或统计样本群落内样本渗透率最大值和平均值的比值，数值越大，说明非均质性越严重，容易形成单层突进。

渗透率级差：一定井段或统计样本群落内样本渗透率最大值和最小值的比值，数值越大，说明非均质性越强。

层内非均质性是描述在一套储层内部储层岩石的粒度、胶结物成分和含量、孔隙结构、物性参数等的变化情况。通常需要岩石薄片分析、压汞、电测曲线形态观察等得出储层的沉积韵律、孔隙结构、胶结类型、物性非均质参数（级差、变异系数等）。

层间非均质是指不同的储层之间岩性、物性、含油性的差异。

平面非均质是指储层物性在平面上的变化情况。一般包括储层有效厚度、

第一章　油藏描述

储层物性、隔夹层厚度和层数等在平面上的变化情况。

（6）储层裂缝特征研究。

储层是否发育裂缝、裂缝密度、方向等参数对水平井设计十分重要，因此需在进行水平井设计之前要有比较好的裂缝研究基础。裂缝的研究一般从岩心观察、地层倾角测井、成像测井等入手进行研究。所以，在水平井设计之前应该具备主力层段的系统取心、探井或评价井地层倾角测井、成像测井资料，具备条件的地区还要利用三维地震资料进行储层裂缝的三维空间分布进行预测。

3）流体及流体界面研究所需要的基础资料

储层流体主要是指原始状态下或水平井钻井前已经存在于储层当中的流体，因此主要是油、气、地层水和混合水（注水开发过程中的地层水）。要搞清楚地层流体的类型和性质主要途径和方法包括：已钻井的录井、气测资料分析、试油生产数据等，油、气、水层测井解释结果，流体分析。

通过已钻井的岩心、岩屑录井资料，观察油气显示级别，结合气测录井的烃类气体含量和组分，可以帮助判断储层的流体类型，而试油资料得到的则是实际的流体性质和含量的数据，是最直接的证据。通过岩石物理分析和试油资料校正，可以对测井曲线进行解释，划分储层并解释流体类型和饱和度，通过测井解释可以给出没有经过试油井层的流体性质分布。流体分析包括原油物性分析：地面原油物性主要是密度、黏度、凝固点、含蜡量、胶质+沥青质、初馏点及馏分等，地层原油物性主要包括地层压力、原油密度、黏度、饱和压力、溶解气油比等。地层水分析包括离子类型及含量、总矿化度、水型、酸碱度等指标。天然气分析包括相对密度、黏度、组分及含量等。

流体界面是油藏地质研究的重要参数之一。判断流体界面主要是油水界面、气水界面、油气界面，对水平井设计尤其重要，因为水平井在储层中穿越时如果距离油水界面过近，可能造成水平井失败或开发效果不理想。

4）温度、压力状况研究所需资料

地层温度、压力状况对水平井钻井施工安全以及油气层保护十分重要，是必须提供的重要参数。因此，在进行水平井设计之前应该有充分的测温、测压资料作依据。温压资料通常通过井下仪器直接测量和钻井参数分析等方法获得，但在目的层段必须是直接测得的温度、压力。利用井点的温压测量结果，建立起油藏范围内的温度、压力场，对水平井可能钻遇的异常温度、压力进行预测，给出每个层段的温度、压力范围和梯度变化。

2. 水平井地质设计对油藏描述的要求

在进行水平井地质设计之前，要求要有比较高的前期地质研究为基础，对油藏的认识已经比较清楚，构造、储层、流体特征刻画细致，并能够建立起精细的地质模型。

1）水平井地质设计对构造研究程度的要求

水平井地质设计要求有高精度的构造研究成果为基础。除主要标志层顶面（底面）构造图之外，还必须要有水平井目的层（即小层）顶面构造图，图幅比例不小于1∶5000，等值线间距为不大于5m，一般应该提供2m间距的构造图，即目的层构造要能够反映储层顶面的微幅度变化，为水平段设计提供可靠依据。

除构造图之外，还要求提供构造剖面图，包括构造横剖面图、纵剖面图，特别要求做出沿水平井投影方向的构造剖面，详细刻画构造的起伏情况。

2）水平井地质设计对地层划分对比的要求

地层的划分和对比是构造解释的基础，通常进行地层划分需要具备以下资料：岩屑、岩心录井资料，薄片分析资料，古生物特别是孢粉分析资料，测井资料等。

通过岩屑、岩心录井资料，可以观察岩层的颜色、岩性变化，建立岩性柱状剖面，作为地层划分对比的基本依据。另外，岩心观察分析还可以得到地层的结构构造信息，如粒度变化、层理类型、地层界面特征、含有物情况等，帮助判断地层界限和沉积环境。岩屑、岩心的薄片分析可以得到更多岩石微观的信息，对研究储层和成岩作用意义比较大，也可以作为地层划分对比的依据。古生物分析是划分地层层位，确定地质时代的主要依据之一，也是地层分层和对比的重要参考。在成熟的探区，盆地结构、地层层序基本清楚的情况下，测井资料是进行地层划分和对比的快捷、方便而有效的手段。这是由于测井资料连续性好、曲线特征易于进行井间对比，因此测井资料在地层划分对比过程中是必不可少的基础资料。由于每个油田、区块地层特征不同，需要选择适合地层特征的测井系列。

经过地层划分对比要提供区块标准地层剖面、地层对比剖面等。

3）水平井地质设计对储层研究的要求

储层研究是水平井地质设计的重要内容，储层研究要搞清楚储层的三维空间分布情况、物性变化及其控制因素等。

储层类型研究：要搞清楚储层岩石类型、储层孔隙类型、储层裂缝特征等，提交储层岩石分类图表和参数、储层孔隙结构参数及其分类指标。

第一章　油藏描述

储层物性研究：要搞清楚储层物性及其空间变化，同时弄清影响储层物性的主控因素，提供各单砂体的储层物性等值图。

隔夹层研究：弄清隔夹层类型、厚度、分布范围以及对储集油气的作用和对流体运动的影响，提供隔夹层的平面分布图、等厚度、频率图等。

裂缝、孔洞研究：对于火山岩储层、碳酸盐岩储层、基岩风化壳储层以及裂缝比较发育的砂岩储层，在常规储层特征研究的基础上，还要结合储层岩心分析实验和地球物理解释预测，搞清楚裂缝、孔洞的发育情况，提供裂缝、孔洞的空间分布图件，如裂缝密度图、裂缝（孔洞）孔隙度、渗透率等值图、裂缝发育方向图等。

另外，储层研究的综合成果还可以反映在油藏剖面图中。

4）水平井地质设计对流体研究的要求

根据钻井、试油试采资料，对流体进行取样分析，在油藏综合研究的基础上，搞清楚油气藏内部流体的类型、分布、界面情况以及相关的温度、压力分布情况，为水平井设计提供依据。

（1）搞清楚圈闭内部各部位流体的类型和性质，包括原油、天然气的组分、物性特征，地层水的类型和性质等。

（2）更为重要的是弄清流体界面的形态、位置。流体界面包括油水界面、油气界面、气水界面等。另外，流体界面有时受多种因素控制，不一定都是平面，这时要描述清楚界面的形态和起伏情况。

（3）流体的温度、压力系统特征。流体在地下的温度、压力特征对流体性质影响很大，同时也是钻井和油藏开发需要十分关注的指标，对钻井施工安全、油气层保护具有重要意义。在水平井设计之前要求提供油藏的温度梯度、压力梯度及其变化情况，建立起油藏范围的温度、压力场。对于特殊的温度、压力点要进行认真分析，对异常低温、低压或异常高温、高压的成因给出合理的解释和描述。

5）地质建模——油藏精细描述成果的集成

水平井设计应该在三维空间完成，因此在进行设计之前通常要求建立精细三维地质模型；水平井就可以直接在三维地质模型中设计和显示。

水平井区精细三维地质建模技术是集水平井区块目的层精细构造描述技术、储层展布、层内夹层、平面物性分析、沉积相带描述、流体性质分析、已钻井生产状况分析技术等于一体的综合建模技术。

（1）构造地质建模：搞清楚目的层顶（底）界面的构造起伏情况，刻画油藏内部的微幅度构造的三维空间形态，为水平井设计提供依据。

（2）储层建模：包括储层结构模型，即储层的空间分布形态；储层物性建模，即储层的孔隙度、渗透率在三维空间的分布和变化情况，以及储层内部隔夹层的分布和形态。

（3）流体建模：流体的类型和饱和度在三维空间的分布和变化情况，其中最为重要的是流体界面的形态和位置，因为水平井设计时到流体界面的距离是重要的设计依据。

第二章 油藏建模技术

第一节 三维油藏地质建模技术

一、三维油藏地质模型概述

所谓三维油藏地质模型就是将油藏各种地质特征在三维空间的变化及分布定量表述出来的地质模型。它是油藏描述的最终成果，是油藏综合评价和油藏数值模拟的基础，也是新油田开发方案优化和老油田综合调整的依据，其重要意义在于可提高勘探和开发的预见性。

一般情况下，一个完整的油藏地质模型应该由构造模型、储层模型、流体模型以及驱替模型等构成，如图2-1所示，其中前三项通常叫做静态模型。本书主要介绍油藏静态模型的建模方法和有关技术。

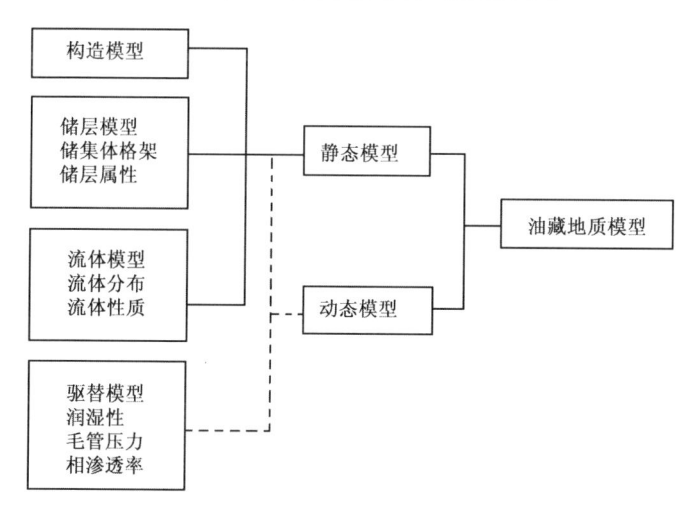

图2-1 油藏地质模型的构成（裘怿楠《油藏描述》）

二、三维油藏地质建模

1. 三维油藏构造建模

1) 构造建模技术

油藏构造简单地说就是油藏在三维空间的形态，它受区域、局部构造运动以及沉积环境等因素的影响而千差万别。油藏构造地质模型是描述油藏在三维空间形态的地质模型。现代油藏描述中的油藏构造模型主要是利用微分的思维方式将连续的油藏顶面网格化，并借助当今地质统计学原理和先进的计算机技术来确定各网格中心点或网格交点在三维空间的位置来实现的。

对于新油田，在井资料有限的情况下，地震解释成果是构造建模的基础，利用地震构造、断层等解释成果和地层的分层数据求出每一小层的顶部构造，即可建立三维油藏构造地质模型。对于一个新发现的油、气藏，如果想用水平井开发来取得更好的经济效益，建立准确的油藏构造地质模型是最基础的工作，这就要求来自地震构造、断层等解释的数据精度要高，因此，建立误差较小的地震地层速度场至关重要。如在东部储层较浅（深度在1500m以内）的新区块内打水平井，储层又相对较薄（厚度在2~3m），则要求地震解释出的构造数据误差在1m左右。

对于成熟度较高的老油田，在井较多的情况下，来自小层对比的小层顶部深度资料是构造建模的基础，各井的井口坐标、井口补心海拔以及井斜等资料又是用来校正各小层顶部深度等数据的。利用这些资料就可以建立油藏构造模型。

由于我国大部分油藏是陆相碎屑岩油藏，储层分布不稳定，层内、层间非均质性严重，储层连通性差，低渗透储层比重较大，东西部构造成因有别，东部构造主要以正断层为主，西部构造中逆断层较多，要准确描述单砂体的顶部构造比较困难。但是随着近几年来地质统计学的进步和计算机等高新科技的发展，这些复杂问题绝大部分已经得到较好的解决。

在三维油藏构造建模中，断层封挡技术、多边界技术以及标志层约束下的单砂体微构造技术是非常关键的实用技术。

(1) 断层封挡技术。

断层封挡技术就是指在构造离散点网格化过程中，将断层以分隔面或分隔线的形式，放入三维或二维构造离散点数据体中，通过断层和离散点的相对位置关系，控制每个网格点构造数值的技术。断层封挡技术理论简图如图 2-2、图 2-3 所示。

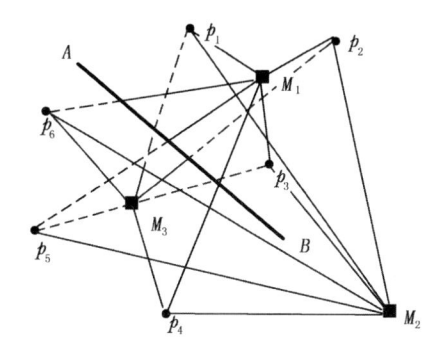

图 2-2　二维空间上断层封挡示意图 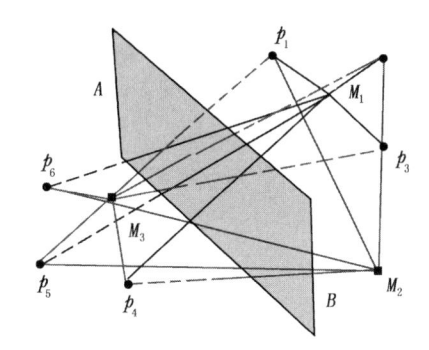　　图 2-3　三维空间上断层封挡示意图

在图 2-2 中，断层封挡技术的详细原理可以描述为：二维面上，AB 是一条断层，p_1，p_2，p_3，p_4，p_5，p_6 是已知的构造离散点，M_1，M_2，M_3 是被估计的构造网格场中的 3 个未知点。在计算 M_1 点时，由于 p_4，p_5，p_6 3 个点与 M_1 点的连线为断层所封堵，故这 3 个点对计算 M_1 点构造时不起作用，对 M_1 点来说，只有 p_1，p_2，p_3 3 个点是有权重点，也就是说 M_1 点的构造值受这 3 个点的影响；同理，M_3 点的构造值只受 p_4，p_5，p_6 3 个点的影响；但 M_2 点的构造值受 p_1，p_2，p_3，p_4，p_5，p_6 6 个点的影响。

在图 2-3 中，断层封挡技术的详细原理可以描述为：三维空间上，AB 是一条断面，p_1，p_2，p_3，p_4，p_5，p_6 是三维空间中已知的构造离散点，M_1，M_2，M_3 是被估计的构造网格场中的 3 个未知点。在计算 M_1 点时，由于 p_4，p_5，p_6 3 个点与 M_1 点的连线为断面所封堵，故这 3 个点对计算 M_1 点构造时不起作用，对 M_1 点来说，只有 p_1，p_2，p_3 3 个点是有权重点，也就是说 M_1 点的构造值受这 3 个点的影响；同理，M_3 点的构造值只受 p_4，p_5，p_6 3 个点的影响；但 M_2 点的构造值受 p_1，p_2，p_3，p_4，p_5，p_6 6 个点的影响。

（2）多边界技术。

多边界技术就是在对储层连通性差、储层非均质性严重、储层分布复杂多变且分布零散的油藏的某种属性进行处理时，人为地或在某种属性约束下划定的一系列有效范围，规定了只有在这些范围内或其外的某些属性必须按某种规律进行处理的方法。

多边界技术的理论简图以二维为例，如图 2-4 所示。

在图 2-4 中，A、B、C、D 分别是按某种要求和规律划定的 4 个区域

（边界），要在这些区域上做一些事件，不妨假设为就是判断"m 点是在哪个区域"这一事件，为此，首先过点 m 向横轴（X 轴）作垂线 L，然后，分别保持 y 值不变，x 值减或加去一个无穷小值 dx，形成两个点 m_1 和 m_2，再过 m_1、m_2 两点分别作垂线 L_1 和 L_2，如果这三点中的两点都满足在 B 区的线或边交叉条件，就认为 m 点肯定在 B 区内。

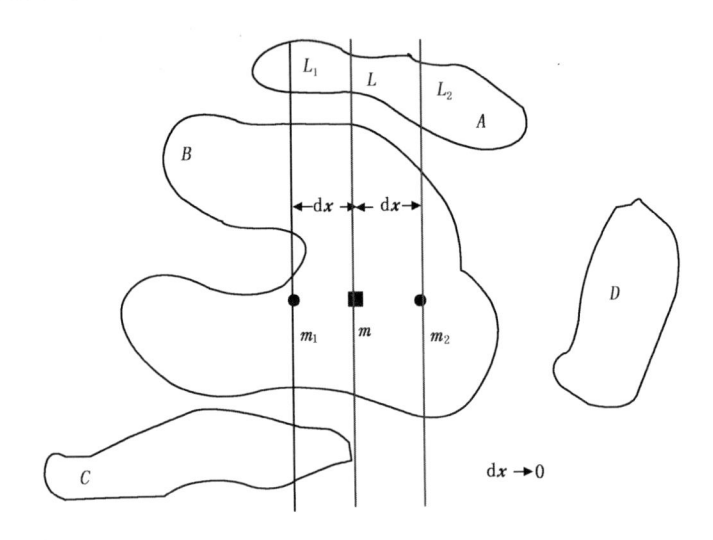

图 2-4　多边界技术理论示意图

（3）标志层约束下的单砂体微构造技术。

标志层约束下的单砂体微构造技术就是利用同一环境中绝大部分相邻沉积体构造形态相似的原理，把构造信息量大而且准确的标志层作为构造约束层，将有限的小层单井顶部构造资料作为已知离散点数据，求出工区范围内的各个小层的顶部构造场，从而建立起各小层的构造地质模型的方法。

标志层约束下的单砂体微构造技术的理论简图，如图 2-5 所示。

图 2-5 是一张剖面图。层 A 是一个分布面积较广的层，它可以是储层也可以是非储层，它在地震剖面上也许有明显显示，7 口井 w_1、w_2、w_3、w_4、w_5、w_6、w_7 全部钻遇该层，这种层就可以作为标志层。储层 B、C、D、E、F 都是透镜体，分别有 2、1、2、2、3 口井钻遇这些透镜体储层。仅靠这 2~3 口井几乎不能控制小透镜体的顶部构造，这些层就作为目标层。下面以对 B 透镜体的构造处理为例说明"标志层约束下的单砂体微构造技术"的数学实现。因为 w_1、w_2 两口井均穿过 A、B 两层，对 w_1 井，不妨假设从 A 层顶到 B

第二章 油藏建模技术

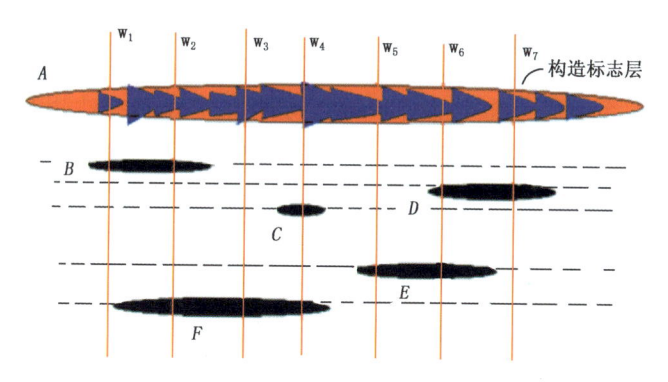

图 2-5 标志层约束下的单砂体微构造技术示意图

层顶的距离为 D_{w1}；对 w_2 井，不妨假设从 A 层顶到 B 层顶的距离为 D_{w2}；由于储层 B 的伸展范围有限，故 w_3、w_4、w_5、w_6、w_7 井没有钻遇它，若将 B 储层的范围延伸至和 A 储层一样，B 储层虚拟部分的顶部构造应该和 A 层顶部构造的大趋势一致，所以，就可以用基于 D_{w1}、D_{w2} 上计算出来的 D_{w3}、D_{w4}、D_{w5}、D_{w6}、D_{w7} 作为直接约束值求出 B 储层虚拟区域的顶部构造值，这样就保证 B 储层构造离散点网格化后形成的构造模型不会和 A 层构造模型交叉窜层。

2）构造建模思路及实例

不论油藏怎样复杂，要建立一个较为准确的油藏构造模型供油田开发或调整方案使用，一般都要经过如下的处理过程，如图 2-6 所示。

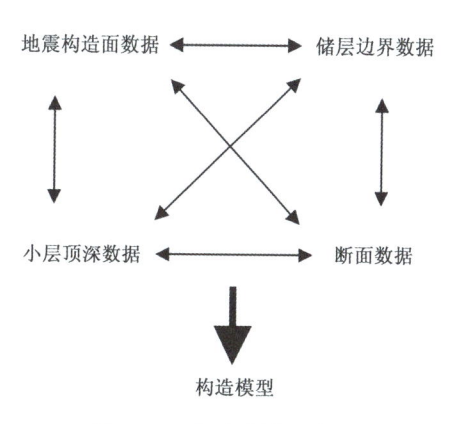

图 2-6 构造建模思路图
（双向箭头表示相互约束）

(1) 某砂岩气田。

该气田是一个新气田，储气层上部分属于新生界古近系地层，下部分属于中生界白垩系地层，含气面积49km²。到目前为止有完钻井10口，其构造模型的建立主要依据5个层段的顶部三维地震构造解释数据。该气田的构造相对复杂，主要表现在断层较多，大大小小共70多条断层，东西向为主力大断层，南北向断层的断距相对较小。将三维构造面离散点数据在断面数据封挡控制下进行网格化处理，就建立起构造地质模型，该气田的三维构造地质模型如图2-7所示，其中黄颜色区域为天然气所在的位置，黄色区域的底部为气水界面。

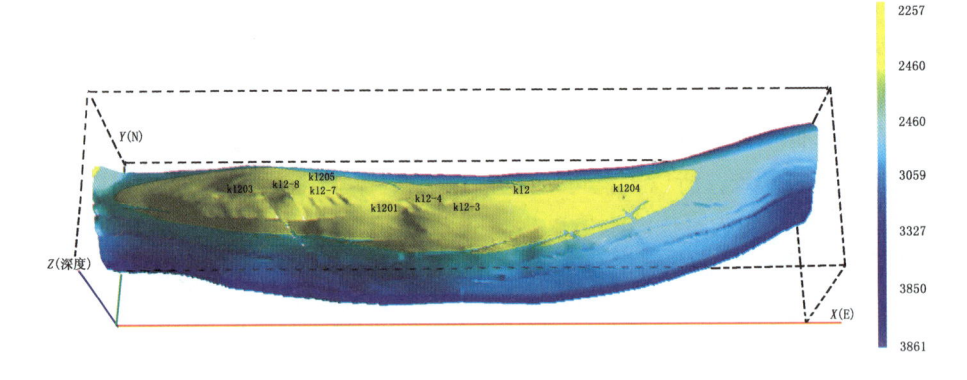

图2-7 某砂岩气田三维构造模型

(2) 某砂岩油气田。

该油气田储层属于中生界白垩系地层，建模工区面积118km²，目前有生产井20多口，构造非常复杂，鼻状构造为纵横交错的40条断层所切割形成的复杂断块构造。构造建模是该油气田地质建模的难点，该油气田构造地质模型的建立主要依靠地震数据和小层对比数据，地震上提供了4个标准层面的构造三维离散点数据、断层位置数据，开发上提供了20多口井的28个小层的顶部构造离散点。在4个标准层面顶部构造和各层面断层位置的约束下将28个小层的三维顶部构造地质模型求出。该油气田的三维构造地质模型如图2-8所示。

(3) 某石灰岩气田。

该气田面积7000km²，储气层属于古生界奥陶系马家沟组地层，其储层被冲蚀作用形成的沟槽复杂化，这是该气田构造建模的难点。在建立构造模型时，除考虑一些常规数据处理外，还要考虑沟槽的分布，采用多边界技术可

第二章　油藏建模技术

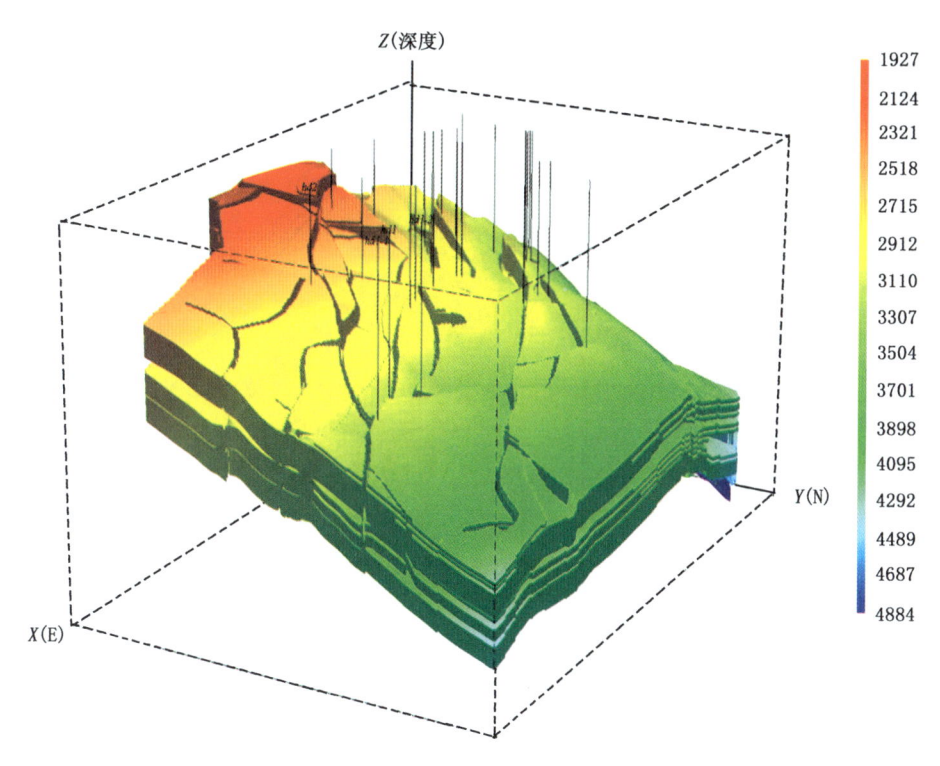

图 2-8　某砂岩油气田三维构造模型

以解决该问题。图 2-9 展示含有沟槽的二、三维构造模型。

（4）某火山岩气田。

该气田储层分布在下白垩统营城组，其中营一段为火山岩，营四段为砂砾岩，工区面积 133km²，叠合含气面积 35km²，该区域构造建模的难点在于岩性、岩相变化快，火山体相互叠置，内部结构复杂；储层分布受火山体控制、连通性差；孔缝发育，非均质性强。同时井的数量少，断层发育复杂，地震构造数据本身就有误差，开发方案上所用的地质模型在单井上构造误差必须为零。解决该问题的最好办法之一是标准层约束技术，即采用有限几口井的小层顶部构造数据约束地震解释出来的数据，使地震解释出来的顶面构造数据和井点数据完全吻合，且构造面趋势不变。三维构造模型如图 2-10 所示。

（5）某砂岩油田。

该油藏储油层属于中生界白垩系地层，辫状河加泛滥平原相沉积，储层

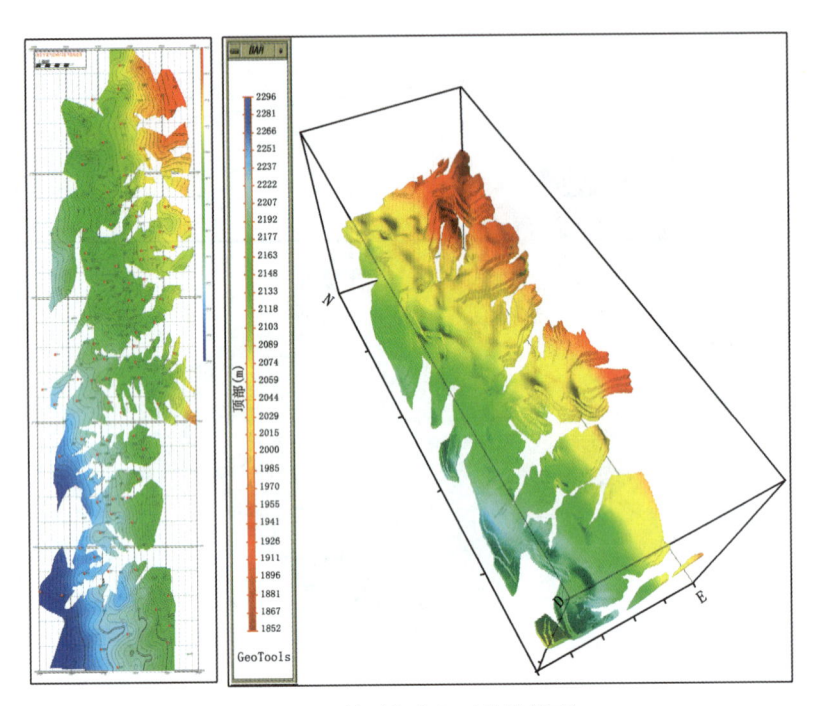

图 2-9　某石灰岩气田构造模型

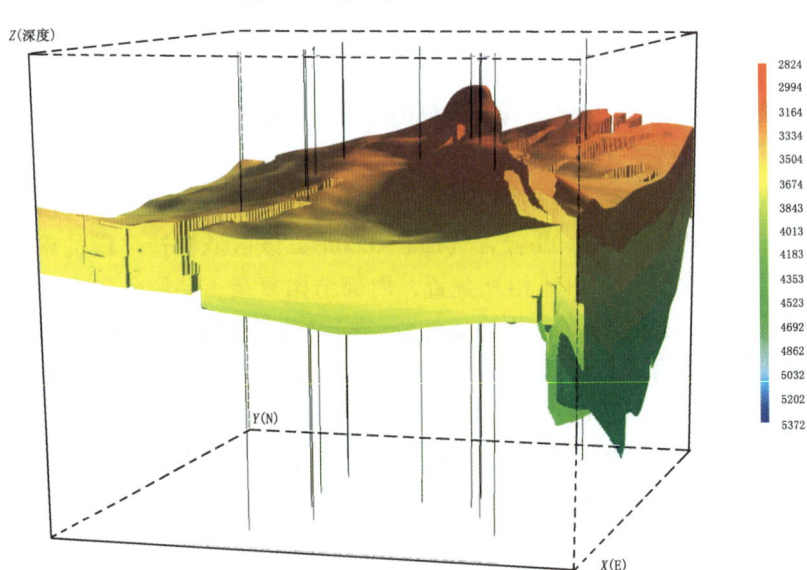

图 2-10　某火山岩气田三维构造模型

的连续性差，透镜体储层占绝大多数，该区块有生产井200余口，属于成熟度较高的老油田，建模的目的之一是通过准确的构造模型，找出一些局部微构造，再结合砂体分布和一些动态资料，确定一批调整井位，进行剩余油挖潜。油藏地质建模的基础数据全部来自该区200多口井的地层对比小层数据表，该块建模的最大难点在储层构造建模上，因为很多小透镜体砂岩储层上就没有几口井钻遇，仅靠钻遇透镜体储层的某几口井的顶部深度离散点资料，在三维空间上控制该透镜体储层的构造形态是非常困难的。处理这些问题的最好方法之一就是：在这些储层中，选取分布较广的储层作为标志储层，利用"标志层约束下的单砂体微构造技术"就可以较为准确地求出那些小透镜体储层的顶部构造离散点数据，进而建立起每个小透镜体储层的构造地质模型。图2－11是一条油藏在三维空间上的孔隙度连井剖面，从这条剖面上可以清晰地看出各小层的构造形态和储层砂体的薄厚。

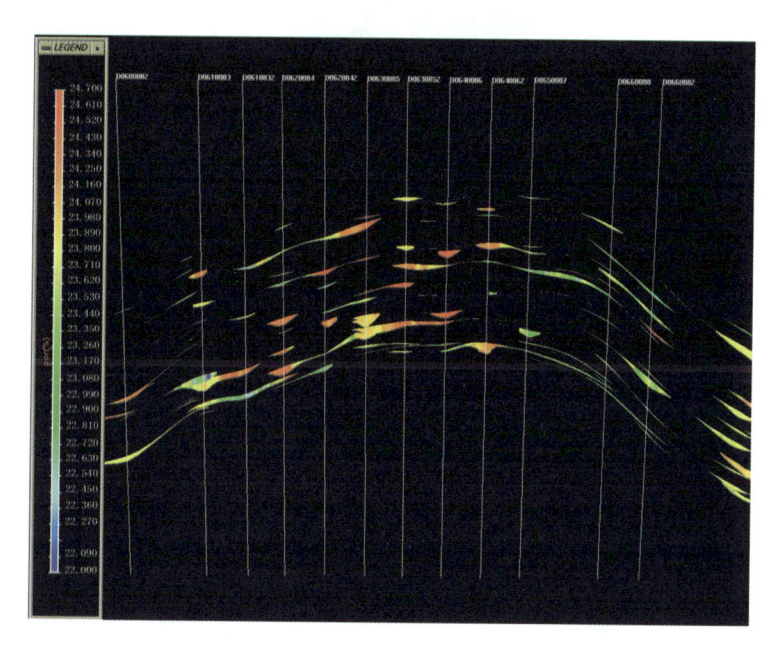

图2－11 某砂岩油田三维孔隙度连井剖面

（6）某"砂砾＋火山岩"油田。

该区块油藏构造地质建模的主要难度在于逆断层的处理，模型的原始离散点数据主要来自开发小层数据表中的井点数据。该工区共有3个小层，31口生产井，将该区块来自三维地震解释的顶部构造数据、断面数据以及各井的小层顶深数据相互约束，建立各小层的三维顶部构造模型，如图 2－12 所示。

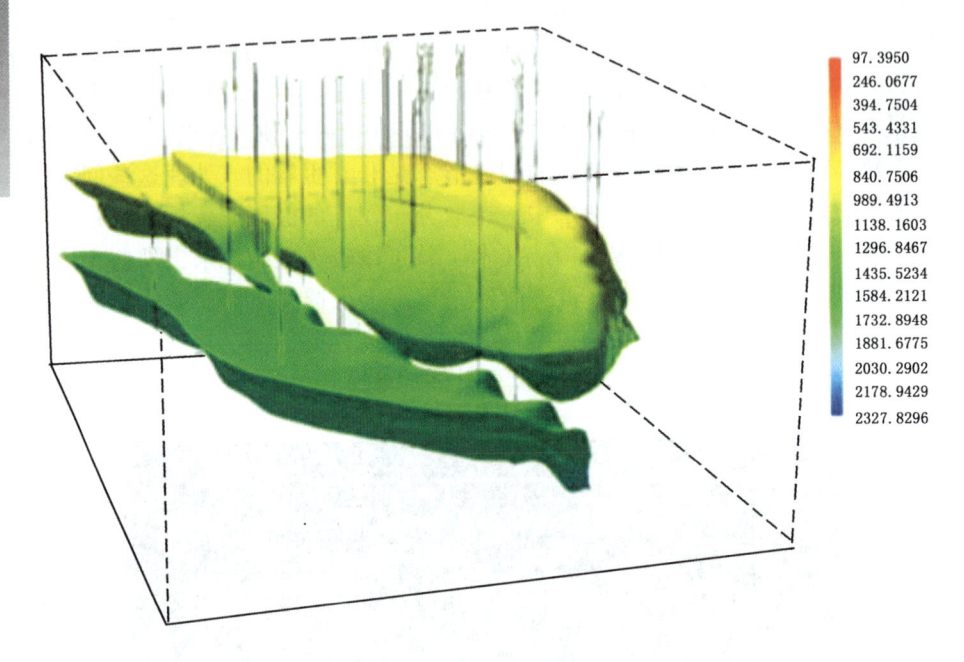

图 2－12　某"砂砾＋火山岩"油田三维构造模型

2. 三维油藏储层建模

1) 建模技术

油藏储层模型简单地说就是表征储层建筑结构及各种属性空间分布的地质模型。一般包括储层厚度模型、有效厚度模型、孔隙度模型（基质与裂缝）、渗透率模型（基质与裂缝）等。主要根据井资料的多少分为随机建模和确定性建模。

（1）随机建模。

对于新油田，该建模区域内的井数较少，仅有一些井的储层属性统计资料，如单井沉积相分析资料等。根据这些相的规律（物源方向、砂地比、宽厚比、河流摆动幅度、波长等参数的变化规律），就可以随机产生出大量满足该地区储层属性统计规律的一些储层属性参数来建立不确定储层模型，即随机模型。随机储层模型主要作为概念地质模型用于风险储量分析、评估和预测。

第二章 油藏建模技术

在随机建模过程中，井距和连通程度关系曲线技术也是很关键的技术。以往随机建模过分依赖变差函数，但是对于一个新油田，因为仅有几口井的资料，确定一个准确的实验变差函数是非常困难的。作出来的实验变差函数基本上都是多解和不稳定的，如图 2-13 所示。

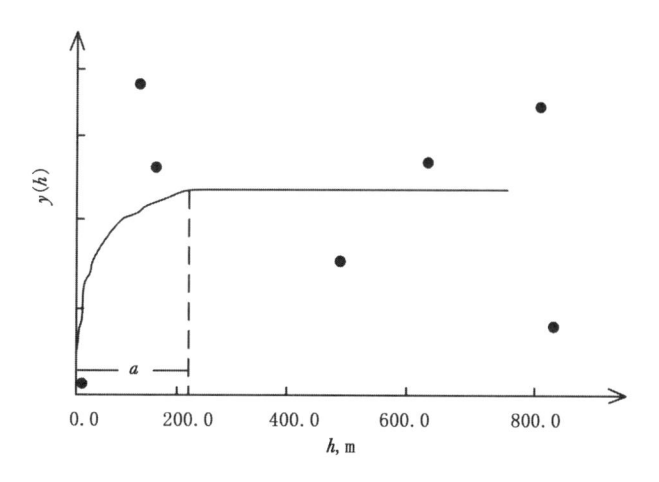

图 2-13 资料较少情况下的实验变差函数

引入"砂体连通程度和井距关系曲线"技术作为补充可以很好地解决实验变差函数的不确定性带来的问题。图 2-14 是八方向砂体连通程度和井距关系曲线图。这组关系曲线可由单井分析、地层对比、沉积相研究、野外露头观察以及区域地质工作经验等过程得出。利用这组曲线在平面上就可以控

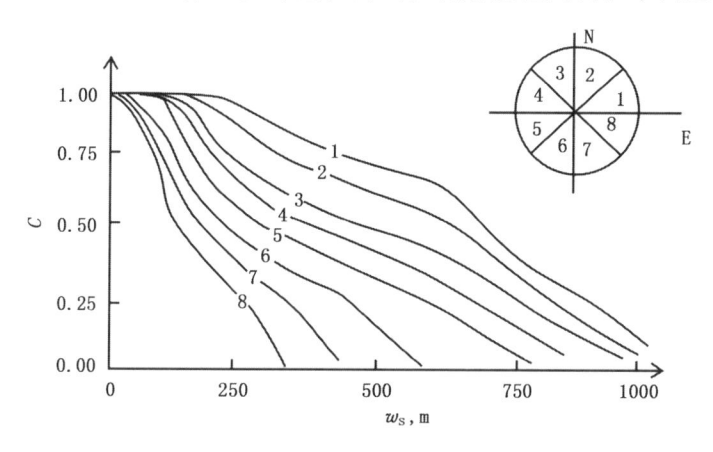

图 2-14 八方向砂体连通程度和井距关系曲线图

制随机砂体的方向和形态等储层属性。

(2) 确定性建模。

对于成熟度较高的老油气田或地震反演等资料相对丰富的新油气田，小层对比、测井解释成果、沉积相认识、生产测井、试井、示踪剂、井间地震、储层反演等资料，是确定性储层建模的基础，利用这些资料相互约束建立确定性储层地质模型。确定性属性模型主要用于老油气田方案调整、新油气田评价、新油气田开发方案编制。

在确定性储层建模的过程中，"多条件约束建模技术"是一项非常实用有效的技术之一。所谓"多条件约束建模技术"就是在二维或三维空间中建立某种属性模型的过程中，不但要考虑该属性数据之间的相互影响，还要考虑其他相关属性数据共同对该属性数据的影响的一种数据处理方法。该技术中的"多条件约束"可包含三种基本含义：(1) 作为约束条件的属性数据所在的公共空间是该属性建模的范围；(2) 作为约束条件的属性数据可根据其自身与该建模属性的最佳相关关系转换为该属性建模的一组基本数据，视约束条件的权重，将这组数据加权平均求出更可靠的该属性建模数据；(3) 作为约束条件的属性数据可根据实际要求共同校正已经建好的属性模型。在复杂储层建模过程中，一般都有以上三种约束关系的组合。

2) 储层建模思路及实例

储层属性建模，无论是随机建模还是确定性建模，其建模思路都遵循以下流程，如图 2-15 所示。

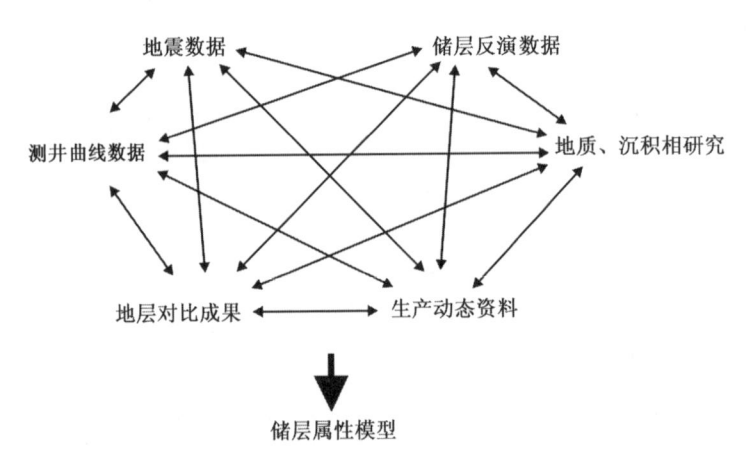

图 2-15 储层属性建模思路图（双向箭头表示相互约束）

第二章　油藏建模技术

（1）某砂岩气田。

该气田在发现初期（1999—2000 年），只有四口探井（2、201、203、204 井）的条件下，利用单井认识、沉积相研究、二维地震构造解释成果，建立起该气田的油藏概念地质模型。以渗透率概念地质模型为例，建立该随机模型时的基本统计条件是：物源方向正北，砂地比来自 4 口井的渗透率测井曲线（1m 8 个点），宽厚比 50～80。该气田的渗透率概念三维地质模型如图 2-16 所示，红颜色部分为高渗透率区域，蓝颜色区域为低渗透带。

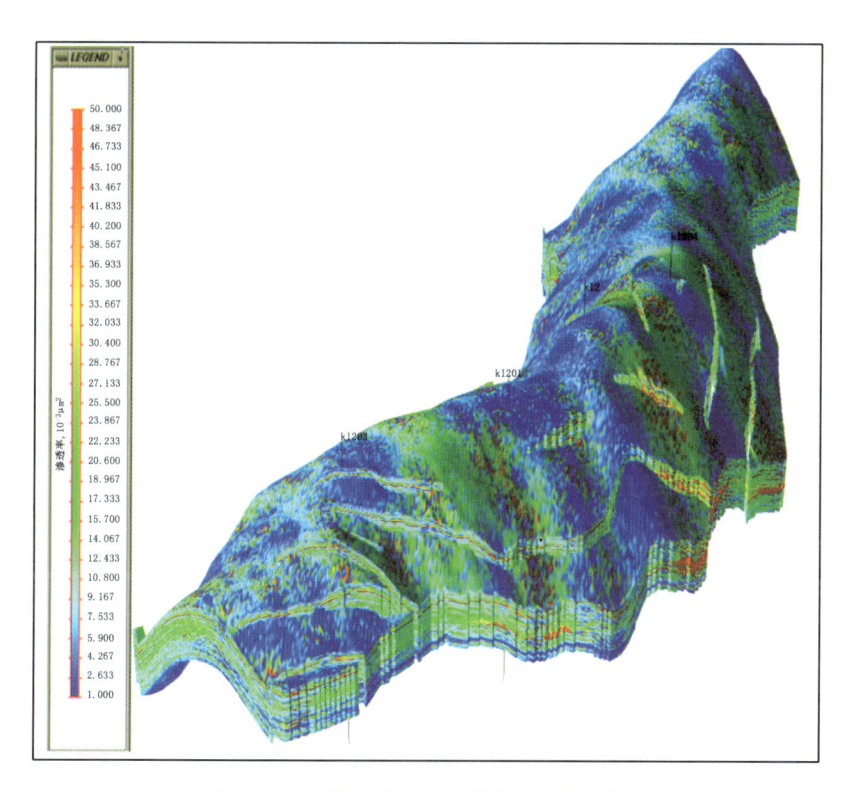

图 2-16　某砂岩气田三维渗透率概念模型

2001—2002 年期间和壳牌石油公司合作，重建了该气田的油藏地质模型，建模的重要目的之一是建立气水界面以上部分的地层系数模型，来确定高产气井的位置。建模的资料是新三维地震构造解释成果、新的断层信息、储层反演得到的孔隙度三维数据体，另加 5 口井（2、201、203、204、205 井）的测井解释成果。这次建模的原始数据较为充分，利用构造、层厚、反演数据体和测井曲线相互约束建立该气田的油藏储层地质模型（确定性模型）。图

2-17为该气田的孔隙度三维地质模型，红颜色区域为高孔隙度带，蓝颜色部分孔隙度较小。

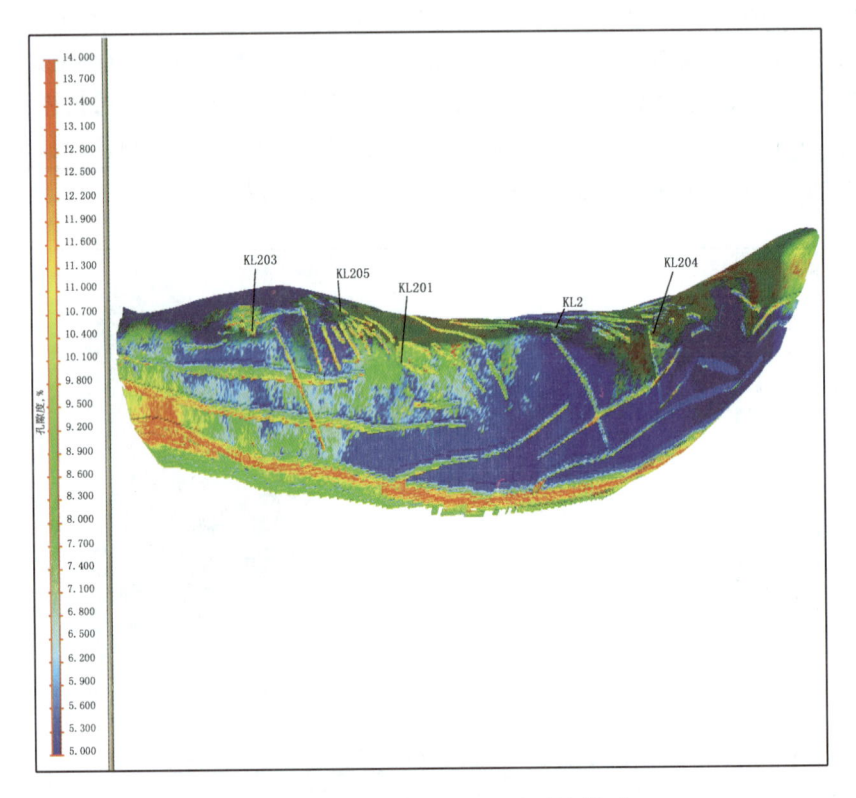

图2-17　某砂岩气田三维孔隙度模型

（2）某砂砾岩油田。

该油田的储层属于古生界二叠纪夏子沟组地层，它是典型的砾岩微裂缝储层油田，储层的连通性差，非均质性严重，储层分布规律不明显。根据已钻井的实验室岩心分析和试油资料可知储层的储集和导流都靠微裂缝，微裂缝发育带就是最好的储油层。根据这一实际情况，储层属性建模的重点就落在微裂缝的系列属性上，首先，利用先进的测井微裂缝识别技术将单井微裂缝发育段标出，再利用井约束地震反演技术，求出储层三维微裂缝数据体。将该储层三维数据体作为储层属性建模的基本数据，在构造、地层厚度等属性的约束下建立裂缝属性地质模型。图2-18是该油田三维微裂缝渗透率模型。红颜色部分是较好的微裂缝发育带，其内部微裂缝渗透率较高。

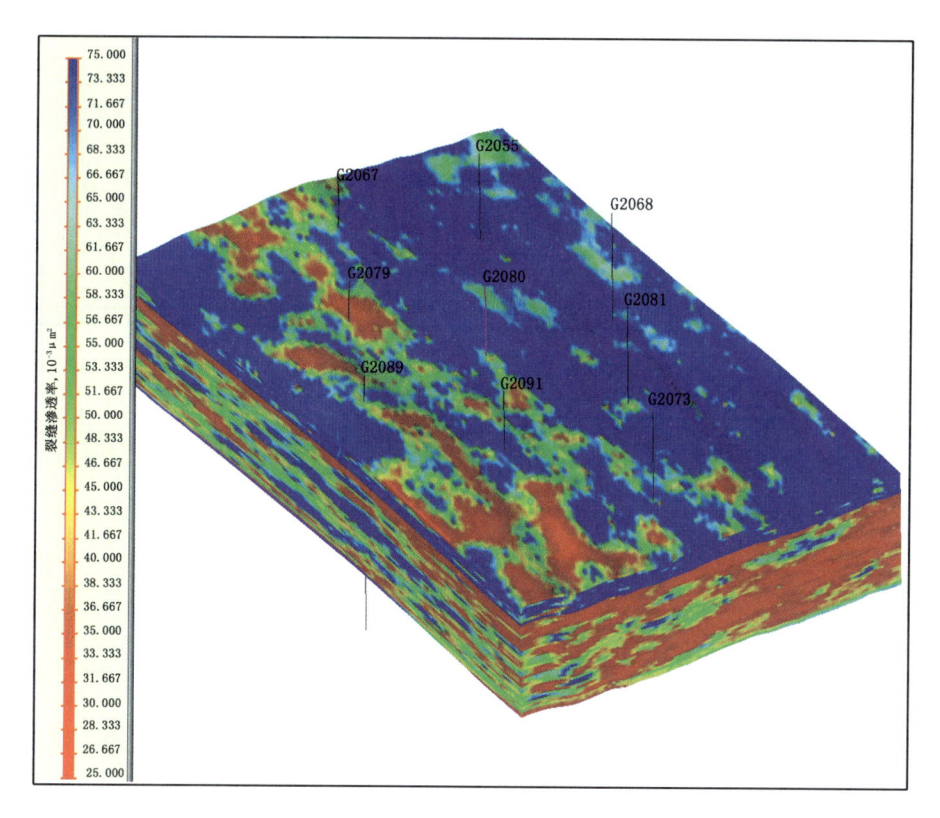

图 2 – 18 某砂砾岩油田三维微裂缝渗透率模型

(3) 某石灰岩油田。

该油田的储层属于中生界白垩系地层,它的储层物性也很复杂,储层岩性为石灰岩,导流主要靠储层中的微裂缝,储层的非均质性严重,储层分布规律性差。在 40km^2 的范围内,靠仅有的 20 多口井的资料,建立一个具有预测性的属性地质模型,难度很大。但该油田有较好的地震资料,解决这一问题的最佳办法之一是利用"多条件约束建模技术",即将井点上的地震属性和储层裂缝属性建立最佳相关关系,推出井点间的储层微裂缝属性,建立储层微裂缝渗透率、孔隙度等属性地质模型。后来在这个预测模型上定了 4 口开发井,3 口井是日产量在百吨以上的高产井,1 口井落空,成功率为 75%。虽然该石灰岩裂缝储集层油藏非常复杂,但地质模型的预测精度仍可达到满意要求。已建成的微裂缝孔隙度三维地质模型和较好的储集空间带以及三维连井剖面如图 2 – 19 所示。

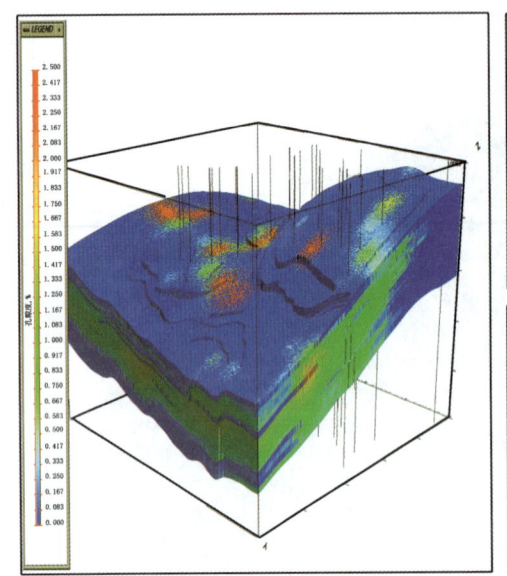

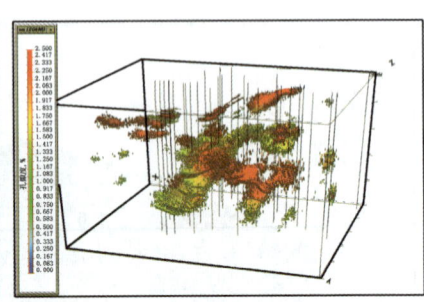

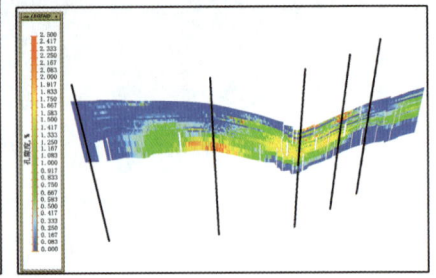

图 2-19　某石灰岩油田三维微裂缝孔隙度模型

(4) 某石灰岩气田。

该气藏储层属于古生界奥陶系马家沟组地层，储层岩性为石灰岩，储层中有微裂缝发育，储层的非均质性严重，储层分布规律性差。在 20km² 的范围内，靠仅有的 8 口井的资料，建立一个预测性准确的微裂缝属性地质模型，是不可能的。但是该气田有较好的地震资料，并利用"多条件约束建模技术"，即将井点上的地震属性和储层裂缝属性建立最佳相关关系，推出井点间的储层微裂缝属性，建立储层微裂缝渗透率、孔隙度等属性地质模型。三维微裂缝渗透率地质模型如图 2-20 所示，图中的微裂缝渗透率属性变化用不同颜色表示，颜色从红、黄、绿到蓝的改变表示微裂缝渗透率从高到低依次变化。红颜色区域微裂缝渗透率最高，蓝颜色区域微裂缝渗透率最低。

(5) 某砂岩油田。

该油田面积 27 km²，储油层上部分属于上新生界第三系地层，下部分属于新生界下第三系地层。目前有生产井 200 多口，油田的生产历史 30 多年，也是成熟度较高的老油田。建立储层物性模型的基础数据全部来自 200 多口井的小层地层对比。由于储层构造形态和岩性的原因，几乎没有直井，在储层物性建模时，全部小层属性数据来自 200 多口斜井的地层对比，由于斜井对比出来的小层厚度资料在属性建模中不能直接使用，必须根据井口坐标，

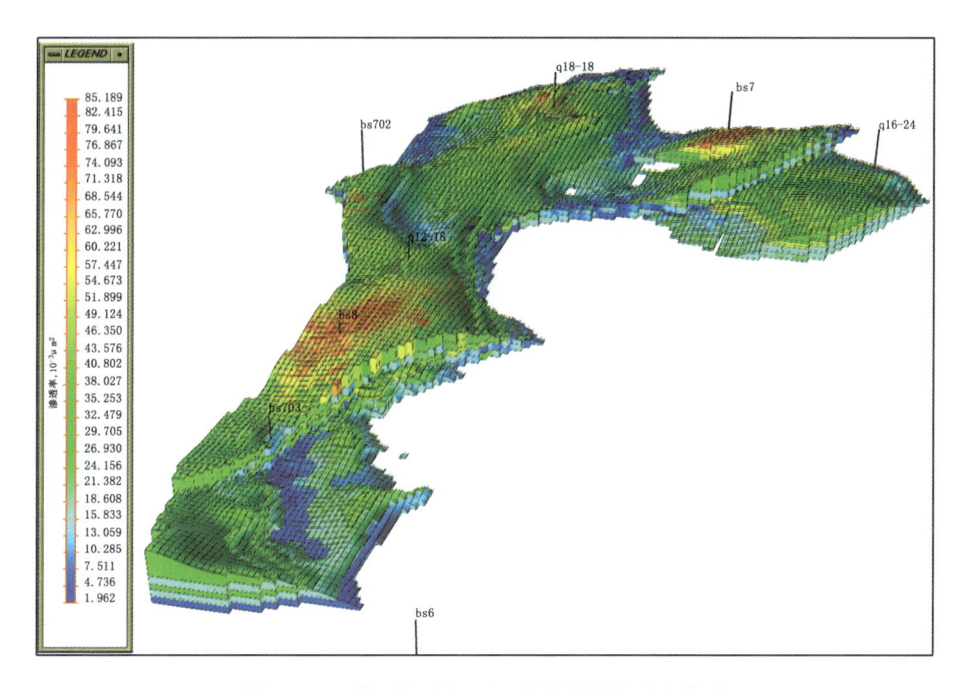

图 2-20　某石灰岩气田三维微裂缝渗透率模型

井身测斜测井数据，来校正斜井小层数据表中的小层厚度数据，建立储层属性地质模型。需要建立精细到流动单元内幕的储层属性地质模型和进行沉积相研究，在这个基本属性模型的基础上，重点对 I6 等小层进行等比例细分，使得精细层的平均厚度在 0.2m 左右，将来自 1m 8 个点的测井属性数据体作为基础数据，建立各小层的储层属性精细地质模型，同时将其顶部拉平以便于沉积相等地质工作研究。图 2-21 为 I6 小层顶部拉平的渗透率三维模型。

（6）某砂岩油田。

该区块是某低渗透油田的水平井试验区。面积 2.5km² 左右。根据钻井资料显示，本区钻遇了泉头组及以上地层。自下而上依次为白垩系下统泉头组三段（未穿）、泉头组四段、青山口组、姚家组、嫩江组，白垩系上统四方台组、新生界第三系泰康组及第四系。建模的难点是该区块井较少且井分布又不均匀，所属的 24 口斜井集中在西侧呈南北向分布，参与建立该区块储层属性模型的西部相邻区块中的所有 53 口井也都是斜井，顶部构造资料仅有一张二维地震解释出来的构造图。因此，建模过程中首先必须根据井口坐标、井

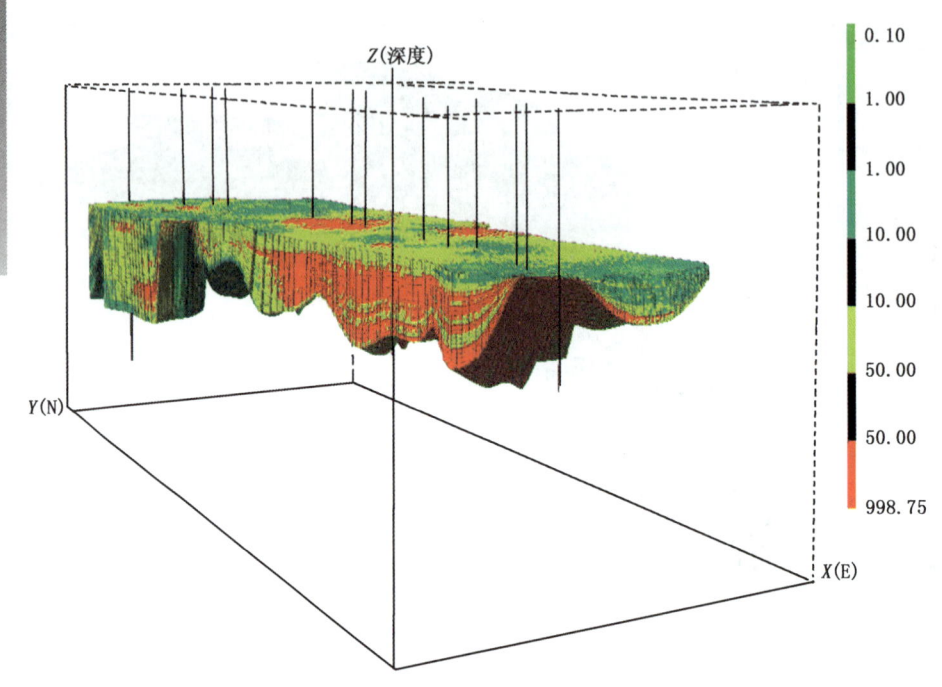

图 2-21　某砂岩油田 I6 小层顶部拉平的三维渗透率模型

身测斜测井数据，来校正斜井小层数据表中的小层构造、厚度、有效厚度、孔隙度、渗透率、含油饱和度等数据，然后建立岩相模型，如图 2-22 所示，再通过相控约束建立其他储层属性的地质模型，图 2-23 是该区块岩相控制下的渗透率地质模型。

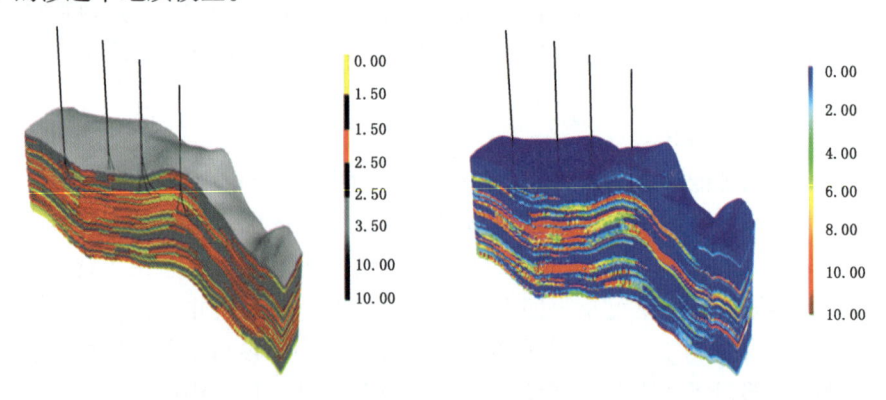

图 2-22　某石砂岩油田三维岩相模型　　图 2-23　某砂岩油田三维渗透率模型

3. 三维油藏流体分布建模

1）建模技术

三维油藏流体分布模型就是表征储层内油、气、水饱和度在三维空间中分布和流体性质变化的模型。在流体分布地质建模技术中，确定复杂油气藏中流体分布的技术非常重要。油气藏类型一般可分为构造油气藏、岩性油气藏和构造岩性油气藏。

（1）构造油气藏。

这种类型的油气藏数目比较多，它们的油水/气水界面受构造控制，一般情况下，它是一个水平面，这类油气藏中流体的分布比较简单，油水/气水界面以上地层如果具备储层的特征，在建模时就认为这些储层中充满油气，油、气的饱和度可以取一平均值，或通过插值法求取，油水/气水界面以下地层如果具备储层的特征，在建模时就认为这些储层中充满水，水的饱和度一般都取 1.0。

（2）岩性油气藏。

这种类型的油气藏数目相对较少，主要出现在低渗透油气藏中，其油、气、水的分布受岩性控制。建模时，首先确定有效的岩性边界，采用多边界技术计算出模型中油、气、水饱和度的数值。

（3）构造 + 岩性油气藏。

这种类型的油气藏比较少见，也就是所说的复杂类型油气藏，这些油气藏可能有多个油、气水界面，有的甚至是油藏的一部分受构造控制，另外一部分受岩性边界控制。建模时，采用构造、储层厚度、储层孔隙度、油气水界面、岩性边界共同约束技术，就可以求出模型中的油、气、水分布。图 2-24 是复杂类型油气藏中流体饱和度分布示意图。

对于新油田，在井资料有限的情况下，油藏类型研究（构造、油气水界面、岩性边界）、地震反演资料、沉积相认识、测井解释成果、试井资料等是储层流体分布建模的基础，利用这些资料相互约束建立储层流体分布地质模型。

对于成熟度较高的老油田，在井较多的情况下，油藏类型研究（构造、油气水界面、岩性边界）、小层对比、油水系统划分、测井解释成果、沉积相认识、生产测井、试井、井间地震、储层反演等资料，是储层流体分布建模的基础，利用这些资料相互约束建立储层流体分布地质模型。

2）流体分布建模思路及实例

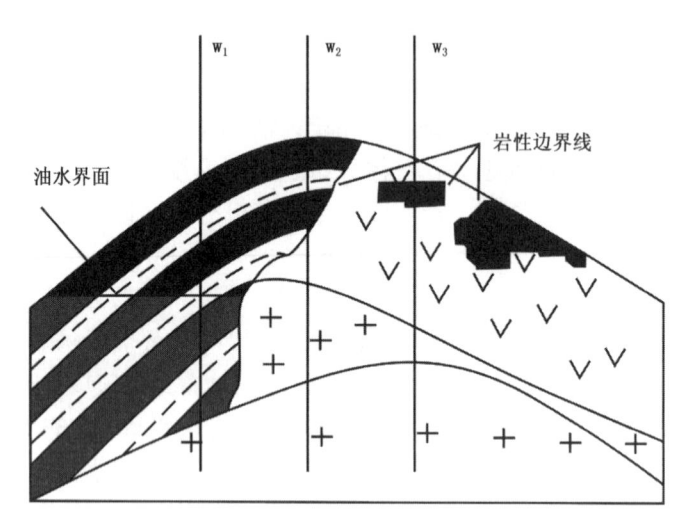

图 2-24 复杂类型油气藏中流体饱和度分布示意图

建立流体分布地质模型的流程如图 2-25 所示。在油气水饱和度、构造、储层属性、岩相、沉积相等资料相互约束下建立流体分布模型。

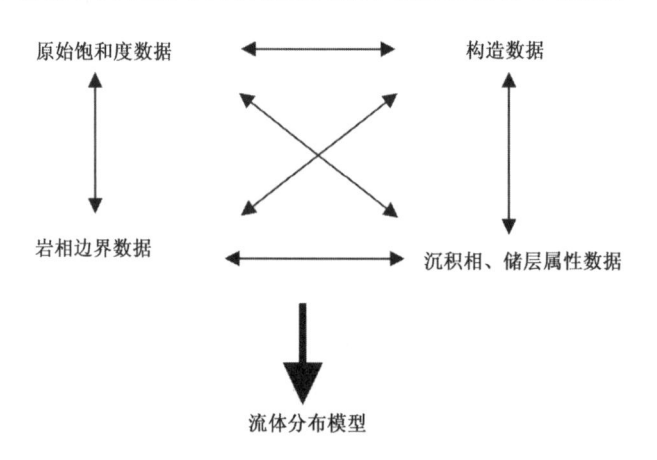

图 2-25 流体分布建模思路图（双向箭头表示相互约束）

(1) 某砂岩油田。

该油田的油水系统多，几乎每层都有自己的油水界面，还有一些透镜体油层，部分在岩相控制之下，所以储层内流体分布复杂。处理该类型储层内流体分布的最好方法之一就是采用复杂油气藏中流体分布建模技术。图 2-26

是三维含油饱和度模型,红颜色部分含油饱和度高,蓝颜色区域是边水。

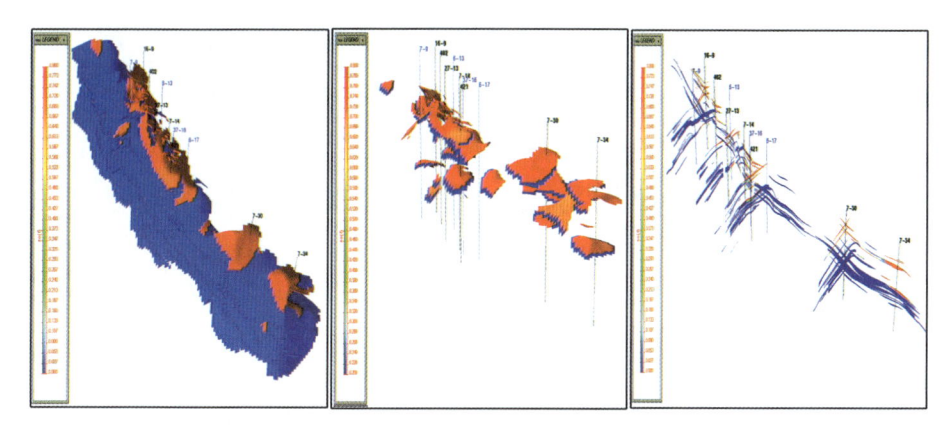

图 2-26 某砂岩油田三维含油饱和度模型

(2) 某砂岩油田。

该油田的储层属于新生界第三系的地层,自上而下分别跨明化镇组、馆陶组、沙河街组的 3 套地层。油水系统多,油水关系复杂。明化镇组内的原油分布主要受岩性控制,油藏内没有边、底水。馆陶组和沙河街组内的流体分布,但各自都有自己的油水界面。这给储层内流体分布建模带来一定困难。同样使用复杂油气藏中流体分布建模技术将丛式井校直后的流体分布原始参数网格化,建立原始含油饱和度地质模型,如图 2-27 所示。红颜色部位原始含油饱和度较高,蓝颜色部位原始含水饱和度较高。

(3) 某火成岩气田。

该气田储层内流体分布很复杂,原因是储层内岩性、岩相变化快,火山体相互叠置,内部结构复杂;储层分布受火山体控制、连通性差;孔缝发育,非均质强。储层所在的营一段为火山岩,营四段为砂砾岩,工区面积 $133km^2$,叠合含气面积 $35km^2$,利用现有资料的 9 口井的原始含气饱和度资料,和气体分布范围研究成果,采用复杂油气藏中流体分布建模技术建立原始流体分布模型。图 2-28 是原始含气饱和度三维地质模型。黄颜色的区域天然气饱和度高,蓝颜色的区域是含水区,灰颜色的部分代表非储层。

4. 地质模型的综合应用

1) 开发井网设计

计算机辅助布井技术高效实用,可以在不同模型上根据实际需要快速布出各种开发井网,提高工作效率,降低布井风险。

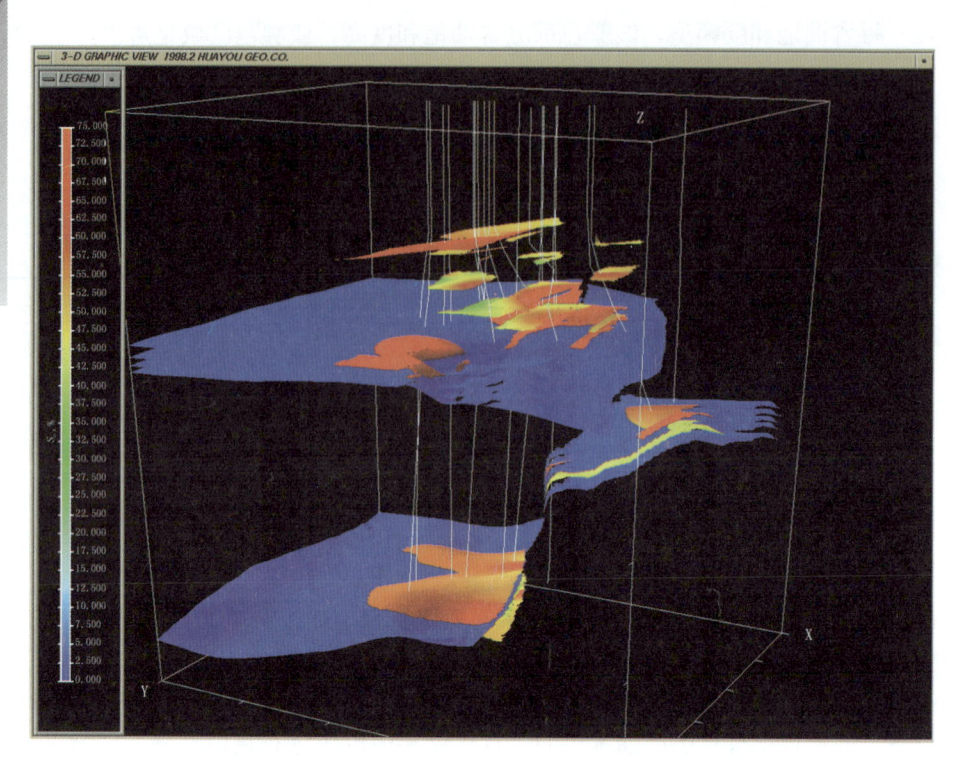

图 2-27　某砂岩油田三维原始含油饱和度模型

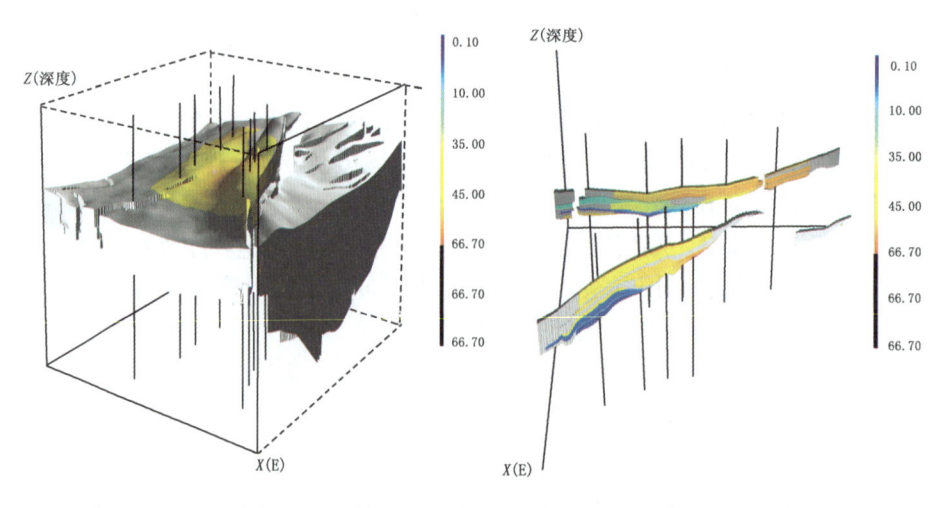

图 2-28　某火成岩气田三维含气饱和度模型

第二章　油藏建模技术

（1）某砂岩油田。

在该油田布井研究中，充分利用了相互约束的实用技术，将地层系数和储量丰度相互约束，确定油藏范围内既高产又稳产的区域。在这些区域内又分不同的高产稳产等级，给油田分步骤钻井，提高钻井成功率，降低钻井风险，高效开发油田提供了科学的依据。图2-29是该油田地层系数和储量丰度相互约束确定先布哪些井的全过程。红颜色区域的储量丰度值较高，白色地区为高风险区，没有工业开采价值。所以在右图上有颜色区域内的井位，都是第一批要打的井（菱形反九点法井网）。

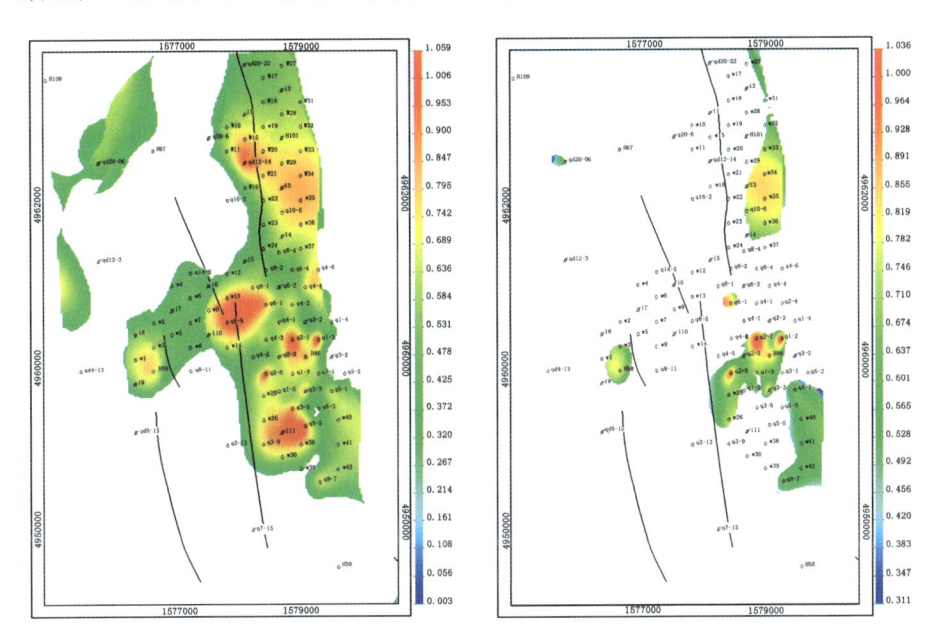

图2-29　在地层系数约束下的储量丰度模型上确定的菱形反九点法井网

（2）某砂岩油田。

该油田的储层属于中生界侏罗系延安组地层。该油藏是低渗透油藏。开发低渗透油藏，开发井网很关键。采用"计算机高效布井技术"在地层系数模型上，快速布出了该油田菱形反九点开采井网，并提取各井点的坐标。井网图如图2-30所示。

2）定向井设计

在三维数据体上，应用"定向井设计技术"可以快速、高效、准确地实现定向井设计。

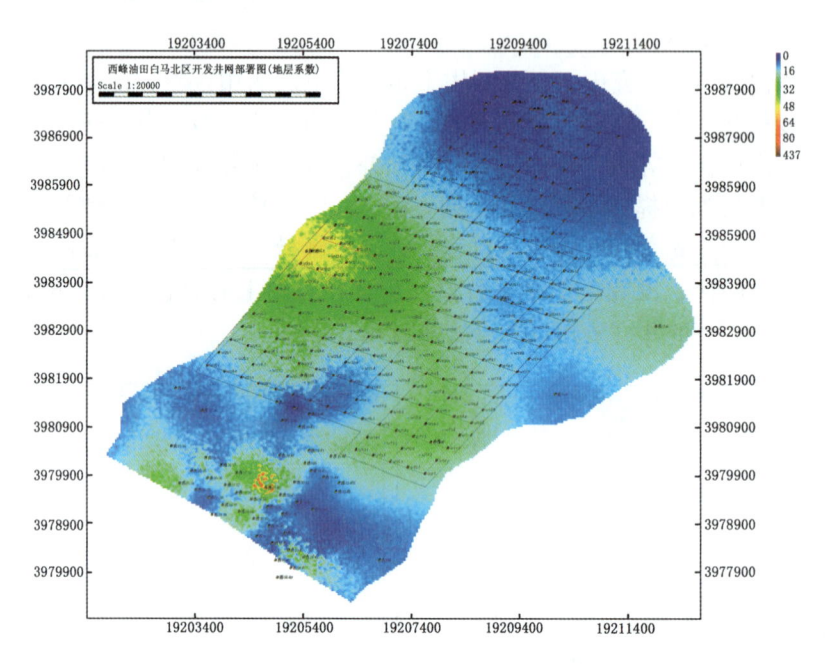

图 2-30　利用计算机确定的某砂岩油田菱形反九点法井网

(1) 某低渗透油田。

该区块是某低渗透油田的水平井试验区，按图 2-31 工作流程。在三维

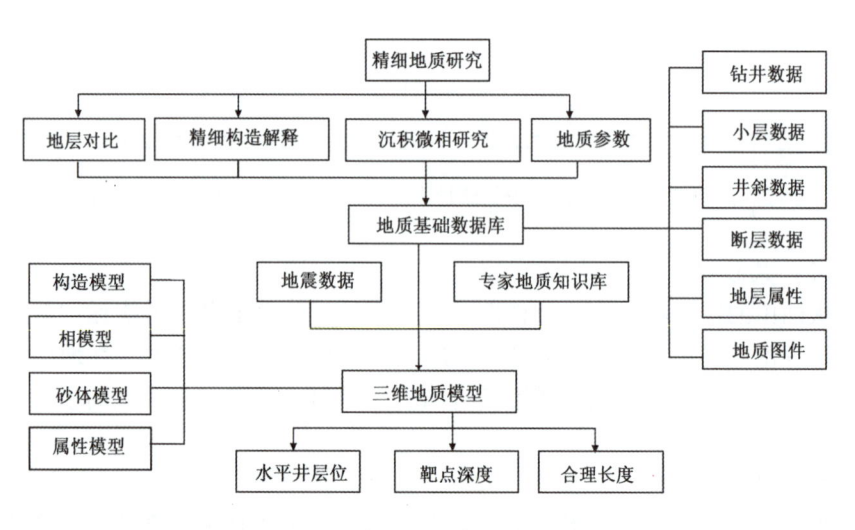

图 2-31　水平井设计流程（大庆）

地质模型数据体上快速完成了目标区的水平井设计,如图2-32所示。

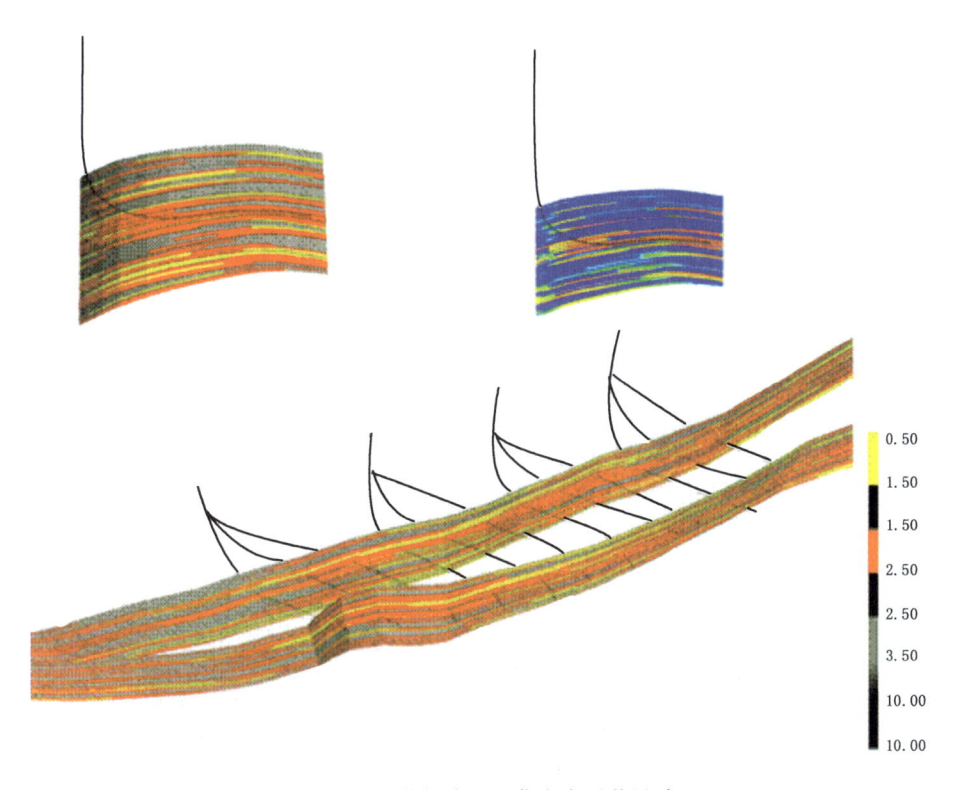

图2-32 某低渗透油藏中水平井设计

(2)某砂岩油田。

图2-33是某高渗透油田用水平井作调整方案时,在三维地质模型上设计的水平井。

3)构造微裂缝模拟

利用古构造模型、储层岩石物理参数等模拟地层断裂过程的实用技术可以准确地解决挤压油藏的微裂缝物性参数问题。

(1)某砂岩油田。

图2-34是利用古构造模型、储层岩石物理参数等模拟地层断裂过程的实用技术对我国西部某砂岩油藏进行的微裂缝方向预测。

(2)伊朗某油田。

图2-35是根据古构造模型和岩石物理参数计算出的伊朗某油田最小曲率模型。最小曲率也是反映储层微裂缝发育程度的一个参数,供其他软件做

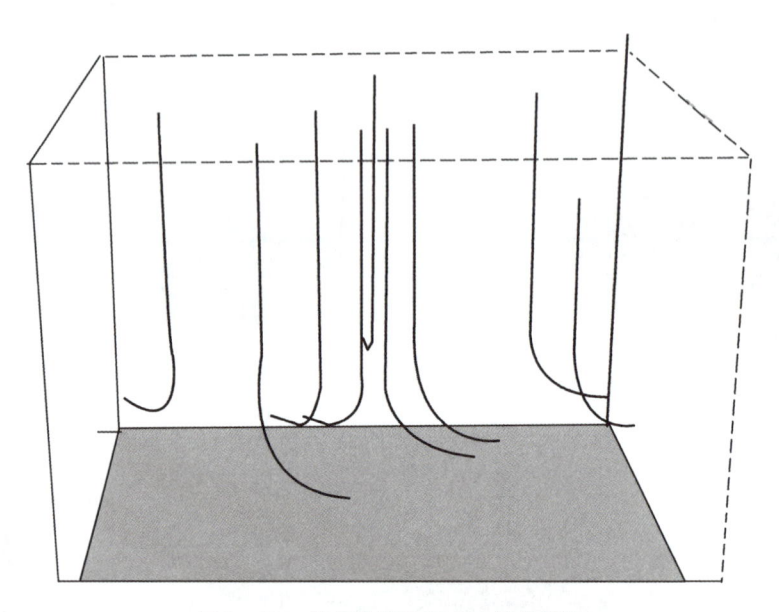

图 2-33　某高渗透油藏中水平井设计

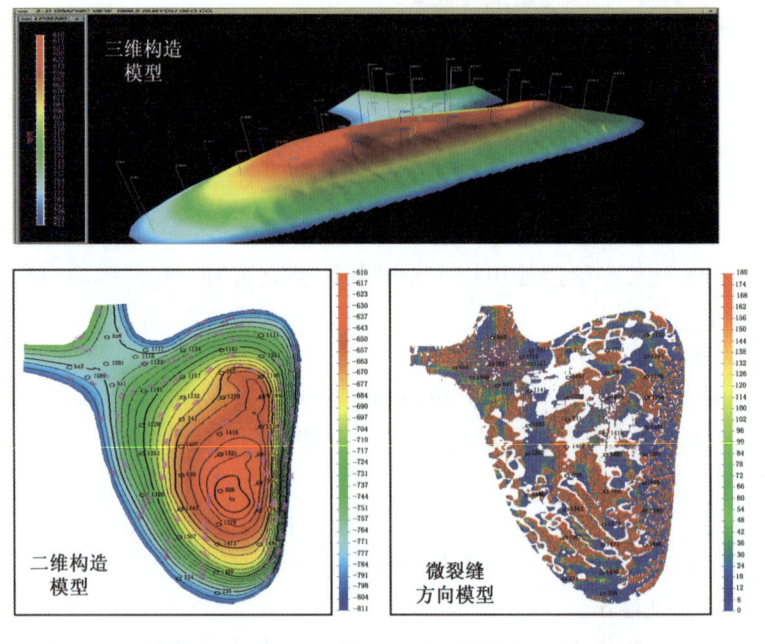

图 2-34　某砂岩油田微裂缝方向预测过程图

微裂缝研究使用。

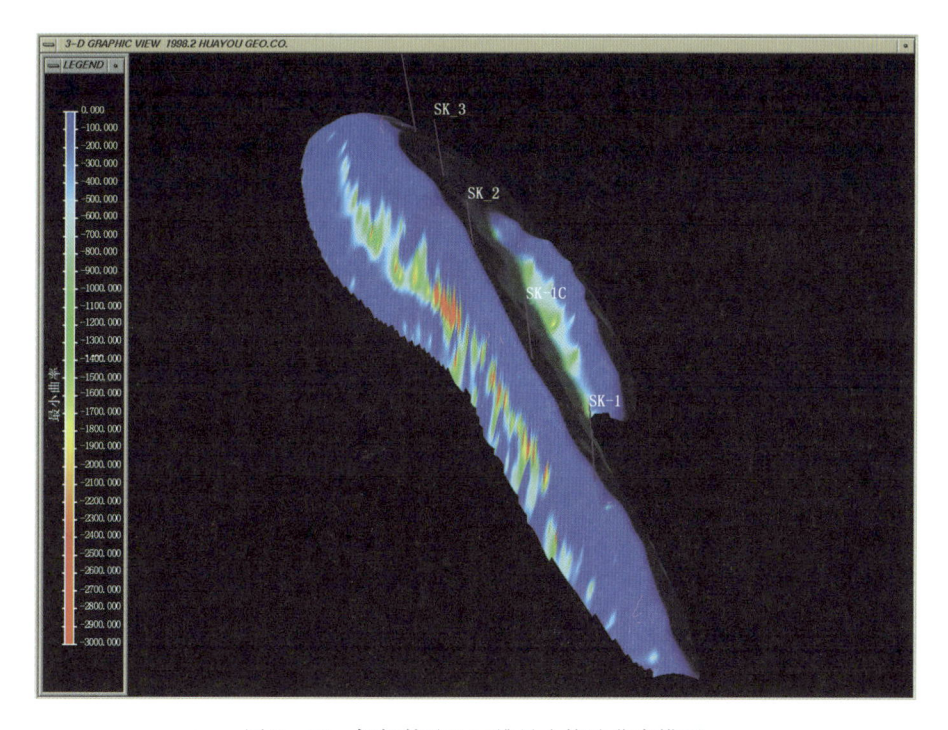

图2-35 伊朗某油田三维最小构造曲率模型

4）沉积相研究及储层评价

利用构造拉平技术、属性约束及色标任意设置技术等手段，进行沉积相研究和各种储层评价。

一般情况下，我们所研究的绝大多数砂泥沉积岩油藏都经过多次大小不等的构造运动的改造。其储层最初的面目并非现在这种样子。为研究最初河流砂泥的沉积规律，比较完善的办法是将目前油藏的构造顶面作为一个水平面，将地层（砂层、泥层）厚度叠加在其下形成一个新构造形态的储层模型，这个模型中砂泥的分布规律就能反映出当初的沉积环境，对储层的沉积相研究有很重要的意义。对应着这种将目前储层构造顶部拉平再现储层形成初期模型的技术，就是这里所谓的构造拉平技术。

属性约束及色标任意设置技术是一种在二维或三维地质模型中为突出表现某种地质属性而将其某一段的属性值用特别颜色来表示的计算机绘图技术。

（1）某砂岩油田。

采用构造拉平技术对该油田各小层的流动单元所在的沉积环境和沉积相进行研究，确定该小层的沉积相。下列组图是通过利用构造拉平技术对 I4、I6 小层的三维渗透率模型进行剖析，确定它们的沉积相，图 2-36 中绿色为低渗透带，渗透率为 $(0.1 \sim 1.0) \times 10^{-3} \mu m^2$ 之间；墨绿色为较低渗透带，渗透率为 $(1.0 \sim 10.0) \times 10^{-3} \mu m^2$ 之间；黄色为较高渗透带，渗透率为 $(10.0 \sim 50.0) \times 10^{-3} \mu m^2$ 之间；红色为高渗透带，渗透率为 $(50.0 \sim 998.75) \times 10^{-3} \mu m^2$ 之间。从这些拉平构造的渗透率模型上可以清楚地看出，它们的沉积环境大部分是曲流河环境，储层中有很多河道砂和侧积体的影子。

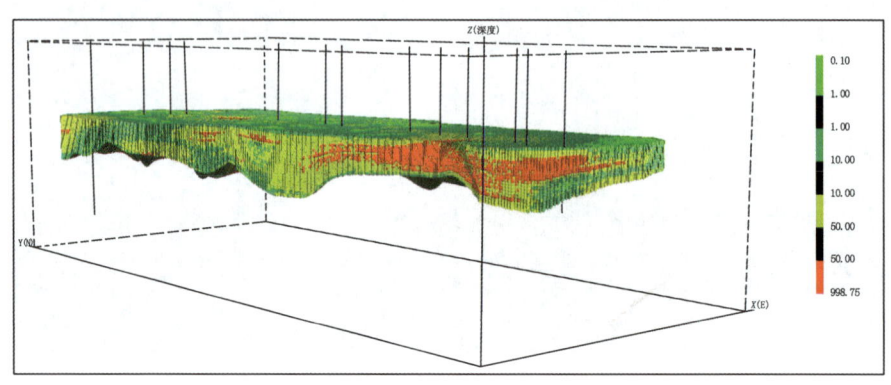

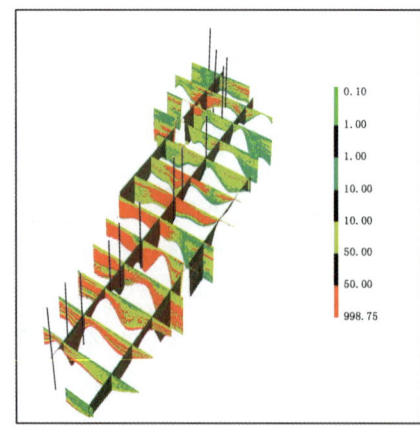

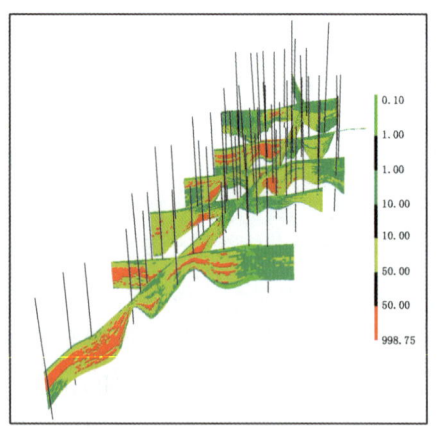

图 2-36　某砂岩油田 I4 小层三维渗透率模型（沉积相研究）

（2）某砂岩低渗透油田。

图 2-37 是利用属性约束及色标任意设置技术，在该油田 MZ 块总地层系

第二章 油藏建模技术

数模型上进行储层分类从而进行有关的储层评价的实例。根据地层系数从小到大的顺序将其分成从蓝到绿到红的三个颜色段。红颜色段为一类储层，绿颜色段为二类储层，蓝颜色段为三类储层。

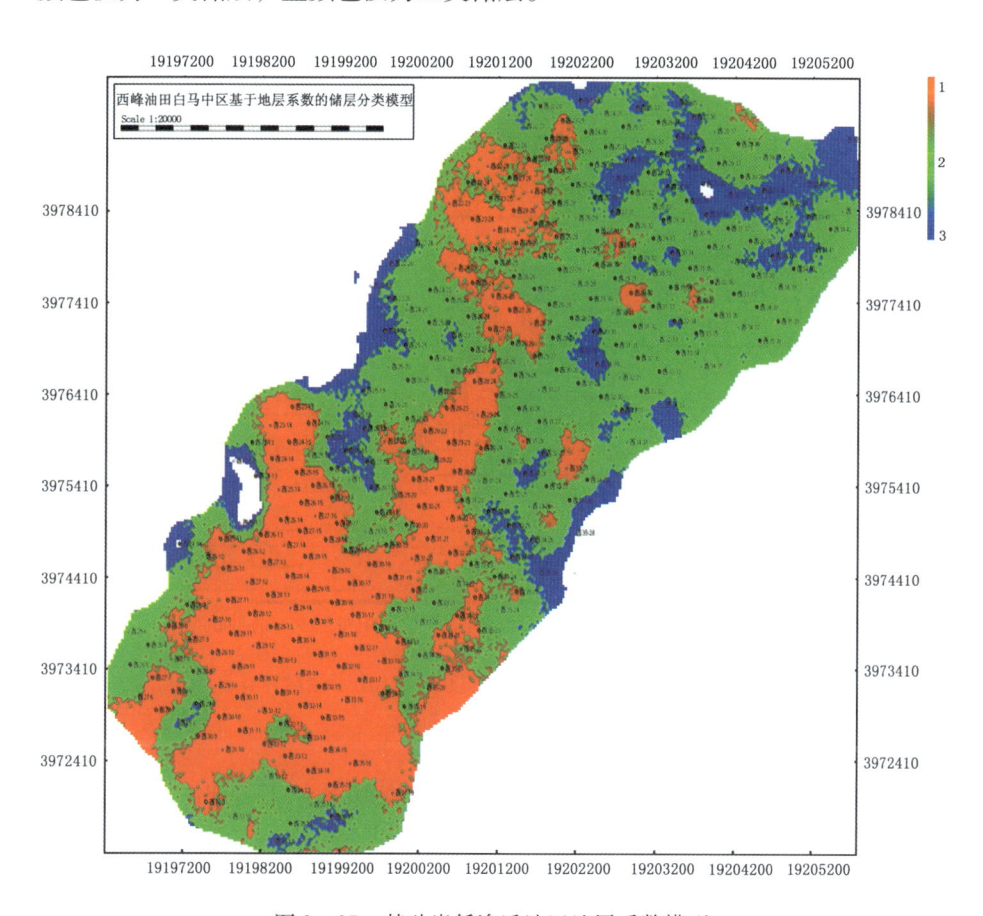

图 2-37 某砂岩低渗透油田地层系数模型

5) 储量计算

利用多边界技术在二维、三维储量丰度数据体上圈定任意形态，根据积分原理就可以计算出其内部的油气储量值和圈定的面积值。

图 2-38 是在二维储量丰度模型上，对某油田某一主力油层进行的储量计算。

6) 任意范围内属性平均值计算

利用多边界技术在二维、三维储量丰度数据体上圈定任意形态，可以快

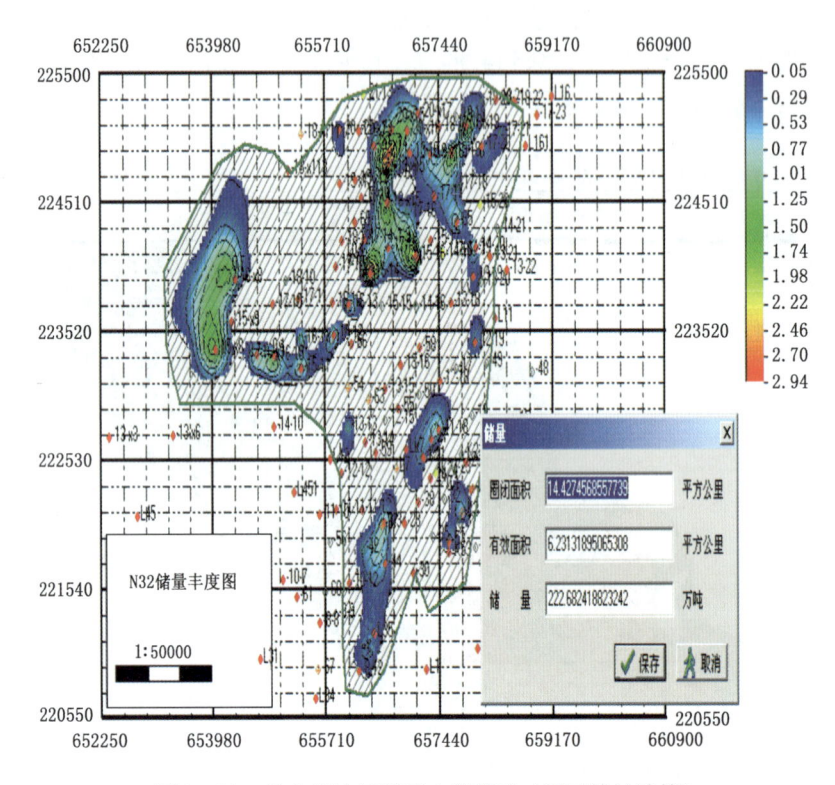

图 2-38　某砂岩油田储量丰度模型（用于储量计算）

速计算出其内部属性的算术平均和加权平均值。

图 2-39 是在二维有效厚度模型上，对某油田某一主力油层某一区域进行的有效厚度平均计算。

7) 剩余油挖潜

结合数值模拟结果和动态资料以及剩余油储量丰度与地层系数相互约束技术就可以高效进行剩余油挖潜工作。

图 2-40 是结合数值模拟结果预测的某砂岩油田在 2008 年末剩余油饱和度分布模型。

8) 建立动态预测模型

根据实际工作的具体需要，在二维精细模型上划定规则或角点网格，进行网格合并输出供目前流行的各种数模软件使用。

图 2-41 是在构造模型上进行的角点数模网格划分。按角点网格粗化出来的动态模型，可供 VIP、ECLIPSE、CMG 等国内外数模软件直接使用。

第二章 油藏建模技术

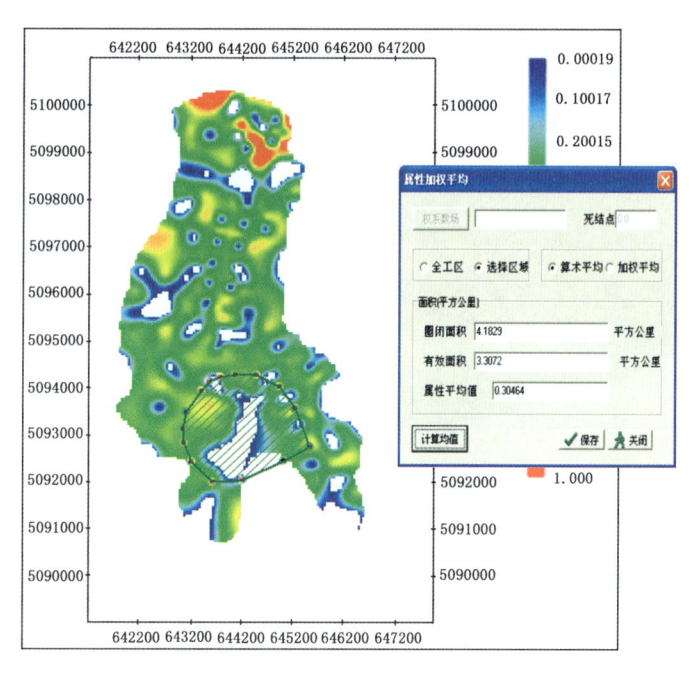

图 2-39 某油田有效厚度模型（用于厚度统计）

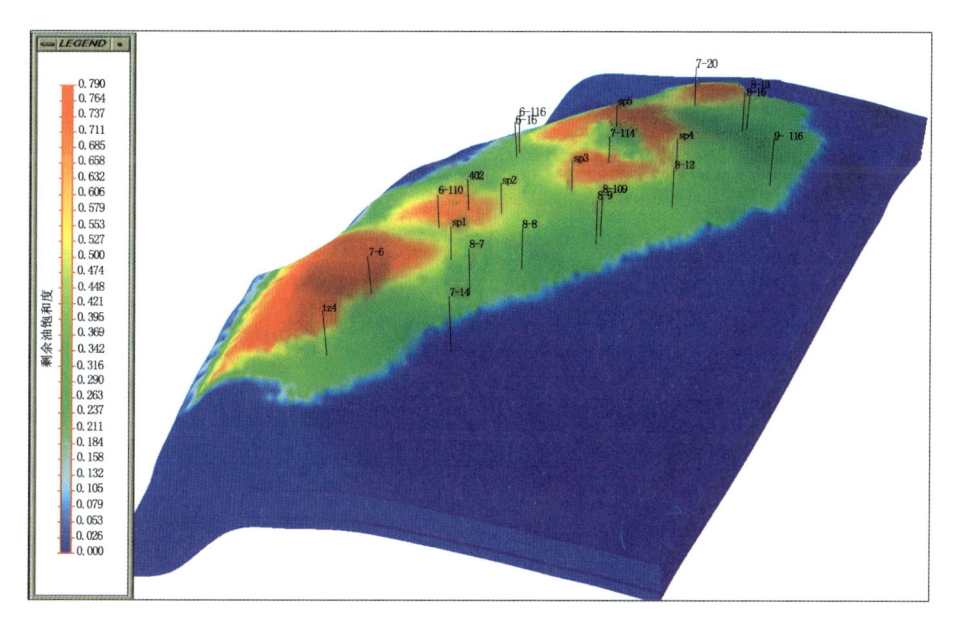

图 2-40 某砂岩油田三维剩余油饱和度模型

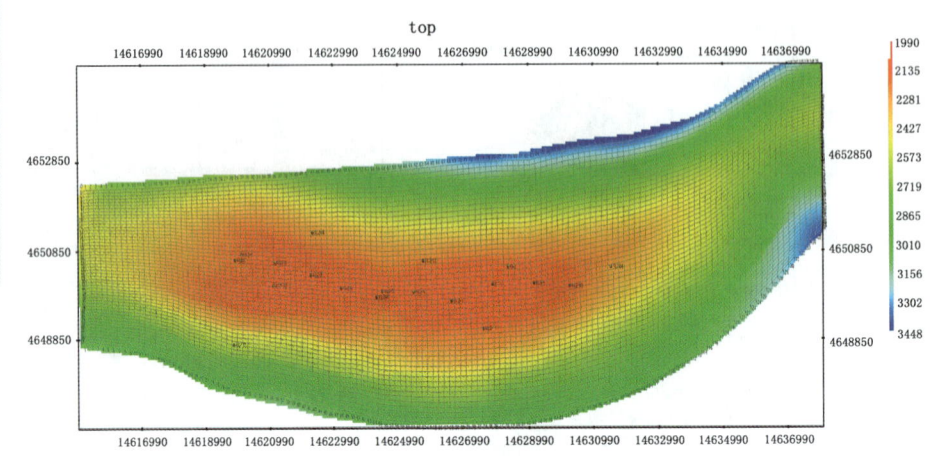

图2-41　某砂岩气田角点网格划分图

三、三维油藏地质建模中的通用技术

1. 插值算法和插值技术

二维、三维插值技术是三维油藏地质建模中的最基本技术，实用有效的插值方法有4种。

1）趋势面法

地质上的许多数据都是与具体的地质构造结合在空间分布的。这种分布是遵循一定的自然规律的，也就是一种自然趋势。既然是一种自然趋势的空间分布，人们就联想到是否可以把它模拟成一种数学曲面，以研究它们的分布规律。这种模拟的数学曲面就被称作趋势面。这种趋势面常用等值线图的方式表现，所以也叫作趋势面图。下面我们就地层构造面的分布来介绍地质趋势面分析。

就地层层面而言，地质趋势面不是地层的实际构造面而是一个逼近地层实际构造面的数学曲面，趋势面并不恰好通过地层面上的实测点，实际上地层面上的实测点是围绕着趋势面分布的（见图2-42）。

多项式趋势面方程的形式如下：

$$z = \beta_1 + \beta_2 x + \beta_3 y + \beta_4 x^2 + \beta_5 xy + \beta_6 y^2 + \cdots + e \qquad (2-1)$$

这里 e 为随机偏差。

第二章 油藏建模技术

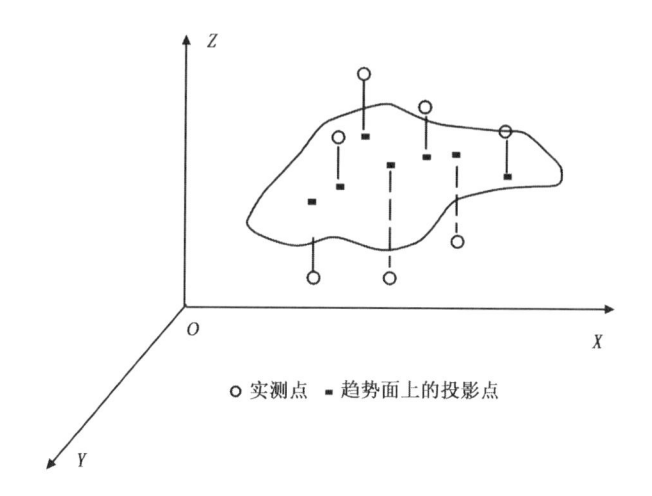

图 2-42 趋势面示意图

所谓趋势面法就是利用空间分布的实测数据点（x、y、z）拟合上述多项式曲面方程。具体讲，就是确定多项式的系数：β_1、β_2、…。

假设 e 具有平均值等于零的性质的白噪声，又因为实测点是有限数目的，拟合的只是抽选的样本，所以把拟合多项式写成：

$$\hat{z} = b_1 + b_2 x + b_3 y + b_4 x^2 + b_5 xy + b_6 y^2 + \cdots$$

用随机偏差 e 的平方和为最小作最优估计，确定方程式的系数 b_1、b_2、…。

趋势面分析可以广泛应用于研究各种地质参数的空间分布。对研究地质构造来讲，它反映构造起伏的趋势，所以多项式方程通常都是选用低次的，如 2、3、4 次，他们反映构造变化的背景值。

2) Hard 曲面神经网络法

自组织特征映射中的学习，包括两个主要的阶段：有序化阶段和收敛阶段。有序化阶段在前。在这一阶段期间产生权值矢量 W_j 的拓扑有序化（总体），η 值相对保留大一些。初始时，η 可选得接近 1.0；在有序化阶段，η 不要降到 0.1 以下。另外，在此阶段，邻域函数开始也相对地大一些，经常包括网中所有神经元。在整个算法的过程中，邻域函数将减小，被限制为几个神经元（或者甚至可能仅仅是获胜神经元一个）。有序化阶段可能持续大约 1000 次左右的迭代，比收敛阶段短得多。在收敛阶段，输出神经元寻找精确的样本权值矢量值，直到结束为止，在算法的收敛阶段中，总是希望 η 和邻域函数的值小一些，这时 η 的典型值将维持在 0.01 或更小。

对于某一区域内的 n 个已知离散点 Z_i ($i=1, 2, 3, \cdots, n$) 利用该点组建一个 Hard 样条曲面，函数使每一个已知 Z_i 的估计值 Z_v^* 和 Z_i 相等。在完成该过程中，使计算机反复调整各散点的权系数，使之完全满足精度要求为止，以后再求一个未知点的值，然后以上 $n+1$ 个点重复同样过程推断下一个未知点的值。计算过程见图 2-43 所示。

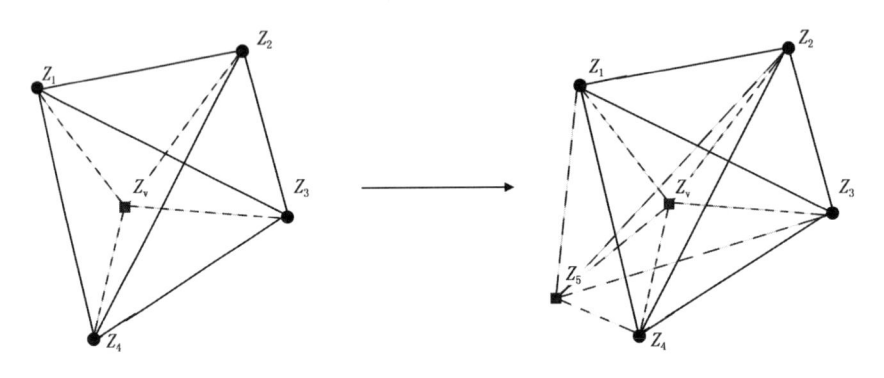

图 2-43 Hard 曲面神经网络求解过程示意图

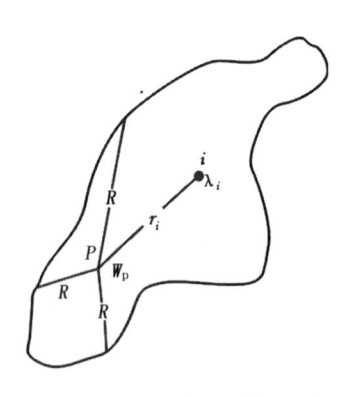

图 2-44 Hard 曲面函数示意图

计算机求解该过程时，一般要经过以下过程：

第一，选择一个 Hard 曲面，或三维体函数（见图 2-44）：

$$W_p(r_i) = \lambda_i f\left(\frac{r_i}{R^2}\right) \quad (2-2)$$

式中　W_p——该面或体上距作用点 i 距离为 r_i 处（P 处）因受到 λ_i 形变作用影响的形变量；

λ_i——作用于 i 点的形变量；

R——区域半径；

r_i——i 点到 P 点的距离。

第二，根据每个已知离散点受其他 $n-1$ 个已知离散点的综合影响，建立方程组

$$Z_i = \sum_{j=1}^{M} \lambda_j f\left(\frac{r_{ij}^2}{R^2}\right) \quad (2-3)$$

$$W(x,y) = \sum_{j=1}^{M} \lambda_j f\left(\frac{r_i^2}{R^2}\right) \qquad (2-4)$$

求出每个 λ_j ($j=1, 2, \cdots, m$)。

第三，求出某一点 i 的变形值。

第四，利用求出的第 i 点的值 $W(x, y)$ 作为新的已知点重复以上计算步骤求出下一个要求点的函数值。

这种方法，解题精度高，但速度较慢，在实际使用过程中函数连续性强，尤其在砂体厚度、构造计算中方向性较明显，智能水准高，是目前国外很流行的算法之一，但任何算法都存在其缺陷，在离散点较少的情况下，同样精度较差。

3）克里金法

对于任何一种估计方法，都不能要求计算的平均品位估计值 Z_v^* 和它的实际值完全一样，也就是说，偏差 $\varepsilon = Z_v - Z_v^*$ 将是不可避免的，然而，我们要求一种估计方法应当满足下面两点：

第一，所有估计块段的实际值 Z_v 与其估计值 Z_v^* 之间的偏差平均为 0，即估计误差的期望值为 0，即 $E(Z_v - Z_v^*) = 0$。

第二，估计块段的估计品位与实际品位之间的单个偏差应尽可能小，即误差平方的期望值：

$$\lambda^2 = \mathrm{Var}\{Z_v - Z_v^*\} = E\{[Z_v - Z_v^*]^2\}$$

应尽可能小，因此最合理的估计方法应当提供一个无偏差估计且估计方差为最小的估计值。最常用的估计方法是用样品的加权平均求估计值，也就是说，对于任一待估块段 V 的真实值 Z_v 的估计值 Z_v^* 是通过该待估段影响范围内 n 个有效样品 Z_α（$\alpha = 1, 2, \cdots, n$）的线性组合得到的：

$$Z_v^* = \sum_{\alpha=1}^{n} \lambda_\alpha Z_\alpha \qquad (2-5)$$

式中，λ_α 是加权因子，是各样品在估计 Z_v^* 时的影响大小，而估计方法的好坏就取决于如何计算或选择权因子 λ_α。对于给定待估块段 V 和用来进行估计的一组信息 $\{Z_\alpha, \alpha = 1, 2, \cdots, n\}$，我们要求出一组权系数 λ_α（$\alpha = 1, 2, \cdots, n$），若使估计方差为最小，则块段 V 的估计值 Z_v^* 就能在最小的可能置信区间内产生，而给出最佳、线性、无偏估计的权系数的方法就是克里金（Kriging）法，克里金法是一种最佳局部估计方法，它以最小的估计方差给出块段平均值的无偏线性估计量。

$$\gamma^*(h) = \frac{1}{2N(h)} \sum_{i=1}^{N(h)} [Z(x_i) - Z(x_i + h)] \qquad (2-6)$$

计算机处理时，一般要经过以下几步：

第一，利用用来估计的一组信息值，计算实验变异函数，做出实验变差函数图，如图 2-45 所示。

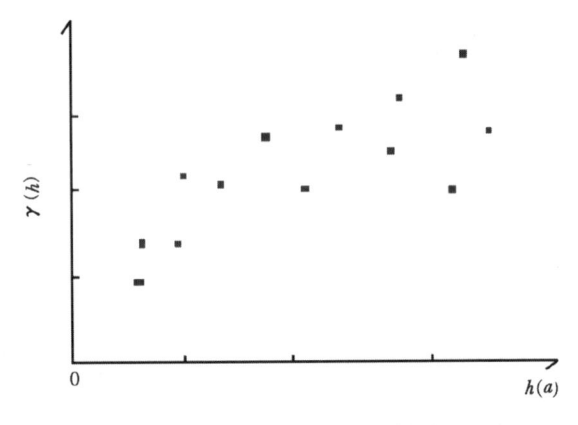

图 2-45　实验变差函数图

第二，将这一组数据拟合出一条变差函数曲线，不妨拟合出一条球状模型变异函数，如图 2-46 所示。确定 C_0、C 和 a 的值。

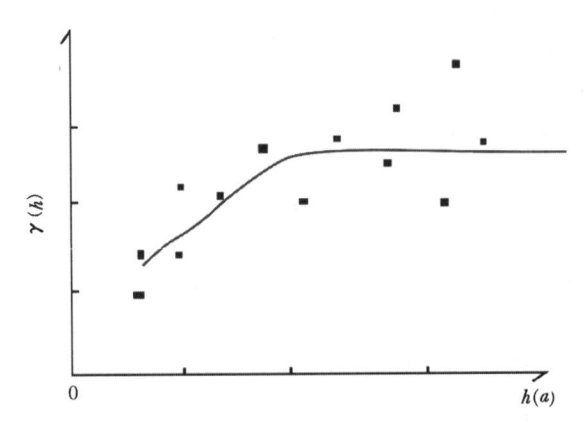

图 2-46　实验变差函数拟合

$$\gamma(h) = \begin{cases} 0 & (当 h = 0 \text{ 时}) \\ C_0 + C\left(\dfrac{3h}{2a} - \dfrac{h^3}{2a^3}\right) & (当 0 < h \leqslant a \text{ 时}) \\ C_0 + C & (当 h > a \text{ 时}) \end{cases} \quad (2-7)$$

对于理论球状变异函数来讲，C_0 叫估块金效应，它表示 h 很小时，两点间的品位变化；a 称为变程，当 $h \leqslant a$ 时，任意两点间的观测值有相关线，这个相关线随 h 的变大而减小，当 $h > a$ 时就不再具有相关线了；C 叫先验方差，C' 叫基台值，三者的关系是：$C' = C + C_0$，当 $C_0 = 0$ 时，$C' = C$。经标准化后，球状模型变异函数可以表示为：

$$\gamma(h) = \begin{cases} 0 & (当 h = 0 \text{ 时}) \\ \left(\dfrac{3h}{2a} - \dfrac{h^3}{2a^3}\right) & (当 0 < h \leqslant a \text{ 时}) \\ 1.0 & (当 h > a \text{ 时}) \end{cases} \quad (2-8)$$

第三，解克里金方程组：

$$\begin{cases} \sum_{\beta=1}^{n} \lambda_\beta \overline{C}(V_\alpha, V_\beta) - \mu = \overline{C}(V_\alpha, V) \\ \sum_{\beta=1}^{n} \lambda_\beta = 1 \quad (\alpha = 1,2,3,\cdots) \end{cases} \quad (2-9)$$

这是 $n + 1$ 阶方程组。

$$\begin{bmatrix} \lambda_1 \\ \lambda_2 \\ \vdots \\ \lambda_n \\ -\mu \end{bmatrix} = \begin{bmatrix} C_{11} & C_{12} & C_{13} & \cdots & C_{1n} & 1 \\ C_{21} & C_{22} & C_{23} & \cdots & C_{2n} & 1 \\ C_{31} & C_{32} & C_{33} & \cdots & C_{3n} & 1 \\ \vdots & \vdots & \vdots & & \vdots & \vdots \\ C_{n1} & C_{n2} & C_{n3} & \cdots & C_{nn} & 1 \\ 1 & 1 & 1 & \cdots & 1 & 0 \end{bmatrix} \begin{bmatrix} C_{10} \\ C_{20} \\ C_{30} \\ \vdots \\ C_{n0} \end{bmatrix} \quad (2-10)$$

其中，λ_β（$\beta = 1, 2, \ldots, n$）和 μ 是未知数；C_{11}、C_{22}、$\cdots$、$C_{nn} = 1.0$；$C_{ij} = C_{ji} = 1.0 - \gamma(h_{ij})$；$C_{i0} = 1.0 - \gamma(h_{i0})$。

第四，求解估计值，如图 2-47 所示。

$$Z_v^* = \sum_{i=1}^{n} \lambda_i Z_i \quad (2-11)$$

这种方法从理论上讲最好，但由于实验点的限制导致变异函数的拟合多解，实际上一条实验变异函数曲线上的点有时没什么规律可言，这就给计算带来了误差。因此，克里金插值的精度也同样受到已知样品点的限制。

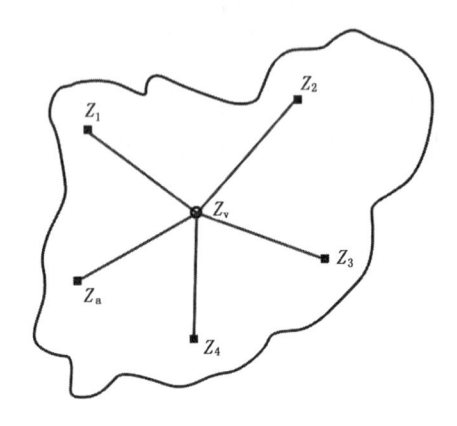

图 2-47 插值点求解示意图

4）随机干扰法

这种方法的解题思想较为先进，它是将蒙特卡洛思想用在插值计算中形成的一种新算法。

该方法的核心是求解权系数因子。在插值计算中，权系数为：

$$W = \left[f\left(\frac{r_i}{R}\right) \right]^X \tag{2-12}$$

式中　r——待求点到已知点 i 的距离；

R——区域半径；

W——i 点对待求点作用的权系数；

X——权系数因子。

确定该因子在 $[a, b]$ 区间上变化后，从 a 到 b 之间的数均可以作为权系数因子。因此，引入蒙特卡洛随机抽样（过程见图 2-48），来求解权系数因子，如果 $[a, b]$ 区间上各数值充当权系数的机会相等，则可以采用均匀分布模型抽样；如果 $[a, b]$ 区间上某个数值充当权系数的机会较多，则可采用三角或正态分布模型抽样。利用选定的分布模型，求出 10 万个样本的期望值作为权系数因子代入权系数函数中求出各点的权系数，再利用：

$$Z_v^* = \sum_{i=1}^n W_i Z_i \tag{2-13}$$

求出 Z_v^* 值。

该方法尤其在求储层孔隙度、渗透率方面效果更佳，比传统计算方法更贴近实际。

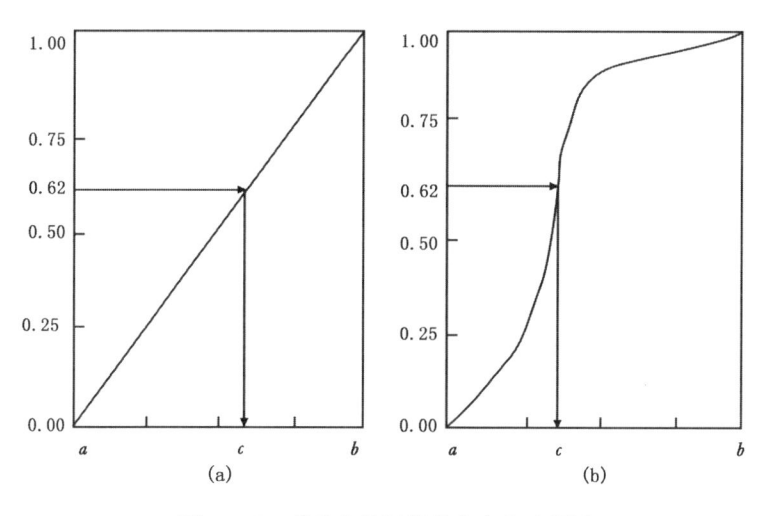

图2-48 蒙特卡洛随机样本产生过程图

2. 蒙特卡罗法事件处理

蒙特卡罗（Monte - Carlo）法也称统计模拟法，它的含义是：利用各种不同分布随机变量的抽样序列模拟给定问题的概率统计模型，给出问题数值解的渐进统计估计值。简要地说，蒙特卡罗法是应用随机数进行模拟计算的方法统称。

蒙特卡罗法在地质统计方面应用非常广泛，在绝大多数不确定地质问题的处理上都可以采用该方法。从储量计算、储层分布规律研究、储层物性分析甚至到计算方法上的一个参数值的确定都可以采用蒙特卡罗方法。使用该方法的关键是原始样本的数值要准确。蒙特卡罗方法模拟问题的过程分两大步。第一步，随机样本分布函数模型的选取。该过程一般分三种情况供选择：（1）原始样本的数目较多，其原始样本数据量大于30个时，一般采用频率统计法求解随机变量的经验分布函数模型，求出来的分布函数模型叫随机变量的任意分布函数模型［见图2-49（d）］；（2）原始样本的数目较少，但知道分布函数的模型时，可以用理论概率模型公式求得随机变量的分布函数模型，如正态分布函数模型，见图2-49（c）；（3）原始样本的数目较少，又不知道分布概率模型时，只能用最简单的均匀分布［见图2-49（a）］或三角分布［图2-49（b）］模型来代替随机变量的分布函数模型。第二步，产生大量0到1之间的随机数，通过选取的随机变量分布函数模型求得与这些随机数对应的随机样本，求取这些样本的期望值和与期望值对应的概率。

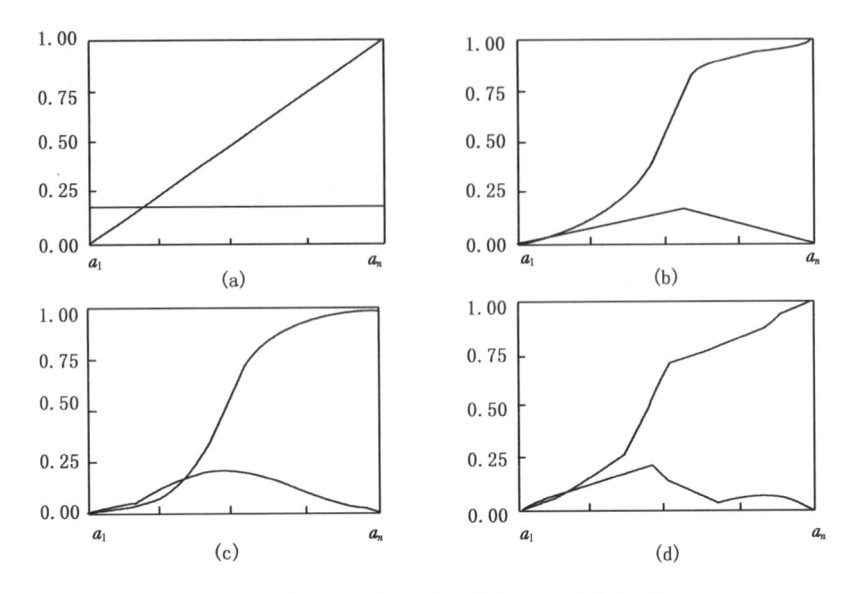

图2-49 自然界中随机变量常见的几种分布函数

第二节 油藏评价阶段的精细砂控建模技术

一、砂控建模的概念

地质建模是通过分析地震、地质、测井、测试、生产动态等资料，对油藏的格架、储集层属性及其内部流体性质的空间分布等进行全面性的综合研究和描述，利用计算机技术最终建立一个三维定量的油藏地质模型，从而为合理开发油气藏制定开发战略和技术措施提供必要的可靠的地质依据。

目前，地质建模技术在国内外油田的应用已相当普遍，对于井控程度低的油田建模的精度稍差。因此在井比较少的情况下，如何提高储层模型的精度，减小其不确定性，使建立的模型更科学、更合理，成为当前油藏描述及

第二章　油藏建模技术

储层建模重要的、也是主要的研究内容之一。在油气田开发方案编制阶段，一般工区范围大，井控程度低，油藏类型各种各样，储层非均质性强，油水关系复杂。如果完钻井、测井、取心、试油试采等资料丰富，地震资料品质高，在完钻井的控制下，使用高品质的三维地震反演信息可弥补井少的不足，也可取得较好的建模效果。

油藏评价开发方案设计阶段精细砂控建模技术是利用井震资料，并结合对砂体在空间的展布进行标定和刻画，砂体在井点上和井资料一致，在空间上和地震资料一致，在三维空间中描述出单砂体的展布规律，根据单砂体的油水分布规律在三维空间中建立油藏的油水分布关系。精细砂控建模是确定性建模，要求地震、测井、地质、建模、油藏研究人员一起利用具有综合功能的一体化软件共同完成，最终把地下三维空间中的油藏在计算机中再现出来，这样对油藏的认识能得到较大的提高。精细砂控建模的难点是时深转换和利用地震资料对砂体的追踪。油藏评价阶段的精细砂控建模技术是地质建模技术发展中的一次尝试，确给推动地质建模技术的发展提供了新的思路。

二、精细砂控建模的思路和工作流程

众所周知，不同油田的地下地质情况千差万别，所以，具体油田应具体分析。例如对于井少且井距较大的油藏来说，应用传统的确定性建模方法建立的模型，在平面上控制不住，井间预测可靠性极差，即使应用一般的随机建模技术所达到的精度也难以满足地质研究的要求。因此引入并充分利用三维地震资料，在进行三维建模时，以地震反演泥质含量数据体和测井解释泥质含量资料作为软数据进行约束，预测砂体分布，最终建立砂控模式下的属性模型。具体的步骤如下：

（1）以含油单砂体的标定和追踪解释为主要研究手段和目标，对油藏单元进行三维、定量的描述和预测。

（2）建立高精度的三维构造模型，为单砂体的描述打下坚实的基础，充分发挥地震资料的作用，通过构造模型与三维地震数据体一体化的时—深转换保证地质模型与三维地震数据之间良好的对应性，为含油单砂体的描述提供基础。

（3）以测井数据为基础建立属性模型，采用地震反演数据对计算进行约束，使模型既忠实于测井数据，又能体现出三维地震数据所反映出的储集单砂体分布趋势，使计算结果更为合理、可信，达到含油单砂体准确描述和预测的目标。

本节,以某油藏为例进行详细说明。该油藏三维地震资料的主频达到了50~60Hz,再经过地震反演,三维地震数据体对单砂体的分布特征已经有了比较清楚的反映,砂体的分布规律已比较明确,因此,建模工作的重点是利用测井曲线对地震反演数据体反映出的砂体分布进行进一步的细化和准确化,以测井解释泥质含量曲线为插值计算对象,以地震泥质含量反演体对插值方向进行约束。

由于已经有高精度的三维地震反演体,砂体的分布特征不存在不确定性的问题。因此,采用克里金插值方法(确定性建模方法)作为模型计算的主要方法。

地震泥质含量反演数据体被用来对插值计算进行约束。约束方法主要是通过协克里金函数将其作为第二变量对插值方向进行加权,使计算结果的数值分布特征与其相一致。

因为该油藏是一个以单砂体控制为主、构造为辅的构造—岩性油藏。单砂体的分布和三维空间形态是油藏研究的关键,使用功能强大的 Petrel 软件建模,在建模过程中采用的具体工作流程如图 2-50 所示。

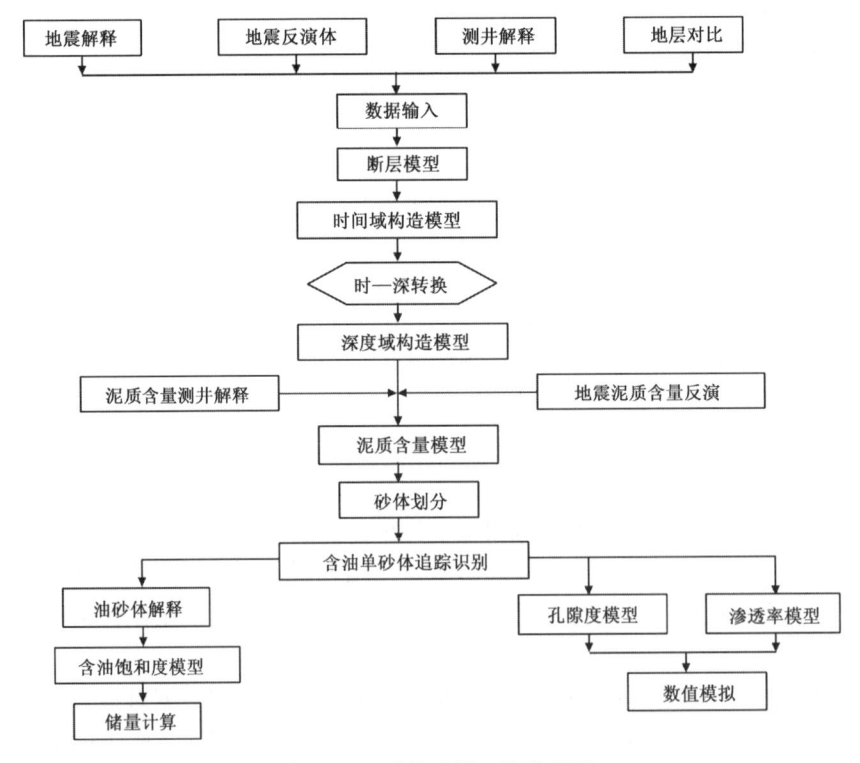

图 2-50 砂控建模工作流程图

第二章 油藏建模技术

三、基础数据

该油藏东西方向的边界以三维地震工区边界为限,北部边界为羊二庄断层,南部边界为羊二庄南断层。

油藏内共有钻井 17 口。为了全面了解周围钻井情况,又加载了其他 6 口邻井的井位坐标和井斜数据,加载全部测井曲线和测井解释成果,包括泥质含量、孔隙度、渗透率和含水饱和度 4 种测井解释成果曲线,以及自然电位、电阻率、自然伽马、井径等电测曲线,为储层分析、地层对比等研究工作提供了完整的数据库。

地震资料包括三维地震构造解释成果和三维地震数据体。三维地震解释工作共提供了 Nms 底、Nm$\rm{II}$4 底、Nm$\rm{III}$2 顶、Nm 底、Ng$\rm{I}$1 顶、Ng$\rm{I}$2 底、Ng$\rm{II}$3 底、$\rm{Es}_1^{\perp}$1 顶、$\rm{Es}_1^{\perp}$3 底、Es 底(中生界顶)共 10 个层位的构造解释成果。三维地震数据体包括三维常规地震数据体、泥质含量反演数据体和叠前泊松比反演数据体。

以上数据为建立精细三维地质模型并进行储集砂和油藏的精细研究提供了比较全面的基础保障。

四、时间域构造模型

区块采集了高分辨的三维地震数据,为储层研究和建立精细三维地质模型提供了良好的基础。为了在地质模型中的地层单元与三维地震的反射波之间建立起准确的对应关系,从时间域开始建立构造模型。

1. 时间域断层模型的建立及校正

油藏所在的盆地是一个构造比较复杂,断层十分发育的沉积盆地。断层对地层的展布特征和油藏的分布往往起重要的作用。因此,断层模型的准确性是这一地区三维地质模型能否准确描述油藏关系的一个关键因素。

根据地震解释成果建立断层基本模型,以三维地震数据体作为质量控制依据对断层模型进行校正,以保证断层模型的准确性。

(1) 三维地震构造解释工作提供了 10 个层位的断层解释方案,基本控制住了三维断层的总体形态特征,可以建立起比较可靠的三维断层结构框架。

(2) 建立三维断层模型不仅仅要在某个层位上有比较合理的展布形态,还要考虑到整个三维断面在三维空间内的形态合理性和准确性。因此,在三维断层模型框架完成后,还要在三维窗口内根据三维地震数据体对断层面进行了细致的修改,使断面与地震数据完全吻合(见图2-51)。

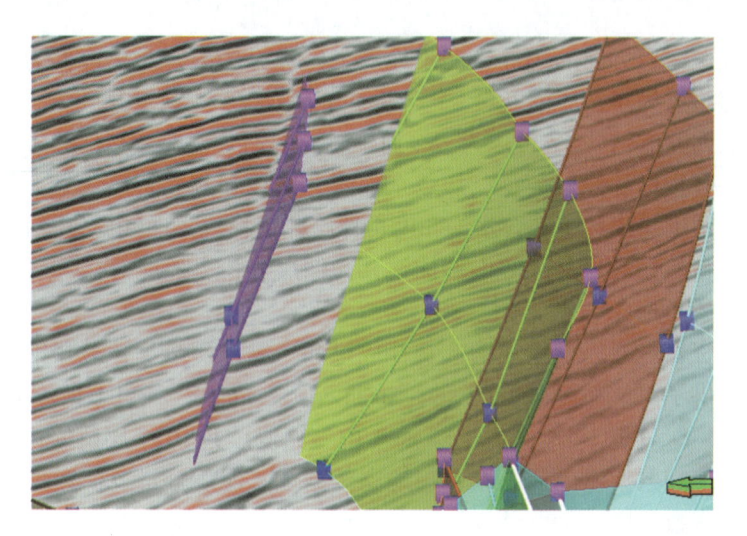

图2-51 三维断层模型与地震剖面对比图

(3)考虑到三维地质建模软件对三维网格划分的要求,在模型内去掉了一些规模很小、分布孤立、对油藏分布没有影响但会影响网格计算的小断层。

2. 构造层位的建立

时间域构造模型的构造层位主要针对有地震解释成果的10个界面。

(1)为了有效控制住储层的平面变化特征,平面网格间距定义为25m×25m。

(2)利用地震解释提供的10个解释层位,网格化计算出10个构造控制界面(见图2-52)。由于地震解释工作比较精细、严格,网格化计算出的界面与地震资料吻合较好。

(3)由于常规地震构造解释的目标是研究总体的构造形态,加上网格化计算本身有一定的平滑作用,因此,地震解释提供的层位数据往往与沉积界面之间有一些细节上的出入。三维地震建模工作是以研究沉积单砂体的准确形态为目标,构造模型要与沉积界面严格吻合。根据地震解释成果建立起构造模型后还需要对模型进行一定的校正,具体校正方法是逐个层位地将构造面与三维地震剖面进行细致对比,发现构造层位与沉积界面有不相符的地方后,利用三维网格交互编辑功能对构造层位进行校正(见图2-53)。

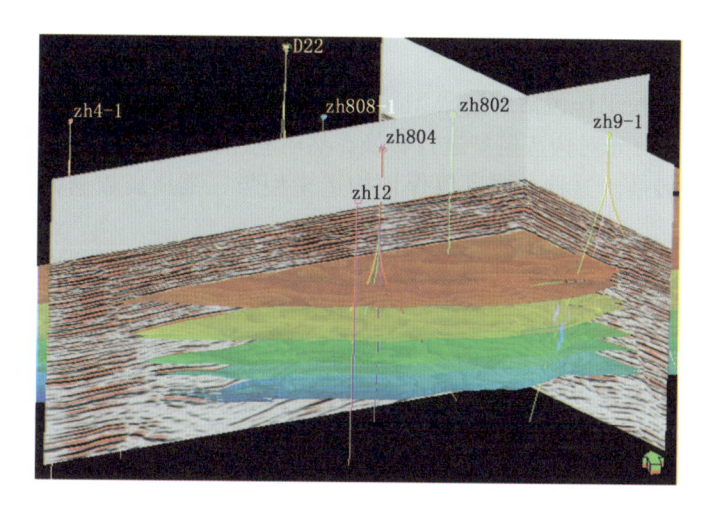

第二章 油藏建模技术

图 2-52 时间域构造模型与地震剖面对比

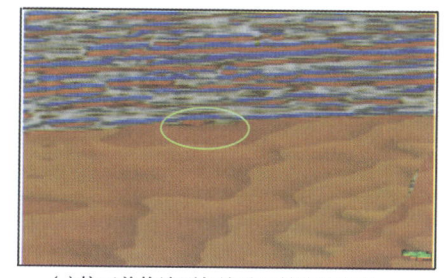

(a)校正前构造面与地震反射波的关系　　(b)校正后构造面与地震反射波的关系

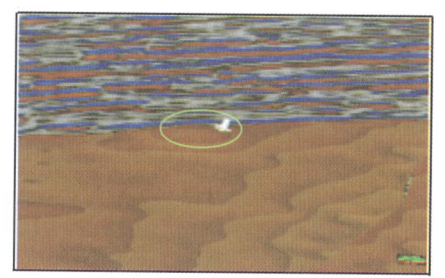

图 2-53 时间域三维构造模型校正实例图

经过严格的质量控制和反复细致的编辑、校正，最终得到比较准确的时间域构造模型。

五、深度域构造模型

时间域构造模型需要与三维地震数据体一起转换到深度域，然后再建立深度域构造模型，并在深度域内对三维地震数据体进行重新采样。

1. 时—深转换

Petrel 建模软件采用的时—深转换方法主要有利用时—速曲线建立速度场和以层位平均速度为基础建立速度场两种方法。本次工作中采用了首先用时

—深关系曲线进行一次时—深转换，再利用速度场进行两次、三次转换的多次渐进式方法。

时—深转换工作包括构造模型转换和三维地震数据体转换两个内容。利用 Petrel 软件首先对构造模型进行转换，然后利用完全相同的速度关系对地震数据体进行转换。这种方式可以保证构造模型与三维地震数据体之间有良好的对应关系。

验证时—深转换准确性的主要依据是检查时间域模型与深度域模型在构造趋势、地层厚度、与钻井的吻合程度等几个方面的相互关系。

利用某井的 VSP 测井数据建立反射时间与平均速度曲线（见图 2 – 54）。利用该时—速关系进行时—深转换的同时根据钻井分层数据对转换后的构造界面进行深度校正。

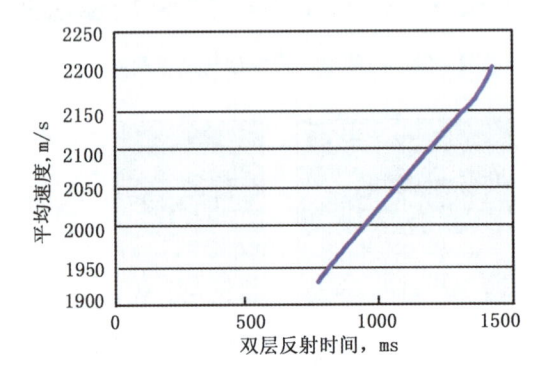

图 2 – 54 某井 VSP 测井时—速关系曲线

利用三维交互编辑工具对转换后的层位进行适当编辑，使其与地震资料反映出的构造趋势和地层厚度关系相近似。将编辑后的深度域构造模型与时间域构造模型相除，相当于得到经过校正的速度场。对这个速度场进一步完善后再重新对时间域构造模型进行二次时—深转换，得到改进后的深度域构造模型。将这一过程重复几次后，最终可以得到比较准确的深度域构造模型。

转换后的深度域构造模型与钻井分层数据有完全的吻合，同时与时间域构造模型在构造趋势和地层厚度变化规律上保持了较好的一致性（见图 2 – 55），说明深度域构造模型达到了较高的准确性。

三维地震数据体也利用相同的时深关系转换到深度域。由于构造模型与三维地震数据体采用了完全相同的速度场，因此，在时间域内构造模型与地震数据之间良好的对应关系，也完整地保持到了深度域构造模型内。

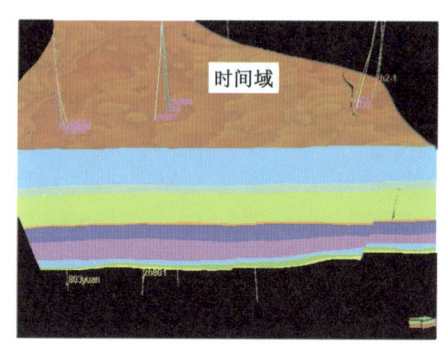

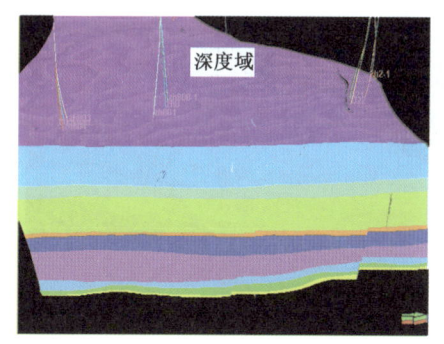

第二章　油藏建模技术

(a)时间域构造模型横切剖面图　　　(b)深度域构造模型横切剖面图

图 2-55　时间域构造模型与深度域构造模型横切剖面对比图

经过反复、渐近式的时深转换，最终得到了比较准确的深度域构造模型和深度域三维地震数据体。深度域构造模型和地震数据、钻井数据达到了较高的吻合程度。

2. 小层地质界面

时—深转换后的构造模型只有 10 个构造界面，这些界面还远远不能控制住以单砂体为沉积单元的油藏特征和分布规律。因此，还需要进一步细化构造模型，将构造模型的基本构造控制界面细化到小层一级，建立起小层构造界面。

小层构造面的建立主要根据钻井分层数据。小层沉积单元已经很难完全与地震反射波相对应，而且，一些地区钻井控制程度较低，也无法直接用分层数据进行构造层位的计算。因此，在实际计算中主要是以钻井反映出的地层厚度关系为依据，通过地层等厚图内插小层界面。由于地层厚度的变化相对比较稳定和平滑，因此，这种方法内插出的小层构造界面可以在完全忠实于钻井分层数据的同时，较好地保持基本构造界面反映出的整体构造形态和构造趋势。

采用上述方法计算出某油藏从明化镇组到沙河街组共 30 个小层的 31 个界面。从最终得到的小层级构造模型与深度域地震数据体的对比看，虽然大部分小层界面已经无法直接和地震反射波相互一一对应，但基本上都可以和地震反射波保持相对平行的关系。说明小层界面与地震资料反映出的地层沉积界面保持了良好的一致性（见图 2-56），达到了精细描述单砂体的地质要求。

95

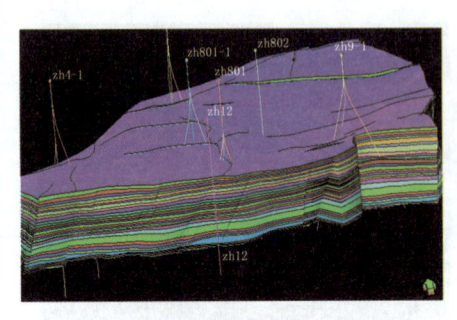

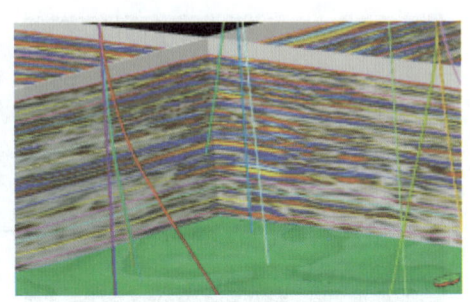

(a) 以小层为单元的构造模型三维显示图　　　　　(b) 小层界面与深度域地震资料对比图

图2-56　三维小层构造模型及其与地震剖面对比图

3. 纵向网格

为了描述出单砂体的三维形态及内部物性变化特征，还需要在小层构造模型的基础上进行纵向网格的进一步划分。

某油藏三维地质模型共包含了30个小层，其中 $NmIII2$、$NmIII3$、$NmIII4$、$NmIV4$、$NgI1$、$NgI2$、$NgII1$、$NgII2$、$Es_1^{\pm}1$、$Es_1^{\pm}2$、$Es_1^{\pm}3$、$Es_1^{\pm}5$、$Es_1^{\mp}6$ 共13个小层为主要含油小层。为了使地质模型可以比较细致地反映出单砂体的变化，同时又尽量减少网格单元的数量以降低计算工作的负荷，纵向网格单元的间距在含油小层内为1m左右，在不含油小层内为3m左右。

根据上述划分标准，共划分了467个纵向网格，平面上网格间距25m×25m，共38028744个三维网格单元。

六、泥质含量模型

建立地震资料约束的三维属性模型，首先要优选与地震参数最为接近、相关性最好的岩石物理参数作为建模工作的第一个对象。由于地震反演工作已经提供了泥质含量反演体，测井解释工作也提供了泥质含量曲线，泥质含量又是反映砂体分布，影响储层物性变化的一个重要参数，因此，将建立泥质含量模型作为建模工作的第一步。

1. 泥质含量模型计算方法

以测井解释泥质含量曲线为插值计算对象，以地震泥质含量反演体对插值方向进行约束。

工区三维地震资料的主频达到了50~60Hz，再经过地震反演工作，三维

第二章 油藏建模技术

地震数据体对单砂体的分布特征已经有了比较清楚的反映,砂体的分布规律已比较明确,因此,建模工作的重点是利用测井曲线对地震反演数据体反映出的砂体分布进一步的细化和准确化。

由于已经有高精度的三维地震反演体,砂体的分布特征不存在不确定性的问题。因此,采用克里金插值方法(确定性建模方法)作为模型计算的主要方法。

地震泥质含量反演数据体被用来对插值计算进行约束。约束方法主要是通过协克里金函数将其作为第二变量对插值方向进行加权,使计算结果的数值分布特征与其相一致。

克里金方法是地质统计学的核心。它主要应用变差函数(或协方差函数)来研究在空间上既有随机性又有结构性的变量(区域化变量)的分布。克里金方法是一种实用的、有效的插值方法。它根据待估点周围的若干已知信息,应用变差函数的性质,对估点的未知值作出最优(估计方差最小)、无偏(估计值的均值与观测值的均值相等)的估计。它不仅考虑到被估点位置与已知数据位置的相互关系,而且还考虑到已知点位置之间的相互联系,因此,更能反映客观地质规律,估值精度相对较高,是定量描述储层的有力工具。

协克里金是一种多变量估计技术,通过研究主变量及次级变量的空间相关关系,将次级变量的信息整合到估计结果中,以弥补主变量数据不足的缺点。

在简单克里金回归方法中,未知值是通过 Z_1 资料的线性组合来估计的:

$$Z_1^*(u) = \sum_{\alpha=1}^{N_1} \lambda_\alpha Z_1(u_\alpha) \qquad (2-14)$$

克里金面 $Z_1^*(u)$ 可被看作是某一拟合 (n_1+1) 维的 $Z_1(u)$ 与 $Z_1(u+h)$ 在距离 $h_\alpha = u_\alpha - u$,$\alpha = 1, \cdots, n_1$ 的回归曲面散点图。

协克里金方法是该种回归方法的拓展,它包含不同于 Z_1 的信息。例如,如果除了 n_1 个物性数据 $Z_1(u_\alpha)$ 外,有 n_2 个另一种物性数据 $Z_2(u'_\alpha)$ 在未采样点处,直接变量的协克里金估计为:

$$Z_1^*(u) = \sum_{\alpha=1}^{N_1} \lambda^{(1)} Z_1(u_\alpha) + \sum_{\alpha=1}^{N_{21}} \lambda^{(2)} Z_2(u'_\alpha) \qquad (2-15)$$

克里金与协克里金的区别在于前者为单个协变差函数,而后者为4个:

$$C_{11}(h) = \text{Cov}\{Z_1(u), Z_1(u+h)\}$$

$$C_{22}(h) = \text{Cov}\{Z_2(u), Z_2(u+h)\}$$
$$C_{12}(h) = \text{Cov}\{Z_1(u), Z_2(u+h)\}$$
$$C_{21}(h) = \text{Cov}\{Z_2(u), Z_1(u+h)\}$$

在实际计算中,通过协克里金函数,可以有效地使计算结果与三维地震数据体在数据分布趋势上保持较好的一致性。

2. 泥质含量模型计算结果分析

图2-57为地震泥质含量反演数据体与泥质含量模型在NmⅢ2内同一深度切片的对比图。从图2-57可以看出,地震泥质含量反演已经比较清楚地反映出了曲流河河道的形态,这一形态较完整地反映到了泥质含量模型内。但在某井附近,受地震分辨率的影响,地震泥质含量反演得到的泥质含量值偏低,河道在某井南侧终止。而在泥质含量模型内,由于利用某井测井数据进行了校正,河道向北进一步的延伸,使河道形态得到有效的校正。

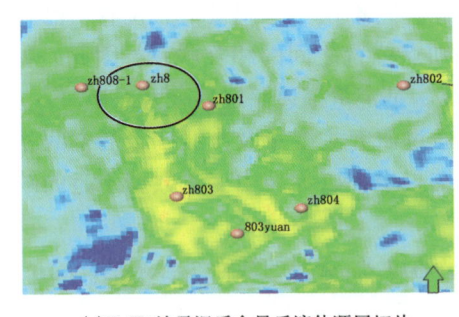

(a) NmⅢ2地震泥质含量反演体顺层切片 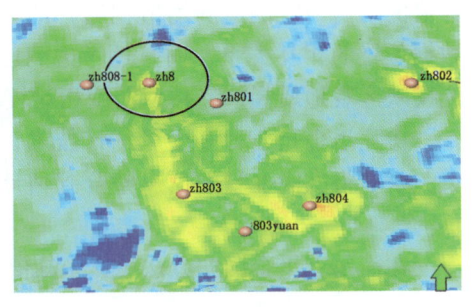　　(b) NmⅢ2泥质含量模型顺层切片

图2-57　NmⅢ2地震泥质含量反演体与泥质含量模型对比图

这一结果说明,三维地质建模工作很好地将地震数据和测井数据进行了综合,对沉积砂体的描述更为细致、准确。

七、砂体模型及含油单砂体的追踪解释

对含油单砂体进行精细描述是建模工作的主要任务,主要包括砂体的识别与划分、含油单砂体的追踪解释以及单砂体含油性研究等几方面的内容。

1. 砂体划分原则

划分、识别单砂体的主要目标是为了将有储集能力的沉积单元与其他不

含油的沉积单元区分开，以便于进一步的油藏研究。划分出的单砂体应满足：

(1) 和测井解释的砂层基本一致。

(2) 展布规律与沉积相带展布规律相一致。

(3) 砂体之间的连续性与钻井揭示的油藏关系相一致。

2. 砂体划分标准及划分结果

为了确定出合理的划分标准，将测井解释与地质模型进行了反复的对比，利用不同的参数进行了反复试验，最终认为将沉积单元共划分为具储集能力的砂岩与不具储集能力的隔层（包括泥岩、砂质泥岩、致密层等所有不具储集能力的地层）两种类型，更有利于油藏的研究。

研究发现，储集砂体与非储集砂体之间以泥质含量作为划分依据和划分标准效果最为合理。但在 Es_1 下砂组内发育了较多的致密层，这些致密层虽然不具有储集能力，却具有较低的泥质含量值。在进一步的油藏分布研究中，针对 Es_1 下砂组又利用孔隙度做了进一步划分。

根据试验性计算，不同时代的地层单元砂体具有不同的泥质含量区间。在反复试验的基础上，确定不同层系储集砂岩的划分标准为：

NmⅢ2：$V_{sh} \leqslant 50\%$。

NmⅢ3：$V_{sh} \leqslant 47\%$。

NmⅢ4：$V_{sh} \leqslant 50\%$。

NmⅣ4：$V_{sh} \leqslant 48\%$。

NgⅠ1、NgⅠ2：$V_{sh} \leqslant 50\%$。

NgⅡ1、NgⅡ2：$V_{sh} \leqslant 55\%$。

$Es_1^{上}$：$V_{sh} \leqslant 50\%$。

$Es_1^{下}$：$V_{sh} \leqslant 52\%$。

根据上述划分标准，利用泥质含量模型进行了砂体的划分，得到了三维砂体模型。对划分出的砂体模型进行分析认为，根据这一标准划分出的砂体与测井解释出的储集层基本相一致，在平面上较好地反映了沉积环境和沉积单元的展布特征（见图2-58）。

3. 含油单砂体的追踪解释

该油藏砂体比较发育，但其中只有部分为含油砂体。一方面需要将含油砂体与其他非含油砂体区分开，另一方面要准确识别出含油砂体的空间形态和分布范围。为此，在砂体模型的基础上对含油砂体进行了追踪解释。

利用砂体模型追踪、解释含油单砂体的技术方法和标准为：

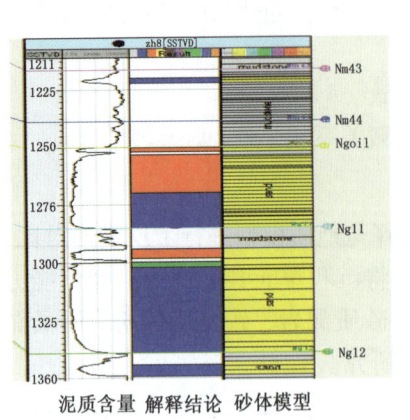

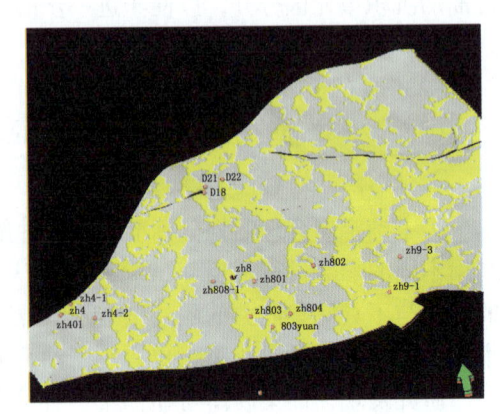

(a) 某井电测解释与砂体模型过井道对比图　　(b)NmⅢ2砂体模型切片三维显示图

图2-58　砂体模型划分结果检验图

（1）只追踪钻井钻遇的含油砂体。
（2）追踪出与钻遇油层完全相通的砂体，不相通的砂体不予考虑。
（3）要保证追踪出的砂体在厚度上与钻井资料相吻合。
（4）追踪出的砂体分布、连通关系要与钻井揭示的油藏特征相一致。
（5）对于油水关系不一致的含油砂层，要能区分出各自不同的砂体范围和砂体边界。

根据以上标准，利用 Petrel 软件的自动相追踪功能对 NmⅢ2 至 $Es_1^下6$ 共 13 个含油砂体进行了追踪，在个别井区根据钻井数据进行了适当的调整，最终得到 13 个小层的含油单砂体三维形态和分布图。

图 2-59 为 NmⅢ2 含油砂体等厚图与相应层位的地震 RMS 振幅图、地震反演平均泥质含量图及叠前泊松比反演顺层提取的平均泊松比图，将地质模型中追踪出的砂体与地震属性资料相对比可以看出：两者在总体的分布趋势上具有较好的相似性，尤其是与叠前泊松比反演成果相似性最强，这说明地质模型反映的砂体形态比较可靠。同时，又可以看出在细节上地质模型与地震属性有所区别，反映出经过钻井数据校正后，地质模型中的砂体形态更为准确。

4．单砂体含油范围

在追踪出含油单砂体后，再根据地质综合研究得到的油水界面深度卡取油砂体的分布。该油藏可分为三种类型：

第一，一些小型砂体没有油水边界，确定为砂体满含油。这类砂体主要

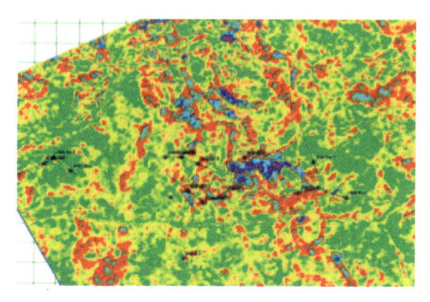

(a) NmⅢ2均方根振幅图 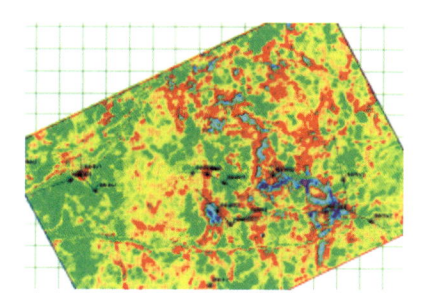　　　　　(b) NmⅢ2地震反演平均泥质含量图

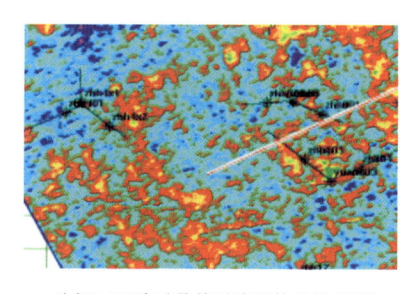

(c) NmⅢ2地震叠前反演平均泊松比图 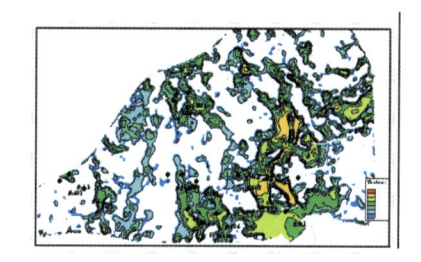　　(d) NmⅢ2地质模型砂体等厚图

图 2-59　NmⅢ2 地质模型砂体厚度与地震属性参数对比图

有 NmⅢ3、NmⅢ4、NgⅠ2 和 NgⅡ1 共 4 个油藏。

第二，砂体虽然连通，但受岩性、物性变化的影响，同一砂体内不同部位油水界面深度不一致。这类砂体主要为 NgⅠ1 油藏。该油藏在某井区为一完整的厚层砂岩，但不同井钻遇的油水界面不一致。对于这类砂体根据钻井资料将油水界面定义为一个曲面，用于油藏范围的确定。

第三，多数含油层系的每个含油单砂体具有统一的油水界面，不同单砂体油水界面不相同。对于这类单砂体采用每个单砂体分别定义油水界面的方法，确定出含油范围。

经过仔细的追踪、解释及油水界面的确定，最终得到含油层系的砂体及油层分布。

1）NmⅢ2 含油砂体及油层分布

NmⅢ2 是某井区背斜主力含油层系之一。该套地层为一套曲流河相沉积，在地震资料和三维地质模型上沉积河道有清楚的显示。从钻遇油层的井出发对含油单砂体进行了追踪，803 井区与 802 井区分属两个单砂体（见图 2-60）。

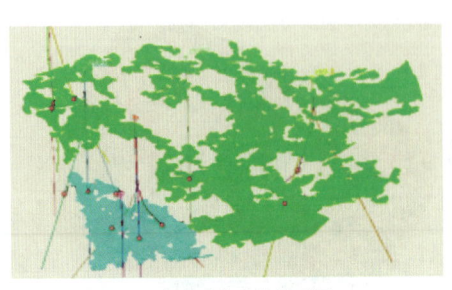

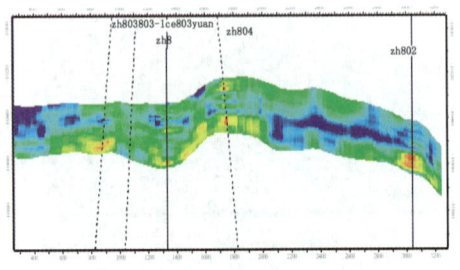

(a) NmⅢ2含油砂体三维显示图　　(b) NmⅢ2泥质含量模型过井剖面图

图2-61　NmⅢ2小层含油砂体解释图

×03井区油水界面在1057.5m左右，而×02井区油水界面为1065m，反映出两个砂体为两个相互独立的流动单元，9×1井区砂体虽然与×02井区的砂体为同一沉积单元，但由于之间有一断层分隔，油水界面1016.8m。根据这一认识，分别在三个井区，定义不同的油水界面，解释出油层的分布范围（见图2-61）。

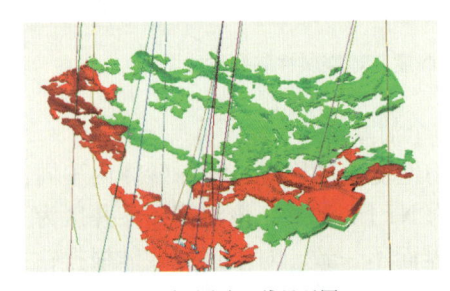

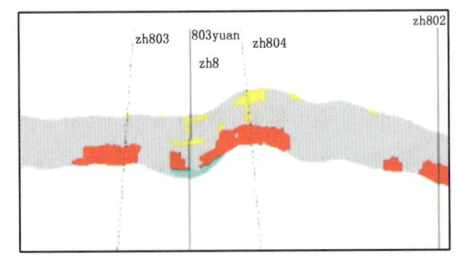

(a) NmⅢ2油层分布三维显示图　　(b) NmⅢ2油层分布过井剖面图

图2-61　NmⅢ2小层油层解释成果图

在三维地质模型的基础上，提取出了含油砂体等厚图和油层等厚图，为进一步的油藏综合分析和储量计算提供了基础。

2）NmⅢ3含油砂体及油层分布

图2-62是NmⅢ3小层砂体空间展布。从图中可以看出，含油砂体只是其中一部分砂体，大部分砂体不含油或者尚未钻遇油层。

某井区含油砂体没有钻遇水层，油层底界为1088.3m。9×1井钻遇了两个很薄的油层，其分布范围可能不大。

该井区明化镇组其他含油小层含油砂体范围很小，也采用了相同的方式

第二章 油藏建模技术

进行了砂体的追踪和油层分布解释。同时，从模型中提取出了各含油层系的含油砂体等厚图和油层等厚图，具体情况不再一一叙述。

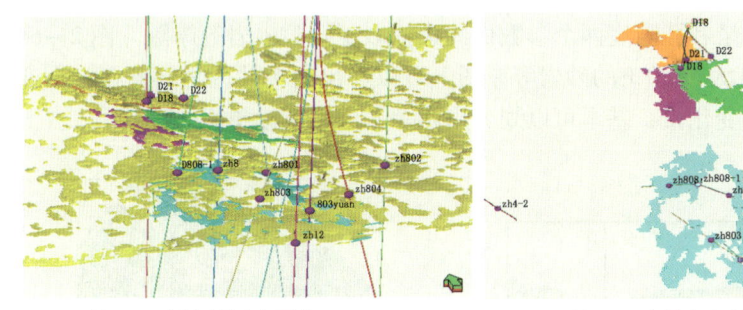

(a) NmⅢ3小层砂体空间展布　　(b) NmⅢ3小层含油砂体空间展布

图2-62　NmⅢ3小层含油砂体分布图

3) NgⅠ1含油砂体及油层分布

馆陶组是一套辫状河沉积，发育一套厚层砂岩储集层。厚层砂岩储集体通常会形成比较简单的块状油藏。但从钻井揭示的油藏特征看，某开发区的油水关系比较复杂，不同的井揭示出的油水界面变化较大，为油藏分布的研究带来很大的难题。

虽然钻井结果表明NgⅠ1发育的是块状砂岩，但根据地质综合研究，储集砂体的物性在平面上还是有所变化的，这种物性的变化是影响油水关系的主要因素。确定油藏分布的首要任务就是要先搞清油水界面的具体分布特征。

根据钻井资料，在某井一带，某井区和X02井区分别属于两个流动单元，两个井区之间应该存在一个物性变化带。在常规地震剖面上，地震波反射比较连续，看不出明显的变化［图2-63（a）］，但在泥质含量模型上，可以看出一些变化［图2-63（b）］，说明地质模型里反映出了岩石物性的变化特征。

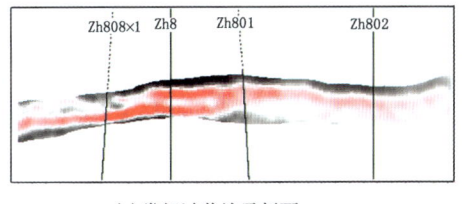

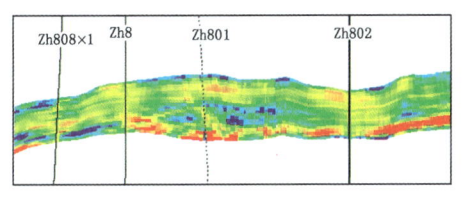

(a) 常规过井地震剖面　　(b) 泥质含量模型过井剖面

图2-63　过井地震剖面与泥质含量模型对比图

为了找出两个井区的物性变化带，对孔隙度模型进行了分析。从孔隙度模型过井剖面看［图2-64（a）］，不同井区间的孔隙度存在明显的变化，说明确实存在物性变化带。为了找出物性变化带在平面上的位置，从地质模型中同时以泥质含量和孔隙度两个参数做约束提取了孔隙砂岩等厚图［图2-64（b）］，从孔隙度大于20%的砂岩等厚图上可以看出两个井区之间存在一个变化带。根据这一变化带，基本可以划分出两个不同的流动单元。

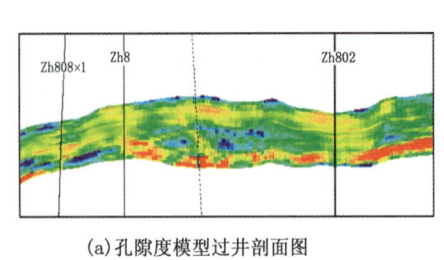

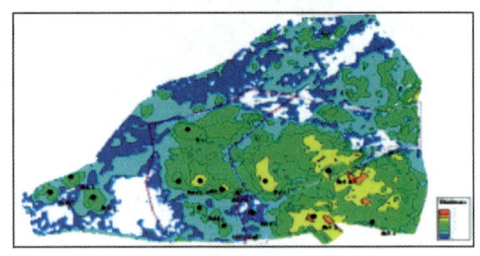

(a) 孔隙度模型过井剖面图　　(b) NgⅠ1孔隙砂岩等厚图（$\phi \geq 20\%$）

图2-64　NgⅠ1孔隙度模型过井剖面及孔隙砂岩等厚图

在某井区内部，不同井之间的油水界面也不统一。地质综合研究认为在油层段下面存在一个物性变化面，控制了不同构造部位的油水界面深度。根据这一认识，定义出一个曲面作为油水界面，计算出油层的分布范围和形态，并得到油层等厚图。

4）NgⅡ2含油砂体及油层分布

该小层砂体平面分布也不连续，且只有×08-1井钻遇油层。该含油砂体纵向上层数多，厚度大，累计砂层厚度32m，但是只有上部几个薄层含油，下部为水体，说明该砂体可能是上下串通的。根据×08-1井油水界面1468.3m来圈定含油范围（见图2-65）。

5）$Es_1^{\pm}1$含油砂体及油层分布

$Es_1^{\pm}1$小层为小型三角洲沉积，是沙河街组的主力油层。某井区和4×1井区分别钻遇不同的三角洲砂体，在砂体的高部位发育油层。某井区构造相对平缓，含油范围大，4×1井区构造陡，含油范围小。某井区的×、×01井钻遇纯油层，×03井钻穿该层的油水界面，实钻含水顶界面1516.8m，以此来圈定某井区的含油面积。4×1井区只有4×1井钻遇了油层，×01井、4×2井为水层，4×2井水顶1541.6m，×01井则更低，因此，选取1541.6m为该区油水界面来圈定含油面积（见图2-66）。

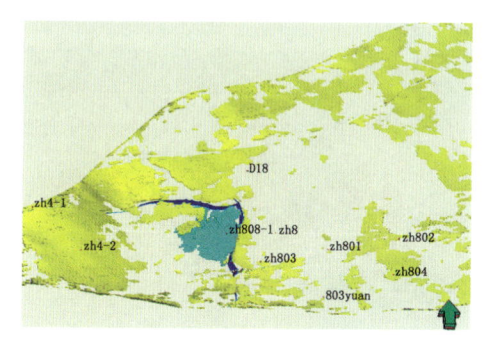

(a) NgⅡ2小层砂体空间展布图 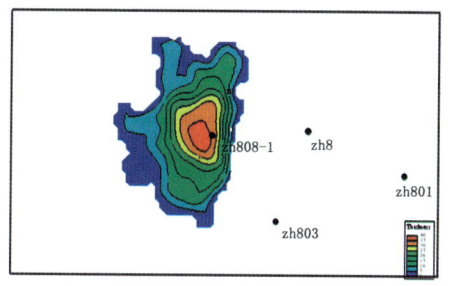　　　　　(b) NgⅡ2小层含油砂体空间展布图

图 2-65　NgⅡ2 小层含油砂体分布图

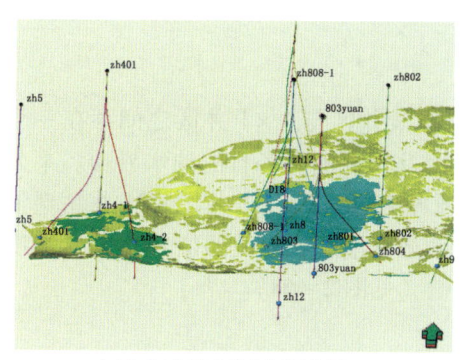

(a) $Es_1^{\text{上}}1$小层砂体空间展布图 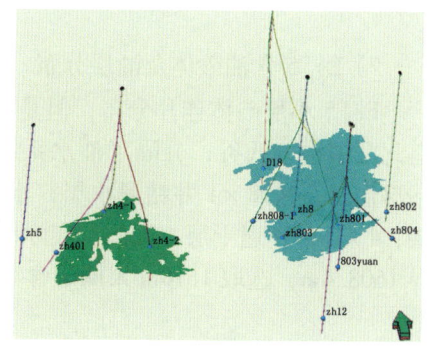　　　　　(b) $Es_1^{\text{上}}1$小层含油砂体空间展布图

图 2-66　$Es_1^{\text{上}}1$ 小层含油砂体分布图

6) $Es_1^{\text{上}}3$ 含油砂体及油层分布

$Es_1^{\text{上}}3$ 小层是沙河街另一个主力油层。该层钻遇了 4 个主要含油砂体，即 ×井砂体、×02 井砂体、9×3 井砂体、4×1 井砂体。各砂体分别具有各自的油水界面，×井砂体上，×井钻遇纯油层，×03 井为水层，含水顶界 1533.3m。另外，该砂体上×08×1 井被断层分隔开，单独成藏，含油底界 1550.2m。×02 井砂体，×01 井钻遇纯油层，802 井为顶油底水油藏，油水界面 1536.72m。9×3 井砂体上，9×3 井钻遇油层，含油底界 1551.95m。4×1 井区沙一上段高部位的 4×1 井为纯油层，而低部位的×01、4×2 井则没有钻遇油层，因此，分析有块状油层特征，所以油水界面统一选用 1541.6m（见图 2-67），有待今后开发验证。

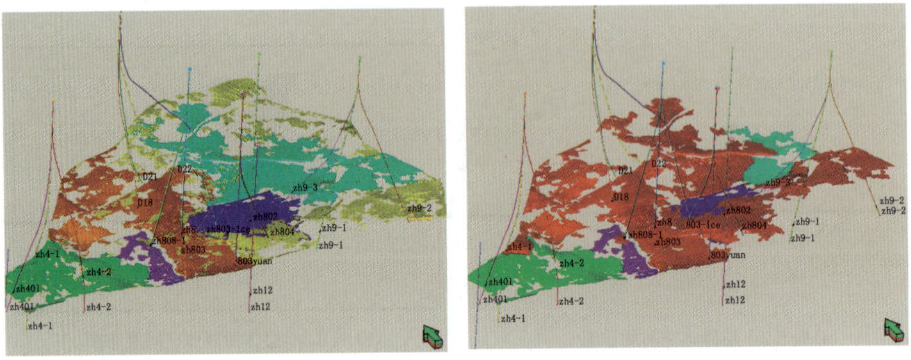

(a) $Es_1^上3$小层砂体空间展布图　　　　　　(b) $Es_1^上3$小层含油砂体空间展布图

图 2-67　$Es_1^上3$ 小层含油砂体分布图

7) $Es_1^下5$ 含油砂体及油层分布

$Es_1^下5$ 小层砂体连片分布，但是由于在某井区与 4×1 井区之间存在一个南北向的构造低谷，分隔了油水系统，因此，两侧有各自的油水界面。某井钻遇油层，×08×1 井钻遇水层，水层顶界 1560m。4×1 井、×01 井钻遇油层，4×2 井钻遇干层，因此，实际没有钻遇含油底界，低部位×01 井含油底界 1608.4m，选取 1610m 来圈定含油面积（见图 2-68）。

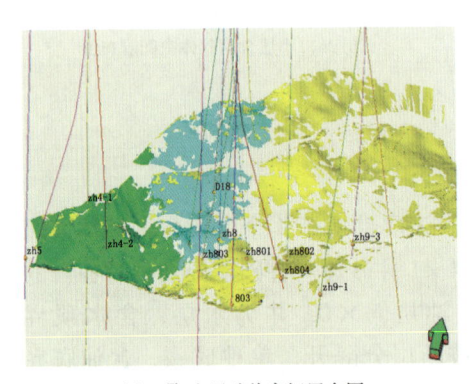

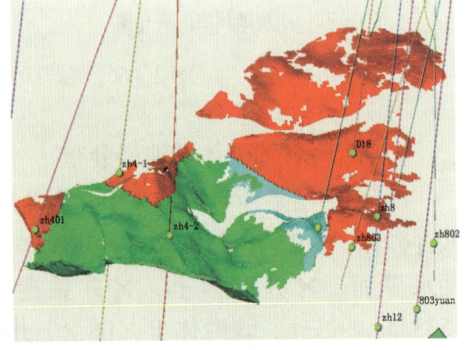

(a) $Es_1^下5$小层砂体空间展布图　　　　　　(b) $Es_1^下5$小层含油砂体空间展布图

图 2-68　$Es_1^下5$ 小层含油砂体分布图

8) $Es_1^下6$ 含油砂体及油层分布

某井区×01、×02、×03 井钻遇油层，实钻油层底界 1558.8m，×08×1

井钻遇水层,实钻水层顶界 1572.5m,某井钻遇干层,选取 1565m 为油水界面圈定含油面积。4×1 井区,3 口井都钻遇油层,低部位的 ×01 井含油底界 1624.9m,以此来圈定含油面积(见图 2-69)。

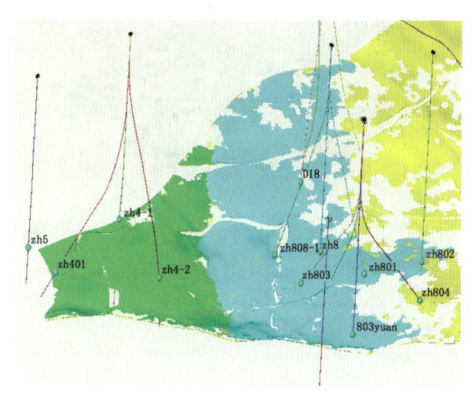

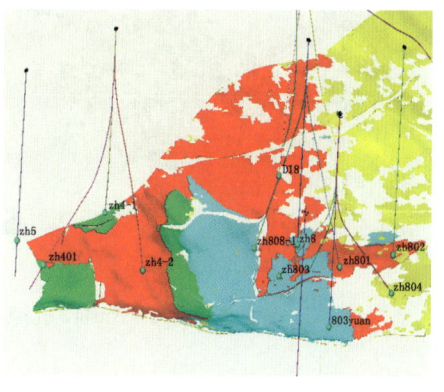

(a) $Es_1^下6$ 小层砂体空间展布图　　　　(b) $Es_1^下6$ 小层含油砂体空间展布图

图 2-69　$Es_1^下6$ 小层含油砂体分布图

八、岩石物理模型

建立岩石物理模型,对储层的孔隙度、渗透率、含油饱和度等参数进行研究是储层研究的重要部分,也是油藏数值模拟的基础。在完成泥质含量模型和砂体模型的基础上,利用测井解释资料建立岩石物理模型。

1. 孔隙度模型

孔隙度是储层的一个基本参数。为了使模型比较准确地反映出单砂体的物性变化,在计算中采用了砂体模型相控,泥质含量模型控制相带内部变化趋势的方法。孔隙度模型采用了序贯高斯模拟技术,这种方法可以获得比较合理的数据整体分布。由于泥质含量对岩石物性有很大的影响,因此,在数据插值时采用协克里金方法,用泥质模型进行约束。

2. 渗透率模型

根据电测解释的研究工作,渗透率与孔隙度有密切的关系。渗透率模型的计算采用协克里金方法,用孔隙度模型进行约束,使两种物性保持相似的分布特征(见图 2-70)。

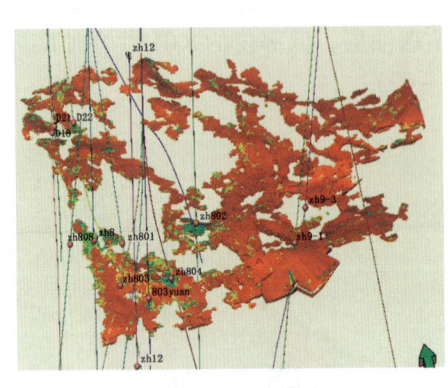

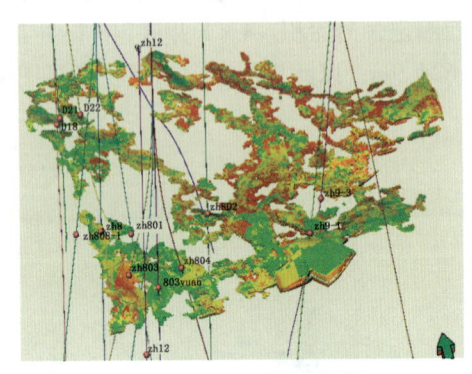

(a) NmⅢ2孔隙度模型　　　　　　　(b) NmⅢ2渗透率模型

图2-70　NmⅢ2孔隙度、渗透率模型三维显示图

3. 含油饱和度模型

根据以往的研究工作，含油饱和度模型采用常数赋值的方法，即根据地质建模工作中确定出的油层范围，油层内含油饱和度赋予常数，油层以外均赋值为0。

在NgⅠ2、NgⅡ1和NgⅡ2共三个层系内，油层的含油饱和度统一赋值为60%，而其余的油层均统一赋值为65%（见图2-71）。

图2-71　三维饱和度模型

九、模型储量计算

根据三维地质建模计算石油地质储量（见下表），某背斜为 $1584.83 \times 10^4 t$。

采用电测解释成果和克里金插值方法在含油砂层内计算出孔隙度和渗透率两个岩石物性模型。

地质模型计算石油地质储量数据表

区块	层位	含油面积 km²	地质储量 10⁴t
某背斜	NmⅢ2	4.27	372.28
	NmⅢ3	1.29	58.09
	NmⅢ4		5.04
	NmⅣ4	0.17	0.06
	NgⅠ1	3.70	472.77
	NgⅠ2	0.71	8.13
	NgⅡ1	0.84	7.70
	NgⅡ2	0.20	14.88
	$Es_1^{上}1$	2.32	324.64
	$Es_1^{上}3$	8.83	196.00
	$Es_1^{下}5$	0.74	22.35
	$Es_1^{下}6$	1.94	102.89
	合　计		1584.83

第三章 水平井开发油藏工程论证

在开发方案中，水平井油藏工程论证的主要内容有四部分：水平井开发适应性论证、水平井产能论证、水平井井网论证和水平井单井地质设计。关于水平井单井地质设计在本书第四章独辟一章进行详细说明，本章重点说明前三部分内容。

第一节 水平井开发适应性论证

一、水平井适应性论证的根本原则

从技术角度分析，任何能够采用其他方式开采的油气藏都可以采用水平井开采。因此，要论证水平井开发的可行性主要在于论证水平井开发相对其他井型开发有无经济技术优越性。

二、水平井适应性论证的主要内容

1. 油气藏类型是否适应水平井开发

通常认为适合水平井开发的油气藏类型有以下几种。

1）底水油藏

底水油藏（块状或厚层状）直井开发生产压差大，容易造成底水锥进，导致油井过快水淹，难以取得很好的开发效果。水平井开发增大了泄油面积，减小了生产压差，可以起到一定的压锥效果。如果生产压差控制合理，可以大大减缓油井水淹速度，从而提高开发效果。底水油藏部署水平井时要对避水高度（厚度）进行论证，预测无水采油期。如果同时具有气顶，且气顶作为驱动能量利用的话，还要考虑避气高度（厚度）。

第三章　水平井开发油藏工程论证

2）（厚）层状油气藏

单一厚层状油气藏是最适合水平井开发的，如果内部比较均质、没有明显的隔夹层，则水平井开发尤为有利。开发方案中还应该对油层的纵向沉积韵律、平面沉积相带进行论证，为水平井的方位设计提供依据。

对于多层的层状油、气藏，如果油、气层分布井段相对集中或者有少数几个主力油、气层，也可以考虑采用水平井或者穿越多层的大斜度水平井开发。但是必须论证储量的动用程度，或者明确哪些层用水平井开采、哪些层用直井开采以及采用水平井、直井、定向井相结合的方式。

对于油、气层较薄的层状油、气藏，还必须论证水平井单井控制储量，并与直井的单井控制储量进行对比，说明水平井开采的优势所在。

3）稠油油藏

稠油油藏开发中最主要的矛盾是如何增大渗流能力，同时还要防止油井出砂。特别是热采的稠油油藏，水平井开采相对直井而言，一是增大了泄油面积，增强了导流能力；二是扩大了热采注蒸汽的加热范围，提高热效率；三是减小生产压差，起到防止出砂的效果。

稠油油藏水平井开发应该论证稠油开发方式：冷采还是热采、注蒸汽吞吐还是蒸汽驱，分别考虑水平井开采的适应性，预测与直井开采的指标对比状况。另外，底水稠油油藏要论证避水高度，层状稠油油藏要论证水平井的储量动用程度。

4）碳酸盐岩或火山岩油气藏

碳酸盐岩或火山岩油气藏一般具有缝洞比较发育的双重或三重介质储层特征，厚度也比较大，由于缝洞的沟通能力强，直井开发容易造成边底水锥进、大孔道水窜等问题，影响开发效果，因此可以考虑采用水平井开发。水平井开采这类油气藏的一个主要目的就是减小生产压差，使大孔道和微孔隙内的油气以相对均匀的速度整体推进，从而提高驱油效率，使微孔隙中的油气能够顺利采出。

水平井开发这类油气藏需要重点论证的主要内容包括：双重介质储层中每种介质中的储量规模和分配关系，缝洞和微孔隙在储层中的分布特点，如何将水平井尽量设计在对开发低渗介质油气比较有利的部位。

5）裂缝性油气藏

要重点论证裂缝与水平井方位之间的关系，考虑地应力、天然裂缝、压裂缝之间的相互关系及其对水平井开发造成的影响。

6）煤层气藏

煤层气藏目前已经成为油气勘探的一个重要领域，一般适合开采煤层气的煤层厚度较大，分布稳定。用直井开发煤层气由于动用范围有限，气体解吸速度慢，开发效果差，因此适合采用水平井，特别是分支水平井或"鱼骨刺"水平井来开发。需要重点论证煤层气的解吸速度、分支数目、各水平段长度分配以及单井动用储量等。

7）其他类型油气藏

若不属于以上提到的油气藏类型，但认为有必要采用水平井开发，也需要提出水平井开发的依据，与直井开发指标进行对比，以水平井开发具有明显的优势为部署原则。

2. 水平井开发的技术优势

论证水平井与直井开发的单井产能比、单井和油藏的高峰产量、稳产期、含水上升速度、最终采收率等。

3. 水平井开发的经济优势

包括投入产出比、投资回收期等方面与其他井型开发进行对比。

4. 储量动用程度

论证水平井开发对油藏储量的动用程度、储量损失状况等。

三、水平井适应性论证的方法

1. 类比法

与国内外其他油气田同种类型油气藏成功的水平井开发效果进行对比，如果有可供对比的实例可以作为水平井开发可行性分析的依据。类比的主要内容包括：油藏类型、油藏规模、油层埋深、流体性质、储量丰度等。

2. 开发先导试验

在正式开发方案编制之前，对拟采用水平井进行开发的油气藏进行水平井开发先导试验，为水平井方案设计提供依据。

3. 油藏数值模拟方法

采用先进的三维地质建模软件，在油藏地质特征研究、储层反演和横向预测的基础上，将油藏描述的成果具体体现在三维地质模型当中，并在模型中进行水平井设计，然后利用油藏数值模拟软件对水平井开发效果进行预测分析对比，结合经济评价最终确定是否采用水平井开发。

第三章　水平井开发油藏工程论证

第二节　水平井产能论证

水平井产能论证是水平井技术取得经济效益的基础，关于产能的论证也是油藏工程设计的重要内容，是水平井优化设计、制定合理工作制度、水平井开发动态分析和调整的重要依据。产能论证的质量将直接影响水平井潜力的发挥和对油田开发效果的好坏。

目前，水平井产能论证的主要方法有两种：一是理论公式计算方法，其中包括直接建立数学模型，利用等值渗流阻力方法、镜像反映原理和势函数叠加方法求解，主要针对地层中的单相渗流情形；另一种方法是数值模拟的方法，研究水平井的产能及流入动态关系曲线，可以计算地层中出现的油气两相流动。另外还有试油试采方法和经验方法。

本节重点介绍理论公式计算方法，讨论水平井初期产能和递减期产能的预测方法。

一、水平井初期产能计算方法

1. 单一水平井的产能预测方法

1）常规水平井的产能预测公式

水平井产能预测方法的研究始于 20 世纪 50 年代，1958 年苏联学者 Мекрлов 首次发表了计算水平井产量的解析公式。1964 年苏联另一位学者 Ю. П. Борисов 在他的专著中，系统地总结了水平井的发展历程和生产原理，提出了水平井稳态产量计算方程，这些工作标志着水平井产能分析理论由此开始。

Joshi 将水平井的三维渗流问题简化为垂直及水平面内的二维渗流问题，利用势能理论首先推导了均质各向同性油藏中水平井稳态的产能方程，利用平均渗透率的概念，引入渗透率的各向异性，将各向同性情形下的产能方程修正为各向异性影响的产能方程，该方程考虑了水平井偏离油层中部对产能的影响；同时提出水平井有效井筒半径的概念，研究了影响水平井产能的因素，指出了水平井开采油藏的优越性，该文提出的产能方程目前得到了广泛应用。Joshi 还从钻井完井及油藏工程的角度，对水平井技术进行了全面系统地综述。考虑地层单相流动、溶解气驱、天然裂缝等情况，利用他自己的研究成果，比较了水平井与未压裂直井及压裂直井的产能，目的在于为水平井措施的评价提供依据。

Giger 利用水电相似原理，推导出均质各向同性油藏水平井与直井的产能比方程，同时将视为非均质性影响的各向异性引入到所推导的产能比方程中，获得了渗透率各向异性影响下，水平井与直井产能比的方程。由此，比较了水平井与直井的产能，利用相同的方法，Giger 研究了低渗透油藏中压裂水平井的产能，获得了水平井的渗流场及压降分布规律。

Karcher 论述了具有网状裂缝的油藏中水平井及压裂井拟稳定流动时的产能分析方法，并与直井的产能进行了比较。Giger 论述了利用水平井开采低渗透油藏的可能性，假设油藏均质各向同性，将水平井的三维渗流问题简化为垂直及水平面内的二维渗流问题，采用水电相似原理研究低渗透油藏的产量方程和生产压差，给出了水平井的渗流场分布。

Babu 针对任意盒型封闭油藏，建立了水平井三维不稳定渗流的数学模型，在获得解的基础上，结合物质平衡原理，推导出拟稳定流动情形下的产能方程，该方程形式比较复杂，考虑的影响因素较多，在实际应用中的效果不是很好。

Kuchuk 及 Goode 在水平井不稳定渗流解研究的基础上，推导出定压及不渗透顶底边界条件下水平井的流入动态方程，简要分析了水平井长度和水平井在油藏中的位置对水平井流入动态的影响。

Mukherjee 运用等效井筒半径的概念，将无量纲井筒半径和无量纲裂缝导流能力、裂缝半长联系起来，研究了水平井与压裂直井产能的关系，获得了裂缝半长与等效井筒半径的关系。Goode 研究了顶底为恒压或不渗透边界情形的矩形油藏中部分打开水平井的流入动态。Renard 利用势能理论研究了地层损害情形下水平井的产能方程，在定义与直井相似的流动效率后，提出了水平井的流动效率公式，比较了直井与水平井的流动效率。结果表明，当水平与垂直渗透率比值增大到一定数值后，地层损害对直井的影响比对水平井的影响更严重，而水平井的严重损害会降低水平井的流动效率。

Thomas 提出了裸眼、割缝衬管或套管完井情况下，水平井附近的表皮系数、非达西流动系数影响下水平井产能的计算公式。郎兆新应用拟三维方法，获得水平井在平面和剖面上的解析解后，再运用等值渗流阻力法得到三维空间的解和二维空间中的流场变化，提出了多井底水平井渗流问题产能的计算公式。曲德斌等人应用等值渗流阻力法，获得了水平井和直井五点法布井方

第三章 水平井开发油藏工程论证

式下的产能方程。此外,王德民等人应用同样的方法,获得了水平井和直井七点法布井方式下的产能方程。宋付权等基于水平井椭球流动的思想,推导出具有椭球面供液外边界油藏中一口水平井的产能方程。

窦宏恩把水平井视为旋转了90°的直井,用镜像反映和复势叠加原理推导出了水平井的产能方程。范子菲等应用镜像反映和势函数叠加原理,推导出无限大底水油藏中水平井排的产能方程,分析了影响水平井产能的因素,该产能方程形式复杂,不便在实际中使用。李培等应用镜像反映原理将二维单井排水平井渗流问题等效为带状区域中单一水平井渗流问题,利用多次保角变换将此二维带状区域穿透比小于1的单一水平井映射为穿透比为1的带状地层,从而求解出二维地层中水平单井排的稳态压力分布函数的解析表达式和产能公式,该公式实际上是 Muskat 公式在水平井段长度趋于零的推广。

刘想平应用镜像反映原理获得了底水驱油藏中水平井三维稳态渗流的产能公式。张望月等从均质各向异性单相流油藏中水平井稳定渗流满足泊松方程的定解问题出发,利用 Green 函数方法直接求出了水平井三维稳态解,由此导出均匀流和无限导流两种情况下无限大油藏中水平井产能方程。李远钦在获得水平井三维不稳定渗流数学模型解后,得到形式复杂与上述产能方程完全不相似的产能方程,对水平井段上的产量分布进行了探讨。结果表明,水平井产量在井段上是非均匀分布的。因此,假设产量在井段上的均匀分布是不合理的,其产量分布受油藏边界、油层厚度、导压系数的影响,只有在拟稳定流动情况下,油层较厚时,水平井段上的产量分布才是均匀的。

Baris Goktas 对阶梯水平井的压力动态进行了研究。研究表明,水平井倾角大约为6°时,倾角主要影响早期的压力动态,而对稳定期压力特征影响极小。

此外,还有文献讨论了水平井的产能分析理论问题,但基本思想和方法都与上述的文献类似,或者是上述产能公式的评述和应用分析等。

(1) 稳态产能方程。

稳态解是预测水平井产能最简单的一种形式,是油田开发动态分析中常采用的方法。目前我国绝大多数油藏采用注水开发方式,压力变化幅度不大,可以利用稳态解和拟稳态解来预测水平井及分支水平井的产能。事实上,大多数的油藏显示出其压力随时间的变化,尽管如此,稳态解仍被广泛地应用。因为稳态解容易用解析法得到,且通过分别扩展随时间而变化的泄油边界和有效井筒半径以及形状因子的概念,可以相当容易地将稳态结果转化为不稳态和拟稳态结果。前人在这方面做了大量的工作。

① В. Л. МекрлоВ 公式。

1958 年前苏联学者 МекрлоВ 根据 л. л. лол 的理论分析,推导出可以在实际中广泛应用的计算水平井或斜井的经验公式。

a. 带状油藏。

假设水平井排布在油藏中央,井距为 $2a$,则产量计算公式为:

$$Q = \frac{2\pi KhL(p_e - p_{wf})}{\mu B\left\{h\left[\frac{\pi b}{h} + \ln\frac{h}{2\pi r_w} - (\ln\frac{a+c}{2c} + \lambda)\right] + L\ln\frac{\sh\frac{\pi b}{a}}{\sh\frac{\pi}{2a}(\frac{a+b}{2})}\right\}} \quad (3-1)$$

b. 圆形油藏。

若布一口水平井,水平井段为 L,则:

$$Q = \frac{2\pi KhL(p_e - p_{wf})}{\mu B\{h[\frac{\pi b}{h} + \ln\frac{h}{2\pi r_w} - (\ln\frac{a+c}{2c} + \lambda)] + L\ln\frac{2r_e}{a+b}\}} \quad (3-2)$$

其中: $a = L/2 + 2h$; $b = \sqrt{4Lh + 4h^2}$; $c = L/2$;

$\lambda = 0.462\alpha - 9.7\omega^2 + 1.284\omega + 4.4$; $\alpha = L/2h$, $\omega = \varepsilon/h$。

式中 B——流体体积系数;

L——油层中水平段长度,m;

h——油层厚度,m;

r_w——井半径,m;

r_e——供给边缘半径,m;

p_e——供给边缘压力,Pa;

p_{wf}——井底压力,Pa;

K——储层渗透率,$10^{-3}\mu m^2$;

μ——流体黏度,mPa·s;

ε——水平井轴位置相对于油层厚度中央的偏心距,m。

② Borisov 公式。

假设油层均匀各向同性,水平井位于油层中央,长度为 L,井筒半径为

r_w,供给边缘半径为 r_e,边界压力为 p_e,井底压力为 p_{wf},油层中液体不可压缩,则水平井产量计算公式为:

$$Q = \frac{2\pi Kh(p_e - p_{wf})}{\mu B} \cdot \frac{1}{\ln\frac{4r_e}{L} + \frac{h}{L}\ln\frac{h}{2\pi r_w}} \quad (3-3)$$

式中,$r_e \gg L$,$L \gg h$。

③ S. D. Joshi 公式。

Joshi 运用势能理论推导出水平井产能公式:

$$Q = \frac{[2\pi Kh\Delta p/\mu B]}{\ln\left[\frac{a + \sqrt{a^2 - (L/2)^2}}{L/2}\right] + \frac{\beta h}{L}\ln\frac{\beta h}{2r_w}} \quad (3-4)$$

式中,$\beta = \sqrt{K_h/K_v}$,$L > \beta h$,$L/2 < 0.9r_e$;$a = (L/2)\left[0.5 + \sqrt{(2r_e/L)^4 + 0.25}\right]^{0.5}$。

④ F. M. Giger 公式。

假设油层均质各向同性,流动呈二维流动,则水平井产量公式为:

$$Q = \frac{2\pi Kh(p_e - p_{wf})}{\mu B} \frac{1}{\ln\frac{1 + \sqrt{1 - (L/2r_e)^2}}{L/2r_e} + \frac{h}{L}\ln\left(\frac{h}{2\pi r_w}\right)} \quad (3-5)$$

⑤ Renard 和 Dupuy 公式。

假设油层均质各向同性,流动呈二维流动,则水平井产量公式为:

$$Q = \frac{2\pi Kh(p_e - p_{wf})}{\mu B} \frac{1}{\ln\cosh^{-1}(x) + \frac{h}{L}\ln\left(\frac{h}{2\pi r_w}\right)} \quad (3-6)$$

式中,$x = \frac{2a}{L}$,$a = (L/2)\left[0.5 + \sqrt{(2r_e/L)^4 + 0.25}\right]^{0.5}$。

以上公式都基于拟三维的思想,因此在形式上具有相似性。研究表明,二维的 В. Л. Мекрлов 公式是最基础的公式,著名的 Joshi 公式只对其进行了一个小的改进,在对等条件下两者的计算结果相差不大,而 Giger 由于椭圆泄流区半长轴的相对固定,当水平井较长时其近似效果可能不好。至于 Renard – Dupuy 公式只是 Joshi 公式的另一种写法。

对于不压裂的常规水平井,Joshi 公式和 Borisov 公式的计算结果相近,一般的水平井初期产能预测可采用这两个公式计算。

（2）拟稳态产能方程。

尽管水平井稳态模型在水平井产能预测中得到了广泛应用，但实际上，任何油藏都很难以稳态形式出现。当生产井所产生的压力扰动传到该井的泄油面积边界时，拟稳态开始。下面给出常见的拟稳态水平井产能计算公式。

① Mutalik – Godbole – Joshi 公式。

Mutalik 和 Joshi 等人提出的水平井拟稳态计算公式为：

$$Q = \frac{2\pi Kh\Delta p/(\mu B)}{\ln(r'_e/r_w) - A' + S_f + S_m + S_{cAh} - c' + Dq} \qquad (3-7)$$

$$r'_e = \sqrt{A'/\pi}; \quad S_f = -\ln[L/(4r_w)]$$

式中 S_m——机械表皮系数，无量纲；

S_f——长度为 L 的在厚度上完全穿透的无限导流裂缝的表皮因子；

S_{cAh}——形状相关表皮系数；

c'——形状因子转换常数，$c' = 1.386$。

对于椭圆泄油面积 $A' = 0.750$，而对正方形和矩形泄油面积 $A' = 0.738$。

② Mutalik 等人的修正公式。

1996 年 SPE 36753 的水平井计算论文中，Mutalik 等人对以上公式做了修正，并给出了修正公式：

$$Q = \frac{2\pi\sqrt{K_xK_y}h\Delta p/(\mu B)}{\ln(r'_e/r_w) - 0.738 + S_f + S_{cAh} - c' + \sqrt{\frac{K_x}{K_y}}\frac{h}{L}(S + Dq)} \qquad (3-8)$$

式中，$S = S_p + S_d + S_{dp}$，$S_d = \left(\frac{K}{K_d} - 1\right)\ln\frac{r_d}{r_w}$，$S_{dp} = \frac{L}{L_p n_p}\left(\ln\frac{r_d p}{r_p}\right)\left(\frac{K}{K_{dp}} - \frac{K}{K_d}\right)$，

$D = 2.22(10^{-15})\frac{KLr_g}{\mu}\left[\frac{\beta dp}{n_p^2 L_p}\left(\frac{1}{r_p} - \frac{1}{r_{dp}}\right) + \frac{\beta d}{L^2}\left(\frac{1}{r_w - r_d}\right) + \frac{\beta}{L^2}\left(\frac{1}{r_d} - \frac{1}{r_e}\right)\right]$，

$\beta = 2.6 \times 10^{10}/K^{1.2}$。

③ Economides、Brand 和 Frick 公式。

Economides 等人通过半解析方法，提出了一种计算水平井产能的公式。

$$Q = \frac{2\pi Kx_e\Delta p/(\mu B)}{p_d + \frac{x_0}{2\pi L}(S + Dq)} \qquad (3-9)$$

第三章 水平井开发油藏工程论证

式中，$p_\mathrm{d} = \dfrac{x_\mathrm{e} C_\mathrm{H}}{4\pi K} + \dfrac{x_\mathrm{e}}{4\pi L} S_\mathrm{x}$，$S_\mathrm{x} = \ln\left(\dfrac{x_\mathrm{e}}{4\pi r_\mathrm{w}}\right) - \dfrac{h}{6L} + S_\mathrm{e}$，

$S_\mathrm{e} = \dfrac{h}{L}\left[\dfrac{2z_\mathrm{w}}{h} - \dfrac{1}{2}\left(\dfrac{2z_\mathrm{w}}{h}\right)^2 - \dfrac{1}{2}\right] - \ln\left[\sin\left(\dfrac{\pi z_\mathrm{w}}{h}\right)\right]$。

系数 S_e 考虑了水平井在垂直方向上的偏心距。

④ D. K. Babu 公式。

1989 年 D. K. Babu 等由物理模型（见图 3-1）推导水平井产量计算公式。

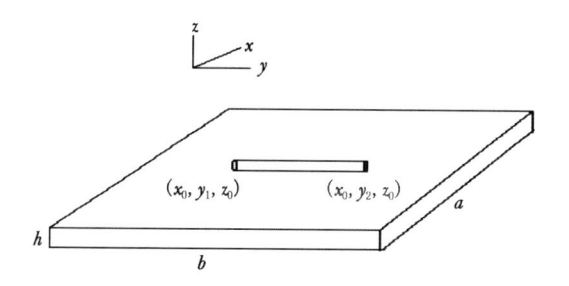

图 3-1　Babu 和 Odeh 建立的水平井物理模型

水平井在一箱形泄油体内，半径 r_w，长度 L，与 y 方向平行。储层厚度为 h，长度（x 方向）为 a，宽度（y 方向）为 b，水平长度为 $L<b$，在 y_1 和 y_2 方向延伸。x_0 和 z_0 分别表示在 x 和 y 方向的位置。井以恒定速度生产。x、y、z 方向的渗透率分别为 K_x、K_y、K_z。孔隙度 ϕ 为常数，流体微可压缩，所有边界均封闭。生产前，泄油体内压力均衡，且等于 p_i（原始压力）；生产后压降 $\Delta p = p_\mathrm{i} - p$ 随时间、空间而变。

$$K_x \dfrac{\partial^2 p}{\partial x^2} + K_y \dfrac{\partial^2 p}{\partial y^2} + K_z \dfrac{\partial^2 p}{\partial z^2} = \alpha \dfrac{\partial p}{\partial t} \qquad (3-10)$$

基于对以上偏微分方程（式中 $\alpha = \phi\mu C_\mathrm{t}$）及上述初始条件和边界条件求解，得出以下拟稳态流量—压降关系式：

$$Q_\mathrm{H} = \dfrac{2\pi b \sqrt{K_x K_z}(\bar{p}_\mathrm{R} - p_\mathrm{wf})}{B\mu\left[\ln \dfrac{A^{0.5}}{r_\mathrm{w}} + \ln C_\mathrm{H} - 0.75 + S\right]} \qquad (3-11)$$

$$\ln C_\mathrm{H} = 6.28 \dfrac{\alpha}{h} \sqrt{\dfrac{K_z}{K_x}} \left[\dfrac{1}{3} - \dfrac{x_0}{\alpha} + \left(\dfrac{x_0}{\alpha}\right)^2\right] -$$

$$\ln\left(\sin\frac{180°z_0}{h}\right) - 0.5\ln\left(\frac{\alpha}{h}\sqrt{\frac{K_z}{K_x}}\right) - 1.088 \qquad (3-12)$$

式中 $\bar{p}_R$——水平井所在泄油体的平均压力；

　　B——流体地层体积系数；

　　C_H——几何因子，无量纲；

　　A——面积；

　　S——表皮因子；

　　C_t——综合压缩系数。

Mutalik – Godbole – Joshi 及其修正公式主要考虑了不同油藏形状对水平井产能影响的计算方法。Economides、Brand 和 Frick 公式是根据水平井段首端比末端接触钻井液时间长，形成椭圆体损害带的特点，所推导得到的关于水平井表皮因子的解析公式，它可以直接附加于计算水平井产能的公式（如 Joshi 公式）中，该方程形式与传统的直井产能公式很相似。D. K. Babu 公式首次应用均一流量的假设解决不断变化的井筒压力，但因它利用水平井段中点的压力值代替水平井段，所以还必须计算出其他位置时偏微分方程的解，由于在实际计算中需要考虑的影响因素较多，确定表皮因子和形状因子比较复杂，故实际应用中的效果不是很好。

2) 分支水平井的产能预测公式

根据等值渗流阻力法，水平井的稳定渗流可看成是两种简单渗流的组合，即液体先流向垂直裂缝（水平井可看成缝高等于油层厚度 h 的假想垂直裂缝），然后由假想的垂直裂缝再流向水平井井底。这样水平井渗流阻力由两部分组成：一是液体流向垂直裂缝的阻力，这是水平井的外阻；二是液体从裂缝向井底流动的阻力，即水平井内阻。因此，欲求水平井产量，关键是确定其渗流的内阻和外阻。为此，将水平井三维渗流问题分解成二维问题求解。分解后，XY 平面的水平井可看成是一个与水平井眼同样长度的垂直裂缝，YZ 平面则假想为一点汇。

设在 XY 平面上有 n 条对称分布的水平井（此时水平井可假想成缝高等于油层厚度的裂缝井），单个水平井井筒长度为 L，水平井总长度为 nL，油井半径为 r_w，油层厚度为 h，水平井距油层中部距离为 δ，井底压力为 p_{wf}，如图 3 – 2 所示。裂缝导流能力为无限大。YZ 平面上的地层模型如图 3 – 3 所示，上下边界封闭，在距油层中部 δ 处有一强度为 $q = Q/(4L)$ 的点汇，Q 为水平井产量。

第三章 水平井开发油藏工程论证

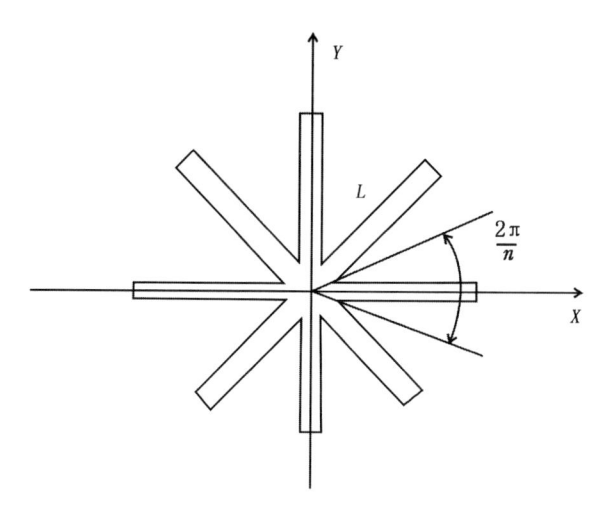

图 3-2 n 分支水平井 XY 平面图

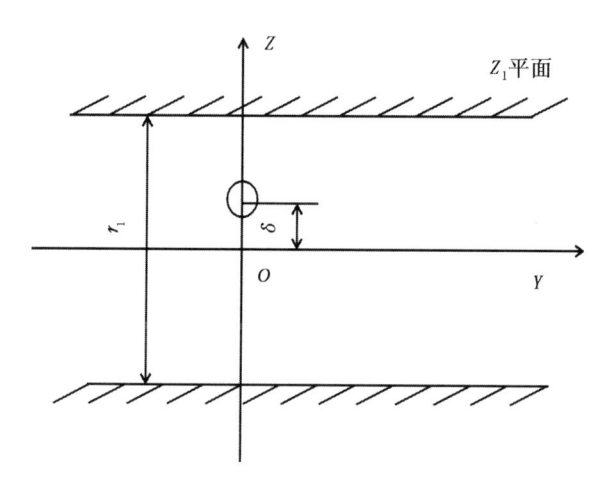

图 3-3 YZ 平面地层模型示意图

用保角变换结合等值渗流阻力原理导出 n 分支水平井产能计算公式：

$$Q = \frac{2\pi Kh\Delta p/(\mu B)}{\ln\dfrac{4^{1/n}r_e}{L} + \dfrac{h\beta}{nL}\ln\dfrac{h\beta/\cos\dfrac{\pi\delta}{h}}{2\pi r_w}} \quad (3-13)$$

式（3-13）即是有公共点的 n 支水平井产能计算公式。对没有公共分支点的分支水平井，也可推得其产能公式为：

$$Q = \frac{2\pi Kh\Delta p/(\mu B)}{\ln\frac{4^{1/n}r_e}{L} + \sum_{i=1}^{n}\frac{h\beta}{L}\ln\frac{h\beta/\cos\frac{\pi\delta_i}{h}}{2\pi r_w}} \quad (3-14)$$

式中 δ_i——各分支井筒到油层中部的距离。

3) 压裂水平井的产能预测公式

对于水平井压裂系统，一般人工压裂裂缝分为3种，即横向裂缝、纵向裂缝、水平裂缝，如图3-4所示。

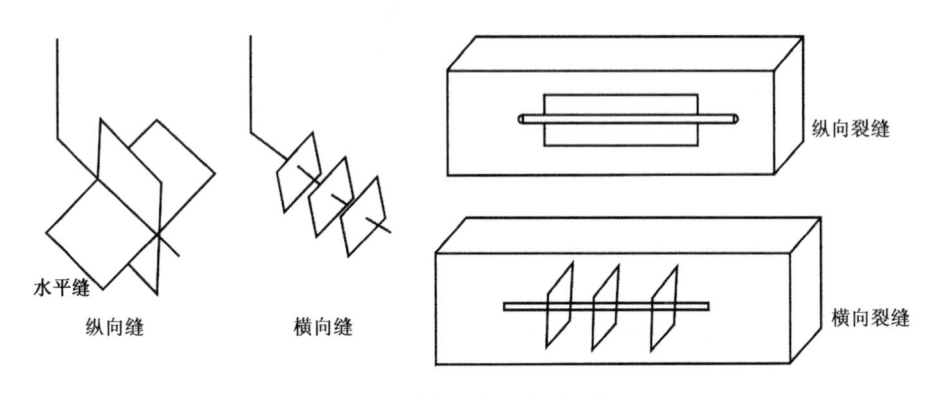

图3-4 压裂水平井裂缝示意图

横向缝指裂缝面与水平井井筒相垂直的裂缝，一般可以产生多条横向缝；纵向缝指裂缝面沿水平井井筒方向延伸的裂缝；水平缝是指裂缝面沿水平方向延伸的裂缝。对于一口水平井，实际压裂后将产生哪一种形态的缝，要取决于地应力的情况。一般而言，最小地应力位于水平方向，因此在现场中遇到最多的是横向缝和纵向缝。如果井筒平行于最小水平主应力方向（即沿最小水平渗透率方向），则产生横向缝；如果水平井筒垂直于最小水平主应力方向（即沿最大水平渗透率方向），则产生纵向缝。

(1) 水平井横向缝产能公式。

常用的压裂水平井横向裂缝产能计算方法主要有以下5种。

① 范子菲公式。

假设水平井完全钻穿油藏单元体，如图3-5所示，水平井水平段长度（L）等于油藏宽度（b），水平段穿过 n 条（图3-5中，$n=4$）稀疏分布的垂直裂缝。这 n 条裂缝平均长度为 L_f，平均张开宽度为 c，油藏渗透率为 K，水平井产量 Q_o 是基质流向水平段流量 Q_m 和裂缝流向水平段流量 Q_f 的总和。

第三章 水平井开发油藏工程论证

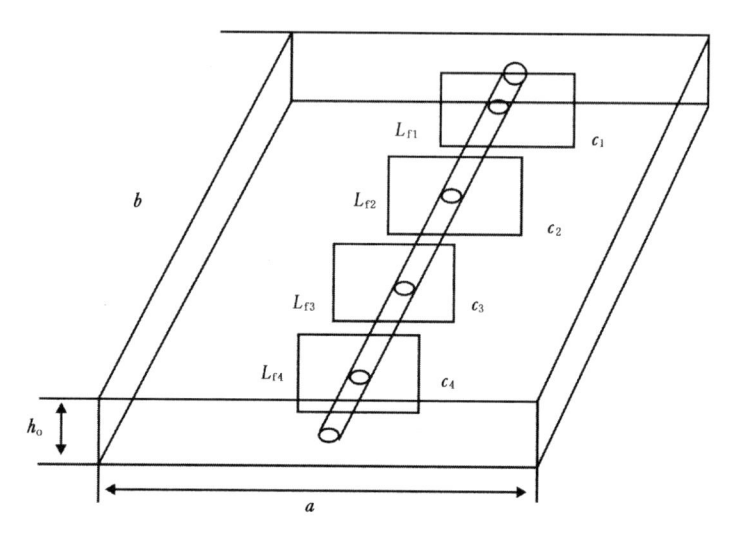

图 3-5 压裂水平井示意图

对于低渗透油藏,采用套管射孔完井,再进行水力压裂,在油层中形成 n 条人工裂缝,这种情况下,稳态产能公式为:

$$q_o = \frac{2n\pi K_h h_o(p_e - p_{wf})}{\mu_o B_o}(H_1 + \frac{\beta h}{L}\ln\frac{h_o}{h_f} + \frac{K_h h_o}{K_f c}\ln\frac{h_f}{2r_w})^{-1} \quad (3-15)$$

$$H_1 = \text{arcch}\left(\frac{\text{ch}\frac{\pi b}{2na}}{\sin\frac{\pi L_f}{2a}}\right), H_2 = 3\ln\frac{\beta h}{\pi r_w(1+\beta)}$$

式中 n——裂缝条数,条;

c——裂缝宽度,m;

L_f——裂缝长度,m;

h_f——裂缝高度,m;

K_h——基质水平渗透率,μm^2;

K_f——裂缝渗透率,μm^2;

h_o——油藏高度,m;

β——各向异性系数,$\sqrt{K_h/K_v}$。

② 胡军里公式。

把压裂水平井的供给区域假设为矩形油藏,根据水电相似原理,应用等值渗流阻力法建立压裂水平井的产能数学模型。

为了理解矩形油藏压裂水平井的渗流机理，很多人在实验室进行电模拟实验。通过实验，压裂水平井的稳态渗流可以简化为两种模型，如图3-6和图3-7所示。

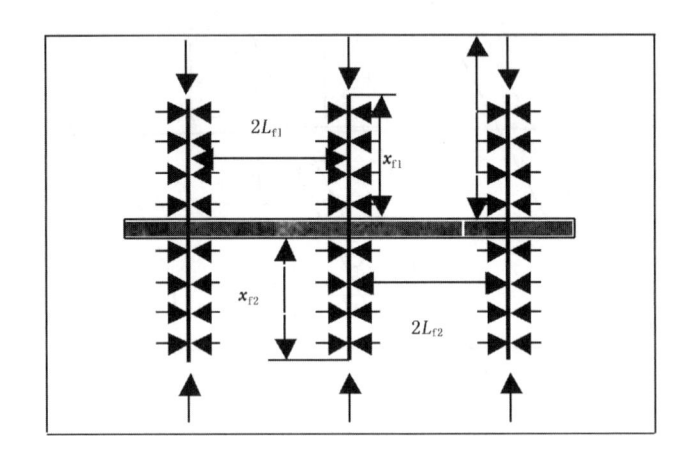

图3-6 矩形油藏压裂水平井示意图（水平井不射孔）

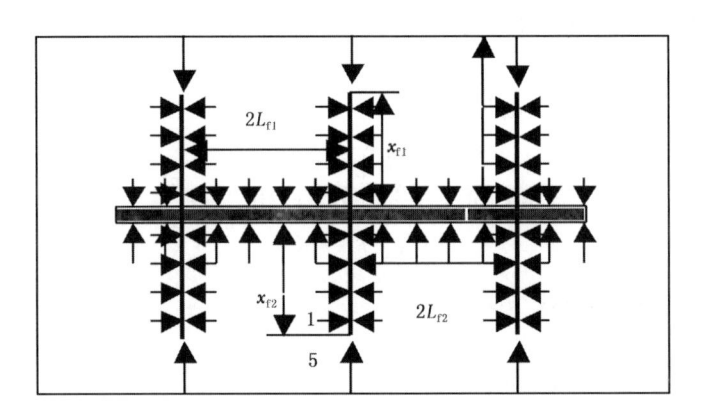

图3-7 矩形油藏压裂水平井示意图（水平井射孔）

a. 水平井段不射孔模型。

压裂水平井有 n 条垂直裂缝，水平井段不射孔。

流体流入井筒可以假设为三个流动阶段：a. 地层流向裂缝缝端和缝面产生的压力降；b. 从裂缝流入水平井段产生压力降；c. 在水平井段的交点聚集流动压力降。整个流动区域沿着水平段分为 n 个流动区域，每个区域在中心有一条垂直裂缝。

第三章 水平井开发油藏工程论证

一条裂缝流入水平井段的产量（m³/d）为（采用SI制）：

$$Q_i = 170.54 \Delta p / A \quad (3-16)$$

$$A = \mu_o B_o \left[\frac{L^* - x_f}{Kh(L_{f1} + L_{f2})} + \frac{1}{Khx_f(\frac{1}{L_{f1}} + \frac{1}{L_{f2}})} + \frac{x_f}{K_f hw} + \frac{1}{K_f h\pi}(\ln\frac{h}{2r_w} - \frac{\pi}{2}) \right] \quad (3-17)$$

n条裂缝的总产量（10³kg/d）为：

$$Q_i = \rho_0 \sum_{i=1}^{n} Q_i \quad (3-18)$$

b. 水平井段射孔模型。

压裂水平井有n条垂直裂缝，水平井段射孔，令射孔段的射孔密度为L_D，流体流入井筒可以假设为三个流动阶段：a. 流体从油藏流入垂直裂缝裂缝缝端阻力；b. 从裂缝流入水平井段和在水平井段的交点聚集流动的阻力；c. 在以上两个流动的同时，流体从每个区域直接流向射孔段。整个流动区域沿着水平段分为n个流动区域，每个区域在中心有一条垂直裂缝。

对于一个区域，整个生产系统的产量为：

$$Q_i = \frac{170.54 \Delta p}{\mu_o B_o (\frac{1}{1/a + b} + d)} \quad (3-19)$$

$$a = \frac{1}{Khx_f(\frac{1}{L_{f1}} + \frac{1}{L_{f2}})} + \frac{c}{K_f w}$$

$$b = \frac{KL_D(L_{f1} + L_{f2})}{c}$$

$$c = \frac{x_f}{2} - \frac{1}{2} + \frac{1}{\pi}\ln\frac{h}{2r_w}$$

$$d = \frac{L^* - x_f}{Kh(L_{f1} + L_{f2})}$$

采用SI制，n条裂缝的总产量（10³kg/d）为：

$$Q_i = \rho_0 \sum_{i=1}^{n} Q_i \quad (3-20)$$

③ 郎兆新公式。

假设某一油层，其厚度为 h，渗透率为 K，其中有一长度为 L 的水平井，它贯穿了 n 条具有无限导流能力的相互垂直的垂直裂缝，裂缝等距离分布，半长为 L_f，其高度等于油层的厚度（见图 3-8）。

在渗流力学中，这属于多裂缝井的相互干扰问题。为了求解该井的压差和产量，先假定裂缝条数为奇数 n，中间的一条裂缝位于 x 轴上，中点在坐标原点，则裂缝中点坐标相应为 0，$\pm d$，$\pm 2d$，$\cdots$，$\pm N_0 d$，其中，$N_0 = (N-1)/2$ 为 x 轴上下裂缝的条数，$d = L/N$ 为裂缝与裂缝之间的距离。

由位势理论知道，假设 (x, y) 平面上有一条垂直裂缝与 x 轴平行，半长为 L_f，且与 x 轴距离为 y_0，其产量为 Q_f（见图 3-9），则在整个二维平面上所产生的势分布为：

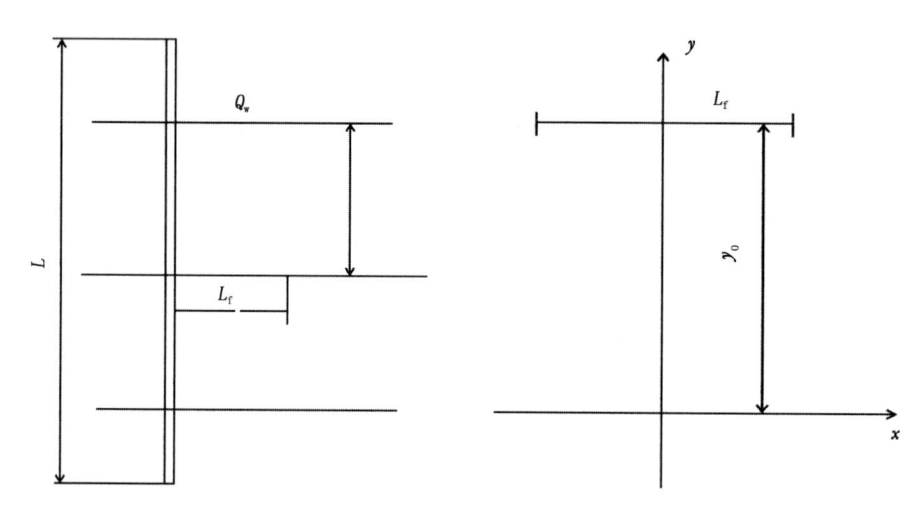

图 3-8　压裂水平井垂直裂缝示意图　　图 3-9　垂直裂缝位置示意图

$$\varphi_f(x,y) = \frac{\mu Q}{2\pi Kh}\operatorname{arcch}\frac{1}{\sqrt{2}}\Big[1 + \frac{x^2}{L_f^2} + (\frac{y_0-y}{L_f})^2$$

$$+ \sqrt{1 + \frac{x^2}{L_f^2} + (\frac{y_0-y}{L_f})^2 - 4\frac{x^2}{L_f^2}}\,\Big]^{1/2} + C \qquad (3-21)$$

每条裂缝的纵坐标相应为 0，$\pm d$，$\pm 2d$，$\cdots$，$\pm N_0 d$，这些裂缝全部在 (x, y) 平面相互干扰，则其势函数应用叠加原理计算，计算公式为：

$$p_f(x,y) = \frac{\mu Q}{2\pi Kh} \sum_{i=-N_0}^{N_0} Q_i \text{arcch} \frac{1}{\sqrt{2}} \Big\{ 1 + \frac{x^2}{L_f^2} + (\frac{y-id}{L_f})^2$$
$$+ \sqrt{\Big[1 + \frac{x^2}{L_f^2} + (\frac{y-id}{L_f})^2\Big]^2 - 4\frac{x^2}{L_f^2}} \Big\}^{1/2} + C \tag{3-22}$$

中间裂缝的中点 p_f 即为裂缝中的流动压力，注意到式（3-22）的 iy_0 是对称的，可以简化为：

$$p_f(0,0) = \frac{\mu Q_f}{2\pi Kh} \sum_{i=1}^{N_0} 2\text{arcch}\Big(1 + \frac{(id)^2}{L_f^2}\Big) + C \tag{3-23}$$

假设在 y 轴上距离原点较远处取点（0，R），R 为供给半径，此处压力为 p_e，代入后有（取 $y=R$；$y_0=d$）：

$$p = \frac{\mu Q_f}{2\pi Kh}\Big\{\text{arcch}\Big(1+\frac{R^2}{L_f^2}\Big)\Big\}^{1/2} + 2\Big\{\text{arcch}\Big[1+\frac{(R-d)^2}{L_f^2}\Big]\Big\}^{1/2}$$
$$+ \cdots + 2\Big\{\text{arcch}\Big[1+\frac{(R-N_0 d)^2}{L_f^2}\Big]\Big\}^{1/2} + C \tag{3-24}$$

合并消去常数 C，考虑到：

$$\text{arcch}\sqrt{1+x^2} = \ln(x+\sqrt{1+x^2}) \tag{3-25}$$

求得无量纲产量为：

$$Q_{rD} = N_f Q_{fD} = N_f \frac{\mu Q_f}{2\pi Kh(p_e - p_w)} =$$

$$N_f \cdot \left\{ \ln\Big[\sqrt{\Big(1+\frac{R^2}{L_f^2}\Big)} + \frac{R}{L_f}\Big] + 2\ln\frac{\sqrt{\Big(1+\frac{(R-d)^2}{L_f^2}\Big)} + \frac{R-d}{L_f}}{\sqrt{\Big(1+\frac{d^2}{L_f^2}\Big)} + \frac{d}{L_f}} + \cdots \right. $$
$$\left. + 2\ln\frac{\sqrt{\Big(1+\frac{(R-N_0 d)^2}{L_f^2}\Big)} + \frac{R-N_0 d}{L_f}}{\sqrt{\Big(1+\frac{N_0^2 d^2}{L_f^2}\Big)} + \frac{N_0 d}{L_f}} \right\}^{-1}$$

$$\tag{3-26}$$

式中 Q_{rD}——无量纲产量；

N_f——裂缝条数，条；

D——裂缝间距，$d = L/N_f$，m；

L_f——裂缝半长，m；

N_0——当 N_f 为奇数时 $N_0 = (N_f - 1)/2$，当 N_f 为偶数时 $N_0 = N_f/2$；

R——供给半径，m。

④ 郎兆新修正公式。

a. 水平段封闭。

如图 3-10 所示，模型做以下假设：上下为封闭边界、边水驱动油层，油层厚度为 h，水平渗透率为 K_h，垂直渗透率为 K_v；油层中心一口水平井，与供给边界距离为 R_e，井筒长度 L，井筒半径 r_w；在水平段进行压裂，压出 N 条垂直裂缝，裂缝等距离分布并且穿过整个油层厚度，设裂缝半长为 X_f，裂缝宽度 w，裂缝初始渗透率为 K_f；流体先从地层流向裂缝，然后沿裂缝流入水平井筒，因此压裂水平井的产量就是各条裂缝产量之和。

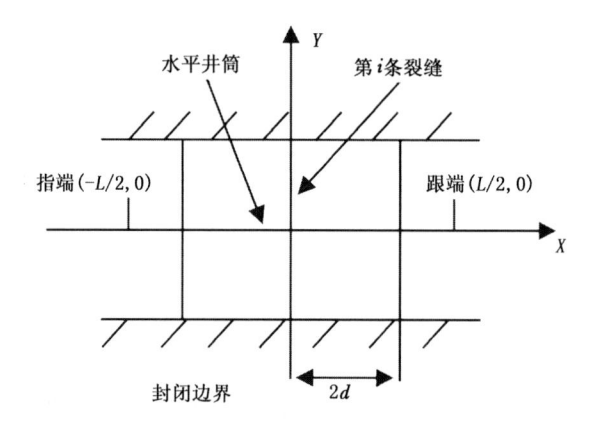

图 3-10 压裂水平井示意图

各裂缝重点的横坐标 x_0 分别从 $-N_0$ 以 2 为步长增加到 N_0，即为：$-N_0 d$，$-(N_0 - 2)d$，…，$(N_0 - 2)d$，$(N_0 + 2)d$，其中 $d = L/(2N)$，$N_0 = N - 1$。

根据复位势理论推导得到：

$$p_e - p_{fi} = \frac{\mu_o}{2\pi K_h h} \sum_{i=1}^{N_0} q_{ofi} \left| \text{arcch} \sqrt{1 + \left| \frac{id}{X_f} - \frac{R_e}{X_f} \right|^2} - \text{arcch} \sqrt{1 + \left| \frac{id - md}{X_f} \right|^2} \right|$$

(3-27)

第三章 水平井开发油藏工程论证

式中 p_e——供给边界压力，MPa；

p_{fi}——第 i 条裂缝的压力，MPa。

由于裂缝的半长远远大于水平井筒的半径，所以裂缝内的流体从裂缝边缘向井筒周围聚集时，如果忽略重力的影响，可以近似看作是地层厚度为 w，流动半径为 X_f，边界压力为 p_{fj} 的平面径向流，如图 3 – 11 所示，不考虑表皮因子造成的压降，有如下表达式成立：

$$p_{fj} - p_{wfj} = \frac{q_{ofj}\mu_o}{2\pi K_f w}\ln\frac{X_f}{r_w} \quad (3-28)$$

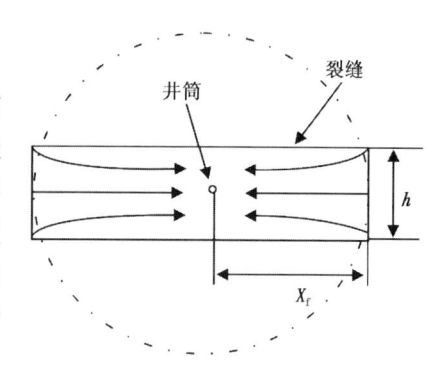

图 3 – 11 裂缝内流体向井筒聚集

式中 p_{wfj}——第 j 条裂缝底部处的井筒压力，MPa。

综合以上两个模型，可以综合得到：

$$p_e - p_{wf} = \frac{\mu_o}{2\pi K_h h}\sum_{i=1}^{N_o} q_{ofi}\left| \mathrm{arcch}\sqrt{1+\left|\frac{R_e}{X_f}-\frac{id}{X_f}\right|^2} - \mathrm{arcch}\sqrt{1+\left|\frac{id-md}{X_f}\right|^2}\right| + \frac{q_{ofj}\mu_o}{2\pi K_f w}\ln\frac{X_f}{r_w} \quad (3-29)$$

由 $\mathrm{arcch}\sqrt{1+x^2} = \ln(x+\sqrt{1+x^2})$ 得到：

$$p_e - p_{wfj} = \frac{\mu_o}{2\pi K_h h}\left|\sum_{i=-N_0}^{N_o} q_{ofi}\ln\frac{\left|\frac{R_e}{X_f}-\frac{id}{X_f}\right|+\sqrt{1+\left|\frac{R_e}{X_f}-\frac{id}{X_f}\right|^2}}{\left|\frac{id}{X_f}-\frac{md}{X_f}\right|+\sqrt{1+\left|\frac{id}{X_f}-\frac{md}{X_f}\right|^2}} + \frac{q_{ofj}\mu_o}{2\pi K_f w}\ln\frac{X_f}{r_w}\right| \quad (3-30)$$

式中，当 j 取值为 1，2，…，N 时，m 取值相应为从 $-N_0$ 以 2 为步长增加到 N_0；当 i 取值为 1，2，…，N 时，k 取值相应为从 $-N_0$ 以 2 为步长增加到 N_0。

设裂缝底部压力等于井底流压，即 $p_{wfj} = p_{wf}$，得到：

$$p_e - p_{wf} = \frac{\mu_o}{2\pi K_h h}\left|\sum_{i=-N_0}^{N_o} q_{ofi}\ln\frac{\left|\frac{R_e}{X_f}-\frac{id}{X_f}\right|+\sqrt{1+\left|\frac{R_e}{X_f}-\frac{id}{X_f}\right|^2}}{\left|\frac{id}{X_f}-\frac{md}{X_f}\right|+\sqrt{1+\left|\frac{id}{X_f}-\frac{md}{X_f}\right|^2}} + \frac{q_{ofj}\mu_o}{2\pi K_f w}\ln\frac{X_f}{r_w}\right|$$

$$(3-31)$$

由于模型中有 N 个未知数、N 个方程的方程组,所以该方程组可以封闭求解。利用列主元高斯—约当消元法,可以求出每条裂缝的产油量 q_{ofi}。

压裂水平井的产油量即为所有裂缝产量之和,所以

$$Q_o = \sum_{i=1}^{N} q_{ofi} \qquad (3-32)$$

b. 水平段射孔。

上下为封闭边界、边水驱动油藏,油层中心有一口水平井,井筒长度为 L,在水平段进行压裂,压出 N 条垂直裂缝,裂缝等距离分布并且穿过整个油层厚度。

如图 3-12 所示,把水平井筒指端到跟端分为 N 段,每一段的长度为 $2d$ ($d=L/2N$),则第 i 段中点处有第 i 条裂缝流体流入水平井筒。把每一段分成 M 个微线汇,为了方便,取 M 为偶数。因此,每一段有 M 个微线汇合一条裂缝流入。第 i 段第 j 微线汇末端处水平井筒内的流量为:

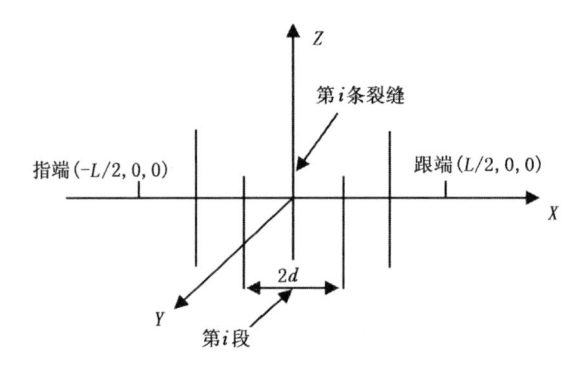

图 3-12 水平井筒分段研究示意图

$$Q_{oij} = \begin{cases} \sum_{s=1}^{i-1} q_{ofs} + \sum_{t=j}^{M} q_{oit} + \sum_{s=1}^{i-1} \sum_{t=1}^{M} q_{ost}, j \leqslant M/2 \\ \sum_{s=1}^{i} q_{ofs} + \sum_{t=j}^{M} q_{oit} + \sum_{s=1}^{i-1} \sum_{t=1}^{M} q_{ost}, j > M/2 \end{cases} \qquad (3-33)$$

式中 q_{oij}——第 i 段第 j 微线汇的产量,$10^{-3} \text{m}^3/\text{s}$;

q_{ofs}——第 s 条裂缝的产量,$10^{-3} \text{m}^3/\text{s}$。

根据复位势理论,产量为 q_{oij} 的第 i 段第 j 微线汇生产时势的分布为:

$$\Phi_{ij}(x,y,z) = -\frac{q_{oij}}{4\pi}\Psi_{ij} + C_{ij} \qquad (3-34)$$

第三章 水平井开发油藏工程论证

$$\Psi_{ij} = \xi_{ij}(0,x,y,z) - \xi_{ij}(0,x,y-2b,z)$$

$$+ \sum_{n=1}^{\infty} \left[\xi_{jj}(2nh,x,y,z) - \xi_{jj}(-2nh,x,y-2b,z) \right]$$

$$\xi_{jj} = (\eta,x,y,z) = \ln \frac{r + L_{ij}}{r - L_{ij}}$$

$$r = \sqrt{(x_{1j}-x)^2 + y^2 + (\eta-z)^2} + \sqrt{(x_{2j}-x)^2 + y^2 + (\eta-z)^2}$$

式中 L_{ij}——第 i 段第 j 微线汇的长度，m；

x_{1j}、x_{2j}——分别为第 i 段第 j 微线汇起点和终点的横坐标，m；

C_{ij}——常数；

h——油层厚度，m；

b——井与供给边界的距离，m。

根据复位势理论，平行于 z 轴且与 z 轴距离为 x_0、产量为 q_{ofi} 的第 i 条裂缝生产时势的分布式为：

$$\Phi_{fi}(x,y,z) = \frac{q_{ofi}}{2\pi h}\Omega(x_0,x,y,z) + C \tag{3-35}$$

$$\Omega(x_0,x,y,z) = \text{arcch}\frac{1}{\sqrt{2}}\left\{ 1 + \frac{y^2}{X_f^2} + \left(\frac{x_0}{X_f} - \frac{x}{X_f}\right)^2 \right.$$

$$\left. + \sqrt{\left[1 + \frac{y^2}{X_f^2} + \frac{(x_0-x)^2}{X_f^2}\right]^2 - 4\frac{y^2}{X_f^2}} \right\}^{\frac{1}{2}} \tag{3-36}$$

式中 X_f——裂缝半长，m；

C——常数。

根据势的叠加原理，得到第 i 段生产时势的分布式为：

$$\Phi_i(x,y,z) = \Phi_{fi}(x,y,z) + \sum_{j=1}^{M} \Phi_{ij}(x,y,z) \tag{3-37}$$

整个压裂水平井生产时势的分布式为：

$$\Phi(x,y,z) = \sum_{i=1}^{N} \Phi_i(x,y,z)$$

$$= \sum_{i=1}^{N} \frac{q_{ofi}}{2\pi h}\Omega(kd,x,y,z) + \sum_{i=1}^{N}\sum_{j=1}^{M}\left(-\frac{q_{oij}}{4\pi}\Psi_{ij}\right) + C \tag{3-38}$$

式中，当 i 的取值为 $1, 2, \cdots, N$ 时，k 的取值相应地从 $-N_0$ 以 2 为步长递增

到 N_0，$n_0 = N-1$。供给边界的势为：

$$\Phi_e = \sum_{i=1}^{N} \Phi_{\text{fie}} + \sum_{i=1}^{N} \sum_{j=1}^{M} \Phi_{ije} + C \qquad (3-39)$$

式中 Φ_{fie}——第 i 条裂缝在 e 点处产生的势；

Φ_{ije}——第 i 段第 j 微线汇在 e 点处产生的势。

由（3-38）和式（3-39）得：

$$\Phi(x,y,z) = \Phi_e + \Big[\sum_{i=1}^{N} \frac{q_{\text{ofi}}}{2\pi h} \Omega(kd,x,y,z)$$

$$+ \sum_{i=1}^{N} \sum_{j=1}^{M} \frac{q_{\text{oij}}}{4\pi}(-\Psi_{ij}) \Big] - \Big(\sum_{i=1}^{N} \Phi_{\text{fie}} + \sum_{i=1}^{N} \sum_{j=1}^{M} \Phi_{ije} \Big) \qquad (3-40)$$

如图 3-13 所示，第 i 条裂缝左端入口速度和右端出口速度分别为 v_{1i} 和 v_{2i}，入口压力和出口压力分别为 p_{f1i} 和 p_{f2i}，入口流量和出口流量分别为 $Q_{i(M/2)}$ 和 $Q_{i(M/2+1)}$。流体从第 i 条裂缝左端流到右端过程中，裂缝径向入流和水平井筒主流的汇合引起的加速损失为：

$$\Delta p_{\text{wfi}} = p_{f1i} - p_{f2i} = m_{2i}v_{2i} - m_{1i}v_{1i} = \rho \left[\left(\frac{Q_{i(M/2+1)}}{\pi r_w^2} \right)^2 - \left(\frac{Q_{(iM/2)}}{\pi r_w^2} \right)^2 \right]$$

$$(3-41)$$

式中，r_w 为井筒半径，m。

如图 3-14 所示，沿程油层流体流入水平井筒，干扰了井筒主流管壁边界层，影响其速度剖面，从而改变了由速度决定的壁面摩擦阻力。分析第 i 段第 j 微线汇，对于单相不可压缩流体，根据质量守恒定理得：

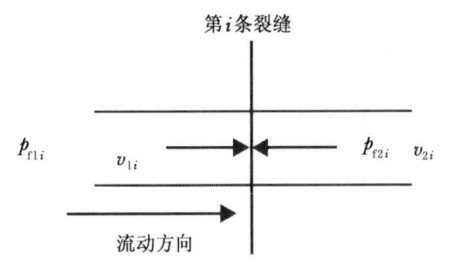

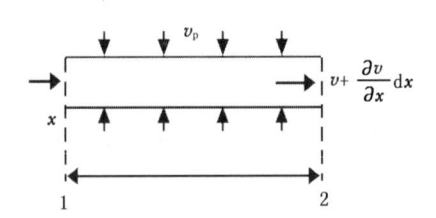

图 3-13 裂缝两端压力分析示意图　　图 3-14 微线汇上压降分析示意图

$$\rho v \frac{\pi D^2}{4} + \rho v_p \pi D \mathrm{d}x = \rho \Big(v + \frac{\mathrm{d}v}{\mathrm{d}x}\mathrm{d}x \Big) \frac{\pi D^2}{4} \qquad (3-42)$$

第三章　水平井开发油藏工程论证

整理得：

$$\frac{dv}{dx} = \frac{4v_p}{D} \quad (3-43)$$

式中　D——井筒直径，m。

根据动量定理得：

$$\Delta p_w A - \int_x^{x+\Delta x} \tau_w \pi D dx' = \rho\left(v + \frac{dv}{dx}dx\right) - v^2 \quad (3-44)$$

式中　Δp_w——水平井筒内从 x 到 $x+\Delta x$ 之间的压力降。

根据流体力学理论得到管壁剪切应力的表达式为：

$$\tau_w = \frac{f_p \rho}{8}\left[v + \frac{\partial v}{\partial x'}(x'-x)\right]^2 \quad (3-45)$$

代入上式得：

$$\Delta p_w - \int_x^{x+\Delta x} \frac{f_p \rho}{8}\left[v + \frac{\partial v}{\partial x'}(x'-x)\right]^2 \frac{\pi D}{A}dx' = \frac{\rho}{A}\left[\left(v + \frac{\partial v}{\partial x}dx\right)^2 - v^2\right] \quad (3-46)$$

式中　f_p——考虑径向流入时壁面摩擦阻力系数，无量纲。

根据势函数的定义得：

$$\Phi(x,y,z) = \frac{K}{\mu_o} p(x,y,z) \quad (3-47)$$

因此，

$$p(x,y,z) = p_e + \frac{\mu_o}{K}\Big[\sum_{i=1}^{N} \frac{q_{fi}}{2\pi h}\Omega(id,x,y,z)$$

$$+ \sum_{i=1}^{N}\sum_{j=1}^{M} \frac{q_{oij}}{4\pi}(-\Psi_{ij})\Big] - \frac{\mu_o}{K}\Big(\sum_{i=1}^{N} \Phi_{fie} + \sum_{i=1}^{N}\sum_{j=1}^{N} \Phi_{ije}\Big) \quad (3-48)$$

式中　K——油层渗透率，对于非均质地层，$K = \sqrt{K_h K_v}$，K_h 和 K_v 分别为水平、垂直渗透率，μm^2；

　　　μ_o——地层油黏度，mPa·s。

设第 i 段第 j 微线汇中点处的压力为 p_{wij}，第 s 条裂缝在第 i 段第 j 微线汇中点处产生的势为 Φ_{fs}，第 s 段第 t 微线汇在第 i 段第 j 微线汇中点处产生的势为 Φ_{st}，得

$$p_{wij} = p_e + \frac{\mu_o}{K}\left(\sum_{s=1}^{N}\Phi_{fs} + \sum_{s=1}^{N}\sum_{t=1}^{M}\Phi_{st}\right) - \frac{\mu_o}{K}\left(\sum_{s=1}^{N}\Phi_{fse} + \sum_{s=1}^{N}\sum_{t=1}^{M}\Phi_{ste}\right) \tag{3-49}$$

设第 i 条裂缝流入水平井筒中点处的压力为 p_{wfi}，第 s 条裂缝在第 i 条裂缝流入水平井筒中点产生的势为 Φ_{fs}，第 s 段第 t 微线汇在第 i 条裂缝流入水平井筒中点处产生的势为 Φ_{st}。由于裂缝的渗透率很大，所以裂缝内的流体流向井筒时，如果忽略重力的影响，可看作油层厚度为 w、流动长度为 X_f 的线性流，得：

$$p_{wij} = p_e + \frac{\mu_o}{K}\left(\sum_{s=1}^{N}\Phi_{fs} + \sum_{s=1}^{N}\sum_{t=1}^{M}\Phi_{st}\right) - \frac{2\mu_o q_{ofi} X_f}{K_f w} - \frac{\mu_o}{K}\left(\sum_{s=1}^{N}\Phi_{fse} + \sum_{s=1}^{N}\sum_{t=1}^{M}\Phi_{ste}\right) \tag{3-50}$$

联合上式得到由 $N+NM$ 个方程组成的方程组：

$$G_1 = (p_{wij}, p_{wfi}, q_{oij}, q_{ofi}) = 0 \tag{3-51}$$

又

$$\Delta p_{wij} = \frac{8f_p\rho Q_{oij}^2}{\pi^2 D^5}\Delta x + \frac{4f_p\rho Q_{oij}q_{oij}}{\pi^2 D^5}\Delta x + \frac{8f_p\rho q_{oij}^2}{3\pi^2 D^5}\Delta x + \frac{32\rho Q_{oij}q_{oij}}{\pi^2 D^4} + \frac{16\rho q_{oij}^2}{\pi^2 D^4} \tag{3-52}$$

第 i 段第 j 微线汇中点处的压力为：

$$p_{wij} = p_{wf}; \ \Delta p_{wij} = 0, \ i = N, \ j = M \tag{3-53}$$

$$p_{wij} = p_{w(j+1)} + 0.5(\Delta p_{w(i+1)} + \Delta p_{wij}), \ i < N, \ j = M \tag{3-54}$$

$$p_{wij} = p_{wi(j+1)} + 0.5(\Delta p_{wij} + \Delta p_{wi(j+1)} + \Delta p_{wfi}), i = 1, 2, \cdots, N, j = M/2 \tag{3-55}$$

$$p_{wij} = p_{wi(j+1)} + 0.5(\Delta p_{wij} + \Delta p_{wi(j+1)}), \ i = 1, 2, \cdots, N, j \neq M/2, M \tag{3-56}$$

第 i 条裂缝流入水平井筒中点处的压力为

$$G_2(p_{wij}, p_{wfi}, q_{oij}, q_{ofi}) = 0 \tag{3-57}$$

综合以上各式，得到由 $N+NM$ 个方程组成的方程组：

$$p_{wfi} = p_{wi(M/2+1)} + 0.5(\Delta p_{wfi} + \Delta p_{wi(M/2+1)}), \ i = 1, 2, \cdots, N \tag{3-58}$$

第三章 水平井开发油藏工程论证

两式联合，得到一个含有 2($N+NM$) 个方程、2($N+NM$) 个未知数的方程组，即油层中渗流和井筒内管流耦合的产能模型。

产能模型中未知数为 p_{wij}，p_{wfi}，q_{oij} 和 q_{ofi}，由于它们之间存在复杂的非线性关系，因此采取迭代方法求解：先对 p_{wij} 和 p_{wfi} 赋一组初值（不妨设井底流压为 p_{wf}），求解出 q_{oij} 和 q_{ofi}，然后将求出的 q_{oij} 和 q_{ofi} 代入后求解出新的 p_{wij} 和 p_{wfi}，再把求出的 p_{wij} 和 p_{wfi} 作为新一轮初值，如此反复循环，直至满足一定的精度，这时即可得到压裂水平井的产量。

⑤ 刘鹏程公式。

前述公式在建立数学模型时，都没有考虑低渗透油藏的启动压力梯度和压敏效应以及裂缝的压敏损失，在计算压裂水平井产能时，常常出现较大的误差，为此，刘鹏程在前人研究的基础上，把压裂水平井的供给区域假设为矩形油藏，根据水电相似原理，应用等值渗流阻力法，考虑低渗透油藏的启动压力梯度和压敏效应，建立了压裂水平井的产能公式，压裂水平井的稳态渗流简化为两种模型，如图 3-6 和图 3-7 所示。

a. 水平井段不射孔模型。

压裂水平井有 n 条垂直裂缝，水平井段不射孔，如图 3-6 所示，流体流入井筒可以假设为三个流动阶段，整个流动区域沿着水平段分为 n 个流动区域，每个区域在中心有一条垂直裂缝。

地层流向裂缝产生压力降（顶端 + 缝面两侧，考虑启动压力梯度和压敏效应）：

$$\Delta p_1 = -\frac{2}{\alpha_k} \left\{ \begin{array}{l} \ln\left[\left(1+\dfrac{\mu Q_i}{K_i(L_{f1}+L_{f2})hG}\right) \cdot \exp\left[-\alpha_k G(L^* - x_f)\right]\right] \\ -\dfrac{\mu Q_i}{K_i(L_{f1}+L_{f2})hG} \right] + \ln\left[\left(1+\dfrac{\mu Q_i}{K_i x_f hG}\right) \cdot \exp \\ \left[-\alpha_k G(L^* - x_f)\right] - \dfrac{\mu Q_i}{K_i x_f hG} \right] \end{array} \right\}$$

(3-59)

由于：$\alpha_k G \ll \alpha_k$，则有：$\exp[\alpha_k G(L^* - x_f)] \approx 1$。因此，式(3-59)变为：

$$\Delta p_1 = -\frac{2}{\alpha_k} \left\{ \begin{array}{l} \ln\left[\left(1+\dfrac{\mu Q_i}{K_i(L_{f1}+L_{f2})hG}\right) - \dfrac{\mu Q_i}{K_i(L_{f1}+L_{f2})hG}\right] \\ + \ln\left[\left(1+\dfrac{\mu Q_i}{K_i x_f hG}\right) - \dfrac{\mu Q_i}{K_i x_f hG}\right] \end{array} \right\}$$

(3-60)

裂缝流动压力降（考虑裂缝压敏效应）：

$$\Delta p_2 = -\frac{2}{\alpha_k}\ln\left[1 - \frac{Q_i\mu\alpha_{fk}x_f}{K_iwh}\right] \quad (3-61)$$

在水平井段的交点聚集流动压力降：

$$\Delta p_3 = \frac{1}{2\pi} \cdot \frac{Q_i\mu_o}{K_fw}\left(\ln\frac{h}{2r_w} - \frac{\pi}{2}\right) \quad (3-62)$$

整个生产系统压力降为：

$$\begin{aligned}\Delta p &= p_r - p_{wf} = \Delta p_1 + \Delta p_2 + \Delta p_3 \\ &= -\frac{2}{\alpha_k}\left\{\begin{array}{l}\ln\left[\left(1 + \dfrac{\mu Q_i}{K_i(L_{f1}+L_{f2})hG}\right) - \dfrac{\mu Q_i}{K_i(L_{f1}+L_{f2})hG}\right] \\ + \ln\left[\left(1 + \dfrac{\mu Q_i}{K_ix_fhG}\right) - \dfrac{\mu Q_i}{K_ix_fhG}\right] + \ln\left[1 - \dfrac{Q_i\mu\alpha_{fk}x_f}{K_iwh}\right]\end{array}\right\} \\ &\quad + \frac{1}{2\pi} \cdot \frac{Q_i\mu_o}{K_fw}\left(\ln\frac{h}{2r_w} - \frac{\pi}{2}\right)\end{aligned} \quad (3-63)$$

式中　L_{f1}，L_{f2}——垂直裂缝两边的裂缝半长，m；

　　　G——启动压力梯度，MPa/m；

　　　α_k——储层渗透率应力敏感系数，MPa^{-1}；

　　　α_{fk}——裂缝渗透率应力敏感系数，MPa^{-1}。

其余参数单位同前。

给定生产压差 Δp，以式（3-63），运用牛顿叠代法，可以求出一条裂缝流入水平井段的产量 Q_i，n 条裂缝的总产量（10^3kg/d）为：

$$Q = \rho_0 \sum_{i=1}^{n} Q_i \quad (3-64)$$

b. 水平井段射孔模型。

压裂水平井有 n 条垂直裂缝，水平井段射孔，令射孔段的射孔密度为 L_D，如图 3-7 所示。

流体流入井筒可以假设为三个流动阶段，整个流动区域沿着水平段分为 n 个流动区域，每个区域在中心有一条垂直裂缝。同样道理，根据以上假设，不考虑裂缝表皮和井筒表皮效应，应用等值渗流阻力法，分别计算每一部分的压力降。

地层流向裂缝产生压力降（顶端+缝面两侧，考虑启动压力梯度和压敏效应）。

第三章 水平井开发油藏工程论证

裂缝流动压力降（考虑裂缝压敏效应）。

在水平井段的交点聚集流动压力降。

上述压力降分别和水平井段不射孔模型一样,见公式(3-60)、公式(3-61)和公式(3-62)。

流体从每个区域直接流向水平段的压力降（考虑启动压力梯度和压敏效应）：

$$\Delta p_4 = -\frac{2}{\alpha_k}\left\{\ln\left[\left(1 + \frac{\mu Q_i}{K_i L_D (L_{f1}+L_{f2})hG}\right)\cdot\exp(-\alpha_k G x_f) - \frac{\mu Q_i}{K_i L_D (L_{f1}+L_{f2})hG}\right]\right\} \quad (3-65)$$

在水平井段射孔点处聚集流动压力降：

$$\Delta p_5 = \frac{1}{2\pi}\cdot\frac{Q_i\mu_o}{K_f L_D (L_{f1}+L_{f2})w}\left(\ln\frac{h}{2r_w} - \frac{\pi}{2}\right) \quad (3-66)$$

根据等值渗流阻力法,a、b、c 项产生的阻力串联,d、e 项产生的阻力串联,最后两者再并联。

同样道理,给定生产压差 Δp,运用牛顿叠代法,可以求出一条裂缝流入水平井段的产量 Q_i,从而求出 n 条裂缝的总产量。

(2) 水平井纵向缝产能公式（吴晓东公式）。

① 解析方法——保角变换方法。

首先假设：裂缝宽度相对于油藏来说非常小；裂缝内导流能力为有限导流；油藏流体符合达西定律；稳态渗流；不考虑地层和裂缝内的污染；裂缝穿透油层,裂缝高度等于油层厚度。

设裂缝的缝宽为 W_f,半缝长为 L_f,缝高为 h_e,裂缝渗透率为 K_f,基质渗透率为 K_r,油层压力为 p_e,井底流压为 p_{wf},原油黏度为 μ,原油体积系数为 B_o,原油密度为 ρ,在 Z 平面和 W 平面上建立坐标系如图3-15所示,其中线段 AB 表示裂缝。

取保角变换为：

$$z = L_f \text{ch}w \quad (3-67)$$

$$\text{ch}w = \frac{e^w + e^{-w}}{2}$$

由保角变换原理可知,保角变换后产量不变,边界上的势不变,仅线段长短和流动形式发生变化。因此变换后仍可认为裂缝 $A'B'$ 与变换前 AB 具有相

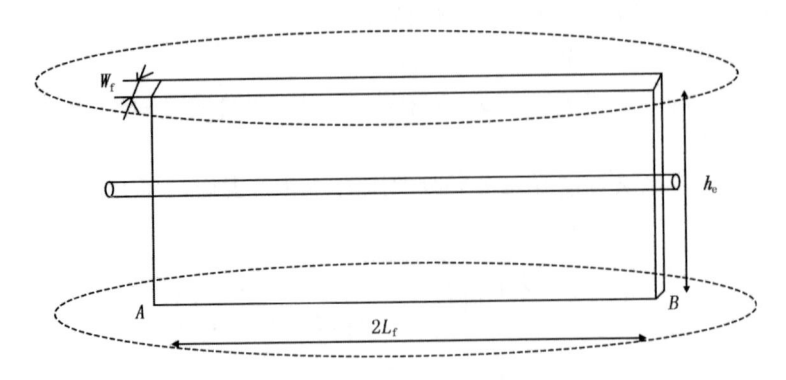

图 3-15 水平井纵向缝示意图

同的 W_f 及 K_f。

设 $z = x + iy$, $w = x' + iy'$，可得：

$$x + iy = L_f \text{ch}(x' + iy') \tag{3-68}$$

展开式 (3-68)，并使等号两端实部和虚部分别相等得：

$$x = L_f \text{ch } x' \cos y', \quad y = L_f \text{sh} x' \sin y' \tag{3-69}$$

$$\text{sh} x' = \frac{e^{x'} + e^{-x'}}{2}$$

可知图 3-16 的 Z 平面已一一映射为 W 平面（宽为 π 的带状油层）。Z 平面的裂缝 AB 映射成 W 平面的 $A'B'$。此时就将裂缝井的渗流问题转化为带状地层向中心线 $A'B'$ 的单向渗流问题。由于对称性，只研究 W 平面中的阴影部分的单向渗流问题。其中 O' 为 $A'B'$ 的中点，即 $O'A' = \pi/2$。

裂缝井流动的等势线方程为：

$$\frac{x^2}{L_f^2 \text{ch}^2 x_0'} + \frac{y^2}{L_f^2 \text{sh}^2 x_0'} = 1 \tag{3-70}$$

图 3-16 保角变换示意图

第三章 水平井开发油藏工程论证

当 x_0' 取适当大时：

$$\text{ch}x_0' = \frac{e^{x_0'} + e^{-x_0'}}{2} \approx \frac{1}{2}e^{x_0'}, \text{sh}x_0' = \frac{e^{x_0'} - e^{-x_0'}}{2} \approx \frac{1}{2}e^{x_0'} \quad (3-71)$$

将式（3-71）代入等势线方程可得：

$$x^2 + y^2 = L_f^2 \frac{1}{4}e^{2x_0'} \quad (3-72)$$

因为当 x_0' 适当大时，可以认为 Z 平面上 $x^2 + y^2 = r_e^2$，所以：

$$x_0' = \ln\frac{2r_e}{L_f} \quad (3-73)$$

当考虑有限导流能力裂缝时，先讨论 W 平面阴影区域的情况，取裂缝中的微元体如图 3-17 所示：

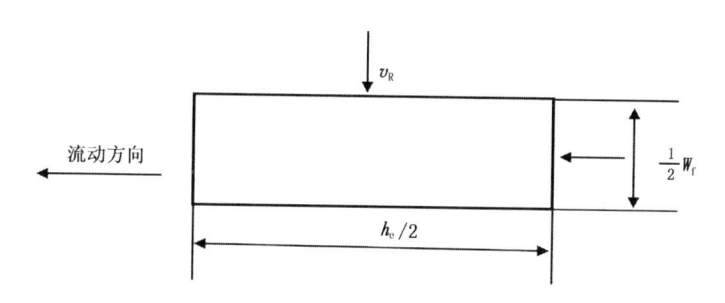

图 3-17　裂缝中微元体流动示意图

图中，v_R 为油藏向裂缝的渗流速度。由质量守恒定律可知，流出单元体的质量等于流进单元体的质量，即：

$$\Delta m_1 = -\frac{K_f}{\mu_0} \times \frac{d^2p}{dy^2} \times dy' \times \frac{\pi}{2} \times \frac{1}{2}w_f \times \rho = \Delta m_2 = v_R \times dy' \times h_e \times \rho$$

$$(3-74)$$

由达西定律可得：

$$v_R = -\frac{K_r}{\mu_0} \times \frac{p_{wf} - p_e}{x_0'} = \frac{K_r}{\mu_0} \times \frac{p_e - p_{wf}}{\ln\frac{2r_e}{L_f}} \quad (3-75)$$

联立式 (3-74)、式 (3-75) 可得：

$$\frac{d^2p}{dy'^2} - \frac{K_r h_e}{0.25 K_f \pi w_f} \times \frac{1}{\ln\frac{2r_e}{L_r}} p = -\frac{K_r h_e}{0.25 K_f \pi w_f} \times \frac{1}{\ln\frac{2r_e}{L_f}} p_e \quad (3-76)$$

边界条件为：

当 $y' = \frac{h_e}{2}$ 时：

$$\frac{dp}{dy'} = 0 \quad (3-77)$$

当 $y' = 0$ 时：

$$p = p_{wf} \quad (3-78)$$

解由式 (3-77)、式 (3-78) 组成的定解问题，得：

$$p(y') = c_1 e^{\sqrt{\frac{2m}{p_e}} y'} + c_2 e^{-\sqrt{\frac{2m}{p_e}} y'} + p_e \quad (3-79)$$

$$c_1 = \frac{1}{e^{-2\lambda} + 1}(p_{wf} - p_e)$$

$$c_2 = \frac{1}{e^{-2\lambda} + 1}(p_{wf} - p_e)$$

$$m = \frac{K_r h_e p_e}{K_f \pi w_f \ln\frac{2r_e}{L_f}}$$

$$\lambda = \sqrt{\frac{2m}{p_e}} \times \frac{h_e}{2}$$

最后，由达西定律得裂缝井的总产量：

$$Q_f = 4 \times \frac{K_f}{B_o \mu_o} \times \frac{\pi}{2} \times \frac{1}{2} w_f \times \rho \frac{dp}{dy'} \bigg|_{y'=0} = \frac{K_f \pi w_f \rho}{B_o \mu_o} \times \sqrt{\frac{2m}{p_e}} \times (c_1 - c_2)$$

$$= \frac{2K_f \pi w_f \rho \lambda}{B_o \mu_o h_e} \times (p_e - p_{wf}) \times \left(1 - \frac{2}{e^{2\lambda} + 1}\right) \quad (3-80)$$

将 Q_f 的单位转化为 t/d，最终得：

$$Q_f = 1.728 \times 10^5 \times \frac{K_f \pi w_f \rho \lambda}{B_o \mu_o h_e} \times (p_e - p_{wf}) \times \left(1 - \frac{2}{e^{2\lambda} + 1}\right) \quad (3-81)$$

第三章 水平井开发油藏工程论证

$$\lambda = \sqrt{\frac{2000m}{p_e}} \times \frac{h_e}{2}$$

② 半解析半数值方法。

考虑无限大地层中一口压裂水平井,纵向缝沿水平井井身进行压裂,裂缝完全穿透油层,油层厚度为 h,裂缝半长 X_f,缝宽 W,原始地层压力 p_i,井底流压 p_{wf}。取如下无量纲变换:

$$p_{wD} = \frac{2\pi Kh}{\alpha_1 q_w B\mu}(p_i - p_{wf})$$

$$t_{DX_f} = \frac{\alpha_2 Kt}{\phi\mu c_t X_f^2}$$

$$F_{CD} = \frac{K_f w}{\alpha_3 K X_f}$$

并假设:流体流动符合达西定律;忽略重力作用影响;流体只通过裂缝壁面流入井筒;裂缝内流体不可压缩;水平井的产量完全由裂缝提供;忽略井筒内压降影响。

则裂缝内的质量守恒方程为(稳定渗流):

$$\frac{\partial^2 p_{fD}}{\partial X_D^2} + \frac{\partial^2 p_{fD}}{\partial Z_D^2} - \frac{\pi}{F_{CD}}\bar{\bar{q}}(X_D, Z_D) = 0 \qquad (3-82)$$

边界条件:

$$\frac{\partial p_{fD}}{\partial X_D} = 0 \quad (X_D = 1, \ X_D = -1) \qquad (在裂缝的两端没有流动) \qquad (3-83)$$

$$\frac{\partial p_{fD}}{\partial X_D} = 0 \quad (Z_D = -h_D/2, \ Z_D = h_D/2)(在裂缝的顶部和底部没有流动)$$

$$(3-84)$$

$$p_{fD} = p_{wD} \qquad (3-85)$$

在油藏内:

$$\frac{\partial^2 p_D}{\partial X_D^2} + \frac{\partial^2 p_D}{\partial Y_D^2} + q_D = \frac{\partial p_D}{\partial t_D} \qquad (3-86)$$

边界条件:

$$\frac{\partial p_D}{\partial Z_D} = 0 \quad (Z_D = 0, \ X_D = h_D) \quad (在油藏的顶部和底部没有流动)(3-87)$$

$$p_D = p_{fD} \quad (\text{在裂缝壁面处油藏和裂缝压力相等}) \qquad (3-88)$$

初始条件：

$$p_D|_{t_D=0} = 0 \qquad (3-89)$$

由裂缝某点处井底流压与该点的压差可得：

$$\bar{p}_{wD} - \bar{p}_{fD}(X_D, Z_D) = -\frac{\partial \bar{p}_D}{\partial Z_D}\bigg|_{Z_D=0} Z_D - \iiint_0^{Z_D'} \left[\frac{\pi \bar{q}_D(X_D, Z'')}{F_{CD}} - \frac{\partial^2 \bar{p}_D \bar{q}_D(X_D, Z'')}{\partial X_D^2}\right] dZ'' dZ'$$

$$(3-90)$$

其中，裂缝处该点的压力为：

$$\bar{p}_{fD}(X_D, Z_D) = \bar{p}_D = \frac{1}{2h_{fD}} \times \int_{-h_D/2}^{h_D} \int_{-1}^{1} \bar{\bar{q}}_{fD}(X'_D, Z'_D) \{K_0[\varepsilon_0]$$

$$+ 2\sum_{n=1}^{\infty} K_0[\delta_n] \times \cos\left(n\pi \frac{Z_D}{h_D}\right) \cos\left(n\pi \frac{Z'_D}{h_D}\right)\} dX'_D dZ'_D \qquad (3-91)$$

$$\varepsilon_n = \sqrt{\mu + n^2\pi^2/h_D^2} |X_D - X'_D|$$

由裂缝系统质量守恒方程推导得到 $Z_D = 0$ 处：

$$\frac{\partial \bar{p}_{fD}}{\partial Z_D}\bigg|_{Z_D=0} = \frac{\partial \bar{p}_D}{\partial Z_D}\bigg|_{Z_D=0} = \int_0^{h_D/2} \left[\frac{\pi \bar{q}(X_D, Z'_D)}{F_{CD}} - \frac{\partial^2 \bar{p}_D}{\partial X_D^2}(X_D, Z'_D)\right] dZ'_D$$

$$(3-92)$$

为了得到公式（3-92）的数值解，将水平井坐标的右上部分分解为 $n_x \times n_z$ 个网格，如图 3-18、图 3-19 所示。

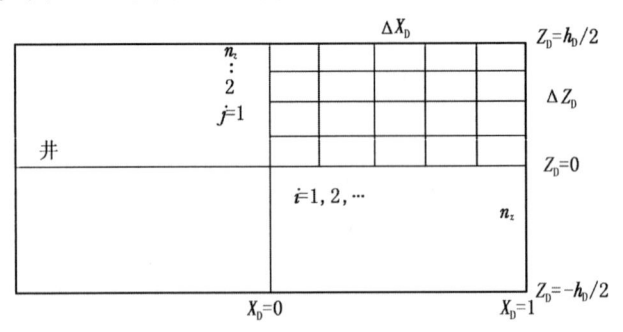

图 3-18　坐标网格示意图

第三章 水平井开发油藏工程论证

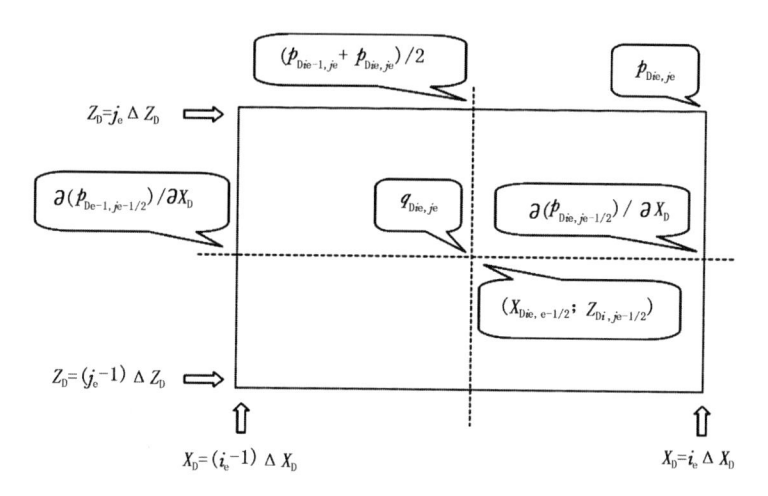

图 3-19 流动单元示意图

通过差分，得到：

$$\iiint\limits_{0\ 0\ 0}^{1\ Z\ Z'}(1-Z'')\mathrm{d}Z''\mathrm{d}Z'\mathrm{d}Z = 0.125 \tag{3-93}$$

$$\bar{p}_{\mathrm{wD}} - \bar{p}_{ie-\frac{1}{2},je} + \left.\frac{\partial \bar{p}_{\mathrm{D}}}{\partial Z_{\mathrm{D}}}\right|_{Z_{\mathrm{D}}=0} j_e \Delta Z_{\mathrm{D}} - \Delta Z_{\mathrm{D}}^2 \Bigg[\sum_{k=1}^{j_e}\frac{\pi \bar{\tilde{q}}_{ie,k}}{F_{\mathrm{CD}}}$$

$$-\left(\frac{\partial \bar{p}_{\mathrm{Die},k}}{\partial X_{\mathrm{D}}} - \frac{\partial \bar{p}_{\mathrm{Die}-1,k}}{\partial X_{\mathrm{D}}}\right)\frac{1}{\Delta X_{\mathrm{D}}}\Bigg]r_{ie,k} = 0 \tag{3-94}$$

$$\left.\frac{\partial \bar{p}_{\mathrm{D}}}{\partial Z_{\mathrm{D}}}\right|_{Z_{\mathrm{D}}=0} = -\sum_{k=1}^{n_z}\Bigg[\frac{\pi \bar{\tilde{q}}_{ie,k}}{F_{\mathrm{CD}}} - \left(\frac{\partial \bar{p}_{\mathrm{Die},k-1/2}}{\partial X_{\mathrm{D}}}\right)\frac{1}{\Delta X_{\mathrm{D}}}\Bigg]\Delta Z_{\mathrm{D}} \tag{3-95}$$

其中：

$$\bar{p}_{ie-\frac{1}{2},je} = \frac{1}{2}(\bar{p}_{ie-1,je} - \bar{p}_{ie,je})$$

$$\bar{p}_{ie,je} = \frac{\Delta X_{\mathrm{D}}\Delta Z_{\mathrm{D}}}{2h_{\mathrm{fD}}}\sum_{ic=1}^{n_x}\sum_{jc=1}^{n_z}\bar{\tilde{q}}_{ic,jc} \times (f_{ic-\frac{1}{2},jc-\frac{1}{2}}^{ie,je} + f_{-ic-\frac{1}{2},jc-\frac{1}{2}}^{ie,je}$$

$$+ f_{ic-\frac{1}{2},-jc+\frac{1}{2}}^{ie,je} + f_{-ic-\frac{1}{2},-jc+\frac{1}{2}}^{ie,je})$$

$$f_{ic,jc}^{ie,je} = K_0[\varepsilon_0] + Z\sum_{n=1}^{\infty}K_0[\varepsilon_n]\cos\left(n\pi\frac{n_z+j_e}{n_z}\right)\cos\left(n\pi\frac{n_z+j_c}{n_z}\right)$$

$$\varepsilon_n = \sqrt{\mu + n^2\pi^2/h_{\mathrm{D}}^2}|X_{\mathrm{D}} - X'_{\mathrm{D}}| \quad \frac{\partial p_{\mathrm{Die},k}}{\partial X_{\mathrm{D}}} = \frac{\Delta X_{\mathrm{D}}\Delta Z_{\mathrm{D}}}{2h_{\mathrm{fD}}}\sum_{ic=1}^{n_x}\sum_{jc=1}^{n_z}\bar{\tilde{q}}_{ic,jc}$$

143

$$\times \left(g^{ie,k}_{-ic+\frac{1}{2},jc-\frac{1}{2}} + f^{ie,k}_{-ic+\frac{1}{2},jc-\frac{1}{2}} + f^{ie,k}_{-ic-\frac{1}{2},jc+\frac{1}{2}} + f^{ie,k}_{-ic-\frac{1}{2},-jc+\frac{1}{2}} \right)$$

$$g^{ie,k}_{ic,jc} = \varepsilon_0 K_0[\varepsilon_0] + 2\sum_{n=1}^{\infty} \varepsilon_n K_1[\varepsilon_n] \cos\left(n\pi \frac{n_z + K}{n_z}\right) \cos\left(n\pi \frac{n_z + j_c}{n_z}\right)$$

$$\varepsilon_n = \sqrt{u + n^2\pi^2/h_D^2} \,|\, i_e - i_c - 0.5 \,|\, \Delta x_D$$

式中 K_0，K_1——分别为第二类虚宗量修正贝塞尔函数。

由式（3-95）可得 $n_z \times n_x$ 个线性方程组，它含有 $n_z \times n_x + 1$ 个未知量，由此需要一个流量平衡辅助方程：

$$\sum_{ic=1}^{n_x} \sum_{jc=1}^{n_z} \bar{q}_{ic,jc} = \frac{n_x n_z}{s} \tag{3-96}$$

求解该封闭的方程，就可以得到每一个网格的流量解以及拉式空间下的 p_{wD}。通过拉式空间下井底流压与产量的关系：

$$\bar{q}_{wD} = \frac{1}{s^2 \bar{p}_{wD}} \tag{3-97}$$

求出 $\bar{q}_{wD}$，再由 stefhest 反演，得到无量纲产量：

$$q_{wD} = \frac{\alpha_1 B\mu}{2\pi K h(p_i - p_{wf,const})} q \tag{3-98}$$

2. 单一水平井与直井组合的井组产能预测方法

1）单一五点法矩形井网产能计算方法

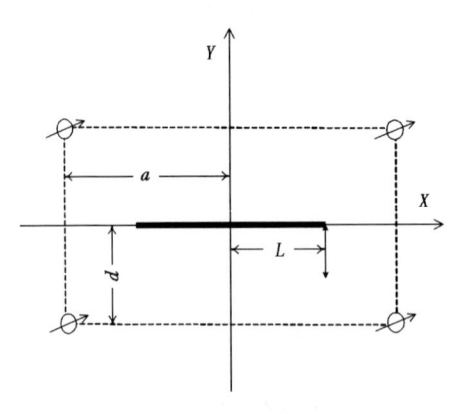

目前，水平井和直井组合井组具有广泛的应用性。常见井组形式如图 3-20 所示。在 (x, y) 坐标平面内，4 口直井为注水井，分别位于矩形区域的 4 个顶点，水平采油井位于矩形区域的中央，水平井筒方向与相邻直井连线方向平行或垂直。为研究问题方便，在此定义：连线平行于水平井筒方向的相邻两口直井的距离（可以叫直井井距）为 $2a$，连线垂直于水平井筒方向的相邻两口直井的距离

图 3-20 水平井—直井组合井组示意图

第三章 水平井开发油藏工程论证

(可以叫直井排距)为 $2d$,水平井长度 $2L$。

根据研究问题的对称性,只需考虑图中矩形区域的上半部分。运用保角变换、镜像理论、叠加原理和等值渗流阻力法等渗流理论,并考虑水平井周围区域的径向流动,可以得到单一水平井和直井组合井组流场的压力和流线分布。其中,压力分布公式为:

$$p = p_h + \frac{q_h \mu}{16\pi K h} \ln \left\{ \frac{[\mathrm{ch}2(u_0+u) - \cos 2(v_0-v)][\mathrm{ch}2(u_0+u) - \cos 2(v_0+v)]}{[\mathrm{ch}2(u_0-u) - \cos 2(v_0-v)][\mathrm{ch}2(u_0-u) - \cos 2(v_0+v)]} \right\}$$

$$(3-99)$$

流函数分布为:

$$\Psi = \frac{q_h}{16\pi h} \Big[\arctan \frac{\mathrm{sh}2(u_0+u)\sin 2(v_0+v)}{\mathrm{ch}2(u_0+u)\cos 2(v_0+v)-1}$$

$$+ \arctan \frac{\mathrm{sh}2(u_0-u)\sin 2(v_0+v)}{\mathrm{ch}2(u_0-u)\cos 2(v_0+v)-1} - \arctan \frac{\mathrm{sh}2(u_0+u)+\sin 2(v_0-v)}{\mathrm{ch}2(u_0+u)\cos 2(v_0-v)-1}$$

$$+ \arctan \frac{\mathrm{sh}2(u_0-u)\sin 2(v_0-v)}{\mathrm{ch}2(u_0-u)\cos 2(v_0-v)-1} \Big] \qquad (3-100)$$

其中:

$$\mathrm{ch}^2 u_0 = \frac{1}{2L^2}\left[a^2+d^2+L^2+\sqrt{(a^2+d^2+L^2)^2-4a^2L^2}\right]$$

$$\mathrm{sh}^2 u_0 = \frac{1}{2L^2}\left[a^2+d^2-L^2+\sqrt{(a^2+d^2+L^2)^2-4a^2L^2}\right]$$

$$\cos^2 v_0 = \frac{1}{2L^2}\left[a^2+d^2+L^2-\sqrt{(a^2+d^2+L^2)^2-4a^2L^2}\right]$$

$$\sin^2 v_0 = \frac{1}{2L^2}\left[-a^2-d^2+L^2-\sqrt{(a^2+d^2+L^2)^2-4a^2L^2}\right]$$

$$\mathrm{ch}^2 u_0 = \frac{1}{2L^2}\left[x^2+y^2+L^2+\sqrt{(x^2+y^2+L^2)^2-4x^2L^2}\right]$$

$$\mathrm{sh}^2 u_0 = \frac{1}{2L^2}\left[x^2+y^2-L^2+\sqrt{(x^2+y^2+L^2)^2-4x^2L^2}\right]$$

$$\cos^2 v_0 = \frac{1}{2L^2}\left[x^2+y^2+L^2-\sqrt{(x^2+y^2+L^2)^2-4x^2L^2}\right]$$

$$\sin^2 v_0 = \frac{1}{2L^2}\left[-x^2 - y^2 + L^2 + \sqrt{(x^2+y^2+L^2)^2 - 4x^2L^2}\right]$$

图 3-21 是四分之一矩形区域内的等势线和流线分布，其中较粗的流线为主流线。从图中可以看出：在水平井和注水井之间的区域，势线分布较为稀疏，而在井筒附近分布比较密集，尤其在注水井附近更为密集，生产过程中压力损失主要在注水井井筒附近区域；主流线是由注水井点出发，突破于水平井当中某一点的一条双曲线。

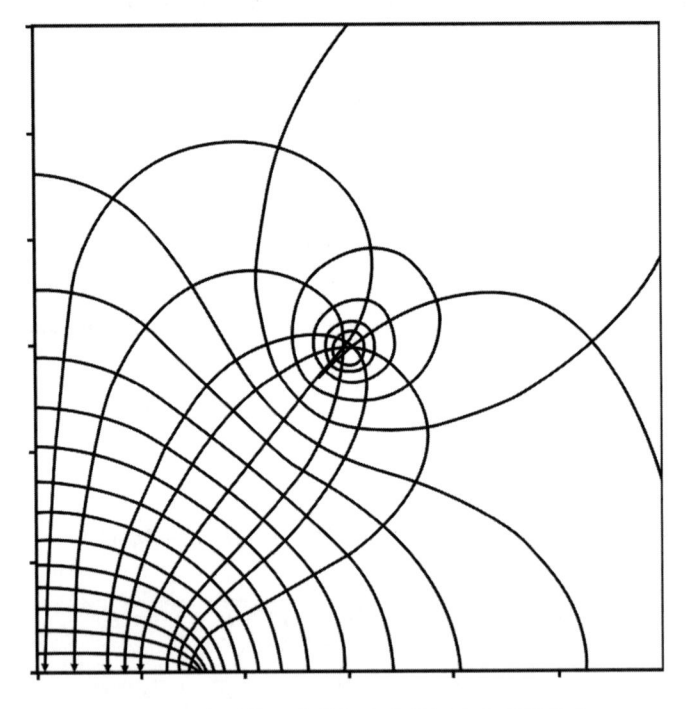

图 3-21 水平井—直井组合井组压力和流线分布

主流线可由下面的方程确定：

$$\frac{x^2}{L^2\cos^2 v_0} - \frac{y^2}{L^2\sin^2 v_0} = 1 \tag{3-101}$$

当 $y=0$ 时，得到注入水在水平井段突破点的坐标为：

$$\bar{x} = \sqrt{\frac{a^2 + d^2 + L^2 - \sqrt{(a^2+d^2+L^2)^2 - 4a^2L^2}}{2}} \tag{3-102}$$

第三章 水平井开发油藏工程论证

从而可以得到单一五点法矩形井网产能计算公式:

$$q_\mathrm{h} = \frac{2\pi Kh\Delta p_2/\mu_0 B_0}{\frac{1}{8}\ln R + \frac{h}{2L}\ln\frac{h}{2\pi r_\mathrm{w}}} \qquad (3-103)$$

式中,$R = \dfrac{L^2\mathrm{sh}^2 2u_0\,(\mathrm{sh}^2 2u_0 + \sin^2 2v_0)\,(\mathrm{ch}^2 u_0 - \cos^2 v_0)}{r_\mathrm{w}^2\sin^2 2v_0}$。

2) 单一七点法矩形井网产能计算方法

如图 3-22 所示,在 (x, y) 坐标平面内,水平井位于矩形区域的中央,6 口直井为注水井,分别位于矩形区域的边界上,关于水平井呈对称分布,水平井筒方向与相邻直井连线方向平行或垂直。连线平行于水平井筒方向的两口直井距离为 a,连线垂直于水平井筒方向的两口直井距离为 $2d$,水平井长度为 $2L$。

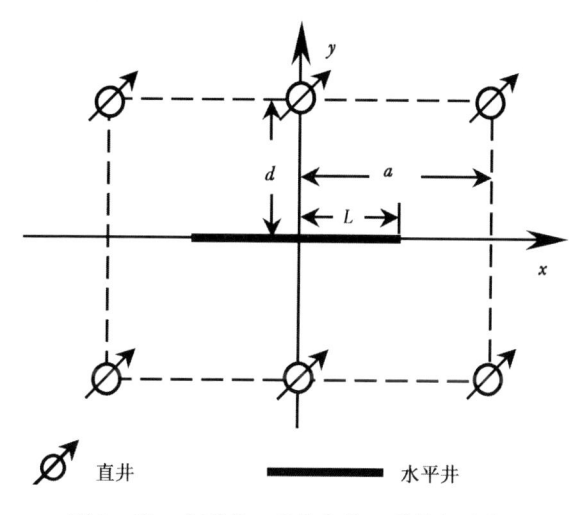

图 3-22 水平井—直井六注一采井组示意

考虑问题的对称性,对 (x, y) 平面的上半平面作保角变换 $z = L\mathrm{ch}w$,映射之后,(x, y) 平面的上半部分变为 (u, v) 平面上宽度为 π 的区域($u > 0$),水平井位于 v 轴上 0 到 π 之间,为排油坑道,(x, y) 平面上的注水井在 (u, v) 平面上的位置从左到右依次为 $(u_1, \pi - v_1)$、(u_0, v_0) 和 $(u_1, \pi - v_1)$,如图 3-23 所示。

运用保角变换、镜像理论、位势叠加原理和等值渗流阻力计算方法等,得到水平井—直井六注一采井组的压力分布为:

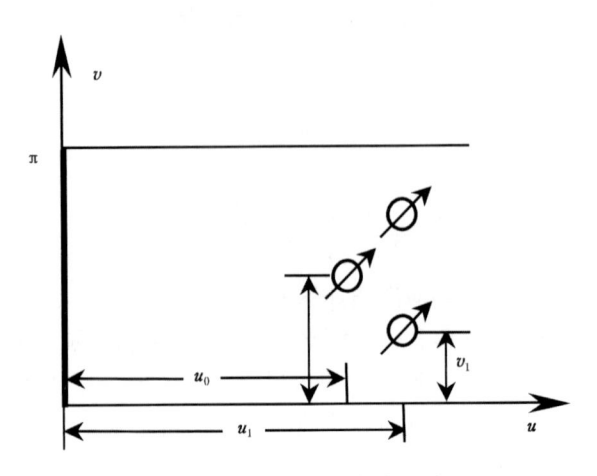

图 3-23 六注一采井组保角变换图

$$p = p_h + \frac{q_h\mu}{24\pi Kh}\ln$$

$$\frac{[\text{ch}2(u_0+u)-\cos 2(v_0-v)]\text{ch}2(u_0+u)-\cos2(v_0+v)][\text{ch}2(u_1+u)+\cos 2y]}{[\text{ch}2(u_0-u)-\cos2(v_0-v)][\text{ch}2(u_0-u)-\cos2(v_0+v)][\text{ch}2(u_1-u)+\cos 2v]}$$

(3-104)

其中 $\text{ch}^2 u_1 = \frac{d^2}{L^2}+1$, $\text{sh}^2 u_1 = \frac{d^2}{L^2}$；其他同五点法产能公式。

图 3-24 是水平井—直井六注一采井组上半平面的势线分布，在水平井和注水井之间的区域，等势线分布较为稀疏，而在水平井筒附近分布比较密

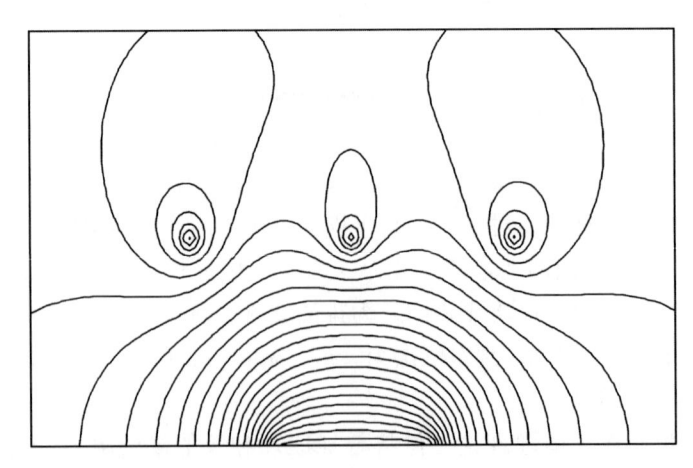

图 3-24 水平井—直井六注一采井组上半平面

第三章 水平井开发油藏工程论证

集,尤其在注水井附近更为密集,生产过程中压力损失主要在注水井井筒附近区域。

因此,单一七点法矩形井网产能计算公式为:

$$q_\mathrm{h} = \frac{2\pi Kh\Delta p_2/\mu_\mathrm{o} B_\mathrm{o}}{\frac{1}{12}\ln E + \frac{h}{2L}\ln\frac{h}{2\pi r_\mathrm{w}}} \quad (3-105)$$

式中,Δp_2 为注采压差,$E = \dfrac{L^2\mathrm{sh}^2 2u_1[\mathrm{sh}^2(u_\mathrm{o}+u_1)+\cos^2 v_\mathrm{o}]^2(\mathrm{ch}^2 u_\mathrm{o}-\cos^2 v_\mathrm{o})}{r_\mathrm{w}^2[\mathrm{sh}^2(u_\mathrm{o}-u_1)+\cos^2 v_\mathrm{o}]^2}$。

3)单一水平井与直井组合的井组产能与水平井长度的关系

(1)基本参数。

油藏基本参数见表3-1。

表3-1 油藏基本参数

参数 油藏类型	渗透率 mD	黏度 mPa·s	有效厚度 m	原始地层 压力 MPa	注水井定 井底流压 MPa	生产井定 井底流压 MPa	井排距 m
中高渗透油藏	100	20	15	20	40	4	400
低渗透油藏	10	9	8	20	40	4	300
特低渗透油藏	1	5	8	20	40	4	300

(2)井网形式。

井网形式如图3-25所示。

(3)计算结果。

从图3-26的计算结果可以看出,中高渗、低渗、特低渗透油藏的初期产能和累计产量均随水平段长度的增加而呈线性增加。

3. 水平井整体井网的产能预测方法

图3-27和图3-28分别为典型的五点法和七点法水平井矩形整体井网形式。其中,直井为注水井,水平井为生产井,水平井筒方向与水平井连线方向平行。水平井长度为$2L$,直井井距为$2a$,直井排距为$2d$。地层厚度远小于地层平面方向尺度,注采系统内注采平衡。采用等值渗流阻力法推导该井网产能公式。

水平段长度100m、200m、300m、400m、500m

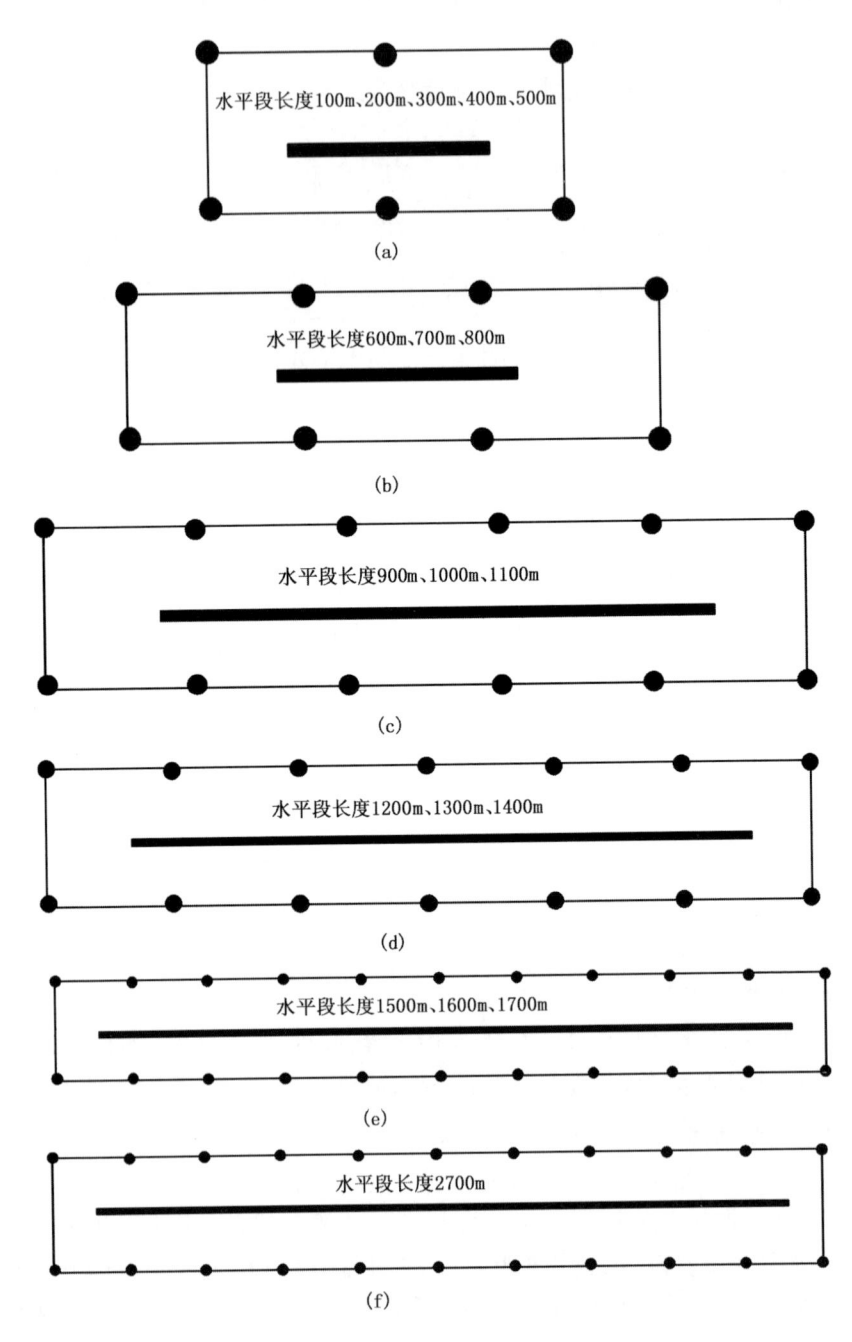

(a)

水平段长度600m、700m、800m

(b)

水平段长度900m、1000m、1100m

(c)

水平段长度1200m、1300m、1400m

(d)

水平段长度1500m、1600m、1700m

(e)

水平段长度2700m

(f)

图3-25 井网形式示意图

第三章 水平井开发油藏工程论证

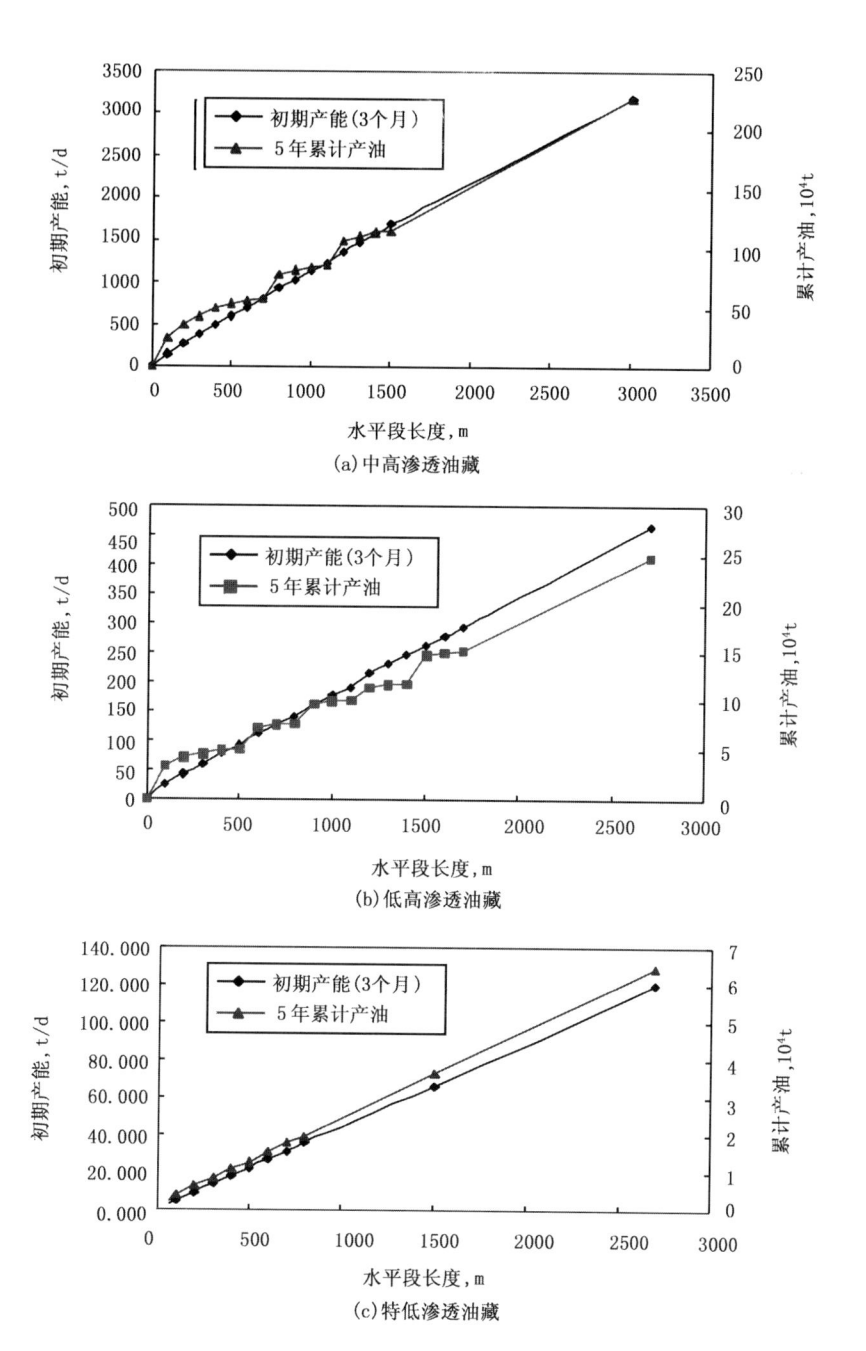

(a) 中高渗透油藏

(b) 低高渗透油藏

(c) 特低渗透油藏

图 3-26 不同油藏类型水平段长度与初期产能和累计产量的关系

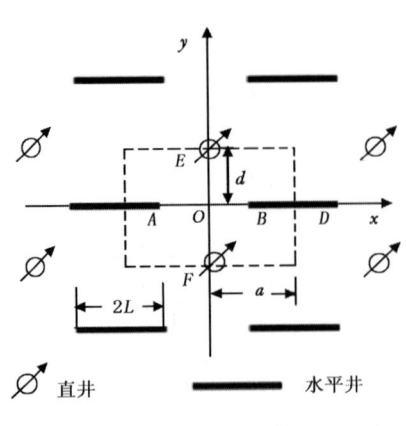

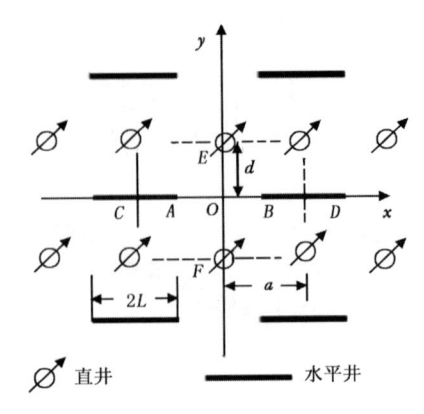

图 3-27 五点法水平井整体井网示意图

图 3-28 七点法整体井网示意图

五点法井网和七点法井网的渗流阻力如图 3-29 和图 3-30 所示。

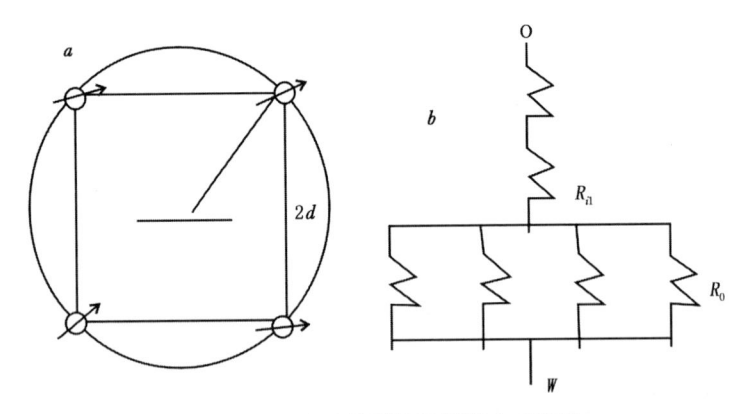

图 3-29 五点法井网的渗流阻力示意图

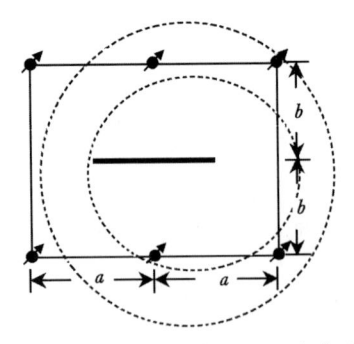

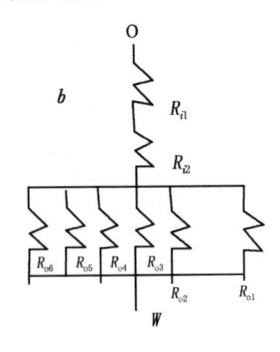

图 3-30 七点法井网的渗流阻力示意图

第三章 水平井开发油藏工程论证

图中:$R_{i1} = \dfrac{\mu}{2\pi Kh}\ln\dfrac{a+\sqrt{a^2+l^2}}{l}$, $R_{i2} = \dfrac{\mu}{4\pi Kl}\dfrac{h}{2l}\ln\dfrac{h}{2\pi r_w}$, $R_o = K\dfrac{1}{m}\dfrac{\mu}{2\pi Kh}\ln\dfrac{Re}{jr_w}$。

五点法井网中:$m = 1.0$,$j = 4$,$K = 4$,$Re = \sqrt{2}d$;

七点法井网中:$m = 2.0$,$j = 6$,$K = 6$,$Re = 2/\sqrt{3}d$。

将井网四周的4口注水井看作正七点井网中的4口井,中间2口注水井看作是半径缩小的正七点井网中的2口注水井,则可以计算矩形七点井网的外阻表达式如下:

当 $a = b = d$ 时,

内阻: $R_{i1} = \dfrac{\mu}{2\pi Kh}\ln\dfrac{a+\sqrt{a^2+l^2}}{l}$, $R_{i2} = \dfrac{\mu}{4\pi Kl}\dfrac{h}{2l}\ln\dfrac{h}{2\pi r_w}$ （3-106）

外阻:由 R_{o1},R_{o2},R_{o3},R_{o4},R_{o5},R_{o6} 并联求得:

$$\dfrac{1}{R_o} = \dfrac{1}{R_{o1}} + \dfrac{1}{R_{o2}} + \dfrac{1}{R_{o3}} + \dfrac{1}{R_{o4}} + \dfrac{1}{R_{o5}} + \dfrac{1}{R_{o6}} \quad (3-107)$$

式中,$R_{o1} = R_{o2} = R_{o3} = R_{o4} = 3\times\dfrac{\mu}{2\pi Kh}\ln\dfrac{Re}{6r_w}$,$R_{o5} = R_{o6} = 3\times\dfrac{\mu}{2\pi Kh}\ln\dfrac{Re}{12r_w}$,

$R_o = \dfrac{3}{4}\dfrac{\mu}{\pi Kh}\dfrac{1}{2+\ln\dfrac{Re}{6r_w}/\ln\dfrac{Re}{12r_w}}$, $Re = \dfrac{2}{\sqrt{3}}d$。

因此,可以得到水平井产能公式:

五点法矩形井网:

$$Q = \dfrac{\Delta p}{\dfrac{\mu}{2\pi Kh}\ln\dfrac{Re}{4r_w} + \dfrac{\mu}{2\pi Kh}\ln\dfrac{a+\sqrt{a^2+l^2}}{l} + \dfrac{\mu}{4\pi Kl}\dfrac{h}{2l}\ln\dfrac{h}{2\pi r_w}} \quad (3-108)$$

七点法矩形井网:

$$Q = \dfrac{\Delta p}{\dfrac{3}{8}\dfrac{\mu}{\pi Kh}\dfrac{1}{1+\dfrac{\ln\dfrac{Re}{6r_w}}{2\ln\dfrac{Re}{12r_w}}} + \dfrac{\mu}{2\pi Kh}\ln\dfrac{a+\sqrt{a^2+l^2}}{l} + \dfrac{\mu}{4\pi Kl}\dfrac{h}{2l}\ln\dfrac{h}{2\pi r_w}}$$

（3-109）

4. 压裂水平井—直井五点混合井网产能预测方法

图3-31为压裂水平井—直井五点混合井网示意图。中心1口压裂水平井采油，角点5口普通直井注水，其中压裂水平井是1口带有条数任意、缝长任意、分布任意、裂缝间无射孔、裂缝完全裂开的无限导流横向裂缝。

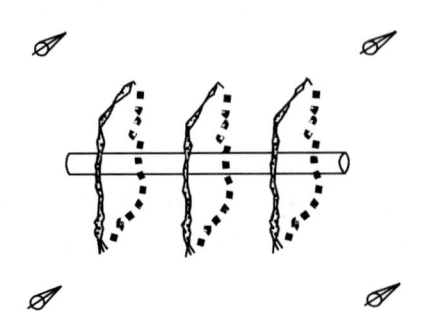

图3-31 压裂水平井—直井五点混合井网示意图

求解思路如下：首先求解单个有限导流垂直裂缝问题，在与普通直井产能等效的条件下导出单个裂缝的当量井径模型，利用当量井径模型将水平井多条横向裂缝问题变成多个普通直井叠加问题，得到压裂水平井拟稳态压力表达式，进而导出综合当量井径，最后得到产量表达式。

以3条压裂缝为例详细介绍其推导过程。

根据稳态渗流理论，通过汇源叠加方法能够得到在圆形地层中一条垂直裂缝所引起的井壁压力降落公式：

$$\Delta p_w = \Delta p(x,0) = \int_{-x_f}^{+x_f} \frac{q_f \mu B}{4\pi K h}[\ln r_e^2 - \ln(x-\alpha)^2] \cdot d\alpha, q_f = q/(2x_f)$$

(3-110)

对于无限导流情形，式(3-110)积分结果为：

$$\Delta p_w = \frac{q\mu B}{2\pi Kh}\left\{\ln \frac{r_e}{x_f} + 1 - \sigma(x)\right\}$$

(3-111)

式中，$\sigma(x) = \frac{1}{4}[(1-x/x_f)\ln(1-x/x_f)^2 + (1+x/x_f)\ln(1-x/x_f)^2]$。

与直井 Dupuit 公式对比，有：

$$r_{wf} = x_f \exp[-1 + \sigma(x)]$$

(3-112)

式(3-112)是基于稳态渗流得到的，称为稳态渗流当量井径模型。对于高导流能力裂缝，根据 Gringarten 等人的研究结果取：$x = 0.738x_f$，则当量井径模型简化为：

$$r_{wf} = 0.499x_f$$

(3-113)

第三章 水平井开发油藏工程论证

对于均匀流量裂缝,将井壁压力沿裂缝取积分平均,有:

$$r_{wf} \approx x_f e^{-\left(\frac{3}{2}-\ln 2\right)} = 0.44626 x_f \quad (3-114)$$

当量井径模型表明,在无限导流条件下,垂直裂缝井相当于井径为 0.499 倍缝半长的直井,而在均匀流量条件下相当于井径为 0.44626 倍缝半长的直井。

借鉴五点直井井网的研究结果:

$$q = \frac{2\pi Kh(p_1-p_2)}{\mu B\left(\ln\frac{d^2}{r_w^2}+\ln\frac{16}{e^r C_A}\right)} = \frac{2\pi Kh(p_1-p_2)}{\mu B\left(\ln\frac{d^2}{r_w^2}-1.2347\right)} \quad (3-115)$$

设

$$r_{w1} = r_w, \quad r_{w2} = (2mr_{we1})^{q_{r1}}(m)^{q_{r2}} \quad (3-116)$$

式中 m——裂缝间距;r_{we1}——第一、三条裂缝的当量井径。

$r_{we1} = 0.499 x_{f1}$,$r_{w2} = 0.499 x_{f2}$,$q_{r1} = \partial_1 / (2\partial_1 + \partial_2)$,$q_{r2} = \partial_2 / (2\partial_1 + \partial_2)$,$\partial_1 = \ln(r_{we2}/m)$,$\partial_2 = \ln(2r_{we1}/m)$。

根据式 (3-115),容易得到:

$$p_1 - p_2 = \frac{q_f \mu B}{4\pi Kh} \ln\left(\frac{4^3 A^2}{e^{2r} C_A^2 r_{w1}^2 r_{w2}^2}\right) \quad (3-117)$$

将式 (3-116) 代入式 (3-117),有:

$$q_f = \frac{542.87 Kh(p_1-p_2)}{\mu B \ln\left[\dfrac{4^{3/2} A}{e^r C_A r_w (2mr_{we1})^{\frac{q_{r1}}{2}}(m)^{\frac{q_{r2}}{2}}}\right]} \quad (3-118)$$

展开后,得:

$$q_f = \frac{542.87 Kh(p_1-p_2)}{\mu B \ln\left(\dfrac{4^{3/2} A}{e^r C_A r_w (2m 0.499 x_{f1})^{\frac{\ln(0.499 x_{f2}/m)}{2\ln(2\times 0.4993 x_{f1} x_{f2}/m^3)}}(m)^{\frac{\ln(2\times 0.499 x_{f1}/m)}{2\ln(2\times 0.4993 x_{f1} x_{f2}/m^3)}}}\right)} \quad (3-119)$$

整理得:

$$q_f = \frac{542.87 Kh(p_1-p_2)}{\mu B \ln\left(\dfrac{4^{3/2} 2 \times d^2}{30.88\times 1.781\times r_w (2m 0.499 x_{f1})^{\frac{\ln(0.499 x_{f2}/m)}{2\ln(2\times 0.4993 x_{f1} x_{f2}/m^3)}}(m)^{\frac{\ln(2\times 0.499 x_{f1}/m)}{2\ln(2\times 0.4993 x_{f1} x_{f2}/m^3)}}}\right)} \quad (3-120)$$

即：

$$q_\mathrm{f} = \frac{542.87Kh(p_1-p_2)}{\mu B \ln\left(\frac{d^2}{r_\mathrm{w}(2m0.499x_\mathrm{f1})^{\frac{\ln(0.499x_\mathrm{f2}/m)}{2\ln(2\times0.4993x_\mathrm{f1}x_\mathrm{f2}/m^3)}}(m)^{\frac{\ln(2\times0.499x_\mathrm{f1}/m)}{2\ln(2\times0.4993x_\mathrm{f1}x_\mathrm{f2}/m^3)}}} - 0.2909\right)}$$

(3-121)

公式（3-121）即为压开 3 条裂缝水平井—直井五点混合井网产能测公式。

采用同样的方法可以推导得到压裂缝为 1 条、2 条、4 条、5 条时的产能预测公式，不再冗述。

表 3-2 是某区块 4 口水平井的实际产液量与采用本方法所推导的计算公式计算的产液量的对比，表明该计算方法具有较高的预测精度。

表 3-2 某区块水平井实际产能和预测产能对比表

井号	渗透率 $10^{-3}\mu m^2$	厚度 m	黏度 mPa·s	压裂缝条数 条	裂缝间距 m	半缝长 m	生产压差 MPa	实际产液量 t	公式计算产液量 t
1	2.54	32.9	1.68	3	143	110	3.8	10.53	9.29
2	0.64	23	1.68	3	95	110	6.5	1.1	2.69
3	2.94	36.1	1.68	4	100	110	3.1	9.32	9.44
4	1.68	26.9	1.68	4	109	110	5.9	7.35	7.69

二、水平井生产递减预测

依据矿场实际的产量递减数据，进行统计和分析，进而归纳总结出产量递减的规律，是国内外研究产能递减的主要手段和实用方法。

本节以截至 1999 年底的全国 400 口水平井实际生产数据为基础进行筛选统计，归纳出不同类型油藏中水平井产量和累计产量与时间关系的上限和下限公式，继又在截至 2005 年底的 668 口水平井的基础上，得到了不同类型油藏中水平井产量和累计产量与时间关系的广义递减公式。

第三章　水平井开发油藏工程论证

1. 递减预测的上限和下限公式

1999年，在全国400多口水平井的基础上，筛选出244口有生产数据的水平井，从中去掉5口生产时间很短的井，然后将剩余的239口井根据油藏类型分为8类（见表3–3），分油藏类型统计水平井的生产规律。

表3–3　水平井油藏类型数据表

油藏类型	井数，口	进行产油分析的井数，口
底水油藏	37	33
薄互层油藏	17	17
裂缝性油藏	9	9
特低渗油藏	14	14
高含水油藏	41	40
复杂断块油藏	30	30
稠油油藏	56	56
塔中4油区	13	13
辽河高凝油	6	6
重复井	21	21
合计	244	239

依据实际生产资料，归纳出不同油藏类型水平井累计产油量与第一年产油量的比值随时间的变化关系，如图3–32至图3–37所示。利用这些资料

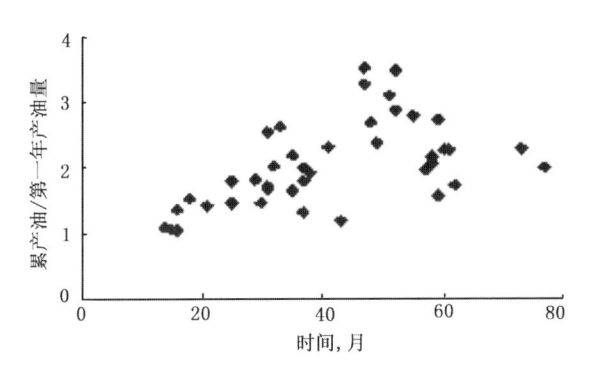

图3–32　稠油油藏累产油与第一年产油量比值

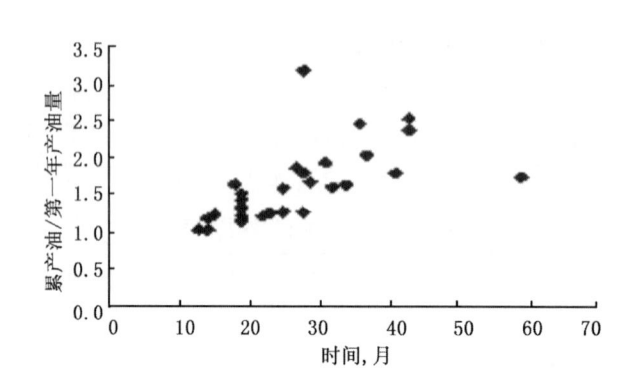

图 3-33　高含水油藏累产油与第一年产油量比值

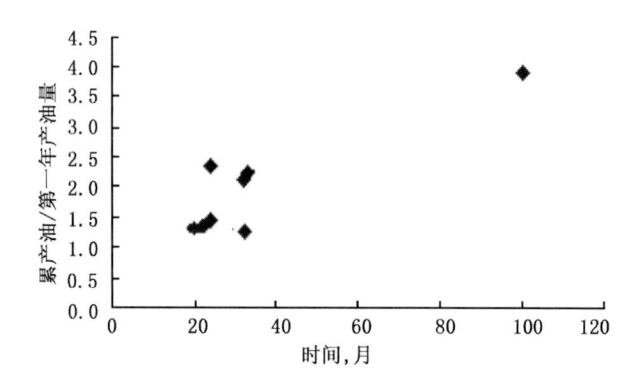

图 3-34　裂缝油藏累产油与第一年产油量比值

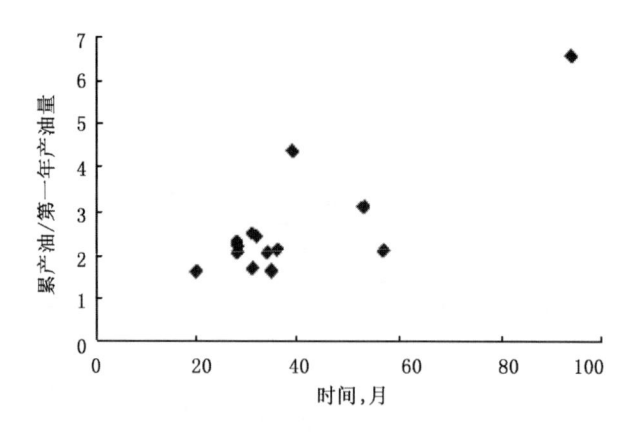

图 3-35　特低渗油藏累产油与第一年产油量比值

第三章 水平井开发油藏工程论证

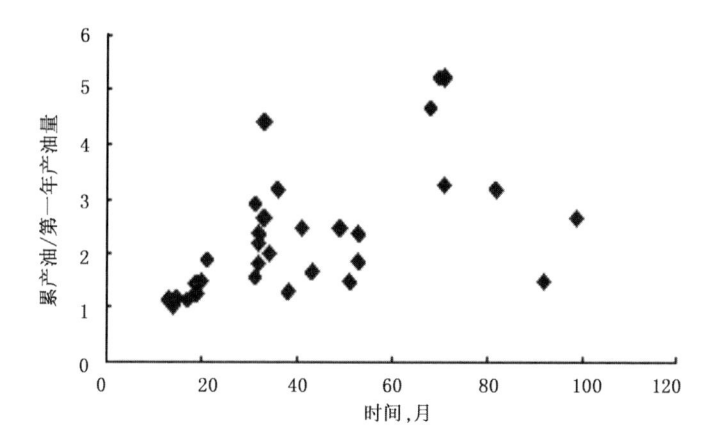

图 3-36 底水油藏累产油与第一年产油量比值

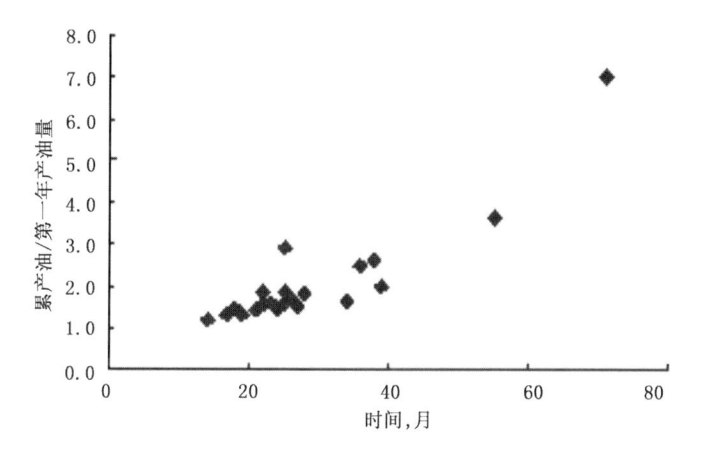

图 3-37 复杂断块油藏累产油与第一年产油量比值

可以了解水平井的累计产量是第一年产量的多少倍,这样如果知道了水平井的第一年的产量,就可以粗略地估计水平井在未来的产量。

国外也曾经采用过相似的做法,图 3-38 和图 3-39 是加拿大 354 口水平井累产油与第一年产油量比值随时间变化关系图和无量纲产能随时间的变化关系图。由图 3-38 可以看出水平井的累计产量是第一年产量的 3.4 倍。国内的水平井由于生产时间短,目前不少井平均还达不到这个值。图 3-39 是加拿大 354 口水平井的平均生产递减曲线,水平井一年后的日产量只有初期日产量的 39%,从这条曲线可以了解到水平井的递减规律。

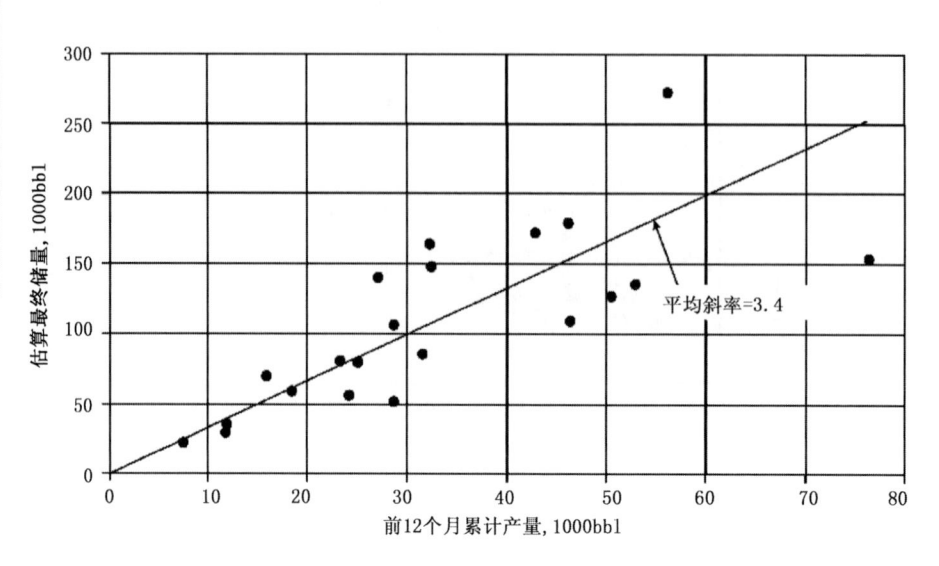

图3-38 加拿大354口井累产油与第一年产油量比值

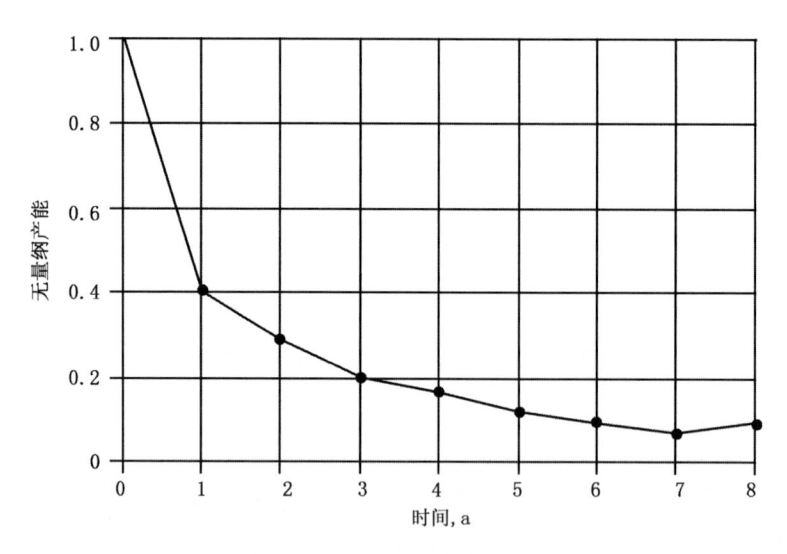

图3-39 加拿大354口井无量纲产能与时间关系曲线

经过统计分析这些井的递减规律，得出不同油藏类型水平井生产预测的上限和下限公式，包括日产油递减公式和累计产油公式，如表3-4至表3-7所示。

第三章 水平井开发油藏工程论证

表3-4 不同油藏类型水平井的产量上限公式

油藏类型	产量公式	油藏类型	产量公式
稠油油藏	$Q = Q_i \ln \dfrac{e}{(1+t)^{0.174}}$	底水油藏	$Q = Q_i \ln \dfrac{e}{(1+t)^{0.088}}$
高含水油藏	$Q = Q_i \ln \dfrac{e}{(1+t)^{0.212}}$	气顶底水油藏	$Q = Q_i \ln \dfrac{e}{(1+t)^{0.122}}$
裂缝油藏	$Q = Q_i \ln \dfrac{e}{(1+t)^{0.117}}$	复杂断块油藏	$Q = Q_i \ln \dfrac{e}{(1+t)^{0.186}}$
特低渗油藏	$Q = Q_i \ln \dfrac{e}{(1+t)^{0.127}}$	薄互层油藏	$Q = Q_i \ln \dfrac{e}{(1+t)^{0.115}}$

表3-5 水平井不同油藏类型的累计产量上限公式

油藏类型	累计产量公式
稠油油藏	$N_p = Q_i [35.22t - 5.22(1+t)\ln(1+t)]$
高含水油藏	$N_p = Q_i [36.36t - 6.36(1+t)\ln(1+t)]$
裂缝油藏	$N_p = Q_i [33.5t - 3.51(1+t)\ln(1+t)]$
特低渗油藏	$N_p = Q_i [33.8t - 3.81(1+t)\ln(1+t)]$
底水油藏	$N_p = Q_i [32.64t - 2.64(1+t)\ln(1+t)]$
气顶底水油藏	$N_p = Q_i [33.66t - 3.66(1+t)\ln(1+t)]$
复杂断块油藏	$N_p = Q_i [35.58t - 5.81(1+t)\ln(1+t)]$
薄互层油藏	$N_p = Q_i [33.45t - 3.45(1+t)\ln(1+t)]$

表3-6 水平井不同油藏类型的产量下限公式

油藏类型	产量公式	油藏类型	产量公式
稠油油藏	$Q = Q_i \ln \dfrac{e}{(1+t)^{0.227}}$	底水油藏	$Q = Q_i \ln \dfrac{e}{(1+t)^{0.186}}$
高含水油藏	$Q = Q_i \ln \dfrac{e}{(1+t)^{0.230}}$	气顶底水油藏	$Q = Q_i \ln \dfrac{e}{(1+t)^{0.122}}$
裂缝油藏	$Q = Q_i \ln \dfrac{e}{(1+t)^{0.22}}$	复杂断块油藏	$Q = Q_i \ln \dfrac{e}{(1+t)^{0.228}}$
特低渗油藏	$Q = Q_i \ln \dfrac{e}{(1+t)^{0.24}}$	薄互层油藏	$Q = Q_i \ln \dfrac{e}{(1+t)^{0.191}}$

表3-7 水平井不同油藏类型的累计产量下限公式

油藏类型	累计产量公式
稠油油藏	$N_p = Q_i [36.81t - 6.81(1+t)\ln(1+t)]$
高含水油藏	$N_p = Q_i [36.9t - 6.9(1+t)\ln(1+t)]$
裂缝油藏	$N_p = Q_i [36.6t - 6.6(1+t)\ln(1+t)]$
特低渗油藏	$N_p = Q_i [37.2t - 7.2(1+t)\ln(1+t)]$
底水油藏	$N_p = Q_i [35.58t - 5.58(1+t)\ln(1+t)]$
气顶底水油藏	$N_p = Q_i [33.66t - 3.66(1+t)\ln(1+t)]$
复杂断块油藏	$N_p = Q_i [36.84t - 6.84(1+t)\ln(1+t)]$
薄互层油藏	$N_p = Q_i [35.73t - 5.73(1+t)\ln(1+t)]$

2. 递减预测的广义公式

根据截至2005年底的中国石油668口水平井资料，对其生产动态进行了分析，筛选出232口有生产数据的水平井，从中去掉34口生产时间很短的井，然后将剩余的198口井依据油藏类型分为8类，如表3-8所示。

表3-8 水平井油藏类型数据表

油藏类型	井数，口	进行产油分析的井数，口
边水油藏	24	24
底水油藏	37	10
薄层油藏	85	85
超稠油藏	8	7
低渗透油藏	14	14
中高渗油藏	13	9
裂缝性油藏	16	14
断块油藏	30	30
重复井	5	5
合计	232	198

第三章　水平井开发油藏工程论证

为了得到不同类型油藏水平井的生产规律，首先把这些数据进行无量纲化，然后计算出其算术平均值，这样得到了8种油藏类型水平井的平均递减曲线，然后用对数曲线、指数曲线和调和曲线分别拟合出经验公式，再选择出与实际生产规律拟合最好的经验公式，作为8种油藏类型水平井的产量递减公式。

具体数据处理方法如下：（1）用经过处理后的生产数据计算出每口井每个月的平均日产量 Q_t，计算方法是将每个月的生产总量除以这个月的实际生产时间；（2）求出总量和平均量，将所有井递减至第 n 个月时的平均日产量相加，就是水平井第 n 个月的日产量，将该值除以该月的生产井数就是该月的平均单井日产量；（3）将数据无量纲化，将某个月的平均单井日产量除以第一个月的平均单井日产量求得该月的无量纲日产量值，即：

$$Q_{rt} = \frac{\sum_{j=1}^{m} Q_{tj}}{\sum_{k=1}^{n} Q_{ik}} \qquad (3-122)$$

式中　Q_{rt}——t 时刻的无量纲日产量；

Q_{tj}——t 时刻第 j 口井的日产量，m^3/d；

m——t 时刻生产井数；

Q_{ik}——第 k 口井开始递减时的日产量，m^3/d；

n——刚开始递减时的生产井数。

表3-9和表3-10是得到的水平井产能预测经验公式，包括日产油递减公式和递减累计产油公式。

表3-9　各种类型油藏水平井日产油递减公式

油藏类型	产量公式
边水油藏	$Q = Q_i \left[a \ln \dfrac{e}{(1+t)^{0.182}} + be^{-0.015(1+t)} \right] \begin{cases} a=1,\ b=0,\ t \leqslant 179 \\ a=0,\ b=0.778,\ t \geqslant 179 \end{cases}$
底水油藏	$Q = Q_i \ln \dfrac{e}{(1+t)^{0.126}}$
薄层油藏	$Q = Q_i \ln \dfrac{e}{(1+t)^{0.129}}$
超稠油油藏	$Q = Q_i e^{-0.056t}$

续表

油藏类型	产量公式
低渗透油藏	$Q = Q_i \ln \dfrac{e}{(1+t)^{0.133}}$
中高渗油藏	$Q = Q_i \ln \dfrac{e}{(1+t)^{0.141}}$
裂缝油藏	$Q = Q_i \ln \dfrac{e}{(1+t)^{0.149}}$
断块油藏	$Q = Q_i \left[a \ln \dfrac{e}{(1+t)^{0.228}} + b \dfrac{1}{1+0.134t} \right]$ $\begin{cases} a=1, b=0, t \leq 24 \\ a=0, b=1, t > 24 \end{cases}$

表3-10 各种类型油藏水平井递减累计产量公式

油藏类型	累计产量公式
边水油藏	$N_p = \begin{cases} Q_i [36.06t + 5.56(1-t)\ln(1+t)] & 当 t \leq 179 时 \\ Q_i [1451.5 - 2033.3 e^{-0.015(1+t)}] & 当 t \geq 179 时 \end{cases}$
底水油藏	$N_p = Q_i [34.34t + 3.84(1-t)\ln(1+t)]$
薄层油藏	$N_p = Q_i [34.45t + 3.95(1-t)\ln(1+t)]$
超稠油油藏	$N_p = Q_i [544.6(1 - e^{-0.056t})]$
低渗透油藏	$N_p = Q_i [34.56t + 4.056(1-t)\ln(1+t)]$
中高渗油藏	$N_p = Q_i [34.81t + 4.307(1-t)\ln(1+t)]$
裂缝油藏	$N_p = Q_i [35.05t + 4.576(1-t)\ln(1+t)]$
断块油藏	$N_p = \begin{cases} Q_i [37.5t + 7(1-t)\ln(1+t)] & 当 t \leq 24 时 \\ Q_i [54.25 - 227.6\ln(1+0.134t)] & 当 t > 24 时 \end{cases}$

图3-40至图3-49是不同类型油藏的日产油量递减拟合关系曲线。

第三章 水平井开发油藏工程论证

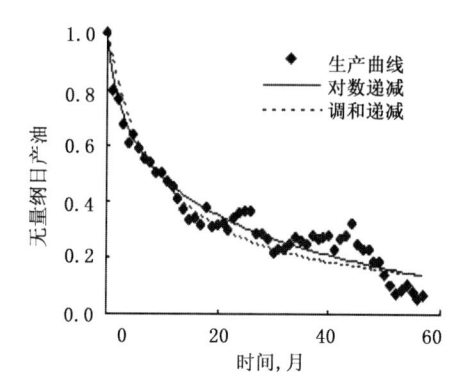

图 3-40 高含水油藏日产油回归曲线

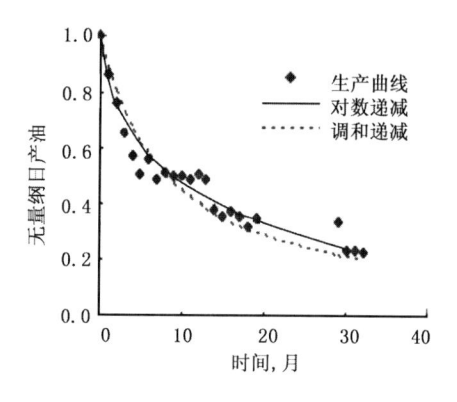

图 3-41 裂缝油藏日产油回归曲线

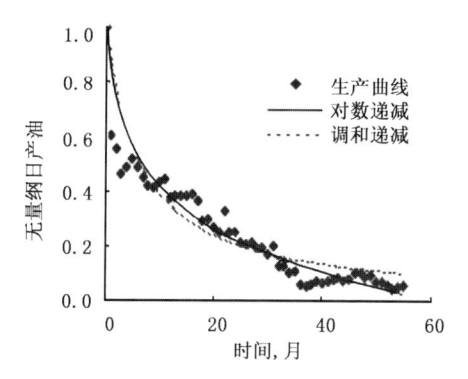

图 3-42 特低渗油藏日产油回归曲线

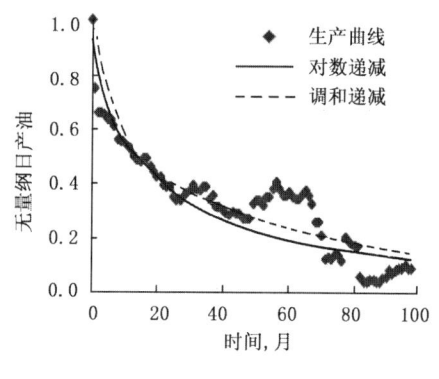

图 3-43 底水油藏日产油回归曲线

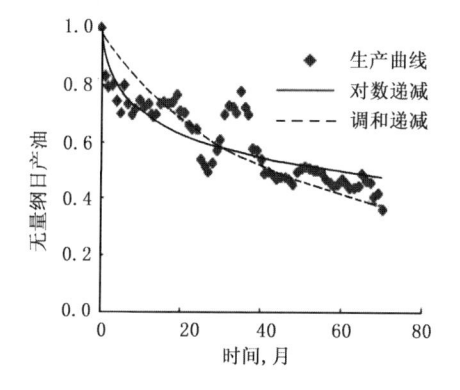

图 3-44 气顶底水油藏日产油回归曲线

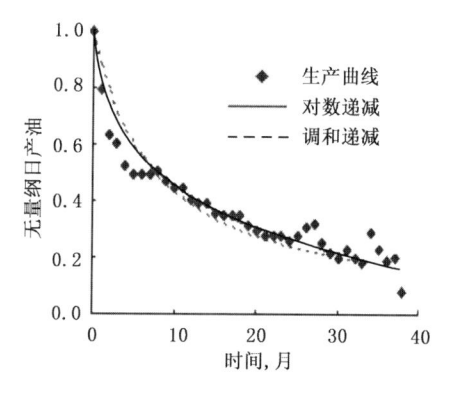

图 3-45 断块油藏日产油回归曲线

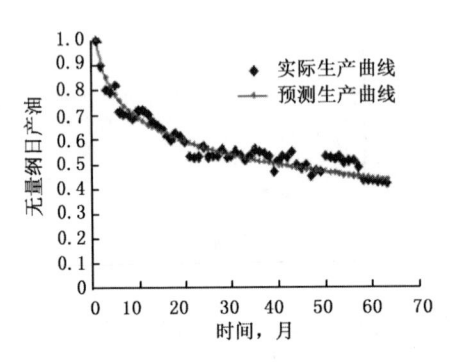

图3-46 低渗透油藏日产油回归曲线

图3-47 稠油油藏日产油回归曲线

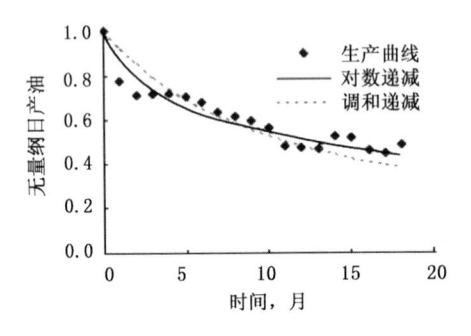

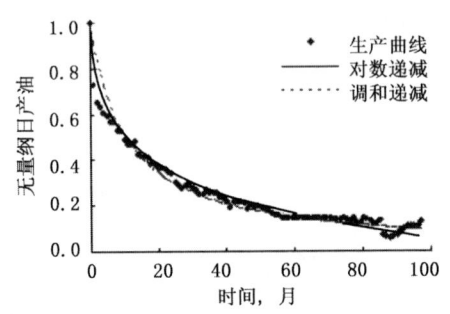

图3-48 薄互层油藏日产油回归曲线

图3-49 水平井日产油综合回归曲线

图3-47、图3-48是低渗透油藏和稠油油藏的 Q_r—$\ln(1+t)$ 拟合关系曲线。

图3-40至图3-51显示了很好的拟合关系,表明这些公式具有较强的

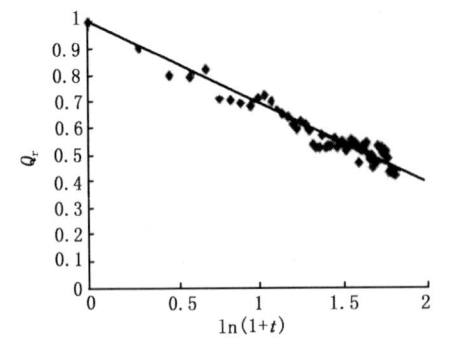

图3-50 低渗透油藏 Q_r—$\ln(t+1)$ 关系曲线

图3-51 稠油油藏 Q_r—$\ln(t+1)$ 关系曲线

第三章　水平井开发油藏工程论证

预测能力。

第三节　水平井井网论证

合理的井网部署是油气田开发成败的关键，长期以来，对合理井网的研究也一直是人们重视的课题，但大多数是对直井井网的研究，对水平井，特别是压裂水平井井网的研究很少。20 世纪 40 年代，Muskat 对简单井网的渗流机理进行了深入研究，同时，人们在油层均质和流度比为 1 的条件下，提出了见水时刻油层波及系数和注水方式（即井网型式）之间的关系理论。其后，人们研究并且搞清了在任意流度比的条件下，见水后油层波及系数在水驱油过程中的变化。60 年代末，前苏联谢尔卡乔夫提出了最终采收率和井网密度的经验公式。在国内，80 年代初，童宪章提出了获得最大产量的井网型式，90 年代初，齐与峰提出了井网系统理论，郎兆新等人开始研究水平井井网的开采问题。

在现场生产中，井网型式主要受油气田的地质条件控制，从井网的几何形状规则与否来分，生产现场的井网型式一般分规则井网和不规则井网两种。当储层均质时适宜用规则井网开采，通常指面积注水井网。常见的面积注水井网有以下几种：直线型、交错线型、四点井网、五点井网、七点井网、九点井网、反九点井网。而储层非均质时，适宜用不规则井网开采，往往是规则井网的变形。

论证合理的井网密度一般通过数值模拟的方法进行，根据油层非均质性特点、油水黏度差异以及油层分布状况，设计各种注采井网，通过数值模拟预测开发指标和最终采收率，经综合评价，确定合理的注采井网。从油藏的角度研究合理油水井的比例，大多研究结果是在均质条件下统计得到。

目前大多数油田采用注水开发方式，因此注采井网系统的部署和优化直接关系着注入水波及体积和水驱采收率的提高，影响油藏开发效果和经济效益。矢量井网研究旨在开展各类油藏矢量开发理论研究，进行矢量化井网部署，寻求最佳的井网方式和井距，以达到最大的储量动用程度，实现经济有效开发；开展优势流场研究，建立油藏流场模型，揭示剩余油的形成机理和分布规律，为改善油田开发效果、提高采收率奠定基础。

本节首先说明影响水平井井网的主要因素，重点介绍基于正交设计和遗传算法两种水平井井网优化设计方法，并辅以实例进行说明。

一、影响水平井井网的因素

1. 井网类型及优化指标

1) 井型种类

目前，在国内外油田经常采用的水平井井型主要包括以下 5 种：常规水平井、分支水平井、鱼骨刺井、多底井、分叉井。其中，前三种井型主要针对单层油藏，后两种井型主要针对多层油藏。其各自特点分述如下：

水平井［图 3-52（a）］：通过扩大油层泄油面积提高油井产量，是提高油田开发经济效益的一项重要技术。水平井在开发复式油藏、礁岩油藏和垂直裂缝油藏以及控制水锥、气锥等方面效果非常好。

分支水平井［图 3-52(b)］：在同一产层中从一个主井筒中侧钻出 2 口或者 2 口以上水平井的复杂井称为分支水平井。与单一水平井相比，它极大地提高了井筒与油藏的接触面积，是增加产量和提高采收率的重要手段，在开发隐蔽油藏、断块油藏、边际油藏等方面有显著优越性。

鱼骨刺井［图 3-52（c）］：作为分支水平井的一种类型，可以在任意一个分支井筒上再增加分支，原油流入主井筒的距离和时间缩短，使整个鱼骨刺井产量比单一直井提高 6 到 10 倍，实现少井高产的目标。主要适用于布井条件受平台限制的海上高渗油气田。

多底井［图 3-52（d）］：指一口垂直井侧钻出 2 个或 2 个以上井底的井，能够从一个井眼中获得最大的总位移，在相同或者不同方向上钻穿不同深度的多套油气层。主要适用于厚油层和多层油藏的开发。

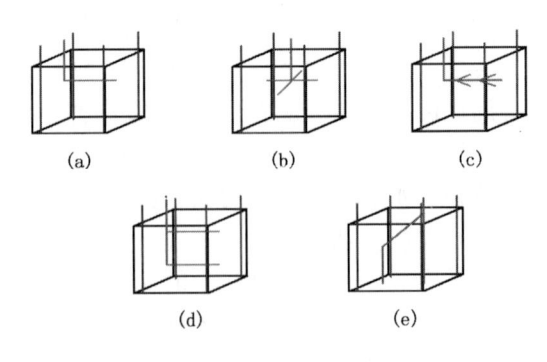

图 3-52 水平井型种类示意图

第三章 水平井开发油藏工程论证

分叉井 [图 3-52 (e)]：指为了减少钻井进尺、节省材料费用，从一口斜井中侧钻出另一口斜井进行合采的井型。主要适用于油藏为条带排列的透镜体状油藏，此类油藏（多个分离的薄层或孤立油区）单独进行开采一般没有太大的经济效益。

2) 井网种类

目前，除水平井外，其他复杂结构井主要针对特殊油藏条件，而且绝大部分只是采用单井进行生产。从研究角度看，可以以直井井网为基础，采用水平井或其他井型替代其中的部分直井来组成各种类型的井网进行优化设计研究，以水平井、鱼骨刺井、多底井和五点法、七点法和九点法注采井网为例，井网布井示意图如图 3-53 所示。

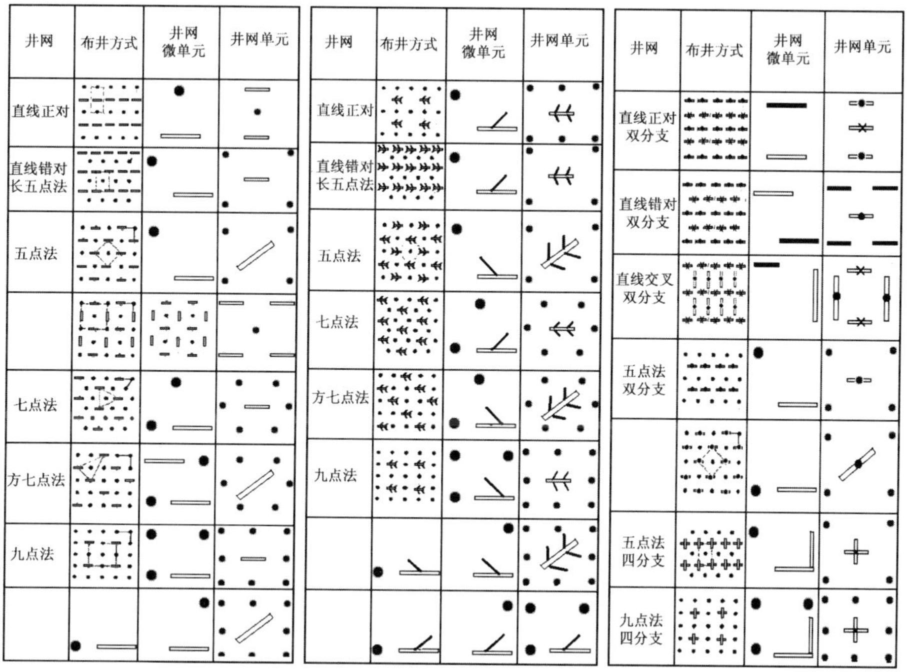

图 3-53 不同井型井网类型示意图

3) 优化指标

优化井网的原则：保障注采基本平衡，具有较高的采收率、初始采油速度和单井经济效益，钻井工程容易实施，适合或者能够与裂缝相匹配等。

当然，对于不同的井网，优化设计的指标也不同，如表 3-11 所示。

表 3-11　不同井型井网优化设计对象

优化对象	水平井井网	分支水平井井网	鱼骨刺井井网	多底井井网	分叉井井网
	井网类型	井网类型	井网类型	井网类型	井网类型
	井距	井距	井距	井距	井距
	排距	排距	排距	排距	排距
	水平段长度	水平段长度	主井筒长度	水平段长度	分支长度
	水平井在油藏中的位置	分支水平井在油藏中的位置	鱼骨刺井在油藏中的位置	多底井	分叉角度
	水平井方位	水平分支井方位	鱼骨刺井方位		分叉位置
		分支条数	分支长度		
			分支角度		
			分支条数		

2. 影响水平井井网的主要因素

影响水平井井网的主要因素有穿透比、地应力、混合注采井网中的水平井井别、水平井长度、布井方向以及裂缝发育程度、井网单元面积、井距、地层参数（渗透率、厚度、流体黏度、流度比等）、水平井与水平方向的夹角、布井方式以及井网形状因子等。

1) 穿透比

波及系数随水平井穿透比的增加而呈直线递减，主要是因为随着水平井穿透比的增加，注水井与水平井之间的主流线方向发生了变化，使得见水时间变短，从而使得见水时的波及系数减小。

2) 地应力

(1) 对裂缝的影响。

压裂裂缝的延伸方向沿着最大主应力的方向，故井网布署的原则是注水井和采油井连线方向应避开最大主应力方向；同时井网形式推荐使用矩形五点井网系统。该井网注采比大于反九点井网，注水强度大，并且是沿裂缝线状注水，即井排方向与裂缝走向一致，这样既避免了油水井发生水窜，又可扩大人工压裂规模，提高油井产能和注水井注水能力，从而改善注水开发效果。

(2) 对布井方式的影响。

考虑到地应力的方向，一般有两种布井方式，即水平井水平段方向平行于最大主应力方向和垂直于最大主应力方向。

第三章　水平井开发油藏工程论证

水平井方向平行于最大主应力方向时，注水井垂直于裂缝方向向生产井驱油，水线推进比较均匀、规律，对于渗透率较高的油藏开发效果比较好，但是对于渗透率较低的或特低的油藏，水平井压裂开发效果不好。

当水平段方向垂直于最大主应力方向时，水平井作为生产井可进行多段压裂，产生多条裂缝，生产井产量较高。数值模拟结果表明，水平井水平段与最大主应力垂直的布井方式在采油速度和采出程度上都优于水平井段与最大主应力平行的布井方式。但是也应该注意，水平段与最大主应力方向垂直的布井方式的不利因素，即注水井可能会沿着距离最近的水力裂缝突进到水平生产井，对稳产造成困难。这就对水平井多次封堵水层工艺提出较高的要求。

3）水平井井别对开发效果的影响

(1) 对含水率的影响。

油田开发初期(生产半年)，水平井为注入井时井网的含水率明显高于水平井为生产井时井网的含水率；不管水平井是注入井还是生产井，随着穿透比的增加，含水率明显增加。在开采后期(生产10年)，水平井为注入井时井网的含水率低于水平井为生产井时井网的含水率[见图3-54(a)、图3-54(b)]。

(2) 对平均注入压力的影响。

水平井为生产井时井网平均注入压力高于水平井为注入井时井网的平均注入压力。随着井网穿透比的增加，水平井为生产井时井网的平均注入压力几乎保持不变，而水平井为注入井时井网的平均注入压力略有降低［图3-54(c)］。

(3) 对平均注采压差的影响。

水平井为注入井时井网的平均注采压差高于水平井为生产井时井网的注采压差；随着井网穿透比的增加，两种井网平均注采压差均略有降低［图3-54(d)］。

(4) 对采出程度的影响。

水平井为采油井时井网的采出程度高于水平井为注入井时井网的采出程度；开采初期的采出程度相差不大，后期的采出程度相差比较明显[图3-54(e)]。

4）水平井长度

(1) 对见水时间的影响。

不同井网的见水时间都随水平井长度的增加而缩短。

(2) 对产能的影响（五点法井网）。

随着水平井长度的增加，单井产能增大；但当水平井长度超过井距之半时，产能增势减小。

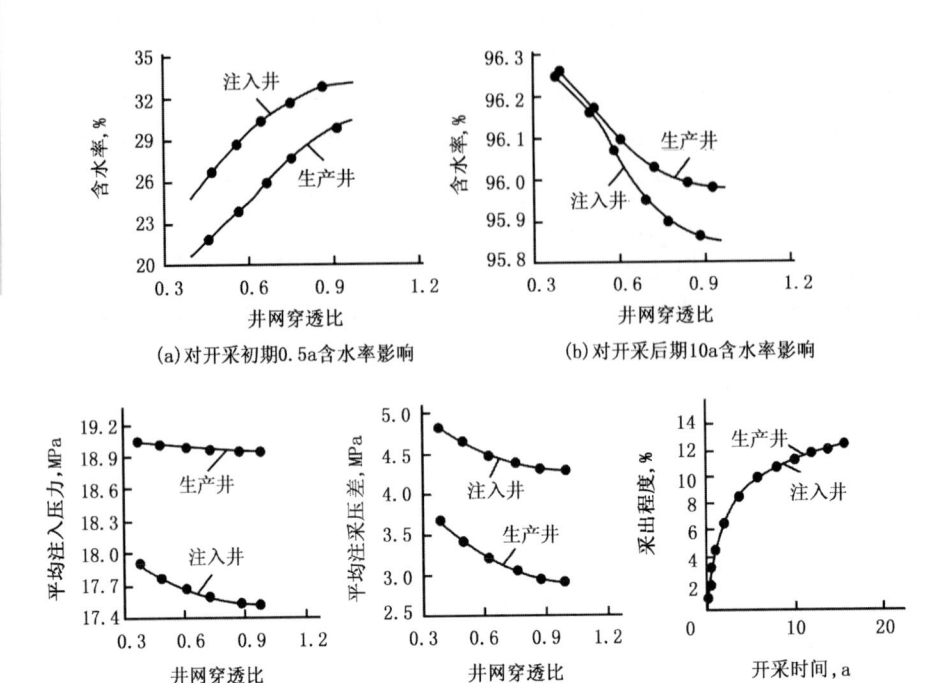

图 3-54 水平井井别对开发效果的影响（据赵春森等，2004）

(3) 对面积扫油系数的影响。

水平井长度增加，面积扫油系数反而减小。造成这种情况的主要原因是：水平井长度增加后，井筒上各点见水时间差距增大，离注水井近的点见水过早。

(4) 注入水的突破点。

主流线与水平井的交点（即注入水的突破点）一般位于水平井两端点之间，并随水平井段长度增加而向水平井端点靠近。当水平井长度与井网单元宽度相等，即水平井两两相连时，突破点将移到水平井端点。

(5) 无量纲长度（L^2/S）。

随着水平井无量纲长度的增加，水平井无量纲产量增加，当无量纲长度增加到一定幅度之后，进一步增加水平井的长度，无量纲产量增加幅度不大。因此，从经济效益考虑，水平井无量纲长度应控制在一定范围之内，取 0.5 为宜。

5) 布井方向及裂缝发育程度

(1) 水平井与裂缝的夹角、裂缝间距的变化对开发效果的影响。

①当井网与裂缝夹角不变，随着裂缝间距的增加，水平井见水时间越来越短，油田开采时间增长，油藏最终采收率越低。

②当裂缝间距不变，井网与裂缝夹角为0和90°时最终采收率好于井网与裂缝夹角为45°的情况，即水平井平行于裂缝或垂直于裂缝布井效果好于与裂缝呈45°夹角的情况；水平井垂直于裂缝布井效果略好于平行于裂缝的情况。

（2）裂缝渗透率与基质渗透率比值的变化对开发效果的影响。

①当水平井平行于裂缝布井时，随着裂缝渗透率与基质渗透率比值的增加，水平井见水时间变慢，油田开采时间增长，油藏最终采收率略有增加。

②当水平井垂直于裂缝布井时，随着裂缝渗透率与基质渗透率比值的增加，水平井见水变快，油田开采时间减少，油藏最终采收率略有降低。

（3）压裂水平井裂缝条数对开发效果的影响。

一般情况下，压裂水平井累计产量随裂缝条数的增加而增大。

① 对于天然裂缝油藏而言，一定长度的水平井，应尽可能地穿过最多的裂缝条数，以增加水平井产能。

② 对于水平井压裂而言，考虑到经济的原因，应选取最佳的压裂裂缝数目，4口直井注水水平井采油的五点井网的最佳压裂裂缝条数为3~4条。

（4）压裂水平井裂缝长度。

特定条件下，压裂水平井裂缝长度越长越好，但随着生产时间的延长，长裂缝的优势逐渐弱化，裂缝穿透率100%与30%的累计产量相差很少。

（5）穿过水平井裂缝间距对水平井产能的影响。

裂缝间距较小时产量随着裂缝间距的增大而增大，但当裂缝间距增加到一定距离时，水平井产量反而下降。也就是说，穿过水平井的垂直裂缝有一个最佳的裂缝间距范围。

6) 井网单元面积

井网单元面积越大，控制储量越大，注入井对生产井的注水效果减弱，水平井产能减小；井网单元大小对注水波及系数无影响。

7) 井距

以图3-55所示的五点法井网为例进行说明。

（1）横向井距 a 与纵向井距 d 之比。

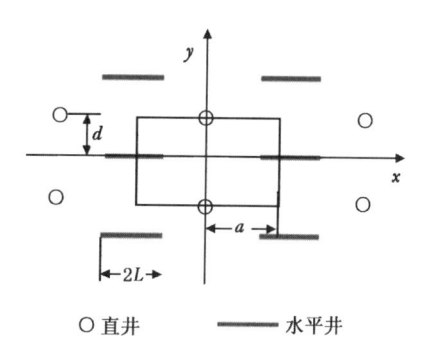

图3-55 五点水平井网及渗流单元

横向井距与纵向井距之比由小变大时,产能先增大后减小,注水波及系数逐渐变小。

(2) 水平井段长度与横向井距之比。

水平井段长度与横向井距之比增加,单井产能增大,但增势逐渐减小;注水波及系数随水平井段长度与横向井距之比增大而减小;主流线与水平井的交点(即注入水在水平井上的突破点)随水平井段长度增加而向水平井端点靠近。

(3) 对见水时间的影响。

见水时间随井距的增加而增加。

8) 地层及流体参数(渗透率、地层厚度、流体黏度、流度比)

(1) 对产量、波及系数的影响。

地层渗透率、地层厚度与井产量成正比关系,流体黏度与井产量成反比关系;注水波及系数与地层渗透率、地层厚度、流体黏度有关。

(2) 渗透率各向异性。

① 渗透率各向异性程度增强,井网的单井产能减小,扫油体积系数增大(见图3-56)。

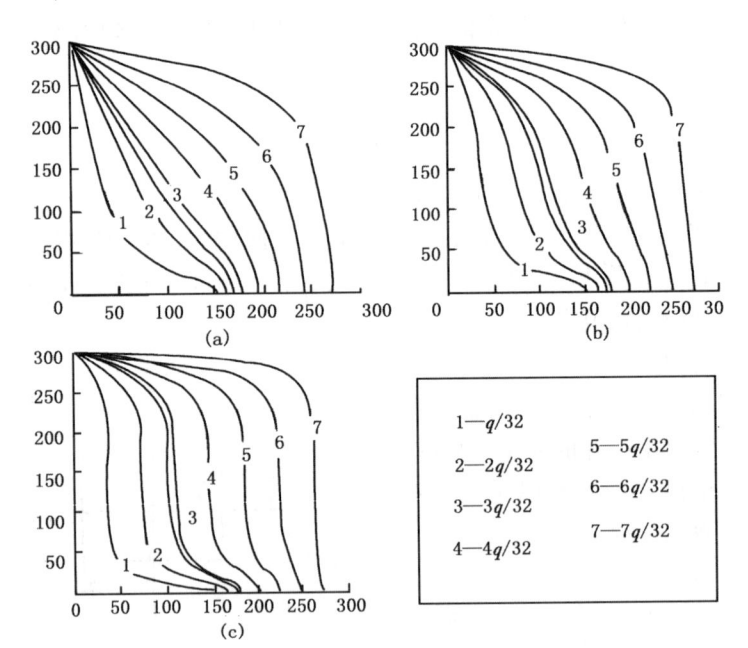

图3-56 不同各向异性强度(分别为1,2,4)油藏水平井网流线图(据刘月田等,2004)

第三章　水平井开发油藏工程论证

② 渗透率各向异性程度较强时，井网单元内的流线呈现平行渗流特点。
③ 渗透率各向异性程度越强，主流线突破点离水平井端点距离越远。

（3）流度比。

波及系数随流度比的增加而减小，流度比小于5增加很快，大于5后增加缓慢（见图3－57）。

见水时间随流度比的增加而增长。

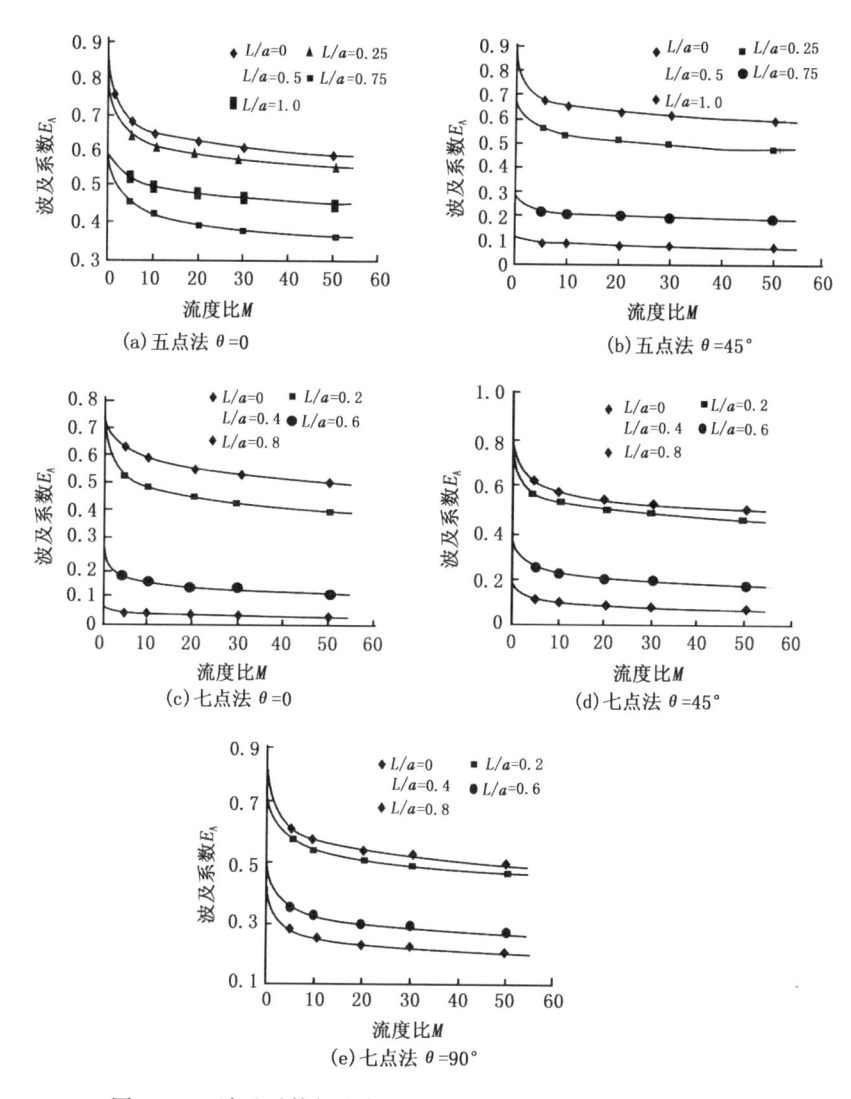

(a) 五点法 $\theta=0$

(b) 五点法 $\theta=45°$

(c) 七点法 $\theta=0$

(d) 七点法 $\theta=45°$

(e) 七点法 $\theta=90°$

图3－57　波及系数与流度比的关系曲线（据武兵厂等，2006）

9）水平井与水平方向的夹角 θ

对于五点法井网，波及系数随夹角 θ 的增大而减小；对于七点法和九点法井网，波及系数随夹角的增大而增大。

10）井网形状因子

交错井网单元示意图如图 3-58 所示。

当水平井无量纲长度（L^2/S）一定时，存在一个最优的井网形状因子（a/b），使得水平井无量纲产量最大。水平井五点法井网的形状应为矩形，最优形状因子（a/b）与水平井无量纲长度几乎呈线性关系，此关系与井网面积及油层厚度无关。

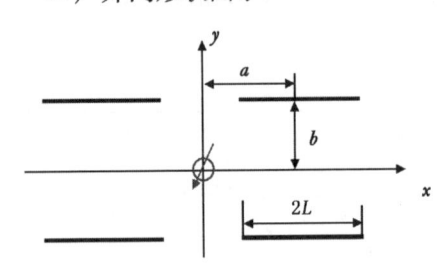

图 3-58 交错井网单元示意图

井网面积、油层厚度对井网最优形状因子的影响很小。随着水平井无量纲长度的增加，最优形状因子也增加，即井网偏离正方形的程度越大，油层厚度越大，水平井无量纲产量越小。

11）布井方式

目前，常见的布井方式有：五点法井网、七点法井网、改进的七点法井网、九点法井网和改进的反九点法井网等，如图 3-59 所示。

需要说明的是，水平井注采井网是指所有的井都是水平井，注入井与采出井平行排列；直井注水行列井网是指所有的井成行排列，水平井全部为油井，直井全部为注水井；直井注采行列井网是指所有的井成行排列，水平井全部为油井，直井分注水井和采油井相间排列。

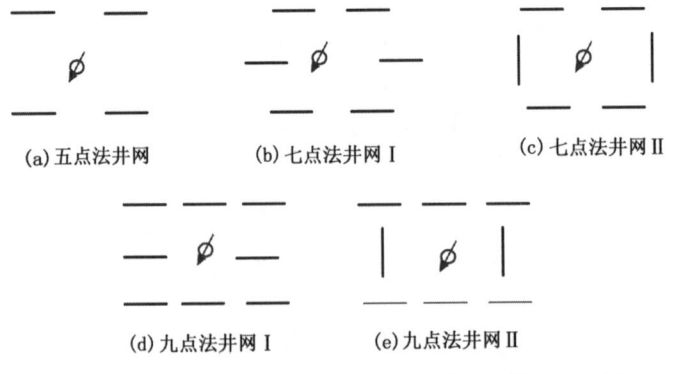

(a) 五点法井网　　(b) 七点法井网Ⅰ　　(c) 七点法井网Ⅱ

(d) 九点法井网Ⅰ　　(e) 九点法井网Ⅱ

图 3-59　5 种常见的水平井与直井联合开发井网示意图

第三章　水平井开发油藏工程论证

不同的布井方式对开发效果影响显著。例如，在相同的井距和生产条件下，五点法井网见水时间最长，七点法和九点法见水时间相当。

二、基于正交设计试验方法的水平井井网优化设计方法

1. 正交设计法优化井网参数的基本原理

论证水平井的长度、裂缝条数、裂缝间距以及井距和排距是一个较为复杂的问题，低渗油藏在开发过程中井网型式与压开裂缝以及与天然裂缝特性密切相关，低渗透油藏水平井开发方案的编制必须考虑人工裂缝的作用，与单井的优化参数不同，它们之间相互交叉、相互耦合。研究井网系统与水平井段长度、裂缝系统以及井距和排距最佳匹配关系，能够最大限度地获得产量和采出程度以及有效单井采出程度，对于低渗透油藏水平井开发方案的编制具有重要的意义。

低渗油藏水平井的长度、裂缝条数、裂缝间距以及井距和排距的最佳匹配关系，如果采用排列组合的关系进行全面试验则相当复杂，这个数目太大，对油藏数值模拟来说，做这么多次模拟试验是不可能的。因此，我们需要一种试验次数较少，效果又与全面试验相近的试验设计方法。正交试验法（正交设计）是目前最流行，效果相当好的方法。统计学家将正交设计通过一系列表格来实现，这些表称为正交表。例如表3-12就是一个正交表，这里

表3-12　正交表 $L_9(3^4)$

No.	1	2	3	4
1	1	1	1	1
2	1	2	2	2
3	1	3	3	3
4	2	1	2	3
5	2	2	3	1
6	2	3	1	2
7	3	1	2	2
8	3	2	1	3
9	3	3	2	1

"L"表示正交表,"9"表示总共要作9次试验,"3"表示每个因素都有3个水平,"4"表示这个表有4列,最多可以安排4个因素。常用的二水平表有 $L_4(2^3)$, $L_8(2^7)$, $L_{16}(2^{15})$, $L_{32}(2^{31})$;三水平表有 $L_9(3^4)$, $L_{27}(3^{13})$;四水平表有 $L_{16}(4^5)$;五水平表有 $L_{25}(5^6)$ 等。还有一批混合水平的表在实际中也十分有用,如 $L_8(4 \times 2^4)$, $L_{12}(2^3 \times 3^1)$, $L_{16}(4^4 \times 2^3)$, $L_{16}(4^3 \times 2^6)$, $L_{16}(4^2 \times 2^9)$, $L_{16}(4 \times 2^{12})$, $L_{16}(8^1 \times 2^8)$, $L_{18}(2 \times 3^7)$,等。例如, $L_{16}(4^3 \times 2^6)$ 表示要做16次试验,允许最多安排三个"4"水平因素,六个"2"水平因素。

2. 正交设计法优化某区块压裂水平井井网参数实例一

1)全水平井正交设计法优化井网参数

(1)基本正交原理。

以某区块压裂水平井常规五点井网系统为例,应用正交设计法优化全水平井井网参数。

根据正交设计法优化要求,整个优化分为4个因素,每个因素分为3个水平。4个因素:水平段长度、井距、排距以及裂缝条数,每个因素的3个水平:

水平段长度:① 300m;② 400m;③ 500m。

井　　距:① 160m;② 220m;③ 280m。

排　　距:① 200m;② 260m;③ 320m。

裂缝条数:① 4条;② 6条;(500m)。

根据正交设计法优化软件,将五点法油藏数值模拟的4个因素、每个因素的3个水平,输入软件,见图3-60,可以自动排列出正交实验表,见图3-61。可以看出,通过正交设计法,只排列出9个实验次数,加上500m水平段压开6条缝,共12套正交方案,见表3-13,大大降低试验工作量。以上每个因素的水平都重复了3次试验;每2个因素的水平组成1个全面试验方案。

(2)五点水平井井网参数正交优化模拟。

①数值模拟参数。

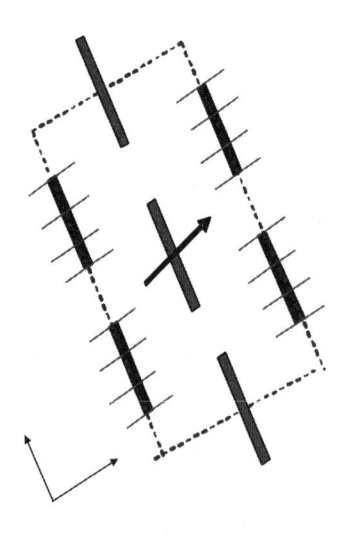

图3-60　全水平井正交设计法优化井网

第三章 水平井开发油藏工程论证

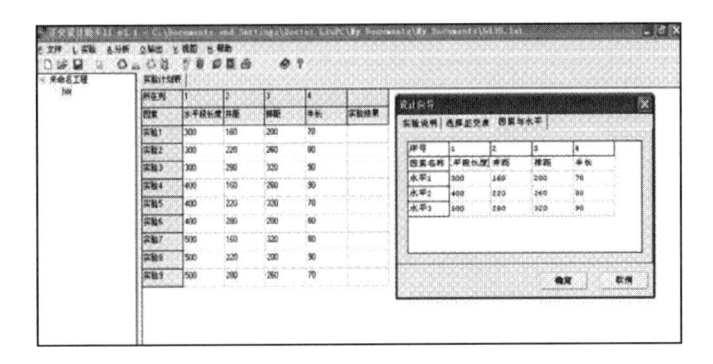

图3-61 全水平井正交设计法优化软件输入数据

表3-13 全水平井油藏数值模拟正交表 $L_9(3^4)$ +3

No.	A 水平段	B 井距	C 排距	D 半长	E 裂缝条数
Case 1	300	160	200	70	4
Case 2	300	220	260	80	4
Case 3	300	280	320	90	4
Case 4	400	160	200	90	4
Case 5	400	220	260	70	4
Case 6	400	280	320	80	4
Case 7	500	160	200	80	4
Case 8	500	220	260	90	4
Case 9	500	280	320	70	4
Case10	500	160	200	80	6
Case11	500	220	260	90	6
Case12	500	280	320	70	6

a. 工作制度定流压，模拟边界的油水井根据控制的面积进行产量劈分，油水井采用注采平衡的原理，保持地层压力稳定。

b. 水井不压裂。

c. 水平井段垂直于高渗透方向，压开的垂直裂缝垂直水平井段，水平段长度、井距、排距、裂缝条数分别取表3-13中的数据。

②对比指标。

以开发20年的采出程度和有效采出程度与含水率曲线作为评价指标，最终以经济评价作为最后的优选方案。

③有效采出程度。

令：A = 井组控制面积，n = 井数，η = 井组采出程度；

井网密度：$N = n/A$；

有效采出程度：$\eta_e = \eta A$。

水平井压开 4 条和 6 条裂缝的模拟单元分别如图 3 – 62 和图 3 – 63 所示。

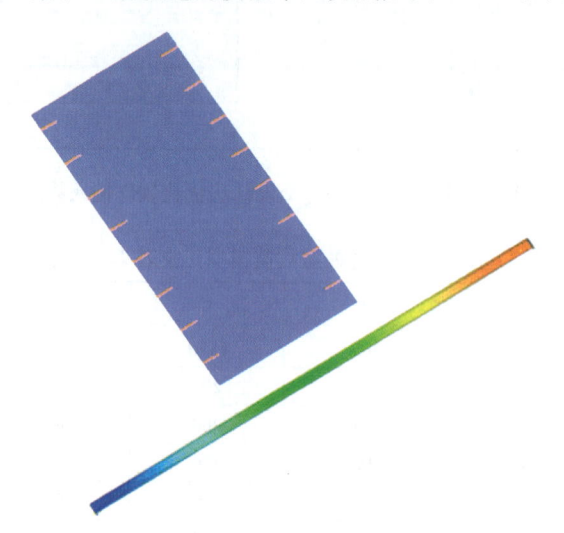

图 3 – 62　水平井压开 4 条裂缝模拟单元

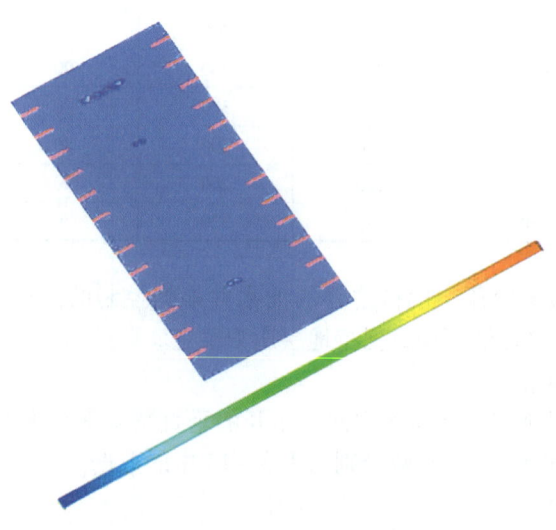

图 3 – 63　水平井压开 6 条裂缝模拟单元

第三章　水平井开发油藏工程论证

（3）全水平井井网参数正交优化结果。

从图3-64可以看出，井网密度越大，其在相同含水率情况下采出程度越高，Case1的井网密度最大，其采出程度最高。从图3-65可以看出，在相同开发时间下，Case1的井网密度最大，其采出程度最高。

从图3-66可以看出，在相同含水率情况下有效采出程度不同，Case7的采出程度最高。从图3-67可以看出，Case7在有效采出程度较高的情况下，其开发20年的含水率也能保持在较低的水平。

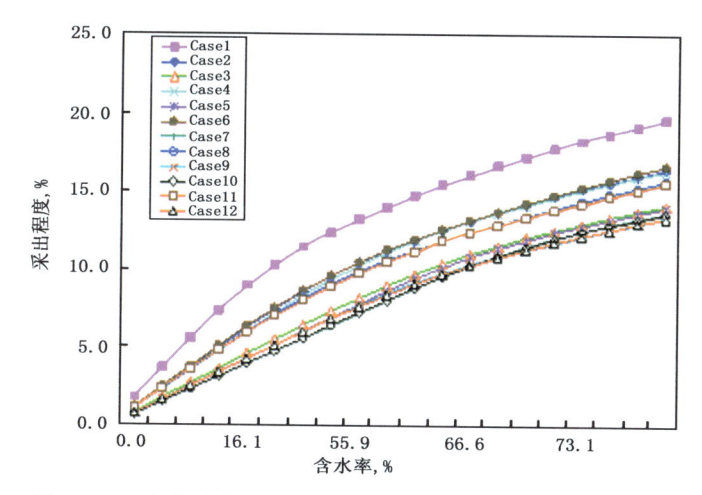

图3-64　全水平井正交设计方案采出程度与含水率的关系曲线

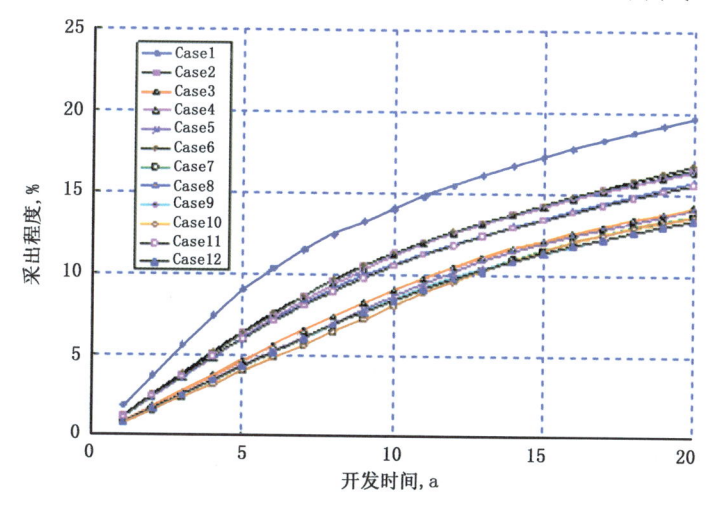

图3-65　全水平井正交设计方案采出程度与开发时间的关系曲线

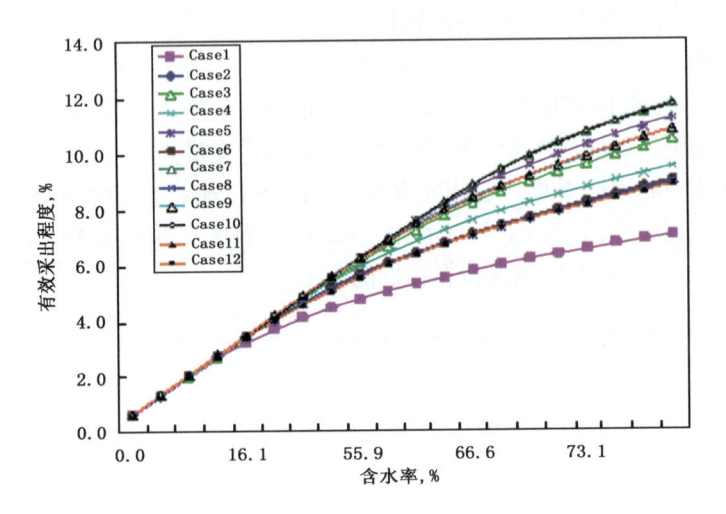

图3-66 全水平井正交设计方案含水率与有效采出程度的关系曲线

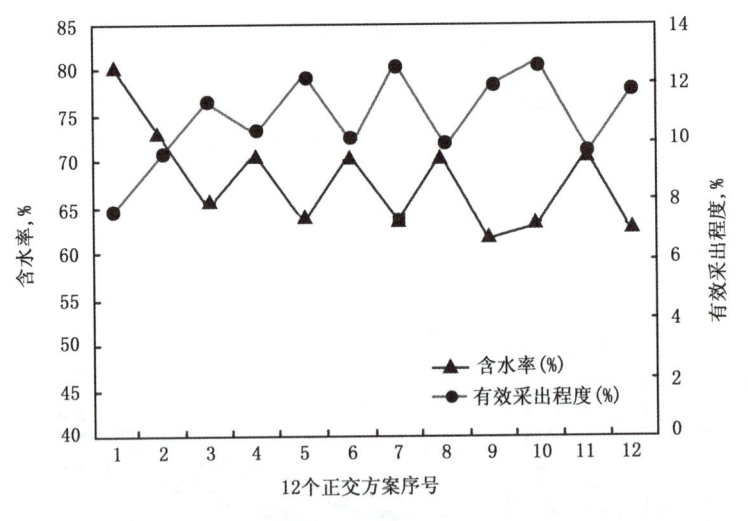

图3-67 全水平井正交设计不同方案的含水率、有效采出程度对比曲线

如果排除经济因素，正交方案Case7对应的优化参数为：水平段500m，井距160m，排距200m，裂缝条数4条，半缝长80m，裂缝的间距160m。

2）直井水平井混合正交优化参数

（1）正交优化一。

五点法井网形式，中心一口水平井生产，四角直井注水，在数值模拟时，

第三章 水平井开发油藏工程论证

直井初期产能是水平井的 1/2，模拟边界的油水井根据控制的面积进行产量劈分，油水井采用注采平衡的原理，保持地层压力稳定，其模拟单元如图 3-68 所示。

根据正交优化软件，可以得到相应的优化参数，如图 3-69 和表 3-14 所示。

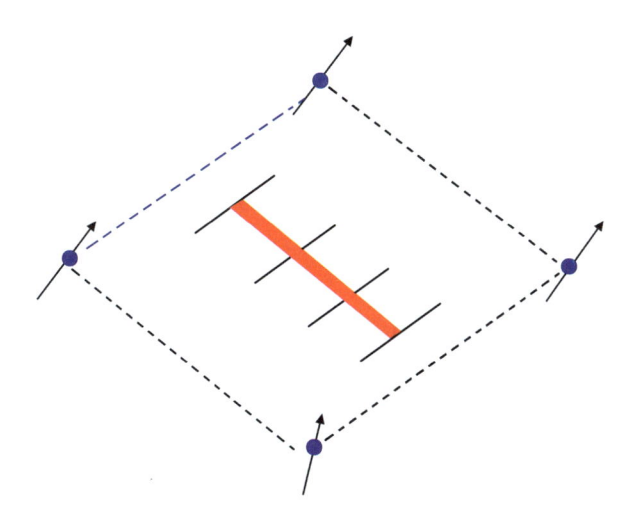

图 3-68 混合井网 1：正交设计法优化井网形式

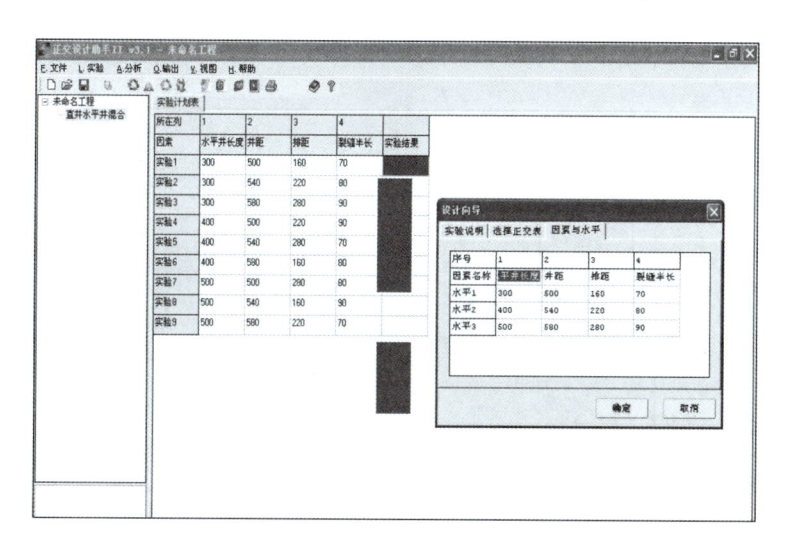

图 3-69 混合井网 1：正交设计法优化软件输入数据

表3-14　混合井网1：五点法油藏数值模拟正交表 $L_9(3^4)+3$

No.	A 水平段	B 井距	C 排距	D 半长	E 裂缝条数
Case1	300	460	160	70	4
Case 2	300	520	220	80	4
Case 3	300	580	280	90	4
Case 4	400	460	220	90	4
Case 5	400	520	280	70	4
Case 6	400	580	160	80	4
Case 7	500	460	280	80	4
Case 8	500	520	160	90	4
Case 9	500	580	220	70	4
Case 10	500	460	280	80	6
Case 11	500	520	160	90	6
Case 12	500	580	220	70	6

从图3-70可以看出，井网密度越大，其在相同含水率情况下采出程度越高，Case1的井网密度最大，其采出程度最高。从图3-71可以看出，在相同开发时间下，Case1的井网密度最大，其采出程度最高。从图3-72可以看出，在相同含水率情况下有效采出程度不同，Case3的采出程度最高。

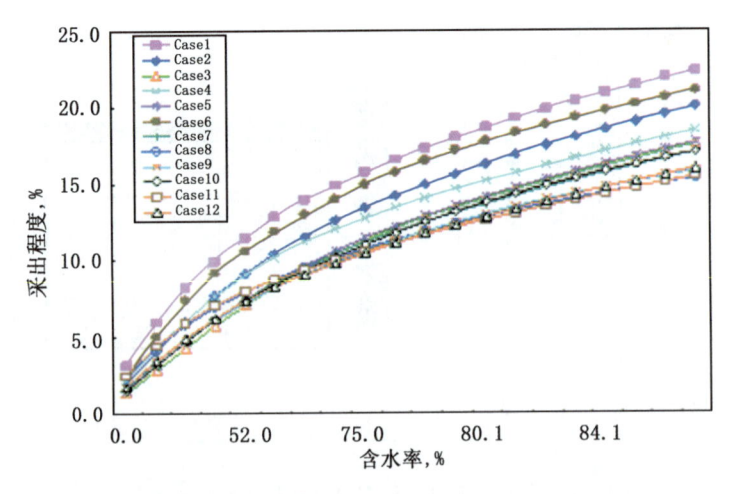

图3-70　混合井网1：正交设计方案含水率与采出程度的关系曲线

第三章 水平井开发油藏工程论证

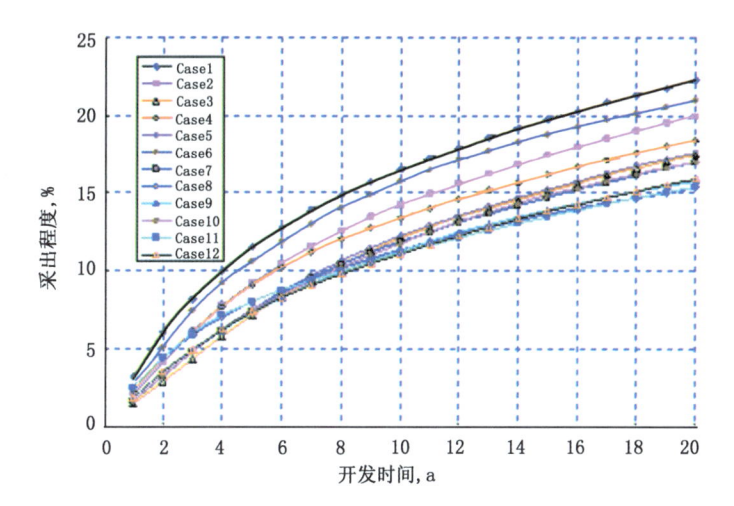

图 3-71 混合井网 1：正交设计方案采出程度与时间的关系曲线

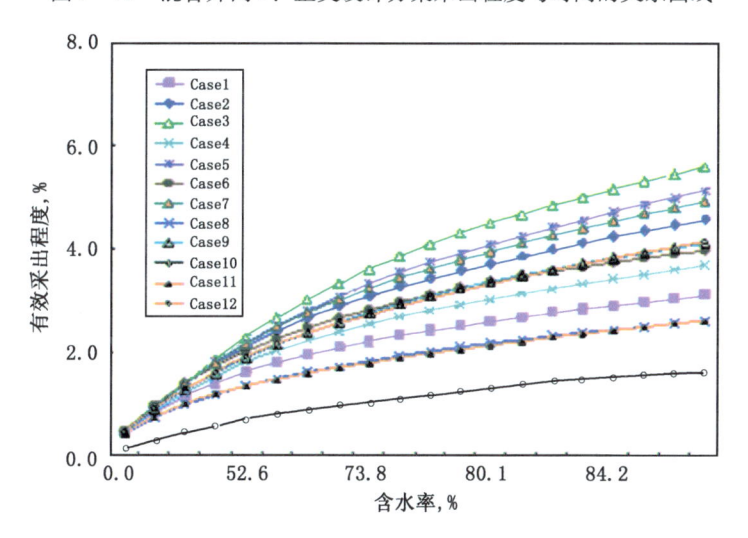

图 3-72 混合井网 1：正交设计方案含水率与有效采出程度的关系曲线

如果排除经济因素，正交方案 Case3 对应的优化参数为：水平段 300m，井距 580m，排距 280m，裂缝条数 4 条，半缝长 90m，裂缝间距 100m。

（2）正交优化二。

反五点井网，4 口水平井压裂生产，直井注水，其模拟井组单元如图 3-73 所示。根据正交优化软件，可得到相应的优化参数，如图 3-74 和表 3-15 所示。

185

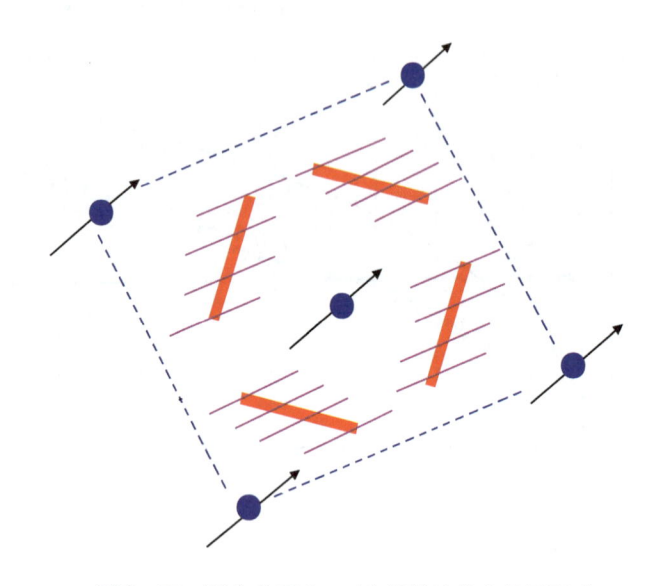

图3-73 混合井网2：正交设计法优化井网形式

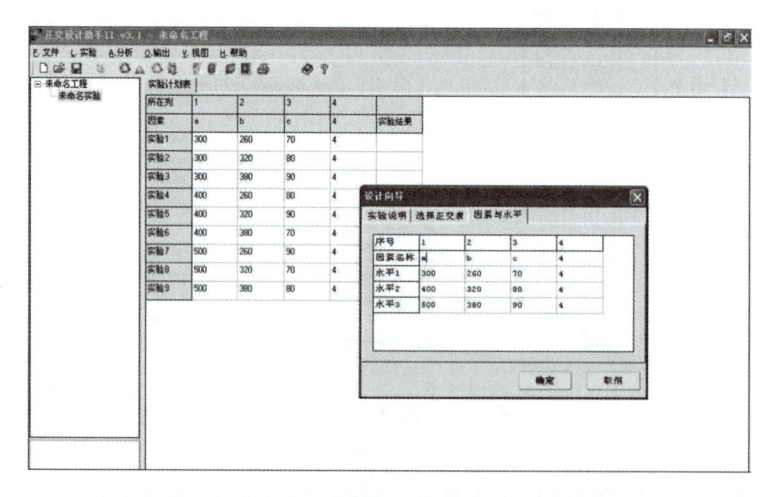

图3-74 混合井网2：正交设计法优化软件输入数据

表3-15 混合井网2：五点法油藏数值模拟正交表 L_9（3^4）+3

No.	A	B	D	E
	水平段	井排距	半长	裂缝条数
Case1	300	260	70	4
Case 2	300	320	80	4

第三章 水平井开发油藏工程论证

续表

No.	A 水平段	B 井排距	D 半长	E 裂缝条数
Case 3	300	380	90	4
Case 4	400	260	90	4
Case 5	400	320	70	4
Case 6	400	380	80	4
Case 7	500	260	80	4
Case 8	500	320	90	4
Case 9	500	380	70	4
Case 10	500	260	80	6
Case 11	500	320	90	6
Case 12	500	380	70	6

从图3-75可以看出，井网密度越大，其在相同含水率情况下采出程度越高，Case1的井网密度最大，其采出程度最高。从图3-76可以看出，在相同开发时间下，Case1的井网密度最大，其采出程度最高。从图3-77可以看出，在相同含水率情况下有效采出程度不同，Case6的采出程度最高。

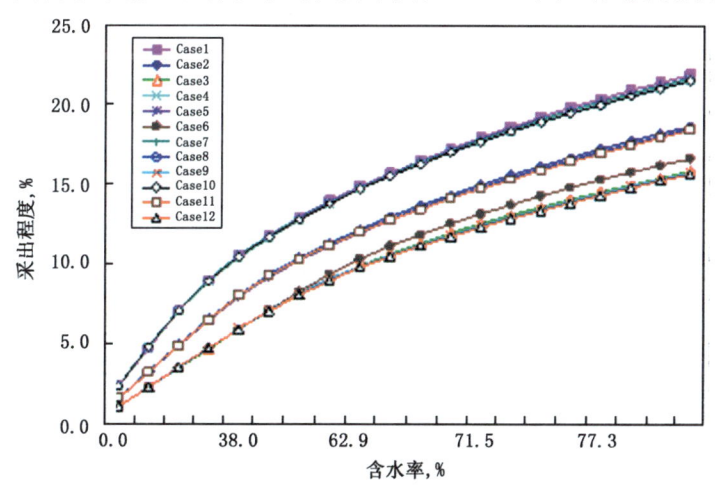

图3-75 混合井网2：正交设计方案采出程度与含水率的关系曲线

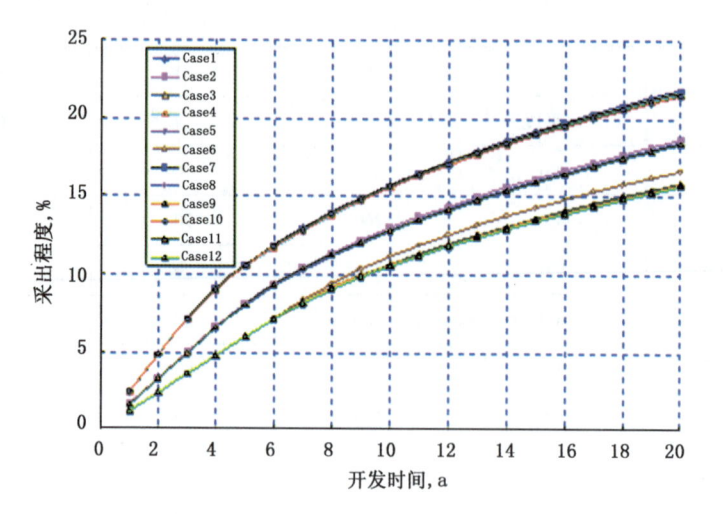

图3-76 混合井网2：正交设计方案采出程度与时间的关系曲线

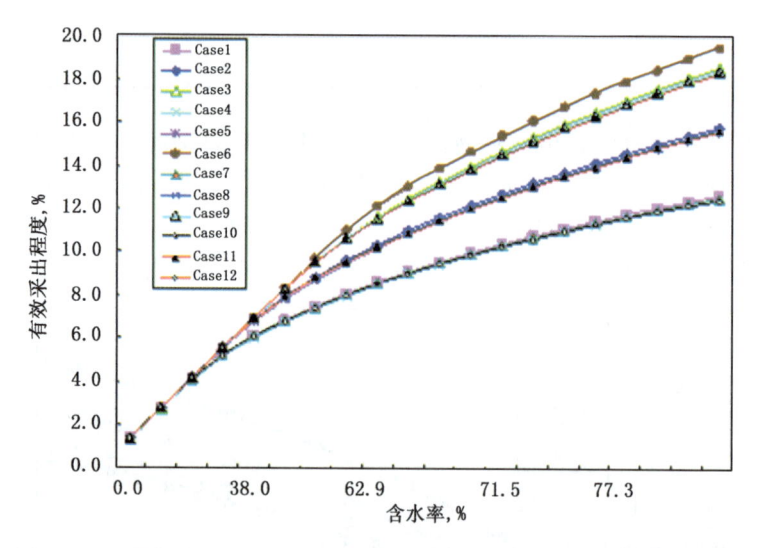

图3-77 混合井网2：正交设计方案有效采出程度与含水率的关系曲线

如果排除经济因素，正交方案Case6对应的优化参数为：水平段400m，井距380m，排距380m，裂缝条数4条，半缝长80m，裂缝间距125m。

3）推荐井网

考虑到该油田目前水平井钻井成本是直井的3倍以上，不打算全部采用水平井开发，所以不采用全水平井井网。混合井网2后期调整困难，且该区块开发试验表明非均质性强,水窜严重,故不采用混合井网2。最后推荐混合井网1,水平段长300m,井距580m,排距280m,裂缝条数4条,半缝长90m,裂缝间距100m。

3. 正交设计法优化某油田水平井井网参数实例二

以某油田常规五点井网系统为例,应用正交设计法优化水平井井网参数。根据正交设计法优化要求,整个优化分为4个因素、每个因素分为3个水平。

4个因素为:水平段长度、井距、排距以及裂缝条数,每个因素的3个水平如下:

水平段长度:① 400m;② 500m;③ 600m。
井　　　距:① 200m;② 240m;③ 320m。
排　　　距:① 200m;② 300m;③ 400m。
裂 缝 条 数:① 4条;② 5条;③ 6条。

根据正交设计法优化软件,将五点法油藏数值模拟的4个因素、每个因素的3个水平输入软件,见图3-78,可以自动排列出正交试验表,见图3-79。可以看出,通过正交设计法,只排列出9个试验次数,见表3-16,大大降低试验工作量。以上每个因素的水平都重复了3次试验;每两个因素的水平组成一个全面试验方案。这两个特点使试验点在试验范围内排列规律整齐,有人称为"整齐可比"。另一方面,如果将正交设计的9个试验点连成图,9

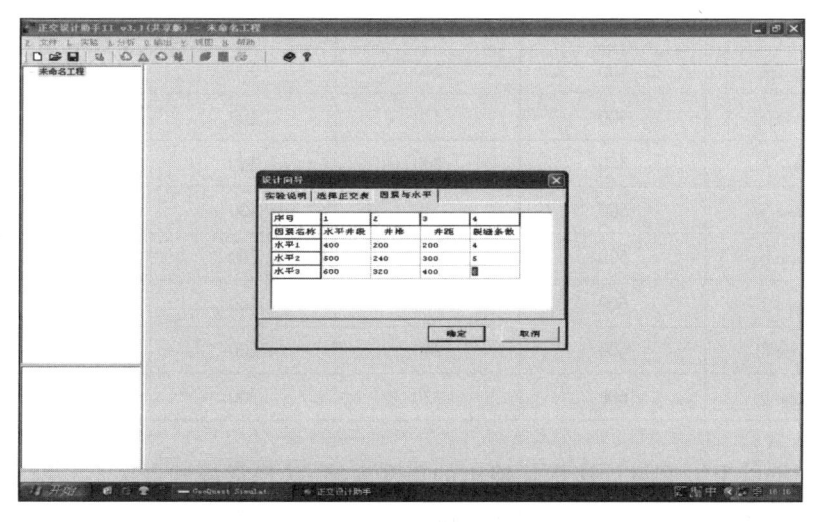

图3-78　正交设计法优化软件输入数据

个试验点在试验范围内散布均匀,这个特点被称为"均匀分散"。正交设计的优点本质上来自"均匀分散,整齐可比"这两个特点。

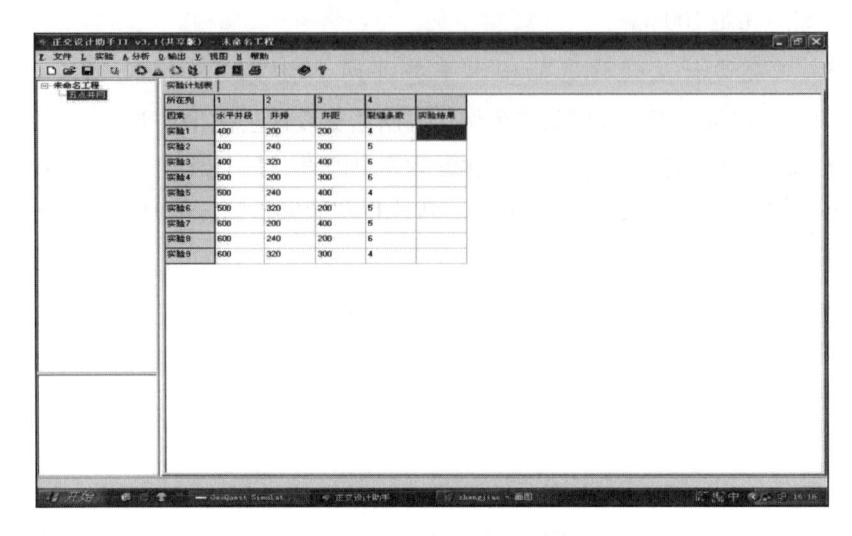

图3-79 正交设计法优化软件输出正交表格

表3-16 五点法油藏数值模拟正交表 $L_9(3^4)$

No.	A 水平段	B 井排距	D 半长	E 裂缝条数
Case 1	400	200	200	4
Case 2	400	240	300	5
Case 3	400	320	400	6
Case 4	500	200	300	6
Case 5	500	240	400	4
Case 6	500	320	200	5
Case 7	600	200	400	5
Case 8	600	240	200	6
Case 9	600	320	300	4

根据以上正交设计法优化输出的正交表格,选择常规五点水平井网布井,分为近南北方向(高渗透方向垂直)和近东西方向(高渗透方向平行)两种井网型式(见图3-80和图3-81)。

第三章 水平井开发油藏工程论证

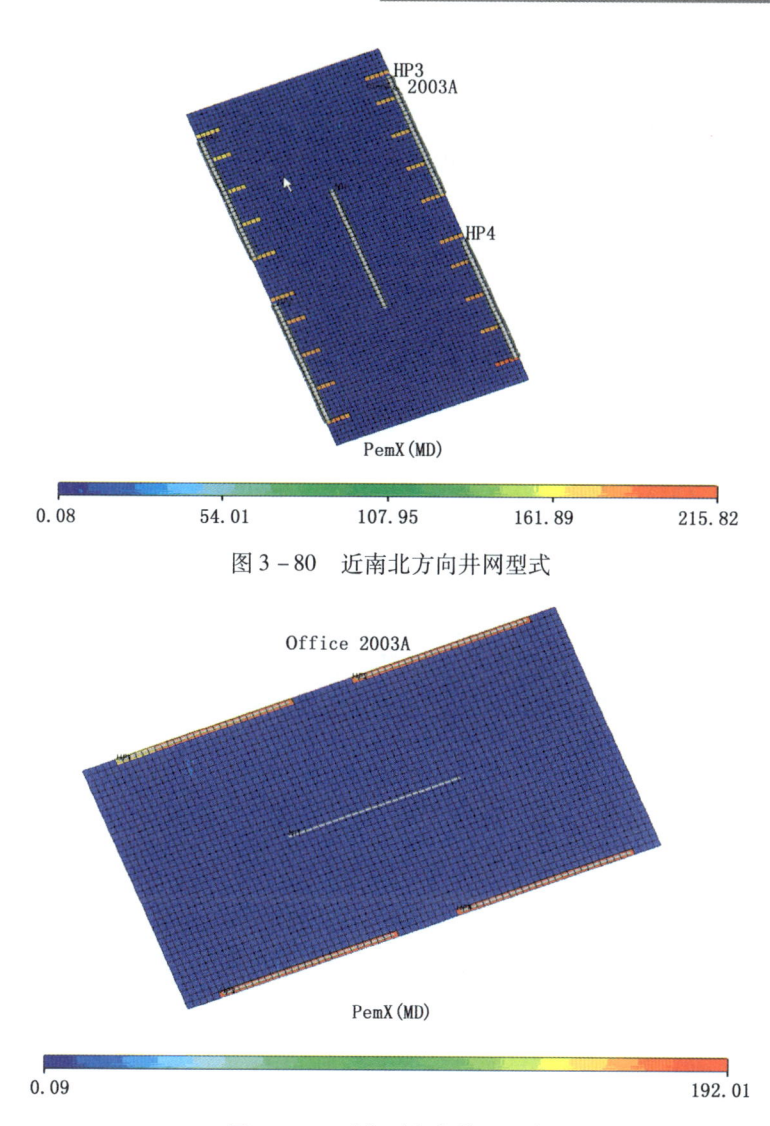

图 3-80 近南北方向井网型式

图 3-81 近东西方向井网型式

1）基本参数与指标

（1）数值模拟参数。

① 工作制度定流压：水平生产井的井底流压为 5MPa，水平注水井井底流压为 30MPa。

② 水井不压裂，近南北方向的油井垂直水平井段压开数条垂直裂缝，近

东西方向的油井沿井轴压开一条垂直裂缝。

③ 水平段长度、井距、排距、裂缝条数分别取上一节的正交表格数据。

（2）对比指标。

以开发 15 年的有效单井采出程度和有效单井采出程度与含水率曲线作为评价指标，其次兼顾采出程度。

（3）单井有效采出程度。

① 令：A = 井组控制面积，n = 井数，η = 井组采出程度；

② 井网密度：$N = n/A$；

③ 单井有效采出程度 $\eta_e = \eta/N$。

2）正交优化分析

（1）近南北向五点水平井网。

采用 $L_9(3^4)$，自由度为 9 的正交设计表，共设计了 9 套方案，分别以含水率、等效单井采出程度、累计产油为优选基准。当 3 种评价基准的 3 个因素的较优水平不一致时，依据级差最大的原则，确定较优的因素水平，如表 3-17 所示，以评判对象 3 确定的因素水平作为推荐指标，因子的主次水平依次为：水平段、井距、裂缝条数和排距。优化参数为：水平段 600m，井距 320m，排距 300m，裂缝条数 6 条。考虑实际压裂施工的困难，实际裂缝条数取 5 条，裂缝的间距为 125m。

表 3-17 南北向正交设计优化表

No.	A 水平段	B 井距	C 排距	D 裂缝条数	评判对象 1 含水率,%	评判对象 2 等效单井采出程度,%	评判对象 3 累计产油 $10^4 m^3$
1	400	200	200	4	57.4	4.74	8.29
2	400	240	300	5	69.51	6.64	8.72
3	400	320	400	6	82.10	4.64	9.14
4	500	200	300	6	82.59	3.87	33.73
5	500	240	400	4	73.68	3.55	29.35
6	500	320	200	5	97.95	4.96	9.76
7	600	200	400	5	97.87	6.83	36.63
8	600	240	200	6	97.67	6.77	36.30
9	600	320	300	4	91.83	6.02	32.27

第三章 水平井开发油藏工程论证

续表

No.		A 水平段	B 井距	C 排距	D 裂缝条数	评判对象1 含水率,%	评判对象2 等效单井采出程度,%	评判对象3 累计产油 $10^4 m^3$
水平	K1	69.68	80.16	82.35	83.40	评判对象1		
	K2	84.74	85.91	86.65	83.95			
	K3	95.79	89.10	86.84	88.64			
	R	26.10	8.94	4.49	5.24			
较优水平		400	240	200	4			
因子主次		水平段	井距	裂缝条数	排距			
水平	K1	5.34	5.03	5.25	5.34		评判对象2	
	K2	4.13	5.32	5.41	5.08			
	K3	6.54	5.23	4.77	5.10			
	R	2.42	0.29	0.64	0.25			
较优水平		600	240	300	4			
因子主次		水平段	排距	井距	裂缝条数			
水平	K1	8.72	19.37	21.49	22.69			评判对象3
	K2	24.28	23.38	24.49	21.22			
	K3	35.07	26.74	23.72	25.82			
	R	26.35	7.37	3.00	4.60			
较优水平		600	320	300	6			
因子主次		水平段	井距	裂缝条数	排距			

（2）近东西向五点水平井网。

可以看出：在相同含水率的情况下，正交方案 Case7 的单井有效采出程度也最高，正交方案 Case7 也是最好的优选方案；正交方案 Case7 在单井有效采出程度较高的情况下，其开发 15 年的含水率也能保持在较低的水平。正交方案 Case7 对应的优化参数同上。正交优化设计表如表 3-18 所示。

表3-18 东西向正交设计优化表

No.	A 水平段	B 井距	C 排距	D 裂缝条数	评判对象1 含水率,%	评判对象2 等效单井采出程度,%	评判对象3 累计产油 $10^4 m^3$
1	400	200	200	4	97.68	3.38	15.46
2	400	240	300	5	95.44	4.82	21.67
3	400	320	400	6	92.09	6.46	27.70
4	500	200	300	6	96.12	5.31	23.86
5	500	240	400	4	93.38	6.92	29.48
6	500	320	200	5	97.27	4.21	18.77
7	600	200	400	5	94.18	7.66	33.26
8	600	240	200	6	97.53	4.43	19.94
9	600	320	300	4	95.32	4.40	20.03
水平 K1	95.07	95.17	95.46	95.44	评判对象1		
水平 K2	95.59	95.14	95.17	94.75			
水平 K3	95.67	95.13	94.61	95.09			
水平 R	0.60	0.04	0.85	0.70			
较优水平	400	320	200	5			
因子主次	排距	水平段	裂缝条数	井距			
水平 K1	4.89	5.54	5.40	5.29	评判对象2		
水平 K2	5.48	5.69	5.53	5.90			
水平 K3	5.50	5.63	6.11	5.83			
水平 R	0.61	0.15	0.13	0.61			
较优水平	600	240	400	5			
因子主次	水平段	裂缝条数	井距	排距			

第三章　水平井开发油藏工程论证

续表

No.		A 水平段	B 井距	C 排距	D 裂缝条数	评判对象1 含水率,%	评判对象2 等效单井 采出程度,%	评判对象3 累计产油 10⁴m³
水平	K1	21.61	24.32	23.77	23.35			
	K2	24.04	24.96	24.34	25.79		评判对象3	
	K3	24.41	24.72	26.62	25.50			
	R	2.80	0.64	2.85	2.44			
较优水平		600	240	400	5			
因子主次		排距	水平段	裂缝条数	井距			

把正交方案7对应的参数作为最优方案的基础：水平段600m，井距200m，排距400m。但是，在正交化时，对于排距只选择了3个水平，现在优化出排距400m最好，对于低渗透油藏，特别对于东西方向，排距偏大。对Case7的排距进行细化，细分为400m，360m，320m，280m，240m，进行再优化，如图3-86至图3-88所示。可以看出，随着排距的减小，总的采出程度差别不是很大，但有效单井采出程度在降低，但400m和360m的有效单井采出程度差别不大，东西向布井时，为了充分考虑到注水井见效，排距选择在360m左右为好。

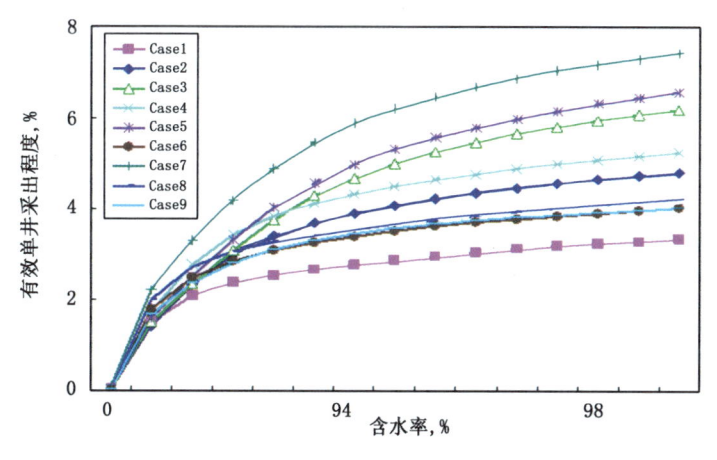

图3-82　南北向9个正交设计含水率与有效单井采出程度的关系曲线

195

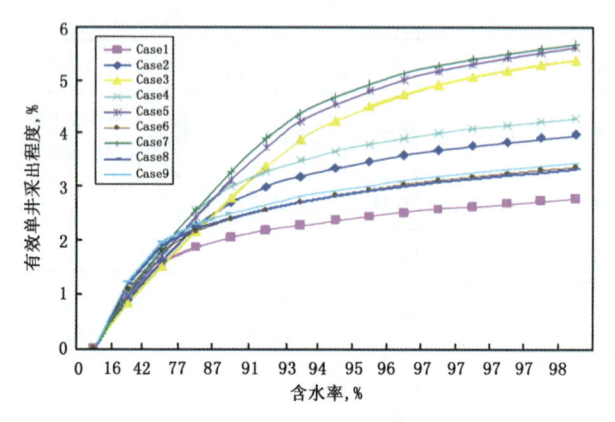

图3-83　东西向9个正交设计含水率与有效单井采出程度的关系曲线

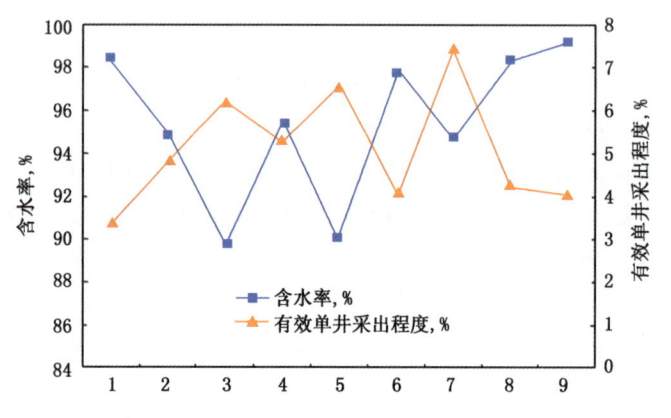

图3-84　南北向9个正交方案有效单井采出程度、含水率对比

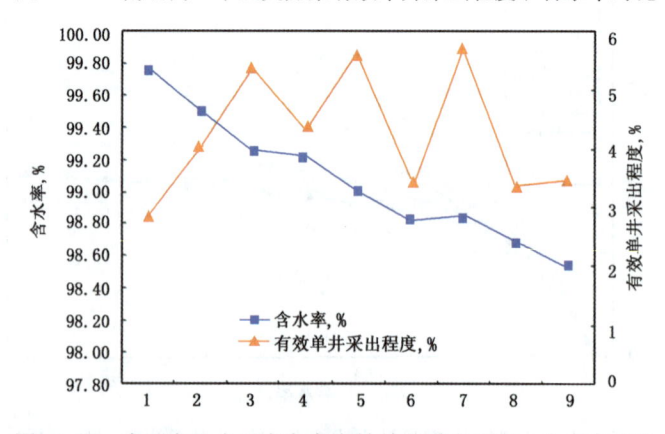

图3-85　东西向9个正交方案有效单井采出程度、含水率对比

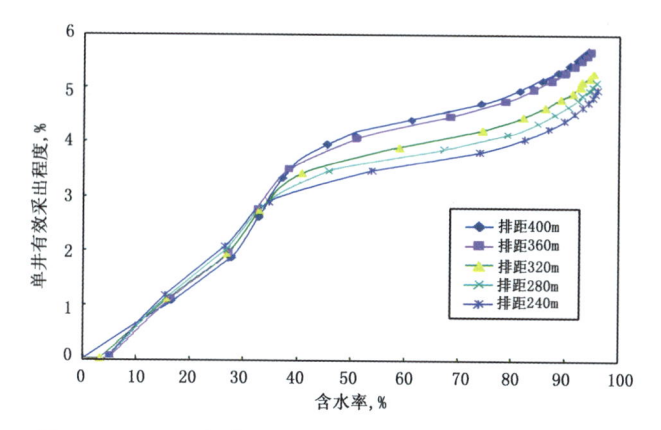

图 3-86 Case7 细化——单井有效采出程度与含水率曲线

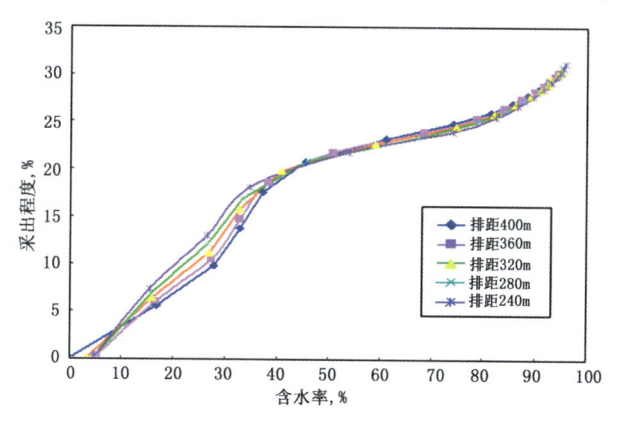

图 3-87 Case7 细化——采出程度与含水率曲线

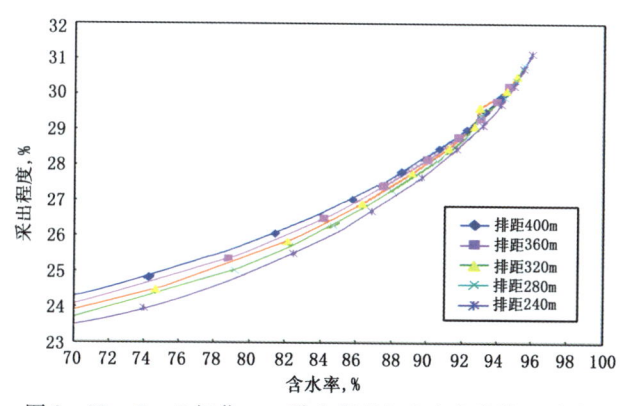

图 3-88 Case7 细化——采出程度与含水率曲线（放大）

3）推荐井网

考虑该油田为特低渗透油藏，东西向天然微裂缝发育，近南北向水平井井网中水平井注水强度大，东西向水淹可能性大，因此推荐采用水平井平行于天然裂缝方向的近东西向水平井井网。

三、基于遗传算法的水平井井网优化设计方法

1. 遗传算法基本思想

遗传算法（Genetic Algorithm）是一类借鉴生物界的进化规律（适者生存，优胜劣汰遗传机制）演化而来的随机化搜索方法。它是由美国的 J. Holland 教授 1975 年首先提出，其主要特点是直接对结构对象进行操作，不存在求导和函数连续性的限定；具有内在的隐并行性和更好的全局寻优能力；采用概率化的寻优方法，能自动获取和指导优化的搜索空间，自适应地调整搜索方向，不需要确定规则。遗传算法的这些性质，已被人们广泛地应用于组合优化、机器学习、信号处理、自适应控制和人工生命领域。它是现代有关智能计算中的关键技术之一。

1）算法与自然选择

达尔文的自然选择学说是一种被人们广泛接受的生物进化学说。这种学说认为，生物要生存下去，就必须进行生存斗争。生存斗争包括种内斗争、种间斗争以及生物跟无机环境之间的斗争。在生存斗争中，具有有利变异的个体容易存活下来，并且有更多的机会将有利变异传给后代，具有不利变异的个体就容易被淘汰，产生后代的机会也少得多。因此，凡是在生存斗争中获胜的个体都是对环境适应性比较强的。达尔文把这种在生存斗争中适者生存，不适者淘汰的过程叫做自然选择。它表明，遗传和变异是决定生物进化的内在因素。自然界中的多种生物之所以能够适应环境而得以生存进化，是和遗传与变异生命现象分不开的。正是生物的这种遗传特性，使生物界的物种能够保持相对的稳定；而生物的变异特性，使生物个体产生新的性状，以致于形成新的物种，推动了生物的进化和发展。

遗传算法是模拟达尔文的遗传选择和自然淘汰的生物进化过程的计算模型。它的思想源于生物遗传学和适者生存的自然规律，是具有"生存+检测"的迭代过程的搜索算法。遗传算法以一种群体中的所有个体为对象，并利用随机化技术指导对一个被编码的参数空间进行高效搜索。其中，选择、交叉和变异构成了遗传算法的遗传操作；参数编码、初始群体的设定、适应度函

数的设计、遗传操作设计、控制参数设定5个要素组成了遗传算法的核心内容。作为一种新的全局优化搜索算法,遗传算法以其简单通用、鲁棒性强、适于并行处理以及高效、实用等显著特点,在各个领域得到了广泛应用,取得了良好效果,并逐渐成为重要的智能算法之一。

2)遗传算法的实现

(1)基因编码。

遗传算法在进行搜索之前先将解空间的解数据表示成遗传空间的基因型串结构数据,这些串结构数据的不同组合便构成了不同的点。

针对水平井井网优化的参数需求和特点,采用二进制编码形式,将问题空间的所有参数表示为基于字符集[0,1]构成的个体,因此一个个体就是所有水平井井网优化参数(包括井网参数和裂缝参数)的二进制编码所组成的信息集合。同时,为确保在优化过程中的基因交叉以及变异操作不出现异常点,根据寻优精度所要求的参数取值范围和变化步长确定对应的二进制编码位数,使得每一段对应一个固定位数的二进制编码。

$$n \leqslant \sum_{i=0}^{k} 2^i \qquad (3-123)$$

式中,$k=0,1,2,3,\cdots$。

以井距 a 为例,假设优化范围为600m 至 900m,平均变化步长为10m,则优化段数 n 为30段,由式(3-123)计算得到 $k=4$,因此需要5位二进制数对优化范围内的参数进行替换。例如当井距 $a=680m$ 时,对应8个变化步长,二进制编码表示为{01000}(k 确定以后,二进制编码的位数也就确定了)。

将各优化参数(水平段长度、裂缝长度、裂缝条数和裂缝导流能力等)的二进制编码顺次连接到一起,就得到了一个水平井井网整体压裂的一组参数集合,即遗传算法中的一个个体。

(2)初始群体的生成。

随机产生 N 个初始串结构数据值,即构成了由 N 个个体所组成的一个群体。遗传算法就以这 N 个串结构数据作为初始点进行迭代。

(3)适应度评价。

遗传算法是根据个体的适应度来对个体进行评价和遗传操作的。在水平井井网优化设计中,适应度用预测函数值来表示,其中预测函数值可以是采出程度、单井有效采出程度、净现值、油井含水率等,这些值均可以通过 Eclipse 数值模拟得到。

在优化过程中，当二进制编码所代表的优化参数超出了该参数优化范围或者井网参数和裂缝参数不符合限制条件（井距大于水平段长度或排距大于裂缝半长）时，Eclipse 数值模拟软件将不对其进行运算，预测函数赋予零值。

（4）个体选择。

个体选择的目的是为了从当前群体中选出优良的个体，使它们有机会作为父代为下一代繁殖子孙。水平井井网优化设计过程中，为了体现优胜劣汰的自然选择法则，同时兼顾品种的多样性，按适应度大小对父代中所有个体进行排序，并从小到大编排序号（1，2，3，…，N），那么个体 i（$1 \leq i \leq N$）的概率区间为 $[P_i^l, P_i^u]$，其中：

$$P_i^l = \sum_{j=0}^{i-1} j, P_i^u = \sum_{j=0}^{i} j \qquad (3-124)$$

随机生成 N 次 0 到 P_N^u 的整数，选择概率区间包含该随机整数的个体进入下一代。这种个体选择方法，保证了适应度高的个体被选择的概率高；同时，有的个体可能被选择多次，而有的个体则遭到淘汰。

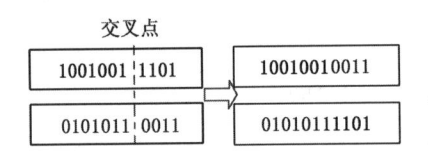

（5）交叉操作。

交换操作是遗传算法中最主要的遗传操作。通过交换操作可以得到新一代个体，新个体组合了其父辈个体的特性。从父代中两两选择个体进行交叉操作。

图 3-89 交叉操作示意图

如图 3-89 所示，随机确定一个基因位置作为交叉点把两个个体分成前后部分，交换其后半部分得到两个新的个体。

（6）变异操作。

变异首先在群体中随机选择一个个体，对于选中的个体以一定的概率随机地改变串结构数据中某个串的值。从父代中选择个体进行变异操作。如图 3-90 所示，随机翻转个体中一对二进制字符的位置，得到一个新的个体。

同生物界一样，变异中变异发生的概率很低，通常取值在 0.001~0.01 之间。变异为新个体的产生提供了机会。

可见，用遗传算法进行参数优化时，核心的内容就是确定优化参数和建立优化目标函数。

图 3-90 变异操作示意图

第三章　水平井开发油藏工程论证

（7）重生操作。

在遗传算法优化过程中，当不能产生性能超过父代的后代时，即发生了成熟前收敛问题，主要表现形式是连续数代最优个体适应度不发生改变。本书采用重生操作的方法解决这个问题。在优化过程中记录淘汰掉的个体及其适应度，如果出现了成熟前收敛，则重新启用一个或数个个体适应度较高的个体，实现基因的重组。

（8）遗传算法的基本步骤。

遗传算法运算如图 3-91 所示。具体步骤如下：

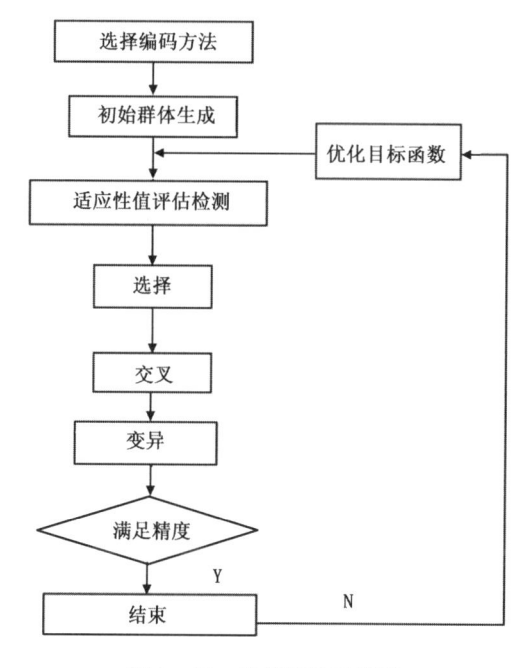

图 3-91　遗传算法运算图

（1）根据水平井井网中井网参数和裂缝参数的优化范围随机生成 N 个个体，每个个体的二进制数位数由优化参数数目和变化步长决定。

（2）对生成的二进制数按照预先的基因编码约定生成井网参数和裂缝参数。

（3）分别对每个个体调用 Eclipse 数值模拟软件进行个体评价，得到个体适应度。

（4）如果达到优化收敛条件，则停止优化，输出设计结果。

(5) 依据适应度大小进行个体选择，优胜劣汰。按照交叉概率 P_c 和变异概率 P_m 进行遗传操作，得到新的下一代个体。

(6) 返回步骤（2）继续进行优化，直到达到收敛条件。

在以上优化设计方法的基础上，应用 Visual Basic 软件编制遗传算法计算程序，利用 Eclipse 油藏数模软件外部调用功能，实现了井网与裂缝的自动部署、数模软件的自动运算以及计算结果的自动读取等功能，整个程序在优化计算过程中无需人为干预，大大降低了工作量。并且由于采用了二进制编码形式替代井网参数和裂缝参数，算法复杂程度受优化对象数目的影响大大减小。

2. 基于遗传算法的智能优化压裂水平井参数设计方法

1）井网形式的选择

不同油水井的组合形式对于 Eclipse 内部执行文件的修改方法有着不同的要求，因此，基于遗传算法的压裂水平井智能优化设计必须建立在已有井网形式的基础上，并且在优化过程中做如下假设：

(1) 油藏中生产井均为水平井，且全部压裂。

(2) 各生产井水平段长度、压裂后所形成的裂缝条数和裂缝半长都相同。

(3) 人工裂缝完全沿主应力方向延伸，不存在偏转。

(4) 不考虑裂缝时效性对产能造成的影响。

2）井网参数的选择

(1) 井网参数。

在压裂水平井智能优化设计过程中，主要选择井网井距、井网排距和水平段长度作为优化参数。

(2) 压裂参数。

在压裂水平井智能优化设计过程中，主要选择水平段长度、裂缝条数、裂缝半长和裂缝导流能力作为优化参数。

3）数值模拟实现

在运用 Eclipse 数值模拟软件过程中，网格步长往往与参数优化所需要达到的精度不一致，因此，在模拟过程中，针对新生成的井网参数、压裂参数，采用网格加密的方法（见图3-92），将油井和裂缝分配到各加密网格中去，提高模拟的计算精度。所有 Eclipse 数值模拟软件所需要的地质参数修改、油井参数修改、加密网格分配、程序调用以及结果读取，均利用 Visual Basic 程序自动完成，达到完全自动化的程度。

第三章　水平井开发油藏工程论证

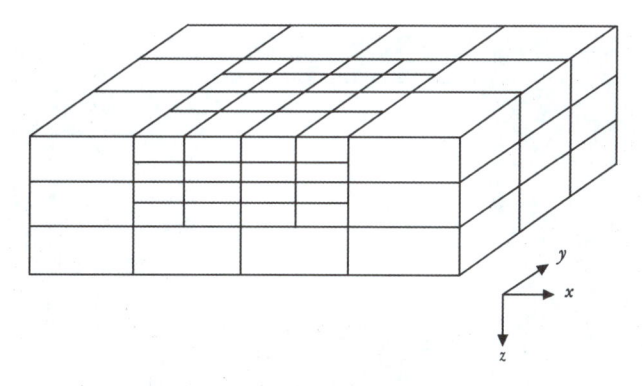

图3-92　笛卡儿坐标系网格加密示意图

3. 智能优化压裂水平井参数应用

1）油藏的选取

以某区块地质参数为基础（图3-93、图3-94分别为所选地质模型的水平井压裂后渗透率分布图和孔隙度分布图），该油藏无气顶，无底水，地层平均厚度3.8m，平均渗透率$5.77\times10^{-3}\mu m^2$，原始地层压力15.93MPa，体积系数1.14，原油黏度2.45mPa·s。采用图3-68中的井网进行开发，水平生产井沿最大渗透率主方向（x方向）压开数条垂直裂缝，工作制度为定井底流压方式，生产井井底流压5MPa，注水井井底流压25MPa。以生产15年的单井有效采出程度作为目标函数进行优化设计。

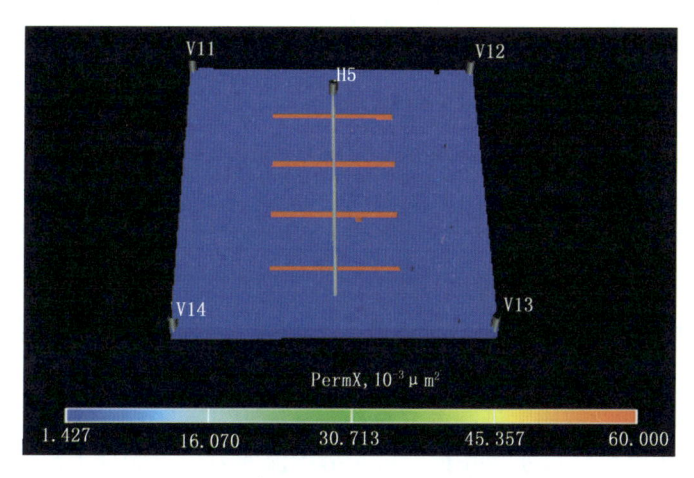

图3-93　水平井压裂后的渗透率分布图

203

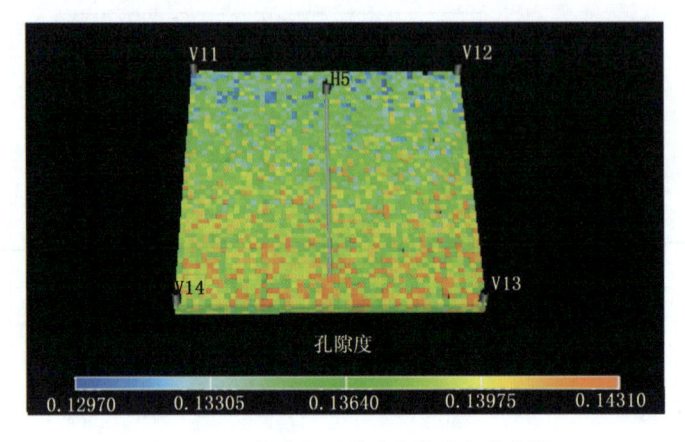

图3-94 水平井压裂后的孔隙度分布图

$$\eta_e = \eta \cdot A/n \tag{3-125}$$

式中 η_e——单井有效采出程度；

η——井组采出程度；

A——井组控制面积；

n——井数。

优化参数的取值范围如表3-19所示。

表3-19 压裂水平井所需优化参数范围

优化对象	数据取值范围	分段数	步长
水平井长	300~600m	30	10m
裂缝半长	60~210m	30	5m
裂缝条数	4~6条	3	1
裂缝导流能力	5~75μm²·cm	15	5μm²·cm

2) 优化对象的描述方法

假设井网3中，裂缝条数为5条，水平井长度为400m，裂缝导流能力30μm²·cm，裂缝半长150m。

压裂水平井参数用十进制表示为：

({裂缝条数}，{水平井长}，{裂缝导流能力}，{裂缝半长})

({5}，{400}，{30}，{150})

第三章　水平井开发油藏工程论证

再除以取值间隔可以得到：

({5}, {10}, {6}, {18})

因此，压裂水平井参数用二进制表示为：

({101}, {01010}, {0110}, {10010}) = {10101010011010010}

一个长度为 17 个二进制字符组成的二进制组即可以唯一地表示一个任意组合的压裂水平井参数。需要注意的是，如果某一个参数未能占满它所对应的最大二进制位数，就要在前面补"0"，例如"6"对应的二进制数为"110"，而最大二进制位数为 4 位，那么"6"所对应的二进制数就应该变成"0110"。

3）优化步骤

整个优化步骤如图 3-95 所示。

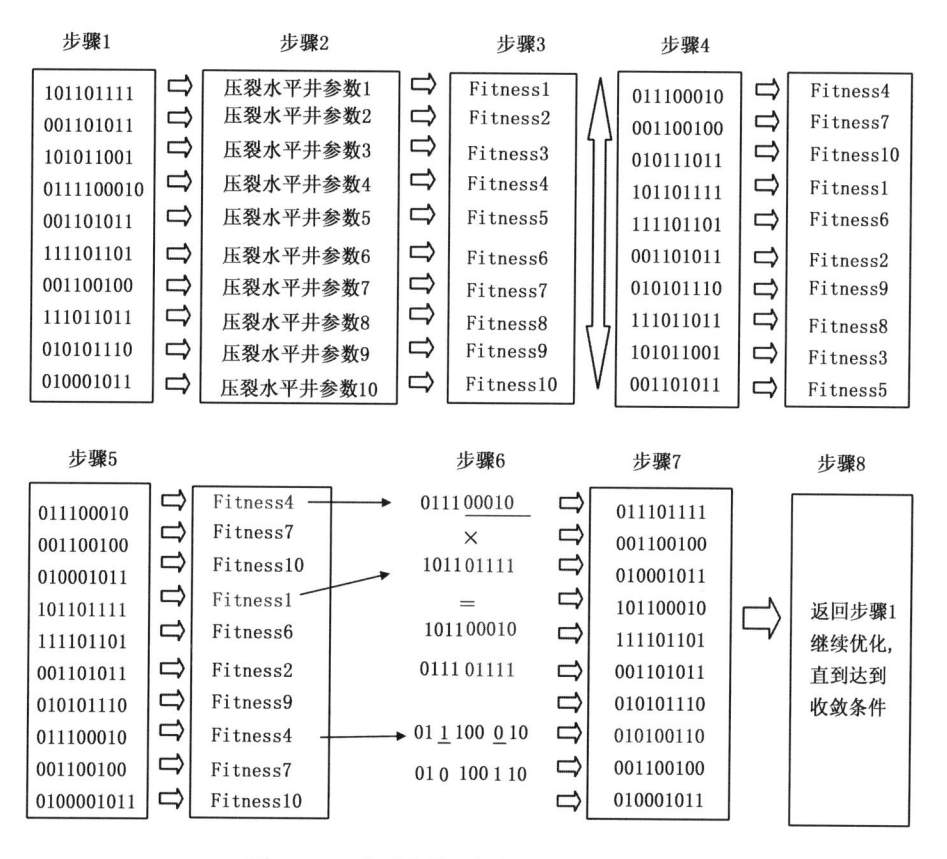

图 3-95　水平井井网智能优化算法示意图

（1）随机产生初始的个体，即随机生成20个个体，每个个体都为17位的二进制数，代表20种压裂水平井参数组合。

（2）对随机生成的每个个体进行解码，分别得到每个个体所代表的裂缝条数、裂缝半长、水平井穿透比和裂缝导流能力。

（3）根据得到的压裂水平井参数组合，通过VB程序对Eclipse外部文件进行编辑，其中横向裂缝按照导流能力等值的方法来表示。

（4）利用VB程序自动调用Eclipse数值模拟软件进行运算，并在运算结束后自动读取运算结果文件，得到生产15年末的采出程度，并将其作为该个体的适应度。

如果达到了循环次数或者达到收敛条件则退出循环，以这一代的最优值作为整个算法的优化结果输出。

（5）根据个体的适应性大小进行排序。

（6）针对个体适应度的大小，设定每一个个体的选择概率，按照选择概率由程序自动选择新个体（选择概率高的个体可能被选择多次，而选择概率低的个体则可能一次都不被选中）。适应度越高，个体被选择的概率越大，因此，新的20个个体具有更高的生存能力，而适应度小的个体则被淘汰。

（7）使用遗传算法进行选择，产生新一代的繁殖产物。

①繁殖。

两个母代互换二进制码，从而得到两个新的子代。

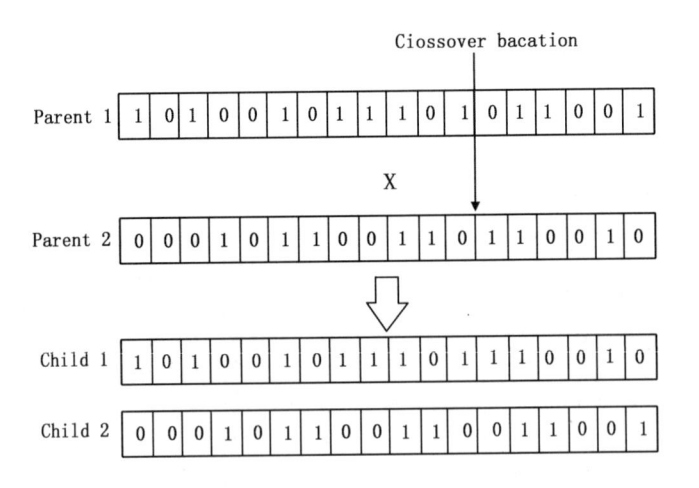

②变异。

一个母代将自身的二进制码进行互换从而得到一个新的子代。

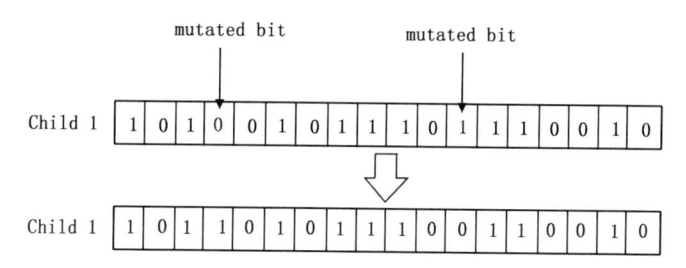

```
                    mutated bit              mutated bit
                        ↓                        ↓
Child 1    1 0 1 0 0 1 0 1 1 1 0 1 1 1 0 0 1 0
                            ⇩
Child 1    1 0 1 1 0 1 0 1 1 1 0 0 1 1 0 0 1 0
```

繁殖和变异的几率分别 P_c（0.1－1）和 P_m（0.001－0.1）。

（8）返回步骤（2）重新进行优化，直到达到收敛条件为止。

4）优化结果

优化结果如图 3－96 所示，随着代数的增加，平均适应度总体趋势呈曲线上升状态，这表明种群的整体质量在不断提升。而最优适应度（最优单井有效采出程度）从最初的 4.21% 增加到 7.05%，这表明交叉操作和变异操作在整个遗传过程中是相当有效的，同时，当遭遇成熟前收敛问题时，重生操作保证了优化设计的顺利进行。采用遗传算法进行优化设计的结果要优于正交试验法，这是由于前者的优化步长仅为后者的 1/10，大大拓展了最优解搜索空间，提高了设计精度。

5）敏感性分析

在遗传算法中，交叉操作和变异操作分别起到了全局搜索和局部搜索的作用，是整个遗传算法的核心。为了研究交叉概率、变异概率等遗传参数对

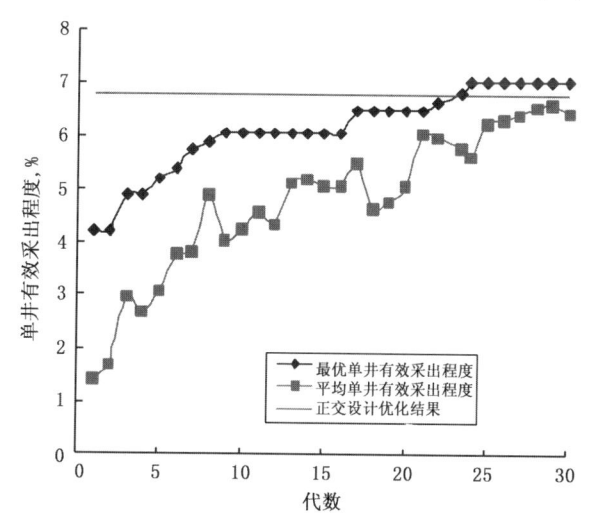

图 3－96　遗传算法进化图

优化效果的影响，建立了一个部署有五点法井网的低渗透均质块状油藏，1口压裂水平井（生产井）位于油藏中心位置，4口水平井（注水井）按照一定的井距、排距部署在压裂水平井周围，目标函数为生产15年后的采出程度。

每一代包含20个个体，采用代表偏离最优解程度的标准偏差来衡量每组遗传参数的优化效果（标准偏差越小，效果越好）。

$$S = \sqrt{\frac{\sum_{i=1}^{n}\left[\left(x_i - x_{\text{opt}}\right)^2\right]}{n-1}} \quad (3-126)$$

式中　S——标准偏差；
　　　x_i——每一代的最优值；
　　　x_{opt}——所有优化结果最优值。

分析结果如表3-20所示。从表中可以看出，循环代数越多、交叉概率越高，算法优化效果越好，而采用过高（0.1）或者过低（0.001）的变异概率均不利于遗传算法优化质量的提高。

表3-20　不同遗传参数组合的标准偏差表

序号	循环代数	交叉概率	变异概率	标准偏差,%
1	25	0.5	0.1	1.95
2	25	0.7	0.1	1.43
3	25	1	0.1	1.04
4	25	0.5	0.03	1.56
5	25	0.7	0.03	1.69
6	25	1	0.03	1.17
7	25	0.5	0.001	4.29
8	25	0.7	0.001	3.25
9	25	1	0.001	3.64
10	50	0.5	0.1	1.43
11	50	0.7	0.1	1.33
12	50	1	0.1	1.3

第三章 水平井开发油藏工程论证

续表

序号	循环代数	交叉概率	变异概率	标准偏差,%
13	50	0.5	0.03	1.26
14	50	0.7	0.03	1.01
15	50	1	0.03	0.95
16	50	0.5	0.001	2.99
17	50	0.7	0.001	3.25
18	50	1	0.001	2.34

4. 基于遗传算法的水平井井网自动优化设计软件

基于上述遗传算法的基本原理，为了便于推广应用，成功开发了水平井井网自动优化设计软件。该软件能够节省大量的人工数模工作量，而且可以与 Eclipse 相链接，又保证了计算的精度。图 3-97 和图 3-98 分别是软件的主程序界面和功能界面。

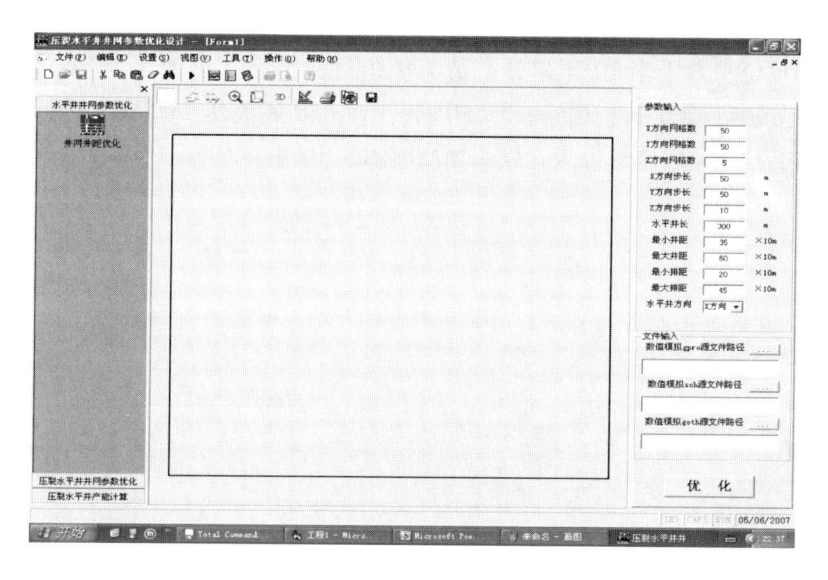

图 3-97 主程序界面

5. 水平井井网智能优化方法在某低渗透油藏中的应用

选用某区块的地质资料以及流体资料建立地质模型，选取油田目前采用

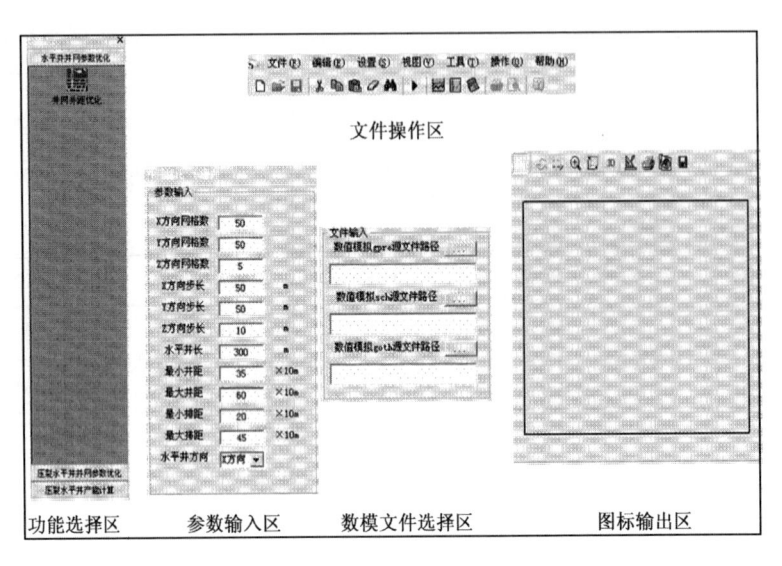

图 3-98　功能界面

的五点法矩形井网（见图 3-99）和七点法矩形井网（见图 3-100）为目标井网，水平井长度和井排距为优化目标参数，单位平方千米初期产能（1 年末）和单位平方千米 10 年累计产量为优化目标结果（见图 3-101、图 3-102），分别定采油井井底流压 3.5MPa，注水井井底流压 28.5MPa 进行生产，考虑水平井井筒内摩擦损失，模拟预测时间为 10 年。

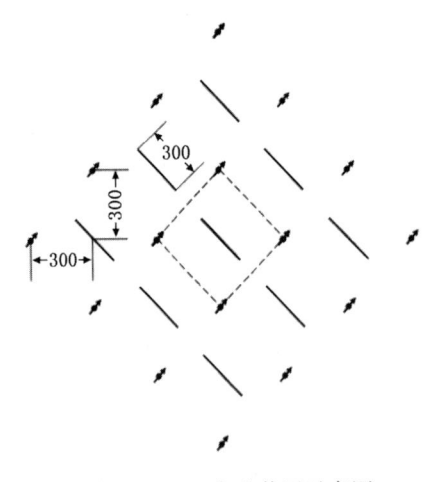

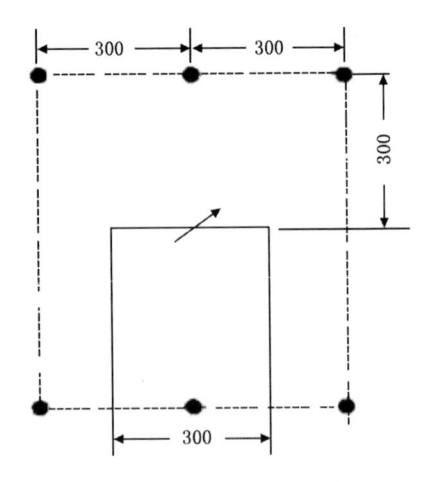

图 3-99　五点法井网示意图　　　图 3-100　七点法井网示意图

第三章 水平井开发油藏工程论证

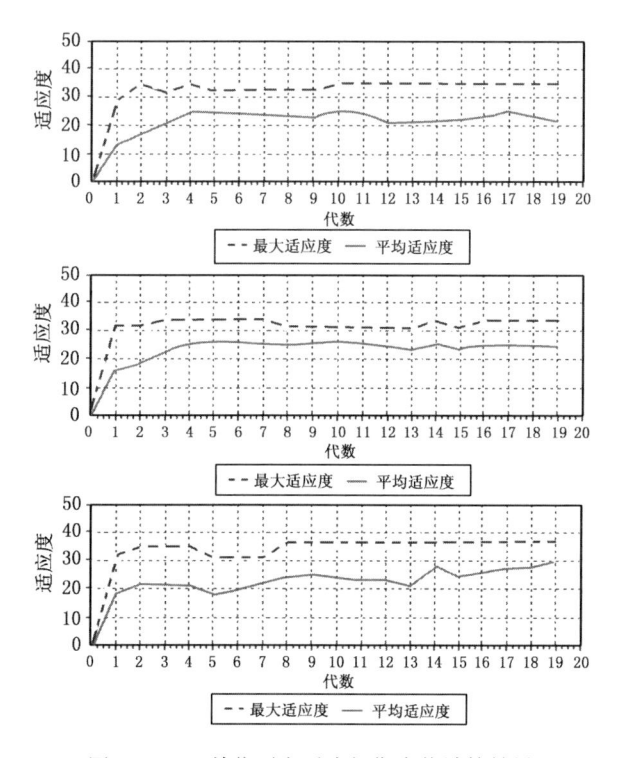

图 3-101 单位平方千米初期产能计算结果

由于遗传算法仅能寻找到局部最优点，因此分别进行 3 次优化运算，求得 3 组值中的最优值作为优化的最优结果。其中五点法井网平均每平方千米初产优化结果分别为：水平井长 280m，井排距 220m，初产 $34.54m^3/(d \cdot km^2)$；水平井长 280m，井排距 220m，初产 $34.54m^3/(d \cdot km^2)$；水平井长 300m，井排距 220m，初产 $34.769m^3/(d \cdot km^2)$。平均每平方千米 10 年累计产量运行结果分别为水平井长 480m，井排距 240m，累计产量 $3.35 \times 10^4 m^3/km^2$；水平井长 470m，井排距 250m，累计产量 $3.378 \times 10^4 m^3/km^2$；水平井长 490m，井排距 260m，累计产量 $3.38 \times 10^4 m^3/km^2$。因此，五点法水平井井网当水平井长度 300m 和井排距 220m 时，井网每平方千米初期产能最高，当水平井长度 490m 和井排距 260m 时，平均每平方千米 10 年的累计产量最高。同样的方法可以得到七点法矩形水平井井网当水平井长度 430m 和井排距 240m 时，井网每平方千米初期产能最高，当水平井长度 540m 和井排距 300m 时，平均每平方千米 10 年累计产量最高。

从计算结果对比可以看出，利用遗传算法进行优化的三个结果相差不大，

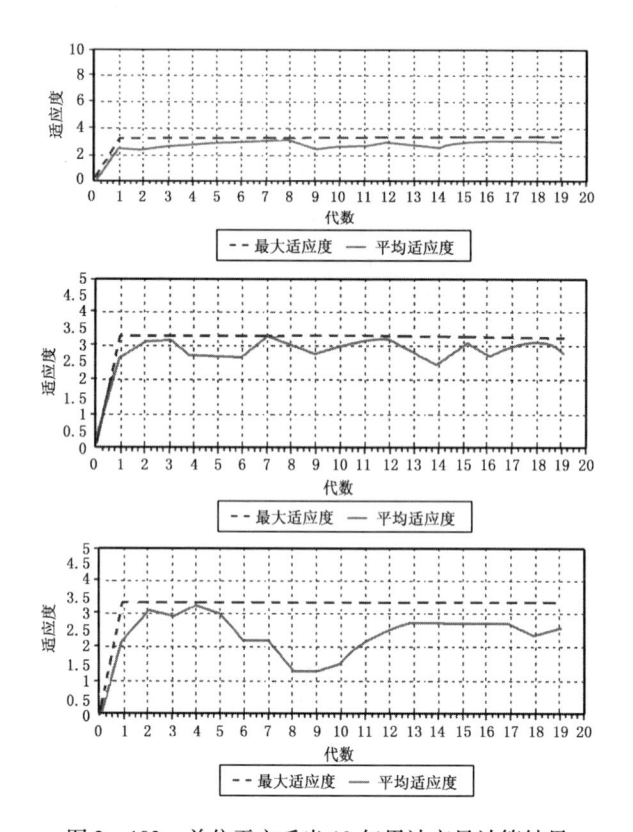

图 3-102　单位平方千米 10 年累计产量计算结果

即每次运算都已达到局部最优,实现了优化的目标,可以作为井网优化的最终结果进行输出。该方法使用方便,大大提高了工作效率,并且具有较高的精度,在将来的井网优化过程中,能够起到很好的补充作用。

6. 遗传算法在智能优化应用中存在的问题

(1) 个体的数量(即种群大小)很大程度上影响最终的优化结果,数量越多,优化效果越好。

(2) 交叉概率越大,优化结果越好,而过高或者过低的变异概率都对优化结果不利。

(3) 在优化中发现,优化结果比较依赖于初值的选择,这与遗传算法的机理有所不符,有待深入研究进行解决。

(4) 个体数量选择少的情况下(例如"10"),在优化过程中比较容易达到死循环,即所有个体经过几代的优化以后成为完全相同的二进制数。

四、不同类型油藏水平井井网适应性论证

1. 中高渗透油藏优势井网论证

1）地质模型

选取某油田一实际区块的油藏地质、流体高压物性数据建立地质模型，如表3-21、表3-22和图3-103、图3-104所示。

表3-21 油藏基础参数表

砂岩厚度，m	2	地层原油密度，t/m³	0.822
有效厚度，m	2	地层原油黏度，mPa·s	5.0
有效孔隙度，%	21.0	饱和压力，MPa	4.83
水平渗透率，$10^{-3}\mu m^2$	50.0	原始气油比，m³/t	18.62
含油饱和度，%	100	体积系数	1.073
地面原油密度，t/m³	0.8648	初始地层压力，MPa	13.38
地面原油黏度，mPa·s	40.8	油层综合压缩系数，10^{-4}/MPa	8.08

表3-22 流体高压物性数据表

压力 kPa	溶解油气比 m³/m³	原油体积系数	气体压缩系数	油黏度 mPa·s	气黏度 mPa·s
10	0	1.0000	1.0000	40.4	0.0100
300	9.74	1.0550	0.0394	14.70	0.0116
450	13.9	1.0670	0.0230	12.50	0.0160
483	16.10	1.0739	0.0200	8.75	0.0166
650	16.10	1.0737	0.0148	8.80	0.0198
800	16.10	1.0735	0.0117	8.85	0.0218
950	16.10	1.0733	0.0096	8.90	0.0230
1100	16.10	1.0731	0.0082	9.95	0.0240
1338	16.10	1.0730	0.0069	9.00	0.0255
1500	16.10	1.0728	0.0063	9.02	0.0270
3000	16.10	1.0726	0.0060	9.04	0.0280

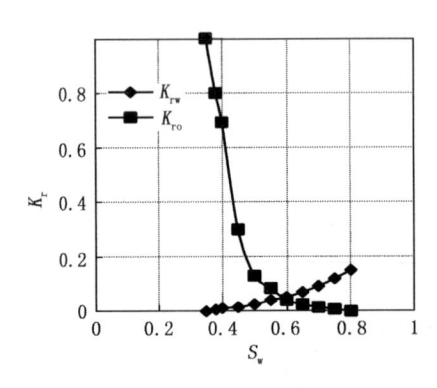

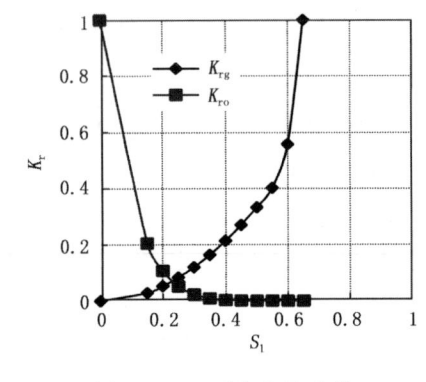

图3-103 油水相渗曲线　　　　　图3-104 油气相渗曲线

数值模型网格大小取为 $30m \times 30m \times 2m$（$x \times y \times z$），模拟 $600m \times 600m$ 的井网单元，有效厚度取 2m。采油井井底流压取 3.5MPa，注水井井底流压取 25.8MPa，考虑水平井井筒内摩擦损失。

2）基础井网

选取以下5种井网作为基础井网进行对比研究，如图3-105至图3-109所示。

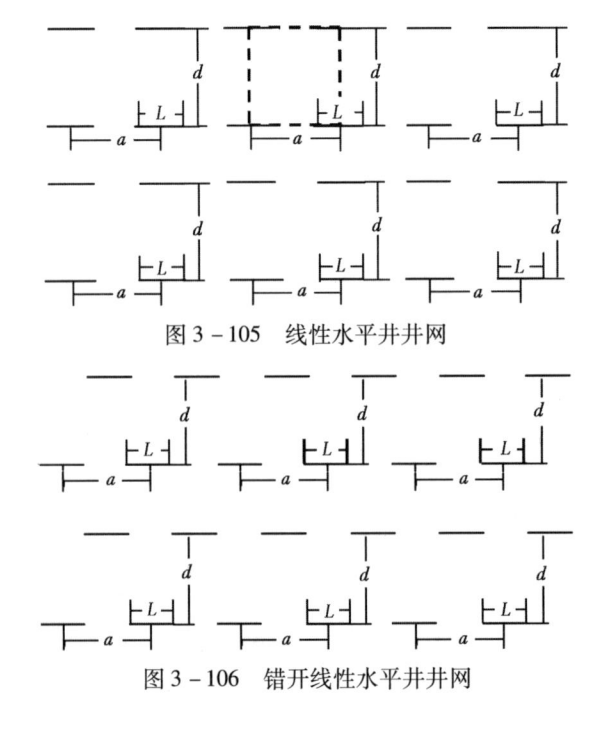

图3-105 线性水平井井网

图3-106 错开线性水平井井网

图 3-107 五点法水平井井网

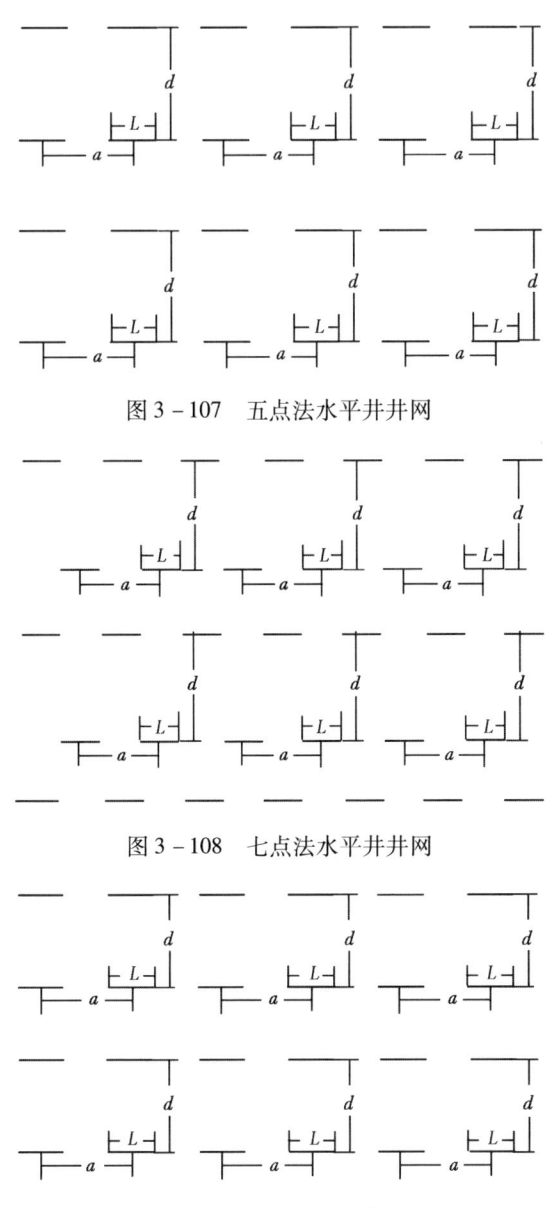

图 3-108 七点法水平井井网

图 3-109 九点法水平井井网

3）数值模拟结果

数值模拟结果如图 3-110 至图 3-115 所示。

（1）各井网影响因素分析。

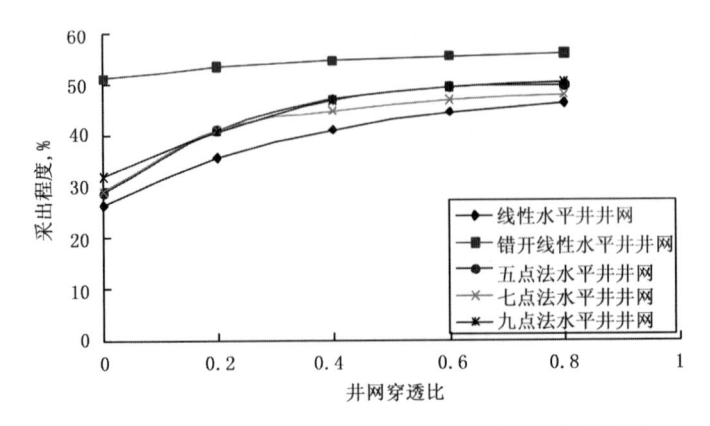

图 3-110　10 年末排距/井距 =0.5 时的采出程度对比图

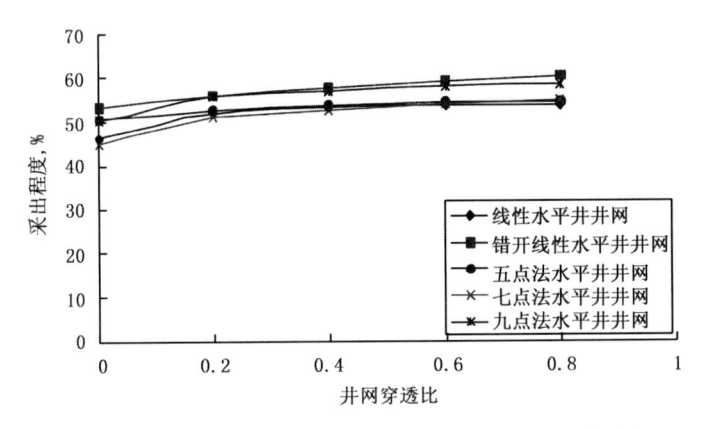

图 3-111　20 年末排距/井距 =0.5 时的采出程度对比图

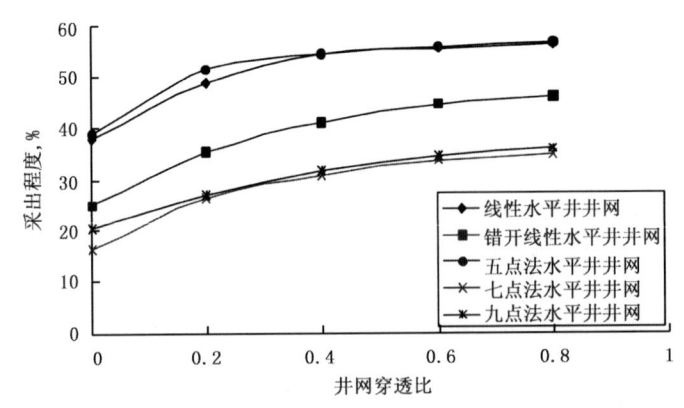

图 3-112　10 年末排距/井距 =1 时的采出程度对比图

第三章 水平井开发油藏工程论证

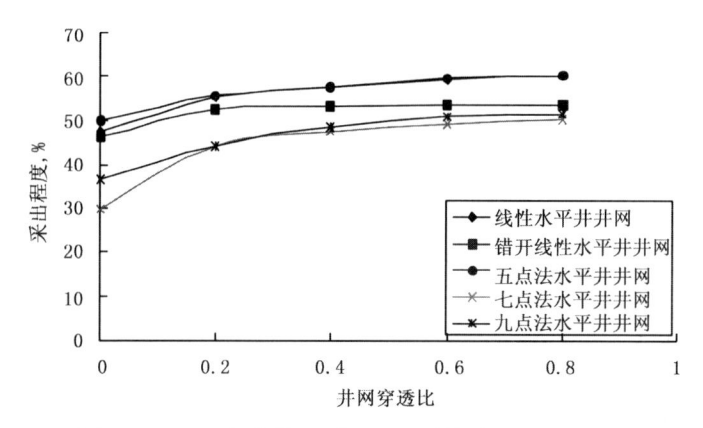

图 3-113 20 年末排距/井距 =1 时的采出程度对比图

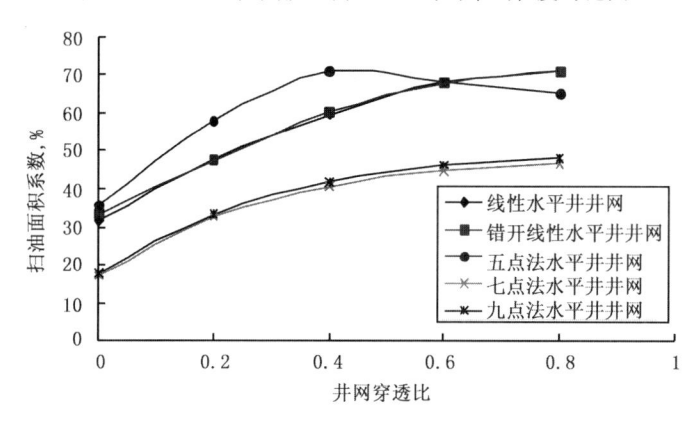

图 3-114 10 年末排距/井距 =1 时扫油面积系数对比图

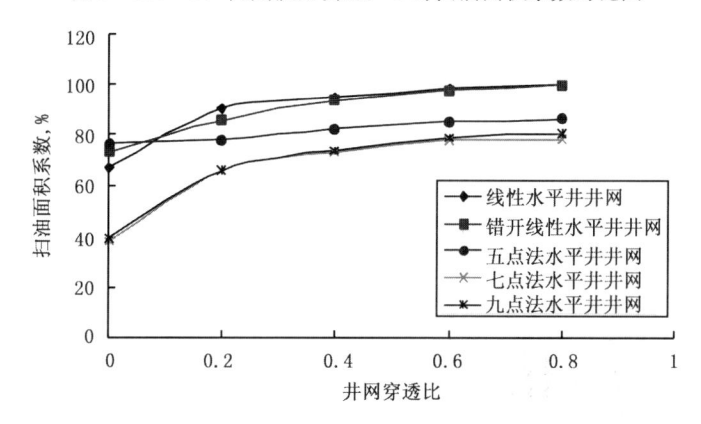

图 3-115 20 年末排距/井距 =1 时扫油面积系数对比图

线性水平井井网、错开线性水平井井网以及五点法水平井井网，采油水平井和注水水平井布井位置对称，各井初期产能、累计产量、见水时间基本一致，分析单井生产动态就可以体现整个井网生产特征。七点法井网、九点法井网注采比分别为1:2和1:3，生产井数较多，且各井相对于注水井的位置不同，因此各井生产动态也不相同。

① 当同一种井网的井排距不变，而穿透比由小到大变化时：

a. 水平井单井初期产能增加，生产井距离注水井越远，增加趋势越缓慢。

b. 采出程度随水平井长度增加而增加，但这一趋势逐渐减缓。一般地，当穿透比超过0.6时，增加趋势明显减小。

c. 随着穿透比增加，水平井10年末含水率逐渐增加，水平井见水时间逐渐提前，但穿透比超过0.4时，提前的趋势逐步减缓。

d. 生产10年末以及生产20年末扫油面积系数随穿透比增加而逐渐增加，当水平井长等于井距时（穿透比等于1），此时的扫油面积系数最大。同时，穿透比小于0.5时，扫油面积系数迅速增加，当超过0.5时，增加的趋势逐步减缓，开发效果提高不明显。

② 当水平段长度不变，排距由小变大时：

a. 水平井初期产能随排距增大而减小。其原因是纯水平井井网中采油水平井生产能力强，井筒附近地层压力衰减很快，排距增加会影响生产初期注水对采油井的能量补充。

b. 采出程度均随排距增加而增加，增加趋势逐渐减小。

c. 水平井的含水率都随排距的增加而降低，见水时间随之延后。

d. 排距越大，由于单位面积油藏注水量减少，导致相同生产时间的扫油面积系数减小。

（2）优势井网筛选。

① 当排距、井距之比为0.5时，错开线性水平井井网为优势井网，其主要原因是，错开线性井网注水井与采油井距离较远，因此见水时间一般比其他井网晚，当排距较小时，可以有效地减小注入水的突进，扩大扫油面积。

② 同时，正因为这种井网注入水见效晚，其对生产井的能量补充相比于其他几种井网略有不足，当排距变大以后，生产井附近的地层能量迅速被消耗，注入水能量却迟迟未能补充，因此，在井排距较大时，错开线性井网10年和20年的采出程度并不占优势，但是从中可以看出，面积扫油系数最高的仍然是错开线性井网和线性井网，因此，当排距、井距之比为1时，线性井网为优势井网。

第三章 水平井开发油藏工程论证

③七点法井网和九点法井网均为注采比小于1的水平井井网,注水井数少,生产井数多,在低渗透条件下,注入水波及速度较慢,生产井迅速消耗地层能量,极易导致生产井井底供液不足,地层压力保持水平低。除初期产能具有一定优势外,累计产油并不算很高。并且由于布井位置影响,各井产量不同,注入水突破时间也不同。因此,七点法水平井井网和九点法水平井井网不作为优势井网,但可以考虑初期布井时采用,在中后期改为五点法井网或者线性水驱井网。

2. 低渗、特低渗透油藏优势井网论证

1)地质模型与基础井网

仍然采用中高渗透油藏中使用的地质模型和基础井网,将渗透率改为 $5 \times 10^{-3} \mu m^2$,并且水平井进行压裂。

为了能够有效地对低渗透油藏进行驱替,数值模型网格大小取为 $15m \times 15m \times 2m(x \times y \times z)$,模拟 $300m \times 300m$ 的井网单元,有效厚度取2m,采油井井底流压取3.5MPa,注水井井底流压取25.8MPa,考虑水平井井筒内摩擦损失。

2)数值模拟结果

(1)流线分布。

5种井网见水时刻的流线分布如图3-116所示,依次为线性水平井井网、

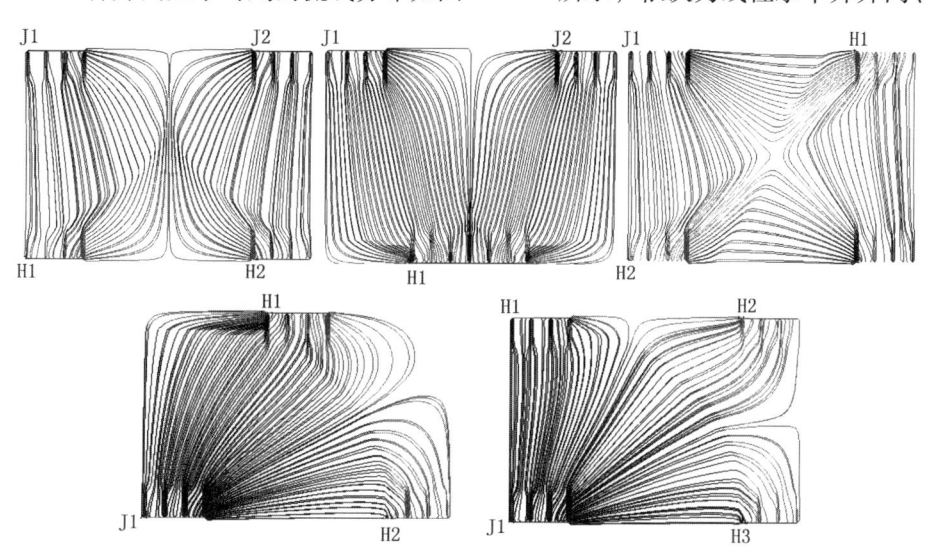

图3-116 5种井网流线分布对比图

错开线性水平井井网、五点法水平井井网、七点法水平井井网和九点法水平井井网。可以看出，不同井网的流线分布差异较大。

（2）结果分析。

将各种井网采出程度进行综合处理和比较，结果如图3-117至图3-120所示。

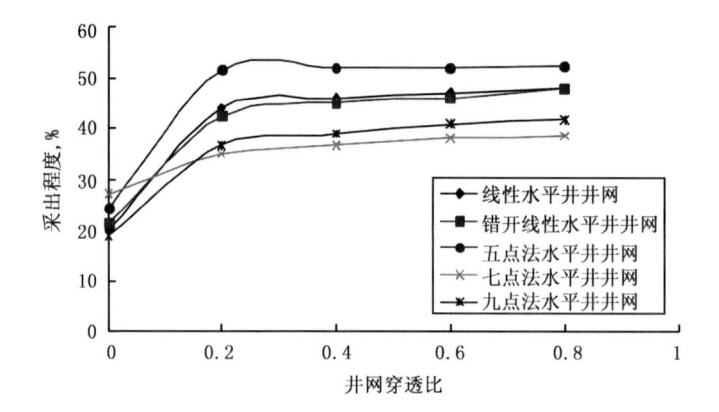

图3-117　10年末排距/井距=0.5时的采出程度对比图

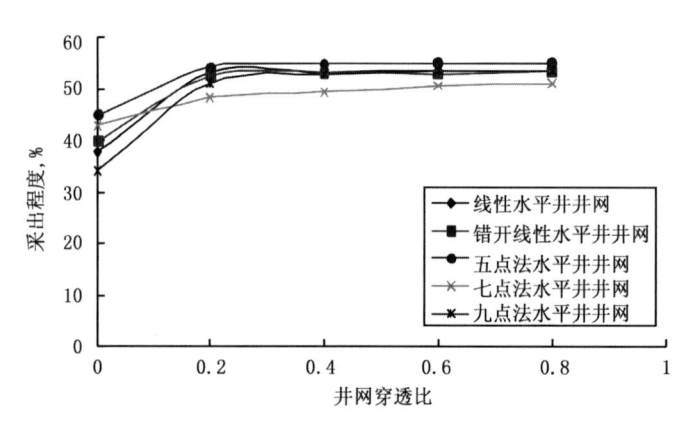

图3-118　20年末排距/井距=0.5时的采出程度对比图

从图中可以看出，由于基质渗透率很低，能否给生产井提供足够的能量供给成为影响井网产能的重要因素，在5种井网中，只有五点法水平井井网、七点法水平井井网和九点法水平井井网的布井方式能够满足这样的要求。但是从注采井数比来讲，七点法水平井井网为1:2，九点法水平井井网为1:3，都无法保证长期稳定的驱替。因此，在特低渗透油藏中，五点法水平井井网

第三章 水平井开发油藏工程论证

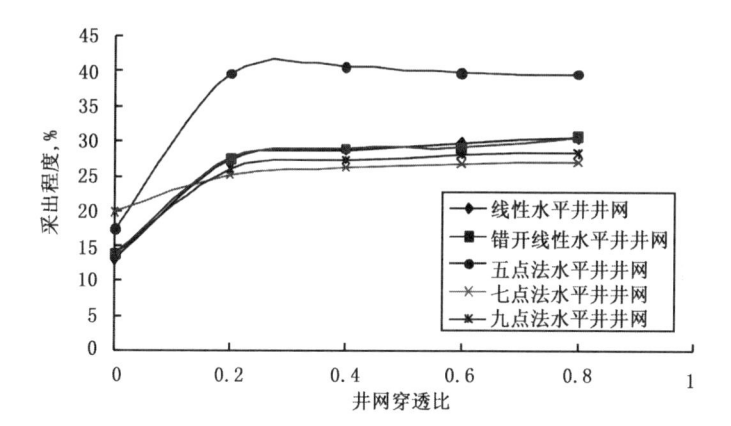

图 3-119 10年末排距/井距 =1 时的采出程度对比图

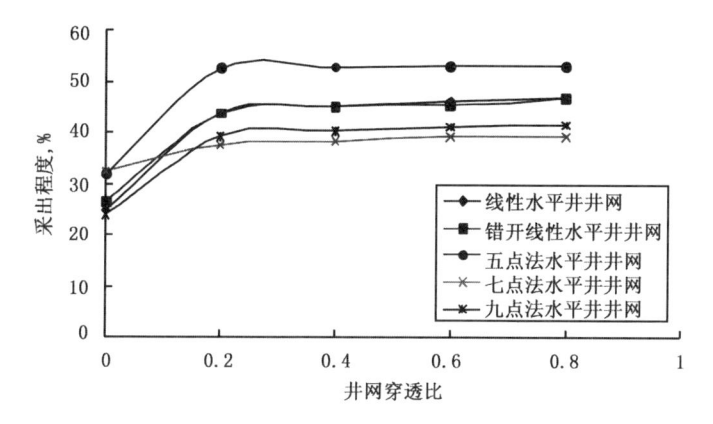

图 3-120 20年末排距/井距 =1 时的采出程度对比图

应作为优势井网，且排距越大，其优势越明显。同时，五点法水平井井网的最优穿透比并非水平井最长的情况，在布井时应充分重视。

3）五点井网的其他形式

将五点法水平井井网的角井更换为其他井型，可以得到其他多种形式的五点井网，如图 3-121 所示。

图 3-121 的 4 种井网形式均为长庆堡子湾油田长 1 井区的推荐井网。

目前，五点井网已经取得了良好的现场应用效果。图 3-122 是州 11 井区井位图。州 11 井组水平井于 2003 年 12 月份投产，连通水井 2004 年 6 月开始注水，共有油水井 15 口，其中采油井 8 口（水平井 3 口），注水井 7 口。截止 2007 年 6 月底，累计注水 $8.02 \times 10^4 \text{m}^3$，3 口水平井累计采油 $2.92 \times 10^4 \text{t}$。

(a)

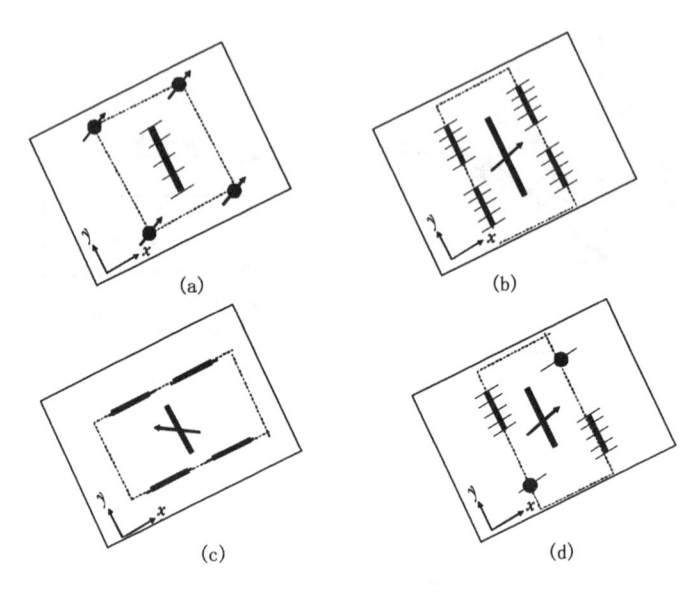

(b)

(c)

(d)

图 3-121　其他五点井网形式示意图

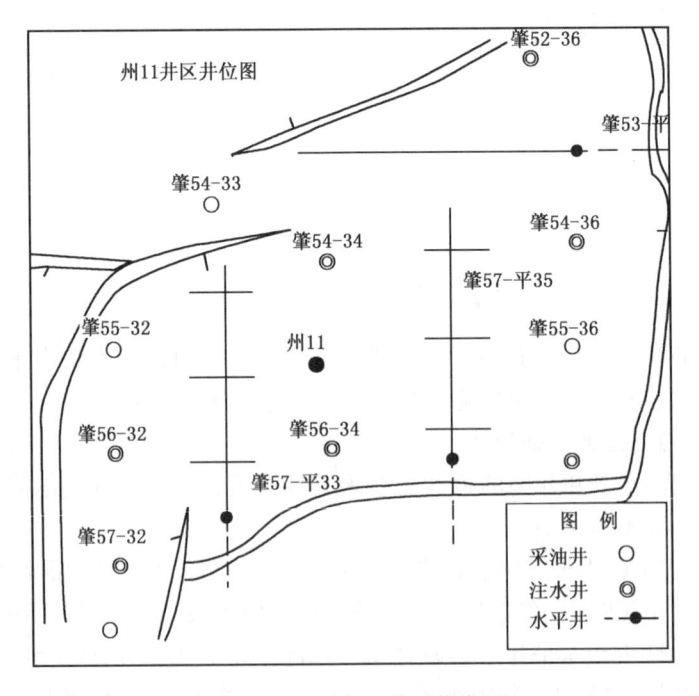

图 3-122　州 11 井区井位图

第三章 水平井开发油藏工程论证

第四节 低渗透油藏水平井油藏工程研究进展

和注水开发、整体压裂、气驱等一样，水平井也是有效开发低渗透油藏的手段之一。并且利用水平井开发低渗透油藏，不但能够提高单井产能和采收率，而且可以降低开发成本。但是，目前国内外关于利用水平井开采低渗透砂岩油藏的研究和实践都处于探索阶段，一些生产机理还没有认识清楚，相关理论研究尚存在大量空白。

本节主要介绍低渗透油藏水平井的产能评价方法、井网优化以及井网条件下的压裂参数优化设计技术等一些最新的研究进展。

一、低渗透油藏水平井产能评价方法

本章第二节已经比较系统地介绍了关于水平井的产能评价方法，但都是针对线性达西定律来考虑的。由于在低渗透油藏特别是特低渗透油藏和超低渗透油藏中，流体在渗流过程中明显偏离经典达西定律，而存在很强的非线性特征。因此，在进行产能评价时，需要考虑启动压力梯度和压敏效应等因素的影响。

1. 单井产能评价方法

首先基于考虑启动压力梯度和压敏效应的综合影响的广义达西定律，以我国学者刘慈群先生提出的椭圆渗流理论和平均质量守恒定律为基础，分别研究了无限和有限导流垂直裂缝井、水平井的压力分布方程和产能公式，在此基础上，通过当量井径原理，推导得到纵向和横向压裂水平井的产能计算方法，并通过求极限的方法，证明了这些公式在不考虑启动压力梯度和压敏效应时的计算公式与经典常用公式的一致性。进而利用这些公式分析了启动压力梯度、压敏效应等对产能的影响规律，并进行了水平井横向压裂缝条数、长度、导流能力、压裂位置等优化设计。

1）垂直裂缝井产能公式

假设在一恒压边界的特低渗透油藏中，存在一条贯穿整个油藏厚度的垂

直裂缝。将整个渗流场划分为两部分：一是油藏—裂缝渗流，垂直裂缝简化为线源，则油井生产时在地层中发生平面二维椭圆渗流，即形成以油井为中心、以裂缝端点为焦点的共轭等压椭圆柱面和双曲面流线族；二是裂缝—井筒渗流，此时流体在裂缝系统内发生 Darcy 线性流动，如图 3 - 123 所示。

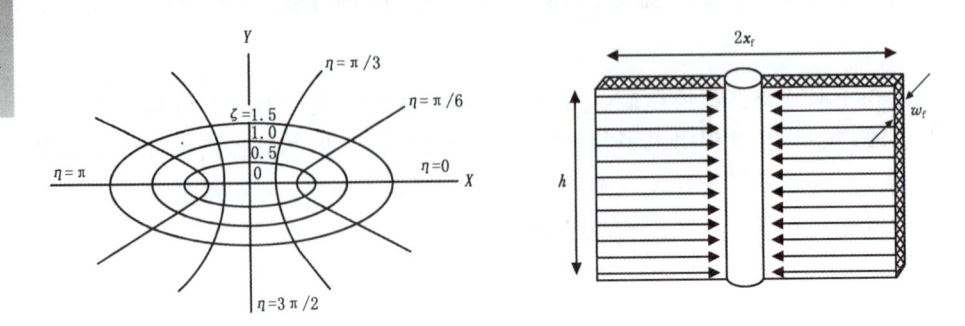

图 3 - 123　垂直裂缝井流动形态示意图

储层和流体的物性参数如下：油藏厚度 h，初始渗透率 K_0，原始地层压力 p_i，流体初始密度 ρ_0，流体初始黏度 μ_0，启动压力梯度 G，井的产量 Q，油藏折算半径 r_e，裂缝半长 x_f，裂缝渗透率 K_f，裂缝宽度 w_f。并规定以上所有物理量都采用 Darcy 混合单位制。

（1）油藏—裂缝系统的流动（无限导流垂直裂缝井）。

建立如图 3 - 124 所示的直角坐标系和椭圆坐标系。

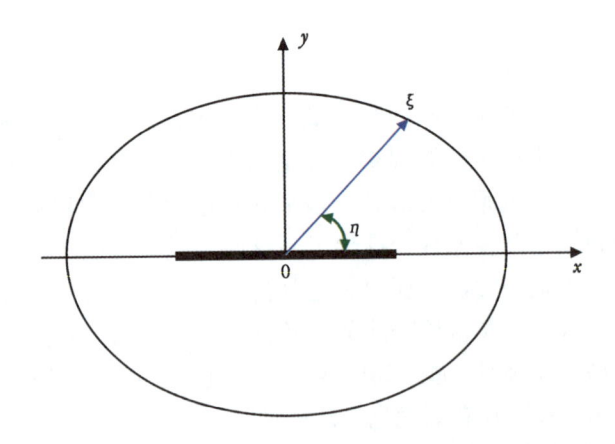

图 3 - 124　垂直裂缝井直角坐标系和椭圆坐标系的关系

第三章 水平井开发油藏工程论证

直角坐标系和椭圆坐标系的变换关系为

$$\begin{cases} x = a \cdot \cos\eta \\ y = b \cdot \sin\eta \end{cases} \quad \begin{cases} a = x_f \cdot \cosh\xi \\ b = x_f \cdot \sinh\xi \end{cases} \tag{3-127}$$

$$\begin{cases} b_i^2 + x_f^2 = a_i^2 \\ a_i = x_f \left[\frac{1}{2} + \sqrt{\frac{1}{4} + \left(\frac{r_e}{x_f}\right)^4} \right]^{\frac{1}{2}} \end{cases} \tag{3-128}$$

式中 a，b——分别为等压椭圆的长半轴和短半轴。

因此，等压椭圆族和双曲流线族的几何方程为

$$\begin{cases} \dfrac{x^2}{a^2} + \dfrac{y^2}{b^2} = 1 \\ \dfrac{x^2}{x_f^2 \cos^2\eta} - \dfrac{y^2}{x_f^2 \sin^2\eta} = 1 \end{cases} \tag{3-129}$$

椭圆柱体的体积为

$$V = \pi a b h = \pi x_f^2 h \cdot \sinh\xi \cdot \cosh\xi \tag{3-130}$$

在 y 方向椭圆柱过流断面的面积可以近似表示为

$$A = 2 \cdot 2a \cdot h = 4 x_f h \cdot \cosh\xi \tag{3-131}$$

则其平均质量流速

$$\bar{v} = \frac{Q}{A} = \frac{Q}{4 x_f h \cosh\xi} \tag{3-132}$$

平均短半轴半径为

$$\bar{y} = \frac{2}{\pi} \int_0^{\frac{\pi}{2}} y \cdot d\eta = \frac{2 x_f}{\pi} \sinh\xi \tag{3-133}$$

由非达西定律

$$\bar{v} = \frac{\rho K}{\mu}\left(\frac{dp}{d\bar{y}} - G\right) = \frac{1}{\alpha}\left[\frac{dm(p)}{d\bar{y}} - \alpha G m\right] \tag{3-134}$$

$$m(p) = \frac{\rho k}{\mu} = \frac{\rho_0 K_0}{\mu_0} \cdot \exp[\alpha(p - p_i)] \tag{3-135}$$

因此，由式（3-132）和式（3-134）得

$$\frac{Q}{4x_{\mathrm{f}}h\cosh\xi} = \frac{1}{\alpha}\left[\frac{\mathrm{d}m(p)}{\mathrm{d}y} - \alpha Gm\right] \qquad (3-136)$$

将式（3-133）代入式（3-136）得到

$$\frac{\mathrm{d}m}{\mathrm{d}\xi} - \frac{2\alpha Gx_{\mathrm{f}}}{\pi}\cosh\xi \cdot m = \frac{\alpha Q}{2\pi h} \qquad (3-137)$$

求解该非线性常微分方程，得到

$$m(p) = \frac{aQ}{2\pi h}\int_{\xi_{\mathrm{i}}}^{\xi}\exp\left[\frac{2\alpha Gx_{\mathrm{f}}}{\pi}(\sinh\xi - \sinh u)\right]\mathrm{d}u$$
$$+ m(p_{\mathrm{i}}) \cdot \exp\left[\frac{2\alpha Gx_{\mathrm{f}}}{\pi}(\sinh\xi - \sinh\xi_{\mathrm{i}})\right] \qquad (3-138)$$

因此，裂缝—井筒的压力分布公式为

$$p = p_{\mathrm{i}} + \frac{1}{\alpha}\ln\left\{\frac{\alpha Q\mu_{0}}{2\pi\rho_{0}K_{0}h}\int_{\xi_{\mathrm{i}}}^{\xi}\exp\left[\frac{2\alpha Gx_{\mathrm{f}}}{\pi}(\sinh\xi - \sinh u)\right]\mathrm{d}u\right.$$
$$\left. + \exp\left[\frac{2aGx_{\mathrm{f}}}{\pi}(\sinh\xi - \sinh\xi_{\mathrm{i}})\right]\right\} \qquad (3-139)$$

如果外边界非恒压于原始地层压力，而是为任意定压边界 $p = p_{\mathrm{e}}$，则式（3-139）变为：

$$p = p_{\mathrm{i}} + \frac{1}{\alpha}\ln\left\{\frac{\alpha Q\mu_{0}}{2\pi\rho_{0}K_{0}h}\int_{\xi_{\mathrm{i}}}^{\xi}\exp\left[\frac{2\alpha Gx_{\mathrm{f}}}{\pi}(\sinh\xi - \sinh u)\right]\mathrm{d}u\right.$$
$$\left. + \exp[\alpha(p_{\mathrm{e}} - p_{\mathrm{i}})] \cdot \exp\left[\frac{2\alpha Gx_{\mathrm{f}}}{\pi}(\sinh\xi - \sinh\xi_{\mathrm{i}})\right]\right\} \qquad (3-140)$$

因此，可以得到无限导流垂直裂缝井的产能公式

$$Q = \frac{2\pi\rho_{0}K_{0}h}{\alpha\mu_{0}}$$
$$\cdot \frac{\exp[\alpha(p_{\mathrm{w}} - p_{\mathrm{i}})] - \exp[\alpha(p_{\mathrm{e}} - p_{\mathrm{i}})] \cdot \exp\left[\dfrac{2\alpha Gx_{\mathrm{f}}}{\pi}(\sinh\xi_{\mathrm{w}} - \sinh\xi_{\mathrm{i}})\right]}{\displaystyle\int_{\xi_{\mathrm{i}}}^{\xi_{\mathrm{w}}}\exp\left[\frac{2\alpha Gx_{\mathrm{f}}}{\pi}(\sinh\xi_{\mathrm{w}} - \sinh u)\right]\mathrm{d}u}$$
$$(3-141)$$

（2）裂缝—井筒系统的流动（有限导流垂直裂缝井）。

第三章 水平井开发油藏工程论证

裂缝—井筒的流动符合线性 Darcy 定律。
根据裂缝处耦合流动关系

$$2w_\mathrm{f}h\left(K_\mathrm{f}\frac{\rho}{\mu}\bigg|_{\xi=\xi_\mathrm{w}\approx 0}\cdot\frac{\partial^2 p_\mathrm{f}}{\partial \eta^2}\right)+4x_\mathrm{f}h\left(\frac{\rho K}{\mu}\cdot\frac{\partial p}{\partial \xi}\right)\bigg|_{\xi=\xi_\mathrm{w}\approx 0}=0 \quad (3-142)$$

通过 $K|_{\xi=\xi_\mathrm{w}\approx 0}\doteq K_0$ 作线性化处理,得到裂缝内流体渗流的控制方程

$$\frac{\partial^2 p_\mathrm{f}}{\partial \eta^2}+\frac{2}{C_\mathrm{fD}}\cdot\frac{\partial p}{\partial \xi}\bigg|_{\xi=\xi_\mathrm{w}\approx 0}=0,0<\eta<\frac{\pi}{2} \quad (3-143)$$

式中,$C_\mathrm{fD}=\dfrac{K_\mathrm{f}w_\mathrm{f}}{K_0 x_\mathrm{f}}$,称为无量纲导流能力。

裂缝定产条件:

$$\frac{\partial p_\mathrm{f}}{\partial \eta}\bigg|_{\eta=\frac{\pi}{2}}=-\frac{\pi}{C_\mathrm{fD}}\left[\frac{Q\mu_0}{2\pi h\rho_0 K_0}+\frac{2Gx_\mathrm{f}}{\pi}m(p)|_{\xi=\xi_\mathrm{w}\approx 0}\right] \quad (3-144)$$

裂缝端点处封闭条件:

$$\frac{\partial p_\mathrm{f}}{\partial \eta}\bigg|_{\eta=0}=0 \quad (3-145)$$

根据式(3-138),令数学定解问题式(3-143)~式(3-145)的试探解

$$p=p_\mathrm{f}\cdot\frac{A}{B} \quad (3-146)$$

$$A=\frac{\alpha Q\mu_0}{2\pi h\rho_0 K_0}\int_{\xi_i}^{\xi}\exp\left[\frac{2\alpha Gx_\mathrm{f}}{\pi}(\sinh\xi-\sinh u)\right]du$$

$$+\exp[\alpha(p_e-p_i)]\cdot\exp\left[\frac{2\alpha Gx_\mathrm{f}}{\pi}(\sinh\xi-\sinh\xi_i)\right]$$

$$B=\frac{1}{\alpha}\ln\left\{\frac{\alpha Q\mu_0}{2\pi h\rho_0 K_0}\int_{\xi_i}^{0}\exp\left[-\frac{2\alpha Gx_\mathrm{f}}{\pi}\sinh u\right]du\right.$$

$$\left.+\exp[\alpha(p_e-p_i)]\cdot\exp\left[-\frac{2\alpha Gx_\mathrm{f}}{\pi}\sinh\xi_i\right]\right\}$$

将上式带入泛定方程(3-143)中,得到关于 p_f 的常微分方程:

$$\frac{\partial^2 p_\mathrm{f}}{\partial \eta^2}+\frac{2}{C_\mathrm{fD}}\cdot\frac{\dfrac{Q\mu_0}{2\pi h\rho_0 K_0}+\dfrac{2Gx_\mathrm{f}}{\pi}m(p)|_{\xi=\xi_\mathrm{w}\approx 0}}{B}\cdot p_\mathrm{f}=0 \quad (3-147)$$

二阶线性常微分方程（3-147）的解为

$$p_\mathrm{f} = p_\mathrm{i} - \frac{\pi}{C_\mathrm{fD} v}\left[\frac{Q\mu_0}{2\pi h\rho_0 K_0} + \frac{2Gx_\mathrm{f}}{\pi}m(p)\Big|_{\xi=\xi_\mathrm{w}\approx 0}\right]\frac{\cosh(v\eta)}{\sinh\left(\dfrac{\pi v}{2}\right)} \quad (3-148)$$

式中，$v^2 = -\dfrac{2}{C_\mathrm{fD}} \cdot \dfrac{\dfrac{Q\mu_0}{2\pi h\rho_0 K_0} + \dfrac{2Gx_\mathrm{f}}{\pi}m(p)\Big|_{\xi=\xi_\mathrm{w}\approx 0}}{B}$。

因此，其井底压力为：

$$p_\mathrm{w} = p_\mathrm{i} - \frac{\pi}{C_\mathrm{fD} v}\left[\frac{Q\mu_0}{2\pi h\rho_0 K_0} + \frac{2Gx_\mathrm{f}}{\pi}m(p)\Big|_{\xi=\xi_\mathrm{w}\approx 0}\right]\coth\left(\frac{\pi v}{2}\right) \quad (3-149)$$

这样，求解超越方程（3-149）即可计算有限导流垂直裂缝井的产能。

以上计算中，方程中 ξ_i 根据式（3-127）和式（3-128）确定，$\xi_\mathrm{f} = 0$。

特别地，如果令 K_f 足够大，即不考虑裂缝内流体渗流阻力，则式（3-149）可以简化为式（3-141）。

进一步，令 $\alpha = 0$，即不考虑压力敏感性的影响，式（3-141）可以简化为

$$Q = \frac{2\pi\rho_0 K_0 h}{\mu_0} \cdot \frac{(p_\mathrm{e} - p_\mathrm{w}) + \dfrac{2Gx_\mathrm{f}}{\pi}(\sinh\xi_\mathrm{w} - \sinh\xi_\mathrm{i})}{\xi_\mathrm{i} - \xi_\mathrm{w}} \quad (3-150)$$

令 $G = 0$，即不考虑启动压力梯度的影响，式（3-141）可以简化为

$$Q = \frac{2\pi\rho_0 K_0 h \exp[\alpha(p_\mathrm{e} - p_\mathrm{i})]}{\alpha\mu_0} \cdot \frac{1 - \exp[\alpha(p_\mathrm{w} - p_\mathrm{e})]}{\xi_\mathrm{i} - \xi_\mathrm{w}} \quad (3-151)$$

令 $\alpha = 0$，$G = 0$，即压力敏感性和启动压力梯度都不考虑时，式（3-141）可以简化为

$$Q = \frac{2\pi\rho_0 K_0 h}{\mu_0} \cdot \frac{p_\mathrm{e} - p_\mathrm{w}}{\xi_\mathrm{i} - \xi_\mathrm{w}} \quad (3-152)$$

式（3-150）、式（3-151）和式（3-152）与宋付权的研究结果相一致，反映该式的正确性以及应用更具有广泛性。

2）不压裂水平井产能公式

假设在一恒压边界的特低渗透油藏中，存在一口单支水平井。将整个渗流场划分为两部分：一是近水平井筒附近的椭球渗流，将水平井简化为线源，

第三章 水平井开发油藏工程论证

油井生产时在地层中形成对称的共焦点的等压旋转椭球面和双曲面流线族；二是远井地带的椭圆柱体渗流，远井地层中发生平面二维椭圆渗流，即形成以油井为中心、以椭球端点为焦点的共轭等压椭圆柱面和双曲面流线族，如图 3-125 所示。

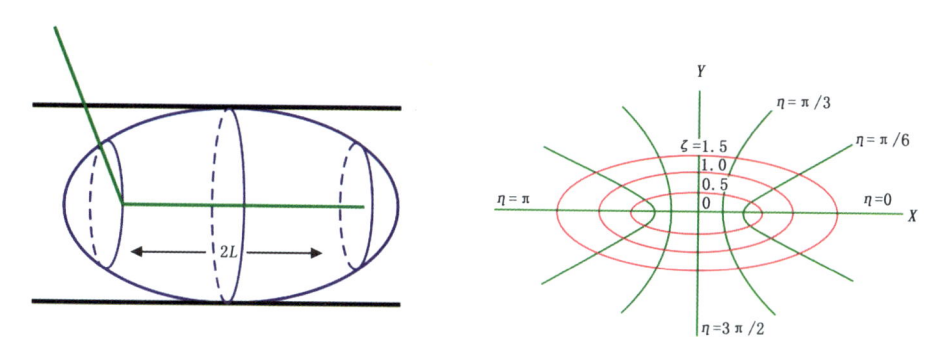

图 3-125 水平井流动形态示意图

（1）近水平井筒的椭球渗流。

建立如图 3-126 所示的直角坐标系和椭球坐标系。

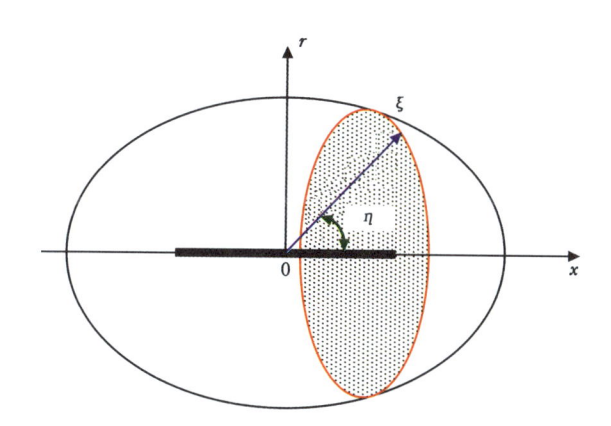

图 3-126 水平井直角坐标系和椭球坐标系的关系

直角坐标系和椭圆坐标系的变换关系为

$$\begin{cases} x = a \cdot \cos\eta \\ r = \sqrt{y^2 + z^2} = b \cdot \sin\eta \end{cases} \quad \begin{cases} a = L \cdot \cosh\xi \\ b = L \cdot \sinh\xi \end{cases} \quad (3-153)$$

$$\begin{cases} b_e = h \\ a_e = \sqrt{b_e^2 + L^2} \end{cases} \quad (3-154)$$

式中 a, b——分别为等压椭球的长半轴和短半轴。

旋转椭球体的体积为

$$V = \frac{4}{3}\pi ab^2 = \frac{4}{3}\pi L^3 (\sinh\xi)^2 \cosh\xi \quad (3-155)$$

将 r 方向椭球过流断面的面积近似为圆柱的表面积

$$A = 2a(2\pi\bar{r}) = 8L^2 \sinh\xi \cosh\xi \quad (3-156)$$

式中 $\bar{r}$——平均短半轴半径。

$$\bar{r} = \frac{2}{\pi}\int_0^{\frac{\pi}{2}} r \cdot d\eta = \frac{2b}{\pi} = \frac{2L\sinh\xi}{\pi} \quad (3-157)$$

则其平均质量流速为

$$\bar{v} = \frac{Q}{A} = \frac{Q}{8L^2 \sinh\xi \cosh\xi} \quad (3-158)$$

由非达西定律

$$\bar{v} = \frac{\rho K}{\mu}\left(\frac{dp}{d\bar{r}} - G\right) = \frac{1}{\alpha}\left[\frac{dm(p)}{d\bar{r}} - \alpha Gm\right] \quad (3-159)$$

$$m(p) = \frac{\rho K}{\mu} = \frac{\rho_0 K_0}{\mu_0} \cdot \exp[\alpha(p - p_i)] \quad (3-160)$$

因此，由式（3-157）、式（3-158）和式（3-159）得

$$\frac{Q}{8L^2 \sinh\xi \cosh\xi} = \frac{1}{\alpha}\left[\frac{dm(p)}{d\bar{r}} - \alpha Gm\right] \quad (3-161)$$

即

$$\frac{dm}{d\xi} - \frac{2\alpha GL}{\pi}\cosh\xi \cdot m = \frac{\alpha Q}{4\pi L \sinh\xi} \quad (3-162)$$

求解该非线性常微分方程，得到

$$m(p) = \int_{\xi_w}^{\xi} \frac{\exp\left(1 - \frac{2\alpha GL}{\pi}\sinh u\right)}{\exp\left(-\frac{2\alpha GL}{\pi}\sinh\xi\right)} \cdot \frac{\alpha Q}{4\pi L \sinh u} du + m(p_w) \frac{\exp\left(-\frac{2\alpha GL}{\pi}\sinh\xi_w\right)}{\exp\left(-\frac{2\alpha GL}{\pi}\sinh\xi\right)}$$

$$(3-163)$$

第三章 水平井开发油藏工程论证

因此，水平井近井附近的椭球渗流压力分布公式为

$$p = p_w + \frac{1}{\alpha}\ln\left\{\frac{\alpha Q\mu_0 \exp[\alpha(p_i - p_w)]}{4\pi\rho_0 K_0 L}\int_{\xi_w}^{\xi}\frac{\exp\left[\frac{2\alpha GL}{\pi}(\sinh\xi - \sinh u)\right]}{\sinh u}du\right.$$
$$\left. + \exp\left[\frac{2\alpha GL}{\pi}(\sinh\xi - \sinh\xi_w)\right]\right\} \qquad (3-164)$$

则在椭球交界面处的压力分布公式为

$$p_j = p_w + \frac{1}{\alpha}\ln\left\{\frac{\alpha Q\mu_0 \exp[\alpha(p_i - p_w)]}{4\pi\rho_0 K_0 L}\int_{\xi_w}^{\xi_e}\frac{\exp\left[\frac{2\alpha GL}{\pi}(\sinh\xi_e - \sinh u)\right]}{\sinh u}du\right.$$
$$\left. + \exp\left[\frac{2\alpha GL}{\pi}(\sinh\xi_e - \sinh\xi_w)\right]\right\} \qquad (3-165)$$

（2）远井地带的椭圆柱体渗流。

水平井远井地带的椭圆柱渗流压力分布公式直接采用式（3－140）的结果（用 $\sqrt{h^2 + L^2}$ 替换 x_f）

$$p = p_i + \frac{1}{\alpha}\ln\left\{\frac{\alpha Q\mu_0}{2\pi\rho_0 K_0 h}\int_{\xi_i}^{\xi}\exp\left[\frac{2\alpha G\sqrt{h^2+L^2}}{\pi}(\sinh\xi - \sinh u)\right]du\right.$$
$$\left. + \exp[\alpha(p_e - p_i)]\cdot\exp\left[\frac{2\alpha G\sqrt{h^2+L^2}}{\pi}(\sinh\xi - \sinh\xi_i)\right]\right\} \quad (3-166)$$

则在椭球交界面处的压力分布公式为

$$p_j = p_i + \frac{1}{\alpha}\ln\left\{\frac{\alpha Q\mu_0}{2\pi\rho_0 K_0 h}\int_{\xi_i}^{\xi_e}\exp\left[\frac{2\alpha G\sqrt{h^2+L^2}}{\pi}(\sinh\xi_e - \sinh u)\right]du\right.$$
$$\left. + \exp[\alpha(p_e - p_i)]\cdot\exp\left[\frac{2\alpha G\sqrt{h^2+L^2}}{\pi}(\sinh\xi_e - \sinh\xi_i)\right]\right\}$$
$$(3-167)$$

（3）水平井产能计算公式。

联立式（3－165）和式（3－167），以及在椭球交界面处压力相等，即时 $\xi = \xi_e$ 时，$p = p_j$，得到水平井的产能计算方程

$$\alpha(p_i - p_w) = \ln\left\{\frac{\alpha Q\mu_0 \exp[\alpha(p_i - p_w)]}{4\pi\rho_0 K_0 L}\int_{\xi_w}^{\xi_e}\frac{\exp\left[\frac{2\alpha GL}{\pi}(\sinh\xi_e - \sinh u)\right]}{\sinh u}du\right.$$

$$+ \exp\left[\frac{2\alpha GL}{\pi}(\sinh\xi_e - \sinh\xi_w)\right]\right\} \qquad (3-168)$$

$$-\ln\left\{\frac{\alpha Q\mu_0}{2\pi\rho_0 K_0 h}\int_{\xi_i}^{\xi_e}\exp\left[\frac{2\alpha G\sqrt{h^2+L^2}}{\pi}(\sinh\xi_e - \sinh u)\right]du\right.$$

$$+\exp[\alpha(p_e - p_i)]\cdot\exp\left[\frac{2\alpha G\sqrt{h^2+L^2}}{\pi}(\sinh\xi_e - \sinh\xi_i)\right]\right\}$$

即

$$Q = \frac{2\pi\rho_0 K_0 h}{\alpha\mu_0}\cdot\exp[\alpha(p_e - p_i)]$$

$$\times\frac{\exp\left[\frac{2\alpha G\sqrt{h^2+L^2}}{\pi}(\sinh\xi_e - \sinh\xi_i)\right] - \exp[\alpha(p_w - p_e)]\cdot\exp\left[\frac{2\alpha GL}{\pi}(\sinh\xi_e - \sinh\xi_w)\right]}{\frac{h}{2L}\int_{\xi_w}^{\xi_e}\frac{\exp\left[\frac{2\alpha GL}{\pi}(\sinh\xi_e - \sinh u)\right]}{\sinh u}du - \int_{\xi_i}^{\xi_e}\exp\left[\frac{2\alpha G\sqrt{h^2+L^2}}{\pi}(\sinh\xi_e - \sinh u)\right]du}$$

$$(3-169)$$

方程中 ξ_e 由式（3-154）和式（3-153）确定，$\xi_e = \mathrm{arcosh}\frac{\sqrt{h^2+L^2}}{L}$；$\xi_i$ 根据式（3-127）和式（3-128）确定（用 $\sqrt{h^2+L^2}$ 替换式（3-128）中的 x_f），$\xi_i = \mathrm{arcosh}\sqrt{\frac{1}{2} + \sqrt{\frac{1}{4} + \left(\frac{r_e}{\sqrt{h^2+L^2}}\right)^4}}$；$\xi_w \approx \mathrm{arsinh}\frac{\pi r_w}{2L}$。

特别地，如果令 $\alpha = 0$，即不考虑压力敏感性的影响，式（3-169）可以简化为

$$Q = \frac{2\pi\rho_0 K_0 h}{\mu_0}$$

$$\times\frac{(p_e - p_w) - \frac{2G\sqrt{h^2+L^2}}{\pi}(\sinh\xi_i - \sinh\xi_e) - \frac{2GL}{\pi}(\sinh\xi_e - \sinh\xi_w)}{(\xi_i - \xi_e) + \frac{h}{2L}\left[\ln\left(\tanh\frac{\xi_e}{2}\right) - \ln\left(\tanh\frac{\xi_w}{2}\right)\right]}$$

$$(3-170)$$

令 $G = 0$，即不考虑启动压力梯度的影响，式（3-169）可以简化为

$$Q = \frac{2\pi\rho_0 K_0 h \exp[\alpha(p_e - p_i)]}{\alpha\mu_0}\cdot\frac{1 - \exp[\alpha(p_w - p_e)]}{(\xi_i - \xi_e) + \frac{h}{2L}\left[\ln\left(\tanh\frac{\xi_e}{2}\right) - \ln\left(\tanh\frac{\xi_w}{2}\right)\right]}$$

$$(3-171)$$

令 $\alpha=0$，$G=0$，即压力敏感性和启动压力梯度都不考虑时，式（3-169）可以简化为

$$Q = \frac{2\pi\rho_0 K_0 h}{\mu_0} \cdot \frac{p_e - p_w}{(\xi_i - \xi_e) + \frac{h}{2L}\left[\ln\left(\tanh\frac{\xi_e}{2}\right) - \ln\left(\tanh\frac{\xi_w}{2}\right)\right]} \quad (3-172)$$

式（3-172）与Joshi公式类似，但有两点区别：一是Joshi公式内阻采用等值阻力法计算，本公式采用椭球体计算；二是Joshi公式内阻项既在垂直阻力项算过一次，又在水平阻力项算了一部分，有部分重复，因此，理论意义上本公式比Joshi公式更为精确。

3）压裂水平井产能公式

当水平井筒方向与最大主应力方向平行时，则压裂裂缝与井筒方向相一致，形成纵向裂缝；当水平井筒方向与最小主应力方向平行时，则压裂裂缝与井筒方向垂直，形成横向裂缝，如图3-127所示。

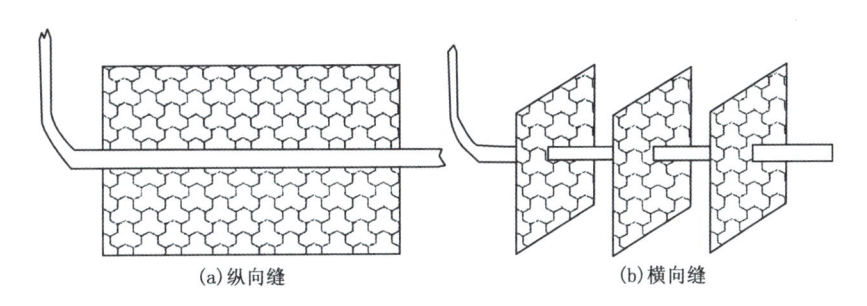

(a) 纵向缝　　　(b) 横向缝

图3-127　水平井压裂示意图

(1) 纵向裂缝水平井产能公式。

纵向裂缝水平井的渗流形态与垂直裂缝井相似，只是垂直裂缝井的裂缝内的Darcy线性流动是水平方向，而纵向裂缝水平井的裂缝内的Darcy线性流动为垂直方向，见图3-128。因此，在式（3-149）的基础上通过在缝内添

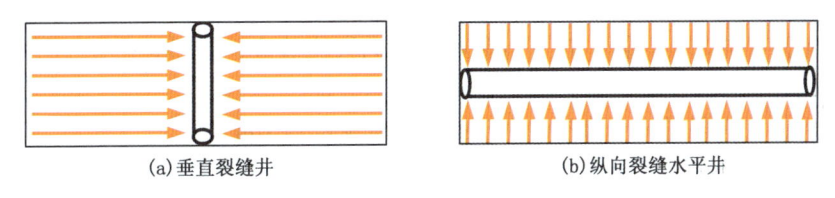

(a) 垂直裂缝井　　　(b) 纵向裂缝水平井

图3-128　缝内流动差异示意图

加附加压力降的方法加以修正即可得到纵向裂缝水平井的产能方程。

流体在垂直裂缝井压裂缝内的流动压力降：

$$p - p_w = \frac{Q\mu_0 (h/2)}{2\rho_0 K_f w_f h} \tag{3-173}$$

流体在水平井纵向压裂缝内的流动压力降：

$$p - p_w = \frac{Q\mu_0 \left(\frac{h}{2} - r_w\right)}{4\rho_0 K_f x_f w_f} \tag{3-174}$$

因此，两种不同渗流方式的附加压力降：

$$\Delta p_{skin} = \frac{Q\mu_0}{2\rho_0 K_f w_f}\left(\frac{h - 2r_w}{4x_f} - \frac{1}{2}\right) \tag{3-175}$$

根据式（3-149）和（3-175），得到纵向压裂水平井的产能计算方程

$$p_w = p_i - \frac{\pi}{C_{fD} v}\left[\frac{Q\mu_0}{2\pi h \rho_0 K_0} + \frac{2G x_f}{\pi} m(p)\Big|_{\xi=\xi_w \approx 0}\right]\coth\left(\frac{\pi v}{2}\right) - \frac{Q\mu_0}{2\rho_0 K_f w_f}\left(\frac{h - 2r_w}{4x_f} - \frac{1}{2}\right) \tag{3-176}$$

超越方程（3-176）的计算方法与有限导流垂直裂缝井相同。

(2) 横向裂缝水平井产能公式。

其求解思路是：首先求得横向压裂水平井单条裂缝的产量公式，根据当量井径原理，将其等效为直井的当量井径，进而通过叠加原理，求得带任意压裂缝条数的横向压裂水平井产能公式。

①径向聚流效应的表皮因子。

对于水平井所穿越的任意一条横向裂缝的渗流形态与垂直裂缝井相似，只是垂直裂缝井的裂缝内的Darcy线性流动是线性方向，而横向裂缝水平井的裂缝内的Darcy线性流动分为两个部分：一是近井筒附近的径向流动，二是裂缝内远离井筒的线性流动。因此，流体在水平井横向压裂缝内的流动与在有限导流垂直裂缝井压裂缝内的流动相比，在井筒附近（半径为$h/2$）因径向流动而产生附加压力降，这一现象称为径向聚流效应，如图3-129所示。可以采用表皮因子的方法对这一效应进行定量表征。

流体在有限导流垂直裂缝井压裂缝内的流动压力降：

$$p - p_w = \frac{Q\mu(h/2)}{2K_f w_f h} \tag{3-177}$$

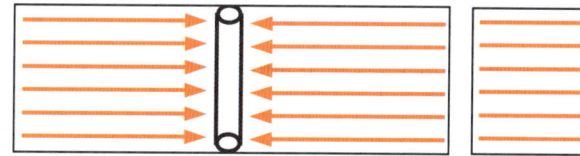

图 3-129　径向聚流效应示意图

流体在水平井横向压裂缝内的流动压力降：

$$p - p_w = \frac{Q\mu}{2\pi K_f w_f} \ln \frac{h}{2r_w} \quad (3-178)$$

因此，两种不同渗流方式的附加压力降：

$$\Delta p_{skin} = \frac{Q\mu}{2\pi Kh}\left[\frac{Kh}{K_f w_f}\left(\ln \frac{h}{2r_w} - \frac{\pi}{2}\right)\right] \quad (3-179)$$

则径向聚流效应的表皮因子表达式为

$$S = \frac{2\pi Kh \Delta p_{skin}}{Q\mu} = \frac{Kh}{K_f w_f}\left[\ln\left(\frac{h}{2r_w}\right) - \frac{\pi}{2}\right] \quad (3-180)$$

根据式（3-149）和式（3-179），得到横向压裂水平井单条裂缝的产量计算方程

$$p_w = p_i - \frac{\pi}{C_{fD}v}\left[\frac{Q\mu_0}{2\pi h\rho_0 K_0} + \frac{2Gx_f}{\pi}m(p)\big|_{\xi=\xi_w\approx 0}\right]\coth\left(\frac{\pi v}{2}\right)$$
$$- \frac{Q\mu_0}{2\pi h\rho_0 K_0}\left[\frac{K_0 h}{K_f w_f}\left(\ln\frac{h}{2r_w} - \frac{\pi}{2}\right)\right] \quad (3-181)$$

②当量井径原理。

若已知某一复杂井型在复杂条件下的产量公式，可以使之与 Darcy 渗流条件下的普通直井产量公式相比，当产量相等时所得到的等效井筒半径为当量井径，用 r_{equ} 表示。

根据 Darcy 渗流条件下直井的经典 Dupuit 公式

$$Q = \frac{2\pi Kh(p_e - p_w)}{\mu \ln \frac{r_e}{r_w}} \quad (3-182)$$

因此，将式（3-181）与式（3-182）作比，可以得到横向压裂水平井单条裂缝的当量井径 r_{equ}。

$$p_w = p_i - \frac{\pi}{C_{fD}v}\left[\frac{p_e - p_w}{\ln(r_e/r_{equ})} + \frac{2Gx_f}{\pi}m(p)\Big|_{\xi=\xi_w\approx 0}\right]\coth\left(\frac{\pi v}{2}\right)$$

$$- \frac{p_e - p_w}{\ln(r_e/r_{equ})} \cdot \left[\frac{K_0 h}{K_f w_f}\left(\ln\frac{h}{2r_w} - \frac{\pi}{2}\right)\right] \quad (3-183)$$

式中，$v^2 = -\dfrac{2}{C_{fD}} \cdot \dfrac{\dfrac{p_e - p_w}{\ln(r_e/r_{equ})} + \dfrac{2Gx_f}{\pi}m(p)\Big|_{\xi=\xi_w\approx 0}}{B}$，

$$B = \frac{1}{\alpha}\ln\left\{\frac{\alpha(p_e - p_w)}{\ln(r_w/r_{equ})}\int_{\xi_i}^{0}\exp\left[-\frac{2\alpha Gx_f}{\pi}\sinh u\right]du + \exp[\alpha(p_e - p_i)]\right.$$

$$\left.\cdot \exp\left[-\frac{2\alpha Gx_f}{\pi}\sinh \xi_i\right]\right\}。$$

③压裂水平井产能计算方法。

横向压裂水平井示意图如图 3-130 所示。

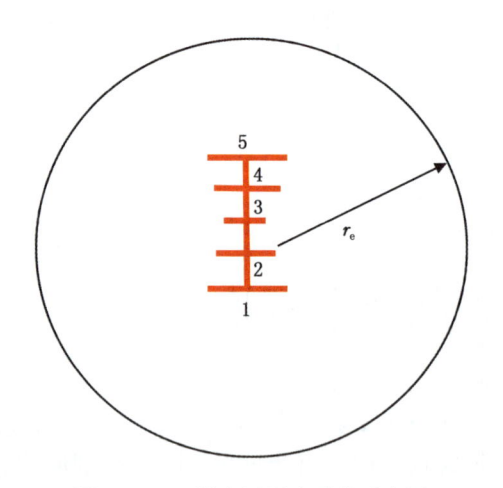

图 3-130　横向压裂水平井示意图

a. 条压裂缝情形。

1 条压裂缝情形采用通过求解方程（3-181）即可得到。

b. 条压裂缝情形。

假设两条裂缝具有完全相同的性质，即具有相同的当量井径和产量。则根据叠加原理，有

第三章 水平井开发油藏工程论证

$$\begin{cases} p_w - C = \dfrac{\mu_0 Q_f}{2\pi\rho_0 K_0 h}\ln(mr_{equ}) \\ p_e - C = \dfrac{Q\mu_0}{2\pi\rho_0 K_0 h}\ln r_e \\ Q = 2Q_f \end{cases} \quad (3-184)$$

求解得到

$$p_e - p_w = \dfrac{Q\mu_0}{2\pi\rho_0 K_0 h}\ln\dfrac{r_e}{\sqrt{mr_{equ}}} \quad (3-185)$$

式中 m——两条裂缝间距。

通过求解方程（3-185）即可得到压裂水平井带 2 条横向裂缝时的产能。

c. 3 条压裂缝情形。

假设第 1、第 3 条裂缝具有完全相同的性质，即具有相同的当量井径 r_{equ1} 和产量 Q_{f1}，第 2 条裂缝的当量井径为 r_{equ2}、产量为 Q_{f2}，其间距均为 m。则根据叠加原理，有

$$\begin{cases} p_w - C = \dfrac{\mu_0}{2\pi\rho_0 K_0 h}[Q_{f1}\ln(2mr_{equ1}) + Q_{f2}\ln m] \\ p_w - C = \dfrac{\mu_0}{2\pi\rho_0 K_0 h}(Q_{f1}\ln m^2 + Q_{f2}\ln r_{equ2}) \\ p_e - C = \dfrac{Q\mu_0}{2\pi\rho_0 K_0 h}\ln r_e \\ Q = 2Q_{f1} + Q_{f2} \end{cases} \quad (3-186)$$

求解得到

$$p_e - p_w = \dfrac{Q\mu_0}{2\pi\rho_0 K_0 h}\ln\dfrac{r_e}{(2mr_{equ1})^\kappa m^\tau} \quad (3-187)$$

式中，$\kappa = \dfrac{\ln\dfrac{r_{equ2}}{m}}{2\ln\dfrac{r_{equ2}}{m} + \ln\dfrac{2r_{equ1}}{m}}$、$\tau = \dfrac{\ln\dfrac{2r_{equ1}}{m}}{2\ln\dfrac{r_{equ2}}{m} + \ln\dfrac{2r_{equ1}}{m}}$。

通过求解方程（3-187）即可得到压裂水平井带 3 条横向裂缝时的产能。

d. 4 条压裂缝情形。

假设第 1、第 4 条裂缝具有完全相同的性质，即具有相同的当量井径 r_{equ1}

和产量 Q_{f1}，第 2、第 3 条裂缝具有完全相同的性质，即具有相同的当量井径 r_{equ2} 和产量 Q_{f1}，其间距均为 m。则根据叠加原理，有

$$\begin{cases} p_w - C = \dfrac{\mu_0}{2\pi\rho_0 K_0 h}[Q_{f1}\ln(3mr_{equ1}) + Q_{f2}\ln(2m^2)] \\ p_w - C = \dfrac{\mu_0}{2\pi\rho_0 K_0 h}[Q_{f1}\ln(2m^2) + Q_{f2}\ln(mr_{equ2})] \\ p_e - C = \dfrac{Q\mu_0}{2\pi\rho_0 K_0 h}\ln r_e \\ Q = 2Q_{f1} + 2Q_{f2} \end{cases} \quad (3-188)$$

求解得到

$$p_e - p_w = \dfrac{Q\mu_0}{2\pi\rho_0 K_0 h}\ln\dfrac{r_e}{(3mr_{equ1})^\kappa (2m^2)^\tau} \quad (3-189)$$

式中，$\kappa = \dfrac{\ln\dfrac{r_{equ2}}{2m}}{2\left(\ln\dfrac{r_{equ2}}{2m} + \ln\dfrac{3r_{equ1}}{2m}\right)}$，$\tau = \dfrac{\ln\dfrac{3r_{equ1}}{2m}}{2\left(\ln\dfrac{r_{equ2}}{2m} + \ln\dfrac{3r_{equ1}}{2m}\right)}$。

通过求解方程（3-189）即可得到压裂水平井带 4 条横向裂缝时的产能。

e. 5 条压裂缝情形。

假设第 1、第 5 条裂缝具有完全相同的性质，即具有相同的当量井径 r_{equ1} 和产量 Q_{f1}，第 2、第 4 条裂缝具有完全相同的性质，即具有相同的当量井径 r_{equ2} 和产量 Q_{f2}，第 3 条裂缝的当量井径为 r_{equ3}、产量为 Q_{f3}，其间距均为 m。则根据叠加原理，有

$$\begin{cases} p_w - C = \dfrac{\mu_0}{2\pi\rho_0 K_0 h}[Q_{f1}\ln(4mr_{equ1}) + Q_{f2}\ln(3m^2) + Q_{f3}\ln(2m)] \\ p_w - C = \dfrac{\mu_0}{2\pi\rho_0 K_0 h}[Q_{f1}\ln(3m^3) + Q_{f2}\ln(2mr_{equ2}) + Q_{f3}\ln(m)] \\ p_w - C = \dfrac{\mu_0}{2\pi\rho_0 K_0 h}[Q_{f1}\ln(4m^2) + Q_{f2}\ln(m^2) + Q_{f3}\ln(r_{equ3})] \\ p_e - C = \dfrac{Q\mu_0}{2\pi\rho_0 K_0 h}\ln r_e \\ Q = 2Q_{f1} + 2Q_{f2} + Q_{f3} \end{cases} \quad (3-190)$$

第三章 水平井开发油藏工程论证

求解得到

$$p_e - p_w = \frac{Q\mu_0}{2\pi\rho_0 K_0 h}\ln\frac{r_e}{(4mr_{\text{equ1}})^\kappa (3m^2)^\tau (2m)^\omega} \qquad (3-191)$$

式中：

$$\kappa = \frac{\ln\frac{2r_{\text{equ2}}}{3m}\ln\frac{r_{\text{equ3}}}{2m} - \ln 3\ln 2}{2\left(\ln\frac{2r_{\text{equ2}}}{3m}\ln\frac{r_{\text{equ3}}}{2m} - \ln 3\ln 2\right) + 2\left(\ln\frac{4r_{\text{equ1}}}{3m}\ln\frac{r_{\text{equ3}}}{2m} + \ln\frac{r_{\text{equ1}}}{m}\ln 2\right) + \left(\ln\frac{r_{\text{equ1}}}{m}\ln\frac{2r_{\text{equ2}}}{3m} + \ln\frac{4r_{\text{equ1}}}{3m}\ln 3\right)}$$

$$\tau = \frac{\ln\frac{4r_{\text{equ1}}}{3m}\ln\frac{r_{\text{equ3}}}{2m} + \ln\frac{r_{\text{equ1}}}{m}\ln 2}{2\left(\ln\frac{2r_{\text{equ2}}}{3m}\ln\frac{r_{\text{equ3}}}{2m} - \ln 3\ln 2\right) + 2\left(\ln\frac{4r_{\text{equ1}}}{3m}\ln\frac{r_{\text{equ3}}}{2m} + \ln\frac{r_{\text{equ1}}}{m}\ln 2\right) + \left(\ln\frac{r_{\text{equ1}}}{m}\ln\frac{2r_{\text{equ2}}}{3m} + \ln\frac{4r_{\text{equ1}}}{3m}\ln 3\right)}$$

$$\omega = \frac{\ln\frac{r_{\text{equ1}}}{m}\ln\frac{2r_{\text{equ2}}}{3m} + \ln\frac{r_{\text{equ1}}}{m}\ln 3}{2\left(\ln\frac{2r_{\text{equ2}}}{3m}\ln\frac{r_{\text{equ3}}}{2m} - \ln 3\ln 2\right) + 2\left(\ln\frac{4r_{\text{equ1}}}{3m}\ln\frac{r_{\text{equ3}}}{2m} + \ln\frac{r_{\text{equ1}}}{m}\ln 2\right) + \left(\ln\frac{r_{\text{equ1}}}{m}\ln\frac{2r_{\text{equ2}}}{3m} + \ln\frac{4r_{\text{equ1}}}{3m}\ln 3\right)}$$

通过求解方程（3-191）即可得到压裂水平井带 5 条横向裂缝时的产能。

如果继续增加裂缝条数，其求解思路与上面完全相同。只是超过 6 条裂缝时，解析求解线性代数方程组比较烦琐。

采用同样的方法可以计算水平段射孔时的产能。

因此，该方法可以计算水平段射孔 m 段、具有 n 条横向裂缝的水平井产能。

4）压裂水平井单井产能影响因素分析

（1）计算条件。

油藏基本参数取值为：平均油层厚度 10.5m，平均渗透率 0.85×10^{-3} μm^2，地层原油黏度 5.96mPa·s，地层原油密度 0.73g/cm³，体积系数 1.32。

水平井长度 400m，泄油半径 200m。生产压差 6MPa。

（2）影响因素分析。

从产能公式可以看出，影响水平井产量的因素有很多，这里只分析比较重要的几个。

①启动压力梯度的影响。

参数的具体取值见表3-23算例1。从计算结果可以看出,启动压力梯度大于0.01MPa/m以后,该因素对产量的影响很大。由于启动压力梯度与流度呈幂指关系,因此,当油藏渗透率很低时,启动压力梯度剧增,也相应会严重影响产量。

表3-23 影响因素分析算例取值基础数据表

算例	启动压力梯度 MPa/m	变形系数 MPa^{-1}	裂缝条数 条	裂缝半长 m	无量纲导流能力	裂缝间距 m
1	—	0	5	120	1	150
2	0	—	5	120	1	150
3	0	0	—	120	1	—
4	0	0	5	—	1	150
5	0	0	5	120	—	150
6	0	0	5	120	1	—

同时,从水平井产量计算结果与Joshi公式计算结果对比可以看出,在启动压力梯度为0时,该公式与之相吻合,只是由于后者在计算内阻时有部分重复,因此比本文所推导的公式计算值稍小。

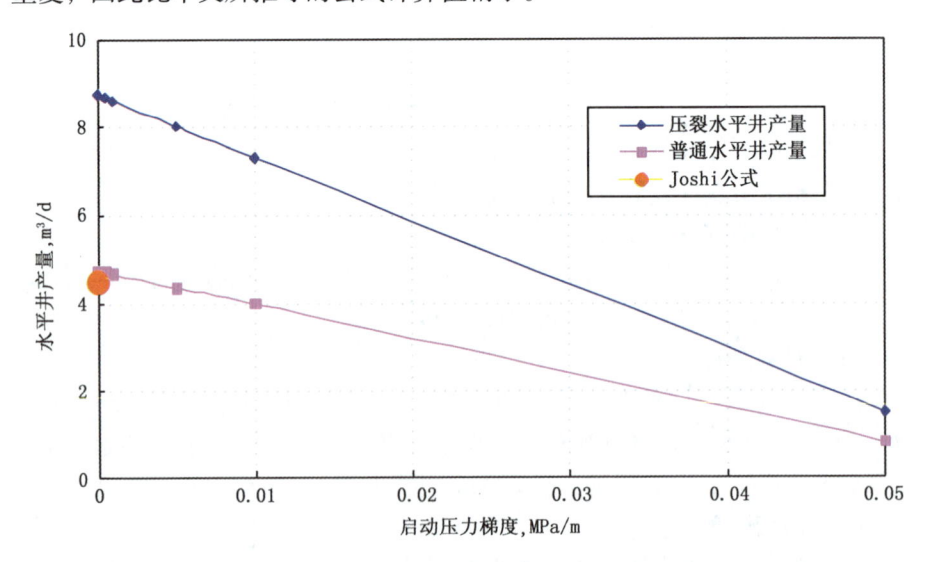

图3-131 启动压力梯度对水平井产能的影响

第三章 水平井开发油藏工程论证

②变形系数的影响。

参数的具体取值见表 3-23 算例 2。从计算结果可以看出，变形系数对产量的影响与生产压差有关系，生产压差越大，变形系数对产量的影响越严重。因此，对于变形系数比较大的油藏，需要进行生产压差优化，保证较高的采油指数，满足产量的同时，降低渗流阻力。

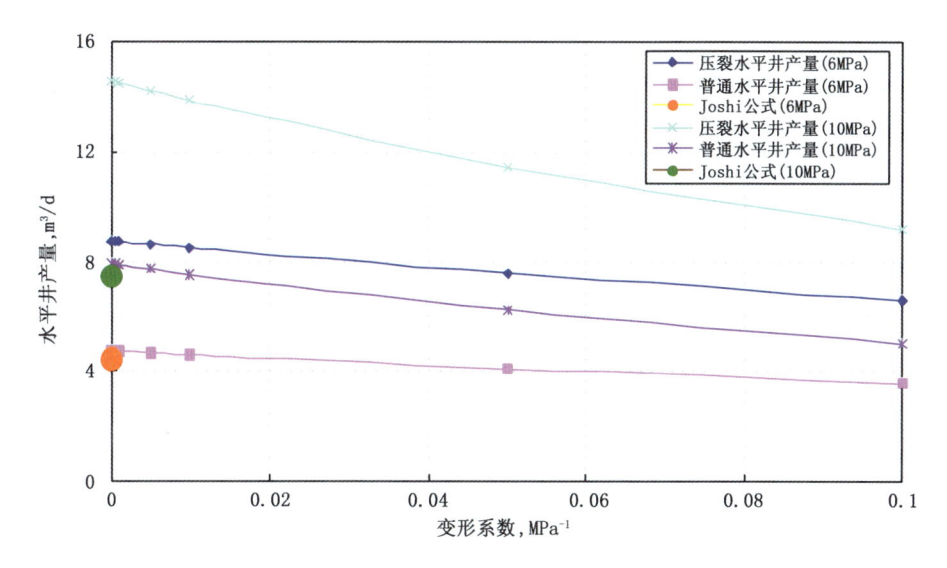

图 3-132　变形系数对水平井产能的影响

③压裂缝条数的影响。

参数的具体取值见表 3-23 算例 3。从图 3-133 可以看出，当裂缝条数为 1~5 时，裂缝条数对压裂水平井产量影响很大，当裂缝条数大于 5 时，产量增加幅度明显降低。因此，在该计算条件下，最佳压裂缝条数为 4~5 条。

④压裂缝长度的影响。

参数的具体取值见表 3-23 算例 4。从计算结果可以看出，由于油藏渗透率比较低，裂缝长度的变化对压裂水平井产量的影响很大，裂缝长度小于 120m 时，产量随裂缝长度的增幅比较大，之后产量增加逐渐变缓，但总体上，随着压裂缝长度的增加，产量明显增加。同时，考虑到配上注水井以后，压裂缝过长将会缩短裂缝端点到注水井的距离，而导致注入水沿裂缝快速水窜，引起水平井水淹。因此，综合分析，在该计算条件下，压裂缝长度以 240m 左右为宜。

⑤压裂缝导流能力的影响。

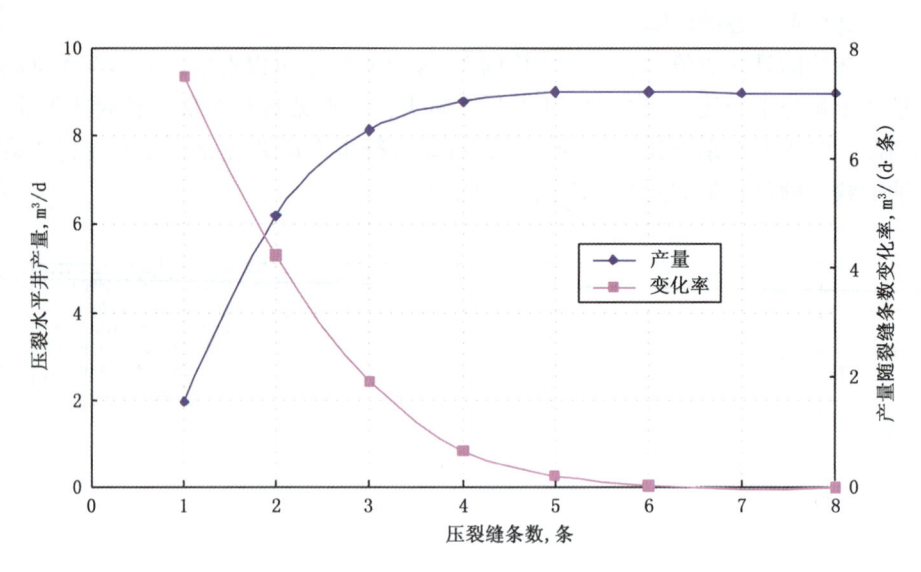

图 3 – 133 压裂缝条数对压裂水平井产能的影响

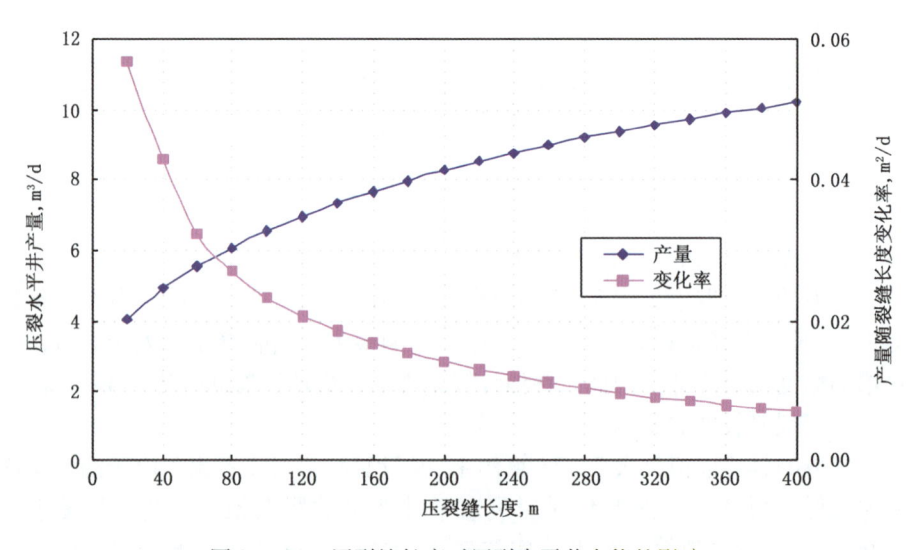

图 3 – 134 压裂缝长度对压裂水平井产能的影响

参数的具体取值见表 3 – 23 算例 5。从计算结果可以看出，压裂水平井产量随压裂缝无量纲导流能力的增加而明显增加，在无量纲导流能力大于 1 时，采油指数增幅下降，无量纲导流能力大于 10 时，采油指数增幅不明显。因此，压裂要求无量纲导流能力介于 1 ~ 10 之间。

第三章　水平井开发油藏工程论证

这样，根据油藏平均渗透率 $0.85 \times 10^{-3} \mu m^2$，压裂缝宽度为 5mm，以及所优化的裂缝长度 240m，可以计算出需要压裂缝的渗透率为 $20 \sim 200 \mu m^2$，因此，压裂缝导流能力为 $10 \sim 100 \mu m^2 \cdot cm$。

该计算结果表明，对于渗透率较低的油藏，压裂缝以长裂缝、低导流为佳，这与埃克诺米德斯（Economides）等人的观点一致。

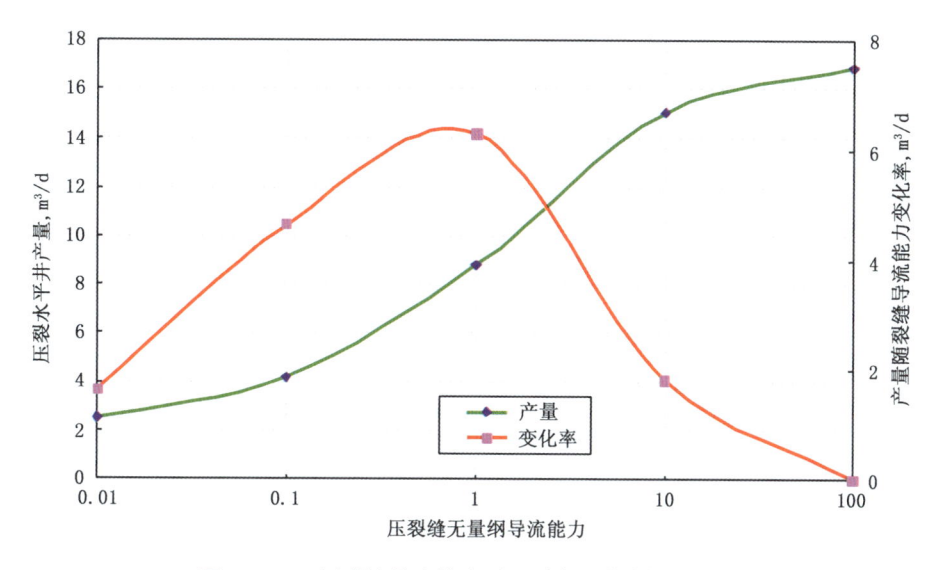

图 3-135　压裂缝导流能力对压裂水平井产能的影响

这里进一步研究单条裂缝不同位置对产量的贡献。

根据裂缝渗流的流线方程

$$\frac{x^2}{[x_f \sin(2\pi\varphi)]^2} - \frac{y^2}{[x_f \cos(2\pi\varphi)]^2} = 1 \qquad (3-192)$$

则通过令上式中 $y=0$，得到沿裂缝的流量方程

$$\varphi = \frac{1}{2\pi} \arcsin\left(\frac{x}{x_f}\right) \qquad (3-193)$$

因此，沿裂缝的流量变化规律为

$$\frac{x \text{ 处流通量}}{\text{平均流通量}} = \frac{\dfrac{d\varphi}{dx}}{\dfrac{1}{4x_f}} = \frac{2}{\pi \sqrt{1-\left(\dfrac{x}{x_f}\right)^2}} \qquad (3-194)$$

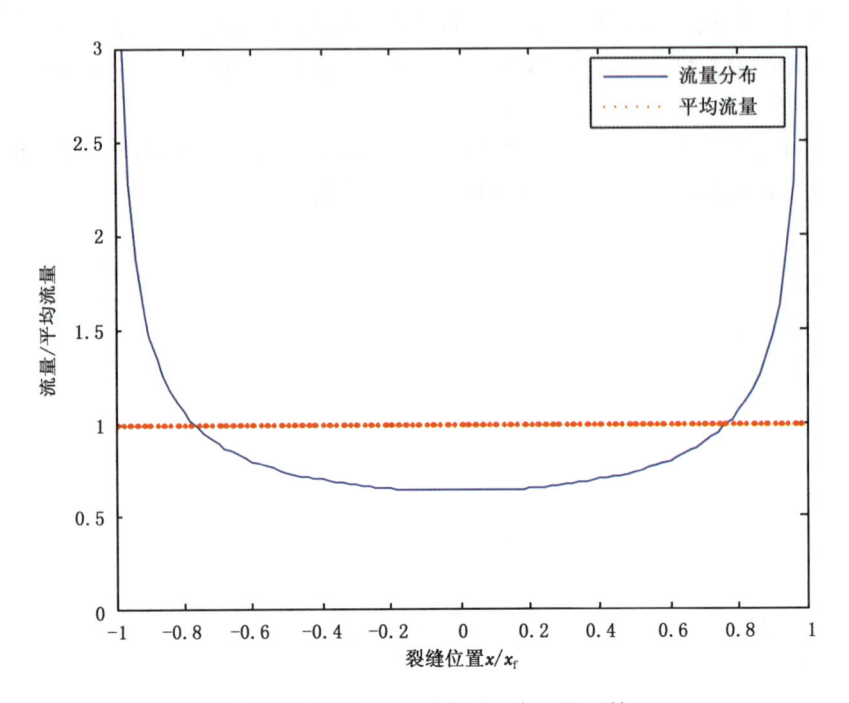

图 3-136 裂缝不同位置对产量的贡献

从图 3-136 可以看出，单条裂缝不同位置对产量的贡献不同，裂缝端部对产量的贡献最大。由于优化设计的裂缝长度较长，因此，在压裂施工过程中，尤其要注意保证裂缝端部的导流能力。

⑥非均匀的影响。

按上面的优化结果分析水平井每条裂缝的贡献情况，参数的具体取值见表 3-23 算例 6。从计算结果可以看出，最外端两条裂缝所占比例最大。为了均匀采油，可以适当将第 2、第 3 条裂缝向两端靠，和增加第 2、第 3 条裂缝的长度、缩短最外端裂缝长度，实施非均匀压裂，见图 3-137。这样既有利于均匀采油，同时又增大了裂缝端点与注水井之间的距离，延缓见水时间。

2. 井网产能评价方法

目前，应用水平井开发低渗透油藏，绝大部分依靠注水来进行能量补充。因此，研究各类水平井井网的产能，尤其是面积井网的产能，意义更为重要。

20 世纪 90 年代之前，有关水平井的研究和实践多集中在单井问题上。近 20 年来，关于水平井井网（包括井网的产能）的研究逐渐增加，尤以面积井网为丰。赵春森、刘月田、范子非等都对其进行过系统研究，所采用的研究

第三章 水平井开发油藏工程论证

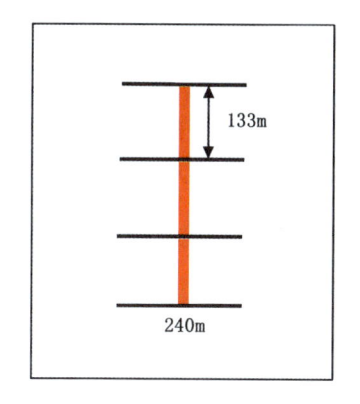

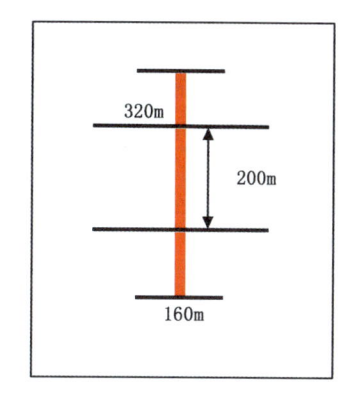

图 3-137 压裂缝位置和长度对压裂水平井产能的影响

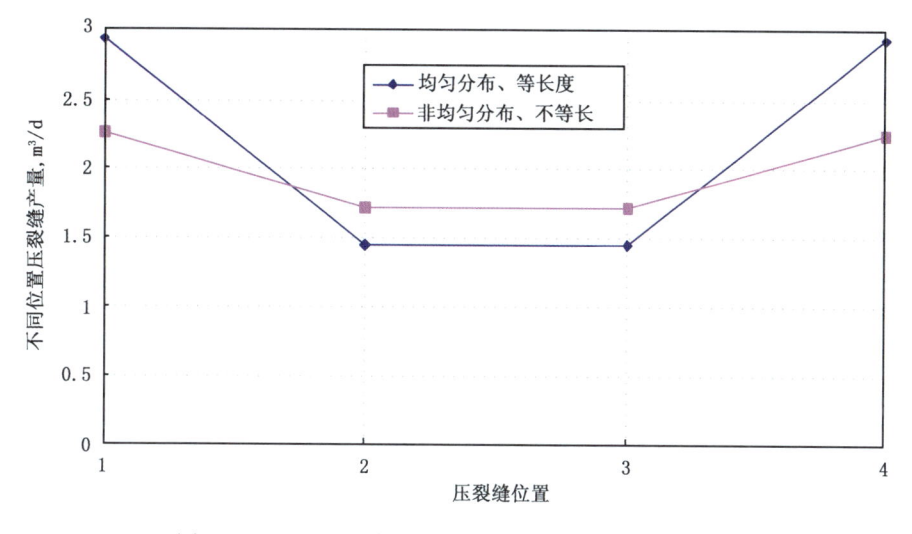

图 3-138 压裂缝位置和长度对压裂水平井产能的影响

方法和手段主要是复变理论中的保形变换、镜像反演和势的叠加原理。由于采用油藏工程方法进行水平井井网的产能研究比较复杂，所以大都是针对较为简单的达西线性定律进行的。王晓冬进行过考虑启动压力梯度影响时的尝试研究。但是，针对同时考虑启动压力梯度和压敏效应影响的水平井井网（尤其是压裂水平井井网）产能的研究，至今仍未见相关文献或科研成果的报道。

其求解思路是：利用上面的研究结果，采用等值渗流阻力法研究了综合考虑启动压力梯度和压敏效应影响时五点、七点和九点等水平井—直井、水平井—压裂直井的混合井网产能公式，以及线性正对、线性交错和七点法等水平井整体井网的产能公式。并基于等效井径原理，推导得到五点、七点和九点等压裂水平井—直井、压裂水平井—压裂直井的压裂井网的产能公式。并通过与实际生产数据对比验证了这些公式的精度和该方法的可靠性。

1）水平井面积井网产能计算公式

（1）求解思想。

①渗流场劈分原理。

以水平井—直井五点混合井网为例进行说明。从图 3-139 可以看出，可以将整个面积井网单元的渗流场劈分为 3 个子渗流场：直井周围的平面径向渗流场、远离水平井地带的椭圆柱体渗流场和近水平井筒附近的椭球渗流场。不考虑渗流场交界面的形状，只记交界面处的压力：径向渗流场与水平井远部椭圆柱渗流场交界面处压力为 p_r，水平井远部椭圆柱渗流场与近井筒椭球渗流场交界面处压力为 p_j。

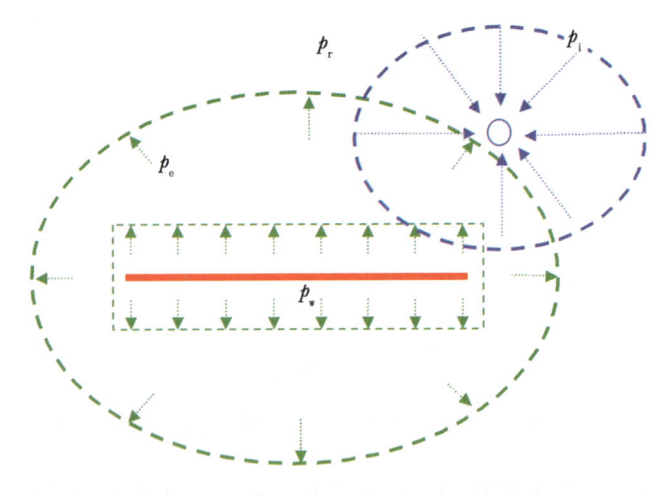

图 3-139　五点法面积井网单元渗流场简化俯视图

因此，只要根据直井、水平井、垂直裂缝井等不同井型的产能计算公式，在注采平衡条件下进行联立求解，消去交界面处压力，即可得到各种组合形式的井网产能计算方程。

关于水平井和垂直裂缝井的产能计算公式已有详细推导，这里仅简要说明普通直井的径向渗流产能计算方法。

第三章 水平井开发油藏工程论证

②考虑启动压力梯度和压敏效应的直井径向渗流产能公式。

考虑启动压力梯度和压敏效应的平面径向渗流控制方程

$$\frac{1}{r}\nabla \cdot \left[r\rho \frac{K}{\mu}(\nabla \rho - G) \right] = 0 \qquad (3-195)$$

记拟压力函数为

$$m(p) = \exp[\alpha(p - p_i)] = \frac{\mu_0}{\rho_0 k_0} \cdot \frac{\rho K}{\mu} \qquad (3-196)$$

将其代入式（3-195），写成径向渗流形式为

$$\frac{\mathrm{d}^2 m}{\mathrm{d}r^2} + \frac{1}{r}\frac{\mathrm{d}m}{\mathrm{d}r} - \alpha G\left(\frac{\mathrm{d}m}{\mathrm{d}r} + \frac{m}{r}\right) = 0 \qquad (3-197)$$

若令

$$\xi = \frac{\mathrm{d}m}{\mathrm{d}r} - \alpha G m \qquad (3-198)$$

则式（3-197）可以化简为

$$r\frac{\mathrm{d}\xi}{\mathrm{d}r} + \xi = 0 \qquad (3-199)$$

方程（3-199）的解为

$$\xi = \frac{c_1}{r} \qquad (3-200)$$

由式（3-198）和式（3-200）得到

$$\frac{\mathrm{d}m}{\mathrm{d}r} - \alpha G m - \frac{c_1}{r} = 0 \qquad (3-201)$$

设

$$\zeta = m \exp(-\alpha G r) \qquad (3-202)$$

则方程（3-201）变为

$$\frac{\mathrm{d}\zeta}{\mathrm{d}r} - \frac{c_1}{r}\exp(-\alpha G r) = 0 \qquad (3-203)$$

求解方程（3-203）得到

$$\zeta = c_1 \cdot \int_{r_e}^{r} \frac{\exp(-\alpha G r)}{r}\mathrm{d}r + c_2 \qquad (3-204)$$

即
$$m = \exp(\alpha Gr) \cdot \left[c_1 \cdot \int_{r_e}^{r} \frac{\exp(-\alpha Gr)}{r} dr + c_2 \right] \quad (3-205)$$

因此，压力分布方程为

$$p = p_i + \frac{1}{\alpha} \cdot \ln\left\{ \exp(\alpha Gr) \cdot \left[c_1 \cdot \int_{r_e}^{r} \frac{\exp(-\alpha Gr)}{r} dr + c_2 \right] \right\} \quad (3-206)$$

通过内外定压边界条件 $p = p_i(r = r_e)$ 和 $p = p_w(r = r_w)$，可以确定常数 c_1 和 c_2

$$c_1 = \frac{\exp[-\alpha(p_i - p_w + Gr_w)] - \exp(-\alpha Gr_e)}{\int_{r_e}^{r_w} \frac{\exp(-\alpha Gr)}{r} dr}$$

或

$$c_1 = \frac{\exp[-\alpha(p_i - p_w + Gr_w)] - \exp(-\alpha Gr_e)}{-E_i(-\alpha Gr_e) + E_i(-\alpha Gr_w)} \quad (3-207)$$

$$c_2 = \exp(-\alpha Gr_e) \quad (3-208)$$

因此，一维径向非线性稳态渗流的压力分布公式为

$$p = p_i + Gr + \frac{1}{\alpha} \cdot \ln\left\{ c_1 \cdot [-E_i(-\alpha Gr_e) + E_i(-\alpha Gr)] + c_i \right\}$$
$$(3-209)$$

式中，$-E_i(-x) = \int_x^{+\infty} \frac{e^{-u}}{u} du$ 是幂积分函数：当 $x < 0.01$ 时，$-E_i(-x) \approx -\ln(0.781x)$；当 $x \geq 10$ 时，幂积分函数 $-E_i(-x) \approx 0$。

根据非达西定律，得到考虑启动压力梯度和压敏效应的平面径向渗流产量公式：

$$Q = \frac{2\pi \rho_0 K_0 h}{\mu_0} \cdot \frac{\exp[-\alpha(p_i - p_w + Gr_w)] - \exp(-\alpha Gr_e)}{\alpha \cdot \int_{r_e}^{r_w} \frac{\exp(-\alpha Gr)}{r} dr} \quad (3-210)$$

如果外边界非恒压于原始地层压力，而是为任意定压边界 $p = p_e(r = r_e)$，则通过式（3-206）可以确定常数 c_1 和 c_2 为：

$$c_1 = \frac{\exp[-\alpha(p_i - p_w + Gr_w)] - \exp[\alpha(p_e - p_i) - \alpha Gr_e]}{\int_{r_e}^{r_w} \frac{\exp(-\alpha Gr)}{r} dr} \quad (3-211)$$

$$c_2 = \exp[\alpha(p_e - p_i) - \alpha Gr_e] \quad (3-212)$$

第三章 水平井开发油藏工程论证

此时，产量公式（3-210）变为

$$Q = \frac{2\pi\rho_0 K_0 h}{\mu_0} \cdot \frac{\exp[-\alpha(p_i - p_w + Gr_w)] - \exp[\alpha(p_e - p_i) - \alpha Gr_e]}{\alpha \cdot \int_{r_e}^{r_w} \frac{\exp(-\alpha Gr)}{r} dr} \quad (3-213)$$

特别地

当 $\alpha = 0$ 时，式（3-213）求极限得到

$$Q = \frac{2\pi\rho_0 K_0 h}{\mu_0} \cdot \frac{[p_e - p_w - G(r_e - r_w)]}{\ln \frac{r_e}{r_w}} \quad (3-214)$$

当 $G = 0$ 时，式（3-213）求极限得到

$$Q = \frac{2\pi\rho_0 K_0 h \exp[\alpha(p_e - p_i)]}{\mu_0} \cdot \frac{1 - \exp[-\alpha(p_e - p_w)]}{\alpha \cdot \ln \frac{r_e}{r_w}} \quad (3-215)$$

当 $\alpha = 0$，$G = 0$ 时，式（3-213）求极限得到

$$Q = \frac{2\pi\rho_0 K_0 h}{\mu_0} \cdot \frac{p_e - p_w}{\ln \frac{r_e}{r_w}} \quad (3-216)$$

式（3-214）、式（3-215）、式（3-216）与精典渗流力学教材、宋付权等计算结果相一致，反映该公式（3-213）的正确性和更普遍使用性。

（2）水平井—直井面积井网产能计算公式。

直井注水、水平井采油是油田常用的井网形式，这里主要推导五点、七点、九点等三类井网的产能公式，井网示意图如图 3-140 所示。

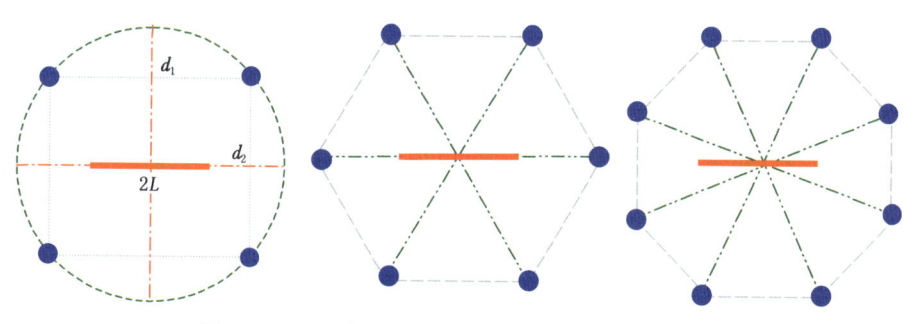

图 3-140 五点、七点、九点混合面积井网示意图

①五点法井网产能公式。

根据式（3-213），得到直井的注水量公式

$$Q_{inj} = \frac{2\pi\rho_{w0}K_{w0}h}{\mu_{w0}}$$

$$\cdot \frac{\exp[-\alpha_w(p_i - p_r + G_w r_w)] - \exp\left[\alpha_w(p_e - p_i) - \alpha_w G_w \frac{\sqrt{d_1^2 + d_2^2}}{2}\right]}{\alpha \cdot \int_{\frac{\sqrt{d_1^2 + d_2^2}}{2}}^{r_w} \frac{\exp(-\alpha_w G_w r)}{r} dr}$$

$$(3-217)$$

根据式（3-169），得到水平采油井的产量公式

$$Q_o = \frac{2\pi\rho_{o0}K_{o0}h}{\alpha_o\mu_{o0}} \cdot \exp[\alpha_o(p_r - p_i)]$$

$$\times \frac{\exp\left[\frac{2\alpha_o G_o \sqrt{h^2 + L^2}}{\pi}(\sinh\xi_e - \sinh\xi_i)\right] - \exp[\alpha_o(p_w - p_r)] \cdot \exp\left[\frac{2\alpha_o G_o L}{\pi}(\sinh\xi_e - \sinh\xi_w)\right]}{\frac{h}{2L}\int_{\xi_w}^{\xi_e} \frac{\exp\left[\frac{2\alpha_o G_o L}{\pi}(\sinh\xi_e - \sinh u)\right]}{\sinh u} du - \int_{\xi_i}^{\xi_e} \exp\left[\frac{2\alpha_o G_o \sqrt{h^2 + L^2}}{\pi}(\sinh\xi_e - \sinh u)\right] du}$$

$$(3-218)$$

式（3-218）中 $\xi_e = \text{arcosh}\frac{\sqrt{h^2 + L^2}}{L}$, $\xi_i = \text{arcosh}\sqrt{\frac{1}{2} + \sqrt{\frac{1}{4} + \left(\frac{d_2/2}{\sqrt{h^2 + L^2}}\right)}}$, $\xi_w \approx \text{arsinh}\frac{\pi r_w}{2L}$。

由于五点井网注采井数比为1:1，由注采平衡可知 $Q_{inj} = Q_o$。因此，通过联立由式（3-217）和式（3-218）组成的二元方程组即可计算水平井—直井混合五点面积井网的产能。

特别地，如果不考虑压敏效应，可以得到显式解，即

考虑启动压力梯度情形：

第三章 水平井开发油藏工程论证

$$Q_o = \frac{(p_e - p_w) - G_w\left(\frac{\sqrt{d_1^2 + d_2^2}}{2} - r_w\right) - \left[\frac{2G_o\sqrt{h^2 + L^2}}{\pi}(\sinh\xi_i - \sinh\xi_e) + \frac{2G_o L}{\pi}(\sinh\xi_e - \sinh\xi_w)\right]}{\frac{\mu_{w0}\ln\frac{\sqrt{d_1^2 + d_2^2}}{2r_w}}{2\pi\rho_{w0}K_{w0}h} + \frac{\mu_{o0}\left\{(\xi_i - \xi_e) + \frac{h}{2L}\left[\ln\left(\tanh\frac{\xi_e}{2}\right) - \ln\left(\tanh\frac{\xi_w}{2}\right)\right]\right\}}{2\pi\rho_{o0}K_{o0}h}}$$

(3-219)

不考虑启动压力梯度情形

$$Q_o = \frac{p_e - p_w}{\frac{\mu_{w0}\ln\frac{\sqrt{d_1^2 + d_2^2}}{2r_w}}{2\pi\rho_{w0}K_{w0}h} + \frac{\mu_{o0}\left\{(\xi_i - \xi_e) + \frac{h}{2L}\left[\ln\left(\tanh\frac{\xi_e}{2}\right) - \ln\left(\tanh\frac{\xi_w}{2}\right)\right]\right\}}{2\pi\rho_{o0}K_{o0}h}}$$

(3-220)

如果油水具有相同流度，则式（3-219）、式（3-220）分别与王晓冬、葛家理研究结果相一致，反映该方法的正确性和更具普遍性。

②七点法井网产能公式。

直井的注水量公式

$$Q_{inj} = \frac{2\pi\rho_{w0}K_{w0}h}{\mu_{w0}} \cdot \frac{\exp[-\alpha_w(p_i - p_r + G_w r_w)] - \exp[\alpha_w(p_e - p_i) - \alpha_w G_w d]}{\alpha \cdot \int_d^{r_w} \frac{\exp(-\alpha_w G_w r)}{r}dr}$$

(3-221)

水平采油井的产量公式采用式（3-218），但式中 $\xi_i = \text{arcosh}\sqrt{\frac{1}{2} + \sqrt{\frac{1}{4} + \left(\frac{\sqrt{3}d/2}{\sqrt{h^2 + L^2}}\right)^4}}$。

由于七点井网注采井数比为2:1，由注采平衡可知 $2Q_{inj} = Q_o$。因此，通过联立由式（3-221）和式（3-218）组成的二元方程组即可计算水平井—直井混合七点面积井网的产能。同时也可以计算出反七点井网的产能。

特别地，如果不考虑压敏效应，可以得到显式解，即

考虑启动压力梯度情形：

$$Q_{o} = \frac{(p_{e}-p_{w}) - G_{w}(d-r_{w}) - \left[\dfrac{2G_{o}\sqrt{h^{2}+L^{2}}}{\pi}(\sinh\xi_{i}-\sinh\xi_{e}) + \dfrac{2G_{o}L}{\pi}(\sinh\xi_{e}-\sinh\xi_{w})\right]}{\dfrac{\mu_{w0}\dfrac{1}{2}\ln\dfrac{d}{r_{w}}}{2\pi\rho_{w0}K_{w0}h} + \dfrac{\mu_{o0}\left\{(\xi_{i}-\xi_{e}) + \dfrac{h}{2L}\left[\ln\left(\tanh\dfrac{\xi_{e}}{2}\right) - \ln\left(\tanh\dfrac{\xi_{w}}{2}\right)\right]\right\}}{2\pi\rho_{o0}K_{o0}h}}$$

(3-222)

不考虑启动压力梯度情形：

$$Q_{o} = \frac{p_{e}-p_{w}}{\dfrac{\mu_{w0}\dfrac{1}{2}\ln\dfrac{d}{r_{w}}}{2\pi\rho_{w0}K_{w0}h} + \dfrac{\mu_{o0}\left\{(\xi_{i}-\xi_{e}) + \dfrac{h}{2L}\left[\ln\left(\tanh\dfrac{\xi_{e}}{2}\right) - \ln\left(\tanh\dfrac{\xi_{w}}{2}\right)\right]\right\}}{2\pi\rho_{o0}K_{o0}h}}$$

(3-223)

如果油水具有相同流度，则式（3-222）、式（3-223）分别与王晓冬、葛家理研究结果相一致。

③九点法井网产能公式。

直井的注水量公式

$$Q_{\text{inj}} = \frac{2\pi\rho_{w0}K_{w0}h}{\mu_{w0}} \cdot \frac{\exp[-\alpha_{w}(p_{i}-p_{r}+G_{w}r_{w})] - \exp\left[\alpha_{w}(p_{e}-p_{i}) - \alpha_{w}G_{w}\dfrac{4d}{\pi}\right]}{\alpha \cdot \displaystyle\int_{\frac{4d}{\pi}}^{r_{w}}\dfrac{\exp(-\alpha_{w}G_{w}r)}{r}\mathrm{d}r}$$

(3-224)

水平采油井的产量公式采用式（3-218），但式中 $\xi_{i} = \text{arcosh}\sqrt{\dfrac{1}{2} + \sqrt{\dfrac{1}{4} + \left(\dfrac{4d/\pi}{\sqrt{h^{2}+L^{2}}}\right)^{4}}}$。

由于九点井网注采井数比为8:3，由注采平衡可知 $8Q_{\text{nij}} = 3Q_{o}$。因此，通过联立由式（3-224）和式（3-218）组成的二元方程组即可计算水平井—直井混合九点面积井网的产能。同时也可以计算出反九点井网的产能。

特别地，如果不考虑压敏效应，可以得到显式解。

考虑启动压力梯度情形：

第三章 水平井开发油藏工程论证

$$Q_o = \frac{p_e - p_w - G_w\left(\dfrac{4d}{\pi} - r_w\right) - \left[\dfrac{2G_o}{\pi}\sqrt{h^2+L^2}(\sinh\xi_i - \sinh\xi_e) + \dfrac{2G_oL}{\pi}(\sinh\xi_e - \sinh\xi_w)\right]}{\dfrac{\mu_{w0}\dfrac{3}{8}\ln\dfrac{4d}{\pi r_w}}{2\pi\rho_{w0}K_{w0}h} + \dfrac{\mu_{o0}\left\{(\xi_i - \xi_e) + \dfrac{h}{2L}\left[\ln\left(\tanh\dfrac{\xi_e}{2}\right) - \ln\left(\tanh\dfrac{\xi_w}{2}\right)\right]\right\}}{2\pi\rho_{o0}K_{o0}h}}$$

$$(3-225)$$

不考虑启动压力梯度情形：

$$Q_o = \frac{p_e - p_w}{\dfrac{\mu_{w0}\dfrac{3}{8}\ln\dfrac{4d}{\pi r_w}}{2\pi\rho_{w0}K_{w0}h} + \dfrac{\mu_{o0}\left\{(\xi_i - \xi_e) + \dfrac{h}{2L}\left[\ln\left(\tanh\dfrac{\xi_e}{2}\right) - \ln\left(\tanh\dfrac{\xi_w}{2}\right)\right]\right\}}{2\pi\rho_{o0}K_{o0}h}}$$

$$(3-226)$$

如果油水具有相同流度，则式（3-225）、式（3-226）分别与王晓冬、葛家理研究结果相一致。

（3）水平井—压裂直井面积井网产能计算公式。

矿场实践中超破裂压力注水往往会使注水井产生裂缝，因此有必要研究压裂直井注水、水平井采油这类井网的产能公式。

①五点法井网产能公式。

根据式（3-149），得到压裂直井的注水量公式

$$p_r = p_i - \frac{\pi}{C_{fD}}v\left[\frac{Q_{inj}\mu_{w0}}{2\pi h\rho_{w0}K_{0f}} + \frac{2Gx_f}{\pi}m(p)\big|_{\xi=\xi_w\approx 0}\right]\coth\left(\frac{\pi v}{2}\right) \quad (3-227)$$

式中

$$v^2 = -\frac{2}{C_{fD}} \cdot \frac{\dfrac{Q_{inj}\mu_{w0}}{2\pi h\rho_{w0}K_{0f}} + \dfrac{2Gx_f}{\pi}m(p)\big|_{\xi=\xi_w\approx 0}}{B}, \quad \xi_i = \mathrm{arcosh}\sqrt{\frac{1}{2}+\sqrt{\frac{1}{4}+\left(\frac{\sqrt{d_1^2+d_2^2}}{2x_f}\right)^4}}, \quad \xi_f = 0,$$

$$B = \frac{1}{\alpha}\ln\left\{\frac{\alpha Q_{inj}\mu_{w0}}{2\pi h\rho_{w0}K_{0f}}\int_{\xi_i}^{0}\exp\left(-\frac{2\alpha Gx_f}{\pi}\sinh u\right)du + \exp[\alpha(p_e - p_i)]\cdot\exp\left(-\frac{2\alpha Gx_f}{\pi}\sinh\xi_i\right)\right\}。$$

水平采油井的产量公式采用式（3-118），式中 $\xi_i = \mathrm{arcosh}\sqrt{\dfrac{1}{2}+\sqrt{\dfrac{1}{4}+\left(\dfrac{d_2/2}{\sqrt{h^2+L^2}}\right)^4}}$。

由于五点井网注采井数比为1:1，由注采平衡可知 $Q_{\text{inj}} = Q_\text{o}$。因此，通过联立由式（3-227）和式（3-218）组成的二元方程组即可计算水平井—压裂直井混合五点面积井网的产能。

②七点法井网产能公式。

压裂直井的注水量公式采用式（3-227），但式中 $\xi_i = \text{arcosh} \sqrt{\dfrac{1}{2} + \sqrt{\dfrac{1}{4} + \left(\dfrac{d}{x_f}\right)^4}}$。

水平采油井的产量公式采用式（3-218），但式中 $\xi_i = \text{arcosh} \sqrt{\dfrac{1}{2} + \sqrt{\dfrac{1}{4} + \left(\dfrac{\sqrt{3}d/2}{\sqrt{h^2+L^2}}\right)^4}}$。

由于七点井网注采井数比为2:1，由注采平衡可知 $2Q_{\text{inj}} = Q_\text{o}$。因此，通过联立由式（3-227）和式（3-218）组成的二元方程组即可计算水平井—压裂直井混合七点面积井网的产能。同时也可以计算出反七点井网的产能。

③九点法井网产能公式。

压裂直井的注水量公式采用式（3-227），但式中 $\xi_i = \text{arcosh} \sqrt{\dfrac{1}{2} + \sqrt{\dfrac{1}{4} + \left(\dfrac{4d}{\pi x_f}\right)^4}}$。

水平采油井的产量公式采用式（3-218），但式中 $\xi_i = \text{arcosh} \sqrt{\dfrac{1}{2} + \sqrt{\dfrac{1}{4} + \left(\dfrac{4d/\pi}{\sqrt{h^2+L^2}}\right)^4}}$。

由于九点井网注采井数比为8:3，由注采平衡可知 $8Q_{\text{inj}} = 3Q_\text{o}$。因此，通过联立由式（3-227）和式（3-218）组成的二元方程组即可计算水平井—压裂直井混合九点面积井网的产能。同时也可以计算出反九点井网的产能。

（4）整体水平井面积井网产能计算公式。

这里推导较为常见的线性正对、线性交错和七点水平井整体井网的产能公式，井网示意图如图3-141所示。

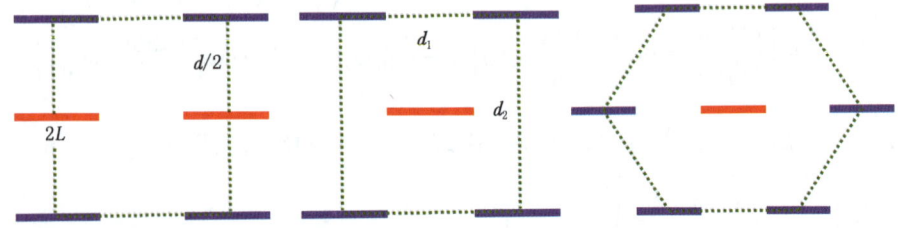

图3-141 线性正对、线性交错、七点水平井整体井网示意图

第三章 水平井开发油藏工程论证

①线性正对井网产能公式

根据式（3-169），得到水平井的注水量公式

$$Q_{\text{inj}} = \frac{2\pi\rho_{w0}k_{w0}h}{\alpha_w\mu_{w0}} \cdot \exp[a_w(p_e - p_i)] \cdot$$

$$\frac{\exp\left[\dfrac{2\alpha_w G_w \sqrt{h^2+L^2}}{\pi}(\sinh\xi_e - \sinh\xi_i)\right] - \exp[\alpha_w(p_r - p_e)] \cdot \exp\left[\dfrac{2\alpha_w G_w L}{\pi}(\sinh\xi_e - \sinh\xi_w)\right]}{\dfrac{h}{2L}\int_{\xi_w}^{\xi_e}\dfrac{\exp\left[\dfrac{2\alpha_w G_w L}{\pi}(\sinh\xi_e - \sinh u)\right]}{\sinh u}du - \int_{\xi_i}^{\xi_e}\exp\left[\dfrac{2\alpha_w G_w \sqrt{h^2+L^2}}{\pi}(\sinh\xi_e - \sinh u)\right]du}$$

$$(3-228)$$

式（3-228）中 $\xi_e = \text{arcosh}\dfrac{\sqrt{h^2+L^2}}{L}$，$\xi_i = \text{arcosh}\sqrt{\dfrac{1}{2} + \sqrt{\dfrac{1}{4} + \left(\dfrac{d/2}{\sqrt{h^2+L^2}}\right)^4}}$，

$\xi_w \approx \text{arsinh}\dfrac{\pi r_w}{2L}$。

水平采油井的产量公式采用式（3-218），式中 $\xi_i = \text{arcosh}\sqrt{\dfrac{1}{2} + \sqrt{\dfrac{1}{4} + \left(\dfrac{d/2}{\sqrt{h^2+L^2}}\right)^4}}$。

由于线性正对井网注采井数比为1:1，由注采平衡可知 $Q_{\text{inj}} = Q_o$。因此，通过联立由式（3-228）和式（3-218）组成的二元方程组即可计算线性正对水平井整体井网的产能。

特别地，如果不考虑压敏效应，可以得到显式解。

考虑启动压力梯度情形：

$$Q_o = \frac{(p_e - p_w) - \left[\dfrac{2(G_o + G_w)\sqrt{h^2+L^2}}{\pi}(\sinh\xi_i - \sinh\xi_e) + \dfrac{2(G_o + G_w)L}{\pi}(\sinh\xi_e - \sinh\xi_w)\right]}{\left(\dfrac{\mu_{o0}}{2\pi\rho_{o0}K_{o0}h} + \dfrac{\mu_{w0}}{2\pi\rho_{w0}K_{w0}h}\right) \cdot \left\{(\xi_i - \xi_e) + \dfrac{h}{2L}\left[\ln\left(\tanh\dfrac{\xi_e}{2}\right) - \ln\left(\tanh\dfrac{\xi_w}{2}\right)\right]\right\}}$$

$$(3-229)$$

不考虑启动压力梯度情形：

$$Q_o = \frac{p_e - p_w}{\left(\dfrac{\mu_{o0}}{2\pi\rho_{o0}K_{o0}h} + \dfrac{\mu_{w0}}{2\pi\rho_{w0}K_{w0}h}\right) \cdot \left\{(\xi_i + \xi_e) + \dfrac{h}{2L}\left[\ln\left(\tanh\dfrac{\xi_e}{2}\right) - \ln\left(\tanh\dfrac{\xi_w}{2}\right)\right]\right\}}$$

$$(3-230)$$

如果油水具有相同流度，则式（3-230）与张学文、李培研究结果相一致，反映该方法的正确性和更具普遍性。

②线性交错井网产能公式。

水平井的注水量公式采用式（3-228），但式中

$$\xi_i = \mathrm{arcosh}\sqrt{\frac{1}{2} + \sqrt{\frac{1}{4} + \left(\frac{d_1^2 + d_2^2/2}{\sqrt{h^2+L^2}}\right)^4}}。$$

水平采油井的产量公式采用式（3-218），但式中 $\xi_i = \mathrm{arcosh}$

$$\sqrt{\frac{1}{2} + \sqrt{\frac{1}{4} + \left(\frac{d^2/2}{\sqrt{h^2+L^2}}\right)^4}}。$$

由于线性交错井网注采井数比为1:1，由注采平衡可知 $Q_{\mathrm{inj}} = Q_{\mathrm{o}}$。因此，通过联立由式（3-228）和式（3-218）组成的二元方程组即可计算线性交错水平井整体井网的产能。

特别地，如果不考虑压敏效应，可以得到形如式（3-229）和式（3-230）的显式解。

③七点法井网产能公式。

水平井的注水量公式采用式（3-228），但式中 $\xi_i = \mathrm{arcosh}$

$$\sqrt{\frac{1}{2} + \sqrt{\frac{1}{4} + \left(\frac{d}{\sqrt{h^2+L^2}}\right)^4}}。$$

水平采油井的产量公式采用式（3-218），但式中 $\xi_i = \mathrm{arcosh}$

$$\sqrt{\frac{1}{2} + \sqrt{\frac{1}{4} + \left(\frac{\sqrt{3}d/2}{\sqrt{h^2+L^2}}\right)^4}}。$$

由于七点井网注采井数比为2:1，由注采平衡可知 $2Q_{\mathrm{o}} = Q_{\mathrm{o}}$。因此，通过联立由式（3-228）和式（3-218）组成的二元方程组即可计算七点水平井整体井网的产能。同时也可以计算出反七点井网的产能。

特别地，如果不考虑压敏效应，可以得到显式解。

考虑启动压力梯度情形：

$$Q_{\mathrm{o}} = \frac{p_e - p_w - \left[\dfrac{2(G_o + G_w)\sqrt{h^2+L^2}}{\pi}(\sinh\xi_i - \sinh\xi_e) + \dfrac{2(G_o + G_w)L}{\pi}(\sinh\xi_e - \sinh\xi_w)\right]}{\left(\dfrac{\mu_{co}}{2\pi\rho_{co}K_{co}h} + \dfrac{\mu_{w0}}{4\pi\rho_{w0}K_{w0}h}\right) \cdot \left\{(\xi_i - \xi_e) + \dfrac{h}{2L}\left[\ln\left(\tanh\dfrac{\xi_e}{2}\right) - \ln\left(\tanh\dfrac{\xi_w}{2}\right)\right]\right\}}$$

(3-231)

第三章 水平井开发油藏工程论证

不考虑启动压力梯度情形：

$$Q_o = \frac{p_e - p_w}{\left(\dfrac{\mu_{oo}}{2\pi\rho_{oo}K_{oo}h} + \dfrac{\mu_{wo}}{4\pi p_{wo}K_{wo}h}\right) \cdot \left\{(\xi_i - \xi_e) + \dfrac{h}{2L}\left[\ln\left(\tanh\dfrac{\xi_e}{2}\right) - \ln\left(\tanh\dfrac{\xi_w}{2}\right)\right]\right\}}$$

(3-232)

2）压裂水平井面积井网产能计算公式

低渗透油藏中，水平井往往需要压裂投产，因此研究压裂水平井采油、直井注水的面积井网产能具有重要意义和实用价值。

（1）求解思想。

根据综合考虑启动压力梯度和压敏效应影响的直井、垂直裂缝井、横向压裂水平井等公式，与普通直井的裘布依（Dupuit）公式进行对比，得到相应井型的当量井径，将其等效为当量井径条件下的普通直井。进而通过沿用普通直井的面积井网公式，即可得到复杂井型井网的产量计算公式。

①不同井型的当量井径。

a. 直井的当量井径。

达西渗流条件下普通直井的经典 Dupuit 公式

$$Q = \frac{2\pi Kh(p_e - p_w)}{\mu \ln \dfrac{r_e}{r_w}}$$

(3-233)

因此，根据式（3-213）与式（3-233）作比，可以得到综合考虑启动压力梯度和压敏效应影响的普通直井的当量井径

$$r_{equ} = r_e \exp\left\{-\frac{\alpha \cdot (p_e - p_w) \cdot \int_{r_e}^{r_w} \dfrac{\exp(-\alpha Gr)}{r}dr}{\exp[-\alpha(p_i - p_w + Gr_w)] - \exp[\alpha(p_e - p_i) - \alpha Gr_e]}\right\}$$

(3-234)

b. 横向压裂水平井单条裂缝的当量井径。

沿用式（3-183）的计算结果，可以得到横向压裂水平井单条裂缝的当量井径方程

$$p_w = p_i - \frac{\pi}{C_{fD}v}\left[\frac{p_e - p_w}{\ln(r_e/r_{equ})} + \frac{2Gx_f}{\pi}m(p)\,|_{\xi=\xi_w=0}\right]\coth\left(\frac{\pi v}{2}\right)$$

$$-\frac{p_e - p_w}{\ln(r_e/r_{equ})} \cdot \left[\frac{K_0 h}{K_f w_f}\left(\ln\frac{h}{2r_w} - \frac{\pi}{2}\right)\right] \quad (3-235)$$

式中，$v^2 = -\dfrac{2}{C_{fD}} \cdot \dfrac{\dfrac{p_e - p_w}{\ln(r_e/r_{equ})} + \dfrac{2Gx_f}{\pi}m(p)\big|_{\xi=\xi_w\approx 0}}{B}$,

$B = \dfrac{1}{\alpha}\ln\left\{\dfrac{\alpha(p_e - p_w)}{\ln(r_e/r_{equ})}\int_{\xi_i}^{0}\exp\left[-\dfrac{2\alpha Gx_f}{\pi}\sinh u\right]du + \exp\left[\alpha(p_e - p_i)\right] \cdot \exp\left[-\dfrac{2\alpha Gx_f}{\pi}\sinh\xi_i\right]\right\}$。

通过求解方程（3-235），可以得到横向压裂水平井单条裂缝的当量井径。

c. 垂直裂缝井的当量井径。

由式（3-149）与式（3-233）作比，可以得到垂直裂缝井的当量井径方程

$$p_w = p_i - \frac{\pi}{C_{fD}v}\left[\frac{p_e - p_w}{\ln(r_e/r_{equ})} + \frac{2Gx_f}{\pi}m(p)\big|_{\xi=\xi_w=0}\right]\coth\left(\frac{\pi v}{2}\right) \quad (3-236)$$

式中，$v^2 = -\dfrac{2}{C_{fD}} \cdot \dfrac{\dfrac{p_e - p_w}{\ln(r_e/r_{equ})} + \dfrac{2Gx_f}{\pi}m(p)\big|_{\xi=\xi_w\approx 0}}{B}$,

$B = \dfrac{1}{\alpha}\ln\left\{\dfrac{\alpha(p_e - p_w)}{\ln(r_e/r_{equ})}\int_{\xi_i}^{0}\exp\left(-\dfrac{2\alpha Gx_f}{\pi}\sinh u\right)du + \exp[\alpha(p_e - p_i)] \cdot \exp\left[-\dfrac{2\alpha Gx_f}{\pi}\sinh\xi_i\right]\right\}$。

通过求解方程（3-236），可以得到垂直裂缝井的当量井径。

②普通直井井网产能公式。

五点、反七点、反九点直井井网的示意图如图3-142所示。

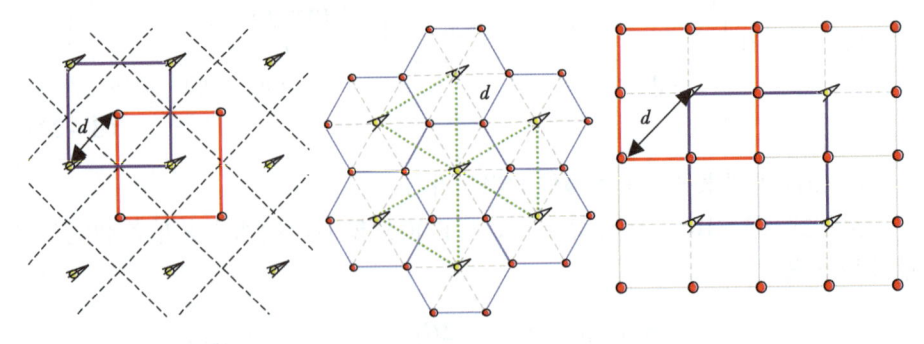

图3-142 五点、反七点、反九点井网示意图

第三章　水平井开发油藏工程论证

根据麦斯盖特（Muskat）等人的研究结果：

五点直井井网产能公式

$$Q = \frac{\pi Kh(p_e - p_w)}{\mu\left(\ln\dfrac{d}{\sqrt{r_{w1}r_{w2}}} - 0.6190\right)} \quad (3-237)$$

反七点直井井网产能公式

$$Q = \frac{4\pi Kh(p_e - p_w)}{\mu\left(3\ln\dfrac{d}{\sqrt{r_{w1}r_{w2}}} - 1.7073\right)} \quad (3-238)$$

反九点直井井网产能公式

$$Q = \frac{\pi Kh(p_e - p_w)}{\mu\left(\dfrac{1+R}{2+R}\right)\left(\ln\dfrac{d}{\sqrt{r_{w1}r_{w2}}} - 0.2724\right)} \quad (3-239)$$

式中　R——角井与边井的产量之比；

　　　p_w——角井的井底压力。

（2）压裂水平井—直井面积井网产能计算公式。

压裂水平井—直井面积井网示意图如图3-143所示。

①五点法井网产能公式。

a. 1条压裂缝情形。

将通过求解方程（3-234）和方程（3-235）所得到的当量井径 r_{equ}^* 和 r_{equ} 代入式（3-237），得到带1条压裂缝时的井网产量公式

$$Q = \frac{\pi K_0 h(p_e - p_w)}{\mu_0\left(\ln\dfrac{d}{\sqrt{r_{equ}^* r_{equ}}} - 0.6190\right)} \quad (3-240)$$

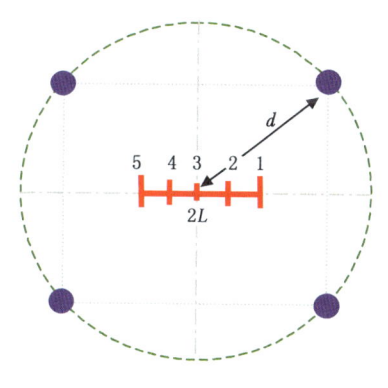

图3-143　压裂水平井—直井五点面积井网示意图

b. 2条压裂缝情形。

假设两条裂缝具有完全相同的性质，即具有相同的当量井径和产量。则根据叠加原理，有

$$\begin{cases} p_w - C = \dfrac{\mu_0 Q_f}{2\pi K_0 h}\ln\ (mr_{equ}) \\ p_e - C = \dfrac{Q\mu_0}{2\pi K_0 h}\ln d \\ Q = 2Q_f \end{cases} \quad (3-241)$$

求解得到

$$p_e - p_w = \dfrac{Q\mu_0}{2\pi K_0 h}\ln\dfrac{d}{\sqrt{mr_{equ}}} \quad (3-242)$$

即 2 条裂缝的等效井径为 $\sqrt{mr_{equ}}$，因此代入式（3-237），得到压裂水平井带 2 条横向裂缝时的井网产量公式

$$Q = \dfrac{\pi K_0 h (p_e - p_w)}{\mu_0\left(\ln\dfrac{d}{\sqrt{r^*_{equ}}\sqrt{mr_{equ}}} - 0.6190\right)} \quad (3-243)$$

式中　m——两条裂缝间距。

c. 3 条压裂缝情形。

假设第 1、第 3 条裂缝具有完全相同的性质，即具有相同的当量井径 r_{equ1} 和产量 Q_{f1}，第 2 条裂缝的当量井径为 r_{equ2}、产量为 Q_{f2}，其间距均为 m。则根据叠加原理，有

$$\begin{cases} p_w - C = \dfrac{\mu_0}{2\pi K_0 h}\left[Q_{f1}\ln\ (2mr_{equ1}) + Q_{f2}\ln m\right] \\ p_w - C = \dfrac{\mu_0}{2\pi K_0 h}(Q_{f1}\ln m^2 + Q_{f2}\ln r_{equ2}) \\ p_e - C = \dfrac{Q\mu_0}{2\pi K_0 h}\ln d \\ Q = 2Q_{f1} + Q_{f2} \end{cases} \quad (3-244)$$

求解得到

$$p_e - p_w = \dfrac{Q\mu_0}{2\pi K_0 h}\ln\dfrac{d}{(2mr_{equ1})^\kappa m^\tau} \quad (3-245)$$

第三章 水平井开发油藏工程论证

式中，$\kappa = \dfrac{\ln \dfrac{r_{equ2}}{m}}{2\ln \dfrac{r_{equ2}}{m} + \ln \dfrac{2r_{equ1}}{m}}$、$\tau = \dfrac{\ln \dfrac{2r_{equ1}}{m}}{2\ln \dfrac{r_{equ2}}{m} + \ln \dfrac{2r_{equ1}}{m}}$。

即 3 条裂缝的等效井径为 $(2mr_{equ1})^\kappa m^\tau$，因此代入式（3-237），得到压裂水平井带 3 条横向裂缝时的井网产量公式

$$Q = \dfrac{\pi K_0 h (p_e - p_w)}{\mu_0 \left(\ln \dfrac{d}{\sqrt{r_{equ}^* (2mr_{equ1})^\kappa m^\tau}} - 0.6190 \right)} \quad (3-246)$$

d. 4 条压裂缝情形。

假设第 1、第 4 条裂缝具有完全相同的性质，即具有相同的当量井径 r_{equ1} 和产量 Q_{f1}，第 2、第 3 条裂缝具有完全相同的性质，即具有相同的当量井径 r_{equ2} 和产量 Q_{f2}，其间距均为 m。则根据叠加原理，有

$$\begin{cases} p_w - C = \dfrac{\mu_0}{2\pi K_0 h} \left[Q_{f1} \ln (3mr_{equ1}) + Q_{f2} \ln (2m^2) \right] \\ p_w - C = \dfrac{\mu_0}{2\pi K_0 h} \left[Q_{f1} \ln (2m^2) + Q_{f2} \ln (2mr_{equ2}) \right] \\ p_e - C = \dfrac{Q\mu_0}{2\pi K_0 h} \ln d \\ Q = 2Q_{f1} + 2Q_{f2} \end{cases} \quad (3-247)$$

求解得到

$$p_e - p_w = \dfrac{Q\mu_0}{2\pi K_0 h} \ln \dfrac{d}{(3mr_{equ1})^\kappa (2m^2)^\tau} \quad (3-248)$$

式中，$\kappa = \dfrac{\ln \dfrac{r_{equ2}}{2m}}{2\left(\ln \dfrac{r_{equ2}}{2m} + \ln \dfrac{3r_{equ1}}{2m}\right)}$，$\tau = \dfrac{\ln \dfrac{3r_{equ1}}{2m}}{2\left(\ln \dfrac{r_{equ2}}{2m} + \ln \dfrac{3r_{equ1}}{2m}\right)}$。

即 4 条裂缝的等效井径为 $(3mr_{equ1})^\kappa (2m^2)^\tau$，因此代入式（3-237），得到压裂水平井带 4 条横向裂缝时的井网产量公式

$$Q = \dfrac{\pi K_0 h (p_e - p_w)}{\mu_0 \left(\ln \dfrac{d}{\sqrt{r_{equ}^* (3mr_{equ1})^\kappa (2m^2)^\tau}} - 0.6190 \right)} \quad (3-249)$$

e.5 条压裂缝情形。

假设第 1、第 5 条裂缝具有完全相同的性质，即具有相同的当量井径 r_{equ1} 和产量 Q_{f1}，第 2、第 4 条裂缝具有完全相同的性质，即具有相同的当量井径 r_{equ2} 和产量 Q_{f2}，第 3 条裂缝的当量井径为 r_{equ3}、产量为 Q_{f3}，其间距均为 m。则根据叠加原理，有

$$\begin{cases} p_w - C = \dfrac{\mu_0}{2\pi K_0 h} \left[Q_{f1} \ln(4mr_{equ1}) + Q_{f2} \ln(3m^2) + Q_{f3} \ln(2m) \right] \\ p_w - C = \dfrac{\mu_0}{2\pi K_0 h} \left[Q_{f1} \ln(3m^2) + Q_{f2} \ln(2mr_{equ2}) + Q_{f3} \ln m \right] \\ p_w - C = \dfrac{\mu_0}{2\pi K_0 h} \left[Q_{f1} \ln(4m^2) + Q_{f2} \ln(m^2) + Q_{f3} \ln r_{equ3} \right] \\ p_e - C = \dfrac{Q\mu_0}{2\pi K_0 h} \ln d \\ Q = 2Q_{f1} + 2Q_{f2} + Q_{f3} \end{cases} \quad (3-250)$$

求解得到

$$p_e - p_w = \frac{Q\mu_0}{2\pi K_0 h} \ln \frac{d}{(4mr_{equ1})^\kappa (3m^2)^\tau (2m)^\omega} \quad (3-251)$$

式中，

$$\kappa = \frac{\ln\dfrac{2r_{equ2}}{3m}\ln\dfrac{r_{equ3}}{2m} - \ln 3\ln 2}{2\left(\ln\dfrac{2r_{equ2}}{3m}\ln\dfrac{r_{equ3}}{3m} - \ln 3\ln 2\right) + 2\left(\ln\dfrac{4r_{equ1}}{3m}\ln\dfrac{r_{equ3}}{2m} + \ln\dfrac{r_{equ1}}{m}\ln 2\right) + \left(\ln\dfrac{r_{equ1}}{m}\ln\dfrac{2r_{equ2}}{3m} + \ln\dfrac{4r_{equ1}}{3m}\ln 3\right)}$$

$$\tau = \frac{\ln\dfrac{4r_{equ1}}{3m}\ln\dfrac{r_{equ3}}{2m} + \ln\dfrac{r_{equ1}}{m}\ln 2}{2\left(\ln\dfrac{2r_{equ2}}{3m}\ln\dfrac{r_{equ3}}{2m} - \ln 3\ln 2\right) + 2\left(\ln\dfrac{4r_{equ1}}{3m}\ln\dfrac{r_{equ3}}{2m} + \ln\dfrac{r_{equ1}}{m}\ln 2\right) + \left(\ln\dfrac{r_{equ1}}{m}\ln\dfrac{2r_{equ2}}{3m} + \ln\dfrac{4r_{equ1}}{3m}\ln 3\right)}$$

$$\omega = \frac{\ln\dfrac{r_{equ1}}{m}\ln\dfrac{2r_{equ2}}{3m} + \ln\dfrac{4r_{equ1}}{3m}\ln 3}{2\left(\ln\dfrac{2r_{equ2}}{3m}\ln\dfrac{r_{equ3}}{2m} - \ln 3\ln 2\right) + 2\left(\ln\dfrac{4r_{equ1}}{3m}\ln\dfrac{r_{equ3}}{2m} + \ln\dfrac{r_{equ1}}{m}\ln 2\right) + \left(\ln\dfrac{r_{equ1}}{m}\ln\dfrac{2r_{equ2}}{3m} + \ln\dfrac{4r_{equ1}}{3m}\ln 3\right)}$$

即 5 条裂缝的等效井径为 $(4mr_{equ1})^\kappa (3m^2)^\tau (2m)^\omega$，因此代入式（3-237），得到压裂水平井带 5 条横向裂缝时的井网产量公式

第三章　水平井开发油藏工程论证

$$Q = \frac{\pi K_0 h (p_e - p_w)}{\mu_0 \left[\ln \dfrac{d}{\sqrt{r_{equ}^* (4mr_{equ1})^\kappa (3m^2)^\tau (2m)^\omega}} - 0.6190 \right]} \quad (3-252)$$

如果继续增加裂缝条数，其求解思路与上面完全相同。只是超过 6 条裂缝时，解析求解线性代数方程组比较烦琐。

②七点法井网产能公式。

沿用五点法的求解结果，可以推广得到七点法井网的产能公式。

a. 1 条压裂缝情形：

$$Q = \frac{4\pi K_0 h (p_e - p_w)}{\mu_0 \left(3\ln \dfrac{d}{\sqrt{r_{equ}^* r_{equ}}} - 1.7073 \right)} \quad (3-253)$$

b. 2 条压裂缝情形：

$$Q = \frac{4\pi K_0 h (p_e - p_w)}{\mu_0 \left(3\ln \dfrac{d}{\sqrt{r_{equ}^* \sqrt{mr_{equ}}}} - 1.7073 \right)} \quad (3-254)$$

c. 3 条压裂缝情形：

$$Q = \frac{4\pi K_0 h (p_e - p_w)}{\mu_0 \left[3\ln \dfrac{d}{\sqrt{r_{equ}^* (2mr_{equ1})^\kappa m^\tau}} - 1.7073 \right]} \quad (3-255)$$

d. 4 条压裂缝情形：

$$Q = \frac{4\pi K_0 h (p_e - p_w)}{\mu_0 \left[3\ln \dfrac{d}{\sqrt{r_{equ}^* (3mr_{equ1})^\kappa (m^2)^\tau}} - 1.7073 \right]} \quad (3-256)$$

e. 5 条压裂缝情形：

$$Q = \frac{4\pi K_0 h (p_e - p_w)}{\mu_0 \left[3\ln \dfrac{d}{\sqrt{r_{equ}^* (4mr_{equ1})^\kappa (3m^2)^\tau (2m)^\omega}} - 1.7073 \right]} \quad (3-257)$$

以上公式中的当量井径 r_{equ}^*、r_{equ} 以及 κ、τ、ω 等参数的求法与五点法相应情形相同。

③九点法井网产能公式。

同样可以推广得到九点法井网的产能公式。

a. 1 条压裂缝情形：

$$Q = \frac{\pi K_0 h (p_e - p_w)}{\mu_0 \left(\dfrac{1+R}{2+R}\right)\left(\ln \dfrac{d}{\sqrt{r_{equ}^* r_{equ}}} - 0.2724\right)} \quad (3-258)$$

b. 2 条压裂缝情形：

$$Q = \frac{\pi K_0 h (p_e - p_w)}{\mu_0 \left(\dfrac{1+R}{2+R}\right)\left(\ln \dfrac{d}{\sqrt{r_{equ}^*}\sqrt{mr_{equ}}} - 0.2724\right)} \quad (3-259)$$

c. 3 条压裂缝情形：

$$Q = \frac{\pi K_0 h (p_e - p_w)}{\mu_0 \left(\dfrac{1+R}{2+R}\right)\left[\ln \dfrac{d}{\sqrt{r_{equ}^* (2mr_{equ1})^\kappa m^\tau}} - 0.2724\right]} \quad (3-260)$$

d. 4 条压裂缝情形：

$$Q = \frac{\pi K_0 h (p_e - p_w)}{\mu_0 \left(\dfrac{1+R}{2+R}\right)\left[\ln \dfrac{d}{\sqrt{r_{equ}^* (3mr_{equ1})^\kappa (2m^2)^\tau}} - 0.2724\right]} \quad (3-261)$$

e. 5 条压裂缝情形：

$$Q = \frac{\pi K_0 h (p_e - p_w)}{\mu_0 \left(\dfrac{1+R}{2+R}\right)\left[\ln \dfrac{d}{\sqrt{r_{equ}^* (4mr_{equ1})^\kappa (3m^2)^\tau (2m)^\omega}} - 0.2724\right]} \quad (3-262)$$

以上公式中的当量井径 r_{equ}^*、r_{equ} 以及 κ、τ、ω 等参数的求法与五点法相应情形相同。

（3）压裂水平井—压裂直井面积井网产能计算公式。

尽管现场中很少进行注水井压裂，但由于低渗透油藏需要很高的注水压力，所以有时会超过地层破裂压力，形成裂缝。因此，需要研究压裂水平井采油、压裂直井注水这类井网的产能。

通过方程（3-235）和式（3-236）求得压裂水平井单条裂缝以及垂直裂缝井的当量 r_{equ} 和 r_{equ}^{**}。沿袭以上的思路和方法可以得到这类混合面积井网的各种产能公式。

第三章 水平井开发油藏工程论证

①五点法井网产能公式。

a. 1 条压裂缝情形：

$$Q = \frac{\pi K_0 h (p_e - p_w)}{\mu_0 \left(\ln \dfrac{d}{\sqrt{r_{equ}^{**} r_{equ}}} - 0.6190 \right)} \qquad (3-263)$$

b. 2 条压裂缝情形：

$$Q = \frac{\pi K_0 h (p_e - p_w)}{\mu_0 \left(\ln \dfrac{d}{\sqrt{r_{equ}^{**}} \sqrt{mr_{equ}}} - 0.6190 \right)} \qquad (3-264)$$

c. 3 条压裂缝情形：

$$Q = \frac{\pi K_0 h (p_e - p_w)}{\mu_0 \left[\ln \dfrac{d}{\sqrt{r_{equ}^{**} (2mr_{equ1})^\kappa m^\tau}} - 0.6190 \right]} \qquad (3-265)$$

d. 4 条压裂缝情形：

$$Q = \frac{\pi K_0 h (p_e - p_w)}{\mu_0 \left[\ln \dfrac{d}{\sqrt{r_{equ}^{**} (3mr_{equ1})^\kappa (2m^2)^\tau}} - 0.6190 \right]} \qquad (3-266)$$

e. 5 条压裂缝情形：

$$Q = \frac{\pi K_0 h (p_e - p_w)}{\mu_0 \left[\ln \dfrac{d}{\sqrt{r_{equ}^{**} (4mr_{equ1})^\kappa (3m^2)^\tau (2m)^\omega}} - 0.6190 \right]} \qquad (3-267)$$

②七点法井网产能公式。

a. 1 条压裂缝情形：

$$Q = \frac{4\pi K_0 h (p_e - p_w)}{\mu_0 \left(3\ln \dfrac{d}{\sqrt{r_{equ}^{**} r_{equ}}} - 1.7073 \right)} \qquad (3-268)$$

b. 2 条压裂缝情形：

$$Q = \frac{4\pi K_0 h (p_e - p_w)}{\mu_0 \left(3\ln \dfrac{d}{\sqrt{r_{equ}^{**}} \sqrt{mr_{equ}}} - 1.7073 \right)} \qquad (3-269)$$

c. 3 条压裂缝情形：

$$Q = \frac{4\pi K_0 h (p_e - p_w)}{\mu_0 \left[3\ln \dfrac{d}{\sqrt{r_{equ}^{**} (2mr_{equ1})^\kappa m^\tau}} - 1.7073 \right]} \quad (3-270)$$

d. 4 条压裂缝情形：

$$Q = \frac{4\pi K_0 h (p_e - p_w)}{\mu_0 \left[3\ln \dfrac{d}{\sqrt{r_{equ}^{**} (3mr_{equ1})^\kappa (2m^2)^\tau}} - 1.7073 \right]} \quad (3-271)$$

e. 5 条压裂缝情形：

$$Q = \frac{4\pi K_0 h (p_e - p_w)}{\mu_0 \left[3\ln \dfrac{d}{\sqrt{r_{equ}^{**} (4mr_{equ1})^\kappa (3m^2)^\tau (2m)^\omega}} - 1.7073 \right]} \quad (3-272)$$

③九点法井网产能公式。

a. 1 条压裂缝情形：

$$Q = \frac{\pi K_0 h (p_e - p_w)}{\mu_0 \left(\dfrac{1+R}{2+R} \right) \left(\ln \dfrac{d}{\sqrt{r_{equ}^{**} r_{equ}}} - 0.2724 \right)} \quad (3-273)$$

b. 2 条压裂缝情形：

$$Q = \frac{\pi K_0 h (p_e - p_w)}{\mu_0 \left(\dfrac{1+R}{2+R} \right) \left(\ln \dfrac{d}{\sqrt{r_{equ}^{**}} \sqrt{mr_{equ}}} - 0.2724 \right)} \quad (3-274)$$

c. 3 条压裂缝情形：

$$Q = \frac{\pi K_0 h (p_e - p_w)}{\mu_0 \left(\dfrac{1+R}{2+R} \right) \left[\ln \dfrac{d}{\sqrt{r_{equ}^{**} (2mr_{equ1})^\kappa m^\tau}} - 0.2724 \right]} \quad (3-275)$$

d. 4 条压裂缝情形：

$$Q = \frac{\pi K_0 h (p_e - p_w)}{\mu_0 \left(\dfrac{1+R}{2+R} \right) \left[\ln \dfrac{d}{\sqrt{r_{equ}^{**} (3mr_{equ1})^\kappa (2m^2)^\tau}} - 0.2724 \right]} \quad (3-276)$$

第三章　水平井开发油藏工程论证

e.5 条压裂缝情形：

$$Q = \frac{\pi K_0 h (p_e - p_w)}{\mu_0 \left(\frac{1+R}{2+R}\right) \left[\ln \frac{d}{\sqrt{r_{equ}^{**} (4mr_{equ1})^\kappa (3m^2)^\tau (2m)^\omega}} - 0.2724\right]} \quad (3-277)$$

以上公式中的 κ、τ、ω 等参数的求法与压裂水平井—直井五点法面积井网相应情形相同。

同理也可以得到压裂更多条裂缝时的产能公式。

3）产能公式精度验证

表 3-24 是采用本章所推导的井网产能公式对 22 口水平井产液量的计算结果与实际产液量的对比。从图 3-144 可以看出，利用该评价方法所推导的产能计算公式是可靠的，其精度能够满足矿场生产实际的需要。

表 3-24　公式计算产液量与实际产液量误差对比

井号	油田	层位	水平段长度 m	油层厚度 m	完井方式	实际产液 m³	计算产液 m³
肇 24-平 31	肇州	葡萄花	518.7	1.2	射孔	10.8	7.9
肇 25-平 30	肇州	葡萄花	476.6	2.3	射孔	5.6	4.6
肇 25-平 35	肇州	葡萄花	418.6	1.5	4 条裂缝	18.5	18.0
肇 26-平 26	肇州	葡萄花	472.3	1.3	射孔	5.9	6.5
肇 26-平 34	肇州	葡萄花	426.0	2.5	4 条裂缝	13.1	14.7
肇 27-平 28	肇州	葡萄花	489.0	1.4	射孔	8.2	8.3
肇 27-平 36	肇州	葡萄花	411.0	1.7	射孔	12.0	8.6
庙平 1	新庙	扶余	364.8	6.8	4 条裂缝	9.4	11.3
庙平 3	新庙	扶余	246.0	6.8	2 条裂缝	8.8	9.1
庙平 4	新庙	扶余	23.4	6.8	1 裂缝	5.5	6.1
庙平 7	新庙	扶余	421.0	8.1	3 条裂缝	28.9	26.8
庙平 8	新庙	扶余	314.0	7.6	3 条裂缝	19.9	17.4
庙平 9	新庙	扶余	409.0	7.8	4 条裂缝	19.4	18.1
庙平 10	新庙	扶余	297.0	6.4	4 条裂缝	14.3	15.5
庙平 11	新庙	扶余	273.0	7.5	3 条裂缝	21.4	19.2
吴平 1	吴旗	长 6	445.0	10.0	3 条裂缝	10.5	9.3
吴平 2	吴旗	长 6	381.5	13.0	4 条裂缝	9.3	9.4

续表

井号	油田	层位	水平段长度 m	油层厚度 m	完井方式	实际产液 m³	计算产液 m³
吴平3	吴旗	长6	435.0	10.0	4条裂缝	7.4	7.7
吴平4	吴旗	长6	510.4	13.0	5条裂缝	11.3	13.0
吴平5	吴旗	长6	285.0	10.0	3条裂缝	1.1	1.7
吴平6	吴旗	长6	315.0	10.0	4条裂缝	2.8	2.9
吴平7	吴旗	长6	254.1	13.0	4条裂缝	10.0	11.8

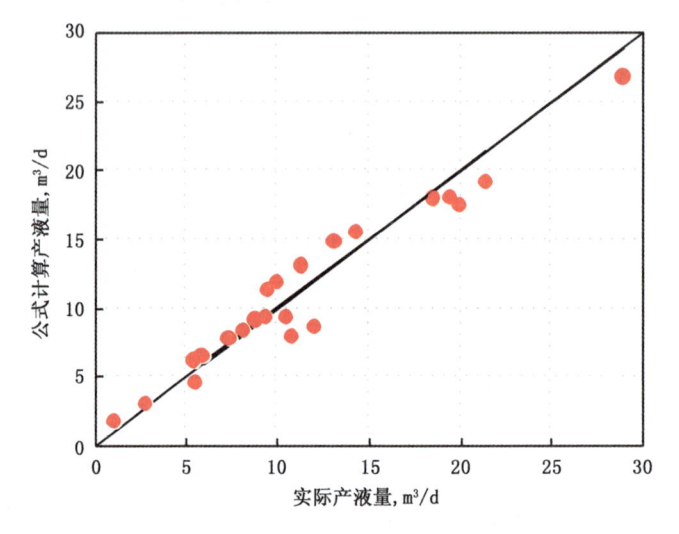

图3-144　公式计算产液量与实际产液量误差对比

3. 压裂水平井不稳定产能递减规律分析

低渗透油藏压裂水平井开发的矿场实践证实，水平井一般具有较高的初期产能，但产量递减比较快，而且油藏渗透率越低，这种现象越明显。因此，研究压裂水平井的产量递减规律及其影响因素分析，对于压裂水平井的科学认识及其性能的高效利用至关重要。

以非定常渗流理论为基础，建立压裂水平井的试井分析模型，进而分析不稳态产量递减规律，是研究不稳态时期压裂水平井产量递减规律的主要手段。霍恩（Horne）、拉桑（Larsen）、郭根良（Genliang Guo）、奥兹肯（Ozkan）和雷根（Raghavan）、郭（Guo）等都对此作过深入研究并取得了出色的成果。但是，这些研究均未考虑启动压力梯度和压敏效应的影响。对于同时考虑启动压力梯度和压敏效应影响的压裂水平井产量递减规律的研究至今还少有问津。

其基本研究思路是：首先基于考虑启动压力梯度和压敏效应的综合影响的广义达西定律，以椭圆渗流理论和平均质量守恒定律为基础，分别建立了无限导流垂直裂缝井和有限导流垂直裂缝井的不稳态渗流理论，进而通过叠加原理建立了带有任意裂缝条数的压裂水平井产量递减模型，分析不稳态时期的产量递减规律。

1）压裂水平井不稳态渗流理论

低渗透油藏由于储层渗透率低，启动压力梯度影响严重，压力传导比较缓慢，不稳态渗流期相对较长。因此，研究无限大地层压裂水平井的产量变化规律，具有一定意义。

首先建立同时考虑启动压力梯度和压敏效应影响的无限大油藏无限导流垂直裂缝井的不稳态渗流理论，进而得到有限导流垂直裂缝井的不稳态渗流压力分布公式，通过添加表皮因子的方法，得到压裂水平井单条裂缝的不稳态井底压力分布公式，最后通过叠加原理，求解任意裂缝条数的压裂水平井不稳态压力。

（1）垂直裂缝井不稳态渗流。

①无限导流垂直裂缝井。

无限导流垂直裂缝是指只考虑裂缝外部的椭圆非达西渗流。

根据平均质量守恒定律

$$\left[\int_{\xi_w \approx 0}^{\xi_R(t)} (p_i - p) \mathrm{d}(\pi x_f^2 h \cdot \sinh\xi \cdot \cosh\xi)\right]\phi c_t = Qt \quad (3-278)$$

即

$$\int_{\xi_w \approx 0}^{\xi_R(t)} (p_i - p)\cosh(2\xi)\mathrm{d}\xi = \frac{Q}{\pi x_f^2 h \phi c_t} t \quad (3-279)$$

得到其拟压力的形式的控制方程

$$\int_{\xi_w \approx 0}^{\xi_R(t)} \ln m(p) \cdot \cosh(2\xi)\mathrm{d}\xi = -\frac{Q\alpha}{\pi x_f^2 h \phi c_t} t \quad (3-280)$$

式中，$m(p) = \exp[-\alpha(p_i - p)]$。

初始条件：

$$m(p)|_{t=0} = 1 \tag{3-281}$$

内边界条件：

$$\left.\frac{\partial m(p)}{\partial \xi}\right|_{\xi=\xi_w \approx 0} = \frac{\alpha Q \mu_0}{2\pi h \rho_0 K_0} + \frac{2\alpha G x_f}{\pi} m(p)|_{\xi=\xi_w \approx 0} \tag{3-282}$$

外边界条件：

$$\left.\frac{\partial m(p)}{\partial \xi}\right|_{\xi=\xi_w \approx 0} = \frac{\alpha Q \mu_0}{2\pi h \rho_0 K_0} + \frac{2\alpha G x_f}{\pi} \cosh \xi_R \cdot m(p)|_{\xi=\xi_R}, m(p)|_{\xi=\xi_R} = 1 \tag{3-283}$$

根据稳态渗流压力解式（3-138），令数学定解问题式（3-280）～式（3-283）的试探解

$$m(p) = \frac{\alpha Q \mu_0}{2\pi h \rho_0 K_0} \int_{\xi_R}^{\xi} \exp\left[\frac{2\alpha G x_f}{\pi}(\sinh\xi - \sinh u)\right] du$$
$$+ \exp\left[\frac{2\alpha G x_f}{\pi}(\sinh\xi - \sinh\xi_R)\right] \tag{3-284}$$

将式（3-284）带入泛定方程（3-280），有

$$t = -\frac{\pi x_f^2 h \phi c_t}{Q\alpha} \cdot \int_{\xi_w \approx 0}^{\xi_R(t)} \ln\left\{\frac{\alpha Q \mu_0}{2\pi h \rho_0 K_0} \int_{\xi_R}^{\xi} \exp\left[\frac{2\alpha G x_f}{\pi}(\sinh\xi - \sinh u)\right] du \right. \\ \left. + \exp\left[\frac{2\alpha G x_f}{\pi}(\sinh\xi - \sinh\xi_R)\right]\right\} \cdot \cosh(2\xi) d\xi \tag{3-285}$$

通过求解超越方程（3-285），得到 ξ_R—t 的关系，代入式（3-284），即可得到压力随时间变化的关系式

$$p = p_i + \frac{1}{\alpha}\ln\left\{\frac{\alpha Q \mu_0}{2\pi h \rho_0 K_0}\int_{\xi_R}^{\xi}\exp\left[\frac{2\alpha G x_f}{\pi}(\sinh\xi - \sinh u)\right]du \right.$$
$$\left. + \exp\left[\frac{2\alpha G x_f}{\pi}(\sinh\xi - \sinh\xi_R)\right]\right\} \tag{3-286}$$

因此，其井底压力公式为

$$p_w = p_i + \frac{1}{\alpha}\ln\left[\frac{\alpha Q \mu_0}{2\pi h \rho_0 K_0}\int_{\xi_R}^{0}\exp\left(-\frac{2\alpha G x_f}{\pi}\sinh u\right)du + \exp\left(-\frac{2\alpha G x_f}{\pi}\sinh\xi_R\right)\right] \tag{3-287}$$

第三章　水平井开发油藏工程论证

如果不考虑压敏效应，式（3-286）和式（3-287）分别简化为

$$p = p_i + \frac{Q\mu_0}{2\pi h \rho_0 K_0}(\xi - \xi_R) + \frac{2Gx_f}{\pi}(\sinh\xi - \sinh\xi_R) \quad (3-288)$$

$$p_w = p_i + \frac{Q\mu_0}{2\pi h \rho_0 K_0}(\xi_w - \xi_R) + \frac{2Gx_f}{\pi}(\sinh\xi_w - \sinh\xi_R) \quad (3-289)$$

式（3-288）和式（3-289）与宋付权的研究结果相一致，反映该式的正确性以及应用更具有广泛性。

②有限导流垂直裂缝井。

有限导流垂直裂缝是同时考虑裂缝外部的非达西椭圆渗流和裂缝内部的线性达西渗流。

根据裂缝处耦合流动关系

$$2w_f h \left(K_f \frac{\rho}{\mu} \bigg|_{\xi = \xi_w \approx 0} \cdot \frac{\partial^2 p_f}{\partial \eta^2} \right) + 4x_f h \left(\frac{\rho K}{\mu} \cdot \frac{\partial p}{\partial \xi} \right) \bigg|_{\xi = \xi_w \approx 0} = 0 \quad (3-290)$$

通过 $K|_{\xi = \xi_w \approx 0} \doteq K_0$ 作线性化处理，得到裂缝内流体渗流的控制方程

$$\frac{\partial^2 p_f}{\partial \eta^2} + \frac{2}{C_{fD}} \cdot \frac{\partial p}{\partial \xi} \bigg|_{\xi = \xi_w \approx 0} = 0, \ 0 < \eta < \frac{\pi}{2} \quad (3-291)$$

式中，$C_{fD} = \dfrac{K_f w_f}{K_0 x_f}$，称为无量纲导流能力。

初始条件：

$$p_f|_{t=0} = p_i, m(p)|_{t=0} = 1 \quad (3-292)$$

裂缝定产条件：

$$\frac{\partial p_f}{\partial \eta}\bigg|_{\eta = \frac{\pi}{2}} = -\frac{\pi}{C_{fD}}\left[\frac{Q\mu_0}{2\pi h \rho_0 K_0} + \frac{2Gx_f}{\pi}m(p)|_{\xi = \xi_w \approx 0}\right] \quad (3-293)$$

裂缝端点处封闭条件：

$$\frac{\partial p_f}{\partial \eta}\bigg|_{\eta = 0} = 0 \quad (3-294)$$

根据式（3-286）和式（3-287），令数学定解问题式（3-291）~式（3-294）的试探解

$$p = p_f \cdot \frac{\dfrac{\alpha Q \mu_0}{2\pi h \rho_0 K_0} \int_{\xi_R}^{\xi} \exp\left[\dfrac{2\alpha G x_f}{\pi}(\sinh\xi - \sinh u)\right] du + \exp\left[\dfrac{2\alpha G x_f}{\pi}(\sinh\xi - \sinh\xi_R)\right]}{\dfrac{1}{\alpha}\ln\left[\dfrac{\alpha Q \mu_0}{2\pi h \rho_0 K_0}\int_{\xi_R}^{0}\exp\left(-\dfrac{2\alpha G x_f}{\pi}\sinh u\right)du + \exp\left(-\dfrac{2\alpha G x_f}{\pi}\sinh\xi_R\right)\right]}$$

(3-295)

将上式带入泛定方程（3-291）中，得到关于 p_f 的常微分方程：

$$\frac{\partial^2 p_f}{\partial \eta^2} + \frac{2}{C_{fD}} \cdot \frac{\dfrac{Q\mu_0}{2\pi h \rho_0 K_0} + \dfrac{2Gx_f}{\pi} m(p)\big|_{\xi=\xi_w\approx 0}}{\dfrac{1}{\alpha}\ln\left[\dfrac{\alpha Q \mu_0}{2\pi h \rho_0 K_0}\int_{\xi_R}^{0}\exp\left(-\dfrac{2\alpha G x_f}{\pi}\sinh u\right)du + \exp\left(-\dfrac{2\alpha G x_f}{\pi}\sinh\xi_R\right)\right]} \cdot p_f = 0$$

(3-296)

二阶线性常微分方程（3-296）的解为

$$p_f = p_i - \frac{\pi}{C_{fD}\nu}\left[\frac{Q\mu_0}{2\pi h \rho_0 K_0} + \frac{2Gx_f}{\pi} m(p)\big|_{\xi=\xi_w\approx 0}\right]\frac{\cosh(\nu\eta)}{\sinh\left(\dfrac{\pi\nu}{2}\right)} \quad (3-297)$$

式中，$\nu^2 = -\dfrac{2}{C_{fD}} \cdot \dfrac{\dfrac{Q\mu_0}{2\pi h \rho_0 K_0} + \dfrac{2Gx_f}{\pi} m(p)\big|_{\xi=\xi_w\approx 0}}{\dfrac{1}{\alpha}\ln\left[\dfrac{\alpha Q \mu_0}{2\pi h \rho_0 K_0}\int_{\xi_R}^{0}\exp\left(-\dfrac{2\alpha G x_f}{\pi}\sinh u\right)du + \exp\left(-\dfrac{2\alpha G x_f}{\pi}\sinh\xi_R\right)\right]}$。

因此，其井底压力为：

$$p_w = p_i - \frac{\pi}{C_{fD}\nu}\left[\frac{Q\mu_0}{2\pi h \rho_0 K_0} + \frac{2Gx_f}{\pi} m(p)\big|_{\xi=\xi_w\approx 0}\right]\coth\left(\frac{\pi\nu}{2}\right) \quad (3-298)$$

式中 ξ_R—t 的关系仍由式（3-285）确定。

如果不考虑压敏效应，式（3-297）和式（3-298）分别简化为

$$p_f = p_i - \frac{\pi}{C_{fD}\nu}\left(\frac{Q\mu_0}{2\pi h \rho_0 K_0} + \frac{2Gx_f}{\pi}\right)\frac{\cosh(\nu\eta)}{\sinh\left(\dfrac{\pi\nu}{2}\right)} \quad (3-299)$$

$$p_w = p_i - \frac{\pi}{C_{fD}\nu}\left(\frac{Q\mu_0}{2\pi h \rho_0 K_0} + \frac{2Gx_f}{\pi}\right)\coth\left(\frac{\pi\nu}{2}\right) \quad (3-300)$$

式中，$\nu^2 = \dfrac{2}{C_{fD}} \cdot \dfrac{\dfrac{Q\mu_0}{2\pi h \rho_0 K_0} + \dfrac{2Gx_f}{\pi}}{\dfrac{Q\mu_0}{2\pi h \rho_0 K_0}\xi_R + \dfrac{2Gx_f}{\pi}\sinh\xi_R}$。

第三章 水平井开发油藏工程论证

式（3-299）和式（3-300）与宋付权的研究结果相一致，反映该式的正确性以及应用更具有广泛性。

（2）压裂水平井不稳态渗流。

通过添加附加压力降式（3-179），可以得到横向压裂水平井单一裂缝压力分布方程

$$p_w = p_i - \frac{\pi}{C_{fD}\nu}\left(\frac{Q\mu_0}{2\pi h\rho_0 K_0} + \frac{2Gx_f}{\pi}\right)\coth\left(\frac{\pi\nu}{2}\right) - \frac{Q\mu_0}{2\pi h\rho_0 K_0}\left[\frac{K_0 h}{K_f w_f}\left(\ln\frac{h}{2r_w} - \frac{\pi}{2}\right)\right] \tag{3-301}$$

因此，对于一口压裂 n 条横向裂缝的压裂水平井，可以通过求解下面的方程组计算任意时刻 t 时的各条裂缝的产量 q_{f1}、q_{f2}、q_{f3}、…、q_{fn}。

$$\begin{cases} \Delta p_{11}(q_{f1}) + \Delta p_{21}(q_{f2}) + \Delta p_{31}(q_{f3}) + \cdots + \Delta p_{n1}(q_{fn}) = p_i - p_{w1} \\ \Delta p_{12}(q_{f1}) + \Delta p_{22}(q_{f2}) + \Delta p_{32}(q_{f3}) + \cdots + \Delta p_{n2}(q_{fn}) = p_i - p_{w2} \\ \Delta p_{13}(q_{f1}) + \Delta p_{23}(q_{f2}) + \Delta p_{33}(q_{f3}) + \cdots + \Delta p_{n3}(q_{fn}) = p_i - p_{w3} \\ \vdots \\ \Delta p_{1n}(q_{f1}) + \Delta p_{2n}(q_{f2}) + \Delta p_{3n}(q_{f3}) + \cdots + \Delta p_{nn}(q_{fn}) = p_i - p_{wn} \end{cases} \tag{3-302}$$

式中 Δp_{ij}——产量为 q_{fi} 的第 i 条裂缝在第 j 条裂缝处产生的压力降；

p_{wi}——第 i 条裂缝处的井底压力，这里假设 $p_{w1} = p_{w2} = p_{w3} = \cdots = p_{wn}$。

这样方程组中第一个方程即为每条裂缝在第一条裂缝处产生的压力降落的叠加，以下以此类推。

所以，任意时刻 t 时的压裂水平井产量为

$$Q = q_{f1} + q_{f2} + q_{f3} + \cdots + q_{fn} \tag{3-303}$$

即可求得 Q—t 的关系。

2）压裂水平井产量递减规律（见图3-145～图3-149）

基本计算参数：平均油层厚度 10.5m，平均孔隙度 10.6%，平均渗透率 $0.85 \times 10^{-3} \mu m^2$，原油压缩系数 14.2×10^{-4}/MPa、地层原油黏度 5.96mPa·s，体积系数 1.32。生产压差取 6MPa。

从计算结果可以看出以下几点。

（1）压裂水平井初期产量比较高、但是递减比较快。主要是由于近裂缝周围渗流阻力小，产量高，随着压力逐渐向外传播，泄油范围增大，渗流阻力变大，产量减小。因此，仅靠初期产量评价压裂水平井开发效果不够科学。

（2）产量很快进入平稳阶段，并且维持较长时间。这一阶段是压裂水平

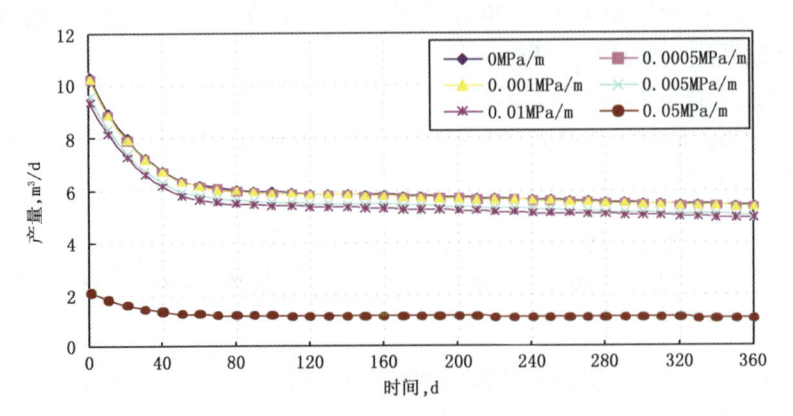

图 3-145 启动压力梯度对递减规律的影响

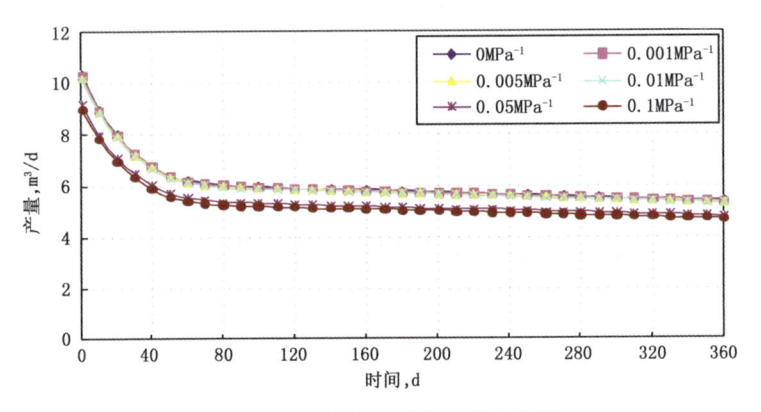

图 3-146 变形系数对递减规律的影响

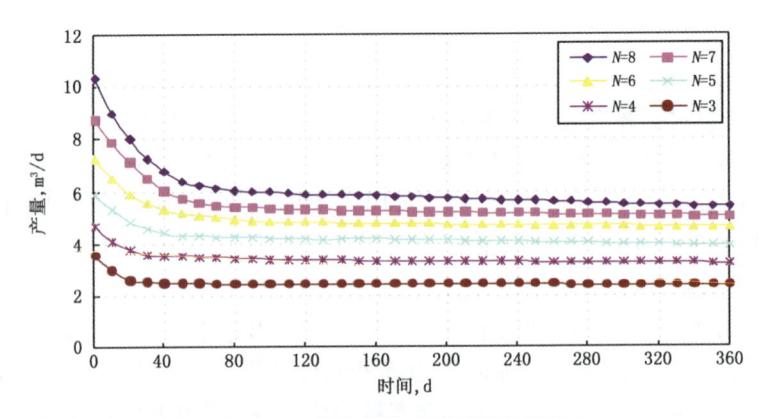

图 3-147 裂缝条数对递减规律的影响

第三章　水平井开发油藏工程论证

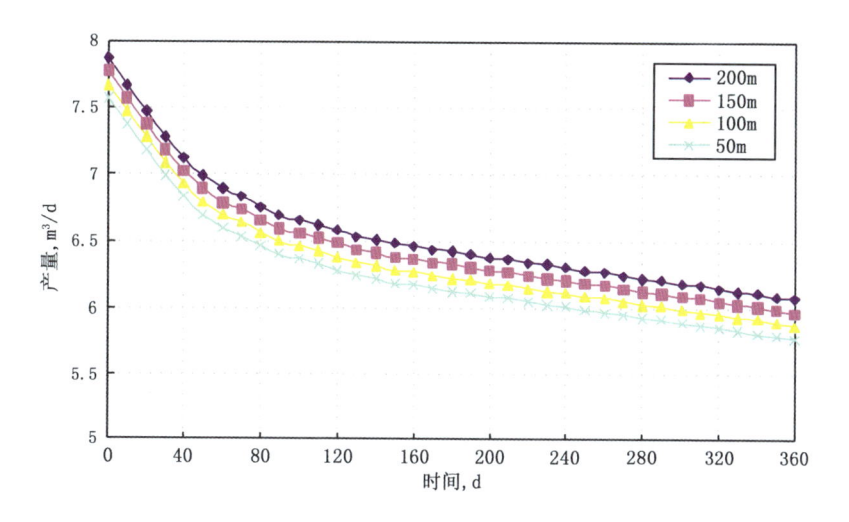

图 3-148　裂缝长度对递减规律的影响

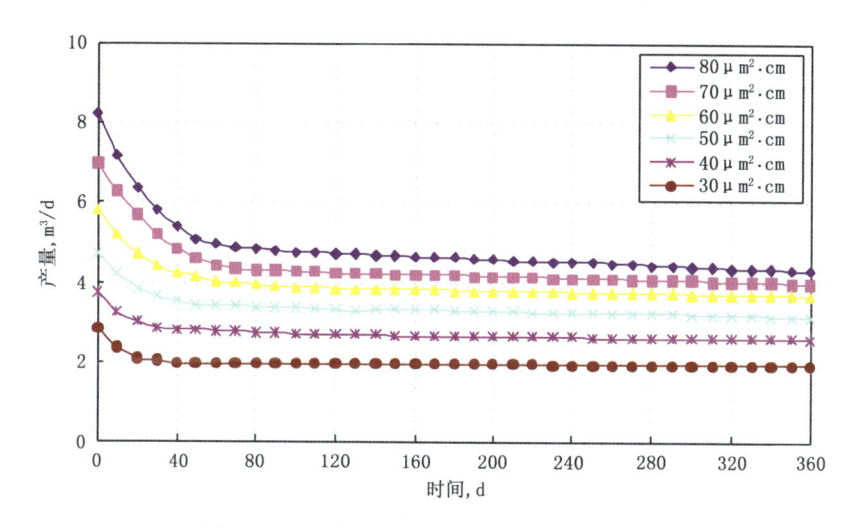

图 3-149　裂缝导流能力对递减规律的影响

井的主要采油时期，进行有效的能量补充是该段时间的技术关键。

（3）启动压力梯度、变形系数、裂缝条数、长度和导流能力对产量递减有一定影响，但仅影响产量的相对大小，并不影响产量变化的相对趋势。

二、低渗透油藏水平井井网优化设计技术

油藏渗透率越低，井网对开发效果的影响越大，井网的优化部署在整个方案设计中也越关键。低渗透油藏由于储层物性差、天然裂缝发育、非均质性强等特征，而且往往又需要压裂改造后才能进行投产，在注水开发过程中常常出现注水见效慢或者方向性见水快等难题。并且当采用水平井开发低渗透油藏时，这一矛盾更为突出。因此，合理的注采井网是利用水平井经济高效开采低渗透油田的基础保证。

经过近30年的探索和实践，对于低渗透油藏直井的井网形式和合理井排距的选择基本有了明确认识。而对于水平井井网形式，目前仍处于理论研究和开发试验阶段，尽管国内外学者曾通过物理模拟、油藏工程方法和数值模拟等手段对此进行了大量的研究，但尚未形成统一的认识。

1. 计算条件及井网形式

1）基础参数

由于每一种井网都具有自己的特点、优势和生命力，只是针对不同的油藏类型有着不同的适应性而已。因此，需要针对某一具体油田或区块进行井网优化设计和对比，方有意义。这里采用理想模型进行计算和分析：油层厚度10.5m，孔隙度10.6%，渗透率$0.4 \times 10^{-3} \mu m^2$，地层原油黏度5.96mPa·s，原油压缩系数$14.2 \times 10^{-4} MPa^{-1}$，地层原油密度0.73g/cm³，体积系数1.32。

2）基础井网形式设计与参数优化

共设计了16种基础井网形式，见图3-150。

利用正交优化设计方法，确定水平井长度300m，排距200m，井间距80m，压裂4条裂缝，导流能力$30\mu m^2 \cdot cm$，注水井不压裂。

3）评价指标

对于水平井井网，一般都具有比较高的初期产能，因此，应该重点论证以下4个方面：

（1）能量补充好，压力保持水平高，注水见效早，产量递减缓慢；

（2）初期含水低，无水采油期长，含水上升速度慢，最终采收率较高；

（3）井网后期调整余地大，灵活性好；

（4）井网密度小，经济效益好。

为了消除成本因素，进行有效对比，这里引入单井有效采出程度的概念，

第三章　水平井开发油藏工程论证

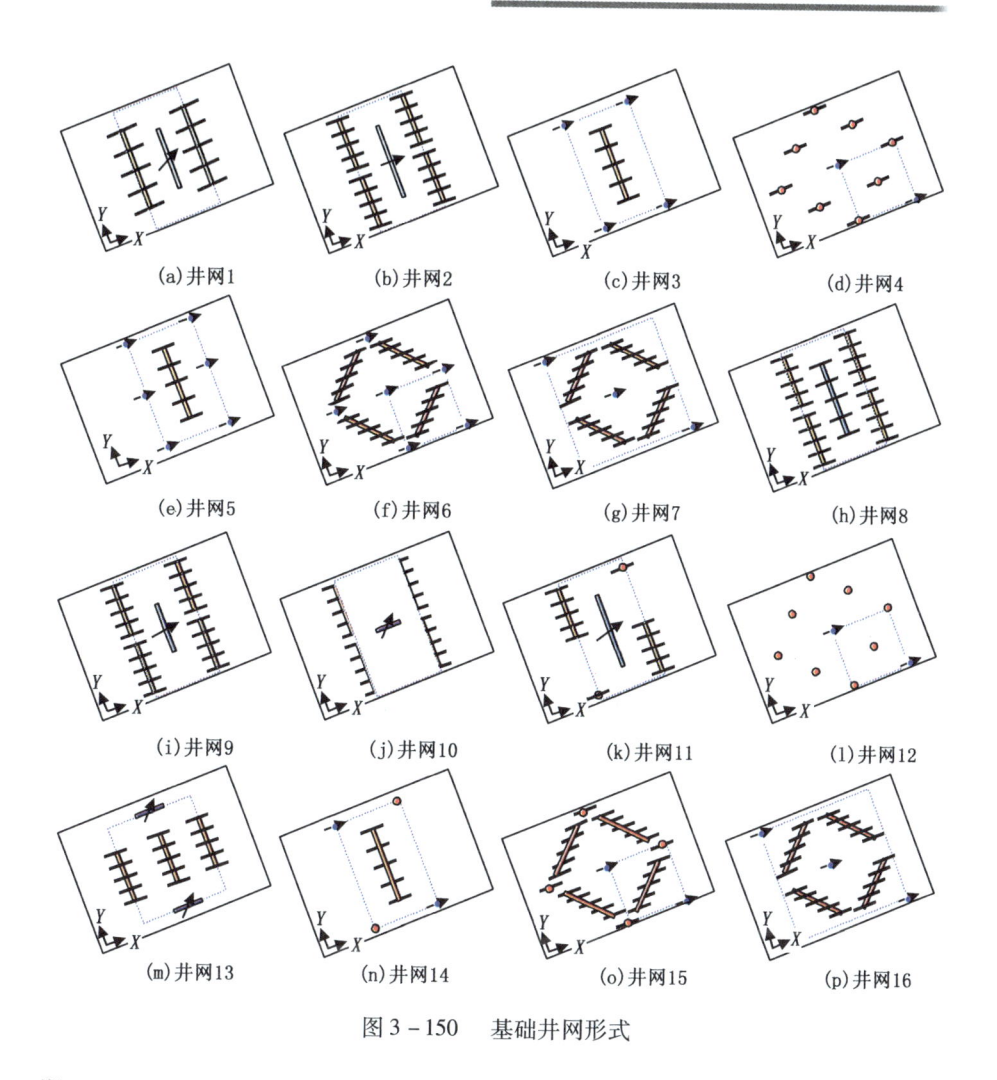

(a) 井网1　　(b) 井网2　　(c) 井网3　　(d) 井网4

(e) 井网5　　(f) 井网6　　(g) 井网7　　(h) 井网8

(i) 井网9　　(j) 井网10　　(k) 井网11　　(l) 井网12

(m) 井网13　　(n) 井网14　　(o) 井网15　　(p) 井网16

图 3-150　基础井网形式

即

$$\eta_e = \eta / N \tag{3-304}$$

式中　η——井组采出程度；

　　　N——井网密度，$N = n/A$；

　　　A——井组控制面积；

　　　n——井数。

2. 不同井网的适应性分析

1）水平段方向确定与基础井网优选

表 3-25 不同方向 16 种井网 20 年采出程度和单井有效采出程度计算结果对比

水平段垂直于最大主应力方向																
井网	1	2	3	4	5	6	7	8	9	10	11	12	13	14	15	16
η	17.75	16.00	11.15	13.85	15.69	15.50	14.35	15.85	14.10	12.70	15.00	13.15	18.25	9.25	14.50	12.50
η_e	0.84	0.85	0.81	0.78	0.80	0.62	0.48	0.83	0.75	0.68	0.80	0.59	0.61	0.49	0.58	0.44

水平段平行于最大主应力方向																
井网	1	2	3	4	5	6	7	8	9	10	11	12	13	14	15	16
η	13.70	15.45	13.50	13.85	15.69	15.50	14.35	15.00	14.20	13.05	5.75	13.15	18.25	11.70	14.50	12.50
η_e	0.50	0.73	0.72	0.78	0.69	0.62	0.48	0.71	0.68	0.62	0.33	0.59	0.61	0.62	0.58	0.44

从表 3-25 的计算结果可以看出：

（1）当油藏渗透率较低时，水平段与最大主应力方向或者高渗透方向垂直，可以进行多段压裂，产生多条裂缝，采油速度和采出程度较高，开发效

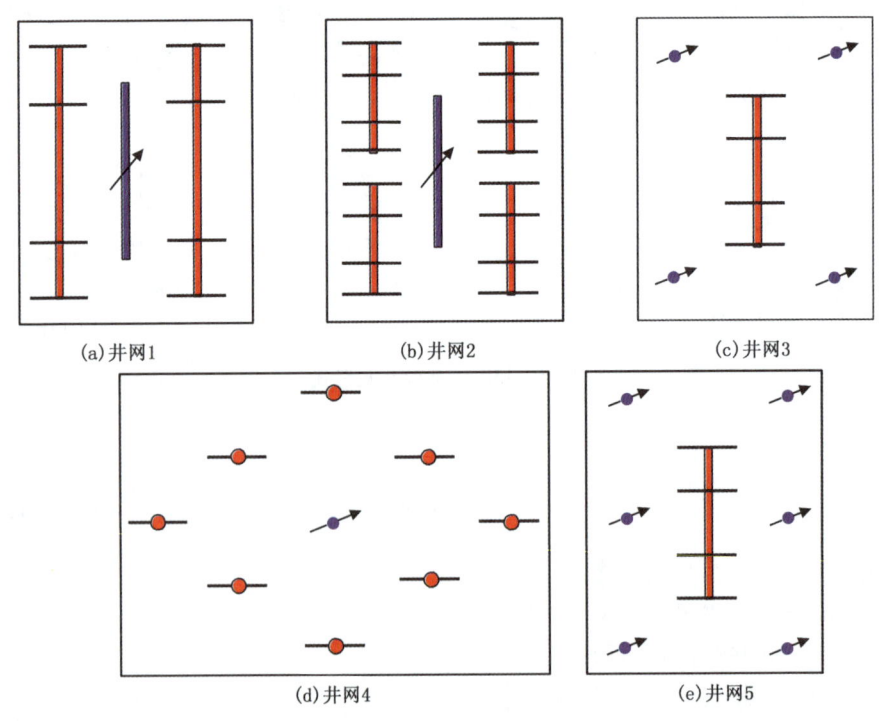

(a) 井网1　　　(b) 井网2　　　(c) 井网3

(d) 井网4　　　(e) 井网5

图 3-151　5 种井网形式示意图

第三章 水平井开发油藏工程论证

果比较好；

（2）行列式排列的几种井网由于水线推进比较均匀，开发效果比较好。

因此，这里优选全水平井井网 1 和井网 2、直井注水—水平井采油的混合井网 3 和井网 5、以及全直井井网 4 进行详细对比论证。保持水平段方向与压裂缝方向或高渗透方向垂直。

2）优选井网适应性分析

5 种优选井网模拟单元开发 15 年的含油饱和度分布图，见图 3 – 152 ~ 图 3 – 156。采出程度与开发时间的关系曲线，见图 3 – 157；含水率与开发时间的关系曲线，见图 3 – 158；含水率与采出程度的关系曲线，见图 3 – 159；单井有效采出程度与开发时间的关系曲线，见图 3 – 160（a、b、c 分别代表一口水平井折算为 1.5 口、2.0 口、2.5 口直井）；含水率与单井有效采出程度的关系曲线，见图 3 – 161；开发时间与地层压力的关系曲线，见图 3 – 162。

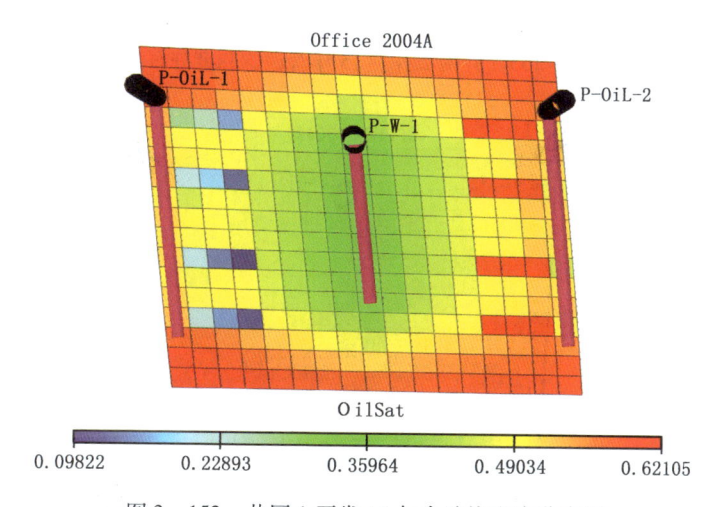

图 3 – 152 井网 1 开发 15 年含油饱和度分布图

由图 3 – 157 和图 3 – 158 可以看出，在相同时间内，井网 1 采出程度最大，井网 2 采出程度次之，井网 4 采出程度最小。但同时也伴随着高含水的劣势，井网 1 含水率最大，井网 2 含水率次之，井网 4 含水率最小。因此，对于全水平井网，总体上普遍含水较高，直井以及水平井与直井混合井网总体上普遍含水较低。

从图 3 – 159 含水率与采出程度的关系曲线来看，在相同含水率下，井网 3 采出程度最大，井网 5 采出程度次之，井网 2 采出程度最小。但是，由于每

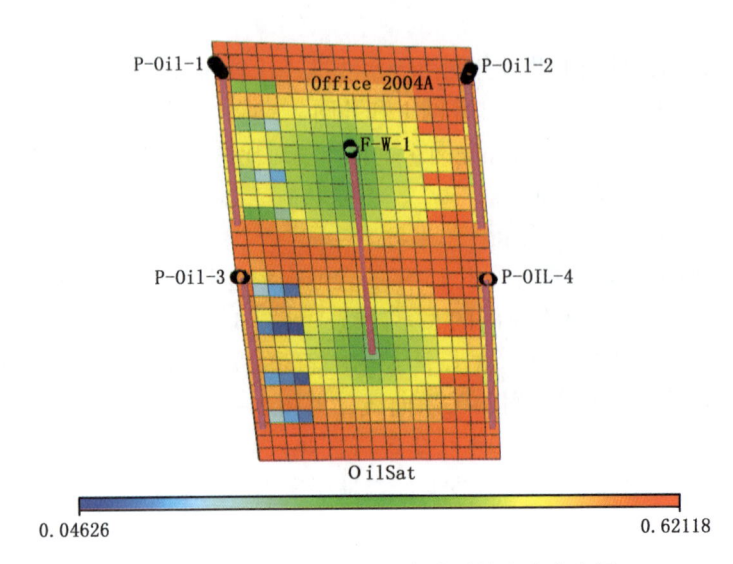

图 3-153 井网 2 开发 15 年含油饱和度分布图

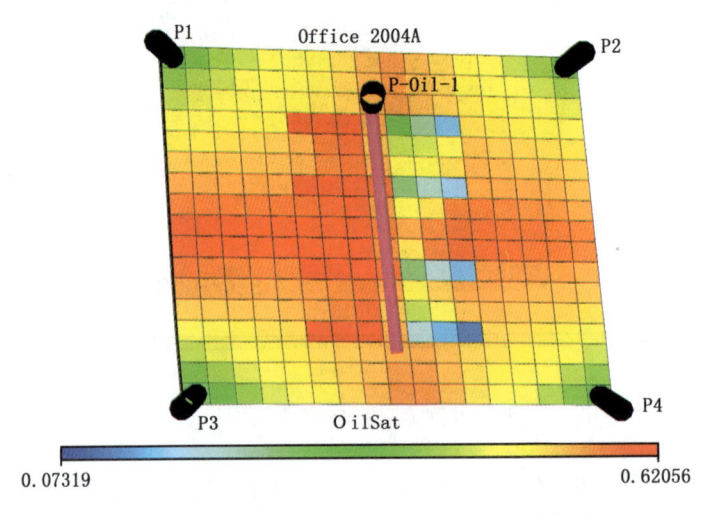

图 3-154 井网 3 开发 15 年含油饱和度分布图

个井网形式所用的井数和井的类型不一样，控制的面积也不一样，导致井网密度也不一样，因此仅用这一指标来评判或优选井网，过于片面。

从图 3-160 单井有效采出程度与开发时间的关系曲线可以看出：不管水平井成本折算为 1.5 倍、2 倍还是 2.5 倍直井的成本，井网 2 单井有效采出程度最大，井网 1 单井有效采出程度次之，井网 4 单井有效采出程度最小，井

第三章 水平井开发油藏工程论证

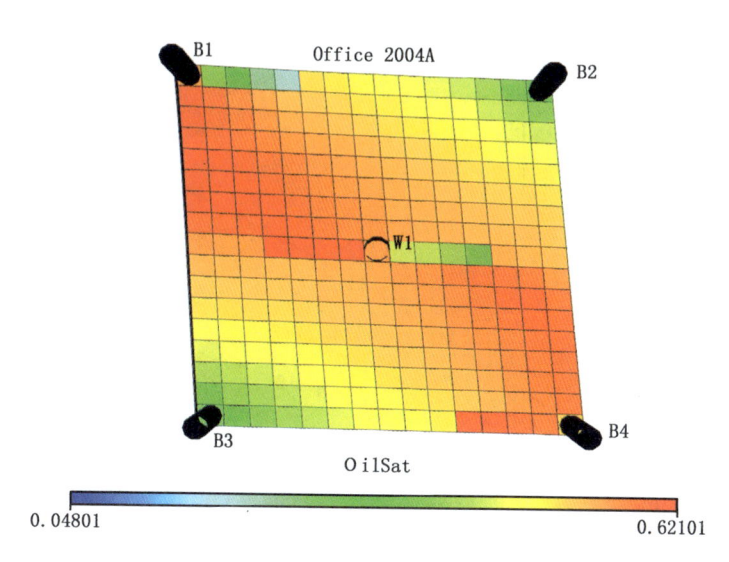

图 3-155 井网 4 开发 15 年含油饱和度分布图

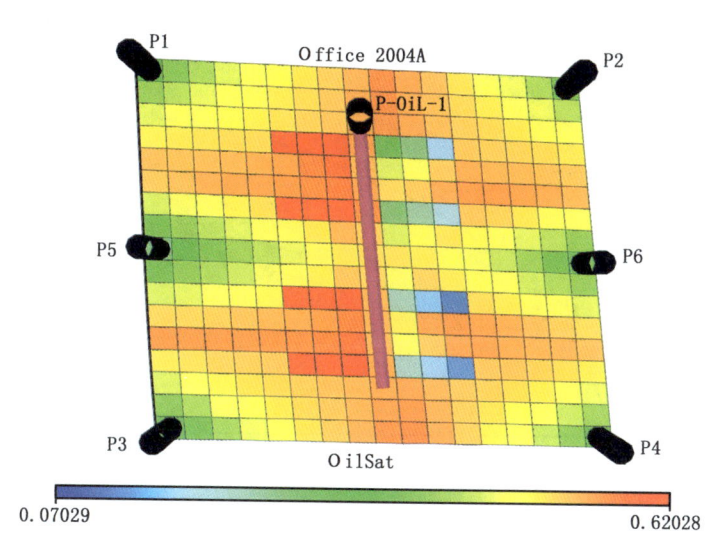

图 3-156 井网 5 开发 15 年含油饱和度分布图

网 3 单井有效采出程度居中，这也说明水平井网具有很大的优势，但也伴随着高的含水。对于低渗透油藏，水平井高的含水给后期调整带来麻烦，甚至造成全井报废；另外，如果储层变化快或者非均质性较强，全水平井井网 1 和井网 2 的风险过大，也是其另一致命弱点所在。

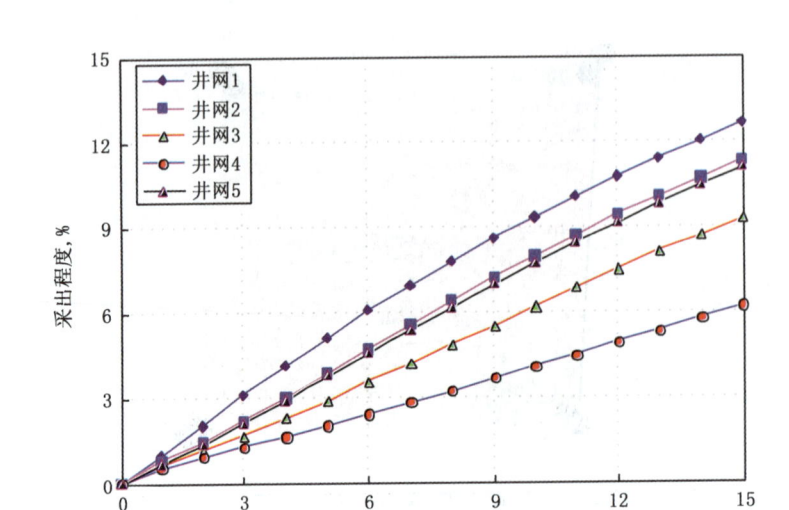

图 3–157　5 种井网采出程度与开发时间的关系曲线对比

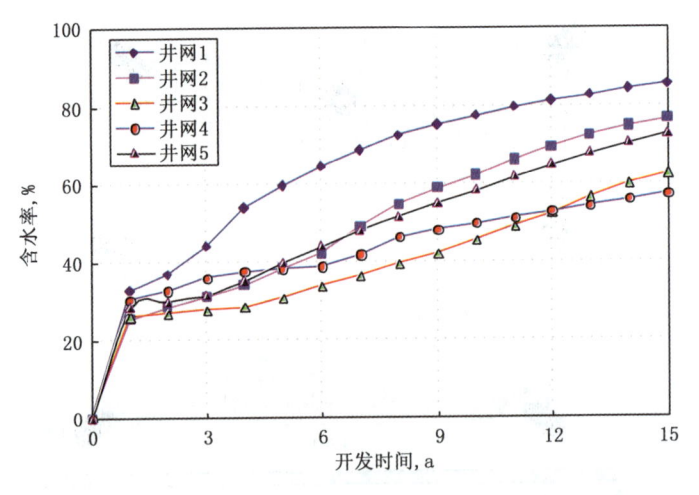

图 3–158　5 种井网含水率与开发时间的关系曲线对比

从图 3–161 含水率与单井有效采出程度的关系曲线来看，在相同含水率下，井网 3 单井有效采出程度最高，井网 4 次之，井网 1 和井网 2 单井有效采出程度较低。

从压力保持水平来看，井网 5 最好。由于低渗透油藏水平井产量递减较快，好的压力保持水平也是其中一个关键指标。

第三章　水平井开发油藏工程论证

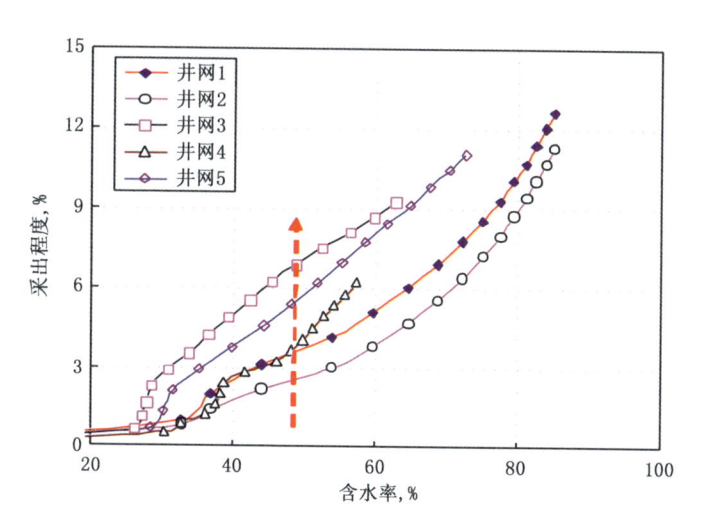

图 3-159　5 种井网含水率与采出程度的关系曲线对比

从开发 15 年的含油饱和度分布来看，井网 3 的中间部位难以驱替到，会影响最终采收率。相比较而言，井网 4 和井网 5 相对较好。

另外，从井网形式来看，井网 1 和井网 2 为全水平井井网，不宜调整，这是水平井自身的一个弱点。我国低渗透油藏均为陆相沉积，非均质性强，需要灵活易调整的井网。井网 4 和井网 5 具有这方面的优势，可以根据见水情况，灵活调整注水井。

以上分析不难看出：

（1）全水平井井网 1 和井网 2 存在含水高的弊端，并且风险太大，不作为推荐井网。

（2）井网 3 可作为推荐井网，但由于压裂缝中间部位不易驱替到，水平段不宜过长。

（3）低渗透油藏一般压力系数比较低，需要较好的压力保持水平。因此，重点推荐灵活易调整的井网 5 作为该区块的优势井网。由于这种井网注采井数比较高，在实际应用过程中可以适当增加水平段的长度和压裂缝条数。

综上所述，油藏渗透率较低时，水平段垂直于最大主应力方向，压裂横向裂缝具有明显的初产和累产优势；油藏均质性较好、渗透率相对较高时，全水平井井网开发效果好，但目前，水平井分段注水及分段控注技术还不成熟，整体水平井井网推广受到限制；油藏非均质性强、渗透率相对较低时，

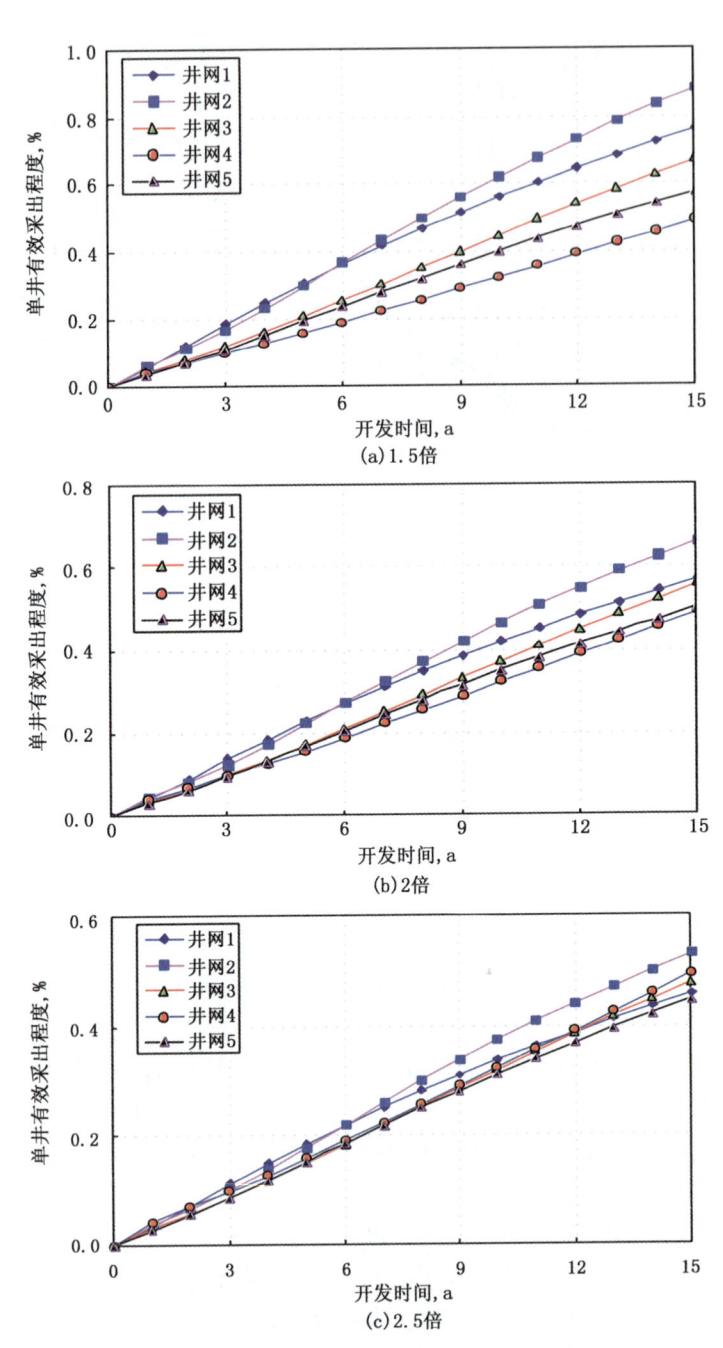

图 3-160 5种井网单井有效采出程度与开发时间的关系曲线对比

第三章 水平井开发油藏工程论证

直井注水—水平井采油混合井网灵活宜调整,开发效果好;渗透率越低,裂缝越发育,七点井网比五点井网补充能量的优势越明显。

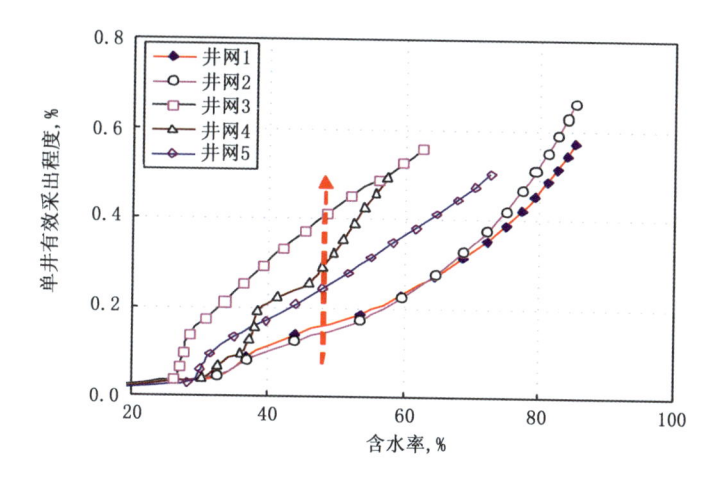

图3-161 5种井网含水率与单井有效采出程度的关系曲线对比

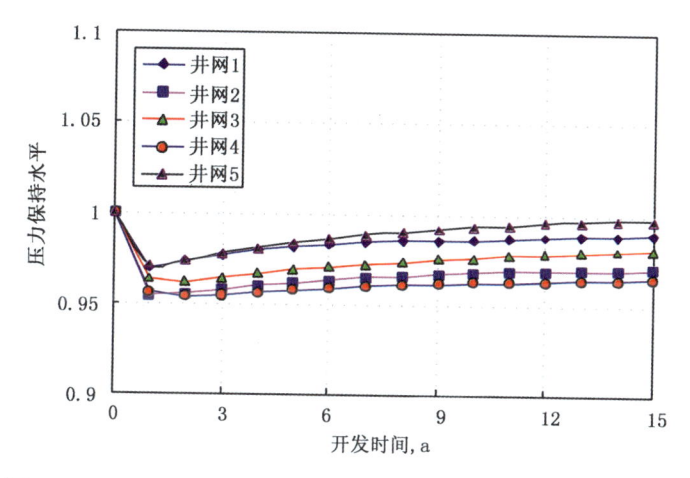

图3-162 5种井网地层压力保持水平与开发时间的关系曲线对比

3. 五点和七点直井—水平井混合井网的进一步对比研究

根据前面研究之筛选结果和现场实际的应用需要,重点对直井—水平井混合五点井网和七点井网进一步探讨。

1)五点法混合井网

这里设计了以下7种五点井网的基本形式,如图3-163所示。

285

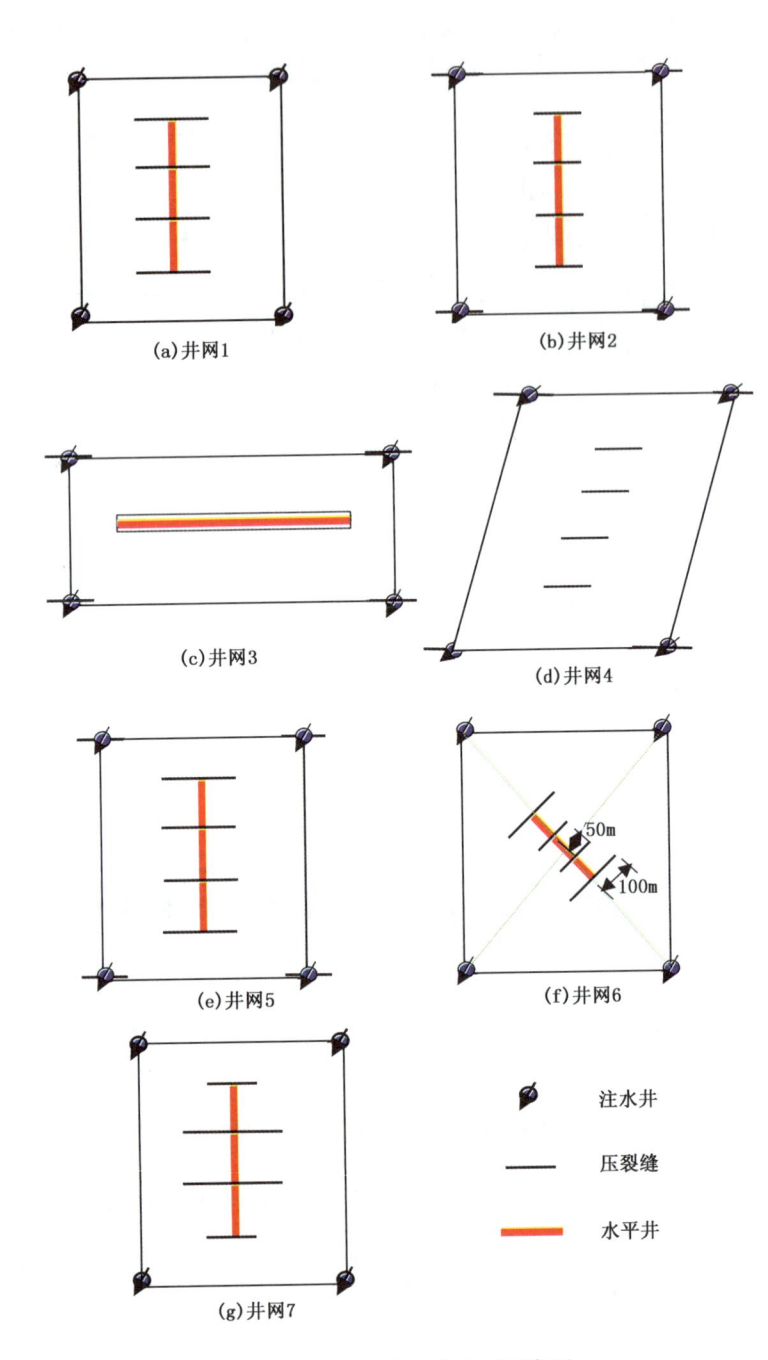

图 3-163　7 种五点井网示意图

第三章 水平井开发油藏工程论证

井网2、井网4中采油井半缝长取10m;井网3水平段长600m、排距115m、井间距100m,保持相等的泄油面积;井网6、井网7采用不等缝长,短缝半长50m、长缝半长100m。

分$0.4 \times 10^{-3} \mu m^2$、$10 \times 10^{-3} \mu m^2$两种情况分别计算日产油量、采出程度、含水率和压力保持水平与时间的关系,结果如图3-164~图3-173所示。

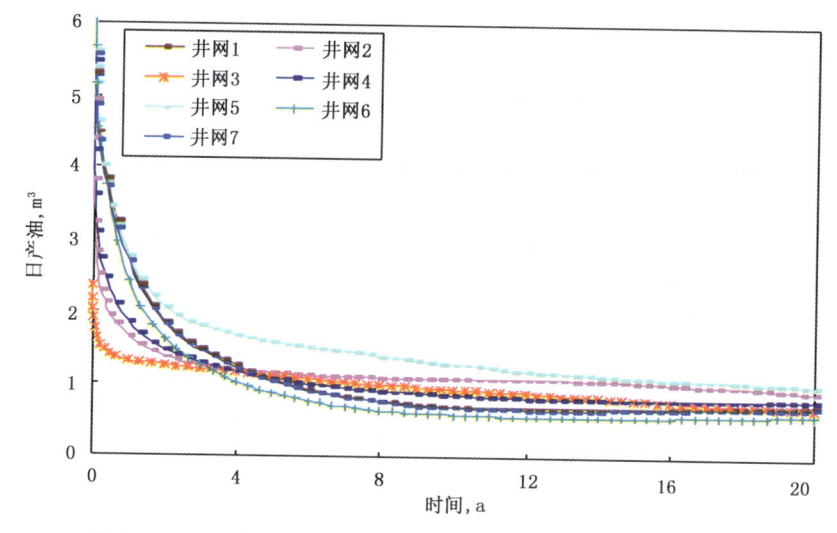

图3-164 7种五点井网产量与时间关系曲线对比($0.4 \times 10^{-3} \mu m^2$)

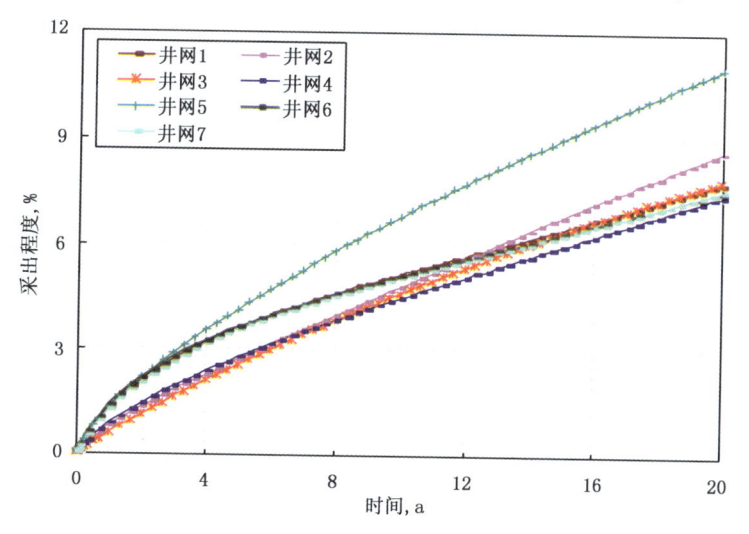

图3-165 7种五点井网采出程度与时间关系曲线对比($0.4 \times 10^{-3} \mu m^2$)

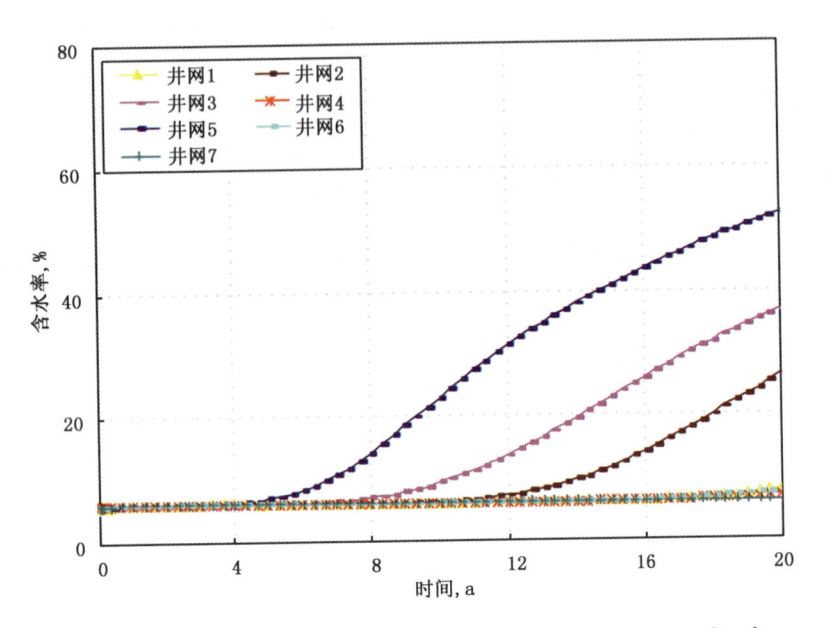

图 3-166　7 种五点井网含水率与时间关系曲线对比（$0.4\times10^{-3}\mu m^2$）

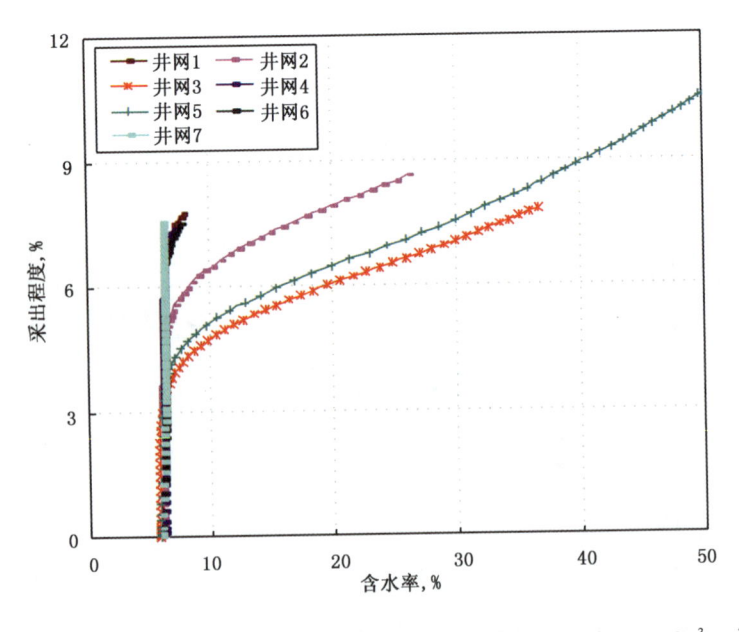

图 3-167　7 种五点井网含水率与采出程度关系曲线对比（$0.4\times10^{-3}\mu m^2$）

第三章　水平井开发油藏工程论证

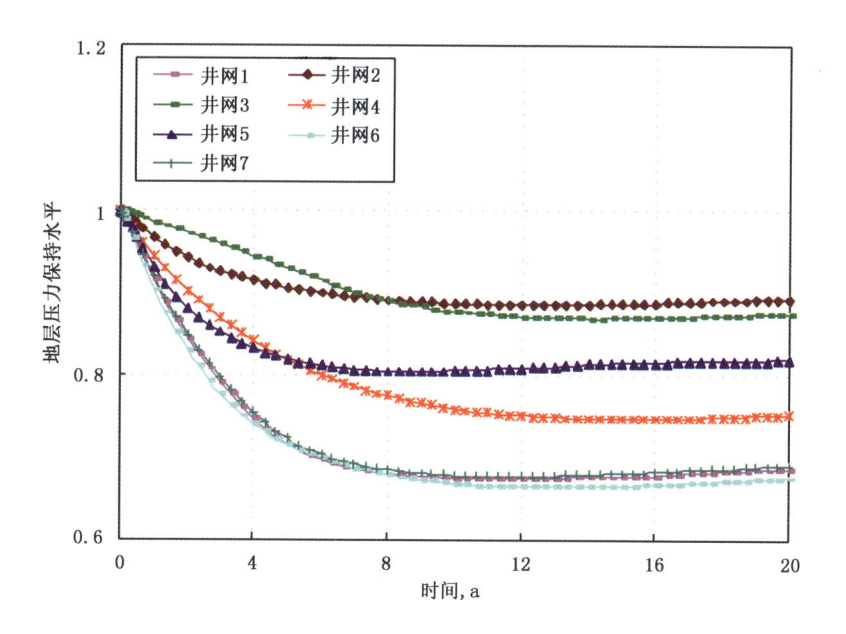

图 3-168　7 种五点井网地层压力保持水平与时间关系曲线对比（$0.4 \times 10^{-3} \mu m^2$）

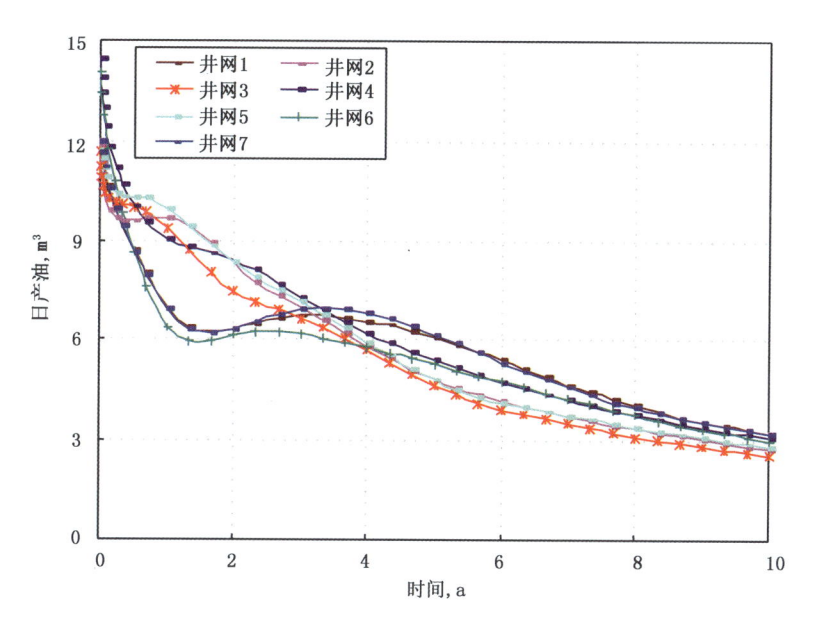

图 3-169　7 种五点井网产量与时间关系曲线对比（$10 \times 10^{-3} \mu m^2$）

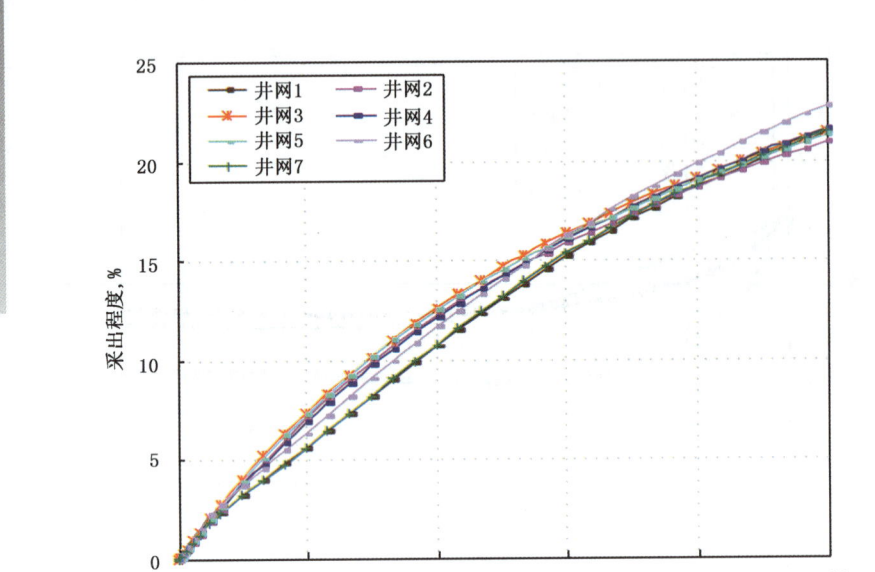

图3-170 7种五点井网采出程度与时间关系曲线对比（$10 \times 10^{-3} \mu m^2$）

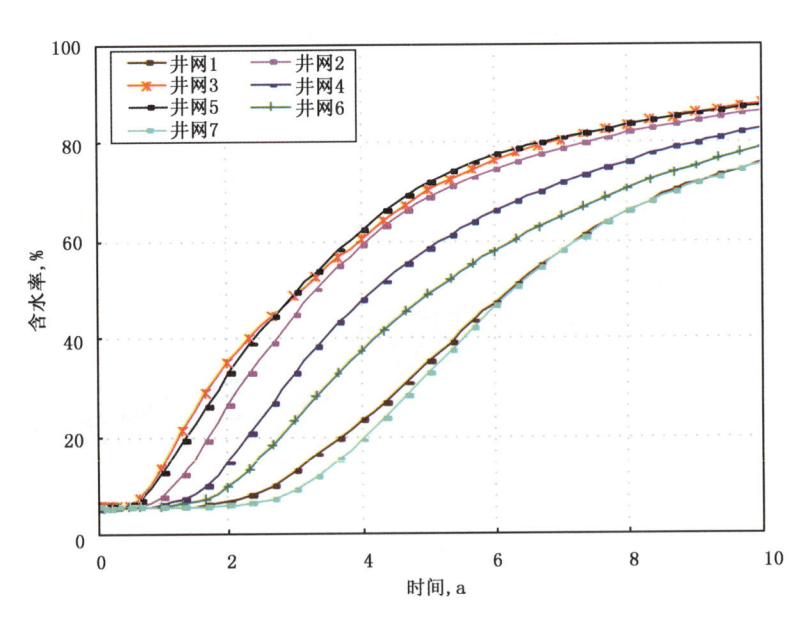

图3-171 7种五点井网含水率与时间关系曲线对比（$10 \times 10^{-3} \mu m^2$）

第三章 水平井开发油藏工程论证

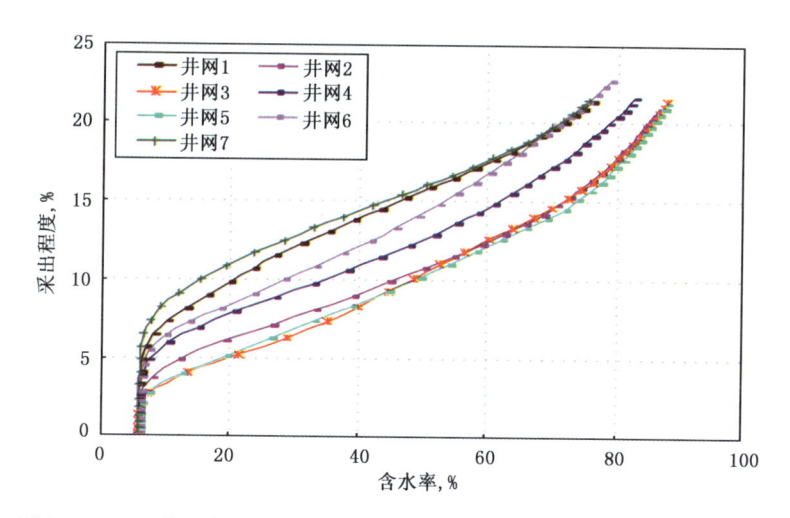

图 3-172 7 种五点井网含水率与采出程度关系曲线对比（$10 \times 10^{-3} \mu m^2$）

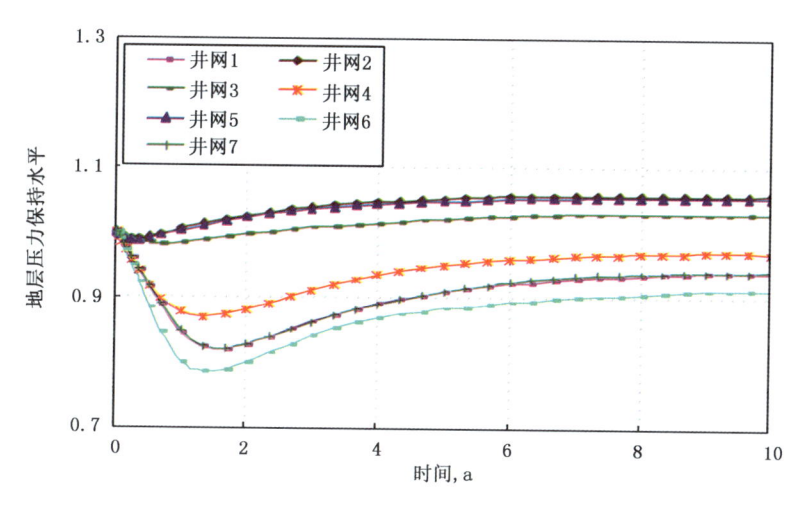

图 3-173 7 种五点井网地层压力保持水平与时间关系曲线对比（$10 \times 10^{-3} \mu m^2$）

从计算结果可以看出：

第一，在油藏渗透率较低时，压裂较长的横向裂缝的井网 5 比其他井网具有明显的初产和累产优势，但由于压裂缝较长，其含水也相对较高；

第二，在油藏渗透率较高时，压裂缝较短、地层能量传递慢的几种井网初期产量较低，但后期产量相对较高，反之亦然。因此，几种井网的累产差别不大，但压裂缝较长的几种井网含水明显偏高，所以，如果油藏渗透率较高，以压裂短裂缝为宜；

第三，在油藏渗透率较低时，注水井压裂的几种井网形式，地层压力保持水平较高，但无论是产量还是地层压力保持水平均没有向上恢复的现象，这与现场实际的表象相符；

第四，在油藏渗透率较高时，同样是注水井压裂的几种井网形式，地层压力保持水平较高，但此时产量和地层压力保持水平有明显恢复以后再递减，注水见效比较明显，而且注水井压裂的几种井网见效时间明显较早；

第五，油藏渗透率越低，注水井压裂效果越明显。

2）七点法混合井网

这里设计了以下 6 种七点井网的基本形式，如图 3-174 所示。

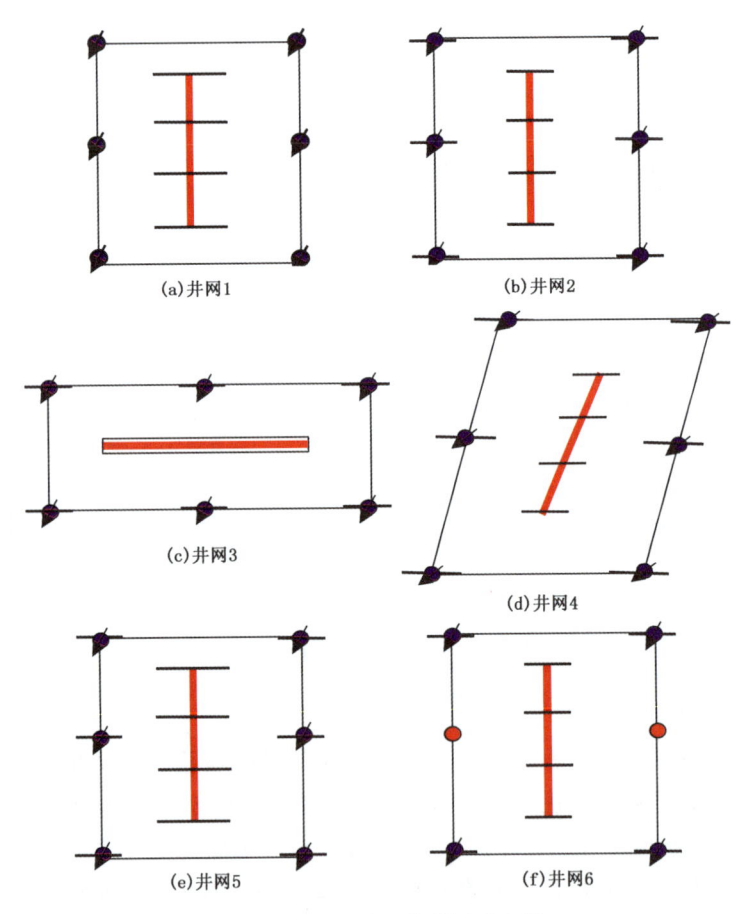

(a) 井网1

(b) 井网2

(c) 井网3

(d) 井网4

(e) 井网5

(f) 井网6

图 3-174　6 种七点井网示意图

第三章 水平井开发油藏工程论证

井网2、井网4中采油井半缝长取10m；井网3水平段长600m、排距115m、井间距100m，保持相等的泄油面积；井网6中两口边井改为采油井。

仍然分 $0.4\times10^{-3}\mu m^2$、$10\times10^{-3}\mu m^2$ 两种情况分别计算日产油量、采出程度、含水率和压力保持水平与时间的关系，结果如图3-175~图3-184所示。

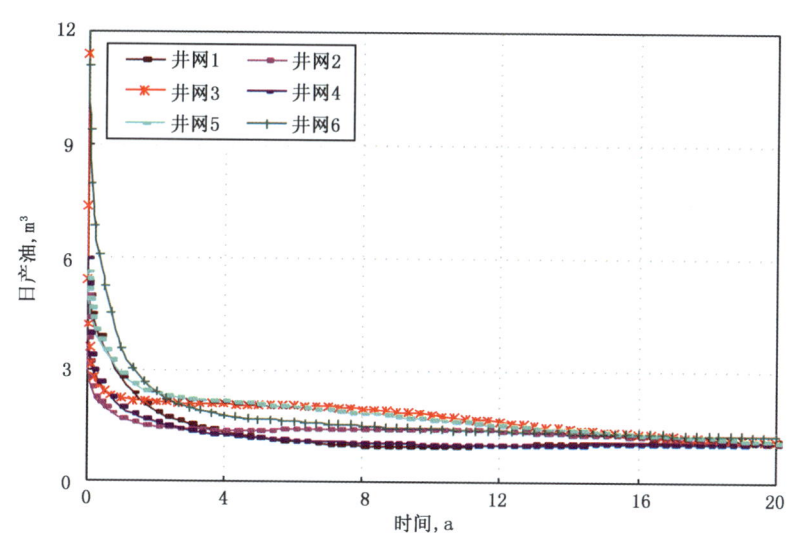

图3-175 6种七点井网产量与时间关系曲线对比（$0.4\times10^{-3}\mu m^2$）

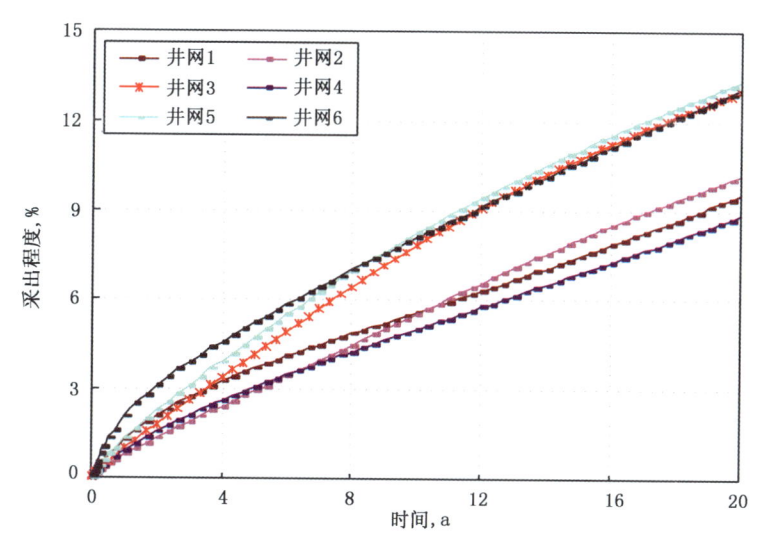

图3-176 6种七点井网采出程度与时间关系曲线对比（$0.4\times10^{-3}\mu m^2$）

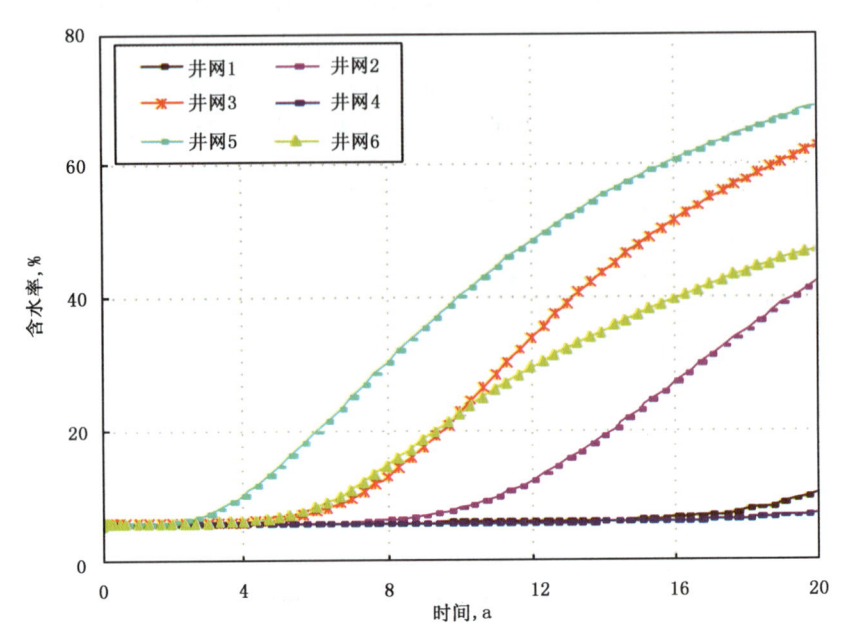

图 3-177 6种七点井网含水率与时间关系曲线对比（$0.4 \times 10^{-3} \mu m^2$）

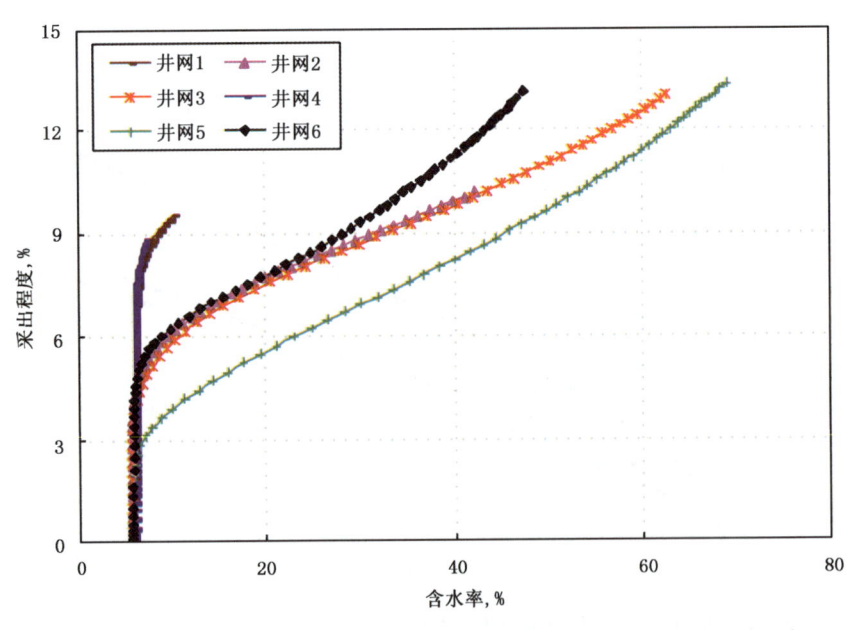

图 3-178 6种七点井网含水率与采出程度关系曲线对比（$0.4 \times 10^{-3} \mu m^2$）

第三章 水平井开发油藏工程论证

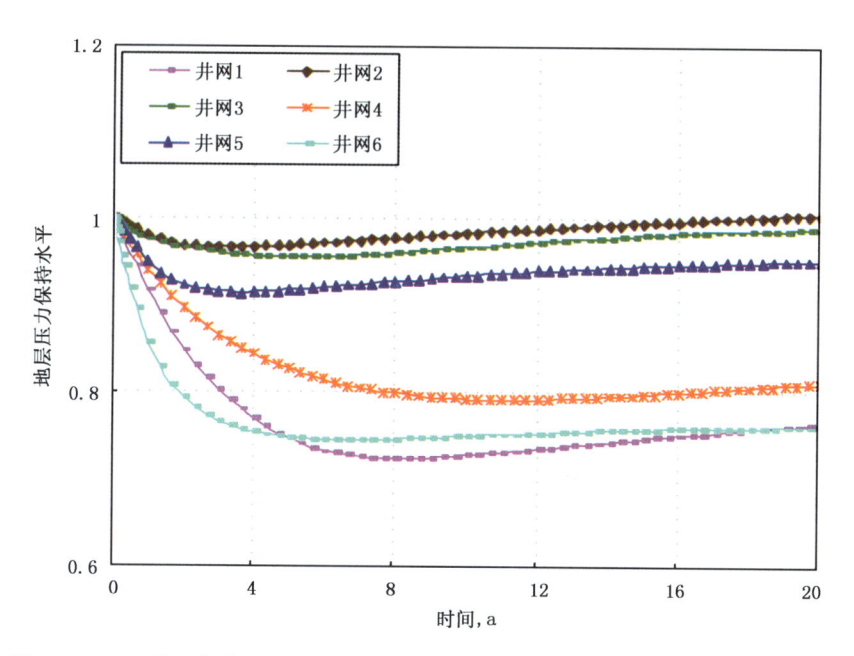

图3-179 6种七点井网地层压力保持水平与时间关系曲线对比（$0.4\times10^{-3}\mu m^2$）

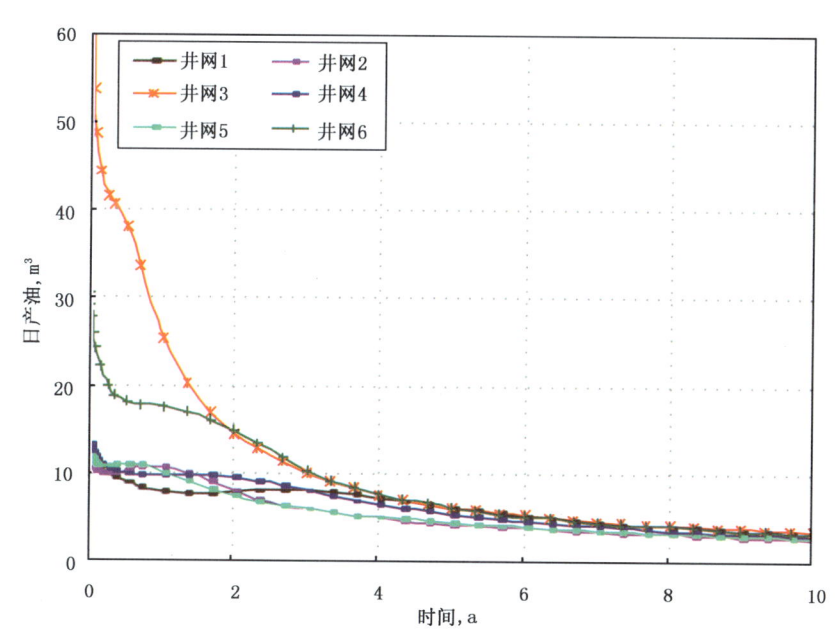

图3-180 6种七点井网产量与时间关系曲线对比（$10\times10^{-3}\mu m^2$）

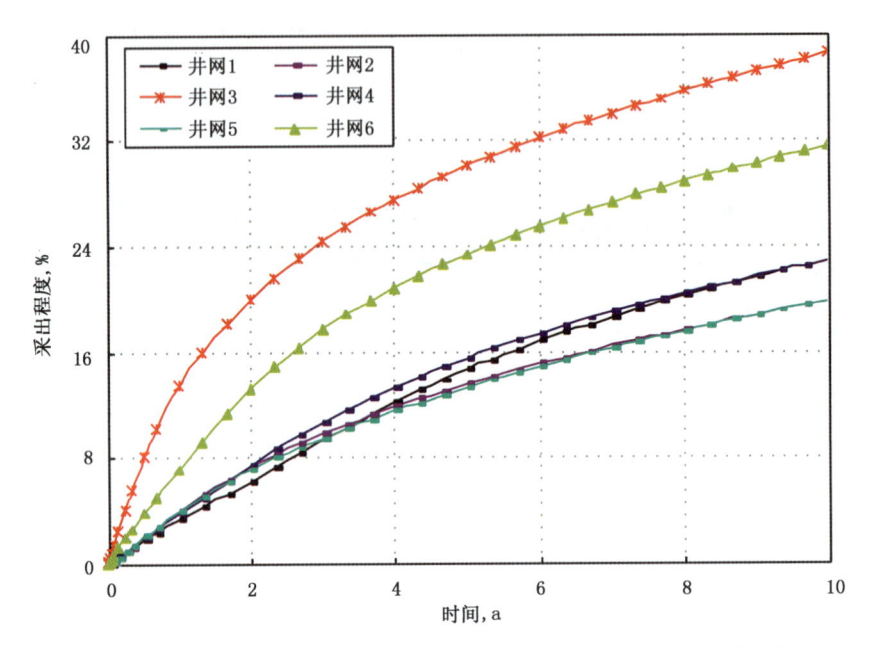

图 3-181　6 种七点井网采出程度与时间关系曲线对比（$10 \times 10^{-3} \mu m^2$）

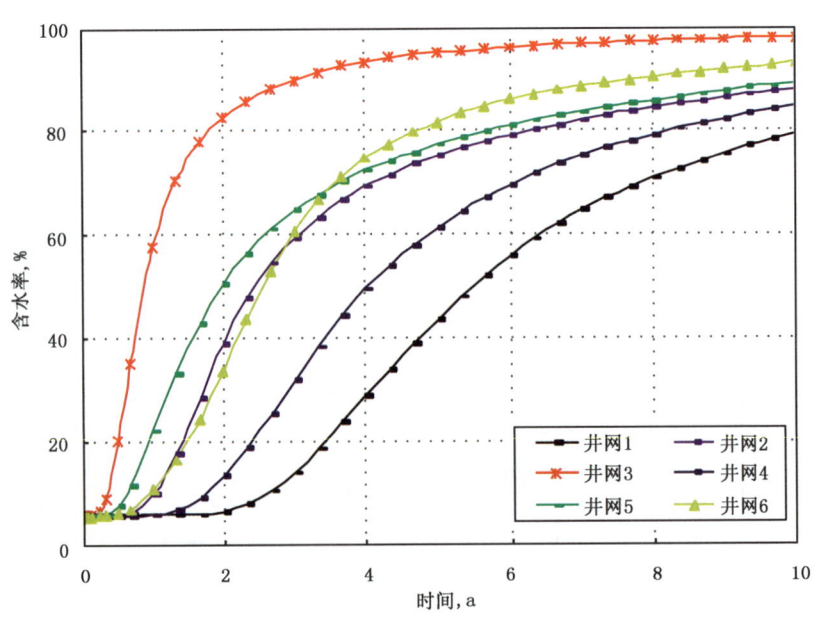

图 3-182　6 种七点井网含水率与时间关系曲线对比（$10 \times 10^{-3} \mu m^2$）

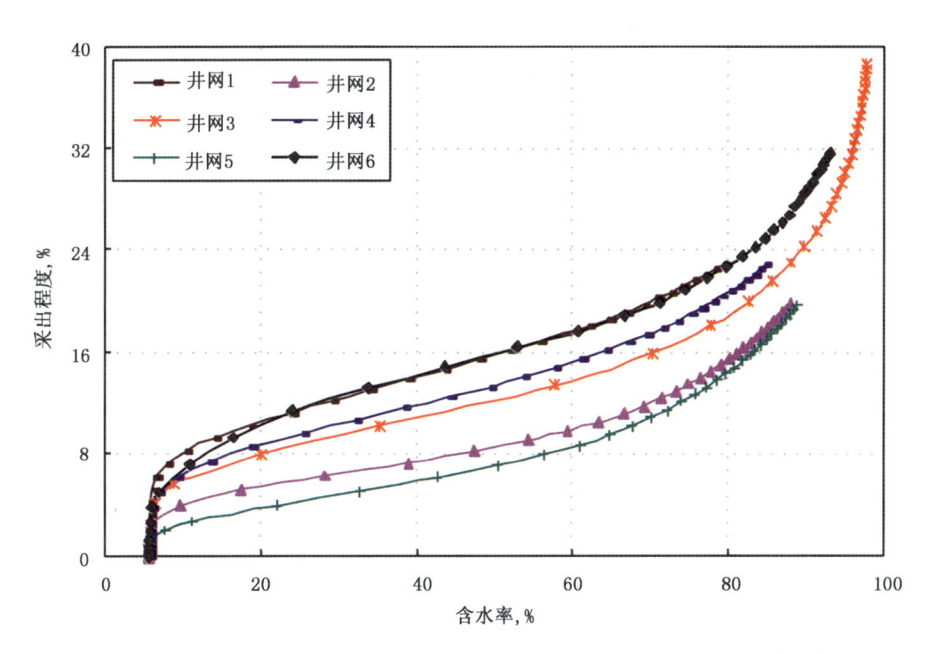

图3-183 6种七点井网含水率与采出程度关系曲线对比（$10 \times 10^{-3} \mu m^2$）

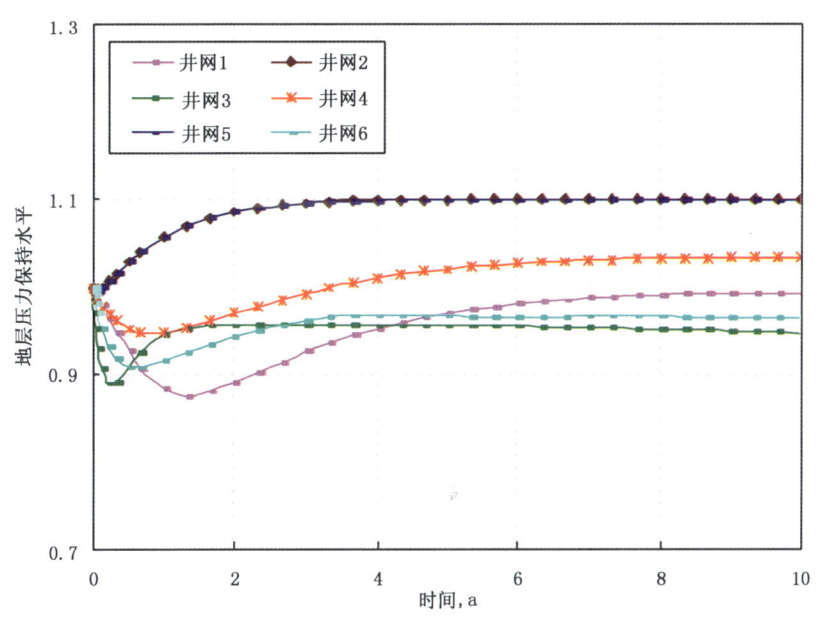

图3-184 6种七点井网地层压力保持水平与时间关系曲线对比（$10 \times 10^{-3} \mu m^2$）

从以上的对比可以看出：

第一，在油藏渗透率较低时，压裂较长的横向裂缝的井网 5 比其他井网具有明显的初产和累产优势，但由于压裂缝较长，其含水也相对较高；井网 3 由于能量补充较好，在后期具有明显优势；尽管井网 6 初期产量比较高，但由于注采井数比比较低，后期能量补充不上，累产效果不好。

第二，渗透率较高、注水点较多时，压裂纵向裂缝，即井网 3 具有明显优势，原因是这种井网容易形成线性驱替；此时，由于渗透率较高，能量传递快，井网 6 的开发效果也不错；但同样这两类井网的含水也比较高。

第三，对于七点井网，渗透率较高时，横向压裂缝不再具有优势。

第四，渗透率较低时，注水井压裂的几种井网形式，地层压力保持水平较高，产量仍然没有向上恢复的现象，地层压力保持水平略微有些恢复。

第五，渗透率较高时，地层压力保持较好，产量递减幅度很小，由于见效比较早，见效的效果主要体现在降低递减幅度上，因而也就见不到产量大幅度恢复的现象。

第六，由此可见，对于渗透率特别低的油藏，由于能量传导慢，水平井产量较高，即使增加注水点，也见不到明显的产量恢复现象，注水见效的主要作用体现在降低递减幅度、缩短递减时间和保持稳产水平上。因此，不宜用产量恢复程度评价特低渗透油藏中水平井是否见到注水效果。

3）五点法和七点法混合井网开发效果对比（见图 3-185）

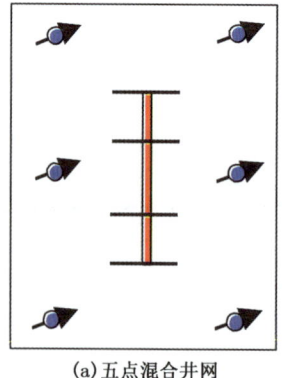

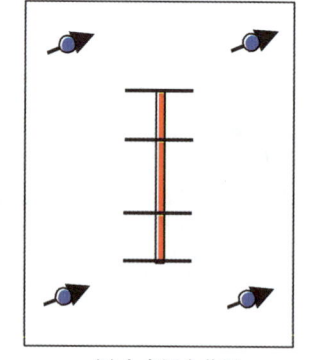

(a) 五点混合井网　　　　(b) 七点混合井网

图 3-185　五点和七点混合井网示意图

为了进一步对五点和七点混合井网进行对比，对渗透率分别为 1×10^{-3} μm^2、5×10^{-3} μm^2、10×10^{-3} μm^2、15×10^{-3} μm^2、30×10^{-3} μm^2、50×10^{-3}

第三章　水平井开发油藏工程论证

μm^2、$100 \times 10^{-3} \mu m^2$ 和 $300 \times 10^{-3} \mu m^2$ 等 8 种情况进行了数值模拟计算,并对每种情况进一步细分为裂缝不发育、较发育和特发育三种情形,裂缝的发育程度分别用渗透率的 1 倍、3 倍、9 倍作等效处理。为了进行有效对比,仍然采用单井有效采出程度的概念(水平井折算为 2 口直井)。定井底流压生产。计算结果表明:

(1) 不管渗透率如何,由于七点井网比五点井网的注水井井数多,七点井网的总采出程度比五点井网要高;

(2) 渗透率越高,五点井网开发 10 年的单井采出程度比七点井网高,但是在前期,特别是开发前 5 年左右,七点井网单井有效采出程度比五点井网要高,即进入中高含水阶段以后,五点井网比七点井网具有优势;

(3) 渗透率越低,裂缝越发育,七点井网的单井有效采出程度比五点越高,七点井网的优势越能发挥出来;

(4) 渗透率越高,裂缝发育程度越差,五点井网的优势越能发挥出来;

(5) 渗透率较低时,七点井网的优势主要在后期,渗透率较高时,七点井网的优势主要在前期,这一点对于特低渗透油藏水平井的后期能量补充非常有益。

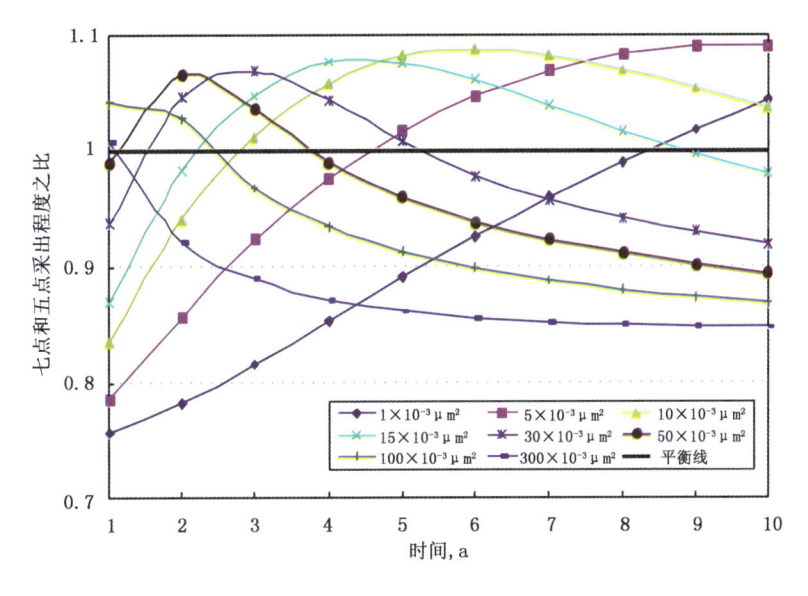

图 3-186　裂缝不发育情形（$K_x = K_y$）

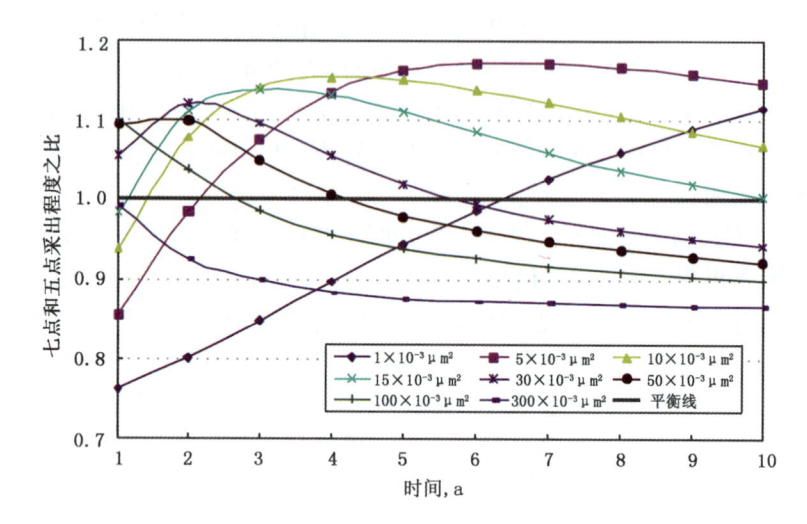

图 3-187　裂缝较发育情形（$K_x = 3K_y$）

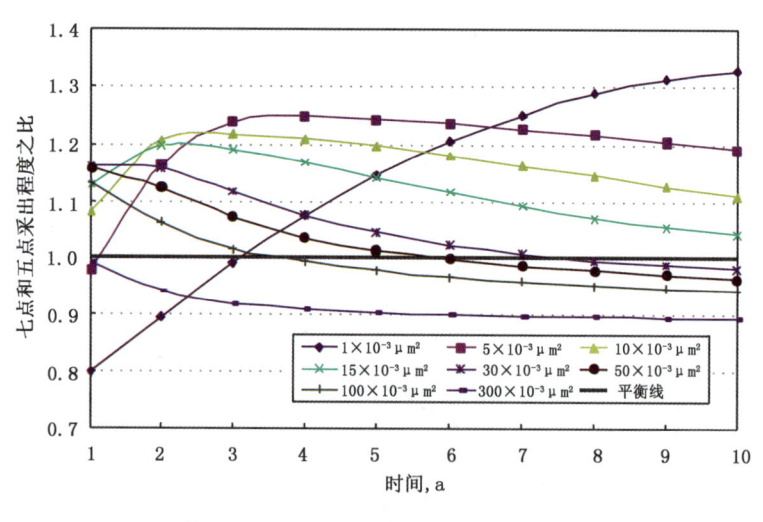

图 3-188　裂缝特发育情形（$K_x = 9K_y$）

三、混合井网条件下水平井压裂参数的优化设计

应用水平井开发低渗透油藏，一般需要压裂投产。水平井的压裂缝条数、长度、位置、间距、导流能力等参数对其开发效果的影响非常大，因此，关

第三章　水平井开发油藏工程论证

于水平井压裂参数的优化设计研究也是油藏工程设计的一项重要内容。目前，国内外利用水电相似模拟、油藏工程方法、油藏数值模拟等手段都对此进行过深入研究，并得到了一些有意义的认识和结论。但这些研究都是以水平井单井为研究对象、采用产量作为评价指标进行研究和优化的，不能考虑含水或反映水窜现象。因此，在井网条件下进行压裂参数对其开发效果的影响规律和优化设计研究，意义更为重要，研究结果也更宜于实际应用。

为了寻找一般规律性认识，采用上面井网优化设计时所采用的基本参数和优化结果，即在七点井网条件下，利用 ECLIPSE 数值模拟软件采用单层均质模型进行数值模拟计算。

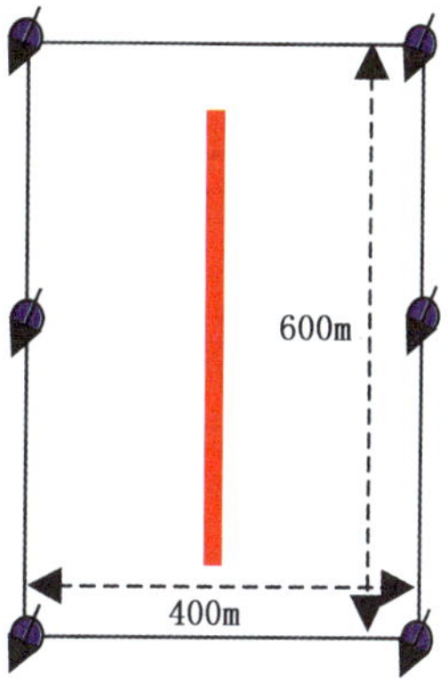

井网形式如图 3-189 所示。水平井长度 500m，排距 200m，注水井井间距 300m，导流能力 30$\mu m^2 \cdot cm$，注水井不压裂。除分析相应参数的影响规律外，其他参数均不变化，取以上各值。计算产油量、含水率、采出程度等开发指标随时间的变化趋势。

图 3-189　七点井网示意图

1. 压裂参数对开发效果的影响分析

重点分析压裂缝条数、长度、位置、间距、导流能力以及注水井压裂规模等参数对开发效果的影响规律。

1) 裂缝条数的影响

分两种情况进行分析：一是裂缝半长不变，均为 75m，分别计算裂缝条数为 4 条、6 条、8 条时三种情形，结果如图 3-190 所示；二是无论压裂几条裂缝，压裂缝缝的总长度保持不变（900m），这样压裂 4 条、6 条、8 条裂缝时其半长分别为 110m、75m、55m，计算结果如图 3-191 所示。

从图 3-190 可以看出，压裂缝条数越多，单井初期产量和采出程度越高，4 年以后产量基本相当，并且随着压裂缝条数的增多，产量增加幅度变缓。但是，同样压裂缝条数越多，其含水也越高。

从图 3-191 可以看出，6 条裂缝和 8 条裂缝的产量和采出程度相差不大，但远高于 4 条裂缝，并且 6 条裂缝和 8 条裂缝的含水也比 4 条裂缝时低得多。由此看来，对于渗透率特别低的油藏，只有压裂密裂缝、短裂缝（而非稀裂缝、长裂缝），才能达到产量高、含水低的开发效果。

但是 8 条裂缝相比 6 条裂缝有一个很大的弱势在于：8 条裂缝时，两口水

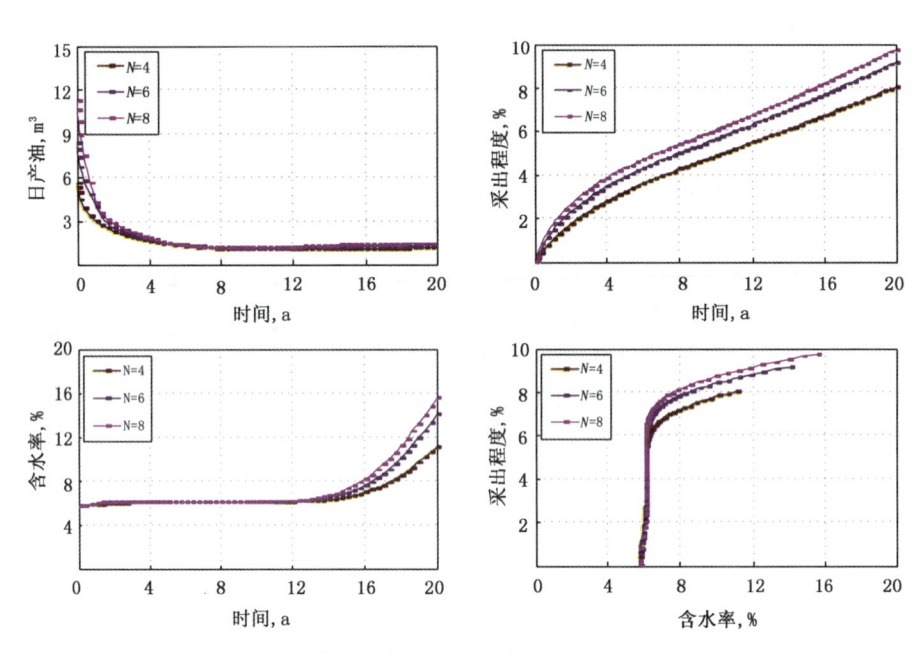

图 3-190 裂缝条数对开发效果的影响（裂缝半长相等，均为 75m）

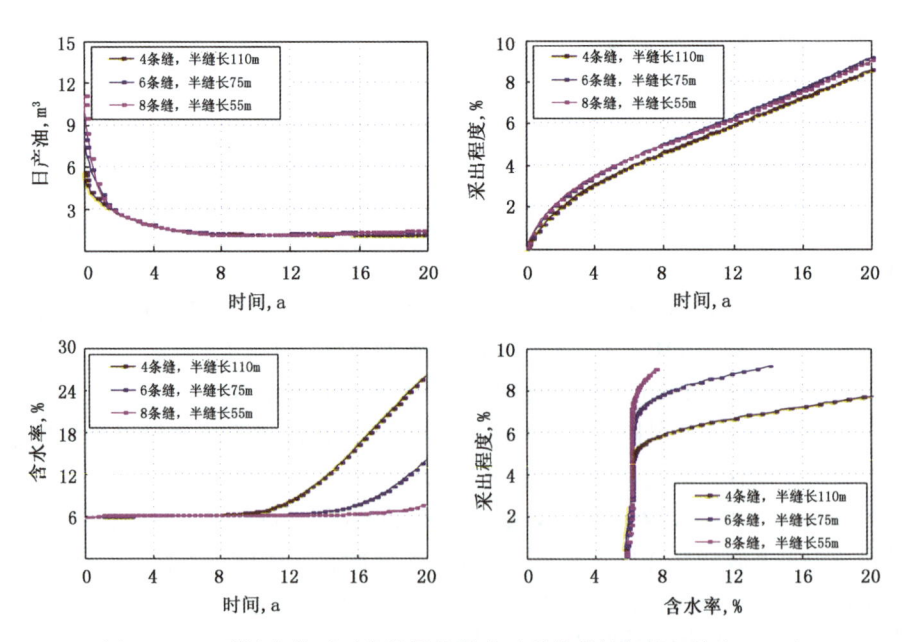

图 3-191 裂缝条数对开发效果的影响（裂缝总长相等，均为 900m）

第三章 水平井开发油藏工程论证

平井之间夹 4 条裂缝,这样第 2、第 3 条裂缝之间注入水很难波及到,存在死油区;而 6 条裂缝避免了这一点。

根据以上的分析,综合产量和含水两个指标,压裂缝条数以 6 条为宜。

2)裂缝位置的影响

选取 6 条压裂缝分三种情况进行对比:第一种情况的间距分别为 30m,120m,120m,60m,120m,120m,30m、第二种情况的间距分别为 50m,100m,100m,100m,100m,100m,50m、第三种情况的间距分别为 80m,70m,70m,160m,70m,70m,80m,其核心是变化四口注水直井中间三条裂缝的相对位置,计算结果如图 3-192 所示。

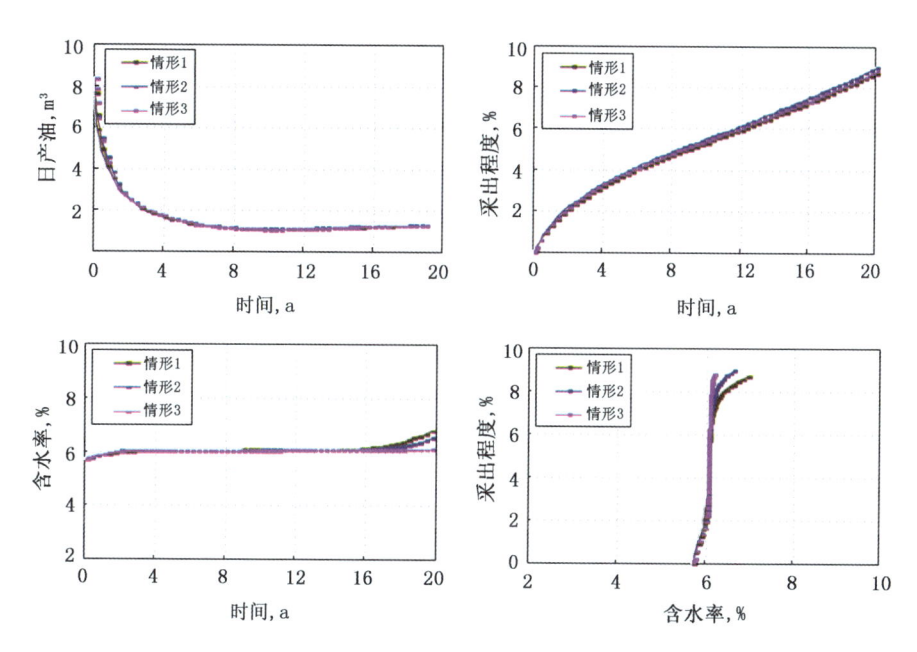

图 3-192 裂缝位置对开发效果的影响(裂缝条数及长度一定,
情形 1:间距分别为 30m,120m,120m,60m,120m,120m,30m;
情形 2:间距分别为 50m,100m,100m,100m,100m,100m,50m;
情形 3:间距分别为 80m,70m,70m,160m,70m,70m,80m)

计算结果表明,三种情况的产量和采出程度相差不大,但第三种情况的含水比前两种稍低,说明压裂宜采用不等间距压裂,距离注水井较近的两条裂缝最好向中间靠拢,避免注入水的过早突进。

因此,应以不等间距压裂(80m,70m,70m,160m,70m,70m,80m)为宜。

3）裂缝长度的影响

分两种情况进行分析：一是压裂缝的总长度保持不变（900m），变化每条裂缝的长度，考虑均匀裂缝长度和不均匀裂缝长度两种情形，计算结果见图3-193；二是在不等间距的基础上变化每条裂缝的长度，裂缝总长不相等，考虑三种情形，情形1的裂缝半长分别为30m，105m，30m，30m，105m，30m、情形2的裂缝半长分别为50m，125m，50m，50m，125m，50m、情形3的裂缝半长分别为70m，150m，70m，70m，150m，70m，计算结果见图3-194。

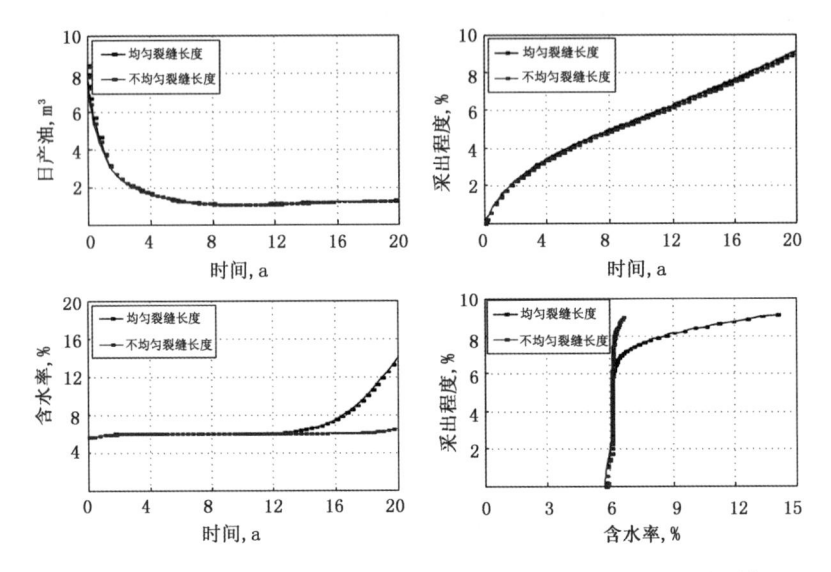

图3-193 裂缝长度对开发效果的影响（裂缝总长相等，均匀情形半缝长75m，不均匀情形分别为50m，125m，50m，50m，125m，50m）

从图3-193可以看出，均匀压裂和不均匀压裂的产量和采出程度差别不明显，但含水相差特别大，主要是由于前者距离注水井比较近的两条裂缝比较长，距离注水井较近，容易先见水，造成含水比较高，而不均匀压裂的每条裂缝端点与注水井等距，见水比较晚，时间上每条裂缝也比较同时，达到均匀驱替的效果。由此可见，压裂缝端点位置到注水井的距离，是决定含水最敏感的参数，在压裂设计时尤其注意。

从图3-194可以看出，由于情形3裂缝相对较长，其产量和采出程度也相对较高，情形1最低，但情形3的含水也是最高，由于情形2的产量和采出程度与情形3相差不大，比情形1高很多，而含水却与情形1差不多，比情形3低很多，因此采用情形2较为合适。由此也可以看出，在设计压裂缝长度

第三章 水平井开发油藏工程论证

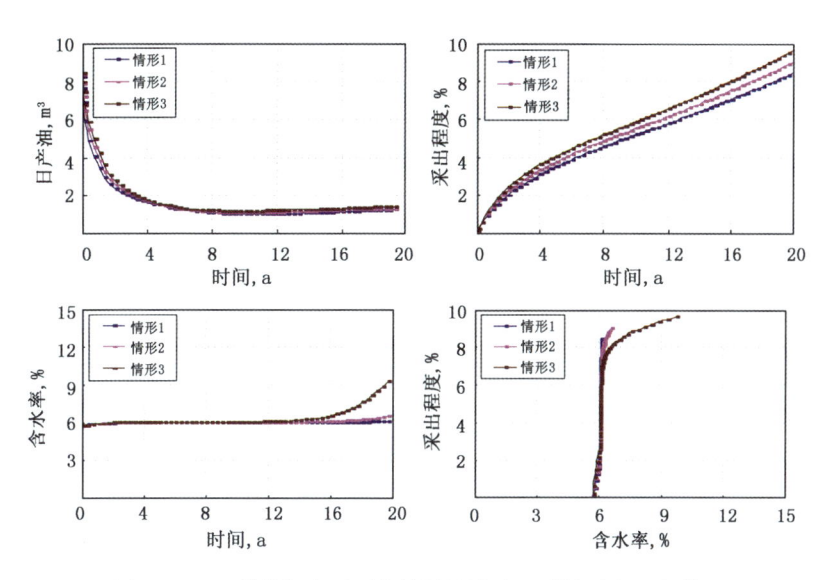

图3-194 裂缝长度对开发效果的影响（裂缝总长不相等，
情形1：分别为30m，105m，30m，30m，105m，30m；
情形2：分别为50m，125m，50m，50m，125m，50m；
情形3：分别为70m，150m，70m，70m，150m，70m）

时，超过一定长度以后，再进一步增加裂缝长度，对产油量的增加不再明显，反而含水却快速上升。这时，一定要特别注意控制裂缝长度。

综合以上的分析，应采用不等长压裂方式，每条裂缝的长度分别为：50m，125m，50m，50m，125m和50m。

4）裂缝导流能力的影响

分两种情况进行分析：一是裂缝内导流能力均一，分别取裂缝的导流能力为$10\mu m^2 \cdot cm$，$30\mu m^2 \cdot cm$，$50\mu m^2 \cdot cm$三种情形进行对比，计算结果见图3-195；二是由于井筒附近污染或者裂缝远端压裂效果不理想等原因，裂缝内导流能力不均一，分别取（$30\mu m^2 \cdot cm$，$30\mu m^2 \cdot cm$）、（$30\mu m^2 \cdot cm$，$5\mu m^2 \cdot cm$）和（$5\mu m^2 \cdot cm$，$30\mu m^2 \cdot cm$）三种情形进行对比，其中括号内前面的数值为井筒附近10m范围内的导流能力，后面的数值为裂缝其余部分的导流能力，计算结果见图3-196。

从图3-195可以看出，裂缝导流能力对初期产量和采出程度影响比较大，裂缝导流能力越高，初期产量和采出程度也越大，但随着导流能力的增大，增幅变缓，裂缝导流能力较高，其含水也稍微偏高，但影响不明显。因

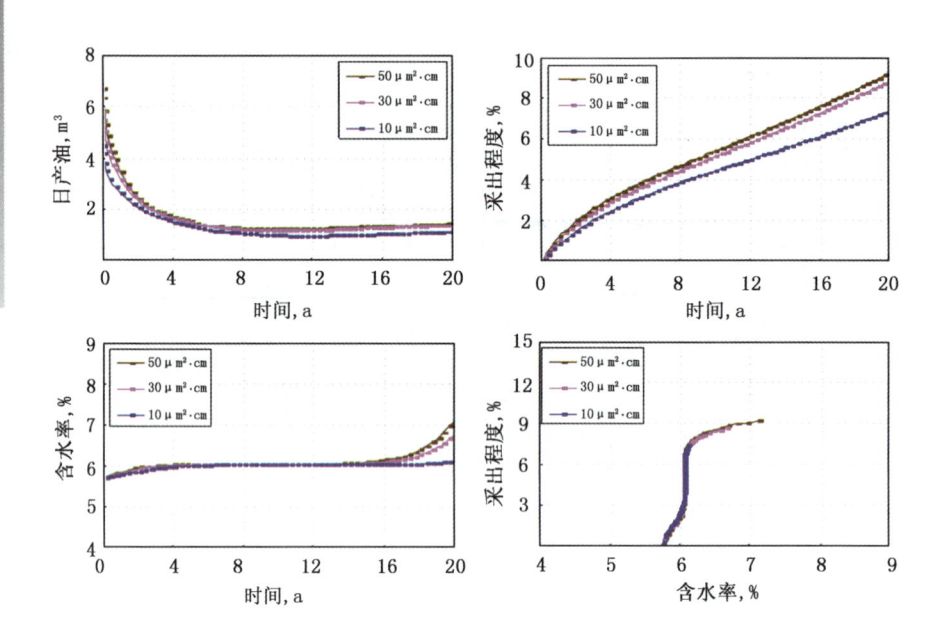

图 3-195 裂缝导流能力对开发效果的影响（裂缝内导流能力均一）

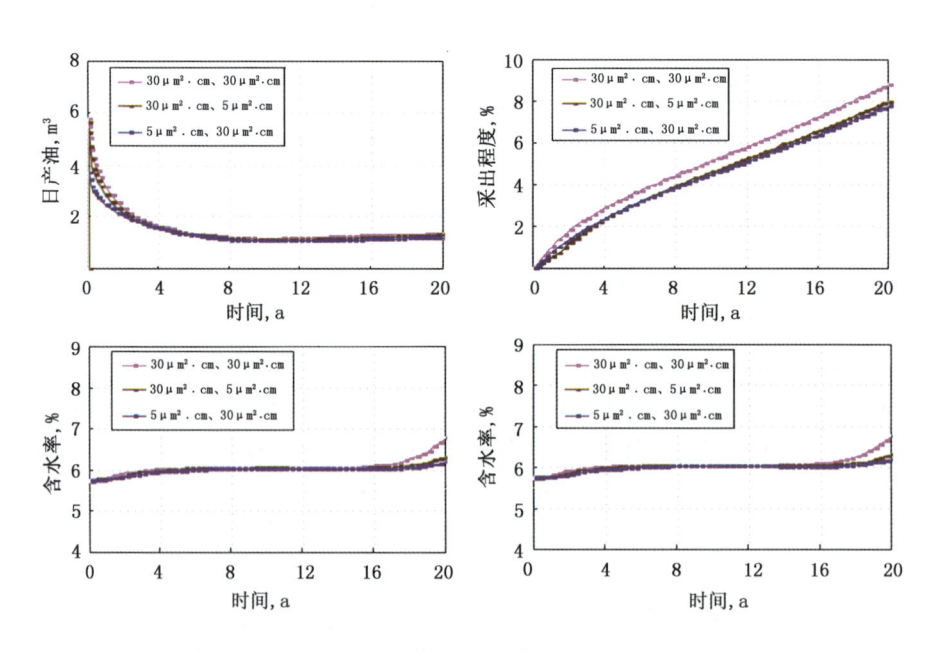

图 3-196 裂缝导流能力对开发效果的影响（裂缝内导流能力不均一）

第三章 水平井开发油藏工程论证

此,裂缝导流能力越大越好,但考虑到压裂工艺和压裂材料的限制,裂缝导流能力取 $30\mu m^2 \cdot cm$ 较为合适。

从图3-196可以看出,三种情形的产量和采出程度差别比较大,情形3的效果最差,情形2比情形1稍差;含水差别不明显。由此说明,井筒附近的裂缝导流能力对开发效果的影响非常重要,压裂施工过程中一定要注意井筒污染问题。

根据以上的分析,压裂缝的导流能力设计为 $30\mu m^2 \cdot cm$,压裂施工过程中注意保持井筒周围裂缝较高的导流能力。

5)注水井压裂规模的影响

考虑注水井压裂半缝长分别为0m、30m、50m、70m和90m五种情形,计算结果见图3-197。

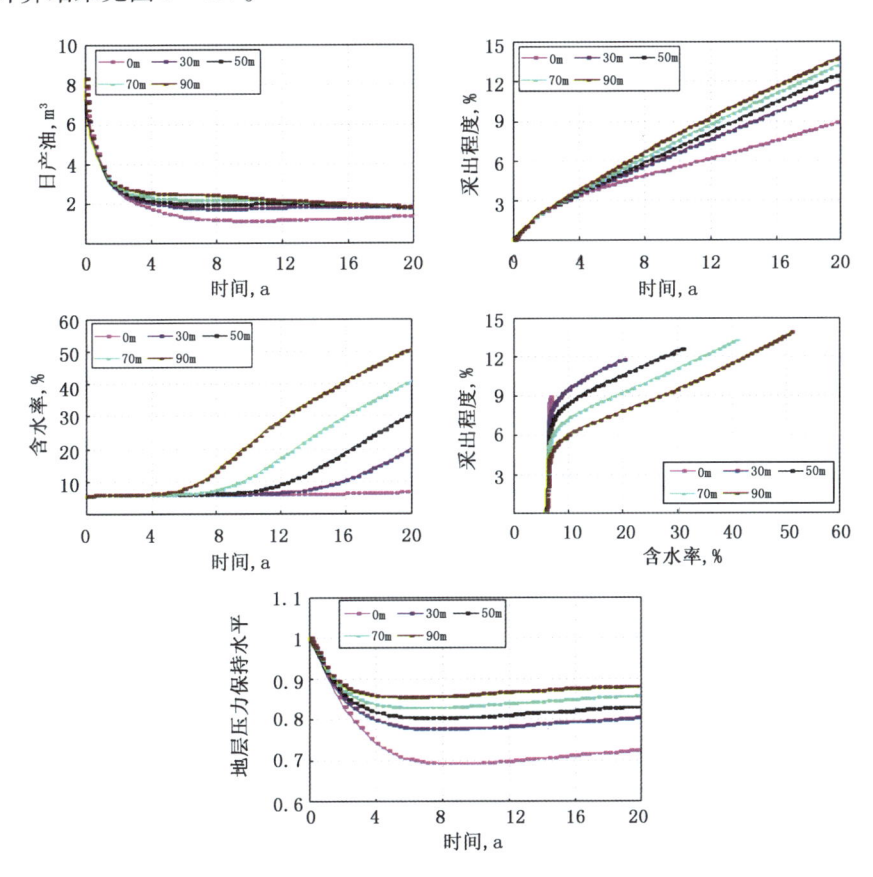

图3-197 注水井压裂规模对开发效果的影响

从图中可以看出，注水井的压裂规模对投产2年以后（特别是4～10年之间）的产量和采出程度影响特别大，但裂缝半长超过30m以后，增加幅度变小；同样压裂缝越长，其含水也越高，超过30m以后，含水增加特别快。从地层压力保持水平来看，注水井的压裂，能够维持较高的压力水平。

根据上面的计算结果，需要对注水井进行压裂，压裂缝长度60m左右，不能超过100m。

需要指出的是，通过注水井的压裂，虽然产量没有见到明显的恢复，但相比不压裂情形，产量递减的幅度要小得多，并且保持稳产的水平也比较高，这与现场实践中渗透率特别低的情况下见不到明显的产量恢复相吻合。这也许就是渗透率特别低的情况下水平井见效的固有特征。因此，在评价低渗透油藏特别是特低渗透油藏中水平井是否见效时，最好从动液面、产量递减幅度和维持稳产水平进行衡量，如果从产量恢复去考察可能会导致错误的判断结果。

从以上的分析不难看出：

（1）渗透率特别低时，压裂密裂缝、短裂缝的开发效果要好于压裂稀裂缝、长裂缝。

（2）压裂缝端点位置到注水井的距离，是决定含水率的最敏感参数。压裂不等长裂缝有利于控制含水。

（3）压裂缝超过一定长度以后，再进一步增加裂缝长度，对产油量的增加不再明显，反而含水快速上升。压裂施工过程中要特别注意控制裂缝长度。

（4）裂缝导流能力对初期产量和采出程度影响比较大，但对含水影响不明显，井筒周围裂缝导流能力的影响要强于裂缝远端导流能力的影响。因此，应尽量提高裂缝的导流能力，尤其是井筒周围裂缝的导流能力。

2. 压裂参数的优化设计

根据上面的分析结果，在400m×600m七点井网条件下，其压裂参数的优化结果为：压裂6条裂缝，不等间距分布，分布间距分别为：80m，70m，70m，160m，70m，70m，80m，各条压裂缝长度分别为50m、125m、50m、50m、125m和50m，导流能力为30$\mu m^2 \cdot cm$，注水井压裂缝长度为60m，如图3-198所示。

图3-199和图3-200是对单井开发指标的预测。

第三章 水平井开发油藏工程论证

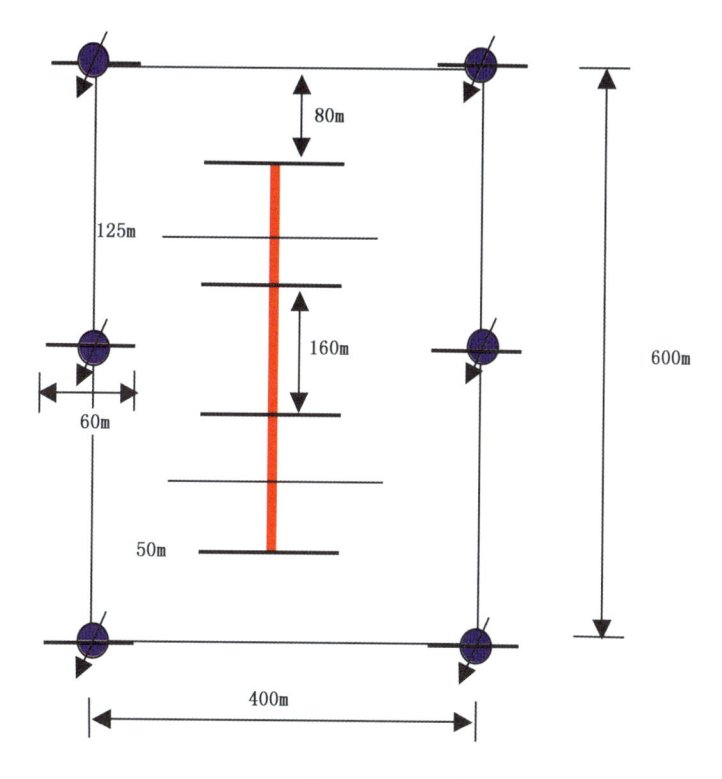

图 3-198 压裂设计示意图

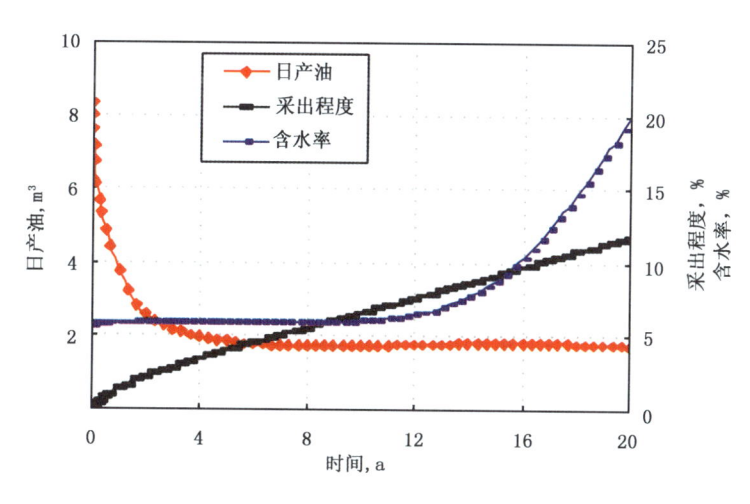

图 3-199 日产油、采出程度、含水率的变化

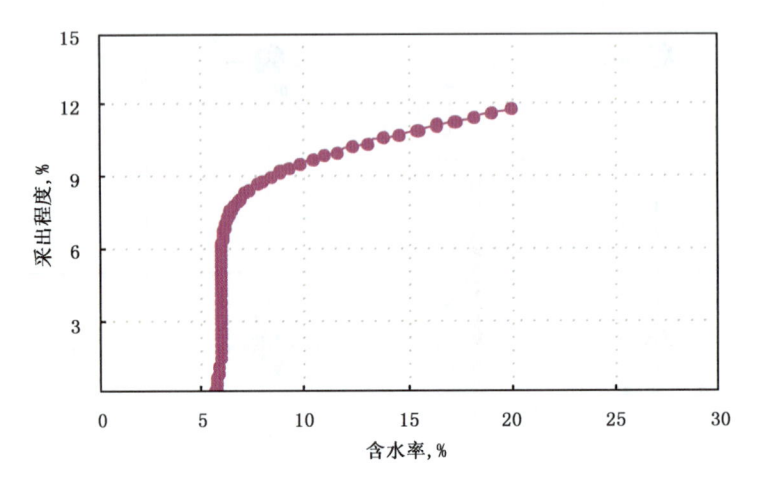

图3-200 采出程度和含水率的关系

第四章 水平井地质设计

　　水平井地质设计是水平井施工的基本依据，也是水平井能否达到预期效果的关键保证，因此，在进行水平井地质设计时必须要有充分的油藏地质资料做保证。一般来讲，水平井地质设计需要的资料大体包括以下几类：高精度地震资料、地质构造研究成果、储层评价资料、层内的隔夹层分布、流体及其界面研究成果等。有条件的油田或区块应该在油藏精细描述和地质建模基础上，在三维地质模型内进行水平井地质设计，在水平井钻井过程中，根据随钻资料及时修改地质模型，调整水平井轨迹，确保提高储层的钻遇率或剩余油分布区钻遇率，达到效益最大化。

第一节 水平井地质设计技术要求

　　规定水平井钻探应该完成的地质任务。主要指标有：水平井在油藏中的位置，储层钻遇率，隔夹层钻遇率，水平段长度、水平段斜度，阶梯或波浪起伏次数。

一、水平井在油藏中的位置

　　水平井在油藏中的位置是指水平井设计时水平段处于要钻穿的储层的部位，如到储层顶（底）面的距离、到油水界面或油藏边界的距离等。如果是老开发区还要考虑水平井穿越剩余油分布区的位置。油藏类型不同、开发程度不同，水平井设计的位置也不同。

二、储层钻遇率

　　储层钻遇率是指水平段长度与该段钻遇有效储层长度的比值。通常情况下储层钻遇率越高越好。

三、隔夹层钻遇率

隔夹层钻遇率是指在水平段内钻遇的隔夹层厚度与水平段长度之比或钻遇隔夹层的层数。

四、水平段长度设计

水平段长度设计要综合考虑油藏特征、储层规模、流体分布以及已有井网等，选择合适的水平段长度，一般水平段越长产量越高，但是相应成本也会增加，所以并不是水平段越长越好。建议采用数值模拟方法优选水平段长度。

五、水平段方位

水平井方位设计由油藏构造形态、流体或剩余油的分布、有效储层展布方向、沉积相带等因素综合确定。

六、水平段的斜度设计

主要考虑有效储层三维空间展布情况，特别是在水平井方向上目的层顶面的起伏状况。原则上水平井段应该沿有效储层高部位设计，尽量避免穿越流体界面。具体设计时要考虑油藏的实际情况和水平井要完成的地质任务。

七、靶点深度

靶点深度的设计主要是水平段第一靶点的海拔深度，靶点深度设计一定要准确无误，因为该点深度误差的大小，直接影响水平井的着陆。资料显示若靶心点预测垂直深度差1m，着陆时将损失近30m油层段。

八、阶梯数和水平段长度的分配比例

对于多层的薄油层油藏，为了使水平井多揭开几个油层，往往采用阶梯状水平井。如果层数太多，水平段往往只钻几个相距不是很远的主要储层

第四章 水平井地质设计

(见图4-1)。采用数值模拟方法,优选"阶梯"水平井水平段长度以及水平段长度的分配比例。

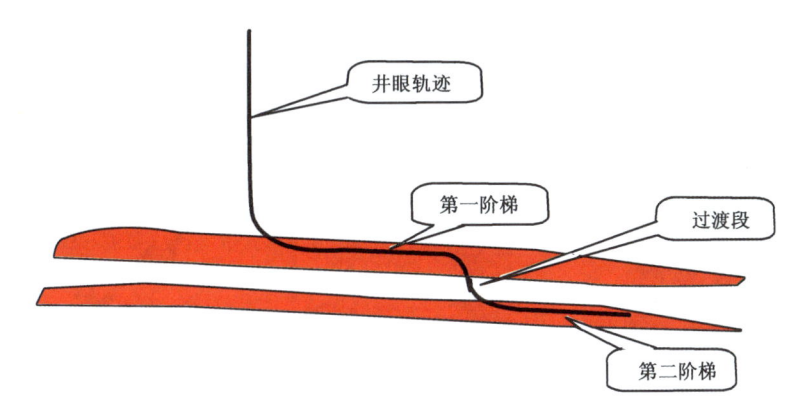

图4-1 阶梯状水平井示意图

九、波次、波段的长度

对于厚度相对较大,且储层内部有分布范围较大的隔夹层油藏,为了提高油藏的动用程度,可以采用波浪起伏的水平井眼(图4-2)。对于这种水平井形态在做地质设计时除了要增加设计靶点数量以外,还要规定水平段的起伏次数,以及每一波段的长度、波段内穿越的储层和隔夹层等设计参数。

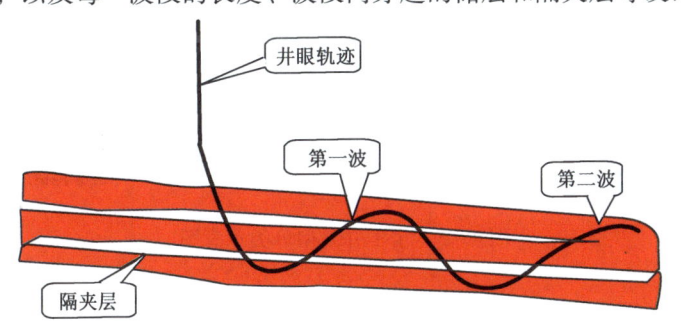

图4-2 波浪状水平井示意图

十、不同井型对比

根据不同的油藏特征和不同的地质任务可以设计各种形态的水平井,相应的水平井地质设计要求也有一定差别。图4-3中包含了常用的各种水平井形态，根据油藏类型不同、地质任务不同，水平井的三维空间则相应地发生改变。

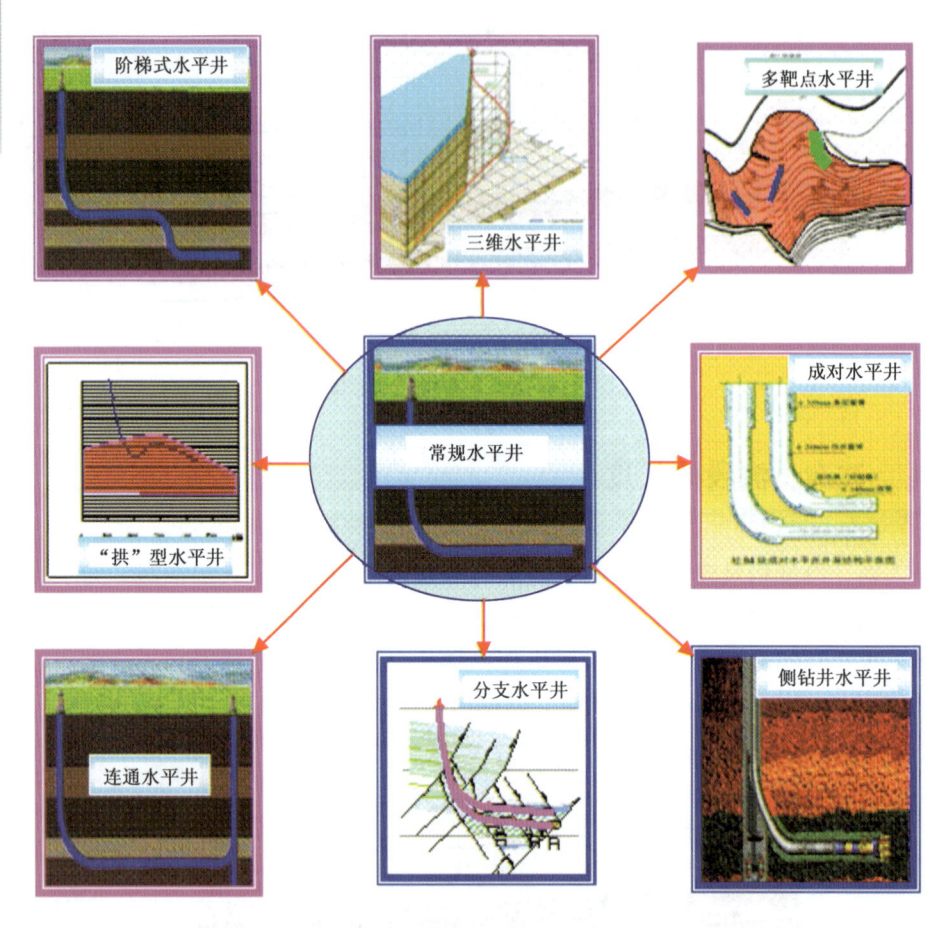

图4-3 水平井井型分类示意图

十一、"鱼骨"水平井

除以上介绍的水平井形态以外，还有比较特殊的"鱼骨"水平井，如：新疆油田第一口"鱼骨"水平井——百重7井区稠油区块钻探的bHW01z井，和山西岚县的岚M1-1煤层气"鱼骨"状多分支水平井（见图4-4）。

第四章 水平井地质设计

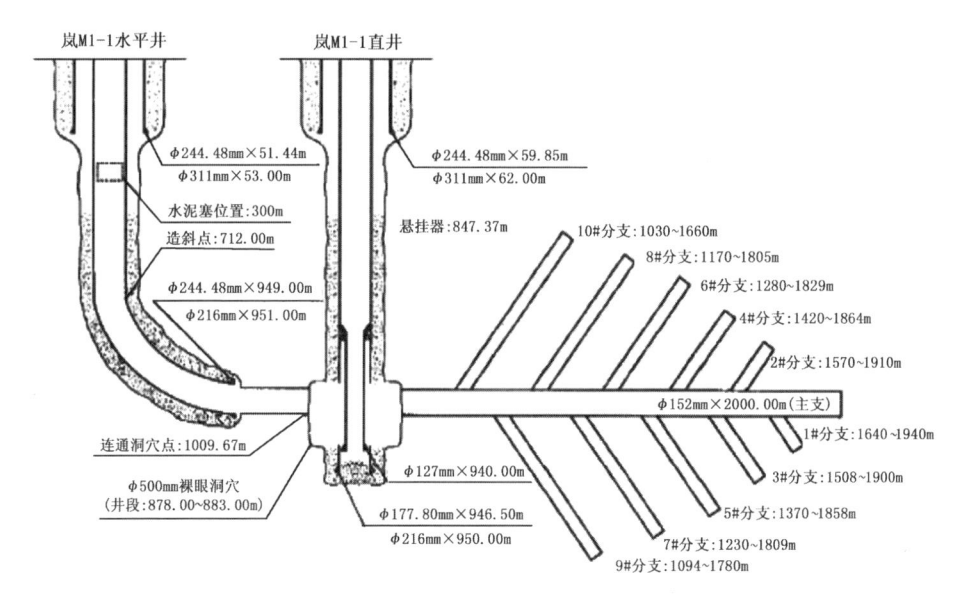

图4-4 岚M1-1煤层气多分支水平井井身结构示意图

第二节 水平井地质设计实例

以两个区块的水平井地质设计为例，进行详细说明。

一、大庆油田州57区块水平井地质设计

1. 水平井井位部署设计的基础数据

基础数据见表4-1。

表4-1 基础数据表

井 号	肇29-平26井	井型	水平井	井别	采油井
地理位置	肇州县境内				
构造位置	松辽盆地三肇凹陷				
井位与地震测线及邻井的平面关系					

续表

井　　号		肇29-平26井	井型	水平井	井别	采油井
钻探目的		为进一步提高采收率,采用直井—水平井联合开发葡萄花油层				
完钻原则		肇29-平26井水平段位移为489m				
完钻层位		PI3、PI4$_1$		完钻垂深,m	1463.75	
地面海拔,m		145.15		补心距,m	4.20	
井口坐标				设　　计		
	纵坐标 X		5080330.95			
	横坐标 Y		21670731.32			
井底坐标	靶点	纵坐标 X		横坐标 Y	水平段长,m	
	A(入口点)	5080192.01		21670535.04	489	
	B(端点)	5079910.00		21670136.00		
中靶要求						

2. 油田地质概况

1) 构造特征

该区块葡萄花油层顶面埋深1400m左右,整个构造形态南高北低,最高点肇20-30井海拔深度为-1350m,最低点肇11-42井海拔深度为-1405m,构造高差55m。工区断层发育,从西北到东南发育3组纵贯南北的大断层,断层倾角45°~75°,葡萄花油层断层断距15~40m,延伸长度4~10km,同时东西向小断层发育,形成断阶、地堑、地垒相间的构造格局。

2) 储层特征

(1) 储层沉积特征。

整体上该区块受北部河流—三角洲沉积体系控制,以三角洲—滨浅湖相砂泥互层沉积为主。地层厚度为14.5~23.7m,平均厚度20.9m。该地区葡萄花油层分为PI2$_1$—PI5$_2$共7个小层。

(2) 储层砂体发育特征。

该区块拟布水平井区已完钻78口开发井,平均单井钻遇葡萄花油层砂岩5.85层、砂岩厚度7.9m,平均单层砂岩厚度1.44m。储层主要为席状砂,纵向发育相序为PI3、PI4、PI5—滨浅湖浅水相—PI2三角洲外前缘亚相超覆沉积。砂岩厚度分布由北向南逐渐变薄,北部的州57井区平均单井砂岩厚度6.9m,南部的州5井区的砂岩厚度为5.6m。PI5小层以厚度较大、断续分布的东西向沿岸坝为主,周围是片状分布的席状砂,向周围尖灭于泥岩中,砂

第四章 水平井地质设计

岩钻遇率 46.1%~98.7%，PI2$_2$、PI3、PI4$_1$小层稳定分布，以错叠分布的席状砂沉积为主，砂岩钻遇率 79.4%~98.7%。

在大面积席状砂沉积背景下，局部开天窗。PI2$_1$~PI5$_2$各小层分别钻遇砂岩厚度 0.84m、1.13m、0.93m、1.67m、0.64m、0.64m、1.98m，PI2$_2$~PI4$_1$小层砂岩比例占总厚度的 47.6%。单层钻遇砂岩厚度主要以小于 2.0m 厚度为主，其中单层砂岩厚度小于 1.0m 的占总砂岩厚度的 16.0%，占总层数的 46.3%；1.0~2.0m 之间的占总砂岩厚度的 50.8%，占总层数的 39.4%；大于 2.0m 的占总砂岩厚度的 33.2%，占总层数的 14.3%，分布比较零散但厚度比较大。

（3）储层岩性、物性特征。

葡萄花油层以岩屑质长石粉砂岩为主，岩石学特征属矿物成熟度较低的混合砂岩，填隙物含量高（杂基 5%~10%、胶结物可达 10.0%）。

统计邻近探井州 57 井葡萄花油层岩心分析资料，PI3 层平均有效孔隙度为 21.03%，平均空气渗透率为 $19.87\times10^{-3}\mu m^2$；PI4$_1$ 层平均有效孔隙度为 22.53%，平均空气渗透率为 $16.2\times10^{-3}\mu m^2$；PI4$_2$ 层平均有效孔隙度为 22.18%，平均空气渗透率为 $63.34\times10^{-3}\mu m^2$；PI5$_1$ 层平均有效孔隙度为 14.92%，平均空气渗透率为 $0.28\times10^{-3}\mu m^2$。

（4）储层流体性质。

① 地层原油性质。

本区高压物性取样 1 口井，从高压物性取样资料来看，地层原油密度平均 0.8714t/m^3，地层原油黏度平均 9mPa·s，饱和压力 9.1MPa，平均原始气油比 22.0m^3/t，平均体积系数 1.097。

② 地面原油性质。

统计邻近区块 12 口井原油性质资料，葡萄花油层流体性质变化不大，地面原油密度平均 0.8714t/m^3，地面原油黏度平均 31.7mPa·s，平均含蜡量 22.7%，平均含胶量 15.7%。

③ 地层水性质。

本区地层水属碳酸氢钠型，氯离子含量平均为 5041mg/L，总矿化度平均为 11904mg/L。

④ 温度和压力。

葡萄花油层地层压力 13.08~14.32MPa，平均 13.57MPa，压力系数 0.873，地层温度 63.3~67.2℃，平均 64.5℃，属于正常温度、压力系统。

3）油层特征

有效厚度发育与砂岩厚度展布方向基本一致，受两条沉积砂体发育影响，该区北部肇9-38—肇24-43井区一线有效厚度较大为2.5m，往东到肇14-25—肇24-29井区有效厚度减小到1m左右，到芳139—肇27-26井区略有增加2.0m左右。州57区块78口井平均单井钻遇葡萄花有效油层3.34层、有效厚度2.43m，平均单层有效厚度0.72m。$PI2_2$、$PI4_1$小层均较发育，有效钻遇率分别为53.8%、85.9%，$PI4_1$小层有效钻遇率最高，钻遇有效厚度占总有效厚度的34.9%，有效厚度与砂岩厚度之比为49.1%。$PI2_1$—$PI5_2$各小层分别钻遇有效厚度0.06m、0.42m、0.29m、0.82m、0.08m、0.20m、0.48m，单层钻遇有效厚度主要以小于2.0m厚度为主，其中单层有效厚度小于1.0m的占总有效厚度的37.1%，占总层数的87.2%；1.0~2.0m之间的占总有效厚度的39.5%，占总层数的9.5%；大于2.0m的占总有效厚度的23.4%，占总层数的3.3%，分布比较零散但厚度比较大。

4）储层及标志层电性特征

葡萄花储层的顶和底分别表现为电性突变，如图4-5所示。

5）油水分布及油藏类型

该区块的油水分布复杂，各个断块没有统一的油水界面，纵向上以上油下水形式分布，无水夹层，同一断块位于构造高部位砂岩组为油层，低部位一般为同层或水砂。

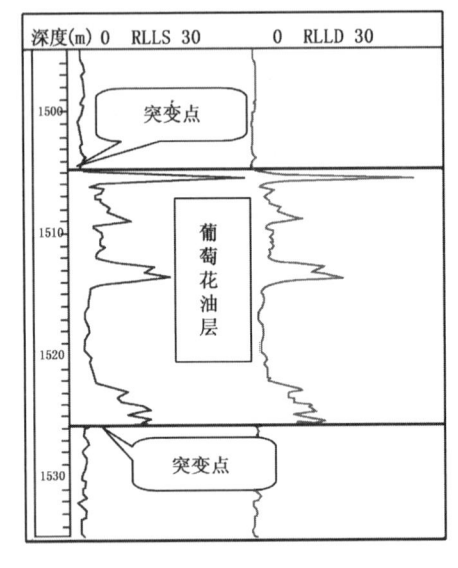

图4-5 电性特征图

该区块拟布水平井区断层发育，从完钻78口井资料看，主要以纯油层或干层为主，水砂不发育。该区块斜坡上交叉断层局部高点形成岩性—断层遮挡油藏。

6）储量测算

该区拟布水平井区面积15.7km²，动用地质储量249×10^4t，储量丰度15.9×10^4t/km²。

7）邻井基本情况

（1）邻井分层资料（见表4-2）。

第四章 水平井地质设计

表4-2 邻井分层资料

井号 层位	肇28-28 深度 m	肇29-斜28 深度 m	肇28-斜25 深度 m	肇25-24 深度 m
PI2$_1$	1312.4	1311.0	1304.6	1307.0
PI2$_2$	1314.3	1312.6	1305.9	1308.6
PI3	1315.8	1314.3	1308.0	1310.6
PI4$_1$	1318.8	1317.1	1309.9	1312.9
PI4$_2$	1322.6	1320.9	1314.0	1316.6
PI5$_1$	1326.4	1325.0	1317.7	1320.5
PI5$_2$	1331.0	1329.2	1320.3	1324.5
PId	1332.1	1330.2	1321.5	1326.0

（2）邻井钻井故障情况。

（3）邻井钻遇油层资料（见表4-3）。

表4-3 邻井钻遇油层资料

层　位 井号　　项目	PI2$_2$		
	砂层 m	油层 m	夹层 m
肇28-28	1.3	0.7	
肇29-斜28	1.5	1.5	
肇28-斜25	1.8	0	
肇25-24	0.7	0	

层　位 井号　　项目	PI3		
	砂层 m	油层 m	夹层 m
肇28-28	2.7	2.6	
肇29-斜28	1.0	1.0	
肇28-斜25	1.2	0.7	
肇25-24	0.6	0	

续表

井号 \ 项目	层位 PI4₁		
	砂层 m	油层 m	夹层 m
肇28-28	1.8	1.3	
肇29-斜28	3.3	2.2	
肇28-斜25	2.4	1.2	
肇25-24	2.3	0.9	

井号 \ 项目	层位 PI5₁		
	砂层 m	油层 m	夹层 m
肇28-28	0.8	0.8	
肇29-斜28	2.2	1.3	
肇28-斜25	0	0	
肇25-24	0.9	0	

井号 \ 项目	层位 PI5₂		
	砂层 m	油层 m	夹层 m
肇28-28	0.9	0	
肇29-斜28	0.9	0.2	
肇28-斜25	0	0	
肇25-24	0.9	0	

（4）邻井试油资料（见表4-4）。

表4-4 邻井试油资料

井号	油组	层号	射孔 井段 m	射孔 厚度/层数	试油 日期	试油 方式	日产量 油 m³	日产量 水 m³	压力,MPa 流压	压力,MPa 静压
芳139	P2、P3	P202~P303	1465.2~1470.4	2.7m/3层	2006	气举	5.235		4.86	11.53
芳483	P2~P4	P202~P401	1483.6~1501.8	5.3m/6层	2006	MFE	12.44		4.43	12.04

第四章 水平井地质设计

(5) 目的层段采油井生产数据。

目前,该井区未投产。

(6) 目的层段注水井生产数据。

目前,该井区未投产。

3. 水平井设计

1) 水平井设计的基本原则

(1) 根据砂体连通性、连续性、油层厚度、小层渗透率和孔隙度作为水平段设计长度的主要参考指标。

(2) 优选主力小层,同时兼顾不同储层储量的有效动用。

(3) 为消除断层的影响,入靶点离断层的水平距离至少50m。

(4) 有较多的直井控制,储层发育且分布稳定,油水关系清楚。

(5) 考虑水平井与直井注采关系协调,保证水平井较长时间的稳产。

(6) 综合连井油藏剖面与地质模型,设计水平井。

2) 水平井设计

综合三维地质模型和水平井邻井的储层发育情况,分析认为该井区发育较好的 PI3、PI4$_1$ 层,设计水平井为两段阶梯式水平井,钻 PI3 和 PI4$_1$ 层,如图 4-6 所示。

水平井地质设计参数和轨迹设计参数见表 4-9。

3) 水平井控制要求

在钻水平井过程中,现场跟井技术人员,依据地震解释成果图、三维地质模型、测井解释成果图,结合 MWD 或 LWD 监控仪、岩屑、气测录井,实时对水平段钻井进行预测跟踪、校正和调整,指导钻井按设计运行。

4. 设计地层剖面以及预计油气水层位置

1) 地层分层

地层分层数据如表 4-5 所示。

2) 油气水层简述

本水平井在井段垂深 1457~1473m 钻穿油层 PI2$_2$、PI$_3$、PI4$_1$ 三层,无气层无水层。

5. 工程设计要求

1) 地层压力和地层温度

统计待钻井区周围 4 口井试油压力资料,分析待钻井区葡萄花油层孔隙压力系数为 0.88~0.94,平均为 0.91。

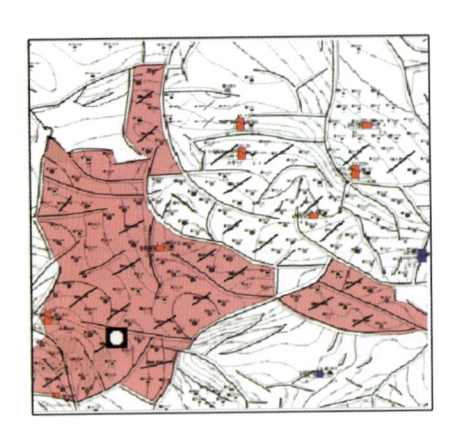

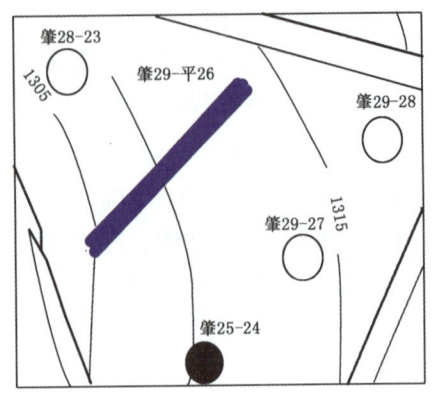

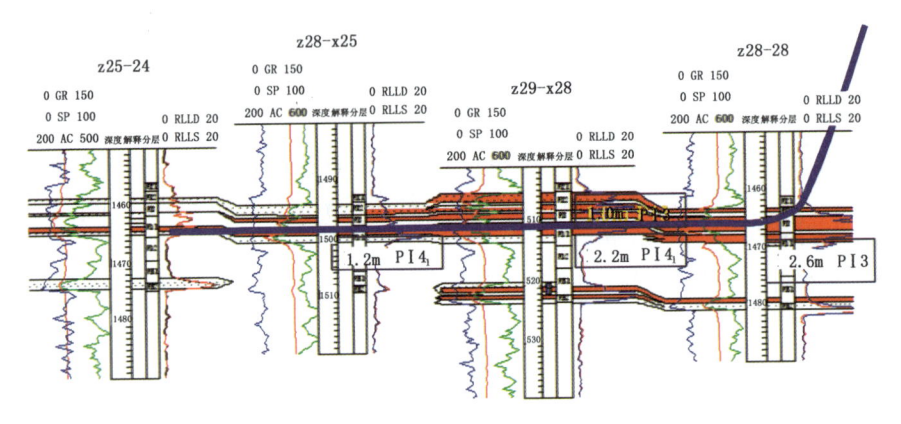

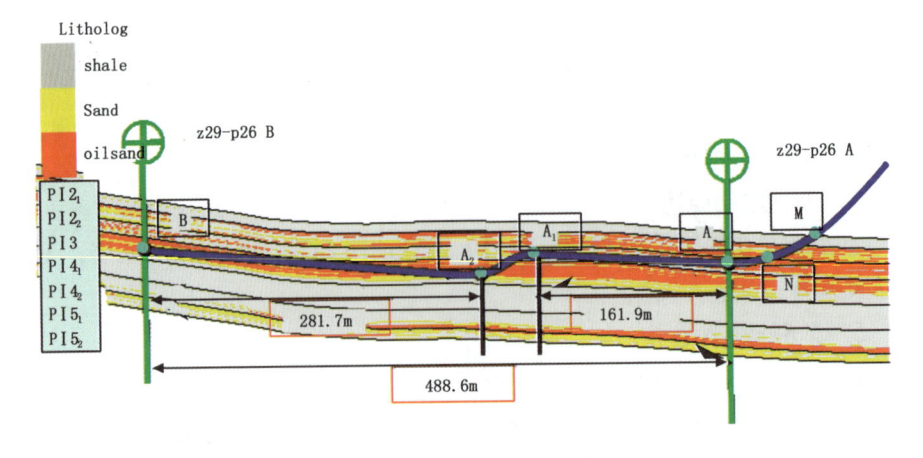

图 4-6 水平井设计图

第四章　水平井地质设计

表4-5　地质分层数据表

层位 界	层位 系	层位 统	层位 组	层位 段	油层	设计地层 底界深度 m	设计地层 厚度 m	岩性描述	故障提示
新生界	第四系					43	39	地表为灰黑色腐殖土，以下为灰黄色粉砂质黏土，下部为灰色流砂层及杂色砂砾层	防漏防塌
新生界	古近—新近系	泰康组					缺失		防漏防塌
新生界	古近—新近系	大安组					缺失		防漏防塌
新生界	古近—新近系	依安组					缺失		防漏防塌
中生界	白垩系	上白垩统	明水组	二段		91	48	紫红、灰绿、绿灰、灰、深灰色泥岩、粉砂质泥岩、泥质粉砂岩，灰色粉砂岩、杂色砂砾岩呈不等厚互层	防漏防塌
中生界	白垩系	上白垩统	明水组	一段		207	116	紫红、深灰、灰色泥岩，粉砂质泥岩、绿灰、灰色泥质粉砂岩、粉砂岩、细岩、杂色砂砾岩组成两个明显的正旋回	防漏防塌
中生界	白垩系	上白垩统	四方台组			363	156	紫红、灰绿色泥岩，灰色粉砂质泥岩、泥质粉砂岩、粉砂岩呈不等厚互层	防漏防塌
中生界	白垩系	下白垩统	嫩江组	五段		646	283	紫红、灰绿色泥岩，灰色粉砂质泥岩为主，夹灰色泥质粉砂岩及中厚层状灰色粉砂岩	防漏防斜
中生界	白垩系	下白垩统	嫩江组	四段		892	246	紫红、绿灰、灰绿色泥岩、粉砂质泥岩、灰色泥质粉砂岩呈不等厚互层	防漏防斜
中生界	白垩系	下白垩统	嫩江组	三段		999	107	灰色泥岩、粉砂质泥岩、泥质粉砂岩组成三个明显的反旋回	防漏防斜
中生界	白垩系	下白垩统	嫩江组	二段		1234	235	顶部为一层灰色粉砂岩，以下为深灰，灰色粉砂质泥岩薄互层，中下部为大段灰黑、黑色泥岩段，底部为黑褐色劣质油页岩	防漏防斜
中生界	白垩系	下白垩统	嫩江组	一段		1346	112	中上部为黑色泥岩段，局部含介形虫化石，下部为黑色泥岩，黑褐色劣质油页岩，深灰色钙质介形虫层呈不等厚互层	防漏防斜
中生界	白垩系	下白垩统	姚家组	二、三段		1464	118	深灰、灰、绿灰色泥岩，粉砂质泥岩、深灰色介形虫层呈不等厚互层	防油气侵
中生界	白垩系	下白垩统	姚家组	一段	夹层	1466.5	2.5	上部为绿灰色泥岩段，中下部为灰绿、绿灰色泥岩，灰色粉砂质泥岩、泥质粉砂岩，棕灰色含油粉砂岩呈不等厚互层	防油气侵
中生界	白垩系	下白垩统	姚家组	一段	PI2	1467.0	0.5	上部为绿灰色泥岩段，中下部为灰绿、绿灰色泥岩，灰色粉砂质泥岩、泥质粉砂岩，棕灰色含油粉砂岩呈不等厚互层	防油气侵
中生界	白垩系	下白垩统	姚家组	一段	夹层	1468.4	1.4	上部为绿灰色泥岩段，中下部为灰绿、绿灰色泥岩，灰色粉砂质泥岩、泥质粉砂岩，棕灰色含油粉砂岩呈不等厚互层	防油气侵
中生界	白垩系	下白垩统	姚家组	一段	PI3	1469.4	1.0	上部为绿灰色泥岩段，中下部为灰绿、绿灰色泥岩，灰色粉砂质泥岩、泥质粉砂岩，棕灰色含油粉砂岩呈不等厚互层	防油气侵
中生界	白垩系	下白垩统	姚家组	一段	夹层	1471.2	1.8	上部为绿灰色泥岩段，中下部为灰绿、绿灰色泥岩，灰色粉砂质泥岩、泥质粉砂岩，棕灰色含油粉砂岩呈不等厚互层	防油气侵
中生界	白垩系	下白垩统	姚家组	一段	PI4	1472.8	1.6	上部为绿灰色泥岩段，中下部为灰绿、绿灰色泥岩，灰色粉砂质泥岩、泥质粉砂岩，棕灰色含油粉砂岩呈不等厚互层	防油气侵

从邻井试油地层温度测试资料看（见表4－6），地层温度在63.3～66.6℃之间，地温梯度在4.14～4.27℃/100m之间，平均地温梯度为4.19℃/100m。

表4－6 邻井试油实测压力

序号	井号	层位	井深 m	温度 ℃	地层压力 MPa	压力系数	地温梯度 ℃/100m
1	州52	P	1482.3	63.3	13.7	0.94	4.27
2	州54	P	1577.1	65.6	14.0	0.90	4.16
			1569.3	65.5	14.1	0.92	4.17
			1585.0	66.1	13.8	0.89	4.17
			1564.3	65.0	13.8	0.90	4.16
3	州56	P	1569.0	66.6	14.2	0.93	4.24
4	州57	P	1553.8	64.4	13.4	0.88	4.14

2）地层破裂压力

统计该区块6口老井经压裂所得破裂压力数据表明（见表4－7），葡萄花油层最低破裂压力为23.0MPa（由肇11－40井测得），压力梯度为1.47MPa/100m。

表4－7 州57区块6口老井实测破裂压力表

序号	井号	层位	深度 m	破裂压力 MPa	破裂压力梯度 MPa/100m
1	肇11－38	PI2	1546.1	26.0	1.68
		PI3（1）～4	1556.4	38.0	2.44
2	肇11－39	PI3（1）～（2）	1555.3	29.0	1.86
3	肇11－40	PI2～4（1）	1563.2	23.0	1.47
		PI4（2）～4（3）	1573.6	29.0	1.84
4	肇8－39	PI2～3	1562.8	39.0	2.50
5	肇9－40	PI2～（4）	1568.2	28.0	1.79
6	州57	PI	1544.3	28.4	1.84

3) 钻井液类型、性能及使用要求

(1) 全井钻井液体系要求。

一开采用水基钻井液,二开采用油包水钻井液。

(2) 钻井液密度设计。

①一次开钻。

设计钻井液密度 1.05~1.25g/cm³。

②二次开钻。

根据邻井实钻及压力情况分析,同时考虑目的层采用油包水钻井液,目的层设计钻井液密度控制在 1.10~1.20g/cm³ 之间,漏斗黏度 45~120s,失水量小于 2mL(油),要求严格控制钻井液密度。

4) 油层保护要求

打开油层前禁止钻井液密度超标,防止污染油层。

5) 井身质量、井身结构要求

(1) 直井段井身质量执行工程设计要求。

(2) 建议表层套管下深至 N2 底,具体下深执行工程设计。

(3) 要求造斜点以下采用 N80(壁厚 7.72mm)级套管完井。

(4) 平均井径扩大率不超过 15%。

6. 资料录取要求

1) 岩屑录井

自垂深 1400m 至垂深 1460m,每 2m 取样一次,自垂深 1460m 至井底,每 1m 取样一次。

2) 钻时、气测录井

(1) 钻时、气测录井要求。

录井仪器要求:要求使用 SK-2000 型综合录井仪。

录井项目要求:气体参数录井、工程参数录井。

录井间距要求:自垂深 1500m 至井底,连续测量并记录。

(2) 工程参数。

录井项目要求:钻时、大钩负荷、立管压力。

(3) 气体参数。

录井项目要求:从垂深 1500m 开始,连续进行气测录井,录取的主要参数有全烃、C_1、C_2、C_3、iC_4、nC_4、H_2、CO_2(热导)。

在钻开目的层后每次下钻循环均要求进行气测后效录井,并做好记录。

3) 荧光录井

按照岩屑录井密度逐包进行荧光检查。

7. 地球物理测井

1）测井内容（见表4-8）

表4-8 测井内容

测井项目		比例	测量井段，m	测井内容
	综合测井	1:500	1400m至井底	2.5m底部梯度，自然电位，伽马，声波时差，深、浅电阻率，井径，密度
	标准测井	1:500	全井段	井斜
砂泥岩剖面	特殊测井项目			
	固井质量检查	1:200	根据工程设计和实际钻井情况现场确定	固井质量检查
	放、磁			
	装 备			
	备 注			

2）测井要求

测井项目和测量井段根据实钻情况进行调整。

8. 设计及施工变更

1）设计变更程序

在钻井施工过程中因地质或其他原因确需变更设计时，应书面报告，审批后方可实施。

2）目标井位变更程序

在钻井施工过程中由于有地面障碍和地下井网绕障等原因无法实现设计地质目标，应书面报告目标井位移动原因，移动后的坐标，及时进行补充设计。

3）施工计划变更程序

由于遇到不可抗力或开发部署调整确需变更设计时，应及时进行补充设计，审批后方可实施。

第四章 水平井地质设计

9. 技术要求

(1) 钻水平段时，油层监测要求至少用随钻 LWD 测井和岩屑录井（一般用 SK-2000 录井仪）。

(2) 在水平段钻进过程中，钻井液采用油基钻井液，为降低对油层的污染，钻井液密度小于 $1.20t/m^3$。

(3) 实际着陆点处位移偏差要求：着陆点处垂深与设计垂深误差上下不得大于 1.5m。

(4) 地面坐标和入靶点的坐标只作参考，在钻井工程设计中根据着陆点的具体情况和工程需要设计水平井地面坐标和入靶点的坐标。

(5) 由于实际地质情况复杂多变，油层厚度和顶部深度与预测结果可能存在一定的误差，水平段各目的层钻进长度可根据现场随钻录、测井解释（油层显示）情况具体调整。

(6) 要求在钻井工程设计时必须考虑目的层迟到或提前的可能性，要根据 LWD 随钻测井、岩屑录井结果，及时调整钻井设计（钻井工程设计）。

(7) 水泥返高至葡萄花油层顶面以上 100m。

(8) 施工作业要符合 HSE 标准，安全预防措施要到位；同时要注意油层的保护，尽量避免油层污染。

(9) 由于水平井钻井周期长，并且开钻日期未定，要求采油厂对邻近未投产的注水井投注时间严格掌握，钻井公司要落实清楚，在水平井完钻前，邻近注水井不得投注。

(10) 由于受构造图精度的限制，油层砂岩厚度和顶部深度与预测结果可能存在一定的误差，因此要求在钻井工程设计时必须考虑目的层迟到或提前的可能性，着陆点处油层砂岩顶界海拔深度要根据钻井实施过程中，随钻测井、捞砂样结果及时进行校正调整。

(11) 在水平井钻进过程中，各单位要相互配合，搞好水平井导向工作。

10. 附表及附图

1) 目的层顶面构造图

目的层顶面构造图如图 4-7 所示。

2) 目的层油层有效厚度等值图

目的层油层有效厚度等值图如图 4-8 所示。

3) 沿水平井方向的油藏剖面图

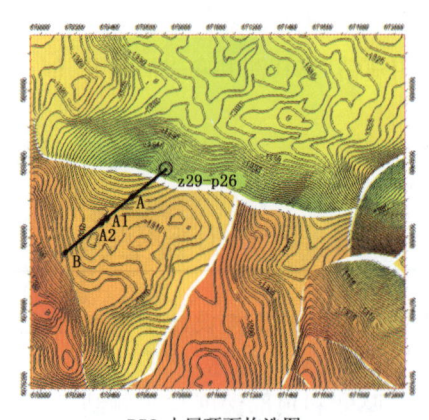

PI2$_1$小层顶面构造图 　　　　　　　　PI2$_2$小层顶面构造图

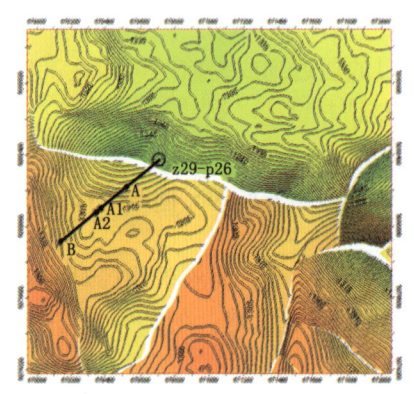

PI3小层顶面构造图 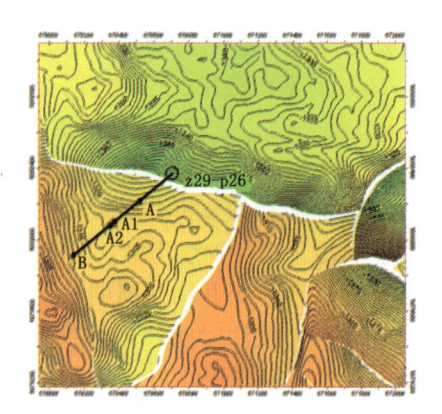　　　　　　　　PI4$_1$小层顶面构造图

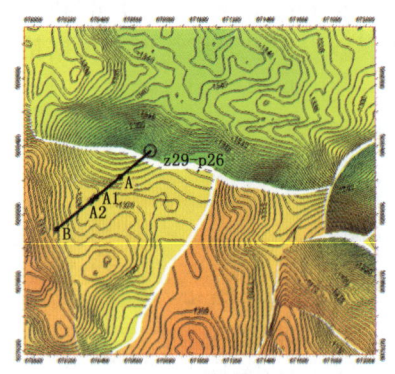

PI4$_2$小层顶面构造图

图4-7　目的层顶面构造图

第四章　水平井地质设计

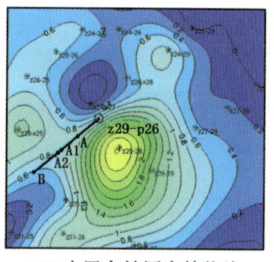

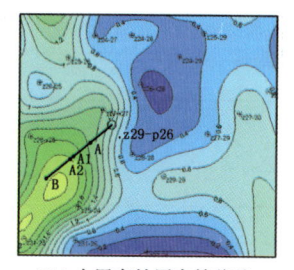

PI3小层有效厚度等值线　　　　PI4₁小层有效厚度等值线

图 4-8　目的层油层有效厚度等值图

沿水平井方向的油藏剖面图如图 4-9 所示。

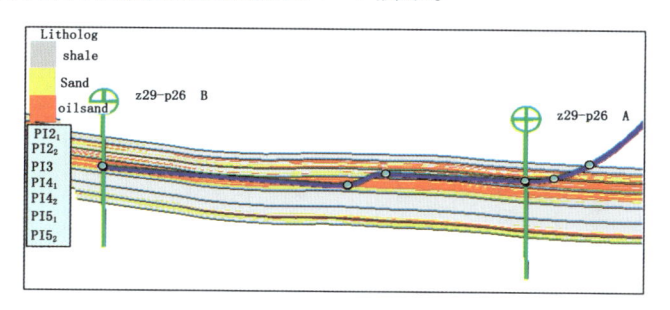

图 4-9　沿水平井方向油藏剖面图

4) 水平段三维立体图

水平段三维立体图如图 4-10 所示。

5) 水平段地质参数设计和轨迹参数设计表

水平段地质参数设计和轨迹参数设计如表 4-9 所示。

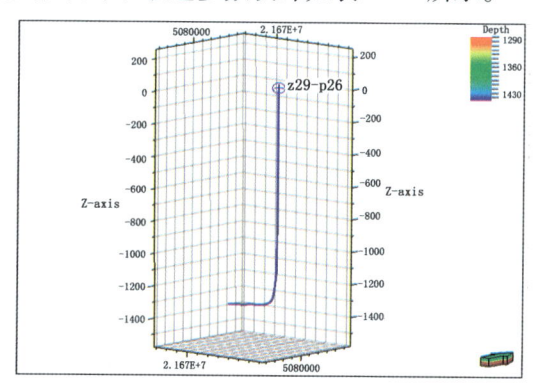

图 4-10　水平井三维立体图

表4-9 水平段地质参数设计和轨迹参数设计表

靶点	大地坐标 x	大地坐标 y	层位	小层顶面 海拔	小层顶面 井深（垂深）	预测砂岩厚度 m	靶点深度 海拔	靶点深度 井深（垂深）m	靶窗尺寸 高度,m 上偏	靶窗尺寸 高度,m 下偏	靶窗尺寸 宽度 m	水平位移 m	地层视倾角（°）	地层倾向（°）
标志点 M	5080243.50	21670608.30	PI2	1314.	1464.25		1314.	1464.25				151		
着陆点 N	5080213.68	21670566.60	PI3	-1318.4	1467.75		-1318.4	1467.75				201	AA 段 0.78	AA₂ 段 225
A	5080192.01	21670535.04	PI3	-1318.0	1467.35	1.2	-1318.7	1468.05	0.5	0.5	20	靶前距 240	A₁A₂ 段 3.87	
A₁	5080098.64	21670402.74	PI3	-1315.4	1464.75	0.8	-1316.5	1465.85	0.5	0.4	20	162	A₂B 段 1.05	A₂ 段 270
A₂	5080072.71	21670365.99	PI4₁	-1317.2	1466.55	1.6	-1319.6	1468.95	0.5	0.4	30	45		
B	5079910.00	21670136.00	PI4₁	-1312.4	1461.75	1.1	-1314.4	1463.75	0.5	0.4	30	282		

第四章 水平井地质设计

二、吉林油田庙22区块水平井地质设计

1. 水平井井位部署设计的基础数据

基础数据如表4-10所示。

表4-10 基础数据表

井 号		庙平井	井型	水平井	井别	采油井
地理位置		松原市境内				
构造位置		松辽盆地新庙构造东部				
井位与地震测线及邻井的平面关系						
钻探目的		开发扶余油层				
完钻原则		庙平井水平段位移为329m				
完钻层位		泉四段第7^1号小层		完钻垂深,m		1189
地面海拔,m		127.4		补心距,m		4.6
井口坐标			设 计			
		纵坐标,X	21634041.0			
		横坐标,Y	5024337.1			
井底坐标		靶点	纵坐标,X	横坐标,Y	水平段长,m	
		A(入口点)	21634335	5024570	329	
		B(端点)	21634641	5024691		
中靶要求						

2. 油田地质概况

1) 构造特征

庙22区块是一个被断层复杂化的由东南向西北倾的斜坡,斜坡带上断层发育,多为近南北走向的正断层。尤其在北部已提交探明储量的新庙油田内部,断层密集程度较高,断层延伸长度一般2~6km,断距一般20~40m,由

于断层倾向不同,在斜坡带上形成了近南北走向的复杂断裂带,呈断阶、断垒、断堑形式分布。

该区块泉四段顶面埋深1070~1160m,构造形态为北西倾的斜坡,在庙22井的东西两侧发育4条南北向断层。断层断距一般20~50m,断层延伸长度在2~6km,形成断堑和断阶相间的构造格局。

2) 储层特征

(1) 储层沉积特征。

本区主要含油层为泉头组四段地层,泉四段地层厚度一般为120~140m,顶面埋深1200~1400m。根据旋回对比原则,将泉四段地层划分为4个砂组12个小层。各砂组厚度分别为:Ⅰ砂组25~35m,Ⅱ砂组30~40m,Ⅲ砂组30~35m,Ⅳ砂组30~40m。

根据沉积相研究成果,泉四段沉积时期,本区处于三角洲分流平原相沉积,从Ⅳ砂组至Ⅰ砂组,随着水体逐渐加深,沉积微相由Ⅱ、Ⅲ、Ⅳ砂组的分支河道、河口坝过渡为Ⅰ砂组的席状砂、远砂坝沉积。

(2) 储层砂体发育特征。

该区块砂体呈南西、北东向发育,垂直或斜交断层,砂体横向侧变快,基本呈条带状分布,砂体宽度一般为400~600m左右,在垂直河道方向,砂体侧向变化快,连通性较差,纵向上砂体叠加连片。平均单井钻遇砂岩厚度为54m。

(3) 储层岩性、物性特征。

泉四段储层岩性主要为粉砂岩,细砂岩次之,属于混合砂岩。岩石粒径为0.08~0.12mm,岩石矿物成分石英含量30%~40%,平均为38.8%,长石含量25%~32%,平均为26.5%,岩屑含量38%~40%,平均为34.8%。岩石颗粒分选好,磨圆次棱角状。胶结物以泥质为主,泥质胶结物含量一般为10%~15%。黏土矿物种类有伊利石、伊/蒙混层、绿泥石等。砂岩胶结类型基本为孔隙式胶结。

砂岩胶结类型基本为孔隙式胶结,颗粒之间接触关系为点状接触。镜下观察,孔隙类型以粒间孔为主,其次是少量的残余孔隙。粒间孔隙是最主要的储集空间,占总孔隙体积的92%以上,粒间孔隙形状复杂,分布不均匀,对物性影响很大。

与新庙油田内部储层物性条件相比,该区块泉四段储层物性相对较好,孔隙度一般为12.0%~18.0%,最大18.8%,平均13%;渗透率一般为$0.5 \sim 50 \times 10^{-3} \mu m^2$,最大$111.0 \times 10^{-3} \mu m^2$,平均$6.55 \times 10^{-3} \mu m^2$;碳酸盐含

第四章 水平井地质设计

量一般为 2.0% ~ 10.0%，最大 34.1%，平均 3.2%；泥质含量一般为 5.0% ~ 15.0%，最大 19.25%，平均 8.5%，属低孔、特低渗透储集层。

（4）储层流体性质。

① 地面原油性质。

庙 22 区块地面原油密度 0.8671t/m³，原油黏度一般 25.5 ~ 56.72mPa·s，凝固点一般 32 ~ 37℃，含蜡量一般 24% ~ 31%，含胶质一般 15% ~ 19%。

② 地层原油性质。

地层原油密度为 0.817t/m³，地层原油黏度 6.7 mPa·s，原始气油比为 18.7 m³/t。

③ 地层水性质。

该区块地层水总矿化度一般 6000 ~ 7200 mg/L，平均 6800mg/L，氯离子含量一般为 3000 ~ 4000mg/L，平均 3500mg/L，钠钾离子浓度一般为 2000 ~ 2500mg/L，平均 2300mg/L，pH 值 7 ~ 8，水型以 $NaHCO_3$ 型为主。

④ 地层压力及温度。

庙 22 区块泉四段油层中部埋深 1300m，平均压力系数 1.018MPa/100m，平均地温梯度 5.17℃/100m，新庙南地区泉四段油层中部压力为 13.0MPa，油层中部温度为 75℃，属于正常的压力、温度系统。

3）油层特征

该区块的油层主要分布在泉四段的 Ⅰ、Ⅱ 砂组内，含油井段一般 20 ~ 50m，油层中部深度 1300m 左右。Ⅲ、Ⅳ 砂组以水层为主，试油见少量油。主力油层为 4、6、7、8 号小层。该区平均单井有效厚度为 8.2m。

4）储层及标志层电性特征

依据标志层的电性特征确定泉四段的顶：青山口组底部为黑色泥岩、黑色油页岩，泉头组顶部灰色、灰绿色砂泥岩，二者在声波测井曲线上有明显的阶梯变化，自然伽马曲线有明显的对应正向尖峰，为区域标志层。

5）油水分布及油藏类型

扶余油层油水分布受岩性、断层等多种因素控制，由于岩性、物性影响，油水分异较差，同层现象较多。在斜坡背景下，砂体与断层的有机配置，在充足的油源条件下，形成了该区块以岩性控制为主的断层岩性油藏。

6）储量测算

该区块于 2002 年提交控制储量，新庙探明区有效厚度电性标准：$R_{LLd} \geq$ 18.5Ω·m；$R_{0.5} \geq 16$Ω·m；$\Delta t \geq 235$（μs/m）。根据以上标准对该区块进行有效厚度划分。

区块设计动用含油面积4.7 km²，该区平均有效厚度为8.2m，其他参数如孔隙度为13.0%，平均原油密度为0.8671t/m³，体积系数为1.080，含油饱和度取值为52%，石油地质储量为209.1×10⁴t。

7）勘探开发简况

新庙油田自20世纪50年代开始先后做过重力、磁力普查和地震连片普查等工作。1981年开始钻探，至1983年完钻探井9口，于扶余油层见到油迹——含油级别的显示，对5口井进行试油，其中新232、239井分别获得日产1.2t和2.03t的工业油流，从而打开本区的勘探局面。

自1990年开始对该地区进行重点勘探，在主体部位加密二维地震测网，并进行高分辨处理，加密后测网密度达0.5km×0.5km，其中高分辨测网密度1km×1km。在进一步落实了构造面貌的基础上，1991年再次钻探井16口，其中有7口井获工业油流，从而发现了该油田。1993年5月，该油田扶余油层提交探明含油面积104.7km²，探明石油地质储量3158×10⁴t。

2000年，庙南地区部署完成三维地震90km²，进一步落实了构造面貌，发现了一些有利的断阶、断垒块。2001年10月，在有利区块钻探了庙130井，于泉四段7号小层进行试油，获日产油24.62t的高产油流，为纯油层。评价井庙130-2井，于Ⅰ砂组4号小层试油获日产油3.9t，7号小层试油获日产油6.3t。2002年12月，于该油田南部的庙130、庙22区块扶余油层分别提交控制含油面积11.1 km²、14.0km²，控制石油地质储量388×10⁴t、623×10⁴t。

2004年，庙130区块进行超前注水开发，完钻开发井37口，投产第一个月平均单井日产液9.5t，单井日产油4.4t，含水53.8%，投产第4个月平均单井日产液6.8t，单井日产油4.1t，含水39%，展示了该油田南部、东部的油藏评价及开发潜力。

庙22井于泉四段8号解释层，井段1303.0~1305.8m，压后获得3.64t/d的工业油流；于3号解释层，井段1275~1284.4m，压后获得2.86t/d的工业油流。2006年在该区块完钻评价井2口。其中一口井已生产4个月，日产油稳定在3.0~5.0t；另一口井及5口老生产井也进行了捞油生产，平均日产油稳定在1.2t以上；松花江东侧的民南6井试油获83.7 t/d的工业油流，不含水。民南4井试油产量11.2 t/d，不含水，落实并正在实施开发的民西区块开发效果好，充分展示了庙22区块的良好开发前景。

8）邻井基本情况

（1）邻井分层资料（见表4-11）。

第四章 水平井地质设计

表4-11 邻井分层资料

井号 层位	M22-6-8井深度 m	Mx59-4井深度 m
1	1266.68	1243.9
2	1276.24	1253.51
3	1286.82	1263.31
4	1296.39	1269.41
5	1305.87	1276.62
6	1312.97	1286.13
7^1	1319.54	1296.29
7^2	1327.13	1302.38
8	1335.51	1310.42
9	1342.50	1318.91
10	1358.27	1333.69
11	1374.65	1343.66
12	1385.83	1359.08
13	1397.22	1373.50

（2）邻井钻井故障情况。

（3）邻井钻遇油层资料（见表4-12）。

表4-12 邻井钻遇油层资料

层位 项目 井号	第5小层		
	砂层 m	油层 m	夹层 m
M22-6-8井	5.2	2.8	
Mx59-4井	0	0	

续表

层 位	第 6 小层		
项目 井号	砂层 m	油层 m	夹层 m
M22－6－8 井	5.6	3.0	
Mx59－4 井	0	0	

层 位	第 7^1 小层		
项目 井号	砂层 m	油层 m	夹层 m
M22－6－8 井	7.6	5.0	
Mx59－4 井	1.4	1.4	

层 位	第 7^2 小层		
项目 井号	砂层 m	油层 m	夹层 m
M22－6－8 井	6.4	6.4	
Mx59－4 井	6.0	6.0	

层 位	第 8 小层		
项目 井号	砂层 m	油层 m	夹层 m
M22－6－8 井	6.0	6.0	
Mx59－4 井	7.6	5.4	

（4）邻井试油资料（见表 4－13）。

第四章 水平井地质设计

表 4-13 邻井试油资料

井号	油组	层号	射孔井段 m	射孔厚度/层数	试油日期	试油方式	日产量 油 m³	日产量 水 m³	压力,MPa 流压	压力,MPa 静压
M20	泉四段	7	1470~1516	6/1层	1992	抽汲	5.52	0.78	4.2	12.4

（5）目的层段采油井生产数据（见表 4-14）。

表 4-14 目的层段采油井生产数据表

采油井井号	生产层位	生产井段	厚度层数	投产日期	初期生产状况 工作制度	初期生产状况 油 t/d	初期生产状况 含水 %	初期生产状况 动液面 m	目前生产状况 工作制度	目前生产状况 油 t/d	目前生产状况 含水 %	目前生产状况 动液面 m	累计产量 油 t	累计产量 水 m³
M22-6-6	6、7^1、7^2	1312-1340	28	2006.6.1	L/S-3/3.4,φ/h-44/1280	2.9	60%		0	0	0		202	346.7

3. 水平井设计

1）水平井设计的基本原则

（1）在保证井身质量安全的情况下，充分考虑水平井对储层砂体的最佳控制方式，实现水平井对储量资源的最大利用。

（2）储层较发育且分布较稳定，油水关系清楚。

（3）保证水平井较长时间的稳产。

（4）根据目的层确定原则，在油藏精细描述基础上，确定水平井的钻井位置和目的层。

2）水平井设计

综合三维地质模型和水平井邻井的储层发育情况，分析认为该井区发育 7^1、7^2 及 8 号小层，其中 7^2 号小层含有饱和度较高且分布稳定，有效厚度约 6.07m，为了有效动用主力储层，设计水平井钻 7^2 号小层，如图 4-11 所示。

337

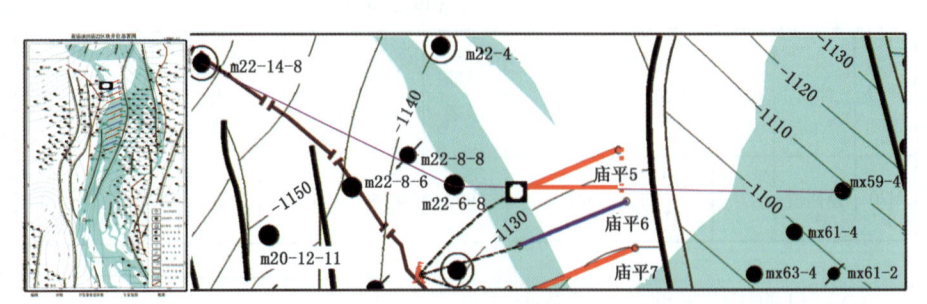

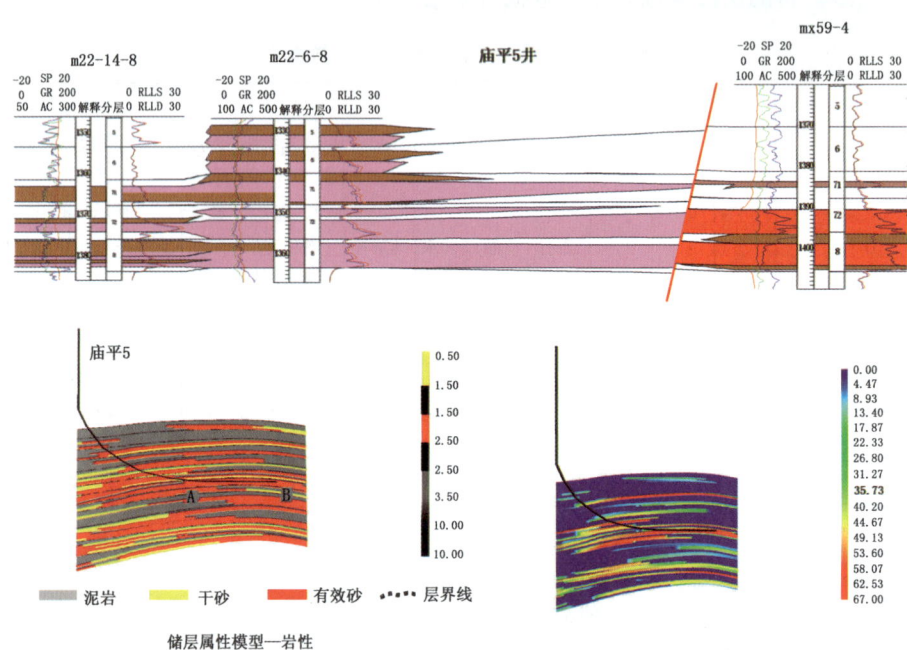

图 4-11 水平井设计图

3）水平井控制要求

在钻水平井水平段过程中，现场跟井技术人员，依据地震解释成果图、三维地质模型、测井解释成果图，结合 MWD 或 LWD 监控仪、岩屑、气测录井，实时对水平段钻井进行预测跟踪、校正和调整，指导钻井轨迹运行。

4. 设计地层剖面以及预计油气水层位置

1）地层分层

地层分层数据如表 4-15 所示。

第四章 水平井地质设计

表 4-15 地质分层数据表

层位				油层	设计地层		岩性描述	故障提示
界	系	统	组	段		底界深度 m	厚度 m		
新生界	第四系					43	42	灰黑色腐殖土、表土、砂砾层，与下伏地层不整合接触	
	第三系		泰康组			42	90	灰绿色泥岩、疏松砂岩、杂色砂砾岩，河流相，与下伏地层不整合接触	
中生界	白垩系	上白垩统	四方台组			132	105	杂色砂砾岩，河流相，与下伏地层不整合接触	
			嫩江组	五段	黑帝庙	237	140	棕红、灰绿及灰色泥岩，含粉砂质泥岩、泥质粉砂岩，河湖过渡相，与下伏地层整合接触	防漏防斜
				四段		377	130	棕红、灰绿色泥岩、浅灰、灰色砂岩，河湖过渡相，与下伏地层整合接触	
				三段		507	85	灰黑色泥岩与灰色粉砂岩、泥质粉砂岩，河湖过渡相，与下伏地层整合接触	
				二段		592	125	灰黑色块状泥页岩，底部为油页岩，河湖过渡相，与下伏地层整合接触	
				一段		646	50	灰黑色泥页岩、泥质粉砂介形虫层，河流相，与下伏地层整合接触	
			姚家组	二、三段	葡萄花	696	100	棕红色泥岩、含砾泥岩、灰色砂岩，三角洲，与下伏地层整合接触	
				一段		796	45	棕红色泥岩、含砾泥岩、灰色砂岩，三角洲，与下伏地层整合接触	防油气侵
		下白垩统	青山口组	二加三段	高台子	891	355	棕红、灰绿、灰、深灰色泥岩、含砾泥岩、浅灰、灰白色粉、细砂岩、含砾砂岩、介形虫砂岩、泥灰岩，三角洲，与下伏地层整合接触	k_1q_{n2+3}
				一段		1196	70	灰黑色泥岩、泥页岩、油页岩、含砾砂岩，三角洲，与下伏地层整合接触	k_1q_{n1}
			泉头组	四段	1	1266.00	10.27	深灰绿色、紫红色泥岩、灰白色粉细砂岩，三角洲，与下伏地层整合接触	k_1q_4
					2	1276.24	10.60		
					3	1286.82	9.60		
					4	1296.39	9.50		
					5	1305.87	7.11		
					6	1312.97	6.59		
					7¹	1319.54	7.60		
					7²	1327.13	8.40		

2）油气水层简述

水平井钻遇储层均为油水同层，无气层，无水层。

5. 工程设计要求

1）地层压力和地层温度

邻井试油实测压力如表4-16所示。

表4-16 邻井试油实测压力

井号	层位	设计井深，m	压力系数	复杂提示
庙平5	扶余油层		0.75~1.0	防卡、水涌、可能低压层漏

2）地层破裂压力

3口老井实测破裂压力如表4-17所示。

表4-17 3口老井实测破裂压力表

井号	油层中部深度 m	地面破裂压力 MPa	排量 m^3/min	估算压裂液摩阻 MPa/1000m	井底破裂压力 MPa	破裂压力梯度 MPa/m
D+70-12.4	464.4	14.5	2.1	6.88	15.9954	0.0344
D52-6.4	385.8	14.0	2.1	6.88	15.2423	0.0395
D70-9	414.1	12.5	2.1	6.88	13.8334	0.0334

3）钻井液类型、性能及使用要求

（1）已钻井钻（完）井液使用情况（见表4-18）。

表4-18 已钻井钻（完）井液使用情况表

井号	层位	井段，m	钻井液/完井液 类型	钻井液/完井液 密度 g/cm^3	钻井液/完井液 黏度，s	油、气、水显示及漏失情况
东52-5.4	扶余油层	315~427	水基	1.4	46	不清

（2）设计井钻井液类型及性能要求。

① 全井钻井液体系要求。

一开采用水基钻井液，二开采用油包水钻井液。

② 钻井液设计。

第四章 水平井地质设计

一次开钻：设计钻井液密度为 1.10~1.30g/cm³。

二次开钻：根据邻井实钻及压力情况分析，同时考虑目的层采用油包水钻井液，目的层设计钻井液密度控制在 1.15~1.25g/cm³ 之间，漏斗黏度控制在 45~120s，失水量小于 2mL（油），要求严格控制钻井液密度。

4）油层保护要求

打开油层前禁止钻井液密度超标，防止污染油层。

5）井身质量、井身结构要求

（1）直井段井身质量执行工程设计要求。

（2）建议表层套管下深至 N2 底，具体下深执行工程设计。

（3）要求造斜点以下采用 N80（壁厚 7.72mm）级套管完井。

（4）平均井径扩大率不超过 15%。

6. 资料录取要求

1）岩屑录井

自泉四段顶以上 20m（垂深）开始至水平段终端，每 1m 取样一包，每包岩屑数量不少于 500g，供现场检验及挑样用。岩屑必须为自然风干或低温（小于 50℃）烘干。保存样用布袋或牛皮纸包装，描述样用百格盒装。现场及时定名和描述，并绘制录井草图。

岩样汇集：自泉四段顶以上 20m（垂深）开始至水平段终端设计制作岩样汇集。

2）荧光录井

按照岩屑录井密度逐包进行湿照、干照，储集层段样品逐包滴照，见显示进行系列对比定级。要求进行定量荧光分析，自泉四段顶以上 20m（垂深）开始至水平段终端，储层逐包分析。

3）气测录井

（1）全烃，C_1—C_5、H_2、CO_2、H_2S 自泉四段顶以上 20m（垂深）至水平段或大斜段终端，每 1m 记录一次，采用双 FID 检测系统。气测异常要取气样试做点燃试验。

（2）全脱分析。

自泉四段顶以上 20m（垂深）开始至水平段终端，每 10m 取一个样，每次处理钻井液后做 2 个样品。

（3）测后效

钻开油气层后，每次起下钻，循环 1~2 周，进行后效测量。

4）井深及迟到时间录取

迟到时间：自表套底至水平段终端自动跟踪校正。

自表套底至泉四段顶以上20m（垂深），每钻进100m，实测一次迟到时间，泉四段顶以上20m（垂深）至水平段终端，每钻进50m，实测一次迟到时间，根据实测迟到时间校正迟到深度。

5）钻井液录井

（1）自表套底至泉四段顶以上20m（垂深），每20m测量一次钻井液黏度、密度；自泉四段顶以上20m（垂深）至水平段终端，每10m测量一次钻井液密度、黏度，并及时校正录井曲线。

钻时加快或钻遇油气显示时，连续测量密度、黏度，每1~2循环周测一次全套性能并取样。

（2）循环观察钻进过程中，若遇到钻时加快和明显油气显示，如钻井液槽面见油花、气泡、钻井液油气侵及特殊地质现象时，应决定停钻循环观察，并详细记录层位、井段、持续时间、钻井液性能前后变化及处理方法、结果等，并及时向地质监督汇报。

6）钻井参数录井

录井项目：钻时、大钩负荷、立管压力、转盘转速、泵冲、扭矩、套压。

7. 地球物理测井

1）测井内容

测井内容如表4-19所示。

表4-19 测井内容

	测井项目	深度比例	测量井段	测井内容
砂泥岩剖面	综合测井	1:200	泉四段顶以上20m至终端水平段	自然伽马（1:15）、自然电位（1:5）、井径（1:5）、声速（1:50）、双侧向（1:10）
	标准测井	1:200	井口—窗口	R2.5（1:10）、自然电位（1:5）、井径（1:5）、连续测斜
	特殊测井项目			
	固井质量检查	1:500	井口—井底	声波变密度、声幅
	放、磁			
	装 备			
	备 注			

第四章 水平井地质设计

2）测井要求

测井项目和测量井段根据实钻情况进行调整。

8. 设计及施工变更

1）设计变更程序

在钻井施工过程中因地质或其他原因确需变更设计时，应书面报告，审批后方可实施。

2）目标井位变更程序

在钻井施工过程中由于有地面障碍和地下井网绕障等原因无法实现设计地质目标，应书面报告目标井位移动的原因，移动后的坐标，并及时进行补充设计。

3）施工计划变更程序

由于遇到不可抗力或开发部署调整确需变更设计时，应及时进行补充设计，审批后方可实施。

9. 技术要求

（1）要求 LWD 随钻跟踪，随钻监测项目：井斜、方位、钻时、自然伽马、电阻率。钻井过程中应及时跟踪分析，及时调整，接近窗口时，要减缓钻井速度，录井时要特别注意地层的厚度变化。

（2）在水平段和大斜段做好油层保护，尽量降低钻井对油层的污染。

（3）水平段横、纵向偏移量要求：窗口横向偏移量小于 3m，终点横向偏移量小于 5m；窗口纵向偏移量小于 0.5m，终点纵向偏移量小于 0.5m。

（4）钻机定位后复测地面坐标和补心海拔，以准确确定水平井轨迹及水平段窗口垂深。

（5）严格执行开钻验收单审查制度，各相关部门进行技术交底，不具备开钻条件，不能开钻。

（6）固井水泥返高至地面，固井质量要保证固井井段合格。

（7）要求施工单位技术人员在完井 24h 内将三联单套管记录、井斜记录交到产能项目经理部以及地质公司前线各一份。

（8）施工单位准确丈量钻具，确保井深无误。

（9）本次实施的开发井属于注水开发区的内部调整井，开钻前要做好水井泄压工作；在钻井过程中要密切关注周围油水井产状和压力变化情况，如发现异常情况，采油厂应立即汇报开发部，并根据实际情况及时处理。

10. 附表及附图

1）目的层顶面构造图

目的层顶面构造如图 4-12 所示。

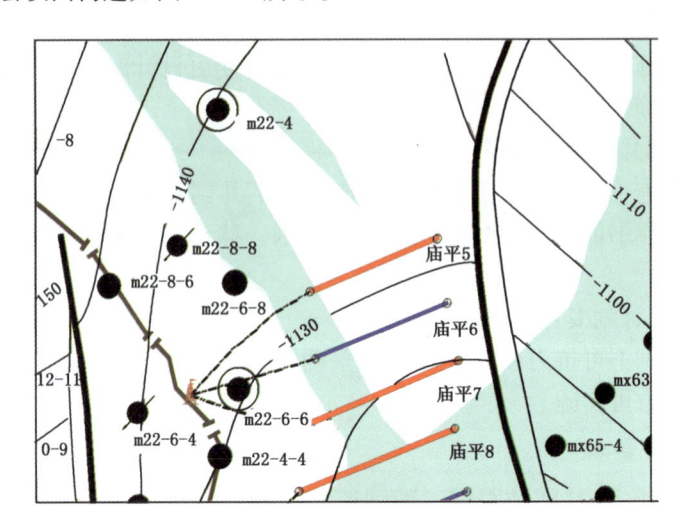

图 4-12　目的层顶面构造图

2）沿水平井轨迹方向的油藏剖面图

沿水平井轨迹方向的油藏剖面如图 4-13 所示。

3）水平段地质参数设计和轨道参数设计表

水平段地质参数设计和轨道参数设计如表 4-20 所示。

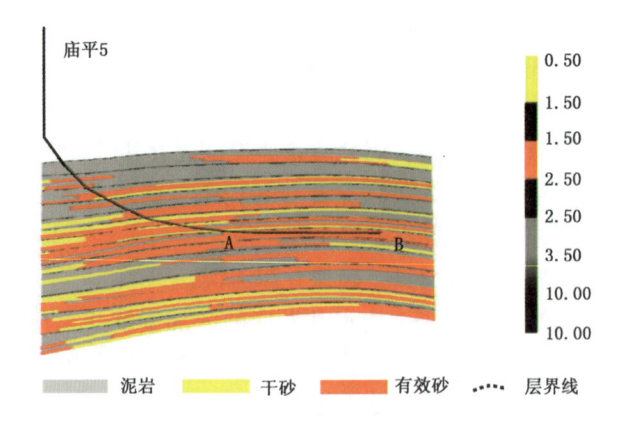

图 4-13　沿水平井方向油藏剖面图

第四章　水平井地质设计

表 4-20　水平段地质参数设计和轨迹参数设计表

靶点	大地坐标 y	大地坐标 x	层位	小层顶面 海拔	小层顶面 井深(垂深)	预测砂岩厚度 m	靶点深度 海拔	靶点深度 井深(垂深) m	靶窗尺寸,m 高度 上偏	靶窗尺寸,m 高度 下偏	靶窗尺寸 宽度 m	水平位移 m	地层视倾角 (°)	地层倾向 (°)
着陆点 N	21670566.60	5080213.68	72	-1183	-1310.0	—	-1183.0	1315.0	—	—	—	342.20		
A	21634335.00	5024570.00	72	-1185	-1325.1	6.22	-1187.5	1319.5	0.5	0.5	20	靶前距 375.13		
B	21634641.00	5024691.00	72	-1186.4	-1327.5	5.95	-1189.0	1321.0	0.4	0.5	30	696.65		

345

第五章 水平井开发配套工程技术

第一节 水平井钻井工艺技术

水平井钻井技术是在定向井钻井技术的基础上发展起来的。定向井技术的成熟和新的井下工具、仪器的应用，为水平井钻井、完井的实施提供了必要的条件。随着水平井在油田开发中应用范围的不断扩大，与之相关的工具、仪器的技术性能指标也在不断地完善、提高和创新。水平井控制所用的关键工具——井下动力钻具，在井下正常连续工作的作业时间由原来的100h提高到400h，各种规格的井下动力钻具能满足所有常规钻井中各种井眼尺寸的需要，能实现3°/30m到80°/30m的造斜率。能适用多种地层的各类高效PDC钻头的应用，提高了水平井的钻速和时效。随钻测井（LWD）将测量范围拓展到电阻率测井和伽马测井，实现了在测量井斜参数的同时，能实时了解到钻遇地层的变化，为水平井在产层段的控制提供了可靠的依据。随着近钻头随钻测量技术的突破，使得产层厚度小于1m的薄油层和一些复杂储层的开发成为可能，水平段的钻遇率不断提高，水平井技术应用效果日益显著。

当一个区块或构造上的某口井决定采用水平井开发时，钻井工程的工作流程通常分为以下几个步骤：

（1）首先要与地质和油藏结合，明确该井地质和油藏的设计意图。需要掌握的内容主要包括：油藏类型，包括是否有底水、边水存在；储层特征，包括储层物性（K，ϕ）、均质性、裂缝发育程度、储层流体性质、储层的压力和温度、储层厚度等；地层情况：包括复杂层段的位置；水平段设计情况，包括水平段的段长，目的层的深度，水平段的倾角（井斜）和方位，水平段距储层顶部的距离，储层上方有无标志层（如有，距离储层顶部有多远），对水平井井眼着陆控制和水平段控制的精度要求（即允许的偏差范围），最大储层深度偏差有多少等。

（2）要与采油、采气工程结合，明确完井方式和采油方式。需要掌握的

第五章 水平井开发配套工程技术

内容主要包括：对生产套管管柱的要求，包括井段、尺寸、材质，举升方式，采油采气管柱结构和采气设备安装对井眼的要求。

（3）要进行水平井钻井工程的可行性研究。针对以上要求，结合地层特点，确定水平井施工的技术难点。根据国内外现有工具、仪器、设备条件和技术服务能力，确定是否能满足要求。重点考虑的问题是井下温度、压力、流体性质、井径等对工具、仪器、设备能力的要求是否能够满足。

（4）钻井工程技术方案设计与论证。一般地，钻井工程技术方案设计与论证工作包括以下几个方面：

①首先根据地质和油藏工程要求以及完井方式，结合储层物性情况，确定最佳的储层保护对策，选择合理的钻井方式、钻井流体类型和水平段钻井完井液体系和性能要求。

②接下来的重要工作是井眼设计，设计原则首先考虑满足采油采气工艺对轨迹通过度的要求和地质油藏工程对水平段延伸能力的要求的前提下进行剖面的设计和优化，井眼型式应简单、灵活、适应性强；设计轨迹应有利于提高机械钻速，同时应有利于随钻监测仪器、工具的合理使用，减少定向仪器设备的占用时间；造斜位置和造斜井段的选择应有利于井眼轨迹的控制和施工安全，着陆点前的井身长度尽可能短。设计出的井眼轨迹需要用摩阻分析软件进行通过度、套管柱和钻柱强度和屈曲变形分析和校核。

③其次是要确定井身结构形式。以直井井身结构设计为基础，研究水平井的井身结构。水平井的井身结构设计中，通常要求技术套管要下入到水平段的进入点位置，封固大斜度段，一方面避免井壁坍塌、键槽、过度摩阻等不利因素，保证水平段顺利实施，另一方面将上部地层和主力油气层封隔，便于水平段选择各种必要手段保护储层，保证地质效果。这样，必然对直井的井身结构带来一些变化，需要对套管的程序、尺寸、下深、套管外水泥返深等进行多方面的论证和优化。

④在确定了井身结构之后，要进行钻井方式的选择，根据地层适应性，选择近平衡钻井方式和欠平衡钻井方式，兼顾安全和提速。一般在水平井造斜、着陆、水平段钻进过程中，通常选择液相流体钻井方式，主要考虑到我国目前的井底遥测系统都是基于水力通道。对于某些低压和裂缝性发育储层，水平段有时采用液相流体欠平衡钻井方式及屏蔽暂堵钻井液。

⑤进行钻井液设计，针对分井段地层特点和井眼轨迹的形态特点，确定对钻井液的体系选择和性能控制要求。

⑥进行井眼轨迹控制设计，首先要根据水平段井眼轨迹的控制要求和储

层钻遇率的要求，结合储层的厚度、物性和均质性，选择钻头的导向工具和满足储层识别要求的随钻地层评价参数监测工具。这些工具的选择应适应所采用的钻井流体。

⑦确定固井技术方案，根据井身结构方案，确定出分井段套管采用的固井工艺、水泥浆体系和性能要求。

⑧选择钻机，确定型号及其主要配套设备。

（5）将钻井工程的这些方案以及方案中遇到的难点反馈到工程地质部门，在保证地质目标达到的情况下，优化地质和钻井方案。同时，工程与地质有关人员要根据井眼轨迹设计确定的井口坐标位置，实地勘查并现场落实该井口坐标所在位置是否适合于建井场。如果不适合，需要进行调整。

（6）进行单井钻井工程设计。根据以上方案，按照钻井工程设计内容规范，完成单井钻井设计，有些内容需要借助计算机软件来完成。

（7）现场组织实施。由主管部门组织地质、油藏和钻井工程人员组成多学科工作组，尤其在井眼轨迹进入着陆阶段和水平段轨迹控制阶段，进驻现场，根据现场实时数据，对井眼轨迹的走向进行决策，确保安全着陆和水平段沿最有利的储层位置钻进。

水平井钻井是个综合性很强的施工过程，涉及钻井工程的每一个环节。由于地质目标的要求不同，形成了与直井、定向井不同的特殊的钻井工艺。主要表现在：第一，在井眼轨迹控制方面，要求井眼轨迹准确着陆，并沿设计方位水平钻进并中靶，实现这一控制目标，必须有一套井眼轨迹的控制工艺和技术。第二，在水平井中，由于储层裸露时间长，摩阻大，携屑难，形成水平井钻井的储层保护和安全钻井的特殊难点，这对水平井钻井液提出了更高的要求。

本节重点介绍水平井的井眼轨迹设计与控制的工艺原理和方法以及水平井钻井液技术和油气层保护方法。

一、水平井井眼轨迹的设计与控制

1. 水平井井眼轨迹的设计技术

1）水平井井眼轨迹类型与适用范围

在水平井的井眼轨迹设计中，水平井油层段的设计是由油藏工程部门给出的。而油层段以上的井眼轨迹设计，首先要考虑的是造斜率的选择。因为造斜率决定井眼的曲率半径，进而决定水平井所采用的工具和仪器种类。根

第五章 水平井开发配套工程技术

据目前国外水平井轨迹类型分类，钻井实践经验，水平井轨迹分长、中、中短、短曲率半径水平井，它们所对应的造斜率以及对工具和仪器设备的要求如表5-1所示。

表5-1 水平井分类及其对工具和仪器设备的要求

类型	长半径	中半径	中短半径	短半径
造斜率范围	<6°/30m	6°~20°/30m	20°~70°/30m	70°~90°/30m
井眼尺寸	无限制	无限制	无限制	6¼″，4¾″
造斜工具	小角度单弯外壳螺杆钻具	单弯外壳螺杆钻具	大角度单弯外壳螺杆或双弯角外壳螺杆钻具	铰接马达方式转盘钻柔性组合
钻杆尺寸	常规钻杆	常规钻杆	常规钻杆	2⅞″钻杆+可挠曲钻杆
测斜工具	有线随钻测斜仪，MWD/LWD	有线随钻测斜仪，MWD/LWD	有线随钻测斜仪，MWD/LWD	柔性有线测斜仪或柔性MWD/LWD
取心工具	常规工具	常规工具	常规工具	岩心筒长1m
地面设备	可用常规钻机	可用常规钻机	可用常规钻机	配备动力水龙头或顶部驱动系统
完井方式	无限制	无限制	无限制（老井侧钻水平井一般不适宜用固井完井）	只限于裸眼及割缝衬管

这些类型的水平井有各自的特点（见表5-2），在生产实际中，形成了各自的适用范围，设计者应根据目的层水平段要求和工具条件选择合适的曲率半径。

表5-2 各类水平井的特点

水平井类型	优点	缺点
长半径	①井眼曲率较小，与常规定向井接近或相当，可达到的水平段和靶前位移最长；②可使用标准的钻具及套管；③井眼及工具尺寸不受限制；④完井方式不受限制	①井眼轨迹控制段最长；②摩阻最大；③钻井费用多；④不适用于薄油层及浅油层

349

续表

水平井类型	优 点	缺 点
中半径	①进入油层前的无效井段较短; ②造斜段多用导向钻井工艺,可控性好; ③离构造控制点较近,控制段较短,摩阻较小; ④井眼及工具尺寸不受限制; ⑤完井方式不受限制	井眼曲率高于常规定向井,不适于要求靶前位移较大的水平井
中短半径	①靶前位移较小,控制段短; ②可用常规动力钻具	①高井眼曲率,一般不能采用导向钻井工艺,井眼控制难度较大; ②能钻达的水平段长度较短; ③钻具和仪器在高井眼曲率弯曲段的恶劣工况下,易发生事故和出现故障
短半径	①井眼曲线段最短,造斜点与油层距离最小; ②从一口直井中可以钻多口分支水平井	①需要非常规的井下工具、设备和完井方法; ②穿透油层段短; ③施工难度大

一般地,长半径水平井适用于靶前位移较大和大位移的水平井。中半径水平井由于适应性广,对工具仪器设备的要求限制小,是国内外最常用的一种类型。中短半径水平井主要用于靶前位移受限制的老油田侧钻水平井。而短半径水平井由于需要特殊的工具仪器和设备,国外很少用,国内也无应用实例。

2) 水平井井眼轨迹剖面设计

水平井轨迹设计需要考虑以下两个方面的因素:一是由造斜工具和地层两个方面的因素所造成的施工中造斜率的不确定性;另外由于储层埋深预测不准,导致设计水平段的垂深和实际垂深之间的误差的不确定性;这就是人们常说的两个不确定性。在轨迹设计方面应给上述两个不确定性在控制上留有调整的余地,避免频繁起下钻换钻具。只有这样,综合考虑当时的工具、仪器和施工等方面的情况,才能设计出方便施工和经济合理的井眼轨迹。

通常水平井轨迹剖面有三段制(直—增—水平)、五段制(直—增—稳—增—水平)和七段制(直—增—稳—增—稳—增—水平)3种剖面类型;三段制剖面的突出特点是用同一造斜率使井眼由0°造至最大井斜角,剖面结构最简单,施工中不用因各设计井段的井眼曲率变化而起钻改变钻具组合;同时,它也是所有剖面设计中施工进尺最少的,因此,提高了施工效率。这种

第五章 水平井开发配套工程技术

剖面适用于目的层顶界与工具造斜率都十分确定条件下的水平井剖面设计。七段制剖面，它是由直井段、第一增斜段、第一稳斜段、第二增斜段、第二稳斜段、第三增斜段和水平段组成，其特点是在3个增斜段之间相继设计了2个稳斜段，第一稳斜段用于调整工具造斜率的误差，即通过调整稳斜段的长度，来调整第一增斜段的增斜率，使得在第二增斜段终点井深处的井斜角达到设计的要求。第二稳斜段则用于探油顶，即通过调整稳斜段的长度来弥补由于地质上预计的油层埋深与实际埋深之间的误差。这一井段稳斜角的大小取决于油层厚度，一般来讲要大于80°。因为探到油顶后，还要将井斜角增到90°，所以，油层越薄，位于油层部分的第三增斜段对应的垂深就越短，相应的稳斜角就越大，表5－3中给出了两种常用的增斜率情况下，不同的油藏厚度所对应的稳斜角，表中 h 为井斜角从0°增到90°第三增斜段对应的垂深。

表5－3 油藏厚度与对应的探油顶稳斜角的关系表

曲率半径 R，m	井斜角（°）	h（垂深），m	H（油藏厚度），m
215 (8°/30m)	80	5.35	10～12
	83	3.06	7～10
	85	1.86	4～7
	87	0.913	3～5
143 (12°/30m)	80	4.26	8～10
	83	2.53	6～8
	85	1.59	4～6
	87	0.83	2～4

这种剖面解决了以上提出的两个不确定性。以下给出七段制剖面参数的计算方法，如图5－1所示。

设第一、第二、第三造斜段的曲率半径分别为 R_1、R_2、R_3，第一、第二段的井斜角和段长分别为 α_{w1}、L_{w1} 和 α_{w2}、L_{w2}，造斜点（KOP）垂深为 H_K，着陆点垂深和井斜角分别为 H_t 和 α_H，着陆点靶前位移 S_A，油顶提前量 ΔH，γ 传感器距钻头距离 L_γ，辨识油顶垂深范围 Δh，以及油中至油顶的距离 d，这些参数满足以下方程：

$$H_t = H_K + R_1\sin\alpha_{w1} + L_{w1}\cos\alpha_{w1} + R_2(\sin\alpha_{w2} - \sin\alpha_{w1})$$
$$+ L_{w2}\sin\alpha_{w2} + R_3(\sin\alpha_H - \sin\alpha_{w2}) \tag{5-1}$$

$$S_A = R_1(1 - \cos\alpha_{w1}) + L_{W1}\sin\alpha_{w1} + R_2(\cos\alpha_{w1} - \cos\alpha_{w2})$$

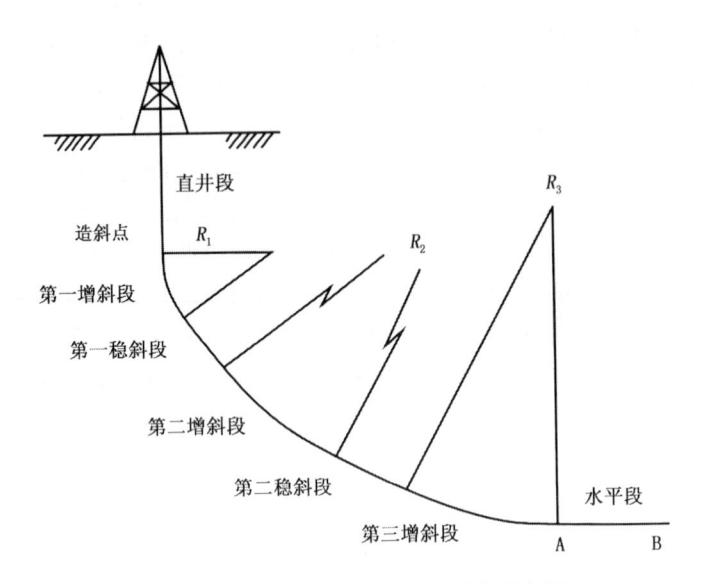

图 5-1 水平井井眼轨迹剖面设计示意图

$$+ L_{w2}\cos\alpha_{w2} + R_3\left(\cos\alpha_{w2} - \cos\alpha_H\right) \tag{5-2}$$

$$\alpha_{w2} = \arccos\frac{R_3}{\sqrt{L_{CT}^2 + R_3^2}} + \arcsin\frac{R_3\sin\alpha_H - d}{\sqrt{L_{CT}^2 + R_3^2}} \tag{5-3}$$

$$L_{CT} = L_\gamma + \frac{\Delta h}{\cos\alpha_{w2}} \tag{5-4}$$

$$L_{w2} = \frac{\Delta H}{\cos\alpha_{w2}} + L_{CT} \tag{5-5}$$

上述参数中，H_K、α_H、H_t、S_A、ΔH、Δh、d、L_γ 等 8 个参数一般为已知的，其余的 L_{w1}、L_{w2}、α_{w1}、R_1、R_2、R_3、L_{CT} 等 8 个参数中，具有 5 个约束条件，即式（5-1）～式（5-5），即具有 3 个自由度。需先确定 3 个未知数，然后可解出其余 5 个参数。例如给定 R_3（着陆进靶段曲率半径），R_1 和 L_{w1}（第一稳斜段曲率半径和稳斜段长），即可求出 R_2、α_{w1}、α_{w2}、L_{w2} 和 L_{CT} 值。五段制剖面，与七段制相比，少了一个中间的稳斜段和增斜段，因此，从理论上讲，这种剖面只能解决"两个不确定性"中的一个。在水平井的剖面类型确定以后，即可通过几何关系计算出各类剖面设计的数据，目前国内外已有多种成熟的设计计算软件。

第五章 水平井开发配套工程技术

2. 水平井井眼轨迹的控制技术

水平井的井眼轨迹控制技术，就是钻头的导向技术，是水平井钻井中的关键环节，是在钻头导向工具和井底信息遥测技术（又称随钻测量技术）的基础上发展起来的。在水平井发展时期（20 世纪 80 年代），围绕井眼轨迹控制技术，发展了以弯壳体井下动力钻具为代表的钻头导向工具，如单弯马达、双弯马达、反向双弯马达和铰接式马达等，发展了基于液力通道的随钻测量工具 MWD，实现了井下井斜、方位、工具面为主要参数的实时传输，为水平井井眼轨迹控制技术的发展奠定了基础。在早期的水平井施工过程中，只要求水平井的实钻轨迹尽量靠近预先设计的理论轨迹，准确地钻入靶窗后并在靶体界定的范围内钻出水平井段，也就是通常人们所说的几何中靶，其结果是有些水平井取得了很好的效果，但由于产层的变化并不能与原来的地质设计相一致，有些水平井尽管也钻达了原来设计的地质目标，但效果并不理想。随着井底信息遥测技术的信息传输速率的不断提高，以及井底采集的参数容量的不断增加，实现了地层评价参数的实时传输（MWD/LWD），极大地提高了水平井钻遇油藏的成功率和水平段在油藏中的钻遇率，大大地提高了水平井的效益。加上 20 世纪末出现的自控偏置机构的钻头导向工具，如 Autotrak、Power Drive 等，极大地提高了钻头的导向能力，使得一些薄油藏和地质上比较复杂的油藏也能用水平井技术进行有效的开发，水平井轨迹控制的目标也由以往的几何中靶过渡到现在的地质中靶。水平段的钻头导向也由以往的几何导向过渡到现在的地质导向。

水平井的井眼轨迹控制就是借助钻头导向工具、井底信息遥测系统及地质目标识别软件，使钻头实时沿地质目标钻进的一项工艺技术。

1）钻头导向技术

（1）基于弯壳体螺杆钻具的钻头导向工具。

① 弯壳体导向螺杆钻具的基本结构形式。

通过在螺杆钻具弯向轴壳体上安装弯角单元，造成连接在传动轴上的钻头偏离轴线，迫使钻头形成侧向切削趋势。常见的弯角结构有单弯、同向双弯、反向双弯、铰接马达等（见图 5-2）。

苏义脑院士设计了弯壳体地面可调弯角的机构，对具有初始倾角 α、弯角 β 与转角 θ、工具面角 ω 与转角 θ 之间的关系进行了数学上的证明（见图 5-3），得到 $\beta = \alpha/\sin\theta$，$\omega = \theta/2$ 的关系，为可调弯壳体的机械加工设计和现场弯角调整提供了理论依据。

② 弯壳体螺杆钻具组合钻头侧向力特性。

图 5-2　常见的弯壳体马达结构形式

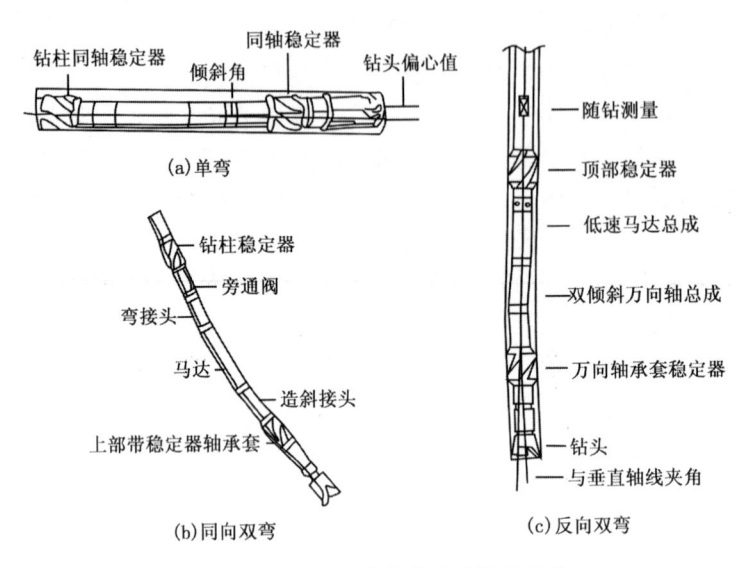

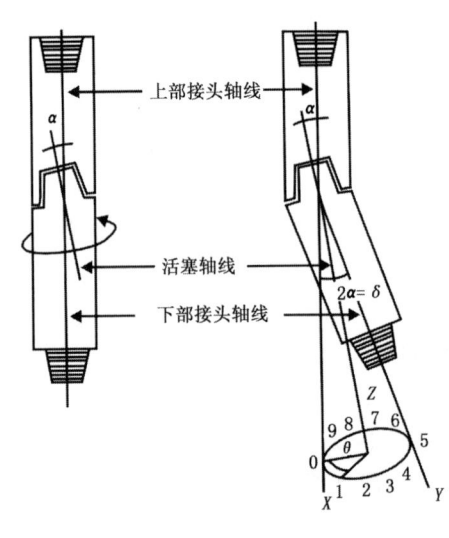

图 5-3　弯壳体地面可调弯角的机构原理示意图

以常规的弯螺杆钻具为主的水平井井眼轨迹控制工艺是目前各类水平井包括大位移水平井井眼轨迹控制的主要方式，通过选用不同的结构弯角和结构参数的螺杆钻具来实现长半径、中半径和中短半径水平井的轨迹控制。对下部钻具组合的受力变形分析是设计与选用钻井工具的理论依据，也是实现水平井的井眼轨迹控制最关键的因素。到目前为止国际上大致形成了 4 种有代表性分析方法，即以 A. Lubinski 为代表的微分方程法，以 K. K. Millheim 为代表的有限元法，以 B. H. Walker 为代表的能量法和以白家祉为代表的纵横弯曲法。由于以上分析方法所用的物理模型和一些简化假设都基本一致，所以分析所得到的结果也基本相同，并在长期的钻井实践中得到了充分的验证。

纵横弯曲法是把下部钻具组合看成为一个受有纵横弯曲载荷的连续梁，

第五章 水平井开发配套工程技术

然后利用梁柱的弹性稳定理论导出相应的三弯矩方程组，以求解 BHA 的受力与变形。在纵横弯曲法中，首先是把 BHA 从支座处（稳定器和上切点等）断开，把连续梁化为若干个受纵横弯曲载荷的简支梁柱，用弹性稳定理论求出每跨简支梁柱的端部转角值，利用在支座处转角相等的连续条件和上切点处的边界条件给出三弯矩方程组。三弯矩方程组是一系列以支座内弯矩和最上一跨长度（表征上切点位置）为未知数的代数方程组，对其进行求解即可得到 BHA 的受力与变形。在纵横弯曲法中，上切点不是人为预设的，而是由计算准确求出的。

以水平井钻井常用的 P5LZ165 型单弯角双稳定器导向动力钻具（其结构形式参见图 5-4）组合为例，用纵横弯曲法对其理论特性进行分析计算。结构参数（如弯角的大小和位置、下稳定器的位置和直径、上稳定器直径、钻具刚度等）、井眼几何参数（井斜角、井眼曲率等）和工艺操作参数（如钻压）对钻头侧向力的影响规律可总结为：

a. 单弯双稳组合的钻头侧向力随弯角增大而显著增大，随弯点位置的上移而减小。

b. 单弯双稳组合的钻头侧向力随下稳定器位置上移而明显下降，随直径变大而显著增加。

c. 单弯双稳组合的下稳定器位置对钻头侧向力和钻头倾角影响显著，随着下稳定器的上移，钻头侧向力的和均明显下降。

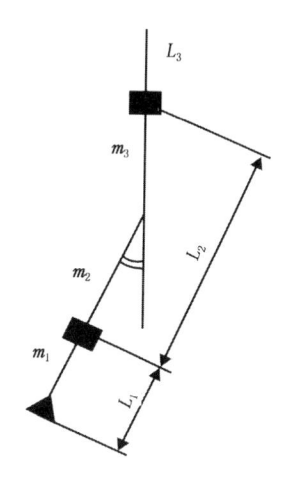

图 5-4 单弯角双稳定器导向动力钻具

d. 单弯双稳组合的钻头侧向力随上稳定器直径增加而下降。

e. 井眼曲率变化对钻头侧向力和钻头倾角的影响是十分显著的。在直井眼中，钻头侧向力最大（这是因为单弯钻具的弹性变形最大），随着井眼曲率增加，钻头造斜力逐步下降，甚至变成降斜力。钻压对单弯双稳组合的钻头侧向力的影响并不显著。

以上分析对螺杆钻具的制造和选用都有十分重要的指导意义。

其他各种不同规格和类型的螺杆钻具组合分析和现场施工情况表明，各种参数的影响与上述分析是一致的。

③ 弯壳体导向螺杆钻具组合的造斜率预测。

苏义脑院士在以上工具造斜机理研究的基础上提出了螺杆钻具造斜率预测的极限曲率法。其原理为在 BHA 的受力分析中，钻头侧向力为零时所对应的井眼曲率值是造斜工具在施工中能实现的造斜率最大值,这一值可根据有关的计算求出,由于受施工中地层的影响和造斜工具面摆放不准的影响,使得实际造斜率低于工具的最大造斜率,因此在预测时须乘上一个小于1的系数,表达式为:

$$\overline{(K_{T\alpha})} = (A \cdot B) K_C$$

在中短半径水平井中,一般系数 A 可取 0.9 ~ 1.0,地层造斜能力强时取上限。B 按经验取为 $B = 0.8$ ~ 0.9,在一般计算与粗略预测中往往采用的表达式为:

$$\overline{(K_{T\alpha})} = 0.85 K_C$$

根据以上分析,在水平井设计和施工过程中可根据控制要求来选择合适的钻具结构和作业参数。

(2) 基于自控偏置机构的钻头导向工具。

弯壳体螺杆钻具组合控制井眼轨迹的最大优点是工艺技术成熟,工具的使用费用低,是目前水平井井眼轨迹控制的最常用的工具。但由于在需要改变井眼的方位和井斜时,必须采用滑动钻井方式,因此在某些地层存在钻头加压困难,携屑效率低、机械钻速慢等问题,特别是在大位移水平井和大位移井中,以上这些问题显得尤为突出。为了解决这些问题,20世纪90年代国外出现了在转盘旋转情况下实现钻头导向的新工具。如1998年美国贝克休斯公司(Baker Hughes Inteq)研制的 AutoTrak 旋转闭环导向钻井系统(RCLS)(见图5-5),斯伦贝谢 Anadrill 公司于1999年研制的 Power Drive SRD 旋转导

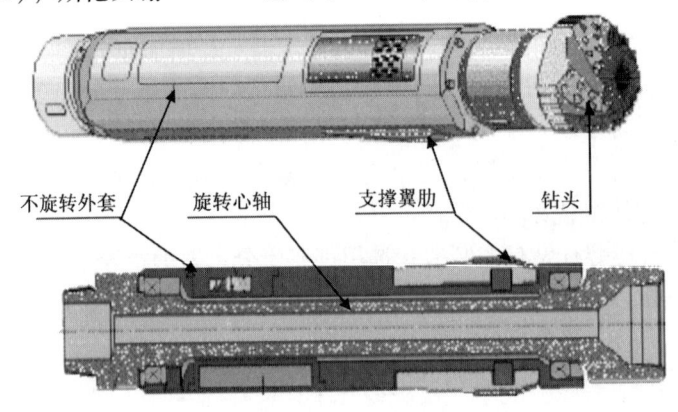

图 5-5 AUTOTRAK RCLS 导向工具的结构示意图

第五章 水平井开发配套工程技术

向系统（见图5—6），SPERRY–SUN公司2000年推出的Geo–Pilot旋转导向钻井系统（见图5–7）。这些系统在大位移水平井和大位移井中发挥了重要作用。

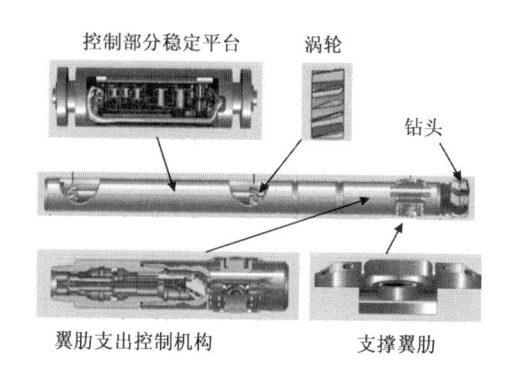

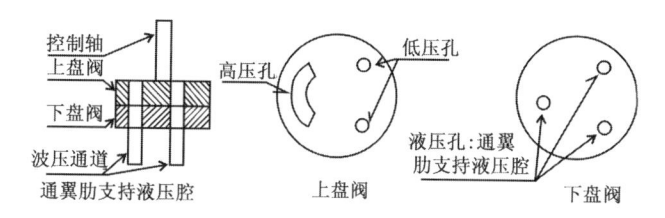

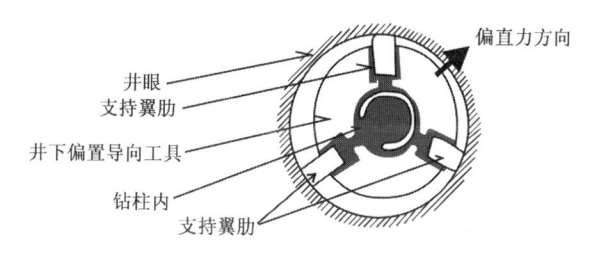

图5–6 POWER DRIVER SRD系统的井下偏置导向工具
的结构及盘阀控制机构示意图

①旋转导向工具的基本结构与导向原理。

旋转导向工具的基本结构是由一个可以随钻柱一起旋转的心轴和与心轴通过轴承相连的套筒型外套组成（见图5–8）。上端接钻铤，下端接钻头。外套内设置有沿周向均布的活塞系统和井下控制器，井下控制器控制活塞系统各活塞的伸缩，使钻柱偏离井眼中心位置，靠向井壁一侧，使钻头侧向钻进。外套上的控制器根据实时监测到的活塞动态位置和井眼的高边方向，可

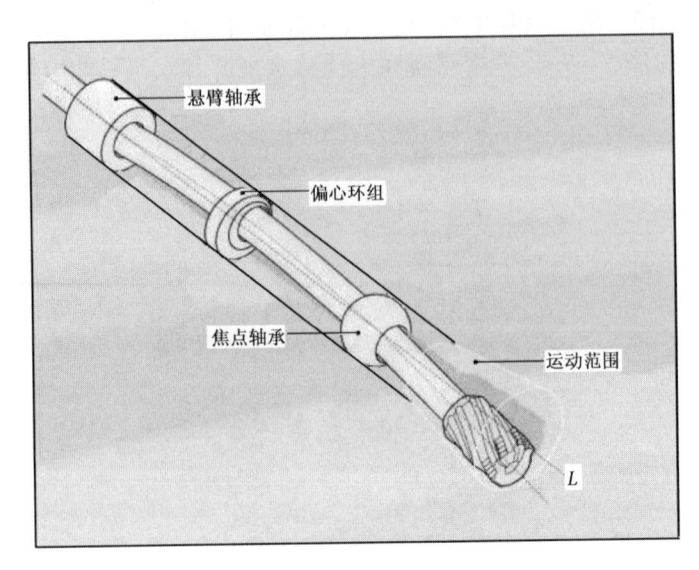

图5-7　Geo-Pilot井下偏置导向工具的结构示意图

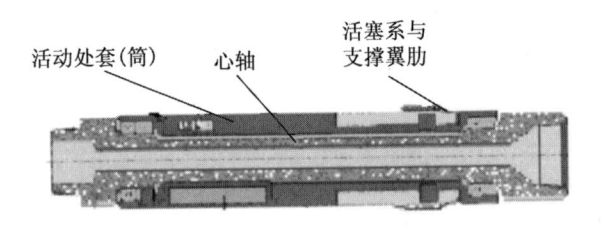

图5-8　旋转导向工具的基本结构示意图

以分配控制活塞系统的伸缩状态，达到控制钻头朝某方向钻进的功能。工作中，整个钻柱结构组合如图5-9所示。

旋转导向工具按照活塞系统分为三活塞系统和四活塞系统两种。图5-10为四活塞系统导向工具结构示意图。

按照活塞布局位置，可有内推式和外推式两种，如图5-11所示。

②旋转导向工具的钻头侧向力特性。

为了分析旋转导向工具的钻头侧向力特性，在对传统钻柱力学分析基本假设条件的基础上，补充如下假设：

可伸缩扶正器内部的活塞力简化为沿钻柱在该点的法平面内一个横向集中力。运用三维分析，可以获得活塞上的集中力与钻头侧向力的关系（见图5-12）。

第五章 水平井开发配套工程技术

2）井底信息遥测技术

控制定向斜井和水平井方位的技术必须用到井底遥测系统（Telemetery system），以连续监测弯曲参数和有效地矫正井眼轨迹。

一般来说，井底信息遥测系统应包括参数检测传感器、信号转换装置、编码装置、电源模块和信号发送/接收装置。近年来，人们开始通过遥测系统把来自井底的导向信息、工艺信息、地球物理信息都传到地面上来。剧烈的振动、压力脉冲、工作环境的高温、电磁干扰、时间滞后和被传递信号的衰减等不稳定因素是研制开发井底遥测系统的关键问题，寻求较为稳定的信息通道，获得大容量传输速率是井底遥测系统努力发展的目标。

（1）井底遥测系统信息通道。

目前，井底信息向地表传递的

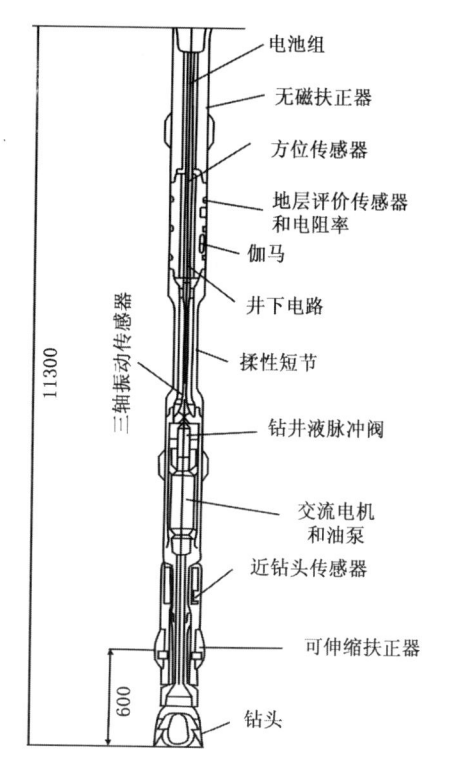

图5－9　导向钻柱结构组合示意图

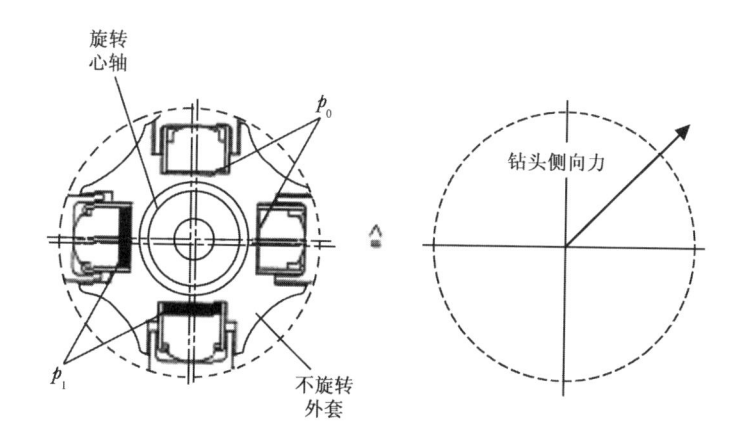

图5－10　四活塞系统导向工具结构示意图

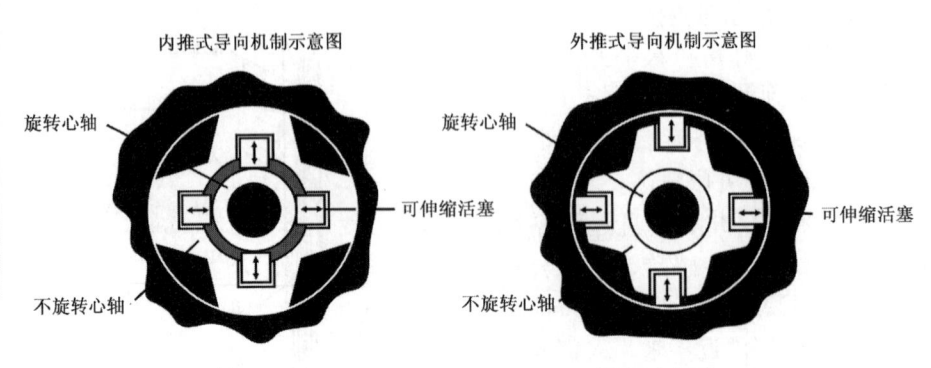

图 5-11 内推式和外推式导向工具结构示意图

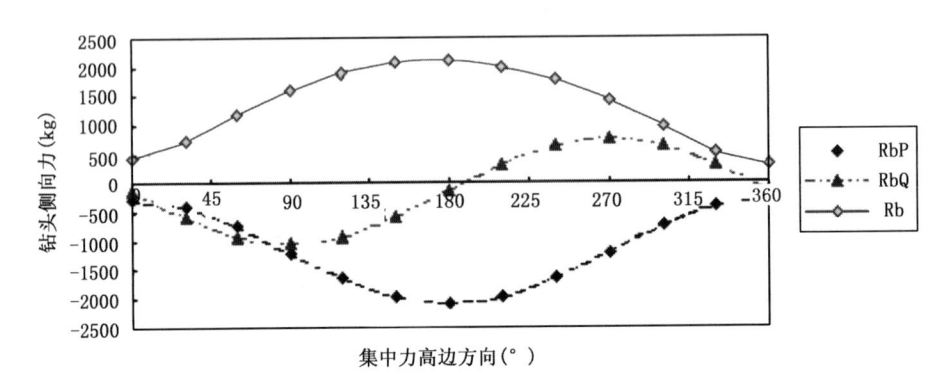

图 5-12 活塞力为 1000kg 时的钻头侧向力随作用方向的变化关系

手段主要集中在电缆、电磁波、声学和水力信息通道上。

20世纪50年代 J. J. Arps 最先提出钻井液脉冲遥测系统,并于1964年第一个机械脉冲系统上市。其后井底遥测技术得到迅速发展。第一台可靠的商用井底遥测系统,也就是现在人们常说的钻井液脉冲式 MWD,是 Teleco 公司 1978 年推出的,信息采用水力通道钻井液压力脉冲传输。

水力通道井底遥测系统由井下工具部分和地面处理部分组成。系统的主要部件,在钻井现场中的安装连接状况如图 5-13 所示。

钻井过程中的水力学路径是个封闭的体系(见图 5-14)。用电动机或柴油机 2 驱动的泵 1 往井内压送钻井液,供给井下马达 7,冷却并润滑钻头 8,并沿管外环空 9 带出钻屑。钻井液在地面固控设备和钻井液池 10 中被过滤,再进入钻井泵 1 的入口处,从而形成钻井液的流动循环路径。空气包 3 可降低钻井泵出口处的压力脉冲。钻井液沿高压水龙带 4 送入钻杆柱 5 中。高压

第五章　水平井开发配套工程技术

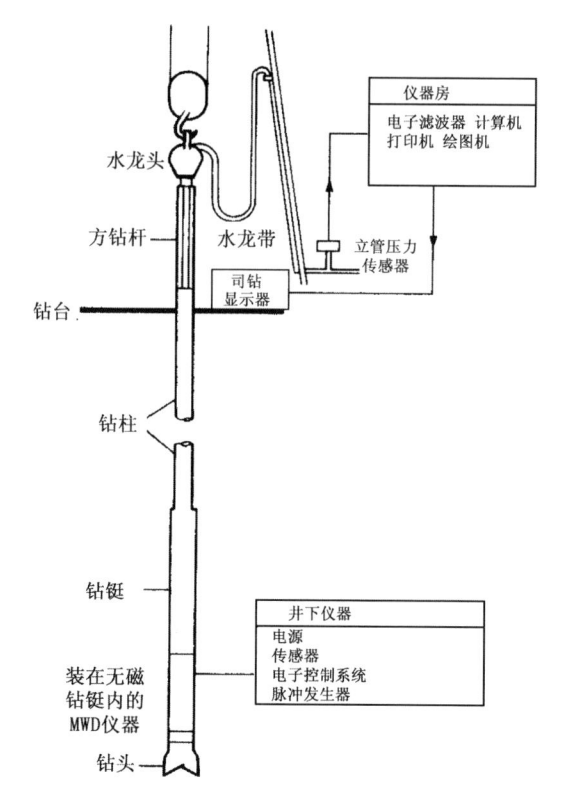

图 5-13　水力通道式 MWD 组成示意图

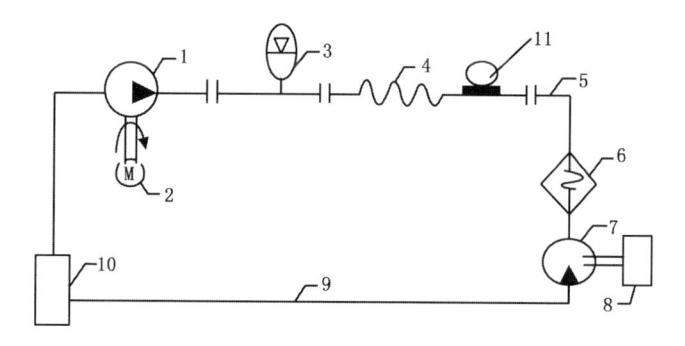

图 5-14　发送井底信息的水力学体系示意图

软管管壁的柔性比钻杆管壁好，故软管进一步削弱了泵 1 出口处的压力脉冲。脉动器 6 产生的压力脉冲沿钻井液在管柱 5 内部传送至压力传感器 11。

压力传感器安装在高压水龙带 4 的后面，把压力脉冲变换成电信号，以

361

便遥测系统的地表部分进行处理。

系统中最关键的部件是脉冲发生器。脉冲发生器有3种工作方式，即借助钻井液压力的正脉冲、负脉冲和接近谐波形状的连续压力波。

水力通道的不足之处是对钻井液有严格要求（含砂量小于1%~4%，含气量小于等于7%），所以，当采用充气钻井液和在天然气田钻进过程中不能采用水力通道的传送方式。

电磁随钻测量（Electromagnetic measurement while drilling，简称EM-MWD）具有信号传输速率高、不需要循环钻井液便可传送数据、测量时间短、成本低等特点。特别是，EM-MWD系统基本不受钻井液介质影响，它不仅适用于常规钻井液中的随钻测量，还适合于在气体、泡沫、雾化、空气等充气钻井液中使用，从而解决了目前国内外普遍采用的钻井液脉冲MWD系统无法解决的难题。电磁波通道式井底遥测系统分成井内仪器和地表装置（见图5-15），井内仪器设计成下部钻具组合的一部分，并与之一起工作，地表装置用来接收、分离并实时变换和记录有用信号。井内仪器包括各种测量传感器、信号变换器、自给式电源（涡轮发电机）和信号发送器。一个信号发送极是钻柱，另一个信号发射电极是下部钻具组合，它们之间被隔离器绝缘。在离钻机50~300m的范围内往地下打入一根接收天线。遥测系统工作时，在隔离器的周围、钻柱与接收天线之间的岩石中将有电流流过，在地表装置中接收的信号正是上述电流造成的电位差。电磁波通道的信息传输速度比水力通道更快，对钻井液的质量和钻井泵的不均匀性要求更低，发送信息与钻井液的充气程度无关。但是，由石油钻井设备和低电阻岩石引起的电气干扰对电磁信号的数量和质量有负面影响。随着电磁技术和信号处理技术的不断进步，EM-MWD系统的测量深度及可靠性不断提

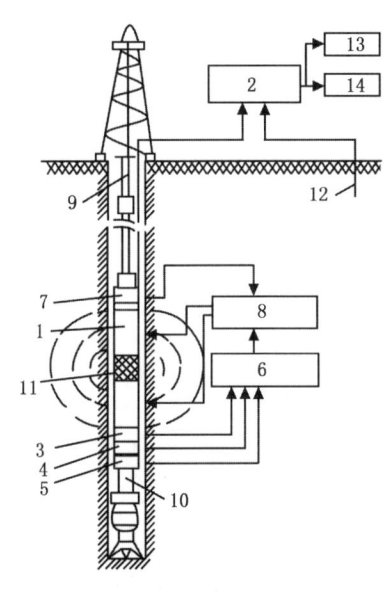

图5-15 磁波通道式井底遥测系统
1—井内仪器；2—地表装置；3—方位角传感器；4—摆锤式顶角传感器；5—摆锤式变向器位置传感器；6—信号变换器；7—涡轮发电机；8—信号发送器；9—钻杆柱；10—下部钻具组合；11—隔离器；12—接收天线；13—显示屏；14—打印机

第五章 水平井开发配套工程技术

高。EM-MWD 技术因其良好的市场需求和应用前景，已成为国内外各大石油公司和技术服务公司的研究热点，而且国外很多公司已经推出了一系列的商业化产品，并进行了推广应用。

电缆通道系统的优点是可实现井内和地表设备之间的双向通信，可以沿着电缆向井内传感器供电。不足之处是专用的钻具成本很高。因为要在每根钻杆中建立导电的信息通道，要把连接电缆的电极预埋在钻杆中心或钻杆壁内，这就使得其成本比普通钻杆高出 70%~80%。当拧紧钻杆时，通过钻杆接头两端的非接触线路耦合器自动导通。由于技术上的复杂性，电缆通道仅用于 6000m 以内的钻井。在深井或超深井钻进条件下采用电缆通道将非常困难，甚至成为不可能。

声学通道传送的信息量很小。声学通道式 MWD 系统使用起来也很复杂。因为钻杆和接头直径是变化的，使声波产生反射和干涉，使强度降低，从而很难在干扰噪声中分辨出有用信号。当钻杆柱和钻头与井底相互作用时，会在钻杆柱中出现纵向弹性波。声学信息通道的主要缺点是信号随深度衰减很快。所以，在钻杆柱中每隔 400~500m 要装一个中继站。要在钻杆柱内附加这么多元件，又要让钻杆柱在很深的钻井条件下工作，这几乎是不可能的。声学信号的形式不仅随钻井方式而改变，而且还受所钻岩石性质不稳定的影响。类似于噪声的声学信号在地表很难处理，不可能给出准确的工艺信息。所以，带声学信息通道的系统能使用的最大井深为 3000~4000m。

水力通道和电磁波通道由于在可靠性和经济性方面都优于上述两种传输方式，在传输速率上也能满足传输钻井参数和测井参数的需要，国内外目前使用最多、技术最成熟。

（2）随钻测量系统。

早期的井底遥测系统只能上传井斜、方位和工具面等工艺信息。随着井底遥测系统传输速度和容量的不断扩大，在 20 世纪 80 年代、90 年代，众多公司相继投入随钻测井仪器的研究和开发，随钻测井技术进入了发展时期，1980 年推出了能进行自然伽马和短电位电阻率测量的随钻测井仪，1984 年随钻电磁波电阻率测井上市，1987 年补偿中子和密度测井引入随钻测量，80 年代后期推出的系列仪器属于第一代随钻测井仪，提供的测量参数基本上可以满足定向测量和地层评价的工程需要，利用随钻测井资料实现水平井井眼轨迹的地质导向是随钻测井技术蓬勃发展的重要源动力。为了更及时反映钻头位置处的井斜和地层情况，掌握钻头前方地层的变化趋势，各大技术服务公司又致力于近钻头随钻测量的研究。近钻头随钻测井技术需要突破的技术关

363

键之一就是近钻头处的测量数据向接在井下导向马达后面的 MWD 系统的无线短传，通过 MWD 系统，随同 MWD 信息一起传输到地面。1993 年斯伦贝谢公司成功推出了集地层评价和地质导向为一体的 IDEAL 地质导向系统，1994 年斯伦贝谢和哈里伯顿公司相继研发成功随钻声波测井，1990 年后期斯伦贝谢公司开发成功电阻率和密度测量的随钻成像测井，Path Finder 公司成功地试验了随钻地层测试器，2001 年哈里伯顿公司开发成功随钻核磁共振成像测井仪，2001 年斯伦贝谢推出 seismicVISION 随钻实时井眼地震系统。2003 年 Schlumberger 公司推出了 Power Drive 系统，PowerDrive Xtra（475，675，900），PowerDrive Xceed，PowerDrive vorteX，PowerDrive X5 系列。2004 年贝克休斯公司推出最新一代的 OnTrak 随钻测量系统。2005 年斯伦贝谢公司推出 Eco-Scope 多功能随钻测井（LWD）系统和 GST 系统，GST 系统的钻头电阻率能够探测钻头前方 1~2m 范围内的地层信息，结合方位电阻率、方位伽马等信息，及时修改地质模型，及时调整井眼，更好地实现地质导向钻井。

3）井眼轨迹地质导向基本原理与实现过程

地质导向钻井是在钻进过程中，实时识别地质目标，导引钻头向地质目标钻进的一门工艺。该项技术与传统的几何导向不同的主要技术特征在于它通过用无线信号（电磁波）短传方式，实现了把近钻头短节测量到的带有方向性的地质参数（自然伽马、电阻率）、近钻头钻井参数（井斜角）及其他辅助参数，传至上部 MWD，再传至地面控制系统，从而可以及时通过地面目标识别系统（地质油藏评价系统）掌握油藏变化，及时调整井下导向工具的工作状态，用尽量短的井段将井眼调整到理想的位置钻进。

图 5-16 为某油田某口井根据钻头电阻率和上下纽扣电阻率的差异，判断井眼是如何从储层的下边界钻出去的典型例子。钻头电阻率是最先反映地层电阻率变化的，本例中，电阻率的下降，说明钻头钻到粉砂岩夹层或钻出储层。通过比较上、下象限的电阻率，上部电阻率保持不变而下部电阻率降低，可以判断低电阻率层或泥岩隔层是在钻头的下方。

4）水平井井眼轨迹控制工艺

常规的水平井都有直井段、增斜段和水平段三部分组成。由直井段末端的造斜点（KOP）到钻至靶窗的增斜井段，这一控制过程称为着陆控制；在靶体内钻水平段这一控制过程称为水平控制。水平井的垂直井段与常规直井及定向井的直井段控制没有根本区别。水平井井眼轨迹控制的突出特点集中体现在着陆控制和水平控制。

(1) 着陆控制的技术要点。

第五章　水平井开发配套工程技术

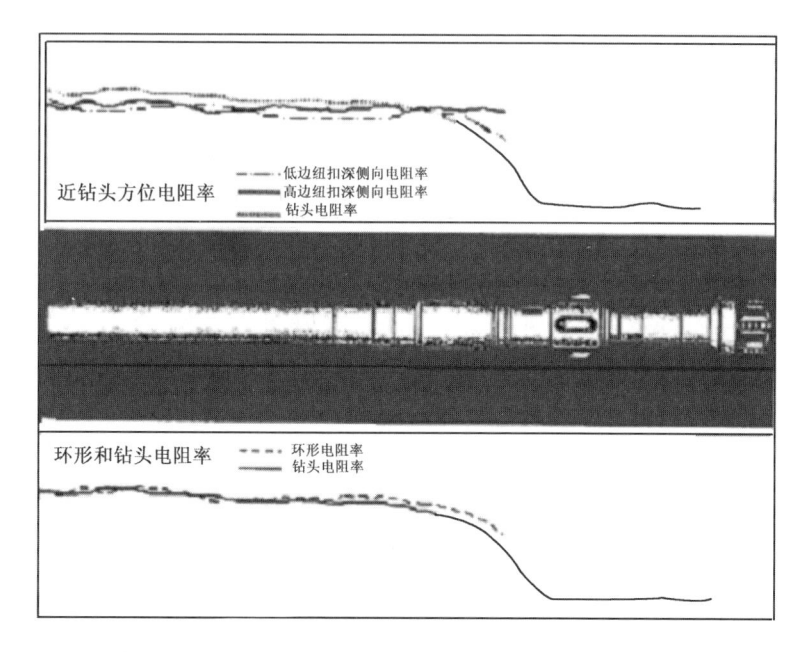

图 5-16　实钻轨迹控制中测井响应与距边界情况判断实例

着陆控制的技术要点可以概括为如下口诀：略高勿低，先高后低，寸高必争，早扭方位，稳斜探顶，动态监控，矢量进靶。

"略高勿低"集中体现了选择工具造斜率的指导思想，即为了保证使实钻造斜率不低于井身设计造斜率，为了防止因各种因素造成工具实钻造斜率低于其理论预测值，要按比理论值高 10%～20% 来选择或设计工具。当然也不能使造斜率高出太多，否则会给后续的钻进过程带来麻烦。

"先高后低"在着陆控制中，实钻造斜率若高于井身设计造斜率，控制人员一般总有办法把它降下来，例如，通过导向钻进方式（小弯角动力钻具并开转盘，其理论造斜率接近于零），或通过更换造斜率低一档次的钻具组合。但是，若实钻造斜率低于井身设计造斜率，则不敢保证一定可以把下一段造斜率增上去，尤其是在着陆控制的后一阶段（大井斜区段），这是因为所需要调整的造斜率值可能很高，而它对当前的工具是无法实现的，或即使技术上可以实现但现场并无这种工具储备。由上述可知，实钻造斜率的"先高后低"或"先低后高"对控制人员的难易程度截然不同。因此，除了极少数实钻造斜率基本等于井身设计造斜率这种理想情况外，采用"先高后低"这一控制策略有着重要的实际意义。

"寸高必争"是控制人员在水平着陆控制中必须确立的观念，它集中体现了着陆控制过程的特点。从某种意义上说，着陆控制就是对"高度"（垂深）和"角度"（井斜）的匹配关系的控制，而"高度"往往对"角度"有着某种误差放大作用，尤其是着陆控制后期以及前期。通过实例分析可以加深这方面的定量认识。例如：设井身设计造斜率 $K = 8°/30m$，着陆垂增 $\Delta H = 214.875m$；若分别以 $K_1 = 6°/30m$、$K_2 = 12°/30m$ 假想钻进 30m，相应的井斜角和垂增则分别为 $\alpha_1 = 6°$、$\Delta H'_1 = 29.947m$ 和 $\alpha_2 = 12°$、$\Delta H'_2 = 29.783m$，可见二者的垂增相差甚微；但如果按 K_1、K_2 分别继续钻进直至着陆，前者垂增 $\Delta H_1 = 286.5m$ 将比设计值 $\Delta H = 214.875m$ 滞后 71.625m 进靶着陆；但后者垂增 $\Delta H_2 = 143.25m$，将提前 71.625m 进靶着陆。又如，按原设计井身造斜率 $K = 8°/30m$ 钻至井斜角 $\alpha = 80°$，此时钻头距靶中垂增 $\Delta h = 3.264m$，按 $K = 8°/30m$ 进靶可击中靶窗中线；但若采用 $K_1 = 7.91°/30m$ 的实钻造斜率钻至 $\alpha = 80°$，此时钻头距靶中垂增 $\Delta h_1 = 0.857m$，若要击中靶窗中线，所要求的实钻造斜率 $K'_1 = 30.473°/30m$。之所以会造成如此高的造斜率（在中曲率钻井中一般都不准备此种相应工具），完全是由于实钻造成的高差（2.407m）所致。须知这种高差是在着陆钻进过程中（$\Delta H = 214.875m$，相对误差率 1.12%）一寸一寸很容易地积累起来的，其结果对造斜率起到了显著的"放大"作用。同时此例也说明了采取"先高后低"控制策略的重要性和必要性。

"早扭方位"在着陆控制中，方位控制也很重要，否则很难使钻头进入靶窗。由于中曲率水平井井斜角增加较快，晚扭方位将会增加扭方位的难度。由于采取"先高后低"的控制策略，在着陆控制的初始阶段一般都采用弯壳体动力钻具（配随钻测斜仪）且其造斜率略高于井身造斜率的设计值，这就为早扭方位提供了条件和机会。因此，"早扭方位"应作为着陆控制的一项原则，而且在钻井过程中，通过调整动力钻具的工具面角加强对方位的动态监控。

"稳斜探顶"是"应变法"控制方案的核心内容。在中长半径水平井中，采用"稳斜探顶"的总控方案设计，是克服地质不确定性的有效方法，它保证可以准确地探知油顶位置，并保证进靶钻进是按预定的技术方案进行，提高了控制的成功率。"稳斜探顶"的条件是要在预定的提前高度上达到预定的进入角值（α_c），这实际上是给前期的着陆控制设置了一个阶段控制指标。

所谓"矢量进靶"，是指在进靶钻进中不仅要控制钻头与靶窗平面的交点（着陆点）位置，而且还要控制钻头进靶时的方向。"矢量进靶"直观地给出

第五章　水平井开发配套工程技术

了对着陆点位置、井斜角、方位角等状态参数的综合控制要求,形象地表现为靶窗内的一个位置矢量。进靶不仅是着陆控制的结束,同时也是水平控制的开始。为了在水平段内能高效地钻出优质的井身轨迹,就要按"矢量进靶"的要求控制好着陆点位置和进靶方向(井斜和方位),以免在钻入水平段不久就被迫过早地调整井斜和方位,影响井身质量和钻进效率。

再精确的控制都会产生偏差。因为控制是对偏差的制约,没有偏差即不存在控制。井眼轨迹控制也是这样,因此"动态监控"是贯彻着陆控制过程始终的最重要的技术手段,它包括对已钻轨迹的计算描述、设计轨迹参数的对比与偏差认定;对当前在用工具的已钻井眼造斜率的过后分析和误差计算;对钻头处状态参数(α、ϕ)的预测;对待钻井眼所需造斜率的计算;对当前在用工具和技术方案的评价和决策,例如是否需要调整操作参数(钻压、工具面角、钻进状态(定向/导向)转换等)、起钻时机的选择(是否必须立即起钻或继续向下钻进多少米再起钻)等等。动态监控一般是用水平井井眼轨迹预测控制软件包在计算机上实施,但是轨迹控制人员对着陆控制过程进行随时的抽检和监督,还是非常必要的。

(2) 水平控制的技术要点。

水平控制的技术要点可以概括为如下口诀:钻具稳平,上下调整,多开转盘,注意短起,动态监控,留有余地,少扭方位。

"钻具稳平"的含意是从钻具组合设计和选型方面来提高和加强稳平能力。这是水平控制的基础。具有较高稳平能力的钻具组合可以在很大程度上减少轨迹调整的工作量。

"上下调整"体现了水平控制的主要技术特征。在水平段中,方位调整相对很少,控制主要表现为对钻头的铅垂位置和井斜角(增降)的上下调整。尽管在选择或设计钻具组合时已注意提高其稳平能力,但绝对的稳平是不可能的,上下调整仍然是必不可少的。在水平控制中,要求钻具组合有一定的纠斜能力,最常用的钻具组合是带有小弯角(一般 $\gamma \leqslant 1°$)的单弯动力钻具或反向双弯动力钻具等导向钻具组合。采用这种组合,可在定向状态进行有效的增斜、降斜和扭方位操作(主要靠调整工具面实现),可在导向状态(开动转盘)基本上钻出稳斜段(也能是微降斜或微增斜)。当需要调整钻头的铅垂位置和井斜时,则设置工具面按定向状态进行钻进。

"多开转盘"的导向钻进状态与不开转盘的定向钻进状态相比有如下显著优点:减少摩阻,易加钻压;破坏岩屑床,清洁井眼;提高机械钻速;提高井眼质量;可增加水平段的钻进长度。因此,在水平段钻进中应尽量多地采用导向钻进状态方式，即应多开转盘，在水平段开转盘的进尺应不小于水平段总进尺的75%。但转盘转速应不大于60r/min为宜。

"注意短起"是为保证井壁质量、减少摩阻和避免发生井下复杂情况，在水平段中每钻进一段距离（如50m左右，尤其是对定向纠斜井段），应进行一次短程起下钻。

"动态监控"和着陆控制中一样重要，内容也基本相同。具体来说，就是要对已钻井段进行计算，并和设计轨迹进行对比和偏差认定；对钻具组合的稳平能力（导向状态）和纠斜能力（定向状态）进行过后分析和评价；随时分析钻头位置距上、下、左、右四个边界的距离，并对长距离待钻井眼（如靶底或水平段中某一位置）做出是否需要调整井斜（上下）和调整方位（左右）、何时进行调整（时机选择）的判断和决策等等。除了在计算机上进行水平段的跟踪监控外，轨迹控制人员应随时关注钻进过程，进行抽检，把握发展动态，及时做出判断和决策。

"留有余地"，见图5-17所示，水平控制的实钻井眼轨迹在竖直平面中是一条上下起伏的波浪线，钻头位置距靶体上、下边界的距离是控制的关键。需要特别注意的是，当判定钻头到达边界较近的某一位置（见图5-17，由D_1至D_2继续下降），直至达到一个转折点（图5-17中的D_2点），然后才会按预想的要求发生变化（如自D_2起钻头位置开始上升）。这种情况无论是对增斜还是降斜都是存在的。如果不考虑这种滞后现象，很有可能造成在进行调整的井段中出靶。因此对水平段的控制强调"留有余地"，就是分析计算这种滞后现象带来的增量，保证在转折点（极限位置）也不出靶，以留出足够的进尺来确定调整时机，实施调控。例如在图5-17的增斜过程中，在D_3点就开始考虑进行降斜（$K<0$），直至达到新的转折点D_4后或后续某点D_5，即采取导向稳斜钻进。

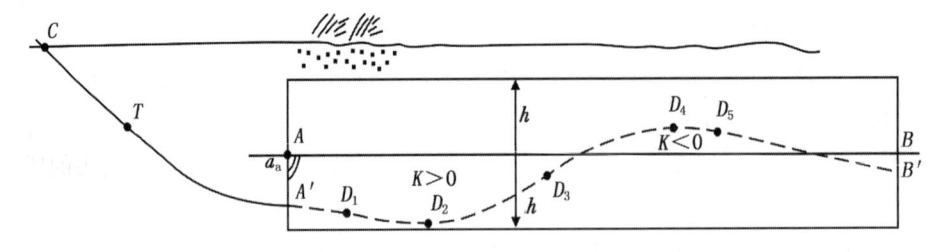

图5-17 水平段井眼轨迹调整滞后现象示意图

第五章　水平井开发配套工程技术

在动态调控中，要对调整段进尺做出精确计算；变换导向方式后，要估算至下次调整开始可连续钻进多少进尺。应尽量减少调整次数，以提高机械钻速，降低钻井成本。

3. 多分支水平井钻井技术

分支井是指在1口主井眼的底部钻出2口或多口进入油气藏的分支井眼（二级井眼），甚至再从二级井眼中钻出三级子井眼。主井眼可以是直井、定向井，也可以是水平井。分支井眼可以是定向井、水平井或波浪式分支井眼。分支井可以在1个主井筒内开采多个油气层，实现一井多靶和立体开采。分支井既可从老井也可从新井再钻几个分支井筒或再钻水平井。主井筒是直井的分支井，在相同或不同深度上呈放射状分布，相当于多口定向井或水平井，可有效开采单层或多层段的油气藏。而主井筒是水平井的分支井，在同一水平井筒内侧钻出若干井斜在90°~150°的逆斜分支井筒，呈梳齿状分布，则更大地提高了油藏的裸露程度，增加了油藏的泄油面积，能进一步提高原油产量和采收率。

从钻井技术来看，可以在任何油藏钻成分支井，但从完井角度考虑，分支井在较坚硬的岩层中更为合适。其完井方式大多还是采用了裸眼完井和割缝衬管完井，下套管射孔完井的很少。

钻分支井是一项系统工程，分支井的计划、设计和施工就应由多学科工作组来执行。多学科工作组由作业工程师、地质家、石油物理专家，以及服务公司的专家组成。分支井的设计必须在了解地质、油藏、钻井和完井信息的基础上进行，而最终决定在什么地方钻分支井、什么时候钻分支井、为什么钻分支井，以及如何钻分支井等，则必须尽可能认真地研究，以期获得最大可能的成功。

1）分支井分类

分支井技术起源于20世纪50年代，第一批分支井开始于前苏联的俄罗斯和乌克兰地区，1953年，前苏联用涡轮钻具钻成了一口有10个分支的分支井，这些井一般先钻垂直井至生产层上方，然后用涡轮钻具或者用电动钻具钻5~6个61~305m长的斜分支井眼或水平井眼。这些分支井眼的费用比垂直井眼的费用高30%~80%，但增产幅度最高可达16倍。进入90年代，水平井技术的迅速发展带动了分支井钻井技术的发展。美国UnionPacificResources公司于1992年钻了第一批14口双层侧钻水平井。直到1995年以后，随着水平井完井技术的发展和三维地震技术的普及，分支井技术得到了迅速得发展。1997年春，由英国Shell公司EricDiggins组织在阿伯丁举行了分支井技术进展论坛，并按复杂性和功能性建立了 TAML（Technology Advancement Multi-Laterals）分级体系，其目的是为分支井技术的发展指出一个统一的方向。按 TAML 分级，分支井完井方式可为 1-6S 级（见图 5-18）。

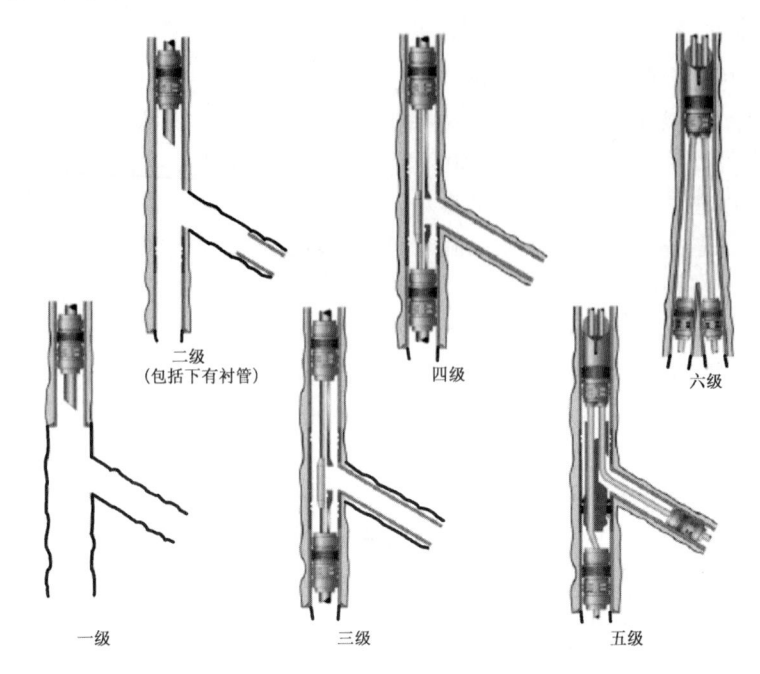

图 5-18　多分支井完井形式 TAML 分级示意图

2）分支井钻井工艺

下面以鱼骨状分支水平井为例说明多分支井钻井工艺。

鱼骨状分支水平井是分支井的一种特殊类型，是近几年来在国内外油田较大范围内得到应用的井型，已经成为高效开发油气藏的理想井型。国内部分油田如南海西部油田、渤海油田、大港油田、辽河油田等，分别进行了鱼骨状分支水平井的现场试验。

鱼骨状分支水平井的技术难点主要是，主井眼与分支井眼如何安全分离，筛管是否下到预定位置，完井下筛管时，能否保证筛管柱顺利进入主井眼而不是各分支井眼。鱼骨状分支水平井施工的关键是，井眼轨迹必须保证钻柱或完井管柱在下入过程中，能顺利进入主井眼而不是各分支井眼。

鱼骨型水平井油层上部井段与常规水平井相同，因此，可采用常规水平井的轨迹控制技术。对于分支井段可分为先打分支段然后再回到主井眼的从

第五章 水平井开发配套工程技术

上往下施工,以及先钻完主井眼然后从最后一个分支井开始,逐个向上钻分支井这样两种施工程序。

在轨迹设计中已提到分支井分叉处设计有一个微增斜井段,因此在施工时应把造斜工具的工具面置于增斜扭方位的位置,为了实现较高的井眼变化曲率,宜尽可能地用滑动钻井的方式钻进,在需要时采用短起下的方式清洁井眼和消除或减缓滑动钻井过程中钻头加不上压的"托压"现象。对于从上往下施工的情况,在返回到分支井造斜点处继续向前钻主井眼时一般需要有一个拉槽和造台阶的工艺过程,即在造斜点以上的数十米井段内通过划眼或往复滑动,在井眼的底边拉出槽来,然后把工具面调整好后造台阶使得主井眼的轨迹在分叉处有一个微降斜的趋势,保证在完井管柱下入时能顺着主井眼下到预定位置。对于从下往上施工的情况,就没有重回主井眼再向前钻进的程序,因此比前一种方法可省去拉槽和造台阶的工艺过程,施工效率要高一些,但分支井侧钻是悬空作业,难度稍大,为了保证侧钻成功,宜选用造斜率高于设计造斜率的钻具进行悬空侧钻作业,建议造斜段和水平井分支段单弯螺杆钻具的弯角可根据设计的造斜率要求选择比设计造斜率高出20%左右的单弯螺杆钻具。

对于从上往下主井眼和分支井眼选用大小井眼的情况,轨迹控制工艺基本相同,只是在后续主井眼管柱下入时大小井眼的情况可保证管柱能下入到主井眼内,但其施工效率较低,且要配备两套钻具结构系统,也给作业增加了许多不便。尽管现在国内以上三种施工方式都在用,但从施工效率和作业方便的角度看,先打完主井眼然后再从下往上逐个完成分支井眼的方式要比其他两种方式要稍微好一些。

二、水平井钻井技术典型应用实例

我国自1986年开展水平井钻井技术专项攻关以来,通过理论研究和钻井实践,形成了适应不同油气藏的水平井钻井配套技术,为水平井在我国的规模化应用奠定了基础。下面列举几个典型的水平井钻井技术应用实例,供广大水平井工作者参考。

1. 深层薄油藏水平井钻井技术

深层薄油藏水平井钻井遇到的突出难点主要表现在:

(1) 深层水平井的多层次井身结构加大了大尺寸井眼长度,直井段钻井周期加长。

深井地层岩性复杂多变，油气水关系复杂，为了保证水平段钻井的顺利进行，水平井技术套管一般要下到储层上部，然后用小一级钻头完成水平段。这样，井身结构层次上要比直井多一层。上部井段必然要求采用大井眼钻井，机械钻速慢，钻井周期长。

（2）水平井轨迹着陆控制难。

对于薄层水平井，通常都先钻导眼、通过测井和录井，判断目标层深度后回填，然后再侧钻着陆，但由于深井钻具深度和电测深度存在误差，即使采用了导眼法，目的层的准确深度也很难把握。

（3）提高钻遇率问题。

由于层薄，井眼轨迹很难维持在砂层以内，当地层倾角发生变化和厚度发生变化时尤其如此。因此，如何确保水平段始终在储层中是面临的又一难题。

塔里木哈得4油田石炭系中泥岩段薄砂层是个典型深层薄油藏，埋深在5000m以上，油层厚度只有0.6~1.2m。哈得4油田经过多年的水平井实践，对于深层薄层水平井采取了以下的技术措施：

首先，简化了井身结构层次。哈得4油田在初期水平井开发过程中，对于固井射孔完成的水平井，造斜点以上下7in生产套管，造斜点以下下5½in套管至B点；对于筛管完井的水平井，造斜点以上下7in生产套管，造斜点以下至A点下5½in套管，从A点至B点下5½in筛管。全井采用四开结构。通过对上部地层的深入研究，简化了井身结构，采取了两层结构，缩短了上部井段的井眼尺寸，提高了机械钻速，同时也避免了套损问题。图5-19为HD1-1H井井身结构示意图。

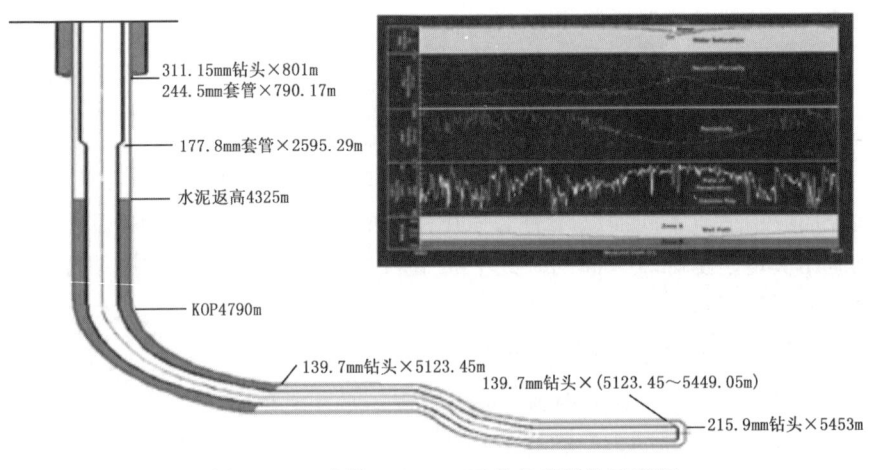

图5-19 哈得4 HD1-1H井井身结构示意图

第五章 水平井开发配套工程技术

其次，完井方式上抛弃了传统碳酸盐岩水平井裸眼完井方法，采用筛管完井（具体采用打孔套管完井），以提高控水能力。在水平段的设计中，采取了限制水平段轨迹下限的方式确保避水厚度大于 4.0m。

再次，采用钻导眼法，通过录取目的层岩性、可钻性、电测井响应特征来确定目的层层位。

最后，水平井段轨迹调整采用层位跟踪法。现场人员通过不断刻画目的层之上 100m 范围内所有钻遇的标志层的储层特征，建立完善 G_r 与砂泥岩界面的深度关系，利用实钻过程 LWD 仪器中的 G_r 数值，判断钻头离泥岩界面的距离来指导水平段的地质导向工作，将井眼控制在薄层中。

HD1-1H 井是首次成功运用 FEMWD 仪器配合 G_r 与砂泥岩界面的深度关系在薄油层段进行地质导向的典型例子。该井第一水平段实钻 99.0m，钻穿油层 82.0m，油层钻遇率 82.8%；第二水平段实钻 157.0m，钻穿油层 137m，油层钻遇率 87.3%；水平段实钻总长 256.0m，钻穿油层 219.0m，油层钻遇率 85.5%。在其后的 19 口水平井的水平段钻遇率的统计中，最小钻遇率有 85.3%，最高达到 100%，平均 93.3%。

该油藏先后累计完成各类水平井 92 口，通过应用水平井技术，将一个含油面积 80.74km² 的边际油田建设成为一个年产规模超过 200×10^4t 的高效开发油田，为低幅度超深薄油层采用水平井整体开发树立了典范。

2. 浅层稠油油藏水平井钻井技术

浅层稠油油藏水平井钻井遇到的突出问题主要表现在以下几个方面：

（1）稠油油藏往往要求大尺寸生产套管完井，由于垂深小，采用大尺寸钻具在上部浅层疏松地层实现高造斜率，施工难度大。

（2）浅层 ϕ244.5mm 大尺寸套管柱在大曲率井段下入时由于自身刚度大，靠套管自身重量很难顺利下入。

新疆油田从井身结构设计、井眼剖面优选、浅层高造斜率的实现方法、实钻井眼轨迹控制、大尺寸套管柱的安全下入等方面进行攻关研究，形成了一套超浅层水平井钻井技术。

新疆油田浅层稠油资源丰富，油藏埋深浅，最浅在 120m 左右，限于油藏条件和储层认识以及工艺能力，过去以直井热采为主，而应用水平井方式开采，能更有效地增大油层裸露面积，扩大蒸汽热驱范围，提高采收率。早在 1993 年就开始了浅层稠油水平井的钻采尝试，在克拉玛依油田九$_6$、九$_8$ 区和风城地区利用斜井钻机进行浅层稠油水平井钻井试验，钻成了 8 口垂深在 180～280m 左右的斜直水平井。由于上部为斜直井眼，初始井斜角 30°左右，使得浅层稠油水平井钻完井施工难度有所降低，但实际应用表明，应用斜井钻机钻成的斜直水平井存在以下不足：由于斜井钻机本身的设计问题，使得ϕ444.5mm钻头和扶正器的连接下入困难，ϕ339.7mm表套和ϕ244.5mm的技套在井口丝扣连接作业困难；由于井口为斜直段，需配斜采油树、斜抽油机及斜修井机。在井口处抽油杆易磨损，井口倾斜给采油和修井带来诸多不便，同时大大增加了采油和修井的成本，后期管理困难；斜井钻机作业费用高，不能满足经济开发浅层稠油油藏的需要。

2005年新疆克拉玛依油田在九$_8$区探索了用直井钻机钻超浅层稠油水平井试验，成功完成了HW9802井。该井于2005年8月13日开钻，8月17日钻至井深227m，顺利下入ϕ244.5mm技术套管。9月2日下入筛管完井。完钻井深421.8m，完钻垂深144.09m，井斜91.2°，闭合方位：222.17°，水平位移329.42m，位移与垂深比达到2.28，为当时国内应用常规直井钻机所钻垂深最浅的稠油水平井。2006年钻成了国内垂深最浅的一批水平井，其中HW9817井垂深136m，水平段长176.03m，井底位移301.94m，水垂比达到2.22。该项技术在新疆油田浅层稠油区块已经得到了推广应用，目前在新疆油田浅层稠油区块应用直井钻机已成功钻成20余口超浅层稠油水平井，并取得了十分可观的经济效益，该项技术的成功应用为新疆油田超浅层稠油油藏开发提供了一条高效开发之路。新疆油田在探索浅层稠油油藏开发方面取得的成功经验主要有以下几个方面：

（1）井身结构设计。

一开：采用ϕ444.5mm钻头钻至井深25m，下入ϕ339.7mm表层套管，封固表层疏松地层及水层，为二开安装井口和安全钻井提供可靠条件。二开：采用ϕ311.2mm钻头钻至设计靶窗A点，下入ϕ244.5mm技术套管固井，水泥浆返至地面。三开：采用ϕ215.9mm钻头钻水平段至完钻井深，下入ϕ168.3mm割缝筛管，悬挂在ϕ244.5mm套管上（见图5-20）。

（2）高造斜率的实现方法。

考虑稠油热采井采油泵安放对井斜的要求和技术套管弯曲应力使密封能力破坏的临界曲率，设计造斜率为13°~16°/30m。采用1°×1.75°双弯螺杆（极限曲率为15.62°/30m）和1°/1.5°双弯螺杆（极限曲率为14.19°/30m）。钻井参数：钻压20~50kN，泵压8~9MPa，排量32L/s。井深25m开始造斜，造斜点距离表层套管鞋仅5m，为了尽可能利用造斜段的宝贵的垂直井段，避免随钻测量仪器受到套管磁性干扰的影响，采用地面定向法进行初始定向作业，钻至井深227m完成造斜段的施工（期间更换钻具结构6次）。造斜段平

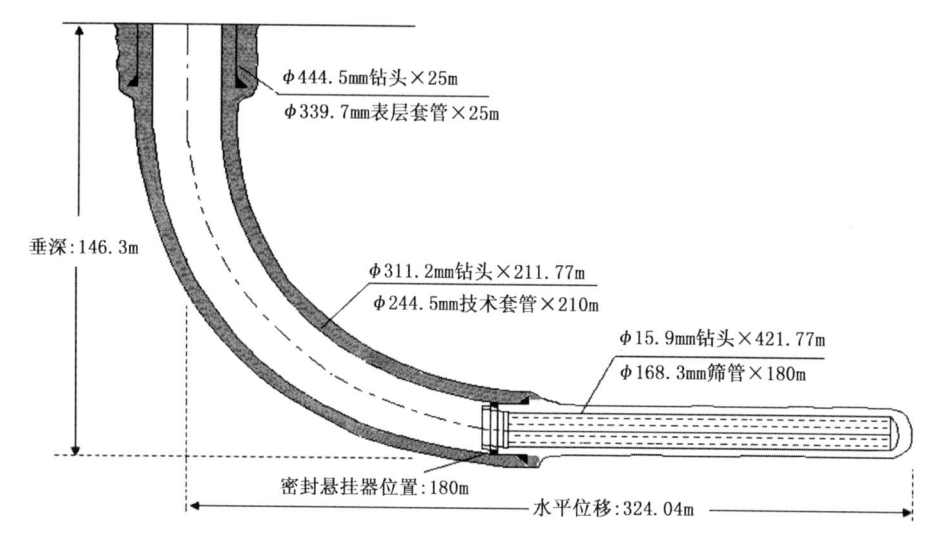

图 5-20 HW9802 井井身结构示意图

均造斜率达到 13.95°/30m，实现了浅层大井眼高造斜率。

(3) 大套管下入。

下入 ϕ310mm 单稳定器通井钻具组合通井，并大排量清洗井眼后，下入 ϕ244.5mm 技术套管，ϕ244.5mm 技术套管下部结构进行了简化，HW9802 井技术套管不下浮箍，前 5 根技术套管及下部结构用丝扣黏结剂黏结；技术套管下至井深 197m 处，依靠套管柱自重下入困难，采用吊卡辅助加重块加压方式进行地面加压，使 ϕ244.5mm 技术套管最终下入到预定井深，固井中完。

(4) 水平段井眼轨迹控制。

钻具组合 ϕ216mm 钻头 + ϕ165mm 弯螺杆 + MWD 短节 + ϕ127mm 无磁钻杆 + ϕ127mm 斜坡钻杆（80～280m）+ ϕ127mm 加重钻杆 + ϕ177.8mm 钻铤；钻井参数：钻压 50～80kN，泵压 8～10MPa，排量 28L/s。

水平段靶窗高为 ±1m，钻进采用小度数单弯螺杆钻具配合转盘进行复合钻进，MWD 无线随钻仪器进行井眼轨迹监测，根据测量数据及时调整水平段井眼轨迹，使实钻井眼轨迹在设计靶窗中钻进。

(5) 采用混油钻井液，润滑井眼和稳定井壁。

3. 低渗透油藏多分支水平井钻井技术

多分支水平井是指在主水平井眼不同位置分别侧钻出多个分支水平井眼，也可以在分支上继续钻二级分支。多分支水平井集钻井、完井和增产措施于一体，是开发低压、低渗油气藏的主要技术手段。

在实施多分支井钻井过程中，遇到的主要技术难点有以下几个方面：

（1）主水平及分支井眼长，一般主水平井眼 1000~1500m，分支井段长 300~500m，靶区范围小，轨迹控制精度要求高。

（2）采用怎样的技术及措施保证悬空侧钻分支水平井及钻具重入老井眼是多分支水平井成败的关键。

（3）水平及分支井段长且多，井眼成三维结构，钻具在井内的摩阻、扭矩必然很大。如何使钻井完井液润滑性能达到最优，降低摩阻、扭矩，是确保分支水平井安全快速钻井的技术保障。

（4）多分支水平井油层暴露面积大，施工周期长，浸泡时间长，使用什么样的水基钻井完井液技术，把钻井过程中对油层的伤害降至最低程度，确保完成后在无改造前提下多出油，是多分支水平井施工需要解决的重要难题之一。

长庆安塞油田位于陕西省延安地区志丹县境内，主力油层长 6_1^2 埋藏深度 1350m，平均有效油层厚度 4~6m，孔隙度 9.9%，渗透率 $0.6 \times 10^{-3} \mu m^2$，压力系数 0.7~0.8，是一典型特低渗低压砂岩储层，靠大型压裂、油藏改造、超前注水以及高密度的布井来开发生产，成本较高。为了最大限度增加油藏的泄流通道，提高单井产量，提高低渗油田开发效益，2006 年在安塞油田的西南部部署了一口多分支水平井——杏平 1 井。该井 2006 年 5 月 1 日开钻，5 月 24 日钻至井深 1565m 准确入窗，5 月 29 日顺利下入 9⅝in 技术套管、固井。6 月 7 日 8½in 钻头三开水平段钻进，6 月 9 日主水平段钻至 1806.6m 完成第 1 趟钻主水平段钻进。7 月 8 日完成 7 个水平分支井的钻井施工（其井身结构见图 5-21、表 5-4）。顺利钻成国内第一口 7 分支水平井，累计钻井总

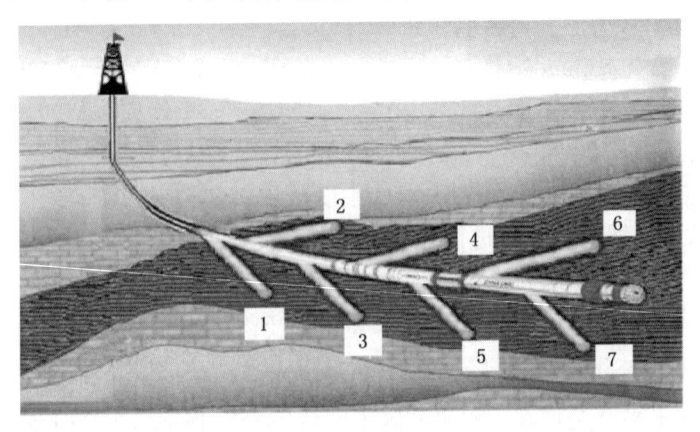

图 5-21 杏平 1 井井身结构图示意图

第五章 水平井开发配套工程技术

进尺5068m，目的层（长6^2）内水平钻进总进尺3503m。该井主水平段长1203m，水平段总长3503m，油层钻遇率87.7%，探索出一条用长水平段、多分支井开发低渗透油田的新途径。该井采用的主要技术总结如下：

表5-4 杏平1井井身结构表

钻井井段	井眼尺寸			套管		备注
	钻头 mm	井深 m	井段 m	管径 mm	下深 m	
一开	444.5	0~157	157	339.7	157	
二开	311.1	157~1000	843	244.5	1561.23	直井段
		995~1565	570			斜井段
三开	215.9	1565~1806	241	裸眼		主水平井段
	215.9	1706~2026	320			第二分支井段
	215.9	1806~2768	962			主水平井段
	215.9	2308~2625	317			第七分支井段
	215.9	2182~2482	300			第六分支井段
	215.9	2036~2458	422			第五分支井段
	215.9	1938~2238	300			第四分支井段
	215.9	1820~2161	341			第三分支井段
	215.9	1588~1888	300			第一分支井段

（1）直井段12¼in大井眼利用金属密封牙轮钻头+直螺杆+塔式钻具钻具组合，实现防斜打直。直井段最大井斜控制在1°以内，最大位移6m。

（2）12¼in大井眼采用金属密封牙轮钻头+单弯螺杆+MWD/LWD钻具组合进行定向造斜着陆。

（3）9⅝in技术套管下入采用加滚轮扶正器的套管窜，固井采用零析水水泥浆；定向入窗，精确控制，平滑过渡，最大造斜率8.5°/30m，为9⅝in技术套管下入奠定了基础。

（4）金属密封牙轮钻头/PDC钻头+单弯螺杆+LWD进行薄油层大位移长水平段高精度轨迹控制（油层厚6~8m、半靶高2m、实际半高差≤1.98m，水平位移1574.22m，水平段长1203m，水垂比1.16）。

（5）在无顶驱的情况下，用接双根及侧向低边法侧钻技术实现了水平悬空侧钻分支井。

（6）采用倒打分支井及分支水平井三维井眼的钻井与轨迹控制技术。

(7) 利用 MWD 工具面控制法，实现了主水平井眼（井深 1806m 以后的井段）及分支井眼（分支 3 井，起出又试验重入钻井 10m）重入钻井。

(8) 采用了低摩阻、低伤害、无固相钻井完井液，实现了水基钻井液与油基钻井液相当的润滑性能（如 μ 室内配方最低 = 0.032，μ 现场最低 = 0.065，μ 原油为 0.023，μ 油基钻井液为 0.08），低伤害（滤失量特别小，现场 API 失水量可达到 2mL 以内，室内配制的样品在压差 3.5MPa，温度 60℃ 条件下的失水量也只有 17mL；对杏河区块长 6 油层岩心伤害率小，仅为 17%）；无固相（不添加膨润土等任何固相物）。

4. 裂缝性火成岩气藏水平井钻井技术

松辽深层火成岩气藏是我国近年发现的大型气藏，分布于大庆的兴城与升平地区和吉林的长岭构造带。松辽盆地北部深层指泉头组二段以下地层，自下而上分别为火石岭组（火石岭组一、二段）、沙河子组、营城组（营城组分四段）和登娄库组及泉头组一段、二段地层。主要储层在营城组，埋深 3800~4500m。火山岩储层岩性以集块岩和火山角砾岩为主，夹流纹质晶屑熔结凝灰岩和凝灰岩，岩块为球粒流纹岩岩块。孔隙度一般在 4.1%~4.7% 之间，最低为 2.2%，最大为 14.2%。水平渗透率在 $(0.004~0.602) \times 10^{-3} \mu m^2$，裂缝十分发育，属于低孔低渗储层。直井单井产量低（几万方至几十万方），天然气中高含 CO_2，给气田勘探开发储运带来一定困难。寻求气田的高效开发方式成为松辽深层火成岩气藏重要任务。利用水平井开发方式，可以沟通营城组储层不同类型的火成岩相体，贯穿更多天然裂缝，单井产能高，在开发初期和中期可抑制底水的锥进。但在这样的地层中实施水平井，钻井将遇到很大困难，主要表现在：

(1) 深部地层登娄库、营城组地层研磨性强、可钻性差、钻头选型困难。

松辽深层泉头组、登娄库、营城组地层研磨性强，可钻性差，可钻性测定表明营城组地层的岩石可钻性分级绝大多数在 7 级以上，个别地方超过 10 级。平均机械钻速 0.8~1.6m/h 时，牙轮钻头平均单只进尺 40~60m，起下钻频繁，钻井时效低。

(2) 地质与造斜工具造斜率的不确定性给井眼轨迹控制带来难度。

地质目标层位深度和厚度变化存在不确定性；深部地层非均质性强，造斜工具造斜能力也将表现出不确定性。

(3) 高温限制了一些随钻测量工具和仪器的正常使用，加速工具仪器的损坏（MWD/螺杆等）。

(4) 造斜段和水平段使用牙轮钻头配高转速井下马达，加大了掉牙轮事

第五章 水平井开发配套工程技术

故的几率且事故处理难度大。

（5）深层岩石可钻性差，给水平井井眼轨迹的定向、纠斜施工带来一定的难度。

（6）营城组地层裂缝发育，发生井漏、井塌和套损的几率加大。

（7）水平段钻进时间长，储层浸泡时间长，目前还缺乏有效的保护手段。选择合适的钻井液流体非常关键。

为此，大庆油田在松辽盆地东南断陷区徐家围子断陷升平构造升平开发区部署了一口水平试验井——升深平1井，探索应用水平井技术开发裂缝性火成岩气藏的新途径。该井设计目的层位在营城组一段，垂深2946m，位移913.31m，全井深3710.58m。该井由大庆采油院设计，大庆集团钻井一公司50111钻井队承钻，于2006年7月22日一开，7月28日二开，11月13日三开，钻至井深3700.10m时发生井漏和溢流，于12月30日完钻，钻井周期161天，建井周期201天。其完井井身结构如图5-22所示。

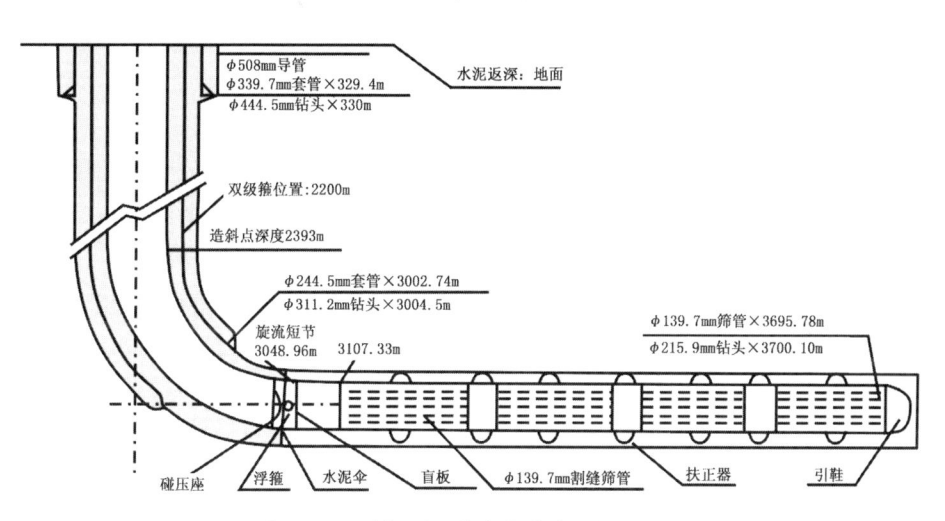

图5-22 升深平1井完井井身结构示意图

其主要技术要点总结如下：

（1）井眼轨迹采用双增剖面。

井眼轨迹设计采用双增剖面，造斜段分两段，设计造斜率6°/30m。0~60°井段在二开可钻性相对较好的泉头组内完成。60°井斜以后的造斜和探气顶段以及水平段在三开8½in井眼内完成。

（2）水平段井眼轨迹控制采用0.75°单弯+MWD+ARC+AND。

造斜点位置2634.35m，用1.25°单弯螺杆+MWD钻具组合造斜，到井深2845.87m，下入斯伦贝谢ARC和ADN，钻达井深3004.5m，井斜69.26°下入技套。平均造斜率5.6°/30m。三开下入1.25°单弯螺杆+MWD+ARC+ADN，到3238m，井斜85°，进入水平段，采用0.75°单弯+MWD+ARC+AND，井斜基本保持在86°~90°之间。钻达3700.10m时，发生井漏和溢流，提前完钻。

（3）钻井液采用水包油钻井液体系。

三开采用水包油钻井液密度1.16~1.17g/cm³，起钻时1.18~1.19g/cm³；滤失量控制在0.6mL左右；滤饼摩擦系数控制在0.03~0.05；在保证返砂的情况下尽可能降低钻井液黏度，黏度控制在100s左右。在三开钻进过程中发生过两次井漏、一次气侵、一次溢流。

升深平1井是继1993年新疆油田承担火山喷发岩裂缝性储层水平井攻关课题完成的HW701井以来在深层火成岩完成的又一口水平井。该井克服了深层火成岩可钻性差，钻速慢，井眼轨迹控制难等多项难题，对该地区火成岩的水平井开发进行了积极探索，积累了有益的施工经验。

第二节　水平井采油工艺技术

一、水平井完井方式及选择

1. 水平井完井方式

完井工程是衔接钻井和采油工程，而又相对独立的工程。

主要内容包括：岩心分析及敏感性评价，钻开油层钻井液、完井方式及方法筛选、油管及套管尺寸选定、注水泥浆设计依据、固井质量评价、射孔及完井液选择、完井生产管柱、完井试井评价、投产措施等。

目前，常用的水平井完井方式有裸眼完井、射孔完井、割缝衬管完井、带套管外封隔器（ECP）的割缝衬管完井、带套管外封隔器（ECP）的滑套开关完井、预充填砾石筛管完井、阶梯水平井完井、多分支井完井，智能完井等。

1）裸眼完井

第五章 水平井开发配套工程技术

适用于碳酸盐岩及其他不坍塌硬地层，特别是一些垂直裂缝地层，如美国奥斯汀白垩系地层。工艺简单，钻水平井费用相对较低，但容易引起气、水窜流，修井、测井困难，无法进行油层改造，目前使用较少。

2）割缝衬管完井

完井工序是将割缝衬管悬挂在技术套管上，依靠悬挂封隔器封隔管外的环形空间。割缝衬管要加扶正器，以保证衬管在水平井眼中居中，适用于有气顶、无底水、疏松砂岩地层。割缝是用激光割出，缝宽一般 0.25 ~ 0.56mm，缝长 40 ~ 50.5mm，1m 长套管割缝 400 ~ 480 条均布。大多数井在 A 点以上坐一个套管外封隔器。国外都在衬管下井前用油溶树脂或石蜡将割缝涂死，生产时靠地温自动化开，免除割缝被钻井液堵死，如图 5 - 23 所示。

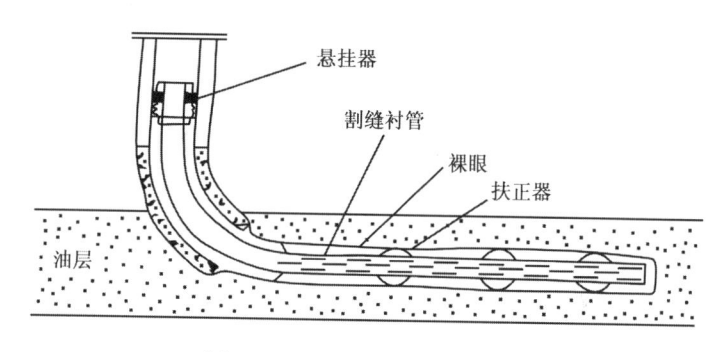

图 5 - 23 割缝衬管完井示意图

例如塔中四油田 402 高点 CⅢ 油组主力部位 5 口水平井，其中 4 口都用割缝衬管完井，初产都在千吨以上，临界产量也都在 700t/d 以上。

3）带管外封隔器（ECP）割缝衬管完井

用割缝或钻孔尾管带多级管外封隔器下入水平井段后，从末端开始逐级将管外封隔器用水泥挤膨胀后固定，可分段进行小型作业措施。

这种完井方式是依靠管外封隔器实施分段的分隔，下一根盲管，以便实现管内封隔。可以分段进行作业和生产控制，这对于注水开发的油田尤为重要。管外封隔器的完井方法，可以分三种形式：套管外封隔器间连接割缝衬管、套管外封隔器间连接可开关的滑套和套管外封隔器间进行射孔完成，如图 5 - 24 所示。

管外封隔器逐级通过定位槽定位，用油管或连续油管带双封隔器对准管外封隔器的定压单流阀将水泥浆挤入皮囊内凝固封隔器后分段隔开。

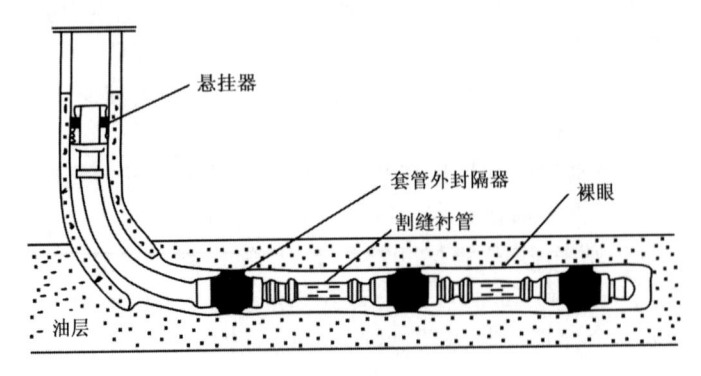

图 5-24 套管外封隔器及割缝衬管完井示意图

这种完井方法适用于各类油层，目前用的较广，可进行分段压裂改造、可酸化解除油层污染、便于测井和修井，尤其对多条垂直裂缝油藏用多级管外封隔器完井，将十分理想。新疆油田分公司，在一口水平井下 6 只管外封隔器，其中 5 只检封密封良好。

4) 带管外封隔器（ECP）的滑套开关完井

这种完井方式与前种基本相同，只是将割缝衬管换成多级滑套，用连续油管逐级开关，其关键技术是内径保持一致的滑套开关工具，如图 5-25 所示。

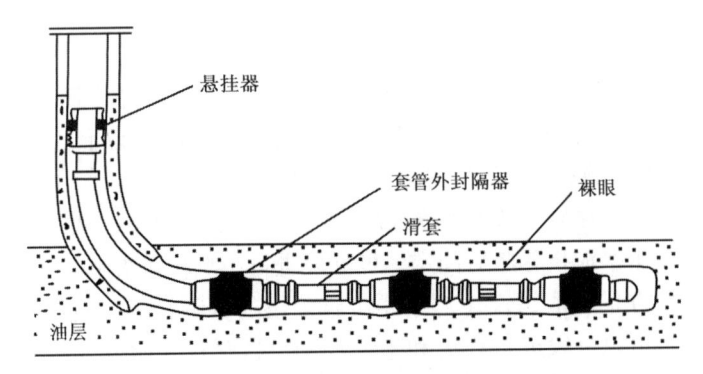

图 5-25 套管外封隔器及滑套完井示意图

某油田三叠系长 6 到长 8 低渗透层打水平井未取得预期效果，分段压裂一直是困扰低渗透油藏水平井开发的关键技术，曾用液体胶塞加填砂的方法分段压裂，但封隔的有效性难以保证，并可能对油层造成伤害。

第五章 水平井开发配套工程技术

如果采用滑套完井方式实现低渗透油层分段压裂，可有望缓解水平井开发效益不理想的问题。

5）阶梯水平井完井

水平井的产量决定于一口井的可采储量，在层状油藏中，渗透率各向异性油藏的多分层性对水平井的产能是很不利的。为提高单井产能就出现了阶梯水平井完井，如图 5-26 所示。

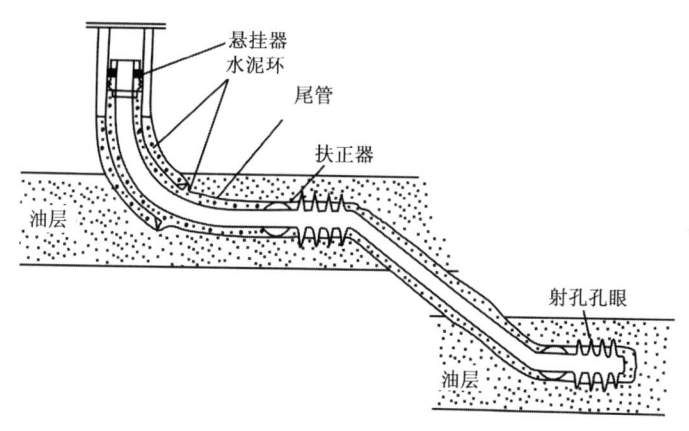

图 5-26　阶梯水平井完井示意图

塔里木哈得 4 油田为多层薄油藏，采用阶梯完井方式钻 70 余口水平井获得高产，并实现 6 口水平井注水。冀东油田由于断块比较小，利用阶梯水平井把几个断块都串起来，更好地利用各断块的储量，5 口阶梯水平井都获得高产，单井日产油都超过 100t，是直井日产油的 5 倍以上。

6）多分支井完井

目前水平井发展了分支井及多底井，是在一口直井上钻几个水平井底，或在一个水平段上钻成几个分支水平井，这样可以提高单井产量。

TAML 标准将多分支井做如下分级：

1 级——裸眼、无支撑连接。

2 级——主（母）井眼下套管和注水泥，分支井裸眼。

3 级——主井眼下套管和注水泥，分支井下割缝衬管但不注水泥。

4 级——主井眼和分支井眼皆下套管和注水泥，射孔完井。

5 级——主井眼和分支井下套管和注水泥，用射孔连接压力完整性。

6 级——用下套管（不容许注水泥）获得连续压力完整性。

母井筒和子井筒连接处用套管外封隔器，膨胀技术和注水泥密封得到解决，其应用潜力正随着对其技术提高和优越性而增长，多分支井完井方式如图 5-27 所示。

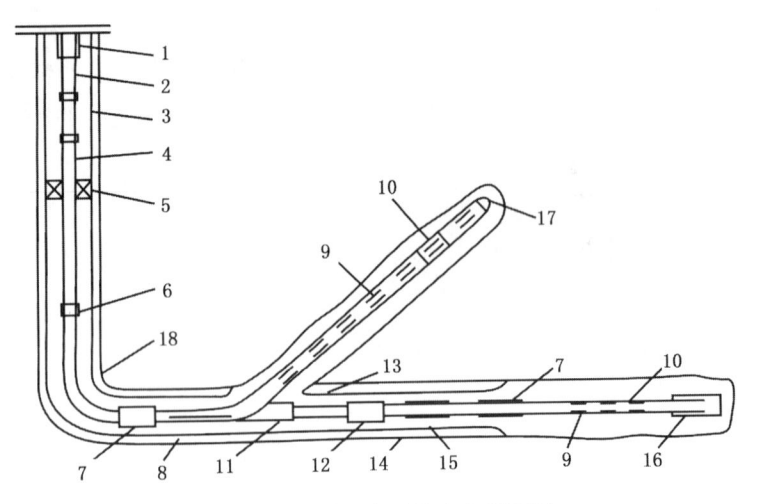

图 5-27　分支水平井完井管柱图

1—流量连接器；2—"TE-5"型安全阀；3—9 5/8in 套管；4—3 1/2in 油管；
5—"S-3"型封隔器；6—"F"工作筒；7—"HR"型坐套管（新 Vam 扣）；
8—钢丝绳入口导向器；9—7in 割缝衬管；10—7in 单向阀（小活瓣）；11—流量通过导向器；
12—8 1/2in 扶正器接头；13—射孔短节；14—"ML"型捞；15—"ML"型封隔器；
16—7in 导向（新 Vam 扣）；17—7in 导向器送入工具；18—裸眼

我国南海、长庆、四川、辽河已打成多口分支井，辽河海 14-20 三分支水平井，解决分支开窗、斜向器方位摆放、回收、窗口保护新技术，已经掌握了母、子接口的连接技术，只是应用还不够广泛。长庆油田杏平 1 井钻 7 个分支井，主井眼水平段长 1203m，分支井眼长度各为 300~422m，累计水平段长 3503m，油层段进尺 2834m，创我国多分支井之最。

7）射孔完井

在水平段内下入完井尾管，悬挂在技术套管上，尾管要采用漂浮技术、多刃滚柱式套管扶正器等，保持居中，由于技术套管磨损，要求生产套管回接至井口，注水泥固井，要求自由水为零、低失水钻井液体系。最后在水平井段射孔，如图 5-28 所示。相位一般采用低于 120°，以免地层砂落入水平井段套管内，如图 5-29 所示。

例如定向射孔塔中四 TZ-27-H14 井（水平 3 井），水平井段长 444.5m，采用多级延时启爆，分两次 6200 发炮弹定向射开。大庆朝平 1 井 715m 水平

第五章 水平井开发配套工程技术

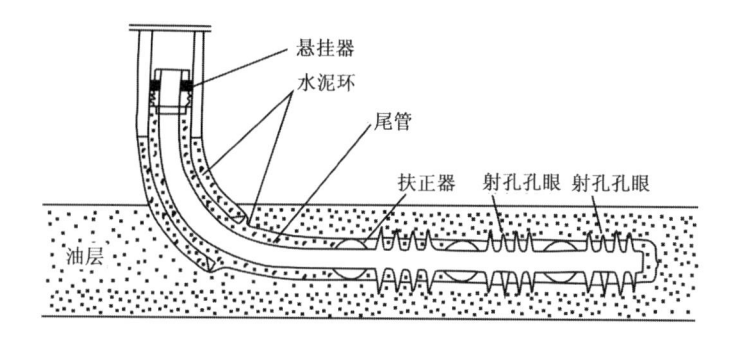

图 5-28 水平井射孔完井示意图

图 5-29 水平井中的射孔相位图

段一次发射 3177 发，引爆成功率都是 100%。定向射孔枪结构见图 5-30。

应用射孔软件对射孔参数进行优选，对射孔枪型、弹型、孔密、孔径、相位角、穿透深度、负压值、启爆方式、射开程度和位置给出优化参数，并优选射孔工艺，以提高油（气）井完善程度，降低表皮系数。射孔弹穿透油气层部位的套管壁及水泥环，构成油气层至套管内腔的连通孔道。

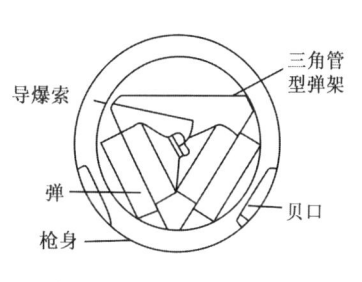

图 5-30 定向射孔枪结构

（1）定向射孔：射孔孔道垂直于较高渗透率方向便会形成更好的流动效率，对于各向异性较高的储层作用明显。

（2）欠平衡射孔：水平井欠平衡射孔最大限度降低二次污染、减少表皮系数和清除破碎的岩屑。

（3）变射孔密度：水平井流入井底的剖面是越靠 A 靶点流入的越多，而压降漏斗越大，而远离井底的 B 靶点流入减小而压力相对较高，如图 5-31 所示。等密度射孔后，水平井筒流入流体剖面和压力剖面呈三角形，见图 5-

32。为解决越靠近垂直井筒流体和压降漏斗越大，防止底水突进和气顶气窜入问题，保证进入水平井筒流体和压力呈矩形剖面，见图5-33。沿井筒均匀地流入，常常采取不同的射孔密度、相位和盲管井段来实现。例如塔里木油田 TZ4-27-H14、YH23-1-H26 井 444.5~500m 水平段分为 5 段，每段长 80~88m，中间隔一根长 12m 左右的盲管一根，以便作业时坐封隔器，孔密：最前端一般 13 孔/m，第二段 11 孔/m，第三段 10 孔/m、第四段 8 孔/m、第五段 6 孔/m，日产油都在 500t 以上，取得较好效果。

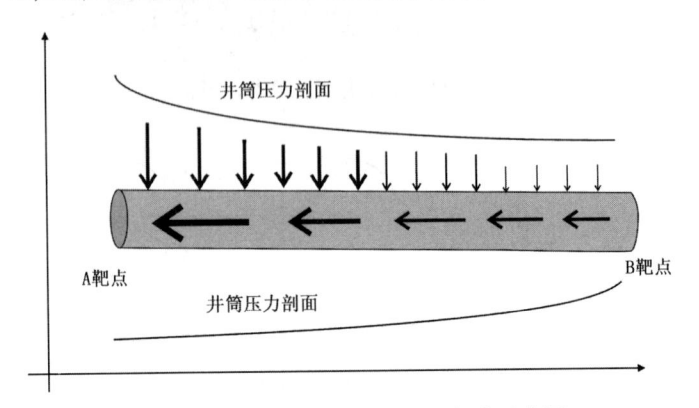

图 5-31 地层渗流与井筒流动耦合示意图

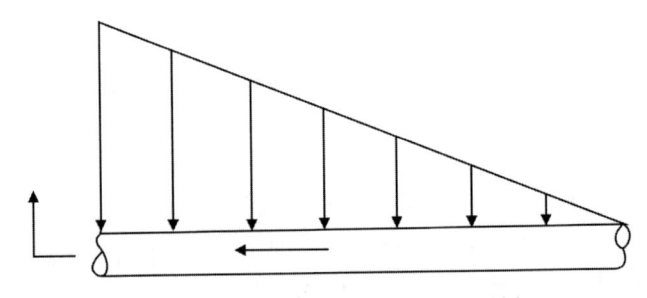

图 5-32 进入水平井内的流体三角形剖面

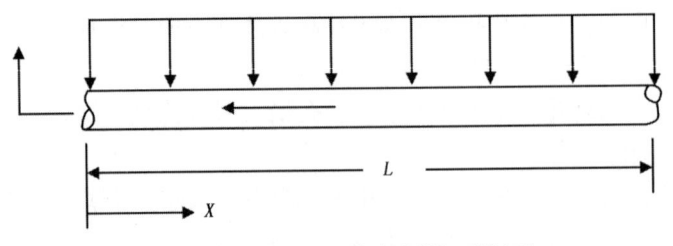

图 5-33 进入水平井内流体矩形剖面

8）砾石充填完井

适用于疏松易出砂的油气层、稠油油藏，这种完井方法防砂能力较强，如图 5-34 所示。

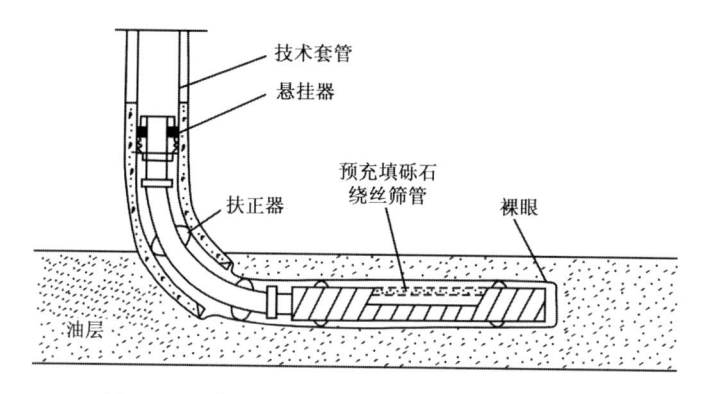

图 5-34　水平井裸眼预充填砾石筛管完井示意图

裸眼水平井预充填砾石绕丝筛管完井，其筛管结构及性能同垂直井，但使用时应加扶正器，以便筛管在水平段居中。

9）套管内充填砾石筛管完井

目前水平井的防砂因砾石充填无论在套管内或裸眼水平段内充填工艺较复杂，仍多用预充填砾石筛管、金属纤维筛管、割缝绕丝筛管或陶瓷筛管等方法，但使用时应加扶正器，以便筛管居中，套管内预充填砾石筛管完井示意图如图 5-35 所示。

裸眼井下砾石充填时，在砾石完全充填到位之前，井眼有可能已经坍塌。而且，扶正器有可能被压置在疏松地层中，因而很难保证长筛管居中。

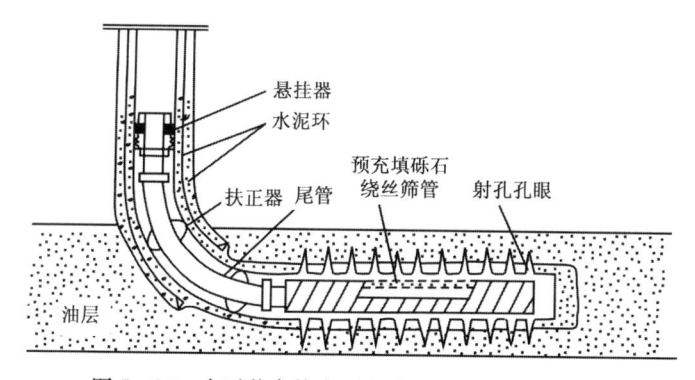

图 5-35　水平井套管内预充填砾石筛管完井示意图

裸眼及套管井下充填时，充填液的滤失量大，不仅会造成油层伤害，而且在现有泵送设备及充填液性能的条件下，其充填长度将受到限制。一次充填长度也不到120m。因此，长井段水平井无法采用此种方法。目前水平井的防砂完井多采用预充填砾石筛管、金属纤维筛管、粉末冶金、陶瓷贴片或绕丝割缝衬管等方法。

国内外的实践表明，在水平井段内，不论是进行裸眼井下砾石充填或是套管内井下砾石充填，其工艺都很复杂，目前正处于矿场试验阶段。

10）多侧向复合型完井

随着钻井和完井技术的改善使得从一单井眼进行钻进、下套管并完成几个侧向井眼已成为可能。多侧向井的完井是指从一个单井眼钻两个或多个水平井眼，且允许多个油藏目的层进行泄油的一项技术。其中多侧向井技术所开发的水平井完井技术，在某种条件下（比如从深油藏进行开采）比钻多个、单个水平井眼要节约成本、节省时间。各种侧向井的完井方式：

(1) 两侧相对的双侧向井：是指地层中两个侧向井，一个是上倾方向的井，一个是下倾方向的井，如图5-36所示。

(2) 重叠的双侧向井：这种侧向井眼可用来开采两个不同地带的原油或

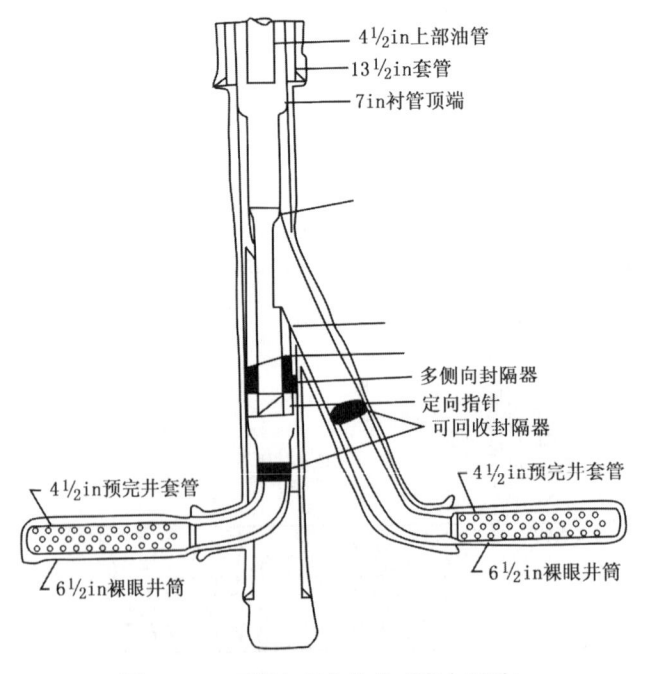

图5-36 双侧向完井技术（混合开采）

第五章 水平井开发配套工程技术

开采上下不渗透阻拦层的原油。

（3）多侧向井：是指从单井眼中钻多个井眼的井，如图5-37所示。

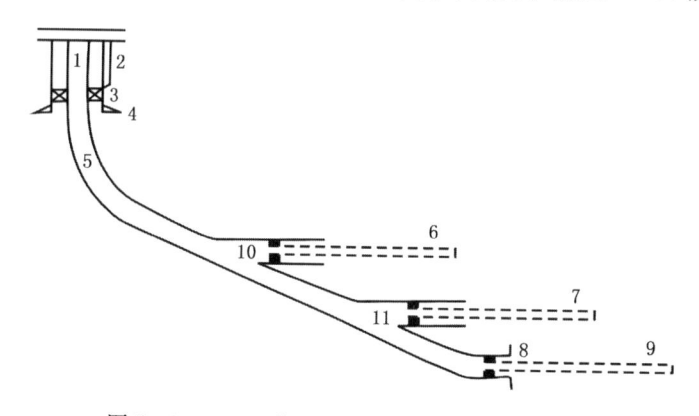

图5-37 B-9井（3个水平井眼）完井示意图

1—244mm、18kg/m、K-55套管回接；2—48mm平行小管柱122m；3—尾管顶（137m）；4—340mm、30.9kg/m、K-55套管152mm；5—生产井/PCP泵坐放于横向井眼顶部；6—割缝尾管（305~1487m），总垂深232m，水平位移1246m；7—割缝尾管（533~1474m），总垂深271m，总井深1475m；8—244mm、18kg/m、K-55套管610m，总垂深320m，水平位移242m，总井深1475m；9—割缝尾管（604~1474m）；10—磨铣窗口

（4）分支的多侧向井：是指从水平平面的水平侧向井上进行侧钻的井。

（5）倾斜的多侧向井：是指在垂直平面的水平侧向井上进行侧钻的井。

（6）支叉双侧向井：这是一种对称的支叉设计井，它含有两个水平分支，且每个分支具有相同的方向和实际垂直深度。

（7）中、短半径双侧向井：为剩余油开采，在老井筒内用中、短半径双侧向水平井开采新产层，新井筒下割缝衬管，也可裸眼完井，如图5-38所示。

海上平台利用多侧向井技术开采了许多油气藏来提高产量。但某些专有油藏仍依照自然裂缝体系来开采油气，多侧向井大大增加了不同裂隙所遇到的开采和泄油情况的可能性。单油藏中采用多侧向井技术可提高油藏的泄油效率。在不同方向上钻支井眼是为了扩大油藏的接触面积，以增加油井产能，也可减少开采油田所需的油井数。当两个生产层之间的非渗透性夹层堵塞了油气的纵向流动时，则可在这两层中钻叠加的双侧向井眼或叠加的相对双侧向井眼。

侧向井眼之间根据它的长度、数量、角度和方位与常规水平井相比，能提高产能，也可改善薄油藏的开采动态。又因多侧向井技术可降低所需的井

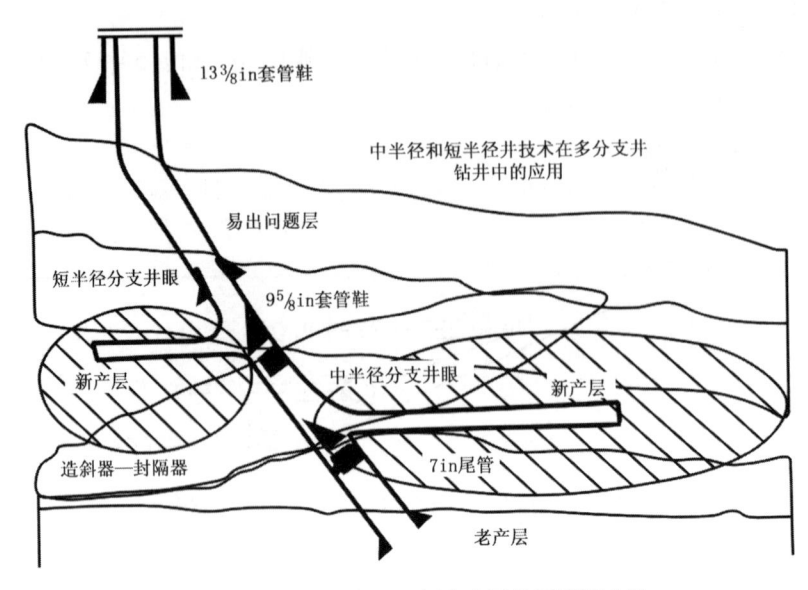

图 5-38 中、短半径双侧向水平井开采剩余油

数和开发成本，因此对边际油田的开发也可实施这一计划。

11) 双水平井辅助重力泄油的完井（SAGD）

上下两水平井筒，上面注蒸汽形成超覆现象，油藏受热面积不断增加，稠油或超稠油受热后黏度降低，靠重力作用流到层底，下面的水平井筒进行采油，如图 5-39 所示。

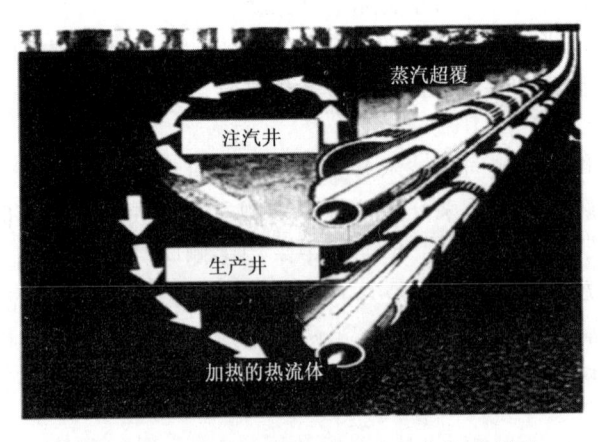

图 5-39 双水平井辅助重力泄油完井示意图

第五章 水平井开发配套工程技术

双水平井筒辅助重力泄油已成稠油和超稠油热采的接替技术，具有油汽比高，采收率高，并增加可采储量。辽河油田曙一区 SAGD 技术获得重大突破，钻井 6 对，累计产油为一般井的 3 倍以上。

12）煤层气鱼刺井完井

由鱼刺井先钻一主水平井眼，再钻 6~8 个分支井眼，最后钻一口大直径垂直生产井与主水平井眼连通，下泵排水采气，见图 5-40。在陕西和山西钻 50 余口鱼刺井，取得很好的效益。

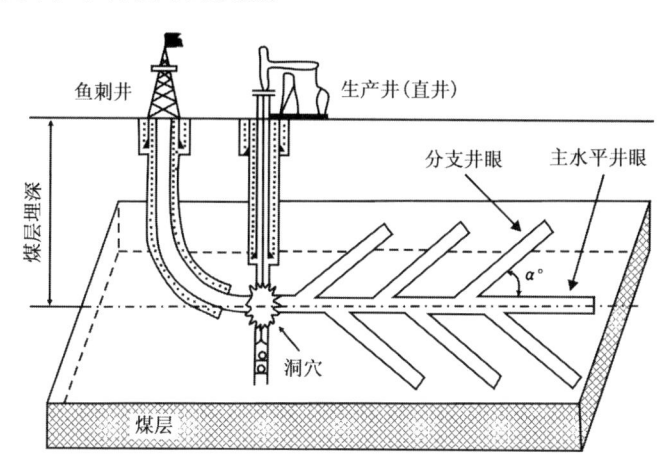

图 5-40 煤层气鱼刺井结构方案示意图

13）智能井技术

智能井技术是为适应现代油藏经营新概念和信息技术在油气藏开采技术中的应用而发展起来的新技术。

智能井是井内装有可获得井下油气生产信息的传感器、数据传输系统和控制设备，并可在地面进行数据收集和决策分析的井，如图 5-41 所示。

概括起来，智能井应具备以下 6 个子系统：

（1）收集井下各种信息的传感系统。

（2）让井生产不断得到重新配置的井下控制系统。

（3）传递井下数据的传输系统。

（4）地面数据收集、分析和反馈控制系统。

（5）可逐步发展井下流体的三维可视技术及数据压缩技术。

（6）区间控制阀（ICV）是井下流量控制系统的核心部件，是一种类似于传统电缆操作滑套的装置。ICV 提供从储层到生产油管通道的在线遥控。

图 5-41 典型智能井组成

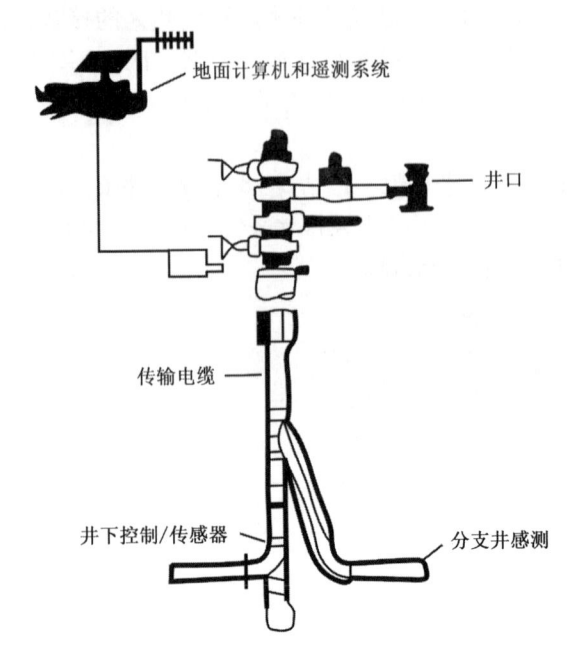

这些装置可以是两种状态（打开或关闭），也可以是可变（容许某种程度的阻塞）的。

智能井通过安装在井下的传感器、封隔器、生产层（段）转换机构（有液压驱动、电液驱动和全电控制），以及地面控制装置来实现遥控遥测。

辽河油田在馆陶油层先导试验区 10 口井上安装智能完井雏形，可测分层压力和温度，只是区间控制阀需进一步完善，见图 5-42。在一口水平井上分 5 段也安装了光纤压力和温度测试装置。

该系统是集计算机技术、通信技术、数据采集技术及传感器技术于一体，通过数据采集器，获取安装在注汽、采油套管外的光纤传感器，并通过 GPRS 无线网络将其传输到中心服务器，再以 Web 浏览的方式提供给油田的局域网和互联网上用户浏览查询，实现对采油过程的全面实时监控。该系统整体达到国内先进水平。

2. 水平井完井方式适用的地质条件

各种水平井完井方式，有各自的适用条件，应根据油藏的具体条件选用，各种完井方式适用的地质条件见表 5-5，各种完井方式的优缺点见表 5-6。

第五章 水平井开发配套工程技术

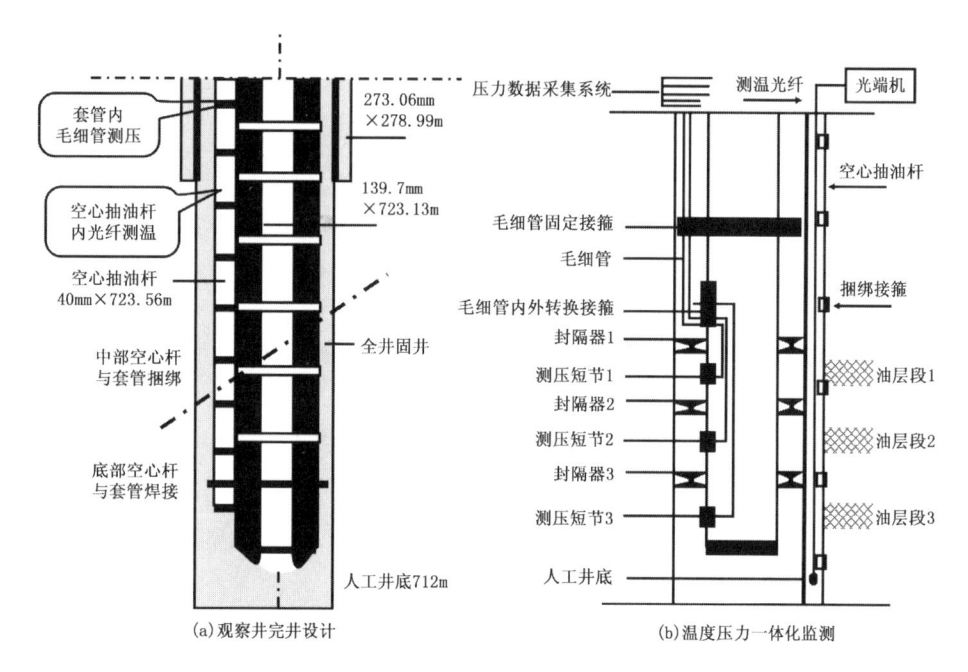

(a) 观察井完井设计

(b) 温度压力一体化监测

图 5-42 监测工艺示意图

表 5-5 各种完井方式适用的地质条件

完井方式	适用的地质条件
裸眼完井	(1) 岩石坚硬致密,井壁稳定不坍塌的储层; (2) 不要求层段分隔的储层; (3) 天然裂缝性碳酸盐岩或硬质砂岩; (4) 短或极短曲率半径的水平井
割缝衬管完井	(1) 井壁不稳定,有可能发生井眼坍塌的储层; (2) 不要求层段分隔的储层; (3) 天然裂缝性碳酸盐岩或硬质砂岩储层
带管外封隔器的割缝衬管完井	(1) 要求不用注水泥实施层段分隔的注水开发储层; (2) 要求实施层段分隔,但不要求水力压裂的储层; (3) 井壁不稳定,有可能发生井眼坍塌的储层; (4) 天然裂缝性或横向非均质的碳酸盐岩或硬质砂岩储层
带管外封隔器的滑套开关完井	(1) 要求不用注水泥实施水平段分隔注水开发储层; (2) 可以进水平段分段控制、生产测试、分段改造; (3) 井壁不稳定,有可能发生井眼坍塌的储层

续表

完井方式	适用的地质条件
阶梯水平井完井	(1) 增加可采储量，适合带有夹层的多油层储层； (2) 也适合各向异性严重的大厚层； (3) 适合穿越多个边界薄层
多分支井完井	(1) 适应多种油藏类型； (2) 开发老油田的剩余油； (3) 因部分井筒需裸眼完井，要求储层坚硬致密
多侧向复合型完井	(1) 水平井段内，部分井段射孔，部分井段下割缝衬管；部分井段射孔，部分井段裸眼；适用裸眼井段内有易坍塌储层； (2) 有气顶和附近有高压水层，自然裂缝储层和边际储层
射孔完井	(1) 要求实施高度层段分隔的注水开发储层； (2) 要求实施水力压裂作业的储层； (3) 裂缝性砂岩储层
裸眼预充填砾石筛管完井	(1) 岩石胶结疏松，出砂严重的中、粗、细粒砂岩储层； (2) 不要求分隔层段的储层； (3) 热采稠油油藏
套管预充填砾石筛管完井	(1) 岩性胶结疏松，出砂严重的中、粗、细粒砂岩储层； (2) 裂缝性砂岩储层； (3) 热采稠油油藏
双水平井辅助重力泄油完井（SAGD）	适用稠油和超稠油油藏，上、下两水平井筒上水平井筒注蒸汽，靠蒸汽超覆作用加热油层，黏度降低的热流体流向生产水平井的重力辅助泄油，累计采油量是普通直井的3倍
煤层气鱼刺井完井	适合于煤层气储层的鱼刺型多分支排水采气煤层
智能井完井	适应现代油藏经营新概念和信息技术相结合，适合高压高产油气井

表5-6 各种水平井完井方式的优缺点

完井方式	优　点	缺　点
裸眼完井	(1) 成本最低； (2) 储层不受水泥浆的伤害； (3) 使用可膨胀式双封隔器，可以实施卡堵和分隔层段的增产作业	(1) 疏松储层，井眼可能坍塌； (2) 难以避免分段之间的窜通； (3) 可选择的增产作业有限，如不能进行水力压裂作业
割缝衬管完井	(1) 成本相对较低； (2) 储层不受水泥浆的伤害； (3) 可防止井眼坍塌	(1) 不能实施分段的分隔； (2) 无法进行选择性增产增注作业； (3) 无法进行生产控制

第五章 水平井开发配套工程技术

续表

完井方式	优　　点	缺　　点
带管外封隔器的割缝衬管完井	(1) 相对中等程度的完井成本； (2) 储层不受水泥浆的伤害； (3) 依靠管外封隔器实施分段分隔，可以在一定程度上避免层段之间的窜通； (4) 选择性的增产增注作业	管外封隔器分隔层段的有效程度，取决于水平井眼的规则程度，封隔器的坐封和密封件的耐压、耐温等因素
带管外封隔器的滑套开关完井	(1) 可进行有效生产控制、生产测试； (2) 可以选择进行增产增注措施； (3) 储层不受水泥浆的伤害	(1) 开关滑套需下连续油管，费用较高； (2) 多级组成的滑套，内径受限制
阶梯水平井完井	(1) 增加可采储量； (2) 开采难以动用的边际油藏； (3) 提高单井产量	应用 LWD 地质导向，成本较高
多分支井完井	(1) 在定向井和水平井基础上，发展起来的油气开采新技术； (2) 在一口井上可以实现多目标、多断块穿越	(1) 井眼轨迹和井身结构复杂性； (2) 完井费用较高
多侧向复合型完井	(1) 钻多个侧向井眼，增加泄油面积； (2) 可在不同方向钻水平分支侧向井； (3) 各侧向水平井可分别射孔、裸眼、下衬管完井	(1) 技术复杂、钻井费用高； (2) 井下作业分别下入不同井眼，难度较大
射孔完井	(1) 最有效的层段分离，可以完全避免层段之间的窜通； (2) 可以进行有效的生产控制、生产检测和包括水力压裂在内的任何选择性增产增注作业	(1) 相对较高的完井成本； (2) 储层受水泥浆的伤害； (3) 水平井的固井质量目前尚难保证，因上部易形成游离水窜槽； (4) 要求较高的射孔操作技术
裸眼预充填砾石完井	(1) 储层不受水泥浆的伤害； (2) 可以防止疏松储层出砂及井眼坍塌； (3) 特别适宜于热采稠油油藏	(1) 不能实施层段的分隔； (2) 无法进行选择性增产增注作业； (3) 无法进行生产控制等

续表

完井方式	优点	缺点
套管预充填砾石完井	(1) 可以防止疏松储层出砂及井眼坍塌； (2) 特别适宜于热采稠油油藏； (3) 可以实施选择性的射开层段	(1) 储层受水泥浆的伤害； (2) 无法实施选择性的增产增注作业； (3) 影响日产油量
双水平井辅助重力泄油完井	(1) 可采超稠油； (2) 注蒸汽热采的接替技术； (3) 提高采收率	钻井难度大, 双水平井简易发生碰撞, 必须平行延伸
煤层气鱼刺井完井	(1) 使大量低产煤层气变高产； (2) 不下套管	完井费用较高
智能井完井	(1) 靠井下光电传感器传输油层各项参数, 并实现遥控； (2) 生产层在线开关阀, 控制储层流量的井下控制系统； (3) 地面可视井下流体三维技术	(1) 完井费用昂贵； (2) 目前国内配套难度较大

3. 水平井完井方式选择

1) 按曲率半径选择完井方式

短曲率半径的水平井，基本上是裸眼完井，主要在坚硬、致密、垂直裂缝储层中应用；中、长曲率半径水平井则要根据储层岩性、流体物性、增产措施、举升方式、能量补充等因素选择完井方式。通常采用割缝衬管、套管封隔器加割缝衬管或射孔完井。

2) 按开采方式及增产增注措施选择完井方式

水平井水平段越来越长，特别是砂岩油藏中，在生产过程中地层难免不坍塌；稠油和超稠油采用注蒸汽开采，一般储层胶结疏松，需下金属纤维防砂管或预充填绕丝防砂管；低渗透油藏需要压裂酸化增产措施；因水平井采油指数高，地层压力下降快，需注水等补充能量。因而只能用割缝衬管加管外封隔器、滑套加管外封隔器、射孔或下防砂滤管等完井方式。如果选择电潜泵开采，造斜段尽量下移，电潜泵下到直井段内不偏磨，最好选用 7in 生产套管完井。

至于丛式井或大斜度井，其完井方式基本同水平井一样选择。我国南海东部西江油田的 24-3-A14 井是一口大斜度井，测量井深 9238m，垂深 2995.8m，井斜 79.33°，水平位移 8062.7m，悬挂 7in 尾管，4½in 油管生产，日产原油 711m^3。

第五章 水平井开发配套工程技术

水平井完井方式选择流程如图 5-43 所示。

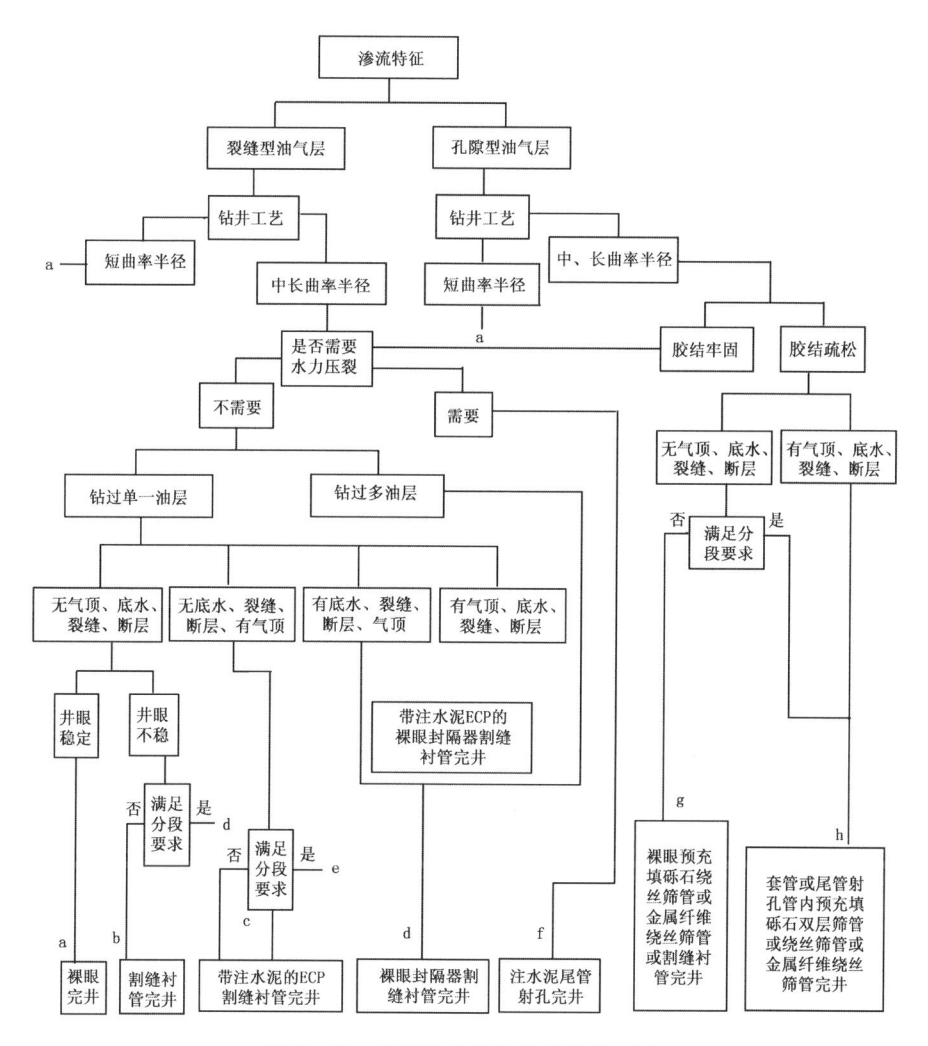

图 5-43 水平井完井方式选择流程图

二、水平井采油方式及优选

其主要生产依据是油井生产能力获得最大日产油量。采油方式分两大类：即自喷采油和机械采油。

1. 自喷采油

依靠油层天然能量将原油采出地面，叫自喷采油。自喷采油的动力来源于油层压力，油层中的原油靠消耗部分油层压力流入井内，流入井内的原油又在剩余压力（流压）驱动下沿井筒向上举升，在向上举升的过程中又不断消耗压力，使得在油层高压下溶于原油内的一定量的天然气从原油中分离出来，天然气的体积膨胀在向上运动时，降低井筒中液柱的相对密度，将原油沿油管向上举升到井口。

2. 水平井有杆泵采油配套技术

作为人工举升的最普通形式，井下抽油泵也是水平井中最经常使用的技术。井下泵通常下到直井段或斜井段。当需要在长曲率半径井的斜井段或通过该斜井段进行泵抽时也可使用井下抽油泵。

3. 水平井无杆采油配套技术

目前，水平井上采用较多的是电动潜油泵和螺杆泵，这两种泵只能下到小于30°的斜井段，对于下到水平段内的电潜泵我国还没有。

1）电动潜油泵采油技术

电动潜油泵由井下、地面和电缆三个部分组成，井下部分主要由潜油电机、保护器、油气分离器和多级离心泵组成；地面部分主要有变压器、控制屏和电泵井口；电缆部分是铠装潜油电缆。

其特点是排量大，我国的潜油电泵已形成4个系列，适用于套管外径139.7mm的各种套管，最大扬程3500m，最大额定排量700m^3/d，研究配套电动潜泵采油设计及参数优选，诊断、压力测试及清防蜡等配套技术。电潜泵采油已成为我国各油田采油的一项重要技术。

2）螺杆泵采油技术

近年来我国研制成功用于井口电机驱动头通过抽油杆带动井下螺杆泵采油的成套容积泵，它的特点是钢材耗量低，安装简便，适于开采黏度较高的原油和出砂量高的井。其理论排量为3.5～250m^3/d，最大扬程500～2100m，在稠油油井、出砂井及海上应用较普遍，地面驱动螺杆采油见图5-44，潜油电动螺杆泵采油见图5-45，液压驱动螺杆泵采油见图5-46。

第五章 水平井开发配套工程技术

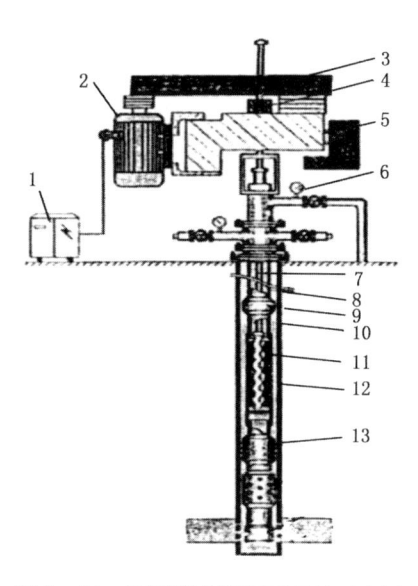

图 5-44 地面驱动螺杆泵采油示意图
1—电控箱；2—电机；3—皮带；4—方卡子；5—平衡块；6—压力表；7—抽油杆；8—油管；
9—扶正器；10—动液面；11—螺杆泵；12—套管；13—防转锚

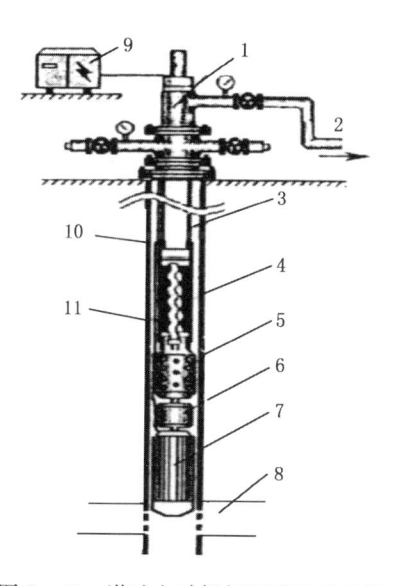

图 5-45 潜油电动螺杆泵采油示意图
1—井口；2—出油口；3—油管；4—螺杆泵；5—筛管；6—保护器；
7—井下电机；8—地层；9—电控箱；10—套管；11—电缆

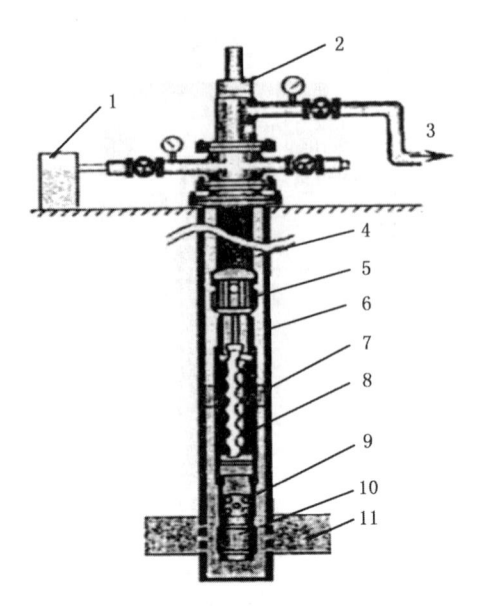

图 5-46 液压螺杆泵采油示意图

1—动力液；2—井口；3—出油管线；4—油管；5—液马达；6—套管；7—封隔器；
8—螺杆泵；9—筛管；10—死堵；11—油层

三、水平井酸化工艺技术

当垂向渗透率较大或油藏厚度较小时，如果油井不进行水力压裂而进行酸化，则水平井要比垂直井更具有吸引力。由于水平井段较长，水平井酸化以小型选择性酸化为宜。小型选择性酸化既要减少酸液用量又要增加处理效果，只有在全井段均匀布酸才能做到。均匀布酸酸化技术细分表如表 5-7 所示。

表 5-7 均匀布酸酸化技术细分表

堵塞原因	酸 化 技 术
钻、完井液污染	分段工具均匀布酸、高排量挤入均匀布酸
	高排量稠化酸酸化、分段工具、稠化酸酸化
	稠化酸多级注入酸化
颗粒运移堵塞	分段工具均匀布酸、高排量挤入均匀布酸
	分段工具、稠化酸酸化、多级暂堵酸化
	多级缓速酸、稠化酸均匀布酸
	缓速酸、颗粒稳定剂酸化

第五章　水平井开发配套工程技术

对于基质酸化处理的油井,既可以是裸眼完井,又可以是割缝衬管完井,甚至是预射孔衬管完井。利用连续油管进行水平井基质酸化可以提供必要的酸液机械隔离与分散,注酸时,将连续油管推送至油井的末端,把反应性增产液从连续油管泵入,然后慢慢地抽出连续油管。

1. 复合酸酸化配方体系

复合酸酸化配方体系能够有效地提高溶蚀率、破碎率、洗油率以及破乳率等,并能有效降低界面张力,提高基质渗透率和渗透率的恢复率。

2. 小直径封隔器分段酸化工艺

用喷砂器的节流作用坐封封隔器,密封油套环形空间,对目的层进行酸化;酸化后,依次投球打滑套,不动管柱实现多层酸化和酸化后残液的反循环助排及返排。

1）小直径封隔器——强制分段的前提

封隔器钢碗上端固定、下端活动,封隔器胶筒一次模压成型,内外连线,中间钢丝加强。

2）分段处理工艺的实现

低密度球聚碳酸脂材料,密度 $1.2g/cm^3$,便于酸液携带,而且耐酸,40MPa 时仅有微小变形且不断裂。井口投球装置采用井口专用投球器,通过开关井口阀门,实现不拆管线多级投球。通过逐级投球打套实现逐段酸化的目的。

3）管柱的防卡设计

封隔器等配套工具设计尽量短、小。封隔器两侧加装弹性扶正器保护及扶正封隔器,防止中途坐封。投球丢手,起出工具串以上油管(丢手后鱼头留有打捞内通道;弹性扶正器可保证工具居中,便于丢手后打捞处理)。加装连通器,酸化后井口投球打开,使油套连通,消除油套压差,利于胶筒回收,降低上提负荷,为酸化后残液的反循环助排及返排提供通道。

另外,英国的 Cleansorb 公司开发了一项酸化地层的专利技术,它利用顶替处理液就地产生酸来进行酸化。由聚合物破胶剂组成的酸产物可以对水基钻井液中的碳酸盐和生物高聚物进行溶蚀,从而达到清洗井壁的目的,同时对地层进行处理。

四、水平井压裂改造技术

对于低渗透、非均质性严重、连通性差、污染严重、薄互层等油藏,对储层进行压裂改造可以大大提高水平井的产量。目前,水平井压裂方式主要有分段压裂、限流法压裂和水力喷射压裂等。

1. 分段压裂

我国研究并成功实施了环空压裂、滑套分压(单封双压)压裂、滑套分压+压裂桥塞压裂等分段压裂技术。

单封双压技术(见图5-47),封隔器及配套管柱耐压差70MPa、耐温120℃,可以满足一趟管柱分压2段的要求。双卡单压技术(见图5-48),封隔器耐温70℃、耐压差40MPa,实现了一趟管柱分压3~4段。

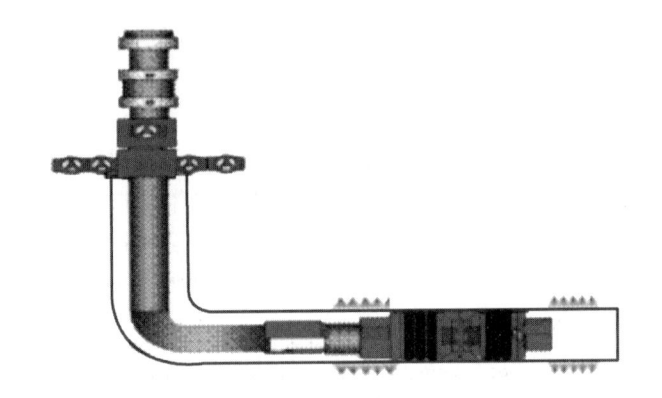

图5-47 单封双压管柱示意图

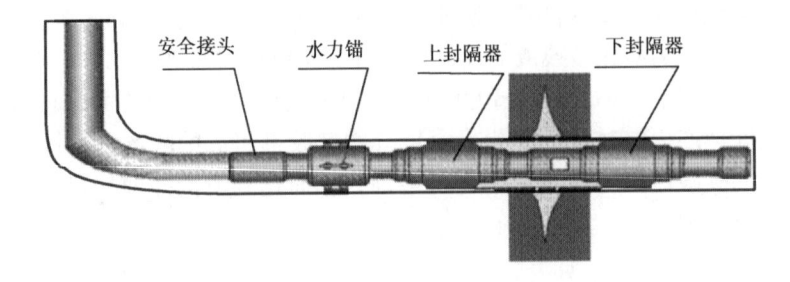

图5-48 封隔器双卡管柱示意图

第五章　水平井开发配套工程技术

2. 限流压裂法

限流压裂法（见图 5-49）采用孔眼摩阻来控制每个射孔层段的压裂液分布，在垂直井中成功地应用了许多年。在水平井中，限流法压裂的特性包括：在长层段中沿管存在流体摩阻、沿水平段流体静压变化小或基本没有变化、携砂液引起的炮眼侵蚀小。

限流压裂由安全接头、防磨接头、水力锚、两级 Y344-115 封隔器、喷嘴组成。中心管优选耐磨材质，采用橡胶垫充填间隙，提高了压裂管柱的耐磨性。采用两级 Y344-115 封隔器，目的是提高管柱的承压性能，封隔器可满足耐温90℃，耐压70MPa 要求。水力锚可以提高其锚定性能，满足套管耐压要求。

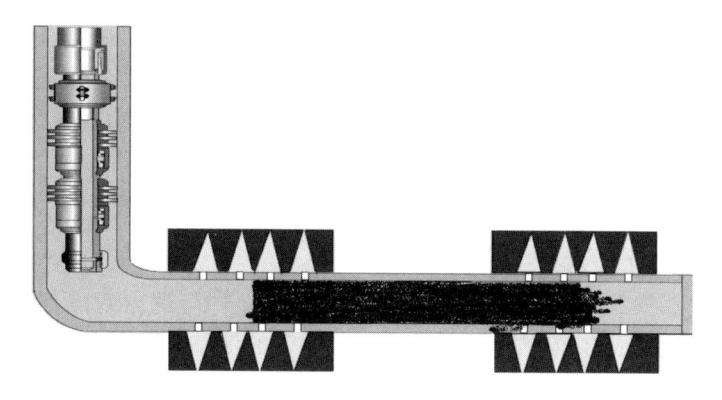

图 5-49　限流压裂法示意图

3. 水力喷射压裂

水力喷射压裂（见图 5-50）是一种将水力喷射与水力压裂结合起来的工艺技术，将专门的喷射工具下入常规油管或连续油管中，沿着水平井井身可以在指定的位置定位。该工艺技术首先利用液体动能在油藏岩石中喷射出一条通道，然后将这些通道发展成裂缝，液体能量隔离这些液体使之流进裂

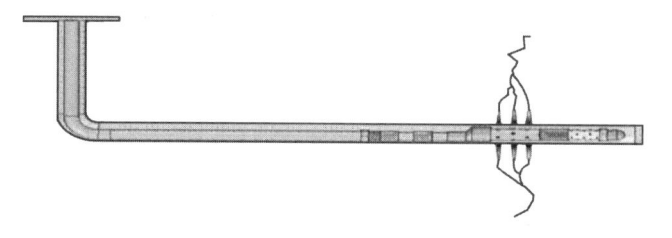

图 5-50　水力喷射管柱示意图

缝中。在一口井中某一位置完成处理后，可将喷射工具移至近井斜处的下一个需要进行压裂的区段，该项技术可以在不使用机械或化学隔离的情况下重复进行。

应用该工艺技术，可以沿着井筒精确的布置不同尺寸的多条水力裂缝，并且还不需要使用花费高、有危险的机械封隔等。该工艺技术可以多次重复，而且其施工规模可以随需要而改变。

在喷射和压裂过程中，要求工具定位准确、稳定性好；喷射器工作寿命能够满足一趟管柱压裂两段以上的要求。

五、水平井控水、堵水工艺技术

由于水平井单井产量高，且绝大多数井生产层位为同一层，所以任何一点见水，均可能造成全井很快进入高含水阶段，从而导致全井报废。目前，我国研制了调流控水技术、遥控分采控水技术和由可调堵水器、配产器、堵水封隔器等配套工具组成堵水管柱的机械堵水技术等。

1. 水平井控水技术

1）调流控水技术

调流控水技术的原理是采用调流控水防砂筛管与裸眼封隔器配合使用，将水平井段分隔成多个分段，将经过每段筛管的流体集中控制，分别配置不同大小的水嘴。通过喷嘴的压降与流体流速的平方成正比。当水平井的局部产水时，流速升高，水嘴将产生一个额外的流动阻力从而减小流量，实现了"控水"。在筛管的每个过滤段装一个供液调节器，可调节出均衡的有效生产压差剖面和产液剖面。

调流控水技术的特点有：

（1）根据每口井的储层特性、水平段长度和设计产能等参数，优化各段筛管的喷嘴直径，现场安装喷嘴。

（2）沿整个水平井段自动均衡生产压差剖面和产液剖面。

（3）延缓边底水突进，延长油井生产期。

（4）见水后能够稳油控水，喷嘴限制出水量，降低含水率。

（5）沿整个水平井段均衡出油，消除死区，提高产油量和采收率。

（6）可以在筛管内采用封隔器进行有效卡封。

（7）集防砂、稳油控水、增产为一体，操作简便，经济实用。

2）遥控分采控水技术

第五章 水平井开发配套工程技术

遥控分采控水技术通过对由分采控制器和封隔器组成的管柱进行加压，改变分采控制器间的开关位置状态，实现油层分段找水、堵水、采油和各层油水动态参数测量等工艺技术于一体。

遥控分采控水技术与封隔器配套使用，通过地面打压使分采控制器的换向机构动作，实现分采控制器开与关。该项技术适于各类井型，大大减少井下作业次数，节约生产成本。

液压控制、分层配产是水平井分采技术发展方向，有一定前景，但分采控制器在控制信号、防砂、调换水嘴作业、分层能力等方面需要进一步攻关。

3）水平井机械堵水技术

水平井与直井堵水工具的技术难点对比分析如表5-8所示。

表5-8 水平井与直井堵水工具技术难点对比表

序号	直　井	水平井	难点与对策
1	工具通过性要求低	工具通过性要求高	需减小工具外径尺寸
2	部件靠重力作用动作	部件要求水平动作	采用弹簧强制回位
3	封隔器、不需要居中设计	封隔器需要居中设计	采用两端扶正一体化
4	工具安全性要求中等	工具安全性要求高	提高整体设计强度

目前我国已研制出重复可调堵水器及配套的封隔器、配产工具、居中扶正装置等水平井机械堵水井下工具系列，并研制了相关堵水管柱及其配套施工工艺。该工具具有水平井可扩径式扶正器、三种可调堵水器、两种水平井堵水封隔器、水平井配产器。

2. 不同水平井出水方式及堵水技术

水平井不同出水方式如图5-51所示。

底水脊进出水时，采取的堵水技术有：（1）选择性堵水；（2）桥塞堵水；（3）水泥堵水；（4）ACP堵水。

裂缝窜进出水时，采取的堵水技术有：（1）强凝胶堵水；（2）水泥堵水；（3）封隔器堵水；（4）选择性堵水；（5）ACP堵水。

边水/注入水突进出水时，采取的堵水技术有：（1）选择性堵水；（2）凝胶堵水；（3）ACP堵水；（4）封隔器堵水。

钻遇底水出水时，采取的堵水技术有：（1）选择性堵水；（2）凝胶堵水；（3）ACP堵水；（4）封隔器堵水。

(a)底水脊进　(b)裂缝窜进
(c)边水/注入水突进　(d)钻遇底水
(e)钻穿水层　(f)高含水层出水

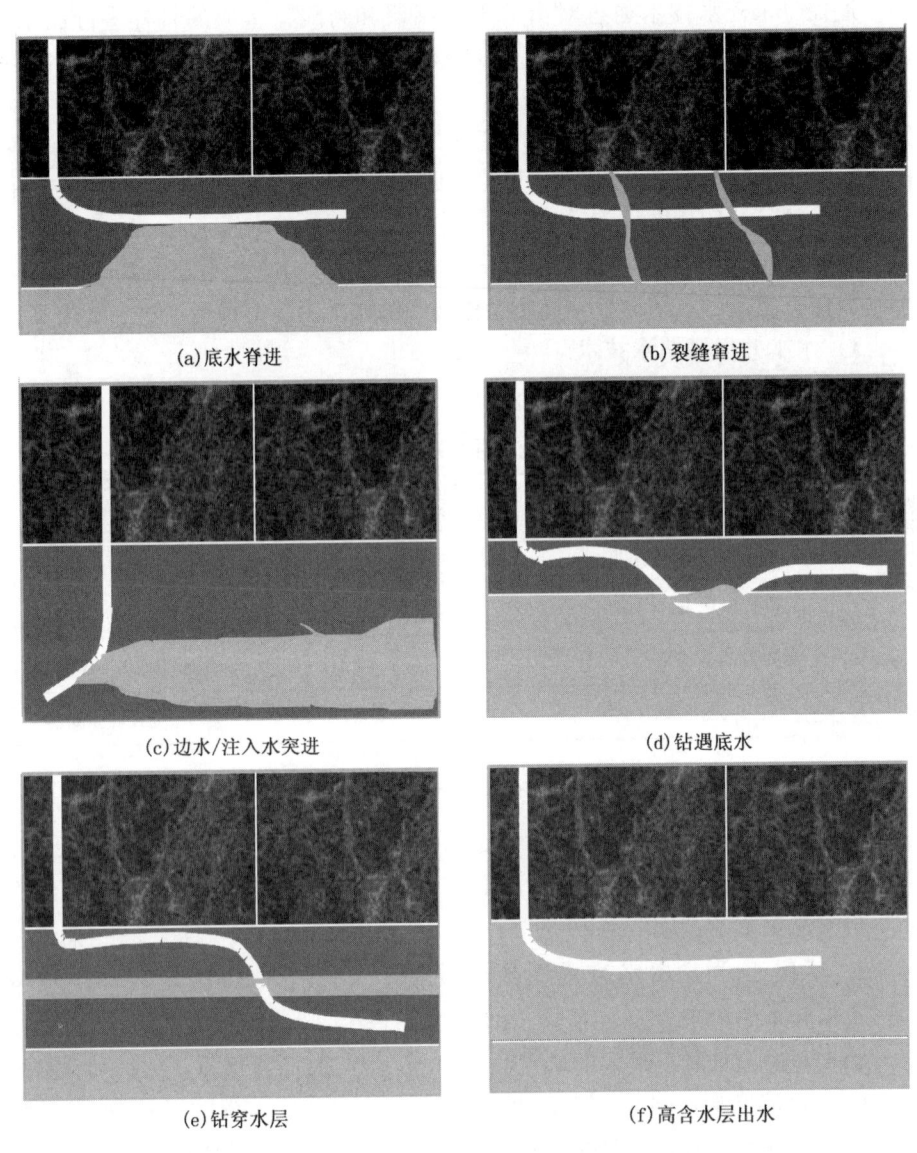

图 5-51　水平井不同出水方式示意图

钻穿水层出水时，采取的堵水技术有：（1）选择性堵水；（2）ACP堵水；（3）凝胶堵水。

钻遇高含水层出水时，一般采取选择性堵水技术。

六、水平井作业修井工艺技术

在水平井开发过程中，经常遇到需大修处理的复杂情况，如卡钻事故、复杂打捞解卡、钻磨铣等。水平井修井技术包括解卡打捞、磨套和连续冲砂3项主体技术，共7项工艺、9套管柱，如图5-52所示。

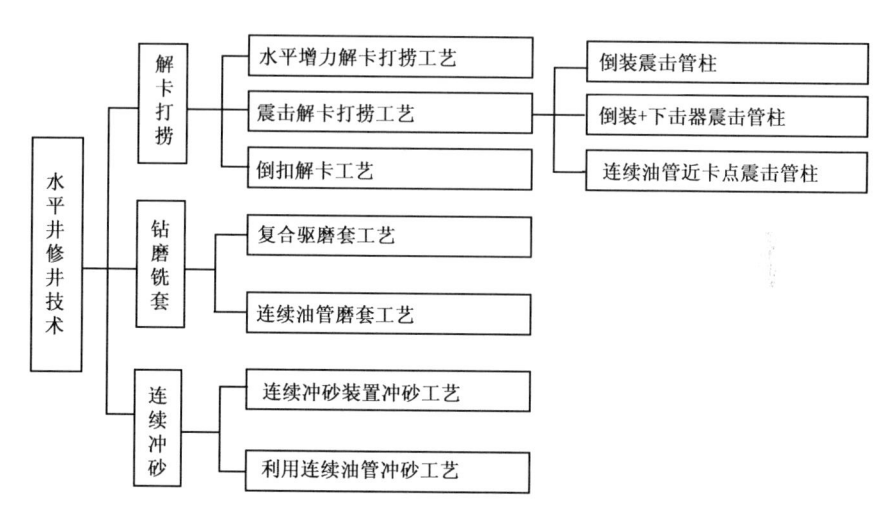

图5-52 水平井修井技术示意图

1. 水平井大修工具

1）铅模

铅模是用来探测井下落鱼鱼顶状态和套管情况的一种常用工具。一般是通过分析铅模的印迹和深度，来判断落鱼的性质，鱼顶的形状、状态，套管变形等情况，作为制定下步施工措施的依据。

常规铅模由接箍、拉筋和铅体组成。将铅加热溶化，通过专用模具灌铸成形，后经加工而成。由于铅较软易脱落，落井铅体打捞处理难度大，在大斜度井、水平井中无法使用。水平井防脱铅模增加了铅体保护套，保护套内壁设螺旋槽，并对内部拉筋做了改进，使铅体与拉筋、壳体连接更为牢靠，防止由于井斜起下管柱造成铅体磨损或铅体脱落。灌铸后铅体高于保护套10~15mm，确保既能检测鱼顶又能验证套管完好情况。

2）磨套铣钻工具

由于钻柱贴近井筒低边工作，要求磨鞋、套铣鞋、钻头侧面硬质合金不外露，防止工具在旋转作业过程中损伤套管；因工具外径大于钻杆，钻柱设计必须加装专用扶正器，保证钻磨铣工具底面与套管成近垂直状态。

处理遇卡防砂管柱时，考虑防砂管柱长、外径大、每根防砂管自带φ116mm扶正器的因素，采取先套铣清理环空再打捞倒扣的办法。由于防砂管外径大及扶正器的影响，同时考虑井眼轨迹的特殊性，常规套铣管无法解决，因此选用薄壁、柔性好的套铣管。

对于分级注水泥滤砂管完井的水平井钻盲板施工，根据分级注水泥工具结构及特点，优选六棱钻头作为钻铣工具。

3）打捞工具

水平井大修打捞工具必须具备以下性能：

(1) 捞矛在水平段能实现正常打捞。

(2) 打捞工具保证能完成倒扣施工。

(3) 打捞遇卡"提不动、倒不开"的情况下能顺利退出。

(4) 打捞成功后起钻落物不易脱落。

我国在提拉式可退捞矛的基础上设计了提拉式可倒扣捞矛，提拉筒内下弹簧使捞矛始终处于打捞状态，捞矛杆上设有限位键与捞矛卡瓦配合可实现倒扣施工。当现场打捞需倒扣时转动钻具带动遇卡管柱转动实现倒扣；当扭矩过大倒扣无法倒开时，上提钻具使捞矛承受载荷大于许用载荷，实现捞矛退出。

4）扶正器

辊子扶正器在钻具旋转过程中扶正器的扶正体不产生转动，内部芯轴转动，避免了钻具长时间转动对套管的磨损及钻具自身磨损。有直槽型和螺旋槽型两种。

钻具防磨器在钻具旋转过程中扶正钻具，防止钻柱在套管内旋转时，钻柱和套管产生摩擦而损坏套管及磨损钻具。扶正体由上下压冒固定，便于拆卸检查更换。

2. 水平井大修管柱

1）冲砂管柱

导锥+3×45°倒角油管+普通油管，冲砂采取反循环冲洗。

2）通井管柱

橄榄形通井规+3×45°倒角油管+普通油管。

3）打印管柱

防脱铅模+扶正器+油管+扶正器+3×45°倒角油管+普通油管。扶正器外径大于铅模外径 2~3mm。

4）打捞解卡管柱

可退打捞工具+水平井生力器+3×45°倒角油管+普通油管，适用于打捞防砂管柱、卡封管柱等。

5）打捞倒扣管柱

可退倒扣打捞工具+2 7/8in18°斜坡钻杆（根据井斜数据加辊子扶正器）+2 7/8in 普通钻杆。

6）套磨钻管柱

工具+2 7/8in18°斜坡钻杆（根据井斜数据加辊子扶正器）+2 7/8in 普通钻杆。工具外径大于扶正器外径 2~3mm。

3. 修井液体系

在水平井钻进、磨铣过程中，钻柱偏心和旋转使井眼环空中的修井液呈偏心环空螺旋状层流或紊流流动，当井斜大于 40°以后会发生明显岩屑床现象。为了有效地清除大斜度井段中的钻屑，修井液应保持紊流流动。据资料数据表明，环空返速要达到 1m/s 以上，但实际施工中很难实现。

1）常规水平井大修作业修井液

（1）井深小于 2500m 的井，采用配方：优质压井液（或清水）+聚丙烯酰胺。

（2）井温较高、井深大于 2500m，采用的配方：优质压井液（或清水）+3%~4%聚丙烯酸钾+0.1%亚硝酸钠。

对于排量的要求，考虑到套铣或钻盲板过程中产生的钻屑较少，岩屑床现象不会很明显，在 5 1/2in 套管内作业时，排量在 400L/min 左右，加强和坚持短起下、勤活动钻具，防止卡钻；在 7in 套管内作业时，排量在 700~800L/min 左右。

2）钻盲板施工修井液

根据筛管完井结构特点，投产打开油气层前必须做好井控工作，压井液密度选择应不小于钻井完井钻井液密度。压井液密度小于等于 1.25 时使用优质无固相压井液，具有不污染油气层、高携砂能力、低摩阻的特性。压井液密度大于 1.25 时使用钻井完井钻井液体系（如 G5－P4、G98－13、G165－P1 井都是用钻井液循环钻通盲板），以免高密度压井液沉淀带来井控风险。

第三节 水平井全过程的油气层保护技术

油气层伤害是指钻完井及生产阶段，在储层中造成的减少油气藏产能或降低注气、注液效果的各种阻碍。储层伤害具有严重的危害性，将会降低产出或注入能力及采收率，损失宝贵的油气资源，增加勘探开发成本等。

油气层伤害具有如下特点：（1）普遍存在性，存在于各个生产和作业环节、存在于油井的整个寿命周期；（2）原因多样性，同一生产或作业过程，存在多种伤害；（3）相互联系性，一种伤害可加重或引起另一种伤害；（4）具有动态性，一种伤害发生后会引起内因变化，并且随生产的进行，内因会不断变化，内因的变化又导致伤害机理发生变化；（5）不可逆性，油气层发生伤害后，要完全解除伤害很难。

水平井比直井地层伤害更为严重，主要原因有：钻井流体浸泡时间长，滤液和固体颗粒可更深侵入储层；水平井多数用割缝衬管或裸眼完井，井壁不像直井能射开污染带；多数水平井沿水平段有不同的压力系统，会导致高压裂缝及高渗透带在工作，而大部低压裂缝或低渗透带被压死；与直井比，水平井段实施酸洗或分段压裂改造更为困难且费用高，故许多解堵及酸洗措施无法实施，所以水平井储层保护比直井更为重要。

一、油气层伤害类型和机理

1. 油气层伤害类型

根据油气层伤害对油气田开发造成的危害不同，将其分为以下两种类型。

1）缩小或堵塞渗流空间的伤害

缩小或堵塞渗流空间直接导致储层绝对渗透率的降低。该类型储层伤害又可以细分为由以下不同原因造成的伤害类型：

（1）外界固相颗粒侵入堵塞（固相伤害）。

（2）储层微粒水化膨胀/分散（水敏伤害）。

（3）微粒运移（速敏伤害）。

（4）出砂。

（5）无机沉淀（包括二次沉淀）。

第五章　水平井开发配套工程技术

(6) 有机沉淀。
(7) 应力敏感压缩岩石。
(8) 细菌堵塞。
(9) 射孔压实。

2) 增加流动阻力的伤害

增加流动阻力直接导致相对渗透率的降低。该类型储层伤害又可以细分为由以下不同原因造成的伤害类型：

(1) 水锁效应。
(2) 贾敏效应。
(3) 乳化堵塞。
(4) 高黏液体伤害。
(5) 润湿性反转。
(6) 流体分布状态改变。

2. 水平井储层伤害机理

造成储层伤害的原因可分为内因和外因两种因素，内因主要是油气层潜在伤害因素，而外因主要是引起油气层伤害的条件。

1) 内因伤害

在内因上造成储层伤害的主要因素有油气藏类型、油气层敏感性矿物、油气层储渗空间特性、油气层岩石表面性质、油气层流体性质等。

(1) 油气藏类型。

其伤害机理如表5-9所示。

表5-9　不同油藏类型造成储层伤害的机理

油藏类型	伤害类型	原因
高渗透和裂缝性油气藏	较严重的固相堵塞伤害，不易发生水锁伤害	流动通道较大，固相颗粒可侵入很深，液相侵入易于返排
稀油油藏和高渗透油藏	出砂伤害	胶结不好，受流体流动冲击易散架
低渗和特低渗油气藏	较严重的水锁和水敏伤害，不会发生严重的固相堵塞伤害	一般孔喉小，泥质含量高，固相不易进入，液相进入难以返排和易引起黏土膨胀
低渗透气藏	比低渗透的油藏水锁伤害更严重	水取代气比水取代油更容易
高黏油藏	易发生有机沉淀堵塞伤害	含较高的蜡质、胶质和沥青质

(2) 油气层敏感性矿物。

敏感性矿物类型决定伤害的类型，如蒙脱石主要造成水敏，绿泥石主要造成酸敏；高岭石和伊利石主要造成速敏。敏感性矿物含量是影响油气层伤害程度的主要因素，敏感性矿物含量越高，伤害越严重。敏感性矿物产状亦影响油气层伤害程度，敏感性矿物越接近孔隙中心，聚集颗粒越小或越细，受流体的冲击力越大或与流体接触的面积越大，则引起的速敏和其他敏感性伤害的程度越大。

(3) 油气层储渗空间特性。

孔喉越大，越易受到固相侵入伤害；孔喉越小，越易受到液相的伤害。孔喉弯曲度越大，孔隙连通性越差，储层孔喉越易受到伤害。渗透性好的储层，易受到固相侵入伤害；渗透性差的储层，易受到水敏、水锁和微粒堵塞伤害。

(4) 油气层岩石表面性质。

比表面越大，岩石孔道越小，岩石与流体接触面积越大，作用越充分，引起的油气层伤害越大。另外，由于润湿性会影响油水的微观分布、相对渗透率大小、油层的采收率、毛细管力的大小和方向、微粒的运移情况等，因而也会严重影响储层伤害。

(5) 油气层流体性质。

根据地层水性质的不同，会出现影响无机沉淀伤害情况、影响有机沉淀伤害情况和影响水敏伤害程度等。根据原油性质的不同，会出现影响有机沉淀的堵塞情况、引起酸渣堵塞伤害和引起高黏乳状液堵塞伤害等。根据天然气性质的不同，会出现腐蚀产物伤害和生成无机沉淀伤害等。

2）外因伤害

在外因上造成储层伤害的主要因素有工作液的性质、生产或作业压差、温度、生产或作业时间、环空返速等。

(1) 进入储层流体的性质。

固相颗粒的大小和分布影响固相堵塞的伤害情况。流体的 pH 值影响无机沉淀、碱敏伤害和乳化伤害。流体的矿化度和抑制性影响水敏伤害的程度。流体中离子成分影响无机沉淀伤害。流体的黏度增加流动阻力。表面活性剂类型和含量影响油层岩石的润湿性和油水界面张力等。

(2) 作业或生产压差。

作业或生产压差导致的储层伤害主要有微粒运移伤害、压力敏感伤害、无机沉淀伤害、有机沉淀伤害、储层出砂和坍塌、压漏地层和增加伤害的程度等。

（3）作业流体与地层流体的温差。

作业流体与地层流体的温差主要影响有敏感性伤害的程度、无机沉淀的生成、有机沉淀的生成和细菌伤害情况等。

（4）作业或生产时间。

作业或生产时间主要影响伤害的程度。

（5）作业流体的环空返速。

作业流体的环空返速主要影响伤害的程度。

造成水平井储层伤害的机理主要有：

（1）流体间不配伍。

（2）岩石润湿性不配伍。

（3）固体颗粒运移。

（4）过平衡压力导致长时间滤液漏失，侵入储层造成污染。

（5）水锁：水侵及束缚水饱和度差异造成的伤害。

（6）结垢：由于化学沉淀改变储层渗透率，造成伤害。

（7）黏土膨胀：随滤液侵入深度增加而伤害加重。

（8）压实效应：开采过程中由于压力和温度的下降，上覆地层压力的压实效应，引起渗透率下降造成的伤害。

二、钻完井过程中的油气层保护

1. 钻井

1）钻井过程中引起的储层伤害

钻井过程中由于正压钻进、钻井液滤液侵入和钻井液中固相颗粒的侵入与堵塞、钻井液与岩石不配伍而造成的伤害有水敏、酸敏、碱敏、润湿反转，与流体不配伍会造成沉淀、乳化、细菌，如果影响油水分布会造成水锁、贾敏效应等；而且水平井比直井钻井液浸泡时间长、水平井大多用割缝衬管完井、不能像射孔完井射开污染带。

2）钻井过程中的储层保护措施

（1）采用优质低失水、低密度、无固相、低滤失、与储层配伍性好的钻井液，阳离子聚合物钻井液。

（2）采用油基钻井液或油包水钻井液钻开油层。

（3）气体钻井技术，泡沫流体钻井液或氮气钻井。

（4）负压钻井及欠平衡压力钻井是储层保护的关键，井筒钻井液柱的压力略小于地层孔隙压力，不仅可以减少滤失量，还可以降低摩擦阻力。

（5）屏蔽暂堵技术，利用固相离子堵塞或碳化沥青粒子，在井壁30mm左右范围内，形成井壁屏蔽环，减少滤液对储层的伤害。

2. 固井

1）固井作业中引起的储层伤害

（1）固井质量不好引起的储层伤害。

固井质量不合格，引起油气水层相互干扰及窜流和工作液在井下各层间窜流，从而引起油气层渗透率下降。

（2）水泥浆对地层的伤害。

水泥浆伤害储层的特点：伤害压差大、固相含量高、滤失速度大、滤液离子浓度高，伤害时间短，可造成比较严重的伤害。

水泥浆中固相颗粒引起的地层伤害。水泥浆中 5~30μm 颗粒约占固相总量的15%，多数砂岩油藏孔径大于此值，固相颗粒有可能进入地层，在孔隙中水化固结、堵塞孔隙或喉道，造成油气层永久堵塞。

水泥浆滤液对地层的伤害。水泥浆滤液中的 Ca^{2+}、Mg^{2+}、OH^- 等无机离子处于过饱和状态时，可析出 $Ca(OH)_2$、$Mg(OH)_2$、$CaSO_4$ 等无机物结晶沉淀对地层造成伤害。水泥浆滤液对地层的污染明显比水泥浆颗粒严重。

2）固井过程中的储层保护措施

（1）水泥浆固体颗粒应大于孔喉直径，不进入储层。

（2）改善水泥性能，减少无机垢盐形成堵塞储层，加入降失水剂、缓凝剂或促凝剂、分散剂和减阻剂、减重剂、增强剂、隔离液等，做到零失水。

（3）合理压差固井，分级固水泥等，井眼和环空压力略大于地层孔隙压力，且不发生漏失和油气水窜通。

（4）提高水泥顶替效率，这是保护油层的关键。

（5）采用低密度水泥固井技术，包括泡沫水泥或微球玻璃珠。

保护储层的固井技术措施可以归纳为：提高固井质量和平衡固井技术，使用降密度添加剂。

另外，为减轻固井作业引起的地层伤害，还应注意以下问题：

（1）严格控制水泥浆失水；

（2）严格控制下套管速度，减小压力激动引起的压差伤害；

(3) 合理设计水泥浆流变性；
(4) 发展用于水泥浆中的各种添加剂；
(5) 合理设计套管柱及其下入程序。

3. 射孔

1) 射孔过程对油气层的伤害

射孔过程对油气层的伤害主要有射孔参数不合理或打开程度不完善、射孔压差不当对油气层的伤害（正压差加剧射孔液进入储层和射孔碎片堵塞炮眼、负压差过大引起出砂和压力敏感性伤害）、射孔液对油气层的伤害、固相伤害和液相伤害、压实效应、黏土膨胀、结垢等。

2) 射孔过程中的储层保护措施

(1) 选用无杆堵、深穿透、强力聚能射孔弹。
(2) 采用油管传输及负压射孔。
(3) 使用优质无固相射孔液，无固相过滤盐水、阴离子有机聚合物和活性剂等。
(4) 正压差射孔的油气层保护，优选无固相射孔液和正压差小于2MPa。
(5) 负压差射孔的油气层保护，使用合理的负压差。
(6) 优选射孔参数，包括孔密、孔深、孔径，射孔枪型、弹型、负压值等。
(7) 优选射孔液体系。
(8) 超高压射孔技术，解除射孔压实带伤害。
(9) 储层敏感性评价。

三、油气生产过程中的油气层保护

1. 试油作业

1) 试油工艺中的油气层伤害

(1) 试油过程对油气层的伤害。

射孔前工序、射孔测试、解堵、压裂、酸化、系统试井等过程会对油气层造成伤害。

(2) 各工序环节配合不当对油气层的伤害。

主要有压井液性能不良对油气层造成伤害，频繁起下管柱、重复压井、多次压井对油气层伤害，各工序配合不紧凑，延长压井时间对油气层伤害等。

2）试油工艺中油气层的保护措施

（1）优化射孔试油方案。

采用射孔优化设计软件进行射孔方案优化设计，并根据室内研究结果对射孔液配方进行优选可减轻射孔试油对储层的伤害。

（2）采用优质射孔压井液。

正压差射孔选用优质射孔压井液进行射孔和测试作业对于保护储层非常重要。优质射孔压井液的性能要求为：与油气层岩石及流体配伍；密度易于调节和控制，以便平衡地层压力；在井下温度和压力条件下性能稳定；滤失量低，腐蚀性小；有一定携带固相颗粒的能力，洗井效果好。

（3）使用物理法处理解除储层伤害。

① 高能气体压裂技术。

利用特定的发射药或火箭推进剂在井筒油气层部位快速燃烧产生大量高温高压气体，在近井区域压开辐射状径向多裂缝体系，改善近井地带渗透性能，增加油气井产量和注水井注入量。该工艺具有施工简便、成本低、压裂后不需要排液等特点，是严重伤害油层和低渗透油层改造的有效增产措施。

② 井下电脉冲处理油层技术。

通过井下仪器中两电极火花放电释放能量对近井地层进行脉冲作用，形成冲击波，冲击孔眼周围地层内的堵塞物，进行解堵，经过多次脉冲放电，解除近井区域地层污染，改善近井地层渗透性能，达到油井增产，注水井增注目的。

③ 超声波处理油层技术。

以电作为能源，由地面产生大功率脉冲（超声波信号），通过射孔电缆将脉冲传输到井下换能器，由该换能器将交流脉冲电信号转换成机械振动（超声波），当超声波达到某一值时，将在地层的裂缝或固体表面发生反复空化爆发，这些爆发所引起的瞬时主静压将黏附在地层表面的粒子炸掉，从而解除储层的堵塞。当声波频率和油层的响应率相吻合时，产生剧烈的冲击波，可使地层结构发生疲劳损坏，产生微裂缝扩张，疏通油流孔道，提高近井地层渗透性能，从而达到解除堵塞，增加油、水井产能的目的。

（4）采用多功能管柱联作技术。

① 油管输送射孔和测试联作工艺技术。

通过油管将射孔器和测试工具等输送到井下位置，射孔后可以直接进行

第五章 水平井开发配套工程技术

测试。该技术的优点为：可以在任何负压下射孔，使地层压力迅速向套管内释放，产生冲击回流，清除污染和碎屑堵塞，释放孔道周围压实带；可以采用大药量、大直径、深穿透射孔弹，有利于油井完善程度的提高；可以与MFE、APR、PCT等各种测试工具配合使用，减少起下工具的重复压井次数，以利于保护油层，提高试油效率和试油质量。

② 复合射孔工艺技术。

将聚能射孔弹、高能气体压裂弹及起爆装置都组装在一起，将聚能射孔和高能气体压裂两次工艺技术合二为一的射孔工艺技术，可缩短工序时间，减轻劳动强度。

③ 其他射孔联作工艺技术。

其他联作工艺技术还有：射孔和解堵酸化联作、射孔和有杆泵生产联作等。

（5）各工序配合紧凑，缩短压井等候时间。

2. 水平井开采油气层生产过程中的储层保护技术

（1）确定合理生产压差。

如果生产压差不合理，将会导致超过临界流速、出砂、气层速敏伤害、边底水锥进或内侵、单相流变为多相，增加油气流动黏度、改变润湿性、变成乳化水滴、堵塞孔隙，降低油气流动能力。

（2）防止结垢。

如果压力、热动力学和化学平衡被破坏产生有机垢和无机垢，形成储层内难于排除的伤害。

（3）防止脱气。

如果压力降到饱和压力以下，气体析出，变单相流为多相流，相对渗透率下降，影响最终采收率。

（4）清防蜡。

加强清防蜡添加剂的研究。

（5）排水采气。

排水采气彻底清除气井井下积液。

3. 注水作业

1）注入水对地层的伤害

主要包括注入水与地层岩石不配伍、注入水与地层流体不配伍以及不合理的作业等，如表5-10所示。

表5-10 注入水引起的地层伤害类型

伤害类型	原因	后果
水敏	注入水引起黏土膨胀	缩小渗流通道、堵塞孔喉
速敏	注水强度过大或操作不平衡	内部微粒运移、堵塞渗流通道
悬浮物堵塞	注入水含有机械杂质、油污、细菌及系统的腐蚀产物	运移、沉积、堵塞孔喉
结垢	注入水与地层流体不配伍产生无机沉淀和有机垢	加剧腐蚀、为细菌提供生产场所、堵塞渗流通道
腐蚀	水质控制不当（溶解气、细菌）引起，其方式有化学腐蚀和细菌腐蚀	损坏设备，产物堵塞渗流通道

2) 注水过程中保护储层技术

(1) 严格控制水质标准，达标注水。

(2) 注水要求精细过滤、除氧、杀菌、地面设备管线全程防腐。

(3) 根据储层特点，加入黏土稳定剂、除垢剂，以防储层产生化学沉淀。

(4) 建立合理的工作制度：在临界流速下注水，控制注采平衡。

(5) 正确选择各类处理剂。

四、增产增注措施过程中的油气层保护

1. 酸化措施

1) 酸化作业对油气层的伤害

(1) 酸液与油气层岩石和流体不配伍造成的伤害。

酸液与油气层岩石不配伍引起伤害，如微粒运移（酸液的冲刷及溶解）、生成二次沉淀（酸液与岩石矿物）等。酸液与油气层流体不配伍引起伤害，如酸液与储层原油不配伍引起酸渣伤害（永久性伤害），酸液与油气层水不配伍生成有害沉淀。

(2) 不合理施工引起的伤害。

施工管线锈蚀物带入油气层生成铁盐沉淀。排液不及时，残酸在储层中停留过长，产生沉淀结垢，堵塞孔喉等。

第五章 水平井开发配套工程技术

2）酸化作业中保护储层技术

（1）选择与储层配伍性好的酸液和添加剂（见表5-11）。

表5-11 与不同油气层岩性相配伍的酸液或添加剂

油气层岩性特点	与之配伍的酸液或添加剂	目 的
碳酸盐岩	不宜用土酸	避免生成氟化钙沉淀
伊—蒙间层矿物含量高	必须加防膨剂	抑制黏土膨胀、运移
绿泥石含量高	适当加入铁离子稳定剂	防止产生氢氧化铁沉淀
原油含胶质、沥青质较高	采用互溶土酸（砂岩）	消除或减少酸渣形成
砂岩地层	不宜用阳离子表面活性剂破乳	避免地层转为油润湿，降低油的相对渗透率
高温地层	耐高温缓蚀剂	避免缓蚀剂在高温下失效

（2）使用前置液。隔离地层水，溶解含钙、含铁胶结物降低氟化钙形成，水润湿黏土和砂子表面，减少氢氟酸乳化的可能，保持合适的酸液浓度，防止生成氢氧化铁、氢氧化硅。

（3）缓蚀、减少铁离子进入储层，并防止沉淀，加入铁螯合剂。

（4）HCl预处理，HF中考虑Ca^{2+}、Mg^{2+}、Na^+的沉淀，快速返排、混氮、气举、提捞等。

（5）合理控制pH值，及时而彻底排酸。

2. 压裂改造

1）压裂对储层产生的伤害

主要有黏土矿物膨胀、压裂液的残渣和滤失、破胶不彻底、返排不及时以及支撑剂强度不够、粉碎后系统能力下降等引起的伤害，机械杂质引起的伤害，原油引起的乳化伤害，支撑裂缝导流能力引起的伤害和压裂作业引起温度变化导致有机垢等。

2）压裂作业中保护储层技术

（1）选择与储层配伍的压裂液和添加剂（见表5-12）。

（2）选择合理的添加剂，添加剂之间不发生反应，且成本合理。

表 5-12　与不同储层类型相配伍的压裂液

储层类型	选用压裂液	添加剂及其他
水敏性油气层	油基压裂液	防膨剂
	泡沫压裂液	
低渗、低孔、低压油气层	无残渣或低残渣压裂液	表面活性剂
	滤失量低的压裂液	
	反排能力强的压裂液	
高温油层	耐高温抗剪切压裂液	满足经济成本要求
	密度大、摩阻低压裂液	

（3）合理选择支撑剂，要求粒度均匀、强度高、杂质含量少、圆球度好。

（4）选用低残渣、低滤失量压裂液，如改性田菁、香豆子、改性胍胶等。

（5）在压裂液中加入黏土稳定剂、表面活性剂、破乳剂、破胶剂和助排剂等添加剂，提高导流能力。

（6）压裂后及时快速彻底返排压裂液。

五、修井、作业过程中的油气层保护

1. 修井作业中的油气层伤害

（1）不适当的修井液引起的地层伤害。

修井液与地层不配伍会引起水敏、水锁，修井液与储层流体不配伍会引起结垢、乳化堵塞、细菌堵塞等。

（2）修井作业施工不当引起地层伤害。

主要原因有：作业时间长、作业碎屑堵塞炮眼或井眼、修井作业选择施工参数不当、解除储层伤害的修井过程中措施不当、频繁的修井作业、作业工具或井筒不清洁等。

2. 修井作业中的油气层保护措施

（1）选择优质修井液。应具有抑制性、优选化学添加剂、控制滤失量、控制体系密度等特性。

（2）选择适当的修井工艺及作业参数。优化修井作业程序，缩短作业时间；采用合适的完井、生产工艺，减少修井作业次数。

（3）选择不压井作业技术。该技术特点：承受油井压力情况下，密闭作业。

（4）解堵技术。有化学解堵和机械解堵。

（5）保证下井油管、工具清洁干净。

（6）不发生漏失、堵塞和化学伤害。

（7）减少事故发生，严格执行各项操作规程。

（8）推广不压井起下作业装置，彻底消除污染源。

第四节　水平井测试工艺技术

一、生产测井工艺和工具

水平井生产测井的主要目的是诊断生产井存在的问题（诸如进水量和不需要的流体流入位置等），提供油藏模拟及优化油井生产能力所需的资料，以建立科学完善的油藏管理体系。

我国大庆油田已成功开发了水平井产液剖面测井组合仪、注入剖面组合仪、井斜仪等水平井生产测井技术。

1. 水平井生产测井设备

用连续油管传递井下测试仪器，进行剖面、压力、井况测试，在生产中已不成问题。塔里木油田引进的电动小爬车在水平段中前后爬行，推动生产测试仪器测试生产开发参数取得成功。

1) 产液剖面测井组合仪

仪器直径：38mm。

耐温：150℃；耐压：60MPa。

流量测量范围：$(3 \sim 100)$ m³/d，±10%；$(10 \sim 240)$ m³/d，±10%。

含水率测量范围：$(0 \sim 100)$%，±10%。

2) 注入剖面测井组合仪

仪器直径：38mm。

耐温：125℃；耐压：60MPa。

流量测量范围：(5~300) m³/d，±10%。

3）井斜仪

仪器直径：38mm。

耐温：125℃；耐压：60MPa。

井斜测量范围：-90°~90°，±1°。

2. 适用条件

1）工艺和井筒条件（见表5-13）

表5-13 不同测井项目的工艺和井筒条件

测井项目	井型	工艺	井筒条件	施工要求
产出剖面	自喷井	过油管	套管5½~7in、油管2½in；固井射孔完井和筛管完井；生产管柱下至造斜点以上；底端应有喇叭口	通井洗井
产出剖面	抽油机井	预置	套管5½~7in、油管2½in；固井射孔完井和筛管完井；采油管柱下至造斜点以上，底端应有导锥	通井洗井
注入剖面	笼统注入	过油管	套管5½~7in、油管2½in；固井射孔完井和筛管完井；采油管柱下至造斜点以上，注水管柱底端应有喇叭口	通井洗井

2）适用范围（见表5-14）

表5-14 不同测井项目的工艺和井筒条件适用范围

测井项目	流量	含水率	温度,℃	压力,MPa
产出剖面	(3~240) m³/d，±10%	(0~100)%，±10%	125	60
注入剖面	(5~300) m³/d，±10%		125	60

二、水平井试井技术

试井是了解油藏特性的重要手段之一，特别是不稳定试井——改变测试井的产量，并测量由此而引起的井底压力变化，是一种动态的测试手段。

与普通直井相比，水平井的渗流理论要复杂得多，因为研究水平井的渗流问题有时必须考虑三维介质、六个外边界面、有汇区分布情形。归纳、求

第五章 水平井开发配套工程技术

解水平井的不定常渗流数学模型和设计并实现其应用算法是水平井渗流理论的两个难点。国外有关方面研究的起步要比国内早些,在压力动态分析、试井分析等方面取得了一些有意义的结果。

20世纪80年代中期,国内外开始有大量的关于水平井瞬时压力研究的论文发表。著名研究人员有 Goode 和 Thambynayagam（1985）、Daviau 和 Mouronval（1985）、Clonts（1986）、Ozkan 和 Raghavan（1987）、Kuchuk 和 Goode 等（1988）。涉及在双重孔隙介质中水平单井的不定常渗流研究的有 Carvalho 和 Rosa（1988）、Aguilera 和 Ng（1989）DuFui – Fu（1991）、刘慈群和王晓冬（1991）等人。在数学模型方面,研究结果涉及在各向异性介质中水平单井的不定常渗流数学模型,其内边界考虑井筒存储效应和表皮效应,垂向边界有定压（油藏油井系统有底水或有气顶）和封闭两种,而平面上为无穷延伸、圆形或者箱式封闭情形。常用的求解方法有 Green 函数方法和积分变换方法。前者先求出线源,再通过 Duhamel 积分加入井储和表皮。目前比较困难的是建立压裂水平井的试井分析数学模型问题,国内外还没有成熟的方法以供应用。

1. 水平井试井分析原理和方法

1）不定常渗流数学模型

垂向存在平板型混合边界、水平方向无穷延伸的均匀或各向异性介质中一口均匀流量水平井的不定常渗流理论是水平井不定常渗流基本问题之一。在此基础上如果采用 Warren – Root 方程表述拟稳态窜流模型,很容易将此结果扩展到双重孔隙介质情形。

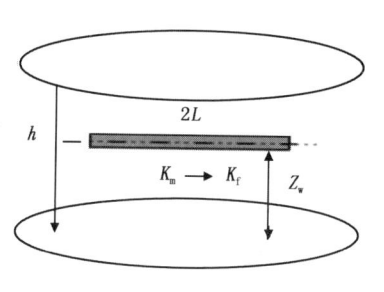

图 5 – 53　无穷延伸介质水平井示意图

如图 5 – 53 所示,在各向异性介质中,上、下边界均为封闭,水平方向为无限延伸。在直角坐标中,经过 Laplace 变换后,水平井三维不定常渗流控制方程及相应定解条件可以概括为:

$$\frac{1}{r_D}\frac{\partial}{\partial r_D}\left(r_D\frac{\partial \tilde{p}_D}{\partial r_D}\right) + L_D^2 \frac{\partial^2 \tilde{p}_D}{\partial z_D^2} = sh_D^2 L_D^2 \tilde{p}_D \qquad (5-6a)$$

$$\tilde{p}_D = 0, \quad r_D \to \infty \qquad (5-6b)$$

$$\frac{\partial \tilde{p}_D}{\partial z_D} = 0, \quad z_D = 0 \qquad (5-6c)$$

$$\frac{\partial \tilde{p}_D}{\partial z_D} = 0, \quad z_D = 1 \quad (5-6d)$$

其他相应关系式为：

$$\tilde{p}_D = \int_0^\infty p_D \cdot e^{-st_D} dt_D \quad (5-7)$$

其中 s 是对应于 t_{DL} 的 Laplace 变换量，而无量纲量为：

$$p_D = \frac{K_h h (p_i - p)}{1.842 \times 10^{-3} qB\mu}, \quad t_{DL} = \frac{3.6 K_h \cdot t}{\phi \mu c_t L^2}, \quad L_D = \frac{L}{h}\sqrt{\frac{K_v}{K_h}}, \quad C_D = \frac{C}{2\pi\phi c_t h r_w^2}$$

$$z_D = \frac{z}{h}, \quad x_D = \frac{x}{L}, \quad y_D = \frac{y}{L}, \quad r_D = \frac{r}{L}, \quad z_{wD} = \frac{z_w}{h}, \quad \varepsilon_D = \frac{\varepsilon}{h}。$$

2）Laplace 空间解

将水平井抽象为无限导流线汇，根据叠加原理可知，点汇的积分能够得到线汇的结果，首先求得点汇条件下问题的解，然后进行叠加积分便可得到问题的解。在水平井段内任意一点取常强度点汇，这时内边界条件可以写为：

$$\lim_{\varepsilon \to 0}\left[\lim_{r_D \to 0} \frac{1}{\varepsilon} \int_{z_{wD}-\varepsilon/2}^{z_{wD}+\varepsilon/2} r_D \frac{\partial \tilde{p}_D}{\partial r_D} dz_{wD}\right] = \begin{cases} 0, & |z_D - z_{wD}| > \varepsilon/2 \\ -1/s, & |z_D - z_{wD}| \leq \varepsilon/2 \end{cases} \quad (5-8)$$

通过 Fourier 有限余弦积分变换求得解为：

$$s\tilde{p}_{sD}(x_D, s) = \frac{1}{2}\int_{-1}^{+1} K_0(\sqrt{(x_D - \alpha)^2}\varepsilon_0) d\alpha$$
$$+ \sum_{n=1}^{\infty} \int_{-1}^{+1} K_0(\sqrt{(x_D - \alpha)^2}\varepsilon_0) d\alpha \cdot \cos(\beta_n z_{rD})\cos(\beta_n z_{wD}) \cdot \quad (5-9)$$

式中，$z_{rD} = z_{wD} + r_{wD}L_D$，$\varepsilon_n = \sqrt{\mu (h_D L_D)^2 + \beta_n L_D^2}$，$\beta_n = n\pi$。

3）典型曲线计算方法

实现对所得诸解式的快速计算，首先必须解决有关 Bessel 函数积分的计算问题。利用变量代换有以下结果：

$$\int_{-1}^{1} K_0[\sqrt{(x_D - \alpha)^2}\varepsilon_n] d\alpha = \frac{1}{\varepsilon_n}\{\pi - [Ki_1(\varepsilon_n + \varepsilon_n x_D) + Ki_1(\varepsilon_n - \varepsilon_n x_D)]\}$$

$$(5-10)$$

第五章 水平井开发配套工程技术

式中，$Ki_1(z) = \int_z^\infty K_0(t)dt$，称 $Ki_1(\cdot)$ 为 Bessel 函数重复积分（Abramowitz 和 Stegun，1972）。将 $Ki_1(\cdot)$ 分别展成 Chebyshev 多项式，可以获得较好的计算效果。另外，采用 Kuchuk（1987）沿水平井筒取积分平均的方法处理测压点的选取问题，注意利用以下关系式：

$$\frac{1}{2}\int_{-1}^{1} Ki_1[\varepsilon_n(1 \pm x_D)]dx_D = Ki_1(2\varepsilon_n) - K_1(2\varepsilon_n) + \frac{1}{2\varepsilon_n} \quad (5-11)$$

对某一给定解式按照数值反演方法可快速获得水平井井壁压力和压力导数曲线，以此为基础，采用 Duhamel 原理可以包含井筒存储及表皮效应，得到相应情形下的压力恢复曲线，通过调参拟和可分析实际不稳定测试资料。

4）常规试井分析

根据井壁压力解式的渐近分析结果，能够在特定的时间段内得到一些简化的解析结果，利用这些结果可以进行常规试井分析。

（1）初始径向流。

当无量纲时间 t_{DL} 比较小时，井壁压力公式有近似结果：

$$\Delta p_w = \begin{cases} \dfrac{2.12 \times 10^{-3} quB}{2\sqrt{K_h K_v}L}\left[\ln\left(\dfrac{8.0853 K_h t}{\phi \mu c_t r_w^2}\right) + 0.8686(S_m + S_{\beta 1})\right] \\ \dfrac{2.12 \times 10^{-3} quB}{2\sqrt{K_h K_v}L}\left[\ln\left(\dfrac{8.0853 \sqrt{K_v K_h} t}{\phi \mu c_t r_w^2}\right) + 0.8686(S_m + S_{\beta 2})\right] \end{cases}$$

$$(5-12)$$

这里

$$S_{\beta 1} = -\ln\left(\frac{1}{2} + \frac{1}{2}\sqrt{\frac{K_h}{K_v}}\right), \quad S_{\beta 2} = -\ln\left[\frac{1}{2}\left(\frac{K_h}{K_v}\right)^{1/4} + \frac{1}{2}\left(\frac{K_v}{K_h}\right)^{1/4}\right] \quad (5-13)$$

其存在条件为：

$$t_{DL} L_D^2 \leq \min\begin{cases}(z_D + z_{wD})^2/20 \\ (z_D + z_{wD} - 2)^2/20\end{cases} \quad (5-14)$$

这两种表达式是分别采取 Muskat – Kuchuk – Brigham 方法和 Peaceman 方法转换各向异性的结果，其中后一种 Kuchuk（1988）曾经给出过。在实际应用中，由于井筒存储的影响，初始径向流段通常被掩盖；而各向异性 K_h/K_v 的比值比较大也可能导致初始径向流段不展现。如果初始径向流段出现，通

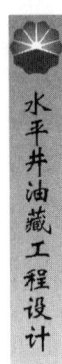

过求半对数直线段的斜率可以得到垂向和平面渗透率的几何平均值。

这里值得提及的是，垂直方向上、下边界作用起始影响时间可用下式表示：

近边界：
$$t_{DL}L_D^2 \approx \frac{1}{\pi}\min\ \{z_{wD}^2,\ (1-z_{wD})^2\} \quad (5-15)$$

远边界：
$$t_{DL}L_D^2 \approx \frac{1}{\pi}\max\ \{z_{wD}^2,\ (1-z_{wD})^2\} \quad (5-16)$$

有量纲化（5-15）和（5-16）两式，可以得到评价垂向渗透率的计算公式：

$$K_v \approx \frac{\phi\mu c_t}{3.6\pi t_{snbe}}\min\ \{z_w^2,\ (h-z_w)^2\} \quad (5-17)$$

$$K_v \approx \frac{\phi\mu c_t}{3.6\pi t_{sfbe}}\max\ \{z_w^2,\ (h-z_w)^2\} \quad (5-18)$$

式中　t_{snbe}——近边界作用起始影响时间；

t_{sfbe}——远边界作用起始影响时间。

另外，在早期当水平井筒非常靠近一个垂向封闭平板边界时，有可能出现半径向流段，其公式为：

$$\Delta p_w = \frac{2.12\times 10^{-3}q\mu B}{\sqrt{K_h K_v}L}\left\{\ln\left(\frac{\sqrt{K_h K_v}\,t}{\phi\mu c_t r_w^2}\right)+0.908+0.8686\ (S_m+S_{\beta z})\right\}$$
$$(5-19)$$

这里：

$$S_{\beta z} = \frac{1}{2}\ln\left(\frac{z_w}{r_w}+\frac{z_w}{r_w}\sqrt{\frac{K_h}{K_v}}\right) \quad (5-20)$$

这一结果就是水平井对于近井直线断层的镜像反演，其半对数直线段的斜率是水平井位于垂向中心位置情形的2倍。同样，由于井筒存储的影响，这一流段通常被掩盖。

（2）中期线性流。

当无量纲时间 t_{DL} 逐渐变大，满足条件：

$$t_{DL} \geq \frac{100}{\pi^2 L_D^2} \quad (5-21)$$

井壁压力可以近似为：

第五章 水平井开发配套工程技术

$$\Delta p_w(t) = \frac{6.195 \times 10^{-3} \cdot qB}{hL} \sqrt{\frac{K_h t}{\phi \mu c_t}} + \frac{1.842 \times 10^{-3} q\mu B}{2\sqrt{K_h K_v} L} (S_z + S_m) \tag{5-22}$$

这里,当 $L_D > 0.2$ 时,S_z 有如下近似式:

$$S_z = -\ln\left[\frac{\pi r_w}{h}\left(1+\sqrt{\frac{K_v}{K_h}}\right)\sin\left(\frac{\pi z_w}{h}\right)\right] - \frac{h}{L}\sqrt{\frac{K_h}{K_v}}\left(\frac{z_w}{h} - \frac{z_w^2}{h^2} - \frac{1}{3}\right) \tag{5-23}$$

这便是简化的垂向部分射开表皮因子项。

如果出现了中期线性流,可以在直角坐标中通过回归直线段斜率求得储层水平渗透率,但线性流动段有底水或气顶的储层中一般不会出现。

(3) 中期径向流。

在中期线性流分析中已经导出,当无量纲时间 t_{DL} 继续变大,满足条件:

$$t_{DL} \geqslant 100,\ L_D \geqslant 1 \tag{5-24}$$

则有中期径向流近似式:

$$\Delta p_w(t) = \frac{2.12 \times 10^{-3} q\mu B}{K_h h}\left[\left(\ln\frac{K_h t}{\phi \mu c_t L^2} + 1.609\right) + 0.8686 \cdot \frac{1}{2L_D} \cdot (S_z + S_m)\right] \tag{5-25}$$

显然,如果测试资料中期径向流表现清晰,则通过半对数直线段斜率可以得到水平方向渗透率。

(4) 晚期稳态流。

如果在数学模型中考虑有底水或气顶的情形(垂向上有一个面为定压边界面,z_w 为水平井到封闭边界面的距离),水平井的晚期压力公式可以写成:

$$\Delta p_w = \frac{2.12 \times 10^{-3} q\mu B}{\sqrt{K_h K_v} L}\left\{\ln\frac{8h}{\pi r_w\left(1+\sqrt{\frac{K_v}{K_h}}\right)}\cot\frac{\pi z_w}{2h} - 0.4343\left[S_m - \frac{(h-z_w)}{L_w}\sqrt{\frac{K_h}{K_v}}\right]\right\} \tag{5-26}$$

根据出现稳态流动的时间 t_{cbp},可以给出垂向渗透率 K_v 值或有效层厚值:

$$K_v = \frac{20\phi\mu c_t h^2}{3.6\pi^2 t_{cbp}} \text{ 或 } h = \sqrt{\frac{3.6\pi^2 t_{cbp} K_v}{20\phi\mu c_t}} \tag{5-27}$$

上述结果，在矿场实际中可根据具体条件选用。

（5）晚期拟稳态流动。

如果数学模型中考虑外边界为圆形封闭，则可以得到晚期拟稳态流动井壁压力表达式：

$$\Delta p_{\mathrm{w}} = \frac{1.842\times 10^{-3} q\mu B}{K_{\mathrm{h}} h}\left(\frac{7.2K_{\mathrm{h}}t}{\phi\mu c_t r_{\mathrm{e}}^2} + F_{\mathrm{pss}}\right) \quad (5-28)$$

这里：

$$F_{\mathrm{pss}} = \ln\left(\frac{r_{\mathrm{e}}}{2L}\right) + 1 - \frac{h}{2L}\sqrt{\frac{K_{\mathrm{h}}}{K_{\mathrm{v}}}}\ln\left[\frac{\pi r_{\mathrm{w}}}{h}\left(1+\sqrt{\frac{K_{\mathrm{v}}}{K_{\mathrm{h}}}}\right)\sin\frac{\pi z_{\mathrm{w}}}{h}\right] - \frac{h^2}{2L^2}\frac{K_{\mathrm{h}}}{K_{\mathrm{v}}}\left(\frac{1}{3}-\frac{z_{\mathrm{w}}}{h}+\frac{z_{\mathrm{w}}^2}{h^2}\right)$$

$$(5-29)$$

利用这一关系式可以评价水平井的单井控制储量，结合物质平衡方程还可以导出水平井的拟稳态流动产量计算公式。

5）现代试井分析

当开井生产时，首先产出的是井筒中（特别是环空中）原来存储的、被压缩的液体，以从环空倒灌入油管为主——井筒存储，此时地面产液量不可能瞬时达到恒定值，地层压力降落也将产生滞后效应。

当地面关井时，关井后一段时间地层流体还要继续流入井筒——井筒续流，这时有两种情形：（1）生产过程中环空没有充满流体，关井后流体继续流入井筒，液面上升；（2）井筒和环空中已经充满流体，由于流体有压缩性，关井后流体仍然继续流入井筒。

在试井分析中，一般将井筒续流和井筒存储可以近似看成是等效的，通常用"井筒存储"来表征这两种效应。从渗流力学观点出发可以说井筒存储实质上产生了一个变流量过程。根据通过 Duhamel 褶积和有效井径模型、Laplace 变换及数值反演计算可以得到现代试井分析理论曲线。一般的做法是首先求解不考虑井筒存储效应的所谓"线源"渗流问题，得到线源解，然后通过 Duhamel 褶积包含井筒存储效应。在 Laplace 变换域中，通用的计算公式为：

$$s\tilde{p}_{\mathrm{wD}}(s) = \{s + [s\tilde{p}_{\mathrm{0wD}}(s)]^{-1}\}^{-1} \quad (5-30)$$

式中 $\tilde{p}_{\mathrm{0wD}}$——不考虑井筒存储效应的井壁压力；

p_{wD}——包含井筒存储效应的井底压力。

计算考虑井筒存储和表皮效应得出的水平井典型曲线理论图版如图5-54~图5-59所示。

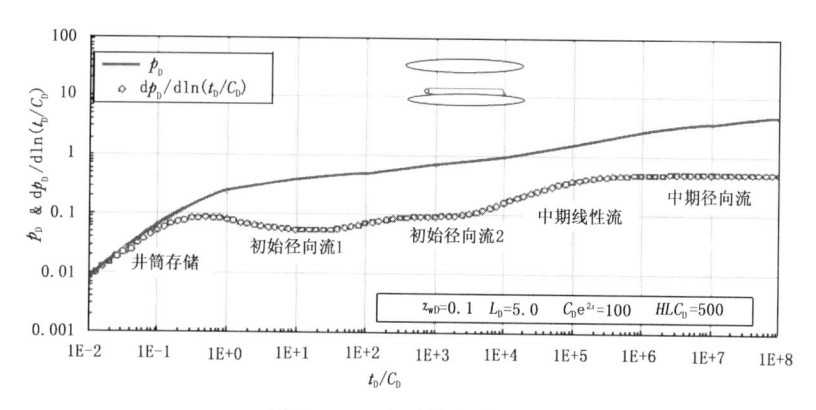

图 5-54　水平井流动段曲线

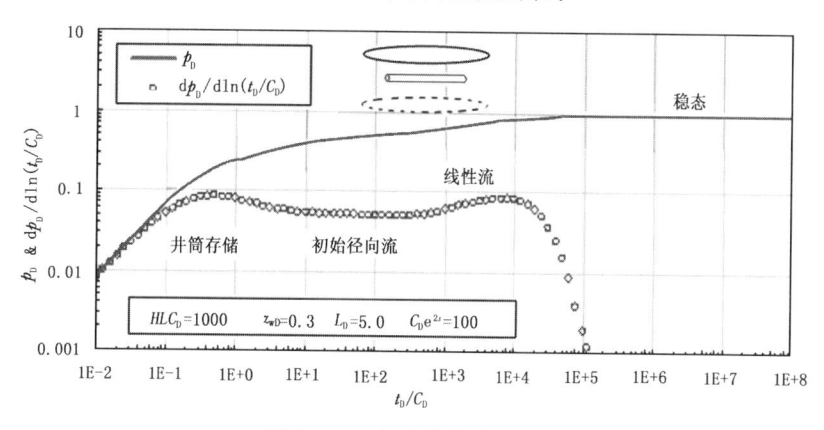

图 5-55　水平井流动段曲线

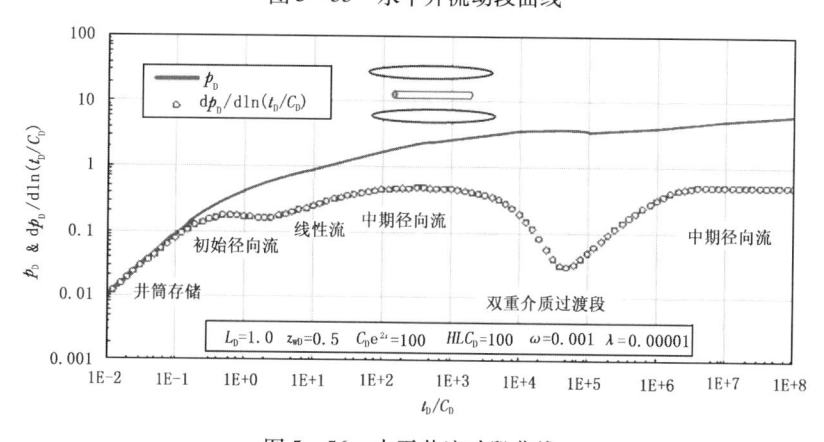

图 5-56　水平井流动段曲线

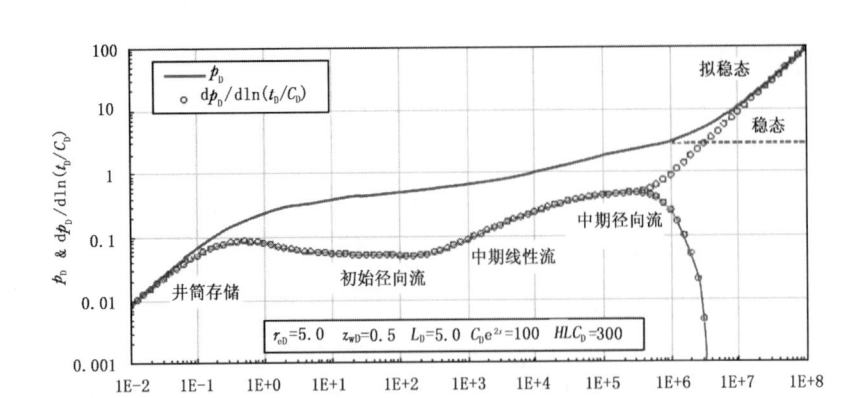

图5-57 圆形地层水平井流动段曲线

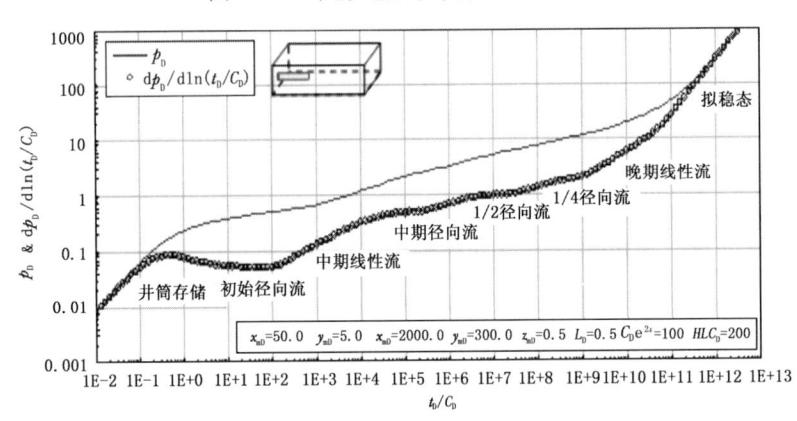

图5-58 矩形地层偏心水平井流动段曲线

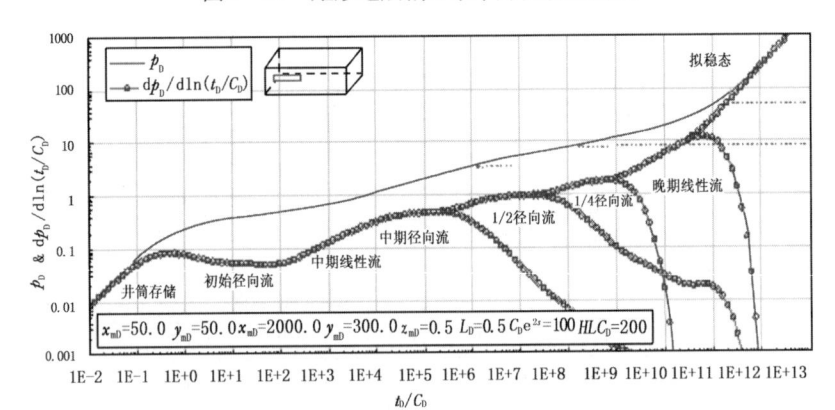

图5-59 矩形地层偏心水平井流动段曲线

第五章 水平井开发配套工程技术

2. 应用实例

1）算例一

基本参数如表 5-15 所示。

表 5-15 算例一基本参数表

孔隙度	0.25	压缩系数，MPa^{-1}	1.45e^{-4}	水平井长，m	152.4
黏度，mPa·s	3	有效层厚，m	13.715	平均压力，MPa	34.45MPa
体积系数	1.2	井筒半径，m	0.1	日产量，m^3/d	1408

生产时间：27.4512h，关井恢复时间：20.07h。

绘制压力与时间的半对数图，根据前述的水平井流动期分析理论，通过识别半对数图上各流动段发生的时间区间，经过回归该直线段的斜率可以求得储层的水平或者垂直渗透率，然后利用求得的渗透率验证所选择的直线段是否正确，如果不正确，需要重新选择求解。算例一的解释曲线如图 5-60

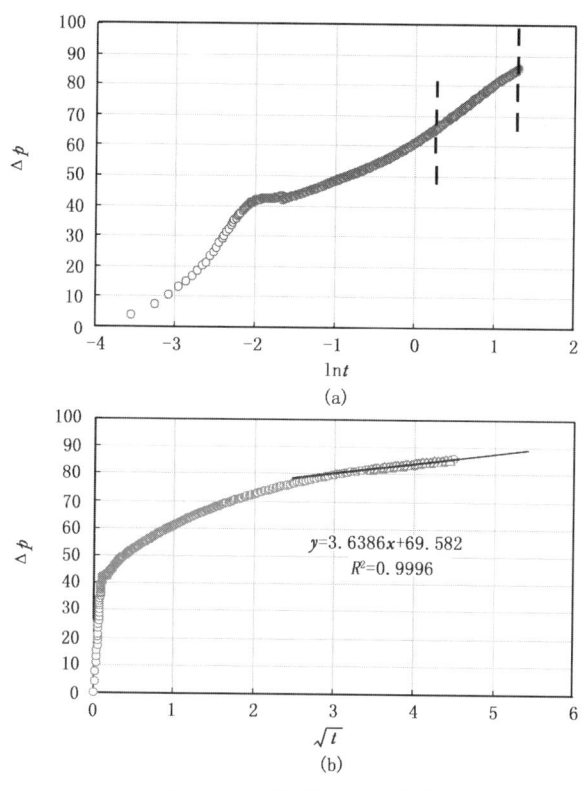

图 5-60 算例一解释曲线

所示。

该例中压力曲线只出现中期线性流,利用中期线性流近似式求得:

$$斜率 = \frac{6.195 \times 10^{-3} \cdot qB}{hL}\sqrt{\frac{\mu}{\phi K_h c_t}}$$

带入参数得:$3.6386 = \frac{6.195 \times 10^{-3} \times 1048 \times 1.2}{13.715 \times 76.2}\sqrt{\frac{3}{0.25 \times K_h \times 1.45 \times 10^{-4}}}$

即水平渗透率为 $K_h = 0.627 \mu m^2$。

2) 算例二

基本参数如表5-16所示。

表5-16 算例二基本参数表

孔隙度	0.2	压缩系数,MPa^{-1}	$1.05 e^{-3}$	水平井长,m	141.58
黏度,$mPa \cdot s$	2.9	有效层厚,m	16.8	平均压力,MPa	17.88
体积系数	1.065	井筒半径,m	0.1	日产量,m^3	8

生产时间:41.2357h,关井恢复时间:81.4283h。

绘制压力与时间的半对数图,根据水平井流动期分析理论,从半对数图上识别该井发生了中期线性流,对应的时间段如图5-61所示。

该例中压力曲线只出现中期线性流,利用中期线性流近似式求得:

$$斜率 = \frac{6.195 \times 10^{-3} \cdot qB}{hL}\sqrt{\frac{\mu}{\phi K_h c_t}}$$

带入参数得:$0.0389 = \frac{6.195 \times 10^{-3} \times 8 \times 1.065}{16.8 \times 70.79}\sqrt{\frac{2.9}{0.2 \times K_h \times 1.05 \times 10^{-3}}}$

水平渗透率为 $K_h = 0.018 \mu m^2$。

第五章 水平井开发配套工程技术

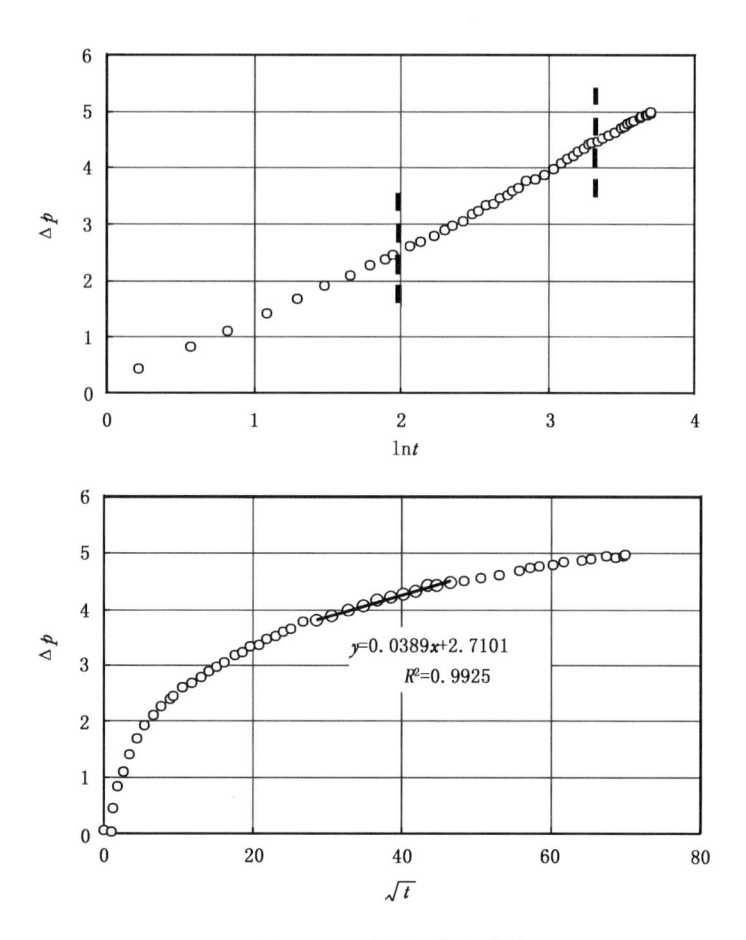

图 5-61 算例二解释曲线

参 考 文 献

[1] 祝桂年,石秀娟. 油田开发中后期油藏描述方法研究[J]. 中国科技信息, 2006 (03)

[2] 张先进,向立飞,冯涛,宫军,车树新. 油藏描述技术发展、特点及展望[J]. 内蒙古石油化工, 2006 (03)

[3] 张吉,张烈辉,冯国庆,徐丹舟,陈海汪. 储层流动单元成因及其影响因素分析[J]. 特种油气藏, 2005 (02)

[4] 陈建阳,于兴河,张志杰,李胜利,毛志刚. 储层地质建模在油藏描述中的应用[J]. 大庆石油地质与开发, 2005 (03)

[5] 于红军. 正韵律厚油层水平井开发效果影响因素分析[J]. 中国海上油气, 2005 (05)

[6] 欧阳明华,谢丛姣. 精细油藏描述中的储层建模[J] 新疆石油学院学报, 2004 (01)

[7] 韩国庆,李相方,吴晓东. 多分支井电模拟实验研究(英文)[J]. Petroleum Science, 2004 (04)

[8] 魏忠元,张勇刚. 现代油藏描述技术的特点及发展动向[J]. 特种油气藏, 2004 (05)

[9] 史小平,付洁,韩战江. 开发时期油藏描述的发展趋势[J]. 内蒙古石油化工, 2003 (01)

[10] 申本科,胡永乐,田昌炳. 油藏描述技术发展与展望[J]. 石油勘探与开发, 2003 (04)

[11] K. Aminian,张文进. 油藏描述新方法[J]. 国外油田工程, 2003 (12)

[12] 阎存章,袁士义. 复杂结构井开采技术文集[B]. 北京:石油工业出版社, 2003.5

[13] 金晓剑. 复杂结构井完井及开采技术研讨会论文集[B]. 北京:中国石化出版社, 1997.5

[14] 晓雪. 多分支井在特罗钻奥尔杰油田的应用[J]. 石油钻采工艺, 2002 (04)

[15] 张春雷,熊琦华,张一伟. 随机模拟技术在油田勘探阶段油藏描述中的应用[J]. 石油大学学报(自然科学版), 2001 (01)

[16] 胡向阳,熊琦华,吴胜和. 储层建模方法研究进展[J]. 石油大学学报(自然科学版), 2001 (01)

[17] 陈恭洋. 碎屑岩储层随机建模的基本理论与实践[J]. 江汉石油学院学报, 2001 (04)

[18] 张立平,纪哲峰,付广群. 多分支井的技术展望[J]. 国外油田工程, 2001 (11)

[19] 吕晓光,王德发,姜洪福. 储层地质模型及随机建模技术[J]. 大庆石油地质与开发, 2000 (01)

[20] 夏朝晖,余国清,石宁,冯英,吴淑华. 现代油藏精细描述技术和方法[J]. 内蒙

古石油化工，2000（02）
[21] 裘怿楠，贾爱林．储层地质模型10年［J］．石油学报，2000（04）
[22] 穆龙新．油藏描述的阶段性及特点［J］．石油学报，2000（05）
[23] 穆龙新．油藏描述技术的一些发展动向［J］．石油勘探与开发，1999（06）
[24] Edward G, . Dave Waltham. Reservoir Implications of Modern Karst Topography［J］. AAPG Bulletin. 1999（11）
[25] 王志章等．现代油藏描述技术［M］．北京：石油工业出版社，1999
[26] 马玉霞，卢永合，焦勇．地震新技术在高家堡油藏描述中的应用［J］．中国石油勘探，1998（03）
[27] 王康立．油藏描述中的多学科集成［J］．石油地球物理勘探，1998（04）
[28] Eschard R, Lemenzy P. Combining sequence stratigraphy, geostatistical simulations and production data for modeling a fluvial reservoir in the channoy field（Triassic, France）［J］. AAPG Bulletin. 1998（4）
[29] Macdnnld C A. Stochastic modeling of incised valley geometries［J］. AAPG Bulletin. 1998（6）
[30] 裘怿楠，薛叔浩．中国陆相油气储集层［B］．北京：石油工业出版社，1997.5
[31] 游秀玲．中国油藏描述研究现状与发展［J］．中国地质，1997（10）
[32] 张烈辉，李允．裂缝性油藏水平井数值模拟的进展和展望［J］．西南石油学院学报，1997（04）
[33] 张昌民等，裘怿楠．石油开发地质文集［B］．北京：石油工业出版社，1997.12
[34] 张烈辉，李允，杜志敏．裂缝性油藏水平井模型［J］．西南石油学院学报，1996（02）
[35] H. H. Haldorson, E. Damsleth，邓礼正，张永贵，李祜佑．对油藏描述的挑战［J］．天然气勘探与开发，1995（01）
[36] 熊琦华，王志章，张一伟．油藏描述研究的新进展［J］．石油大学学报（自然科学版），1995（03）
[37] 王伟锋，金强，徐怀民，信荃麟．油藏描述中的沉积相研究［J］．沉积学报，1995（01）
[38] 张团峰，王家华．储层随机建模和随机模拟原理［J］．测井技术，1995（06）
[39] 贾爱林．储层地质模型建立步骤［J］．地学前缘，1995（04）
[40] Guangming Ti，Baker Hughes INTEQ, Ogbe D O, et al. Use of flow units as a tool for reservoir description: A case study［J］. SPE Formation Evaluation. 1995（02）
[41] H. H. Haldorsen, E. Damsleth，朱海龙．油藏描述的若干问题［J］．勘探地球物理进展，1994（01）
[42] 王志章，熊琦华．油藏描述中的测井资料数据标准化方法和程序［J］．测井技术，1994（06）

[43] 文健, 裘怿楠, 肖敬修. 早期评价阶段应用Boolean方法建立砂体连续性模型 [J]. 石油学报, 1994 (1)

[44] 熊琦华, 王志章, 纪发华. 现代油藏描述技术及其应用 [J]. 石油学报, 1994 (1)

[45] 穆龙新, 贾文瑞, 贾爱林. 建立定量储层地质模型的新方法 [J]. 石油勘探与开发, 1994 (04)

[46] 张抗, 王大锐, Bryan G Huff. 塔里木盆地塔河油田奥陶系油气藏储集层特征 [J]. 石油勘探与开发, 2004 (1)

[47] 裘亦楠. 油藏描述 [M]. 北京: 石油工业出版社, 1997

[48] 侯景儒. 实用地质统计学 [M]. 北京: 地质出版社, 1998

[49] 李阳, 曹刚. 胜利油田低渗透砂岩油藏开发技术 [J]. 石油勘探与开发, 2005 (1)

[50] 赵旭东. 石油数学地质 [m]. 北京: 石油工业出版社, 1991

[51] 于兴河, 马兴祥. 2004年砂质辫状河露头储层研究与层次界面分析 [M]. 北京: 石油工业出版社, 2004

[52] 王志章. 现代油藏描述技术 [M]. 石油工业出版社, 1999

[53] 中国石油天然气总公司勘探局. 程序地层学原理及应用 [M]. 北京: 石油工业出版社, 1998

[54] 现代应用数学手册 [M]. 北京: 清华大学出版社, 1998

[55] Douglas A. Young, X Window Motif [M]. Prentice Hall, 1990

[56] C++ Programming Mannual [M]. Prentice Hall, 1990

[57] 韩大匡, 陈钦雷, 闫存章. 油藏数值模拟基础 [M]. 北京: 石油工业出版社, 1998

[58] 沈平平, 刘明新. 石油勘探开发中的数学问题 [M]. 北京: 科学出版社, 2002

[59] 谢俊、张金亮. 剩余油描述与预测 [M]. 北京: 石油工业出版社, 2003

[60] Xian – hua Wen, Louis J. Durlofsky. Efficient Three – Dimensional Implementation of Local – Global Upscaling for Reservoir Simulation [J]. SPE 92965

[61] 胡永乐. 低渗透油气田开采技术 [M]. 北京: 石油工业出版社, 2002, 7

[62] 宋新民. 储层表征新进展 [M]. 北京: 石油工业出版社, 2002, 4

[63] Gautier, Y., Blunt, M. J. and Christer M. A.. Nested gridding and streamline – based simulation for fast reservoir performance prediction [J] Computational Geosciences (1999) 3

[64] 李治平. 油藏动态分析与预测方法 [M]. 北京: 石油工业出版社, 2002

[65] Lee, S. H., Tchelepi, H. A., Jenny, P. and DeChant, L. J.: Implementation of a flux – continuous finite – difference method for stratigraphic hexahedron grids [J]. SPE Journal (2002) 9

[66] Xinmin Song, Yixiang Zhu, Dianxing Ren. Identification and distribution of Natural Fractures [J]. SPE 50877

[67] Alwarez W., T. Rex and the crater of doom [M]. Princeton University Press

[68] Erwin D. H. The mother of mass extinctions [M]. Scientific American

[69] 余家仁. 任丘古潜山碳酸盐岩储层缝洞孔分布规律的探讨 [J]. 石油勘探与开发, 1987（3）

[70] 刘和甫. 盆山耦合与前陆盆地成藏区带分析 [J]. 现代地质, 1996（4）

[71] 朱夏, 朱夏论. 中国含油其盆地构造 [M]. 北京: 石油工业出版社, 1985

[72] Smalley, P. C. and Hale, N. A. Early identification of reservoir compartmentalization by combining a range of conventional and novel delta types [J]. SPE30533

[73] 裘亦楠. 油藏描述 [M]. 北京: 石油工业出版社, 1996

[74] 刘泽容. 油藏描述原理与方法技术 [M]. 北京: 石油工业出版社, 1993

[75] 王捷. 油藏描述技术 [M]. 北京: 石油工业出版社, 1996

[76] Begg, S. H. Characterization of a complex Fluvial – deltaic reservoir for simulation [J]. SPE28398

[77] J. O. Amaefule and M. Altunbay. Enhanced reservoir description: Using core and log data to identify hydraulic (flow) unit and predict permeability in uncored intervals/wells [J]. SPE 26436

[78] R. B. Bratvold and L. Holden. Stormof: Integrated 3D reservoir modeling tool for geologists and reservoir engineers [J]. SPE 27563

[79] Ravenne, C. & Beucher, H. Recent developments in description of sedimentary bodies in a fluvio – deltaic reservoir and 3D condition simulation [J]. SPE 18310

[80] 万仁溥等译. 水平井开采技术 [M]. 北京: 石油工业出版社, 1994

[81] 张宏速. 水平井油藏工程基础 [M]. 油气田开发工程译丛, 1991（8）

[82] Giger, F. M.: The Reservoir Engineering Aspects of Horizontal Drilling [J]. SPE 13024

[83] Giger, F. M.: Horizontal Wells Production Techniques in Heterogeneous Reservoirs [J]. SPE 13710

[84] Joshi, S. D. et al: Augmentation of Well Productivity Using Slant and Horizontal Wells [J]. SPE 15375

[85] Karcher, B. J. et al: Some Practical Formulas to Predict Horizontal Well Behavior [J]. SPE 15430

[86] Giger, F. M.: Low – Permeability Reservoirs Development Using Horizontal Wells [J]. SPE 16406

[87] Joshi, S. D. et al: A Review of Horizontal Well and Drainhole Technology [J]. SPE 16868

[88] Joshi, S. D. et al: Production Forecasting Methods for Horizontal Wells [J]. SPE 17580

[89] Babu, D. K. et al: Productivity of a Horizontal Well [J]. SPE 18298

[90] Kuchuk, F. J. et al: Pressure Transient Analysis and Inflow Performance for Horizontal Wells [J]. SPE 18300

[91] Goode, P. A. et al: Inflow Performance of Horizontal Wells [J]. SPE 21460

[92] Mukherjee, Hemanta et al: A Parametric Comparison of Horizontal and Vertical Well Performance [J]. SPE 18303

[93] Goode, P. A. et al: Inflow Performance of Partially Open Horizontal Wells [J]. SPE 19341

[94] Renard, G. et al: Influence of Formation Damage on the Flow Efficiency of Horizontal Wells [J]. SPE 19414

[95] Thomas, L. K.: Horizontal Well 1PR Calculations [J]. SPE 36753

[96] 曲德斌等. 水平井与直井联合面积布井的开发理论研究（一）一般的五点井网[J]. 石油勘探与开发，1995（1）

[97] 王德民等. 求解水平井和直井联合面积布井产量的等值渗流阻力法 [J]. 石油勘探与开发，1995（3）

[98] 宋付权等. 水平井稳态产能公式综述与分析 [J]. 试采技术，1996（4）

[99] 窦宏恩. 预测水平井产能的一种新方法 [J]. 石油钻采工艺，1996（1）

[100] 范子菲等. 底水驱动油藏水平井井网产能公式 [J]. 石油学报，1995（3）

[101] 李培等. 水平井无限井排产能公式 [J]. 石油勘探与开发，1997（3）

[102] Musicat, M.: The Flow of Homogeneous Fluids through Porous Media [J]. LW. Edwards, Inc. Michigan

[103] 刘想平. 底水驱油藏水平井三维稳态解产能公式 [J]. 江汉石油学院学报，1998（1）

[104] 张望月等. 水平井油藏内三维势分布及精确产能公式 [J]. 石油勘探与开发，1999（3）

[105] 李远钦等. 水平井产量分布反演 [J]. 石油勘探与开发，1999（3）

[106] Joshi, S. D.: Horizontal Well Technology [M]. U.S.A.: Pennwell Publishing Corp, 1991

[107] 范子菲. 裂缝性气藏水平井稳态解公式研究 [J]. 石油勘探与开发，1997（5）

[108] 刘鹏程等. 地层压敏对低渗透油藏产能影响研究 [J]，西南石油学院学报，2005（5）

[109] 刘想平. 气藏水平井稳态产能计算新模型 [J]. 天然气工业，1998（1）

[110] Baris Goktas, UK and Turgay Ertekin. A Comparative Analysis of Pressure Transient Behaviour of Unduating and Horizontal Wells [J]. SPE81067

[111] 郑俊德等. 水平井产能预测方法 [J]. 大庆石油学院学报，1992（2）

[112] 熊友明等. 各种射孔系列完井方式下水平井产能预侧研究 [J]. 西南石油学院学报. 1996（2）

[113] 熊友明等. 裸眼系列完井方式下水平井产能预测研究 [J]. 西南石油学院学报，1997（2）

[114] 李红, 偏心水平井的产量预侧和合理影响 [J]. 河南石油，1998（3）

参考文献

[115] Piahn, S. V. et al: A Method for Predicting Horizontal Well Performance in Solution - Gas - Drive Reservoirs［J］. SPE 16201

[116] Cheng, A. M. et al: Inflow Performance Relationships for Solution Gas Drive Slanted Horizontal Wells［J］. SPE 20720

[117] Vogel, J. V.: Inflow Performance Relationships for Solution Gas Drive Wells［J］. JPT

[118] Kabir, C. S. et al: Inflow Performance of Slanted and Horizontal Wells in Solution Gas Drive Reservoirs［J］. SPE 24056

[119] Bendakhlia, H. et al: Inflow Performance Relationships for Solution - Gas Drive Horizontal Wells［J］. SPE 19823

[120] Chang, M - M. et al: Predicting Horizontal/Slanted Well Production by Mathematical modeling［J］. SPE 18854

[121] 张立平,纪哲,付广群. 多分支井的技术展望［J］. 国外油田工程. 2001（11）

[122] 郑毅,黄伟和,鲜保安. 国外分支井技术发展综述［J］. 石油钻探技术. 1997（4）

[123] 王晓冬,刘慈群. 水平井产量递减曲线及应用［J］. 石油勘探与开发. 1996（4）

[124] S. D. Joshi. Augmentation of Well Productivity Using Slant and Horizontal［J］. SPE15375

[125] 王卫红,李璺. 分支水平井产能研究［J］. 石油钻采工艺. 1997（4）

[126] 程林松,李春兰,郎兆新,张丽华. 分支水平井产能的研究［J］. 石油学报, 1995（2）

[127] 黄世军,程林松. 复杂结构井变质量管流与地层渗流耦合模型［J］. 中国科学技术大学学报. 2004, 34（增刊）

[128] 孔祥言,徐献芝,卢德唐. 分支水平井的样板曲线和试井分析［J］. 石油学报. 1997（3）

[129] F. J. Kuchuk, et al. Pressure - Transient Behavior of Horizontal Wells With and Without Gap Cap or Aquifer［J］. SPE17413

[130] Gringarten, A. C., and Ramey, H. J. Jr. An Approximate Infinite Conductivity Solution for a Partially Penetrating Line - Source Well［J］. SPEJ（April 1975）

[131] 王晓冬,刘慈群. 分支水平井三维不定常渗流研究［J］. 石油大学学报. 1997（2）

[132] Erdal Ozkan, et al. Horizontal - Well Pressure Analysis［J］. SPE16378

[133] 黄世军,程林松,李秀生,雷小强. 多分枝水平井压力系统分析模型［J］. 石油学报, 2003（6）

[134] Orkisewki J. Predicting two - phase pressure drops in vertical pipe［J］. JPT, 1967（6）

[135] 吴淑红,沈德煌,李春涛,李晓玲,张锐,刘翔鹗,郭尚平. 热采井筒变质量流与渗流耦合的数值模型［J］. 中国科学技术大学学报. 2004, 34（增刊）

[136] 刘鹏程等. 三区复合油藏有限导流垂直裂缝井压力动态分析［J］. 油气井测试, 2004（1）

[137] Stone T W. A comprehensive wellbore/reservoir simulator［J］. SPE18419

[138] Dikken B J. Pressure drop in horizontal wells and its effect on their production performance［J］. SPE19824

[139]《油田开发项目可行性研究报告编制指南》编委会．油田开发项目可行性研究报告编制指南［M］．北京：石油工业出版社，2003

[140] 李红．复杂断块油田的油藏类型和开发特点与开发方式［J］．WTPT．1997（3）

[141] 张祖兴主编．国外水平井技术［M］．中国石油天然气总公司情报研究所，1992（7）

[142] 李克向主编．保护油气层钻完井技术［M］．北京：石油工业出版社，1997

[143] 苏义脑等著．井下控制工程学研究进展［M］．北京：石油工业出版社，2001

[144] B. B. 库里奇茨基著，鄢泰宁，郭湘芬等译．定向斜井与水平井钻井的地质导向技术［M］．北京：石油工业出版社，2003

[145] 汪海阁，查永进等．2006年中国石油集团水平井技术评估分析报告［R］．中国石油集团钻井工程技术研究院规划所，2007（1）

[146] 王浦潭等．塔里木盆地塔中四油田采油工程方案［R］．内部资料．北京，1995

[147] 王关清等．水平井钻采技术研讨会论文集［M］．石油工程学会，北京，1997

[148] 方宏长等．水平井技术［M］．内部资料，北京，1992

[149] 万仁溥等．现代完井技术（第三版）［M］．北京：石油工业出版社，2007

[150] 何鲜．水平井定向井完井技术［M］．北京：石油工业出版社，2001

[151] 金晓剑．复杂结构井及开采技术研讨会论文集［M］．北京：中国石化出版社，2006

[152] Abramowitz, M. And Stegun, I. A. Handbook of Mathematical Functions［M］. Dover Publications, Inc., New York (1972)

[153] Chen Chih-Cheng, Ozkan, E. and Raghavan, R.. A Study of Fractured Wells in Bounded Reservoirs［J］. Paper SPE 22717

[154] aeger, J. C. Radial Heat Flow in Circular Cylinders with a General Boundary Condition, I［J］. J. Roc. Soc., Wales (1940) Vol. 74, 342

[155] Jaeger, J. C. Radial Heat Flow in Circular Cylinders with a General Boundary Condition, II［J］. J. Roc. Soc., Wales (1941) Vol. 75, 130

[156] Horner, D. R.: "Pressure Build-Up in Wells," Proceeding of the Third World Petroleum Congress, E. J. Brill, Leiden (1951) II, 503

[157] Muskat, M.: The Flow of Homogeneous Fluids Through Porous Media［M］. McGraw-Hill Book Co., Inc., New York (1937)

[158] Kuchuk, F. J. et al. Pressure Transient Behavior of Horizontal Wells With and Without Gas Cap or Aquifer［J］Paper SPE 17413

[159] Ozkan E. and Reghavan R. New Solutions for Well-Test-Analysis Problems: Part 1-

Analytical Considerations [J]. Paper SPEFE (Sept. 1991)

[160] Rosa, A. J. and Horne, R. N. Pressure Transient Behavior in Reservoir With an Internal Circular Discontinuity [J]. Paper SPE 26455

[161] Rowan, G and Clegg, M. W. An Approximate Method for Transient Radial Flow [J]. SPEJ (Sept. 1962)

[162] Temeng, K. O. And Horne, R. N. Pressure Distributions in Eccentric Circular Systems [J] Paper SPE 11223

[163] Van Everdingen, A. F. And Hurst, W. The Application of the Laplace Transformation to Flow Problems in Reservoirs [J]. Trans., AIME (1949) 186

[164] Борисов, Ю. П. Oil Production Using Horizontal and Multiple Deviation Wells [J]. Nedra, Moscow. Translated into English by Strauss J, Phillips Petroleum Co., 1984